现代食品微生物学

吴祖芳　主　编

ZHEJIANG UNIVERSITY PRESS
浙江大学出版社

内容提要

食品微生物学在现代食品加工、保鲜、资源开发与利用、人类卫生与健康等方面将起到越来越重要的作用。本教材首先通过对微生物学在相关产业中的重要地位以及对人类生存环境与健康影响的介绍，巩固微生物学基础知识及基本原理和方法；其次，讲授当今食品微生物学技术发展中的新概念、新方法及其在食品科学与技术中的应用。主要内容包括食品微生物基础知识与理论，食品微生物菌种资源及获取，微生物菌种的改造技术，微生物发酵培养基设计与灭菌技术，微生物发酵过程优化与控制，以及食品微生物的分析检测技术及研究进展等。着重介绍现代食品微生物学研究的系统方法与新成果及进展，食品中微生物的利用及控制的基本原理和方法以及国内外最新研究进展等。本课程能为食品科学与工程、食品工程和食品加工与安全等专业的硕士研究生从事及食品微生物学有关的基础理论研究、产品开发设计以及在食品、生物或农业环保等产业应用等工作，提供较好的知识基础与专业技能。

教材编写委员会

前　言

　　随着现代生物技术的快速发展,微生物学在生命科学(医学)、农业、工业及环境治理等行业发挥着越来越重要的作用;而食品微生物学与现代食品加工、保鲜、食品资源开发与利用及人类健康与卫生等方面密切相关,也是高等院校食品相关专业研究生等培养的重要专业基础课程。然而,国内设有食品专业硕士点包括兼有食品科学与工程重点学科的高校,其食品科学与工程专业的硕士生课程"现代食品微生物学"长期以来没有一本通用性强、内容系统全面的教学参考书供学生基础理论的学习与研究时借鉴,影响了专业教学效果与学生科研能力的培养。

　　本教材首先通过对微生物学在相关产业中的重要地位以及对人类生存环境与健康影响的介绍,简要论述了微生物学的基本原理与方法,巩固基础理论知识;其次,讲授当今食品微生物学技术发展中的新概念、新方法及其在食品科学与技术中的应用。教材主要内容包括食品相关的微生物菌种改造技术、微生物菌种分离筛选及设计方法,微生物学的基础与应用的研究进展,微生物发酵过程培养基设计与发酵过程优化和控制,食品微生物的分析检测技术,微生物在食品中的利用与食品中微生物的控制等。教材注重介绍现代食品微生物学研究的系统方法与新成果及进展,特别是食品中微生物利用及控制的基本原理和方法及国内外最新研究进展。本教材为食品科学与工程、食品工程和食品加工与安全等专业的硕士研究生从事与食品微生物学有关的基础理论研究、产品开发设计以及在食品、生物或农业环保等产业开展应用等工作,提供较好的知识基础与专业技能。

　　本教材的编写特色是内容全面,涉及的食品微生物学研究领域包括基础微生物学、食品微生物利用与控制以及食品微生物检测等,内容表达上强调重基础但更注重研究进展及目前面临的科学问题(包括传统发酵食品加工也是如此),对研究生创新能力等的培养具有重要作用。

　　作者根据多年的研究生教学实践,结合现代研究生知识与能力素质的观察,在整个教材编写过程中力求将理论基础与研究进展相结合,既稳固现代微生物学的基础理论,又充分结合微生物学发展的最新研究成果,目的是使不同专业知识背景的研究生巩固微生物基础知识,强调对学生科研思路的培养及研究方案的设计能力等。本教材的编写充分利用本领域专任教师团队在食品科学与工程专业硕士研究生课程"食品微生物学研究进展"中多年积累的课堂教学经验,以及在食品微生物学基础及食品科学与工程领域的多年科研实践,努力做到理论与实践的充分结合。

本教材内容第一篇由吴祖芳、周辉完成,第二篇由吴祖芳、倪辉、周辉和蒋立文完成,第三篇由顾青和吴祖芳完成,第四篇由杜明完成,第五篇由吴祖芳和蒋立文完成,第六篇由吴祖芳、翁佩芳、张鑫和杜明完成。协助参加本书编写工作的还有宁波大学苗英杰讲师(第七章第五节),沈阳农业大学食品学院白冰讲师(第八章),黑龙江八一农垦大学食品学院曹荣安(第十四章第五节),同时宁波大学食品生物技术实验室研究生杨阳、袁树昆、李若云、张庆峰、白政泽、曹红等对菌种的整理和内容校对等付出了辛勤劳动,一并感谢。

本教材的适用对象范围为食品科学与工程、食品工程、食品加工与安全等专业的硕士研究生,从事食品科学与工程领域的研究人员等。本教材无疑是食品相关专业的硕士研究生、从事食品微生物相关研究的研究院所或企业等研究人员进行课题研究思路确立、研究方法设计等十分重要的参考书。

编　者

2015 年 12 月于宁波大学

目　录

第二篇　食品微生物菌种选育与发酵技术

第四篇 食品微生物学分析技术

第五篇 食品微生物的利用

第六篇　食品中微生物的控制技术

第一篇　食品微生物学概论与理论基础

第一章　绪　论

第一节　食品微生物学研究对象

一、微生物分类

分类依据:微生物的形态特征、生理生化特征、生态习性、血清学反应、噬菌反应、细胞壁成分、红外吸收光谱、GC 含量、DNA 杂合率、核糖体核苷酸(rRNA)相关度、rRNA 的碱基顺序等。这是从不同层次(细胞与分子)、用不同学科(化学、物理学、遗传学、免疫学和分子生物学等)的技术方法来研究和比较不同微生物的细胞、细胞组分或代谢产物,从中发现反映微生物类群特征的资料。在现代微生物分类中,任何能稳定地反映微生物种类特征的资料,都有分类学意义,都可以作为分类鉴定的依据。

一般地,我们将微生物划分为以下 8 大类:细菌、病毒、真菌、放线菌、立克次体、支原体、衣原体和螺旋体。

二、食品微生物常见种类

以下主要介绍食品领域关系密切的主要微生物类型,即细菌、霉菌和酵母菌。

(一)细菌

广义的细菌是指细胞核无核膜包裹,只存在拟核区的裸露 DNA 的一大类原始单细胞生物,包括真细菌和古生菌两大类群。人们通常所说的即为狭义的细菌,是一类形状细短,结构简单,多以二分裂方式进行繁殖的原核生物,是在自然界分布最广、个体数量最多的有机体,是大自然物质循环的主要参与者。

细菌形态多样,主要有球状、杆状、螺旋状,还有丝状细菌、柄杆菌、星形细菌、方形细菌等。通过革兰氏染色,将细菌分为革兰氏阴性菌和革兰氏阳性菌。在日常生活中,食品经常受到细菌的污染,从而变质;但同时有些对人体有益的细菌又可以用于生产制造食品。

1. 革兰氏阳性球菌微球菌

微球菌属存在于哺乳动物体表,能引起食品腐败。葡萄球菌属中的金黄色葡萄球菌与食源性疾病有关(索玉娟,2008),肉葡萄球菌可用于加工发酵香肠(史智佳,2012)。链球菌属中的酿脓链球菌存在于人体呼吸道,是食源性病原菌,嗜热链球菌存在于原料乳中用于乳制品发酵(田辉,2012)。肠球菌属是重要的食品腐败菌,常见的有粪肠球菌(吴晨璐,2011)。乳球菌属可用于生产生物加工食品,尤其是发酵乳制品,常见的有乳酸乳球菌乳酸亚种和乳脂亚种。明串珠菌属中的嗜冷菌株与真空包装冷藏食品的腐败有关(唐赟,2004)。片球菌属中某些菌用于食品发酵,某些能引起酒精饮料变质,有的能产生细菌素,对革兰氏阳性细菌具有广谱抗菌作用,可用作食品生物防腐剂(张健,2012)。八叠球菌存在于土壤、植物和动物粪便中,能引起植物食品的腐败。

2. 革兰氏阳性芽孢杆菌

枯草芽孢杆菌属可用于食品生物加工,存在于土壤、灰尘、植物中(陈忠杰,2013)。蜡状芽孢杆菌能引起食源性疾病和食品腐败(周帼萍,2007)。嗜热脂肪芽孢杆菌是罐头食品的平酸败坏菌,常引起罐头食品外观正常,内部产酸,没有胀罐现象(蔡健,1992)。芽孢乳杆菌属存在于鸡饲料和土壤中,常见种有菊糖芽孢乳杆菌、梭菌属中的肉毒梭状芽孢杆菌(江扬,2003)和产气荚膜梭菌(食品中重要的腐败菌)、酪丁酸梭菌(江凌,2010),这些是重要的腐败菌,有些种在食品加工中被用作水解糖和蛋白质的酶的来源。

3. 革兰氏阳性无芽孢杆菌

乳酸杆菌存在于植物原料、牛乳、肉类和动物排泄物中,德氏乳杆菌保加利亚亚种(李延华,2009)、瑞士乳杆菌(鲍志宁,2011)和植物乳杆菌(王辑,2012)用于食品生物加工。嗜酸乳杆菌(田芬,2012)、罗伊乳杆菌(庞洁,2011)和干酪乳杆菌干酪亚种(温啸,2014)属于益生菌。Collins 等(1987)按生理生化性状的分类标准,将某些非典型的乳杆菌——奇异乳杆菌和鱼乳杆菌(已知的食品腐败菌和鱼的致病菌)连同另外两个新种——鸡肉食杆菌和游动肉食杆菌建立了一个新属叫肉食杆菌属(*Carnobacterium*),这些杆菌存在于鱼类和肉类中,常见种有栖鱼肉杆菌(*C. piscicola*)。环丝菌属能在冷藏真空包装肉及肉制品中生长,常见种有热死环丝菌(倪萍,2013)。李斯特菌属广泛分布于环境中,能从不同类型的食品中分离出来,是主要的食源性病原菌。

4. 革兰氏阴性需氧菌

革兰氏阴性需氧菌无芽孢,端生鞭毛,能运动或不运动,有些菌能产生水溶性荧光色素。化能有机营养型,自然界中分布广泛,某些菌株有强烈分解脂肪和蛋白质的能力,污染食品后能在食品表面迅速生长引起变质,影响食品气味,如生黑腐假单胞菌(*P. nigrifaciens*)能在动物性食品上产生黑色素;菠萝软腐假单胞菌(*P. ananas*)会使菠萝腐烂。弯曲杆菌属中的空肠弯曲杆菌(Chen,2011)和大肠弯曲杆菌都是食源性病原菌,存在于人体、动物和鸟类的肠胃中。假单胞菌属中的荧光假单胞菌(*P. fluorescens*)(马晨晨,2013)、铜绿假单胞菌(马晨晨,2013)和恶臭假单胞菌(毛芝娟,2010)是主要的腐败菌,能分解代谢食品中多种糖类、蛋白质和脂肪;如荧光假单胞菌能在低温下生长,使肉类腐败。黄单胞菌属属于植物病原菌,能导致果蔬腐烂,野油菜黄单胞菌菌株可用于生产黄原胶(张建国,2014)。葡糖杆菌属中的氧化葡萄糖酸杆菌能引起菠萝、苹果和梨腐败。交替单胞菌属是导致鱼和肉类腐败的重要菌株(王磊,2011)。黄杆菌属可导致牛乳、肉及其他蛋白类食品腐败变质,常见种有水生黄杆菌。产碱杆菌属(*Alcaligenes*)不能分解糖类产酸,能产生灰黄、棕黄和黄色的色素,引起乳品及其他动物性食品发黏变质,能在培养基上产碱,广泛分布于水、土壤、饲料和人畜的肠道中。黄色杆菌属（*Flavobacterium*）有鞭毛，能运动，对碳水化合物作用弱，能产生多种脂溶性而难溶于水的色素，如黄、橙、红等颜色的色素，能在低温中生长，能引起乳、禽、鱼和蛋等食物的腐败变质，广泛分布于海水、淡水、土壤、鱼类、蔬菜和牛奶中。

5. 革兰氏阴性兼性厌氧菌

柠檬酸杆菌属存在于人类、动物和鸟类的肠道内容物和环境中，包含在大肠菌群中作为卫生指标，重要种有弗氏柠檬酸菌（高正勇，2012）。埃希肠杆菌属中有些菌株对人和动物来说是致病性的，属于食源性致病菌，重要种有大肠杆菌，在食品检验中，一旦发现了大肠杆菌，就意味着这种食品直接或间接地被粪便污染，大肠杆菌也是食品中常见的腐败菌，可使乳及乳制品腐败。肠杆菌属与柠檬酸杆菌属相似，但其中有些是低温菌，能在 0～4℃繁殖，造成包装食品在冷藏过程中腐败变质。肠杆菌属存在于人类、动物和鸟类的肠道内容物以及环境中，重要种有产气肠杆菌。变形菌属（毕水莲，2008）、沙门菌属（李业鹏，2006）存在于人类、动物的肠道内容物中，也分布于水和土壤中，常见种分别为普通变形杆菌、肠沙门菌肠亚种。志贺菌属存在于人及灵长类动物肠道中，与食源性疾病有关，常见种有痢疾志贺菌。弧菌属中霍乱弧菌、副溶血弧菌和创伤弧菌能引起人类食源性疾病，溶藻弧菌会导致食品腐败。

6. 革兰氏阴性无芽孢杆菌

无色杆菌属（*Achromobacter*），G^- 菌，有鞭毛，能运动，多数能分解葡萄糖及其他糖类，产酸不产气，能使禽肉和海产品变质发黏，分布于水和土壤中；醋酸杆菌属（林清华，2011）是食醋发酵的菌种，但对酒类和饮料有害，也可引起水果和蔬菜的变酸腐烂。变形杆菌属（*Proteus*）周生鞭毛，能运动，菌体常不规则，呈现多形性，对蛋白质有很强的分解能力，是食品的腐败菌，并能引起人类食物中毒，广泛存在于人及动物的肠道、土壤、水域和食品中。

（二）霉菌

霉菌是指在固体营养基质上生长，形成绒毛状、蜘蛛网状或棉絮状的菌丝体，而不产生大型肉质子实体结构的真菌。霉菌除应用于传统的酿酒、制酱和食醋、酱油的酿造以及制作其他的发酵食品外，在发酵工业中还广泛用于生产酒精、有机酸、抗生素、酶制剂等；在农业上用于生产发酵饲料、植物生长刺激素、农药等。

霉菌对人类也有有害的一面。它是造成谷物、水果、食品、衣物、仪器设备发霉变质的主要微生物。此外，霉菌还是人和动植物多种疾病的病原菌，如小麦锈病、稻瘟病和皮肤病等。

1. 曲霉属

曲霉属中有的种产生霉菌毒素，如黄曲霉产生黄曲霉毒素（劳文艳，2011）。有的种用于食品和食品添加剂的生产，米曲霉在清酒生产过程中被用来产生 α-淀粉酶水解淀粉（王璐，2007），黑曲霉可以将蔗糖转化成柠檬酸，还能生产 β-乳糖酶类的酶类。

2. 支链孢属

它能导致番茄腐烂，以及使乳制品发出腐臭味。有些种会产生毒素，常见有柑橘链格孢霉（史文景，2014）。

3. 镰孢霉属

镰孢霉属能导致柑橘类水果、马铃薯和谷物的软腐。它能产生真菌毒素：富马毒素、玉米烯酮、单端孢霉烯和呕吐毒素等。常见种有轮枝镰孢菌、禾谷镰刀菌、再育镰刀菌等。

4. 白地霉属

白地霉属容易在食品机械和乳制品中生长。常见种有白地霉，在脂肪酶（赖红星，

2010)、香气化合物(朱静,2010)、奶酪制作(高鑫,2012)、污水处理(任燕,2010)以及饲料蛋白生产(李新社,2007)等方面应用广泛。

5. 毛霉属

毛霉属中有些种用于食品发酵以及作为酶的来源,能导致果蔬腐败。常见种有鲁氏毛霉。

6. 青霉属

青霉属中有些种可用于食品生产,如干酪中的娄地青霉和卡门柏青霉。有些种不仅能引起果蔬真菌腐烂也能导致谷物、面包和肉类的腐败。

7. 根霉属

根霉属会导致许多水果和蔬菜的腐烂,葡枝根霉是常见的面包变质霉菌。根霉也是酿酒和乳酸发酵的主要菌种。

(三)酵母菌

酵母菌主要分布在偏酸性含糖较多的环境中,如水果、蔬菜、花蜜以及植物叶子上。大多为腐生,有的与动物特别是昆虫共生。酵母菌是人类利用最早的微生物之一,利用酵母菌可以酿造出调味品、饮料、酒类和面包等,还可生产酵母片、核糖核酸、核黄素、细胞色素、维生素、氨基酸、脂肪酶等。

少数酵母菌会引起人或动植物病害。腐生性酵母菌能使食物等腐败变质,少数耐高渗的酵母菌和鲁氏酵母、蜂蜜酵母可使蜂蜜和果酱败坏,有些酵母菌会引起人体皮肤、黏膜、呼吸道、消化道等多种疾病。

1. 酵母属

啤酒酵母可用于面包焙烤和乙醇发酵,它们也能导致食品腐败,产生乙醇和二氧化碳(郑莉烨,2012)。

2. 毕赤酵母属

毕赤酵母在啤酒、葡萄酒和盐水中形成薄膜导致其腐败。常见有膜醭毕赤酵母。

3. 红酵母属

它们是形成色素的酵母,能引起诸如肉类、鱼类和泡菜等食品变色(裴亮,2009)。常见种有黏红酵母。

4. 球拟酵母属

它们能发酵乳糖,引起牛乳变质,也能导致果汁和酸性食品的变质。

5. 假丝酵母菌

假丝酵母菌中许多种能使高酸、高盐、高糖食品腐败,在液体表面形成薄膜,有的能导致黄油和乳制品发出恶臭味,如解脂假丝酵母。

6. 接合酵母属

接合酵母能引起高酸性食品腐败,如酱油、腌菜、芥末、蛋黄酱,尤其是低盐低糖的食品易受拜耳接合酵母的污染,引起腐败。

第二节　微生物学技术与产业

微生物广泛分布于土壤、水、空气以及动植物的体内或体表,寄生、腐生或自养生活。虽然少数种类的微生物可引起人类及动植物生病或者使工农业产品和生活用品腐蚀、霉烂,但是大多数微生物对人类是有益的。尤其是随着科学技术的进步与学科的相互渗透和交叉,微生物已在工业、农业、环境保护、资源利用与食品等各行各业发挥越来越重要的作用。

一、微生物与农业

近十年来,世界农业出现的土地资源退化和农业生态环境恶化等问题,使人们更加关注生物系统农业的研究。相继形成了替代农业、低投入农业、有机农业以及持续农业等新的农业体系和观念。从总体上来说,这些体系和观念的共同点都是主张农业生产要遵循生态学原理,合理开发资源、保护农业资源与环境、减少产品污染、降低化学合成物的使用量。土壤微生物在养分持续供给、肥料管理措施、有害生物综合防治及土壤保持中起着举足轻重的作用(孙海新,2013)。下面从生物肥料和生物农药两方面来描述微生物在农业领域中的应用。

(一)生物肥料

1.生物肥料的概念

生物肥料,又称微生物肥料,是指含有特定微生物活体的制品,应用于农业生产,通过其中所含微生物的生命活动,增加植物养分的供应量或促进植物生长、提高产量、改善农产品品质及农业生态环境。目前,微生物肥料包括微生物接种剂、复合微生物肥和生物有机肥三类。为了发展现代农业,实现农业可持续发展,对肥料行业的发展提出了新的更高的要求。而生物肥料在提升耕地质量、治理农业面源污染、提升农产品品质等方面具有不可替代的作用。大力推广生物肥料的应用是实现农业可持续发展的一项重大举措。

2.生物肥料的功能特点

生物肥料的作用主要表现为提供或活化养分、产生促进作物生长活性物质、促进有机物料腐熟、改善农产品品质、增强作物抗逆性、改良和修复土壤等几个方面。

生物肥料可以活化土壤养分,一是利用微生物的固氮功能,为作物直接提供营养;二是利用微生物溶磷、解钾、溶解钙镁硫等中量元素的功能,使营养物质形态活化,增加养分的有效性,提高肥料利用率(陈文新,2014);生物肥料可产生促进作物生长的活性物质,比如许多微生物可以产生植物激素,促进作物生长;生物肥料可促进有机物料腐熟,微生物将有机物料矿质化和腐殖质化,转化形成大量优质的有机肥料,增加土壤有机质和土壤肥力(黄韶华,1995);生物肥料可改善农产品品质,不同类型的微生物肥料,可以从外形、色泽、口感、香气、单果重、千粒重、大小、耐储运性能等不同方面,改善农产品品质;生物化肥可增强作物抗逆性,主要表现在抑制病虫害发生(产生抗生素,病情指数降低)、抗倒伏、抗旱、抗寒及克服连作障碍等方面。

另外,生物肥料还可改良和修复土壤。应用微生物肥料进行土壤改良和修复,在实践中被证明是有效的技术手段。通过微生物代谢活动,直接或间接地将土壤环境中的有毒有害物质(如残留农药、重金属等)的浓度降低,从而将毒性降低,或实现完全无害化。此外,微生物肥料还可以改善土壤的容重、团粒结构、养分供给、微生物种群结构与数量等指标(周泽宇,2014)。

(二)生物农药

1.生物农药概念

从广义上来说,利用活体微生物或其产生的代谢产物来防治病虫草害的农药称为微生物农药。从狭义上来说,只利用活体微生物来进行病虫草害防治的农药称为微生物农药,包括病毒、细菌、真菌等微生物活体(陈源,2012)。生物农药的传统定义是指可以用来防治病虫草等有害生物的生物活体,如利用细菌、放线菌、病毒、真菌、线虫及拮抗微生物等来控制病虫草害的制剂(梁知洁,2001)。随着其发展,又将生物的代谢产物、转基因产物等扩充到其中,包括微生物农药、农用抗生素、植物源农药、生物化学农药和转基因植物等(Congress & Te,1991)。

2. 生物农药分类

生物农药分为 3 大类。

(1)微生物源农药。它们是以微生物为活性成分的农药,这类农药可以杀死多种害虫。例如:有些真菌可以控制杂草,另外一些真菌可以控制蟑螂,一些细菌可以控制植物疾病。目前应用最广泛的微生物农药是 Bt,可以控制卷心菜、马铃薯及其他作物的害虫。

(2)植物农药或转基因植物农药。它们是将基因植入植物体内的农药。如科学家从 Bt 杀虫蛋白中提取基因,再植入植物体内使植物具有杀死害虫的活性(Douville,2007)。

(3)生物化学农药。它们是以非毒性机理控制害虫的天然源物质,包括信息素、荷尔蒙、植物生长调节剂、排斥剂及酶。

3. 生物农药的特点

(1)选择性强,对人畜安全,是目前市场开发范围大并应用成功的生物农药产品。它们只对病虫害有作用,一般对人畜及各种有益生物比较安全,对非靶标生物的影响也比较小。生物农药是生物活体,假如不考虑生态环境因素,那么生物农药对非靶标生物几乎是没有杀伤力的。生物农药中昆虫病原真菌、细菌、病毒等均是从感病昆虫中分离出来,经过人工繁殖再作用于该种昆虫,加上生物农药大多数都是通过影响害虫进食而达到杀虫目的,因此使用生物农药是很安全的(张锡贞,2004)。

(2)无污染,对生态环境安全。微生物农药有控制有害生物的作用,主要是利用某些特殊微生物或微生物的代谢产物所具有的杀虫、防病、促生功能。其有效活性成分完全存在和来源于自然生态系统,在环境中会自然代谢,参与能量与物质循环。它的最大特点是极易被太阳光、植物或各种土壤微生物分解,其作用过程是一种来于自然、归于自然的物质循环方式。作物施药后对水体、土壤、大气都不会产生污染,也不会在作物中残留(武军彦,2014)。

(3)效果好,防治期更长。一些生物农药品种(昆虫病原真菌、昆虫病毒、昆虫微孢子虫、昆虫病原线虫等)具有在害虫群体中水平或经卵垂直传播的能力,在野外一定的条件下,具有定殖、扩散和发展流行的能力,不但可以对当年当代的有害生物发挥控制作用,而且对后代或者翌年的有害生物种群起到一定的抑制作用,具有明显的后效作用(王晓娜,2014)。

综上所述,生物肥料的功能特点,决定了其在维持土壤肥力,恢复、保持土壤质量,以及实现农业可持续发展中具有不可替代的作用。据有关资料统计,我国微生物肥料在国家生态示范区、绿色和有机农产品基地中已成为肥料主力军,其用量已超过 400 万吨,约占我国微生物肥料年产量的 50%。生物肥料行业的生产企业、科研单位和推广部门,应把握好当前良好的发展机遇,推动生物肥料行业发展,助力我国农业可持续发展。而生物农药具有低毒性、选择性强、低残留、高效且能迅速分解、不易产生抗药性等一系列的优于化学农药的特点,它的作用方式是以控制病虫害为主,而不具有强烈的杀灭病虫害作用。针对可持续发展和绿色农业的需要,开发利用生物农药任重而道远。

二、微生物与食品产业

以自然界中食品原料为基质,通过微生物的代谢活动,利用适宜的工艺和设备条件制得的食品叫作发酵食品,也叫酿造食品。其生产已有悠久的历史,对现代食品工业及人们生活产生了重要的影响。利用微生物生产的现代食品产业称为食品发酵产业。微生物发酵食品的原料丰富,一般以谷物、豆类、果蔬类为主;发酵技术的应用已扩展到三大类产品的生产中:一是生产传统的发酵产品,如啤酒、果酒、食醋等;二是生产食品添加剂;三是生产保健品。由于是自然发酵,一般是多菌种发酵,酶系复杂,有多种微生物共同参与,同时在发酵过程中还得保持各种微生物之间的协调性(龙立利,2014)。微生物代谢的酶类将原料中的蛋白质、糖类、脂肪等分解成氨基酸、寡糖为其生长提供营养,同时也形成风味物质的前体,而代谢生成的乙醇、乙醛、乳酸、丁酸乙酯等则直接形成产品的风味(陈楠,2013)。

(一)传统发酵食品

1.酒类

啤酒的原料为大麦、酿造用水、酒花、酵母以及淀粉质辅助原料(玉米、大米、大麦、小麦等)和糖类辅助原料等。传统的游离酵母发酵啤酒周期为 $20\sim30d$。酵母在固定化载体中增殖快,生长良好,具有较高的稳定性,使用寿命可达两个月。用固定化酵母发酵啤酒的周期为一个星期,生产周期大大缩短,固定化酵母发酵啤酒方法特别适合于夏季、秋季对啤酒需求旺盛的季节使用(王人悦,2014)。

2.发酵乳制品

发酵乳制品是良好的原料乳经过杀菌并且在特定的微生物作用下进行发酵所获得的,经过这种工艺处理的乳制品一般都具有很特殊的风味,并且有很高的营养价值和很好的保健作用。酸奶的发酵过程使奶中的糖、蛋白质有 20% 左右被水解成为小的分子(如半乳糖和乳酸、小分子肽和氨基酸等),奶中脂肪含量一般是 3%～5%。酸奶更易消化和吸收,其发酵过程使得各种营养素的利用率得以提高。

3.调味品

酱油是人们常用的一种食品调味料。它是用蛋白质原料和淀粉质为原料,利用曲霉及其他微生物的共同发酵作用酿制而成的。酱油生产中常用的霉菌有米曲霉、黄曲霉和黑曲霉等。曲霉菌株应符合如下条件:不产黄曲霉毒素;蛋白酶、淀粉酶活力高,有谷氨酰胺酶活力;生长快速、培养条件粗放、抗杂菌能力强;不产生异味,制曲酿造的酱油制品风味好(张丹,2012)。

4.泡菜

泡菜主要是新鲜蔬菜通过原料处理后由乳酸菌发酵而成的一种传统蔬菜发酵制品(Kim & Chun,2005)。蔬菜经以乳酸菌为主要菌群的多种微生物发酵后,质地脆嫩爽口,营养丰富,富含维生素、胡萝卜素和钙、铁、磷等微量元素,具有开胃、健脾、促进消化、降低胆固醇、预防高血压等保健功效,一直以来深受人们喜爱。其腌制加工的主要微生物学原理是新鲜蔬菜在一定食盐浓度溶液中,借助自然条件下附着在蔬菜表面的有益微生物,其中以乳酸菌为主,或通过人工接入乳酸菌,使蔬菜中的可发酵型糖类等物质发酵产酸,利用食盐溶液的高渗透压,抑制有害微生物生长,同时还伴随一系列乙醇发酵和醋酸发酵等生化反应,从而形成了泡菜等发酵制品的独特风味。泡菜中常见的乳酸菌主要有植物乳杆菌、短乳杆菌、肠膜明串珠菌和双歧杆菌等(李文婷,2012)。

目前,我国蔬菜发酵产业中的泡菜加工产业已初具规模,主要集中在四川省,四川泡菜全国市场占有率达 50% 以上,产品远销日本、韩国、美国、澳大利亚、欧盟、东南亚等近 20 多个国家和地区。年加工鲜菜 300 多万吨,总产值已达到 100 多亿;其中产值 1000 万元以上的泡菜加工企业 100 多家(不含辣椒豆瓣),总产值 50 亿元以上,其中省级农业产业化重点龙头企业 30 多家,国家级农业产业化重点龙头企业 3 家。国内已形成以四川地区为主的泡菜发酵的研究与产业化应用的"产学研"相结合的科技创新团队,重点关注泡菜加工专用原料品种的选育、原料基地建设、泡菜加工新工艺、新品种研发,标准化技术规程制定和完善等工作;绿色功能菌(群)发酵调控和直投式功能菌发酵泡菜关键技术等研究与产业化应用,泡菜发酵用菌种的产业化生产,增香调味技术、小包装泡菜保质技术等成果的开发和应用,推动了四川省从传统的作坊式泡渍泡菜向规模化、多元化泡菜发展,为不断开发泡菜新产品奠定了基础。开发的低盐泡菜、早餐泡菜、清酱泡菜和泡山野菜等各式新产品,受到消费者的青睐和市场认可。

(二)食品添加剂

1. 氨基酸

L-苯丙氨酸用红酵母菌种进行二级发酵,培养具有苯丙氨酸解氨酶活性的培养物,以此作为生物催化剂,在肉桂酸-氨水液中保温反应,由酶催化制得。L-缬氨酸以葡萄糖、尿素、无机盐等为原料,用产谷氨酸微球菌、产氨短杆菌、产气杆菌等为菌种发酵制得。L-异亮氨酸是以糖、氨、α-氨基丁酸等为原料,用黄色小球菌或枯草杆菌发酵而得。L-谷氨酰胺以葡萄糖等糖类为原料,经黄色短杆菌发酵制得。此外,赖氨酸、色氨酸、苏氨酸、亮氨酸、精氨酸、半胱氨酸、脯氨酸等氨基酸亦可由微生物发酵法制得(姬德衡,2002)。

2. 木糖醇

木糖醇是一种具有营养价值的甜味物质,也是人体糖类代谢的正常中间体;木糖醇广泛用于食品和医药产业。酵母菌(假丝酵母属菌株)是发酵法生产木糖醇的最好菌株之一,影响产量的主要因素有培养温度、通气率、木糖浓度、氮源和 pH 值等。相关研究表明,通过破坏木糖醇脱氢酶基因 XYL2,可以阻止木糖醇向木酮糖转化。通过复合培养基(最有效成分是甘油),可以促进细胞的生长和 NADPH 的产生,最终在发酵 16h 后木糖醇积累的浓度可达到 48.6g/L。遗传性状改良菌株如木糖醇脱氢酶(XDH)缺陷性菌株,破坏由 XYL3 编码的酶木酮糖激酶(D-xylulokinase)后,木糖醇的积累量为 26g/L(秦海青,2013)。此外,利用氧化还原电位的变化可以控制酵母菌发酵生产木糖醇(Sheu, et al., 2003)。

3. 微生物多糖——普鲁兰多糖

普鲁兰多糖(Pullulan)最早是 1938 年由 R. Bauer 发现的一种特殊的微生物多糖。该多糖是由 α-1,4 糖苷键连接的麦芽三糖重复单位经 α-1,6 糖苷键聚合而成的直链状多糖,分子量在 2 万～200 万,聚合度 100～5000。普鲁兰多糖以其优良的理化特性,如易溶于水且不离子化,不凝胶化,热稳定性好,黏度受外界因素影响较小,并且不会污染环境,在众多领域得到广泛的应用。另外,其还具有良好的成膜性、阻气性、可塑性,黏性较强,且无毒无害、无色无味等,已广泛应用于医药、食品、轻工、化工和石油等领域。2006 年 5 月 19 日,国家卫生部发布了第 8 号公告,普鲁兰多糖为新增四种食品添加剂产品之一,可在糖果、巧克力包衣、膜片、复合调味科和果蔬汁饮料等中用作被膜剂和增稠剂。一般商品分子量在 20 万左右,大约由 480 个麦芽三糖组成。

普鲁兰多糖是一种由出芽短梗霉（*Aureobasidium pullulans*）发酵所生产的类似葡聚糖、黄原胶的胞外水溶性黏质多糖,出芽短梗霉是一种生活史极为复杂的类酵母型真菌,各种形态之间的相互演化受较多因素影响。国内相关研究单位开展了对发酵法生产普鲁兰多糖的研究,并对其生产菌株进行了诱变改造。综合文献报道结果表明,基于透析培养制备的出芽短梗霉 G-58 菌悬液,同步性优于普通培养方式,且便于控制接种量,在 OD600 为 0.442,接种菌龄为 36h,在培养温度为 28℃,初始 pH 为 7.0,装液量为 50mL/250mL,摇床转速 200r/min 的条件下可培养出芽短梗霉 G-58,发酵结果不仅粗多糖产量高,色素含量低,且发酵实验的整体稳定性得到了有效提高,分批发酵实验重现性良好。发酵时以蔗糖和葡萄糖为碳源的 G-58 菌株产糖量高且色素含量低;不同的氮源培养基中,有机氮源优于无机氮源,复合氮源优于单一氮源,其中酵母膏结合碳酸铵的复合碳源形式具有较好的产糖效果。具有较高普鲁兰多糖产量的 G-58 菌体形态,多为带有黄色素的厚垣孢子与肿胀细胞。在发酵抑制剂的影响方面,在发酵液中添加抑制剂碘乙酸与氟化钠,可对糖酵解过程中关键性酶 3-磷酸甘油醛脱氢酶与丙酮酸激酶产生作用,从而可推断出芽短梗霉 G-58 的菌体生长及多糖合成途径;糖酵解抑制剂会在一定程度上影响出芽短梗霉 G-58 的菌体生长及多糖合成,并推断认为出芽短梗霉 G-58 的生长代谢是以 EMP 途径为基础,并在 HMP 途径或其他途径的共同作用下完成的,并且 HMP 途径代谢通量的增加能够促进出芽短梗霉菌体的生长,而胞外多糖的合成则在很大程度上依赖于 EMP 途径并受其代谢通量变化的影响。

4. 不饱和脂肪酸

二十二碳六烯酸（docosahexaenoic acid,DHA）是一种对人体非常重要的多不饱和脂肪酸,广泛应用于医药、食品和饲料工业中。DHA 是一种常用的食品营养强化剂,添加在牛奶或奶粉、食用油等产品中。DHA 主要分布在海洋生物中,但通过提取鱼油生产 DHA 存在资源有限、产量不稳、纯化工艺复杂、鱼腥味难以去除等缺点。通过微生物生产的 DHA 则具有产量稳定、成本低、提取工艺简单、纯度高等优点。微生物发酵生产 DHA 主要利用裂殖壶菌和藻类,只有实现高细胞密度才有可能实现 DHA 的高产率（韦海阳,2013）。

（三）发酵法生产保健食品

1. 维生素

酵母菌在工业生产上应用十分广泛。首先,其营养要求低,生长快,培养基廉价,便于工业化生产;由于细胞生长有一定的好氧性,可进行细胞高密度培养,在发酵罐中细胞干重能达到 120g/L（张剑峰,2009）;培养红酵母可发酵生产 β-胡萝卜素,β-胡萝卜素在人体中代谢后可转换为维生素 A,因此,β-胡萝卜素又称维生素 A 的前体。而维生素 C 的发酵法生产,早在 20 世纪 70 年代已经研究成功,"二步法"发酵生产维生素 C 的生产工艺早已并投入工业化生产。此外,维生素 B2 由阿氏假囊酵母等微生物发酵后,从发酵液中分离、提取制得。维生素 B12 由黄杆菌、丙酸杆菌等细菌及灰色链霉菌等微生物经培养发酵后分离精制而得（姬德衡,2002）。

2. 灵芝发酵产品

灵芝子实体是人类认识并最初利用灵芝的基本结构,开发利用灵芝子实体的常规方法有如下几种。一是利用灵芝子实体直接粉碎加工为灵芝粉粗品;二是以灵芝子实体粗提取物为原料加工成保健产品;三是以灵芝子实体提取出的活性成分为原料的产品。近几年来,国内研究单位将灵芝菌种接种到具有高蛋白的脱脂大豆液体培养基中,经三天发酵后,添加奶粉、糖、稳定剂等辅料,经均质、杀菌制得新型营养保健饮料——灵芝蛋白奶(肖智杰,2006)。此工艺将发酵液及菌丝全部用于饮品之中,增加了大豆游离氨基酸的含量,消除了豆腥味。

3. 担子菌

将担子菌集中到以粗纤维粉为主的培养基上让菌丝大量生成,提取菌丝蛋白或利用农副产品下脚料制成培养液,用发酵罐发酵法生产菌丝体提取蛋白,可制成营养价值高,含多糖、维生素丰富的防癌保健食品,此方法现已在我国多地应用。如猴菇营养液、云芝糖肽液、灵芝猴头羹、灰树花保健汁、美菇竹荪液和金灵锗营养液等(康德灿,2001),其产品备受大众青睐。

随着人们生活水平的不断提高,营养意识的加强以及食品发酵学科的不断发展,食品发酵技术已由原来的传统发酵工艺转变到现代食品发酵工艺,发酵食品生产效率与科技创新不断进步,微生物相关食品产品不断更新发展。由于自然界蕴藏着极其丰富的天然微生物资源,未来几年现代发酵工程必将为食品工业提供更有营养、更保健的丰富多样的发酵食品,以满足人类对健康与营养的需求。

三、微生物与资源利用

人类对资源不合理的开采以及工业化进程的加快,作为与食品资源息息相关的土地资源在不断退化,农业生态环境恶化等问题日益突出。另外,人类的工业是建立在化石能源基础之上的,而其特点是必然要消耗大量不可再生资源,以及产生大量温室气体的排放并破坏生态环境,由此引起人类社会面临人口剧增下的资源匮乏、能源危机和环境恶化等一系列问题,解决这些问题的关键在于寻求一条可持续发展的道路。现代微生物技术可在资源利用效率提高、资源节约和资源开发等方面起到积极的作用,这种作用对目前地球上日益匮乏的自然资源的利用或挖掘具有重要意义。

(一)微生物转化提高中药材的药理性

自然界中存在的微生物具有很强的分解转化物质的能力,并能产生丰富的代谢产物,利用微生物的生长代谢和生命活动来炮制药物,能比一般的物理化学手段更大幅度地改变药性,提高疗效,扩大适应症范围。通过微生物培养方法对中草药中的多种成分进行结构修饰,以期增加已有的活性,降低副作用,产生新的活性成分,解决中药中成分不明确、副作用以及效率发挥差特别是药材浪费等问题,也为药物合成提供了新的途径。

王玉阁及其团队早在2008年就利用米曲霉菌株对玉屏风散进行微生物转化(王玉阁,2008),观测正常小鼠抗氧化功能和免疫抑制小鼠免疫功能的影响。通过实验测定小鼠外周血和肝组织中特殊指标的亚群的百分比和比值,得出的结论是玉屏风散转化液组酶的活性高于对照组和玉屏风散煎剂组,MDA 生成量低于对照组和玉屏风散煎剂组。经过米曲霉生物转化的玉屏风散可提高正常小鼠的抗氧化能力,更能提高免疫抑制小鼠的免疫功能。

赵红晔及其研究团队试验了玉屏风散的微生物转化液对小鼠免疫体制的影响(赵红晔,2010)。他们以血清溶血素和外周血为检测指标,实验结果表明,玉屏风散转化液可以增强小鼠的体液免疫能力,其作用比玉屏风散强,其作用机理是促进脾脏抗体细胞的形成,促进血清溶血素的生成,提高外周血中蛋白含量,从而增强免疫力。

(二)微生物对中草药中有效成分的转化

将中草药中一种特定的有效成分提取出来,经微生物转化后寻找新的化合物,然后对新的化合物进行药理筛选来确定转化是否有益。

最早是 Peterson 等在 1952 年利用微生物黑根霉在孕酮 11 位上导入 α-羟基,使其转化形成 α-羟基孕酮,使孕酮合成皮质酮只需要三步反应,收率高达 90%。青蒿素是 1971 年从药用植物黄花蒿中分离到的一种化合物,具有高效低毒的抗疟疾活性,研究人员从 18 个菌种中筛选出一个能够催化转化青蒿素的菌株,进行了优化试验,使主产物的转化率达到了 56% 以上。邓欢欢等将北桑寄生(*Loranthus tanakae* Franch. et Sav.)提取物与沼泽红假单胞菌共同培养(邓欢欢,2014),通过高效液相色谱法(HPLC)分析经沼泽红假单胞菌微生物转化后的北桑寄生化学成分的变化。实验结果表明,经沼泽红假单胞菌混合培养后北桑寄生的化学成分发生了很大的变化,转化液中其上清液成分减少,沉淀物成分中至少增加了 4 种代谢产物。研究表明,通过沼泽红假单胞菌可以对北桑寄生提取物成分进行生物转化,将水溶性化合物(转化液上清液)转化为脂溶性化合物(转化液沉淀物中的成分),研究成果为光合细菌在其他中药中的生物转化奠定了基础。

(三)甾体化合物的微生物转化

雄烯二酮(AD)和雄二烯二酮(ADD)是甾体激素药物不可替代的中间体,几乎所有甾体激素药物都可以以 AD(D)为起始原料进行生产。以廉价的甾体化合物制备 AD(D)受到越来越多的重视(梁建军,2012)。Leec 等采用活化氧化铝载体固定化 *Mycobacterium* sp. NRRL B-3683 细胞(Leec,1992),将浓度为 1g/L 的胆固醇底物进行分批发酵生物转化,使 ADD 的生产强度达到每天 0.191g/L,摩尔转化率为 77%,固定化微生物的半衰期超过了 45d。

(四)微生物生物转化法合成天然香料香精

直接从自然界的原料中获取香料其含量低,且天然香料与合成香料存在巨大的价差,高者甚至达到 200 倍。因此,针对有价值的香料化合物进行微生物转化法生产是自然资源开发的一条重要途径。这种微生物转化法利用微生物细胞或酶转化天然前体或全程合成(微生物发酵)来生产各种天然香料(陈虹,2011)。如用微生物转化法合成香兰素,这是一种奶油风味的物质,可广泛应用于冰激凌、巧克力、乳制甜点等里面,堪称世界上使用最广的增香剂。利用枯草芽孢杆菌转化香兰素的前体物质可以使香兰素的转化率达到 14%(姜欣,2007),大大减少成本。2-苯乙醇是一种具有柔和细腻的玫瑰气味的芳香醇,存在于玫瑰、茉莉、百合和丁香等多种植物的精油中,价格昂贵,利用酿酒酵母和毕赤酵母可合成天然 2-苯乙醇;目前,马克斯克鲁维酵母菌株可使 2-苯乙醇的转化率高达 83%(Etschmann,2004)。

利用微生物的生物转化作用生产酯类物质可解决香料紧缺和天然原料提取价格昂贵的问题,有巨大的经济意义,同时可解决由于提取香料的过程导致的资源耗费和环境污染等问题。许多细菌和霉菌都具有合成芳香化合物的能力,如枯草芽孢杆菌能够全程合成吡嗪类物质,从而赋予酱油、豆汁、豆瓣酱和酱香型白酒特有的香味(Larroche, et al., 1999);而酵母菌合成天然香料的能力则更强,多种酵母均有合成酒香味(酯类物质)的能力,如乳酸克鲁维酵母可合成果味花香味的帖烯(Drawet & Barton,1978),香气掷孢酵母可合成香味内酯(Tahara, 1972)。同时也可以避免由于消费者对天然香料的喜爱导致价差悬殊问题。总的来说,将微生物转化技术应用于香料的生产有很大的发展前景和良好的经济效益,必将在未来的香料市场大放异彩。

(五)油气藏存二氧化碳的微生物转化利用

对二氧化碳的捕集埋藏是近年来二氧化碳减排的有效手段之一。返注的二氧化碳主要用于地质封存,或是用于提高石油的采收率,利用这些方法返注的二氧化碳事实上并没有消失,不排除再次排放到大气中的可能性。埋藏二氧化碳通过微生物转化生成甲烷技术,就是利用油气藏中的内源微生物,以埋藏的二氧化碳为底物,通过二氧化碳还原途径合成甲烷的技术。合成原料是埋藏的二氧化碳,合成地点是枯竭的油气藏,合成媒介是油气藏内源微生物,产物为甲烷。此项技术因为兼具二氧化碳减排的环保意义,生物合成甲烷的再生能源意义以及延长油气藏寿命和潜在经济收益等优势,具有广泛的应用前景。二氧化碳的捕集、埋存和油气藏的多样性为技术的实施提供了可能性(魏小芳,2011)。

除此之外,食品加工业或生物工业中产生的下脚料甚至包括废水、废物与废气等都可通过微生物的生长与代谢活动产生对人类有用的化学品或食品新资源等,因此,科学合理地利用微生物这一重要生命体对地球上资源的有效利用和开发起到积极的作用。

四、微生物与环境

人类在改造自然的各种生产活动中包括现代工农业生产活动,由此不可避免地引起了环境(大气、水体和土壤等)污染及生态破坏等问题。微生物在环境治理中扮演着重要的角色,微生物的代谢活性高,在环境治理中因其投资少、处理效率高、运行成本低和二次污染少等优点而得到越来越广泛的应用,是处理环境污染的最好载体,主要包括废水治理、固体废物处理、重金属污染治理和养殖环境的原位修复等方面,以下将从目前微生物在环境污染或修复中应用的研究现状及进展进行简述。

(一)微生物在废水治理中的应用

污染水体的微生物修复技术是新近发展起来的一项水体环境清洁的生物技术,具有低投资、高效益、便于应用的特点,具有很大的发展潜力。特别在"五水共治"备受重视的今天,这项技术尤其重要。目前发展起来的代表性技术有如下几种。

1.固定化微生物技术

固定化微生物技术是指利用化学的或物理的手段将游离的微生物定位于限定的空间区域,并使之不悬浮于水但仍保持其生物活性、可反复利用的方法。用固定化微生物技术对城市污水中的污染物(如硝基苯)降解处理实验研究(唐凤舞,2009)的结果表明,在 pH 值为8.0,固定化颗粒与污水的质量比例为 16%,温度为 25℃时,硝基苯去除率达 97.9%,COD去除率达 89.2%,出水水质稳定。固定化微生物方法还可去除苯酚、重金属和醇类(固定化藻类),除油及城市废水等。

2.生物膜技术

生物膜法是使微生物附着在惰性的滤料上,形成膜状的生物集群,从而对污水起到净化效果的生物处理方法。生物膜法具有运行费用低廉、管理方便等特点,对进水的水质与水量变化有着很强的适应能力。张凤君等采用中空纤维膜作为无泡供氧及生物膜载体,采用包埋固定化技术进行挂膜及污水处理研究(张凤君,2005),试验结果表明,采用 PVA(聚乙烯醇)作为包埋剂,且包泥量为 1∶1 的情况下,COD 和氨氮的去除率分别稳定在 90% 和 80% 左右。

3.低温微生物对污染水体的治理

近年来,低温微生物技术主要被用于治理地下水、海洋和湖泊水体污染,被公认为是对湖泊、地下水等大面积水体污染最有生命力的修复技术。在西方很多国家,低温烃降解菌已在一些有毒有害有机污染的修复计划中得到应用,在废水处理中具有广阔的前景。通过实验研究(孟雪征,2001),发现在冬季低温时,在曝气池内投加耐冷复合菌群可以使 COD 去除率由 35% 提高到 89%,该项研究结果为寒冷地区冬季生活污水的处理提供了新的解决办法。这些应用特点的技术关键点是筛选获得具有低温环境条件下发生作用的特殊微生物。

(二)微生物在大气污染中的应用

工业生产(包括食品加工、化工及轻纺等行业)排放的废气,甚至包括有一定致毒性的无机物如硫化物类、有机物如苯类等或其他恶臭气体,这些排放的废气如不加以处理会对大气环境产生严重污染而影响人类健康。处理方式之一是采用微生物烟气脱硫技术,利用自养生物脱硫,营养要求低,这种方法不需高温、高压和催化剂,使用设备要求简单;无二次污染,处理费用为湿法脱硫的 50%。利用细菌进行脱硫技术的研究有较多的研究报道,如利用氧化亚铁硫杆菌已使脱硫率达 95% 以上,日本利用该菌已使 H_2S 脱除率达 99.99%,国内利用该菌对炼油厂催化干气或工业废气脱硫,H_2S 去除率分别为 71.5% 和 46.91%;国外用脱氮硫杆菌的耐受株 T. denitrificans F 在厌氧条件下脱硫率达 80%(张树政,1995)。

治理大气污染就不能不提生物过滤法,该技术在 20 世纪 50 年代中期最先用于处理空气中低浓度的臭味物质,到 20 世纪 80 年代,德、美、荷兰等国相继用此法控制生产过程中的挥发性气体和有毒气体。生物过滤法还可去除空气中的异味、挥发性物质和有害物质,包括控制(去除)城市污水处理设施中的臭味、化工过程中生产的废气、受污染土壤和地下水中的挥发性物质、室内空气中低浓度污染物等。

当然利用微生物方法还可用来固定 CO_2,实现 CO_2 的资源化,同时产生很多附加值高的产品。毕立锋等通过异养脱氮菌对大气中 NO_x 进行脱除技术的研究(毕列锋,1998)。因此,将生物技术用于有机废气的治理具有费用低、效率高等优点,在德国、荷兰、日本及北美国家得到广泛应用。

(三)微生物在治理重金属污染中的应用

重金属污染的微生物修复是指利用微生物的生物活性对重金属的亲和吸附或将其转化为低毒产物,从而降低重金属的污染程度。重金属离子污染土壤和水体后,由于其难降解性和毒性,被定为第一类污染物。震惊世界的日本"水俣病"和"骨痛病"就是分别由含汞废水和含镉废水污染环境所造成的。重金属污染由于其毒性作用及其通过食物链的积累导致的严重的生态和健康问题,已成为重要的环境问题。近年来,生物修复技术在处理大量复合有机物及少量金属污染方面受到广泛关注(Rajendran, et al., 2003;Soccolc, et al., 2003;Malik, 2004),但目前有关重金属修复方面报道相对较少。

在长期受某种重金属污染的土壤和水体中,生存有较大数量的、能适应重金属污染的环境并能修复重金属污染的微生物类群。如土壤中分布有多种可使铬酸盐或重铬酸盐还原的细菌,如产碱菌属(Alcaligenes)、芽孢杆菌属(Bacillus)、棒杆菌属(Coryhebacterium)、肠杆菌属(Enterobacteiace)、假单胞菌属(Pseudomonas)和微球菌属(Micrococcus)等,这些菌能将高毒性的 Cr^{6+} 还原为低毒性的 Cr^{3+}。Minamisawa 等研究证明利用生物材料是处理废水中重金属的经济、有效的方法(Minamisawa, et al., 2004);Yasemin 等利用包埋法对白腐真菌(Phanerochaete chrysosporium)固定化后进行 Hg^{2+} 和 Cd^{2+} 吸附的实验(Yasemin, et al.,2002),结果指出在 $15\sim45\,^{\circ}\mathrm{C}$ 的变化温度范围内,其生物吸附能力没有显著变化。因此,

Phanerochaete chrysosporium 在低温重金属修复方面具有较好的经济价值和社会效益。

（四）微生物在养殖环境等原位修复中的应用

1. 养殖水体环境的修复

近年来水产养殖业迅速发展，养殖水体环境逐渐恶化。净水微生物无毒、无副作用，无残留，无二次污染，不产生抗药性，能够有效地改善养殖水体生态环境、维持水生生态平衡、增强水生生物免疫力和减少水产动物疾病的发生，因此得到越来越广泛的应用（贺艳辉，2005）。主要净水微生物包括光合细菌（PSB）、芽孢杆菌（*Bacillus*）、硝化细菌、酵母菌、放线菌、蛭弧菌、基因工程菌、复合菌剂等。目前国内研究较多的是光合细菌对养殖环境的生物修复作用，如去除或转化水体中由于养殖所投饵料引起水质恶化的氮、磷等元素，以改善水质与微生态平衡等。

2. 石油污染物的原位修复

修复环境中污染的石油及多环芳烃（PAHs）越来越多地受到人们的重视，其中的方法之一是利用植物与菌群联合修复。在植物—微生物修复过程中目前主要关注的问题有，微生物菌群本身的固氮能力，以便评价贫瘠土壤中微生物是否能够靠自身提供氮源；向土壤添加基质后的植物—微生物联合修复作用等。

Dashti 等从豆科植物蚕豆（*Vicia faba*）和羽扇豆（*Lupinus albus*）与细菌菌群联合修复石油污染土壤中筛选出 11 株能以石油为唯一碳源的菌株（Dashti, et al., 2009），包括假单胞菌属（*Pseudomonas*）8 株、芽孢杆菌属（*Bacillus*）2 株及诺卡氏菌属（*Nocardia*）1 株，并且根瘤植物对石油利用的能力高于非根瘤植物。Al-Mailem 等发现盐节木（*Halonemum strobilaceum*）能够自然生长在阿拉伯湾高盐岸边（Al-Mailem, et al., 2010），其根际微生物数量是无植被区的 14～38 倍，根际常见菌属为古细菌嗜盐杆菌属（*Archaea Halobacterium* sp.）、嗜盐球菌属（*Halococcus* sp.）、波茨坦短芽孢杆菌（*Brevibacillus borstenlensis*）、变形菌属（*Proteus* sp.）和盐单胞菌属（*Halomonas sinaensis*），以上菌种均可以在 1～4mol/L NaCl 中生长，并且根际微生物菌群在含氮与不含氮培养基中均可减少石油含量。土壤中 PAHs 在植物—微生物菌群作用下的降解效率等也引起科学工作者的足够重视。

在土壤中通过加入基质，刺激土壤中微生物菌群生长，进而能够达到较为理想的植物—微生物联合修复效果。Agamuthua 等研究表明，在含有有机废物（香蕉皮、酿酒谷物残渣和真菌堆肥）条件下（Agamuthua, et al., 2010），麻疯树（*Jatropha curcas*）对含油量（润滑油）25000mg/kg 和 10000mg/kg 土壤的油去除率达到 56.6% 和 67.3%，植物根部无积累的碳氢化合物；在酿酒谷物残渣中微生物数量显著高于其余添加物，且油类降解率亦最高，达到 89.6% 和 96.6%。牵牛花（*Pharbitisnil* L.）和菌群联合作用对石油降解率在 27.6%～67.4%，比无植被时（10.2%～35.6%）显著增加；土壤石油浓度大于 10000mg/kg 时，菌群数量开始急剧下降；石油浓度小于 10000mg/kg 时，微生物可通过调节自身的代谢和酶系统来适应石油环境（Zhang, et al., 2010）。Mohsenzadeh 等发现，蓼科首乌属植物（*Polygonum aviculare* L.）与根际真菌修复石油污染土壤时（Mohsenzadeh, et al., 2010），来自石油污染区植被根际微生物的多样性比非污染区域高；镰刀菌属（*Fusarium*）微生物具有高耐油特点（10% V/V），可用于石油重污染区；其中真菌在降解过程中起主要作用，而植物根系加速了这一过程。Lu 等采用真桦鬼针草（*Bidens maximowicziana*）修复芘类（Pyr）污染土壤（Lu, et al., 2010），Pyr 含量 50 天降低了 79%。Mikkonen 等研究山黄麻（*Galega orientalis*）对燃油根际修复时亦得到了类似结论

(Mikkonen，et al.，2011)。Cheema 等研究牛毛草及牛毛草、黑麦草、苜蓿和油菜籽联合修复作用发现(Cheema，et al.，2009)，联合植物修复方法，对菲(Phe)和 Pyr 的降解率分别能达到98.3%～99.2%和 79.8%～86.0%，比单一植物修复的降解率有所提高。

（五）微生物技术在固体废物及其他污染物处理中的应用

利用微生物可以处理垃圾、尾矿、贫矿、冶金炉渣及农林废料等各种固体废弃物，主要有堆肥法、场地处理法和厌氧处理法等，最常用的是"堆肥法"。我国同济大学与无锡崇安区环卫科研站共同研究成功的生活垃圾快速高温堆肥二次发酵工艺，经微生物和机械联合处理后，堆肥不再带病害微生物，对农作物无害，且具有较高的肥效(湛树元，1998)。而国内近几年相继引进日本等研发的微生物菌剂用于固体有机废物(包括生活有机垃圾、厨余和环境中的固体废物)的减量化处理，并实现规模化实际应用。

环境中其他污染物的处理：微生物不仅用于大气、水、土壤中农药和垃圾的处理，还用作检测有毒化学品的指示生物。此外，还可做成微生物絮凝剂，净化污水；微生物絮凝剂是利用生物技术手段，通过微生物发酵、抽提、精制而成的一种具有生物分解性和安全性的新型、高效、无毒的廉价的水处理剂。目前的微生物絮凝剂有 PF101 和 NOC-1 等种类，它们对大肠杆菌、酵母、泥浆水、粉煤灰水、活性炭粉水、膨胀污泥、纸浆废水和颜料废水等有较好的絮凝和脱色效果。

五、微生物与能源

生物能源是指利用生物可再生原料及太阳能生产的能源，包括生物质能、生物液体燃料及利用生物质生产的能源如燃料酒精、生物柴油、生物质气化及液化燃料、生物制氢等。而微生物主要是通过发酵方式产生人类所需要的能源，比如甲烷产生菌、乙醇产生菌和氢气产生菌为代表的能源性微生物等(庞凤仙，2009)以及生物柴油产生菌等(贺静，2011)。在生态系统中，绿色植物及少数自养型微生物能够借助体内的光合色素将太阳能转换成生物能贮藏于体内。在生物体之间和不同生物之间的生物能的循环和能量流动过程中，异养型微生物作为生态系统中的物质循环的分解者，利用动植物残体等各种有机物，将其矿化分解最终使生物能以其最简单的无机物状态释放，这就是甲烷、乙醇和氢气产生菌等微生物与能源的基本关系。这种关系的重要意义在于使人类能够通过利用能源性微生物从而直接有效地使用生物能。能源性微生物在环境保护、非再生性能源节约与提高有关领域综合效益等方面都具有直接和显著的促进作用。以下简要介绍与不同类别能源产生相关联的代表性微生物。

（一）甲烷产生菌

甲烷产生菌是一类重要的极端环境微生物，在地球生物化学碳素循环过程中起着关键作用(杨薇，2010)。其微生物构成以细菌为主，包括甲烷杆菌属(*Methanobacterium*)、甲烷八叠菌属(*Methanosarcina*)、甲烷球菌属(*Methanoccus*)等。甲烷产生菌的作用原理即沼气发酵过程，该过程的第一阶段是复杂有机物如纤维素、蛋白质、脂肪等在微生物作用下降解至其基本结构单位物质的液化阶段；第二阶段是将第一阶段中产生的简单有机物经微生物作用转化生成乙酸；最后是在甲烷产生菌的作用下将乙酸转化为甲烷。也可通过甲烷产生菌在厌氧条件下直接降解脂肪酸来生产甲烷。甲烷产生菌是目前已有大量实际应用的一种微生物能源，国内相继开发利用工业发酵废液如酒糟废液和柠檬酸发酵废液等、农副产品下脚料、人畜粪便和其他工业生产中的废液等生产甲烷,用于照明和燃料等,产生的能源效益显著。如日产酒糟 $500\sim600m^3$ 的酒厂,可获得日产含甲烷 $55\%\sim65\%$ 的沼气 $9000\sim11000m^3$,相当于日发电量 $12857\sim15714kW$,日产标准煤 $17.1\sim20.9t$,可以代替橡胶生产中烘干用油量的 $30\%\sim40\%$。国内也有相关单位研究利用厨余或猪粪类发酵生产沼气并将其应用于燃料工业等。

随着能源危机和环境保护问题的日趋严重,国际上出现了由传统能源向可再生能源和新能源过渡的趋势,绿色生物能源是未来能源业建设的发展方向;世界各国都在积极开拓新能源与可再生能源的技术集成,燃料电池是近年来技术发展进步最快的产业之一,它是把燃料中的化学能直接转化为电能的能量转化装置。燃料电池具有高效率、无污染、建设周期短、应用条件宽以及易维护的特点,已被誉为是一种继火电、水电、核电之后的第四代发电技术,必将引发 21 世纪新能源与环保的绿色革命。我国的沼气资源非常丰富,将沼气用于发电是利用沼气的有效途径(梁亚娟,2004)。

(二)乙醇产生菌

乙醇产生菌生产的能源性物质,目前主要用于燃料和替代汽车等运输工具所使用的汽车用油,如汽油和柴油(王凡强,2006)。例如巴西用乙醇产生菌生产的乙醇 1990 年已达到 $1.6\times10^7 m^3$,足够供应 200 万辆汽车(每年)的驱动能源之需要。乙醇产生菌的主要种类有酵母菌属(*Saccharomyces*)、裂殖酵母菌属(*Schizosaccharomyces*)、假丝酵母属(*Candida*)、球拟酵母属(*Torulopsis*)、酒香酵母属(*Brettanomyces*)、毕赤氏酵母属(*Pichia*)、汉逊氏酵母属(*Hansenula*)、克鲁弗氏酵母属(*Kluveromyces*)、隐球酵母属(*Cryptococcus*)、德巴利氏酵母属(*Debaryomyces*)、卵孢酵母属(*Oosporium*)和曲霉属(*Aspergillus*)等。乙醇产生菌的发酵作用机理是酒精发酵作用,即把葡萄糖酵解生成乙醇,微生物酵解葡萄糖的途径是EMP、HMP 和 ED。

在微生物发酵底物的利用方面,木糖是木质纤维水解物中含量仅次于葡萄糖的一种单糖,以木糖发酵生产酒精,能使以木质纤维为原料的酒精发酵的产量在原有的基础上增加25%(王成军,2005),木糖的异构化是微生物代谢木糖的最初生化反应,自然界中木糖的代谢途径有两条,其一,在大多数能利用木糖的细菌中,木糖首先在木糖异构酶的直接作用下,转化为木酮糖,该酶不需要辅酶的参与;然后在木酮糖激酶的作用下转变成磷酸木酮糖,随后进入磷酸戊糖途径,与磷酸戊糖途径偶联的是 ED 途径,并通过 ED 途径产生乙醇。其二,在某些利用木糖的酵母及丝状真菌中,需经过两步氧化还原反应将木糖转化为木酮糖,首先在依赖于 $NAD(P)H$ 的木糖还原酶的作用下将木糖转化为木糖醇;然后在依赖于NAD^+ 的木糖醇脱氢酶的作用下将木糖醇转化为木酮糖,木酮糖经木酮糖激酶作用磷酸化后进入磷酸戊糖循环,经过一系列的生物化学反应生成乙醇。木糖法发酵生产酒精是一个新兴的领域,国内外对代谢相关基因的克隆、表达研究较多,相信随着现代生物技术等的快速发展,微生物能源这一新兴产业将会产生巨大的经济与社会效益。

(三)氢气产生菌

氢能具有燃烧热值高和产物无污染的特点,因此氢能被认为是最具有开发潜力的清洁能源之一(朱瑞艳,2006)。氢气产生菌生产的能源物质氢气,目前主要应用于燃料电池方面;氢气产生菌的主要种类有红螺菌属(*Rhodospirillum*)、红假单胞菌属(*Rhodopseudomonas*)、红微菌属(*Rhodomicrobium*)和蓝细菌类等。由于许多自养性和异养性微生物产氢的机制与条件还在研究过程中,所以该类微生物能源的使用尚处于试验阶段。氢气产生菌作用原理主要是丁酸发酵作用,除在丁酸菌作用下进行丁酸发酵外,氢气产生菌的其他分解有机物产生氢气的代谢机制目前尚未阐明清楚。已有的研究结果表明,氢气产生菌在含有葡萄糖培养基的10L发酵罐中,产氢气速度最高可达18~23L/h,并进而利用所产生的氢气推动功率为3.1~3.5V燃料电池的工作。

(四)柴油生产相关的微生物

生物柴油是指采用来自动物或植物脂肪酸单酯包括脂肪酸甲酯、脂肪酸乙酯及脂肪酸丙酯等与甲醇(或乙醇)经酯交换反应而得到的长链脂肪酸甲(乙)酯,是一种可以替代普通石油柴油的可再生的清洁燃料。和普通柴油相比,生物柴油具有以下优点:以可再生的动物及植物脂肪酸单酯为原料,可减少对石油的需求量和进口量;环境友好,无 SO_2 和铅等有毒物的排放等。国内外对利用海洋藻类作为酯类的来源有较多研究。微生物油脂是指某些微生物在一定条件下将碳水化合物、碳氢化合物和普通油脂等碳源转化为菌体内大量储存的油脂(Wynn, et al., 2001; Ratledge & Wynn, 2002);来源于微生物生产的油脂,由于微生物发酵周期短,不受季节及地域限制,且产柴油的微生物菌种资源丰富,正逐步得到越来越多的关注(宋安东,2011)。产油微生物包括酵母、霉菌、细菌和藻类,常见的有浅白色隐球酵母(*Cryptococcus albidus*)、弯隐球酵母(*Cryptococcus albidun*)、茁芽丝孢酵母(*Trichospiron pullulans*)、斯达氏油脂酵母(*Lipomyces*)、产油油脂酵母(*Lipomy slipofer*)、类酵母红冬孢(*Rhodosporidium toru loides*)、胶黏红酵母(*Rhodotorula*)等酵母,土霉菌(*Asoergullus terreus*)、紫癜麦角菌(*Claviceps purpurea*)、高粱褶孢黑粉菌(*Tolyposporium*)、深黄被孢霉(*Mortierella isabellina*)、高山被孢霉(*Mortierella alpina*)、卷枝毛霉(*Mucor circinelloides*)、拉曼被孢霉(*Mortierella ramanniana*)等霉菌,硅藻(*diatom*)和螺旋藻(*Spirulina*)等藻类(蒲海燕,2003)。研究发现,产油脂微生物可以利用甘油和糖蜜等作为碳源在胞内大量积累油脂(Zhu, et al., 2008; Fakas, et al., 2009)。Elbahloul等曾以葡萄糖为碳源,利用重组菌 *E. coli* p 发酵生产微生物生物柴油(Elbahloul & Steinbuchel,2010)。

(五)微生物用于开采石油

人们通过多种方法发现油田、开采油田,为人类提供重要的能源;在发现开采油田的过程中,微生物起着越来越重要的作用。石油等许多燃料是在多种微生物长期直接作用下形成的。没有众多微生物的改造、分解作用,古代的生物遗体不可能变成今天巨量的化石能源。微生物采油技术是指将筛选的微生物或微生物代谢产物注入油藏,利用微生物的代谢活动和产生的代谢产物,改变原油的某些物理化学特性,从而提高原油采收率的技术;应用微生物技术开采石油目前已被关注。相信在未来几年里,该技术将不断成熟,促进国内外能源工业的多样性发展。

(六)生物燃料电池

英国植物学家Potter早在1910年就发现有几种细菌的培养液能够产生电流,并成功制造出世界上第一个细菌电池,由此开创了生物燃料电池(biologic fuel cell,BFC)的研究。BFC是一类特殊的电池,它以自然界的微生物或酶为催化剂,直接将燃料中的化学能转化为电能,不仅无污染、效率高、反应条件温和,而且燃料来源广泛,具有较大的发展空间。其工作原理与普通电池类似,即由阴极池和阳极池这一基本结构组成,在阳极池,溶液或污泥中的营养物在催化剂作用下生成质子、电子和代谢产物,通过载体运送到电极表面,再经过外电路转移到阴极;在阴极,处于氧化态的物质与阳极传递过来的质子和电子结合发生还原反应生成水,就这样通过电子的不断转移来产生电能。根据所用催化剂的不同,BFC 可分为以微生物整体做催化剂的微生物燃料电池(MFC)和直接用酶做催化剂的酶生物燃料电池(EBFC)。由于很多酶都是从微生物体内提取而来,因此,无论是微生物燃料电池还是酶燃料电池,都离不开微生物的参与。

自美国宾夕法尼亚州立大学环境工程系 Bruce Logon 教授 2004 年在"Mechanical Engineering"上发表了有关将废水中高浓度有机污染物利用微生物燃料电池厌氧氧化转变成电力的论文以来,BFC 就成为当时环境能源领域的热点课题之一。Habermann 等(Habermann & Pommer,1991)致力于研究以含酸废水为原料的燃料电池;据报道(吴祖林,2005),利用微生物电池培养并富集了具有电化学活性的微生物;美国科学家找到一种嗜盐杆菌,其所含的一种紫色素可直接将太阳能转化为电能;还有人设计出一种综合细菌电池,即让电池里的单细胞藻类首先利用太阳能,将二氧化碳和水转化为糖,再让细菌自给自足地利用这些糖来发电。Pizzariello 等发现,两极是葡萄糖氧化酶/辣根过氧化物酶的燃料电池(Pizzariello,et al.,2002),在不断补充燃料的情况下可以连续工作 30d 以上,具有一定的实用价值。

另外,如果生物体内的微生物能成功地应用于发电,那无疑将给能源匮乏的人类社会带来巨大效益。目前发达国家的研究机构如美国的马萨诸塞州大学、法国里昂生态中心、德国 Geifswald 大学等正在加紧开展此方面的研究工作,而国内报道较少。从现有结果看,微生物发电距离实际应用还有很多难题,以牛胃液中的微生物发电为例,发电的微生物只有在牛胃液这样一个复杂的环境中才能生存并发电,如何在工业生产中实现这样的环境、建造庞大的器皿、设定恒定的条件,是一个需要长期研究和很大投入的工作。此外,微生物发电所产生的电量小,距离投入商业运营预期遥远。即便如此,作为一种能源开发的新途径,重点可开展以下几方面的研究,包括微生物驯化、底物性质及优势微生物的鉴定等,采用与制氢微生物类似思路,筛选混合菌系接种电池,有可能增加电流输出,选择合适的催化剂—介体组合以及改善工艺条件和拓宽生物燃料电池的应用范围等等。相信在微生物学者、电化学家和工程学家的协同努力下,微生物发电技术未来必将在能源和环境领域发挥重要的作用。

总之,我国虽已探明有煤储量 6000 亿 t,石油 70 亿 t,水力发电 6.8 亿 kW,但由于我国总的能源利用率已超过 30%、能源分布不均匀、能源产量低和农村能源供应短缺等因素,致使能源供应趋于紧张。而因利用能源而导致严重的环境污染,如烟尘和 SO_2 年排放量为 2857 万 t,燃烧后的垃圾排放为年均 573000 万 t,因薪柴之用破坏森林植被导致每年土壤流失 50 亿 t;另外,我国年产木材采伐废物 1000 万 t,油茶壳 75 万 t,胶渣 13 万 t,纤维板生产废液 350 万 t 和亚硫酸纸浆废液 180 万 t。以这些废液为原料,通过微生物作用可获得沼气 $17.8 \times 10^{11} \, m^3$。微生物作用同时使上述废液的净化率达 30%~60%,并可获得单细胞蛋白饲料约 9 万 t(按 1.7% 得率计)。因此,微生物技术在能源开发与生产中也起到积极的作用,开发利用微生物能源,将对解决能源短缺问题起到积极的作用,同时将其作为一种清洁能源生产方式对污染治理和变废为宝及获得综合效益方面具有实际意义,能在生物能源生产发展中实现可持续发展(宋元达,2011)。

第三节　微生物和食品加工、食品质量与安全及控制的关系

微生物由于其在自然界中的广泛分布及多样性,以及在适宜的条件下旺盛的生长与代谢活动,使得各种各样发酵食品生产、食品改性以及食品功能性提高等方面的实现有了可能性。国内外学者通过研究微生物分离、培养、检测以及应用现代分子生物学技术、仪器分析技术及计算机与信息等技术,充分挖掘微生物的潜在作用及其功能,从而造福人类。

一、微生物在传统发酵食品中的应用

传统发酵食品有着悠久的发展历史,因其香醇味美、营养丰富而广泛分布于世界上许多国家和地区,如中国的酱油、腐乳、豆豉、食醋,日本的纳豆,韩国的泡菜,意大利的色拉米香肠,以及西方许多国家的奶酪,都是人们餐桌上必不可少的美味佳肴。尤其近年来,国内外专家对发酵食品的功能性活性成分进行了多方研究,揭示了发酵食品众多的生物强化作用及营养功能,如抗氧化、溶血栓、抗癌、降血糖、降血压等,使得传统发酵食品越来越受到人们的青睐。我国大多数传统发酵食品的总体工业化程度较低,技术发展滞后。因此采用现代高新技术实现生产的现代化,不断地提升工艺技术水平,是继承、发扬传统发酵食品的主要发展方向。

(一)传统肉食品发酵技术

利用传统工艺生产火腿是在特定自然环境下进行的,风味的形成长达 10 个月,既影响产量,又难以进行质量管理,这种状况已严重制约火腿产业的发展。要运用现代食品生物技术,改进火腿的传统工艺,从根本上解决我国肉类企业长期以来未能解决的技术难题,必须首先了解具有产香作用的菌群在食品中的生长特点和作用条件,以便在控温控湿条件下,模拟自然条件进行人工发酵而不改变火腿产品的传统风味。干腌火腿微生物生境与菌群关系的研究结果表明,火腿原料肉属高盐介质,发酵过程中 NaCl 含量无变化,pH 值略有上升,Aw 渐趋下降,亚硝酸钠含量略有增加。适应火腿高盐、低湿、常温环境生存和发酵的菌系构成,发酵前期为嗜盐性球菌、杆菌和酵母,中期以球菌和酵母为主,后期只有球菌和少量的酵母分布,实验证实这些发酵菌群会产生独特风味,从而为火腿腌制剂、发酵剂的构建以及控温控湿发酵工艺提供了理论依据。

(二)益生菌技术

益生菌的应用技术已成为国内外食品工业中一个快速发展的研究领域。益生菌是指对人类健康(可寄主在人体肠道中)有益的微生物活菌剂,我们熟悉的酸奶、干酪、开菲尔、马奶酒等发酵乳制品的生产离不开乳酸菌和双歧杆菌等的发酵;腌制的酸泡菜、优质美味的传统酱油、豆瓣酱和辣椒酱等,在发酵和成熟工艺中都有乳酸菌的参与。萨拉米肉肠、腌咸鱼也需要通过乳酸菌来获得风味以及保鲜和成熟。目前我国尚缺乏原始创新的益生菌关键技术和产品,在产业和市场上形成了国外产品与技术的双重垄断,限制了我国益生菌产业的健康发展。近几年,国内研究院所相继开展了针对益生菌的基础与产业化应用研究,包括中国农业大学、内蒙古农业大学、江南大学和中科院微生物研究所等多家单位分别对益生乳酸菌高效定向筛选与产业化应用关键技术、乳酸菌功能基因、乳酸菌生理功能、发酵菌剂及在乳品、肉品和蔬菜制品等方面展开研究,利用多学科交叉技术与方法建立功能性益生菌的高效定

向筛选模型并获取功能性益生菌菌种,研究解决益生菌产业化的关键技术问题,以期形成我国益生菌产业的核心菌种资源和关键技术体系。

在传统发酵食品行业利用益生菌方面,从大列巴、馒头、发面饼、麻花、白酒酒曲、米酒等样品中筛选能够产生包括多种芳香物质的益生菌菌种,加入面粉中应用于馒头发酵、玉米粉发酵、发糕及糯米粉、饮料制造中,用于发酵黏豆包及饮料,以期进一步增加发酵产品风味,最终得到产品品质更优良的谷物发酵食品。据研究,酿酒酵母适合发酵面食和酒精性饮料,保加利亚乳杆菌适合面食增香和发酵谷物酸性饮料,嗜酸乳杆菌适合发酵谷物酸性饮料。将棒状乳杆菌棒状亚种(Lac. coryniformis)、短乳杆菌(Lac. brevis)、布氏乳杆菌(Lac. buchneri)、干酪乳杆菌干酪亚种(Lac. casei subsp. Casei)和植物乳杆菌(Lac. plantarun)五种乳酸菌分别接种于泡菜中作为优势菌和传统的自然发酵泡菜方式进行比较,分别对泡菜的亚硝酸盐的产生及变化、pH 值的变化、感官品质进行比较分析。得到的结果是植物乳杆菌可以明显缩短泡菜的发酵时间,泡菜的色、香、味明显变好,且能显著降低亚硝酸盐的含量。另外,以糯米、糜米、小米和玉米渣为原料,利用从内蒙古地区传统自然发酵酸粥中分离、鉴定、筛选出的性状优良的乳酸菌,人工接种发酵生产酸粥。通过对发酵时间、发酵温度、接种量的研究,确定发酵酸粥生产工艺的最佳参数。得到的研究结果,以糯米、糜米、小米、玉米碴的混合谷物作为原料(混合比例 1∶1∶1∶1),以干酪乳杆菌 NSZL-1 和鼠李糖乳杆菌 NSZL-2 为发酵剂(两菌种的混合比例为 2∶1),接种量为 5×10^6 CFU/g,发酵温度为 35℃,发酵时间为 30h,制得的酸粥酸度适口,谷香味突出,具有独特的风味。

(三)多菌种发酵与低盐发酵工艺技术

水产原料鱼类、动物肉类及蔬菜等的传统加工工艺中相当一部分采用了自然发酵腌制加工方法,生产中采用高盐腌制工艺是通用性的方法,有利于食品的长期保藏。然而,由于高盐加工方式带来的大量用水及高盐废水对环境污染等突出问题,已不适应现代可持续工农业发展的要求。国内外专家对真空腌制、超声波技术等高新技术在低盐发酵食品中的应用进行了研究。利用真空浸渍食盐的方法制作低盐干酪,可以降低食盐的用量。采用真空动态腌制法开发低盐腌菜,控制腌制温度为 20℃、真空度 85kPa、动态真空腌制机搅拌转速为 1r/min、食盐水溶液浓度为 2%。结果表明,真空动态腌制产品的可食性、感官品质、食用营养性及安全性均优于传统腌制法,且加工周期短,适合工业化生产。利用超声波技术加工低盐咸肉,鲜肉在腌制前进行超声波处理,处理条件为 93W,3h,腌制温度为 8℃,能明显缩短腌制时间,加快腌制的进程。

在低盐发酵泡菜的研究中,科研人员从多种泡菜中筛选出了四株产酸较快、发酵风味好的乳酸菌,分别为肠膜明串珠菌肠膜亚种(Leuconostoc rflesenteroides subsp lM),分别标记为 Leu. 1、Leu. 2、Lact. 1 和 Lact. 2,经 API50CH 标准系统鉴定,Leu. 1 和 Leu. 2 为肠膜明串珠菌肠膜亚种(Leuconostoc mesenteroides subsp. mesenteroides),Lact. 1 为干酪乳杆菌干酪亚种(Lactobacillus casei subsp. 1),Lact. 2 为植物乳杆菌(Lactobacillus plantarum)。其中,Lact. 1 和 Lact. 2 适用于酸度和盐含量较高的发酵泡菜,而 Leu. 1 和 Leu. 2 适用于低酸低盐的发酵泡菜。另外,通过接种纯种 Bacillus coagulans 进行低盐腌渍雪里蕻腌菜,也降低了腌菜中的盐含量,使盐分添加量由传统方法的 8%~10%降至 5%,且接种后腌菜中的溶氧量和 pH 下降较快,产酸量增加显著,能明显促进乳酸菌快速生长繁殖,并有效地抑制酵母菌和霉菌的生长。

二、微生物技术在食品质量安全与控制中的应用

目前世界上许多国家已经将生物技术、信息技术和新材料技术作为三大重点发展的技术。生物技术可以分为传统生物技术、工业生物发酵技术和现代生物技术。生物技术包括基因工程、蛋白质工程、细胞工程、酶工程和发酵工程五大工程技术。其中的基因工程技术的基础是分子生物学技术,为食品质量检测与食品控制研究提供理论基础与技术支撑,有助于进一步减少生产成本、增加产量和提高产品质量。

(一)微生物分子生态学技术在食品微生物菌群分析中的应用

随着 PCR 技术和分子生态学技术的不断发展,目前涌现出许多研究微生物群落结构组成和功能的分子生态学技术,主要包括克隆文库分析、遗传指纹图谱分析、探针杂交技术、磷脂脂肪酸标记(PLFA labeling)、稳定同位素探测(SIP)等。微生物群落结构及其功能关系是微生物生态学研究的热点内容,有助于开发微生物资源、阐明微生物群落与其环境的关系、揭示群落结构与功能的联系,从而指导微生物群落功能的定向调控。微生物生态学对传统发酵食品的研究与应用显得尤其重要。

广西大学轻工与食品工程学院林莹等利用传统分离培养法和基于 PCR-DGGE 的分子生物学方法来分析酸菜和酸奶等广西特色传统发酵食品中乳酸菌的多样性。结果显示,用传统分离培养结合分子生物学方法共获得 7 个属的乳酸菌,其中乳杆菌属是主要优势菌群。传统分离法与分子生物学法结合能够更有效地分析传统发酵食品中乳酸菌的多样性,获得更全面的信息。传统培养分离和分子生物学技术都确定了乳杆菌属是主要优势菌群,但与其他菌群存在一定的差异。且通过分子生物学方法获得的相对丰度较高的不可培养菌,这些菌在传统培养方法中都未曾检出,这表明只有那些适合培养基条件及培养温度的细菌才能从传统方法中分离出来。因而,采用 PCR 结合 DGGE 技术可更全面、更真实地反映传统发酵食品样品中微生物群落的结构和多样性。由此可见,传统的培养分离法与分子生物学技术相结合能够更有效地分析传统发酵食品中微生物的多样性,从而获得更全面的微生物多样性信息。宁波大学食品生物技术研究室吴祖芳团队采用 16SrDNA 基因克隆文库法、5.8S rDNA-ITS 克隆文库方法和实时荧光定量 PCR(RT-qPCR)等方法分别对传统腌制榨菜、雪菜与腌冬瓜等地方特色发酵蔬菜进行微生物多样性研究,得到了不同产品在不同腌制时期的微生物种类组成、优势菌群,同时通过液相、气相以及气质与液质联用技术研究了产品的营养与风味等成分,为阐明微生物与腌制食品质量关系提供了实验证据。

(二)食品微生物快速检测技术的研究

现代食品科技的发展及工业化基础已使食品具备了色香味兼备和营养等特色,然而食品安全成为现在人们关心的主要问题,如何吃得放心才是最重要的。食品安全检测技术是减少食源性疾病的基础,如何快速、准确地检测食品中残留的微生物成为食品安全检测问题的重中之重。食品微生物快速检测包括免疫传感器、蛋白质芯片、酶联免疫法、PCR、基因芯片、阻抗法,这些方法的应用和发展将为食品安全提供有力的保障。例如金黄色葡萄球菌肠毒素(SE)可引起人类中毒,其内毒素——中毒休克综合征毒素(TssTl)可引起中毒休克综合征,产生的脱皮毒素(ETA、ETB)与一系列脓疱性葡萄球菌感染有关。云泓若等选择肠毒素 D(SED)基因的第 360-381 碱基为上游引物,第 654~675 碱基为下游引物,应用 PCR 技术扩增出 SED 基因的 316bp 长的 DNA 片段,并建立了直接利用细菌裂解液作为模板的

PCR 方法。杨素等用分子克隆方法获得了口蹄疫病毒、水泡性口炎病毒、蓝舌病病毒、鹿流行性出血热病毒和赤羽病病毒各一段高度保守的基因片段,可同时诊断上述 5 种动物传染病,此方法不但快速、准确、敏感,而且可同时进行多种病毒的检测。周琦等也研制出用于检测 SARS 病毒的全基因芯片,共 660 条病毒探针,覆盖了 SARS 冠状病毒的全部序列,应用该基因芯片可对病人、出入境食品、动植物及其产品进行检测。

总之,随着现代科技的发展,可以预料在不远的将来,传统的微生物检测技术将逐渐被各种新型简便的微生物快速诊断技术所取代。

(三)果蔬保鲜中微生物控制技术

果蔬原料或其加工产品由于营养丰富、水分含量高,如果贮藏条件不当,其遭各种微生物侵染后就容易腐败、变质,最后不能食用。通过对果蔬中微生物生长的控制减缓微生物的生长速率或促使其停止生长,从而防止果蔬的腐败变质是最常用的方法。目前为止,果蔬保鲜主要方法有温度控制保鲜、辐射保鲜、气调保鲜、减压贮藏保鲜、超高压处理贮藏保鲜、高压脉冲电场贮藏保鲜和化学保鲜方法及生物保鲜方法。化学保鲜方法包括采用食品防腐剂、化学保鲜剂、气体熏蒸和复合涂膜法等。生物保鲜方法包括天然产物保鲜剂和拮抗菌技术等。具体内容将在第十五章第三节中介绍。

(四)食品加工与质量控制其他方面

1.焙烤专用脂肪酶改善焙烤制品质量

江南大学徐岩研究团队从中国传统发酵食品大曲中筛选、克隆得到具有自主知识产权的新型华根霉脂肪酶基因,将此基因在毕赤酵母中高效表达及高效定向进化,提升改造脂肪酶的催化性能,通过微生物发酵调控技术,开发生产廉价的新型脂肪酶制剂。进一步将生产获得的脂肪酶制剂应用于焙烤制品生产中,研究结果有脂肪酶能够显著增加面包的比容、改善面包质构以及延缓面包老化等,与国外公司同类脂肪酶产品相比,该酶在改善面包的硬度、弹性、胶着性和咀嚼性方面效果更佳。该成果对综合提高我国食品领域的科技水平,推动我国酶制剂行业的产业化进程具有重大意义。

2.现代数字化及安全管理方法的应用

杨建民将 HACCP 管理方法运用到低盐固态发酵酱油的生产过程中,确定关键控制点,建立监控体系,有效确保了低盐发酵酱油的安全生产。

第四节 现代食品微生物学研究内容

一、食品微生物学的研究内容

食品微生物学是研究微生物与食品之间相互关系的一门科学。目前微生物已在食品原料资源利用、食品保鲜加工与质量安全等许多方面发挥重要作用,现代食品科学与工程技术已离不开微生物学,因此,现代食品微生物学是食品科学与工程专业的一门重要专业基础课,课程的研究内容包括:微生物学的研究对象,食品有关的微生物营养及生命活动规律(生长与代谢),利用微生物制造人类需要的食品或功能性物质;如何控制有害微生物、防止食品发生腐败变质;食品中微生物的检测及制订食品中的微生物指标,为判断食品卫生质量提供依据。现代食品微生物学的研究内容可由图 1-1 表示。

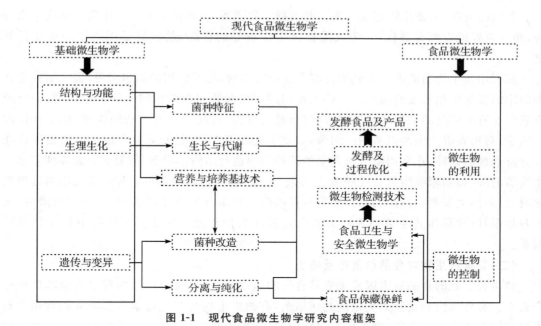

图 1-1 现代食品微生物学研究内容框架

二、现代食品微生物学的任务

微生物在自然界广泛存在,在食品原料和大多数食品上都存在着微生物。一般来说,微生物既可在食品制造中起有益作用,又可通过食品给人类带来危害。但是,不同的食品或相同食品在不同的条件下,其微生物的种类、数量和作用亦不相同。食品微生物学研究对象涉及病毒、细菌、真菌等多种微生物,从事食品科学的专业人员除了应该研究了解这些微生物的一般生物学特性外,还应探讨它们与食品有关的特性,与食品的相互关系及其生态条件等。

(一)有益微生物在食品制造中的应用

以微生物供应或制造食品,这并不是新的概念。早在古代,人们就采食野生菌类,利用微生物酿酒、制酱,但当时并不知道微生物的作用。随着人们对微生物与食品关系的认识日益深刻,微生物的种类及其机理被逐步阐明,也逐步扩大了微生物在食品制造中的应用范围。概括起来,微生物在食品中的应用有三种方式。

1. 微生物菌体的应用

单细胞蛋白(SCP)就是从微生物体中所获得的蛋白质,也是人们对微生物菌体的利用。乳酸菌可用于蔬菜和乳类及其他多种食品的发酵,所以,人们在食用酸牛奶和酸泡菜时也食用了大量的乳酸菌。食用菌就是受人们欢迎的食品。

2. 微生物代谢产物的应用

发酵食品的形成是以食品原料等为基料,通过微生物的生命活动(即生长与代谢,或称发酵作用),生成大量细胞或代谢产物,从而形成各种各样的发酵产品,如酒类、食醋、氨基酸、有机酸、维生素等。

3. 微生物酶的应用

如豆腐乳、酱油。酱类是利用微生物产生的酶将原料中的成分分解而制成的食品。微生物酶制剂在食品及其他工业中的应用日益广泛。

我国幅员辽阔,微生物资源丰富。开发微生物资源,并利用生物工程手段改造微生物菌种,使其更好地发挥有益作用,为人类提供更多更好的食品,是食品微生物学的重要任务之一。

在利用微生物制造人类需要的发酵食品(产品)时,如发面用的面包酵母,需要研究它在面团中的发酵作用和发酵菌剂的干燥保藏;对酸菜、泡菜和青贮饲料中的乳酸细菌,需要研究它们在青贮期间的动态变化以及影响(有益或有害)乳酸菌生命活动的生物、化学和物理的因子;对用发酵法生产氨基酸的细菌,需要干扰其正常代谢,使其异常地产生所需氨基酸并分泌到细胞以外;在利用微生物产生的某种酶制造食品的情况下,需要研究怎样使它多产生所需的酶(如制糖浆用的 α-淀粉酶、β-淀粉酶、葡糖异构酶,蛋品加工和防氧化用的葡糖氧化酶,澄清酒类及制果汁用的果胶酶等);在以微生物本身为食品的情况下(如饲料酵母、人工栽培银耳、木耳和其他菌类等),需要研究怎样取得和怎样防止阻碍取得更高生物量的因素。

(二)有害微生物对食品的危害及防止

微生物引起的食品有害因素主要是食品的腐败变质,从而使食品的营养价值降低或完全丧失。有些微生物是使人类致病的病原菌,有的微生物可产生毒素。如果人们食用含有大量病原菌或毒素的食物,则可引起食物中毒,影响人体健康,甚至危及生命。所以食品微生物学研究工作者应该设法控制或消除微生物对人类的这些有害作用。

为了防止微生物引起食品变质、腐败,要着重研究有关微生物的生态学。根据微生物生态学特性及食品本身的性状采取盐腌、醋渍、糖渍、干燥、低温或高温处理、罐藏、熏制等加工手段,杀死或抑制污染在食品上的微生物。食品引起的传染病是病菌随食品进入体内并在体内增殖的结果(如肠炎、霍乱等)。食品中毒是产毒微生物在食品上产生毒素(如肉毒毒素、黄曲霉毒素、发面黄杆菌毒素等),人吃下污染食品后,便会出现中毒症状。

(三)微生物学检测

现代分子生物学技术的快速发展,已产生了快速检测或分析微生物的先进技术,通过对食品中微生物的检测以保证食品的安全性。另外,食品资源环境、食品发酵加工过程、自然发酵食品中的微生态结构以及微生物与食品的关系,也是现代食品微生物学的研究任务之一。

如为防止食品污染或预防食品中有害微生物对人类饮食的潜在危害,或评价食品资源环境的健康状况,需快速检测食品或生鲜食品中的病害微生物。为研究食品微生态中菌群多样性及自然界中为数众多的不可培养微生物,揭示不同种群微生物对食品的保鲜、食品加工质量、食品卫生安全等方面的影响及其生态功能等,需找到一种非培养的微生物分子生态检测方法。

总之,现代食品微生物学的迫切任务是为人类提供既有益于健康、营养丰富,而又保证生命安全的食品。

复习思考题

1.举例说明微生物在食品制造、食品保藏和食品质量安全控制方面的作用。

2.现代食品微生物学的研究内容与任务分别是什么。

参 考 文 献

[1]鲍志宁,魏培培,林伟锋,等.瑞士乳杆菌与干酪乳杆菌在脱脂乳中发酵特性的研究[J].现代食品科技, 2011,27(4):390-392.

[2]毕列锋,李旭东.微生物法净化含 NO$_x$ 废气[J].环境工程,1998,16(3):37-40.

[3]毕水莲.食源性变形杆菌属 PCR 检测方法的研究[D].广州:暨南大学,2008.

[4]蔡健.嗜热脂肪芽孢杆菌致午餐肉罐头败坏的研究[J].粮食加工,1992(4):3.

[5]陈虹,陈蔚青,梅建凤.生物转化法合成天然香料香精[J].食品工业科技,2011,32(1):317-320.

[6]陈楠,戴传云.利用多菌种生产传统发酵食品研究进展[J].食品科学,2013,34(3):308-311.

[7]陈文新.充分利用生物固氮减少氮肥用量[J].中国农资,2014(8):21.

[8]陈源,卜元卿,单正军.微生物农药研发进展及各国管理现状[J].农药,2012,51(2):83-89.

[9]陈忠杰,胡燕.枯草芽孢杆菌腐乳发酵过程中主要成分的变化[J].中国调味品,2013,38(7):40-43.

[10]邓欢欢,耿子英,闫鸿宇,等.沼泽红假单胞菌生物转化北桑寄生提取物初步研究[J].中国临床研究, 2014,27(9):1033-1037.

[11]高鑫,王昌禄,陈勉华,等.嗜温乳酸菌与白地霉混合发酵酸乳的研究[J].北京工商大学学报:自然科学版,2012,30(3):30-34.

[12]高正勇,曾令兵,孟彦,等.患病大鲵中弗氏柠檬酸杆菌的分离与鉴定[J].微生物学报,2012,52(2): 169-176.

[13]贺静,马诗淳,黎霞,等.能源微生物的研究进展[J].中国沼气,2011,29(3):3-8.

[14]贺艳辉,张红燕,袁永明,等.净水微生物对水产养殖环境的修复作用[J].金陵科技学院学报,2005, 21(3):96-100.

[15]黄韶华,王正荣,朱永绮.土壤微生物与土壤肥力的关系研究初报[J].新疆农垦科技,1995(3):6-7.

[16]姬德衡,钱方,刘雪雁等.微生物工程在保健食品开发中的应用[J].大连轻工业学报,2002,21(3): 175-178.

[17]江凌.纤维床固定化酪丁酸梭菌发酵廉价生物质生产丁酸的研究[D].广州:华南理工大学,2010.

[18]江扬.肉毒梭菌的筛选及菌株的鉴定[D].南京:南京工业大学,2003.

[19]姜欣,彭黎旭.香兰素微生物发酵法研究进展[J].热带生物学报,2007,13(4):35-38.

[20]康德灿.开发微生物资源创造新型保健食品[J].食品研究与开发,2001,22(3):45-46.

[21]赖红星.白地霉脂肪酶基因的异源表达与定向进化[D].北京:中国农业科学院,2010.

[22]劳文艳,林素珍.黄曲霉毒素对食品的污染及危害[J].北京联合大学学报:自然科学版,2011,25(1): 64-69.

[23]李文婷.乳酸菌制剂发酵泡菜工艺及安全性研究[D].成都:西华大学,2012.

[24]李新社,陆步诗,黎小武.曲酒丢糟培养 A 地霉生产富硒饲料蛋白的研究[J].酿酒科技,2007(8): 144-145.

[25]李延华,王伟军,张兰威,等.德氏乳杆菌保加利亚亚种发酵乳风味成分分析[J].食品科学,2009, 30(4):257-259.

[26]李业鹏,钟凯,杨宝兰,等.食品中沙门菌 PCR 检测方法的建立[J].中国食品卫生杂志,2006,18(1): 17-22.

[27]梁建军,汪文俊.微生物生物转化甾体化合物生产雄烯二酮研究进展[J].湖北农业科学,2012,51(7): 1309-1311.

[28]梁亚娟,樊京春.养殖场沼气工程经济分析[J].可再生能源,2004,115(3):49-51.

[29]梁知洁,陈捷,白昆山,等.生物农药与设施农业病害的防治[J].沈阳农业大学学报,2001,32(1):61—65.

[30]林清华,唐欣昀.固定化醋酸杆菌发酵条件的研究[J].食品科学,2011,32(13):213—217.

[31]龙立利,史景山.论中国传统发酵和现代发酵食品[J].发酵科技通讯,2014,43(1):23—25.

[32]马晨晨,欧杰,王婧.肉类腐败性假单胞菌群体感应信号分子的研究[J].微生物学通报,2013,40(11):2005—2013.

[33]毛芝娟,王美珍,陈吉刚,等.黑鲷肠炎病原恶臭假单胞菌的分离和鉴定[J].渔业科学进展,2010,31(3):23—28.

[34]孟雪征,曹相生,姜安玺,等.利用耐冷菌处理低温污水的研究[J].山东建筑工程学院学报,2001,16(2):53—57.

[35]倪萍,纪文营,黄洁洁,等.冷却猪肉中热死环丝菌的分离、鉴定及致腐能力[J].食品科学,2013,34(21):140—144.

[36]庞凤仙,崔彦如,安明哲,等.能源性微生物的研究现状与应用前景[J].现代农业科技,2009(11):282—284.

[37]庞洁,周娜,刘鹏,等.罗伊氏乳杆菌的益生功能[J].中国生物工程杂志,2011,31(5):131—137.

[38]裴亮.高产β-胡萝卜素红酵母的选育及其色素的分离纯化与鉴定[D].雅安:四川农业大学,2009.

[39]蒲海燕,贺稚非,刘春芬,等.微生物功能性油脂研究概况[J].粮食与油脂,2003(11):12—14.

[40]秦海青,邱学良,王成福,等.酵母发酵生产木糖醇的研究[J].中国食品添加剂,2013(3):152—157

[41]任燕,梅匀,曾艳,等.臭氧处理马铃薯淀粉加工废水的白地霉净化[J].食品研究与开发,2010,31(7):35—38.

[42]史文晏.柑橘和果汁中链格孢霉毒素检测技术研究[D].重庆:西南大学,2014.

[43]史智佳,臧明武,吕玉.肉葡萄球菌对香肠发色的影响[J].肉类研究,2012,26(2):4—7.

[44]宋安东,刘玉博,谢慧,等.利用转座标签 mTn-lacZ/leu2 插入突变发酵性丝孢酵母2.1368-Leu 筛选高效产油突变株[J].生物工程学报,2011,27(3):468—474.

[45]宋元达,刘立鹏,刘灿华,等.微生物在生物能源生产中的应用[J].生命科学研究,2010,14(4):363—371.

[46]孙海新,吴海霞,王禄.微生物在农业中的作用[J].科技致富向导,2013(24):273.

[47]索玉娟,于宏伟,凌巍,等.食品中金黄色葡萄球菌污染状况研究[J].中国食品学报,2008,8(3):88—93.

[48]唐凤舞,樊华.固定化微生物技术处理城市污水的研究[J].环保科技,2009(1):45—49.

[49]唐赟.嗜冷菌适应低温的分子机制及其应用[J].西华师范大学学报:自然科学版,2004,25(4):388—393.

[50]田芬,陈俊亮,黏靖祺,等.嗜酸乳杆菌和双歧杆菌益生特性的研究[J].食品工业科技,2012,33(7):139—142.

[51]田辉.嗜热链球菌高密度培养与直投式发酵剂开发[D].哈尔滨:东北农业大学,2012.

[52]王成军.玉米生产区发展燃料乙醇产业研究[D].长春:吉林大学,2005.

[53]王凡强,许平.产乙醇工程菌研究进展[J].微生物学报,2006,46(4):673—675.

[54]王辑.植物乳杆菌 K25 在发酵乳中的应用研究[D].长春:吉林农业大学,2012.

[55]王磊,宿红艳,杨润亚,等.海洋交替单胞菌 YTW-10 的鉴定及抑菌活性分析[J].海洋科学,2011,35(7):14—19.

[56]王璐,曹钰,陆健,等.绍兴黄酒麦曲中α-淀粉酶的初步研究[J].中国酿造,2007,26(5):38—40.

[57]王人悦,杜苏萌.固定化酵母发酵啤酒的研究[J].食品研究与开发,2014,35(1):67—69.

[58]王晓娜.生物农药的推广应用前景[J].湖北植保,2014(1):62—64.

[59]王玉阁,周丽,王丽萍,等.玉屏风散生物转化液对正常小鼠抗氧化功能及免疫抑制小鼠 T 细胞亚群、IL-4 和 IFN-γ 的影响[J].齐齐哈尔医学院学报,2008,30(5):513—515.

[60]温啸,贺大方,倪学勤,等.干酪乳杆菌与银杏叶提取物对肥胖小鼠血脂及抗氧化功能的影响[J].西北农林科技大学学报:自然科学版,2014,42(1):8—12.

[61]韦海阳,孙文敬,崔凤杰,等.微生物高细胞密度培养技术及其在食品添加剂生产中的应用[J].中国食品添加剂,2013,(2):204—213.

[62]魏小芳,罗一菁,刘可禹,等.油气藏埋存二氧化碳生物转化甲烷的机理和应用研究进展[J].地球科学进展,2011,26(5):499—506.

[63]吴晨璐.食源性肠球菌荧光定量 PCR 检测方法的建立和评价[D].上海:上海交通大学,2011.

[64]武军彦.生物农药概述[J].科技资讯,2014(10):248.

[65]肖智杰,王进军,连宾,等.灵芝产品的研究与开发现状[J].食品科学,2006,27(12):837—842.

[66]杨薇.甲烷产生菌的特性及其工业前景[J].安徽化工,2010,36(4):10—12.

[67]余秉琦,沈微,王正祥,等.谷氨酸棒杆菌的乙醛酸循环与谷氨酸合成[J].生物工程学报,2005,21(2):270—274.

[68]张丹.浅谈微生物在食品发酵上的应用[J].科技创新与应用,2012,(30):104.

[69]张凤君,张松雷,杜祥君,等.固定化微生物技术在无泡供氧膜生物反应器中的应用研究[J].环境污染与防治,2005,27(6):440—443.

[70]张健.乳酸片球菌细菌素的发酵与纯化研究[D].天津:天津大学,2012.

[71]张剑锋,陈建华.应用真核微生物合成维生素 C 的研究进展[J].中国生化药物杂志,2009,30(5):354—356.

[72]张建国,黄勋娟.一株野油菜黄单胞菌产黄原胶的性质[J].食品科学,2014,35(23):29—32.

[73]张树政.微生物多样性的全球影响[J].生物学通报,1995,30(1):1—2.

[74]张锡贞,张红雨.生物农药的应用与研发现状[J].山东理工大学学报(自然科学版),2004(1):96—100.

[75]赵红晔,徐启华,王月飞,等.玉屏风散生物转化液对免疫抑制小鼠体液免疫功能的影响[J].中医药学报,2010,38(5):26—29.

[76]郑莉烨,赵海锋,赵谋明.不同啤酒酵母在麦汁发酵过程中发酵性能的对比研究[J].现代食品科技,2012,28(12):1659—1663.

[77]周帼萍,袁志明.蜡状芽孢杆菌(Bacillus cereus)污染及其对食品安全的影响[J].食品科学,2007,28(3):357—361.

[78]周泽宇,罗凯世.我国生物肥料应用现状与发展建议[J].中国农技推广,2014(5):42—43,46.

[79]朱静,师俊玲,刘拉平.白地霉发酵苹果渣的产香特点研究[J].食品工业科技,2010,(10):176—181.

[80]朱瑞艳.光合细菌深红红螺菌放氢的研究[D].北京:中国农业大学,2006.

[81]Al-Mailem D M, Sorkhoh N A, Marafie M, et al. Oil phytoremediation potential of hypersaline coasts of the Arabian Gulf using rhizosphere technology[J]. Bioresource Technology, 2010,101:5786—5792.

[82]Agamuthua P, Abioyea O P, Aziz A A. Phytoremediation of soil contaminated with used lubricating oil using Jatropha curcas[J]. Journal ofHazardous Materials, 2010, 179: 891—894.

[83]Cheema S A, Khan M I, Tang X J, et al. Enhancement of phenanthrene and pyrene degradation in rhizosphere of tall fescue (Festuca arundinacea)[J]. Journal of Hazardous Materials, 2009,166:1226—1231.

[84]Chen J, Sun X T, Zeng Z, et al. Campylobacter enteritis in adult patients with acute diarrhea from 2005 to 2009 in Beijing, China[J]. Chinese Medical Journal, 2011, 124(10): 1508—1512.

[85]Dashti N, Khanafer M, El-Nemr I, et al. The potential of oil-utilizing bacterial consortia associated with legume root nodules for cleaning oily soils[J]. Chemosphere, 2009,74:1354—1359.

[86]Douville M, et al. Occurrence and persistence of Bacillus thuringiensis (Bt) and transgenic Bt corncryl Ab gene from an aquatic environment[J]. Ecotoxicology and Environmental Safety, 2007,66:195—203.

[87]Drawert F, Barton H. Biosynthesis of flavour compounds by microorganisms. 3. Production of mono-

erpenes by the yesst Kluyveromyces lactis[J]. J Agric Food Chem, 1978,26(3):765－766.

[88]Elbahloul Y, Steinbuchel A. Pilot-scale production of fatty acid ethyl esters by an engineer Escherichia coli strain harboring the P(Microdiesel) plasmid [J]. Applied and Environmental Microbiology, 2010, 76(13):4560－4565.

[89]Etschmann M M W, Sell D, Schrader J. Medium optimization for the production of the aroma compound 2-phenylethanol using a genetic algorithm[J]. J Mol Catal B Enzym, 2004,29(1－6):187－193.

[90]Fakas S, Papanikolaou S, Batsos A. Evaluating renewable carbon sources as substrates for single cell oil production by Cunninghamella echinulata and Mortierella isabellina[J]. Biomass and Bioenergy, 2009,33(4):573－580.

[91]Habermann W, Pommer E H. Biological fuel cells with sulphide storage capacity[J]. Appl Microbiol Biotechnol, 1991,35:128－133.

[92]Kim M, Chun J. Bacterial community structure in kimchi, a Korean fermented vegetable food, as revealed by 16S rRNA gene analysis[J]. International Journal of Food Microbiology, 2005, 103(1): 91－96.

[93]Larroche C, Besson I, Gros J B. High pyrazine production by Bacillus subtilis in solid substrate fermentation on groud soybeans[J]. Process Biochem, 1999,34(6,7):67－74.

[94]Leec Y, Liu W H. Production of androsta-1,4-diene-3,17-dione from cholesterol using immobilized growing cells of Mycobacterium sp. NRRL B-3683 adsorbed on solid carriers[J]. Appl Microbiol Biotechnol, 1992,36(5):598－603.

[95]Lu S J, Teng Y G, Wang J S, et al. Enhancement of pyrene removed from contaminated soils by Bidens maximo-wicziana[J]. Chemosphere, 2010, 81: 645－650.

[96]Malik A. Metalbioremediation through growing cells. Environ Int, 2004, 30(2): 261－278.

[97]Mikkonen A, Kondo E, Lappi K, et al. Contaminantandplant-derivedchangesinsoilchemicalandmicrobiological indicators during fuel oil rhizoremediation with Galega orientalis[J]. Geoderma, 2011, 160: 336－346.

[98]Minamisawa M, Minamisawa H, Yoshidas S, et al. Adsorption behavior of heavy metals on biomaterials. J Agric Food Chem, 2004, 52(18): 5606－5611.

[99]Mohsenzadeh F, Nasseri S, Mesdaghinia A, et al. Phytoremediation of petroleum-polluted soils: Application of Polygonum aviculare and its root-associated (penetrated) fungal strains for bioremediation of petroleum-polluted soils[J]. Ecotoxicology and Environmental Safety, 2010, 73: 613－619.

[100]Pizzariello A, Stred'ansky M, Miertus S. A glucose/hydrogen peroxide biofuel cell that uses oxidase and peroxidase as catalysts by composite bulk-modified bioelectrodes based on a solid binding matrix [J]. Bioelectrochemistry, 2002, 56: 99－105.

[101]Rajendran P, Muthukrishnan J, Gunasekaran p. Microbes in heavy metal remediation. Indian J Exp Biol, 2003, 41(9): 935－944.

[102]Ratledge C, Wynn J P. The biochemistry and molecular biology of lipid accumulation in oleaginous microorganisms[J]. Advances in Applied Microbiology, 2002, (51): 1－51.

[103]Sheu D C, Duan K J, Jou S R,et al. Production of xylitol from Candida tropicalis by using anoxidation-reduction potential-stat controlled fermentation[J]. Biotechnology Letters, 2003, 25: 2065－2069.

[104]Soccolc R, Vandenberghe L, Woiciechowski L, et al. Bioremediation: An important alternative for soil and industrial wastes clean-up. Indian J Exp Biol, 2003, 41(9): 1030－1045.

[105]Tahara S, Fujiware K, Ishizaka H, et al. The γ-Decalactone one of constituents of volatiles in cultured broth of Sporobolomycs odorus[J]. Agric Biol Chem, 1972, 36(13): 2585－2587.

[106]Te B D. Microbial Control of Weeds[M]. New York: Chapman Hall, 1991.

[107]Wynn J P，Hamid A A，Li Y H，et al. Biochemical events leading to the diversion of carbon into storage lipids in the oleaginous fungi Mucor circinelloides and Mortierella alpine[J]. Microbiology，2001，(147)：2857—2864.

[108]Yasemin K，Cigdem A，Sema T. Biosorption of Hg(Ⅱ) and Cd(Ⅱ) from aqueous solution：Comparison of biosorptive capacity of alginate and immobilized live and heat inactivated. Phanerochoete Chrysosporium. Process Biochemistry，2002，37(6)：601—610.

[109]Zhang Z N，Zhou Q X，Peng SW，et al. Remediation of petroleum contaminated soils by joint action of Pharbitis nil L. and its microbial community[J]. Science of the Total Environment，2010，408：5600—5605.

[110]Zhu L Y，Zong M H，Wu H. Efficient lipid production with Trichosporon fermentans and its use for biodiesel preparation [J]. Bioresource Technology，2008，99(16)：7881—7885.

第二章　食品微生物学基础原理

第一节　微生物形态与功能

微生物的个体是肉眼看不见的,除病毒以外,它们都是细胞生物。在有细胞构造的微生物中,按其细胞尤其是细胞核的构造和进化水平上的差异,可将它们分为原核微生物和真核微生物两大类。本章将阐述原核微生物细胞的结构与功能、真核微生物细胞的结构与功能等。

一、原核微生物

原核微生物是指一大类细胞核无核膜包裹,只有核区的裸露 DNA 的原始单细胞生物,包括真细菌和古生菌两大类群。真细菌与古生菌的区别主要体现在分子水平上,而不是在结构上。真细菌的细胞膜含有由酯键连接的脂类,细胞壁含有肽聚糖(无壁的支原体除外)。真细菌包括细菌、放线菌、蓝细菌、支原体、立克次氏体和衣原体等。古生菌细胞膜含由醚键连接的类脂,细胞壁不含有肽聚糖,而是由假肽聚糖或杂多糖、蛋白质、糖蛋白构成。

(一)细菌的细胞形状和大小

常见的细菌基本形态有球状、杆状和螺旋状,分别称为球菌、杆菌和螺旋菌。

球状的细菌称为球菌(coccus,复数 cocci),杆状的细菌称为杆菌(bacillus,复数 bacilli),不同杆菌的形态差别很大。一般同一种杆菌的形态相对稳定。在观察杆菌形状时,要注意菌体的长和宽的比例、形状,菌体两端形状以及排列情况。一些形状介于球状和杆状之间的短杆状中间体称为球杆菌(coccobacilli),如大肠埃希氏菌(*Escherichia coli*,简称大肠杆菌)。螺旋菌(spirillar bacterium)菌体呈弯曲状或扭转呈螺旋状圆柱形,两端钝圆或细尖,与螺旋体不同,螺旋菌的细胞比较坚韧。螺旋菌可分为两类,逗号状细菌称为弧菌(vibrio),而菌体较长、有两个以上的弯曲、捻转呈螺旋状的称为螺菌(spirillum,复数 spirilla)。

细菌细胞的大小通常以微米(μm)为单位。球菌的个体大小以直径表示,而杆菌、螺旋菌的个体大小则以"宽度×长度"表示;不同种类的细菌大小差异很大,一般球菌的平均直径为 $1\mu m$ 左右,杆菌长为 $1\sim5\mu m$,宽 $0.5\sim1.0\mu m$;大部分原核生物的直径在 $0.5\sim2.0\mu m$ 之间。

细菌的大小以生长在适宜温度和培养基中的青壮龄培养物为标准。不同种细菌大小不一,同种细菌也因菌龄和环境因素的影响,大小有所差异。但在一定范围内,各种细菌的大小相对稳定而具有特征,可以作为鉴定细菌的依据之一。在实际测量菌体大小时,培养条件、制片时固定的程度、染色方法和显微镜的使用方式等,对测量结果都有一定影响。因此,测量细菌大小时,各种因素和操作都应一致,以减少误差。

（二）细菌的细胞结构

细菌是单细胞微生物,形体虽小,但其结构较为复杂,细菌的细胞一般包括细胞壁、细胞膜、细胞质（细胞浆）、核质体、核蛋白体（核糖体）和内含物等（图 2-1）。

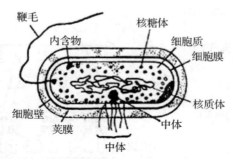

图 2-1　细菌的细胞结构

1. 细胞壁

细胞壁包在细胞膜外表面,是一层无色透明、质地坚韧而富有弹性的构造。它厚度为 $10\sim80\mu m$,占细胞干重的 $10\%\sim25\%$。通过特殊染色方法或质壁分离法,可在光学显微镜下看到细胞壁的存在,或用电子显微镜,则清晰可见。

（1）细胞壁的主要功能

①维持菌体固有形状。各种形态的细菌失去细胞壁后,均变成球形。用溶菌酶除去细菌细胞壁后剩余的部分称为原生质体或原生质球。原生质体的结构与生物活性并不会因失去细胞壁而发生改变,因而细胞壁并不是细菌细胞的必要结构。

②具有足够的强度,具有保护作用,使细胞免受机械性外力或渗透压的破坏。细菌在一定范围的高渗溶液中,原生质收缩,但细胞仍可保持原来形状;在低渗溶液中,细胞膨大,但不致破裂,这些都与细胞壁具有一定坚韧性及弹性有关。

③起渗透屏障作用,与细胞膜共同完成细胞内外物质变换。细胞壁有许多微孔（1～10nm）,可允许可溶性小分子及一些化学物质通过,但对大分子物质有阻拦作用。

④协助鞭毛的运动。细胞壁是某些细菌鞭毛的伸出支柱点。如果将细胞壁去掉,鞭毛仍存在,但不能运动,可见细胞壁的存在是鞭毛运动的必要条件。

⑤细胞壁的化学组成与细菌的抗原性、致病性,以及对噬菌体的特异敏感性有密切关系。细胞壁是菌体表面抗原的所在地。革兰氏阴性菌的细胞壁上有脂多糖,具有内毒素的作用,与致病性有关。

⑥与横隔壁的形成有关。细胞分裂时,其中央部位的细胞壁不断向内凹陷,形成横隔,即将原细菌细胞分裂为两个子细胞。此外,细胞壁还与革兰氏染色反应密切相关。

（2）细胞壁的化学组成

细胞壁的化学组成相当复杂。由于细胞壁的化学成分不同,用革兰氏染色法将所有细菌分为革兰氏阳性菌（G^+ 菌）与革兰氏阴性菌（G^- 菌）两大类。两大类细菌细胞壁的化学组成与结构有很大差异（图 2-2）。

①G^+ 细菌细胞壁的化学组成。G^+ 菌的细胞壁较厚（20～80nm）,其主要成分是肽聚糖（又称黏肽）和磷壁酸。肽聚糖有 15～50 层,含量很高,一般占细胞壁干重的 $50\%\sim80\%$;

磷壁酸含量也较高（占 10%～50%）；一般不含类脂质，仅抗酸性细菌含少量类脂（占 1%～4%）。

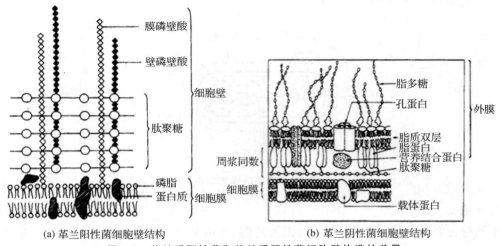

(a) 革兰阳性菌细胞壁结构　　　　　　(b) 革兰阴性菌细胞壁结构

图 2-2　革兰氏阳性菌和革兰氏阴性菌细胞壁构造的差异

②G⁻细菌细胞壁的化学组成。G⁻细菌的细胞壁较薄（10～15nm），其结构与化学组成比 G⁺菌复杂。肽聚糖层较薄（仅 2～3nm），有 1～3 层，仅占细胞壁干重的 5%～20%；在肽聚糖的外层还有由外膜蛋白（脂蛋白、孔蛋白、非微孔蛋白等）、磷脂（脂质双层）和脂多糖三部分组成的外膜，构成多层结构，占细胞壁干重的 80%以上；不含有磷壁酸。

（3）缺细胞壁细菌

虽然细胞壁是细菌细胞的基本结构，但在自然界长期进化中和在实验室菌种的自发突变中都会产生少数缺壁细菌；此外，还可用人工诱导方法通过抑制新生细胞壁的合成或对现有细胞壁进行酶解，而获得人工缺壁细菌。

①L 型细菌：是专指那些在实验室或宿主体内通过自发突变而形成的遗传性稳定的细胞壁缺损菌株。

②原生质体：是指在人工条件下用溶菌酶除尽原有细胞壁或用青霉素等抑制新生细胞壁合成后，所留下的仅由细胞膜包裹着的脆弱细胞。通常由 G⁺细菌形成。原生质体必须生存于高渗环境中，否则会因不耐受菌体内的高渗透压而胀裂死亡。不同菌种或菌株的原生质体间易发生细胞融合，因而可用于基因重组育种。

③原生质球：是指经溶菌酶或青霉素处理后，还残留了部分细胞壁（尤其是 G⁻细菌的外膜层）的原生质体。通常由 G⁻细菌形成。原生质球在低渗环境中仍有抵抗力。

④支原体：是在长期进化过程中形成的、适应自然生活条件的无细胞壁的原核微生物。因其细胞膜中含有一般原核生物所没有的固醇，故即使缺乏细胞壁，其细胞膜仍有较高的机械强度。

2. 细胞膜

细胞膜又称质膜，是一层紧贴于细胞壁内侧，由磷脂和蛋白质组成的柔软而富有弹性的半渗透性膜。

（1）细胞膜的化学组成

细胞膜主要由磷脂（占 20%～30%）、蛋白质（占 50%～70%）以及少量的糖类（占 1.5%～10%）组成。在电子显微镜下观察时，细胞膜呈两暗层夹一亮层的"三明治"式结构，这是因为细胞膜的基本成分是由两层磷脂分子整齐地排列而成的，其中每一个磷脂分子由一个带正电荷且能溶于水的亲水头（磷酸端）和一个不带电荷、不溶于水的疏水尾（烃端）所构成（图 2-3）。

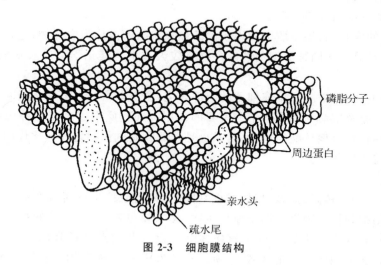

图 2-3　细胞膜结构

（2）细胞膜的结构

目前学术界普遍认同的细胞膜的结构是在 1972 年由 Singer 和 Nicolson（1972）提出的细胞膜液态镶嵌模型。该模型的中心内容是细胞膜具有流动性和镶嵌性。其要点是：①膜的基本结构是磷脂双分子层，两层磷脂分子的亲水头朝向膜两侧表面，疏水尾相向，在膜的内层，双层的磷脂分子整齐对称排列；②磷脂双分子层通常呈液态，具有流动性，磷脂分子和蛋白质分子在细胞膜中的位置不断发生变化；③蛋白质以不同程度镶嵌在磷脂双分子层中，周边蛋白存在于膜的内侧或外侧表面做横向运动（"漂浮"运动），而整合蛋白存在于膜的内部或由一侧嵌入膜内或穿透全膜作横向移动（犹如沉浸海洋的"冰山"移动）；④膜两侧各种蛋白质的性质、结构以及在膜中的位置不同（穿过全膜的、不对称地分布在膜一侧或埋藏在膜内的），因此，具有不对称性。

（3）细胞膜的功能

①选择性地控制细胞内、外的物质（营养物质和代谢废物）的运送、交换。因为细胞膜上有转运系统（渗透酶等），能选择性地携带各种物质穿过细胞膜。②维持细胞内正常渗透压。③是合成细胞壁和荚膜（肽聚糖、磷壁酸、脂多糖、荚膜多糖等）的基地。因为细胞膜中含有合成细胞壁所需的脂质载体与有关细胞壁和荚膜的合成酶。④是细菌产生代谢能量的主要场所。由于原核生物的呼吸链与细胞膜结合，则细胞膜上含有呼吸酶系与 ATP 合成酶，如 NADH 脱氢酶、琥珀酸脱氢酶、细胞色素氧化酶等电子传递系统及氧化磷酸化酶系，因此，细菌的细胞膜相当于真核细胞的线粒体内膜。⑤与鞭毛的运动有关，因为鞭毛基体着生于细胞膜上，并提供其运动的能量。

3.细胞质和内含物

细胞质是细胞膜包围的除核之外的一切无色、透明、黏稠的胶状物质和一些颗粒状物质的总称。原核生物的细胞质不流动,这是它与真核细胞的明显区别。

(1)细胞质的化学成分:化学成分随菌种、菌龄、培养基的成分不同而异。基本成分是水(约占80%)、蛋白质、核酸、脂类和少量的糖类、无机盐等,这些成分或以可溶性状态存在,或以某种方式结合成一些种类不同、大小不一的颗粒状结构。此外,细胞质中有许多细胞内含物和多种酶类及中间代谢产物。

(2)细胞质的内含物:细胞质中大小较大的颗粒状结构被称为内含物,主要包括核糖体、各种贮藏物、质粒等。不同种类细菌的内含物有较大差别。其化学组成及功能详见基础微生物学教程。

(3)细胞质的功能:细胞质构成细菌的内部环境,含有丰富的可溶性物质和各种内含物,在细菌的物质代谢及生命活动中起十分重要的作用。细胞质中还含有多种酶系统,是细菌合成蛋白质、脂肪酸、核糖核酸的场所,同时也是营养物质进行同化和异化代谢的场所,以维持细菌生长所需要的环境。

4.核质体

核质体又称核质、核区、原核、拟核或核基因组,是指原核生物所特有的无核膜结构、无固定形态的原始细胞核。因细菌属于原核生物,无核膜包裹,不具典型的核,因此是结构不完全的拟核。在高分辨率电镜下可见核质体为一巨大紧密缠绕的环状双链DNA丝状结构,无核膜,分布在细胞质的一定区域内,所以称其为核区。在正常情况下,一个细胞内只含有一个核质体。快速生长的细菌细胞中,由于DNA的复制先于细胞分裂,因此一般有2~4个核。细菌除在DNA复制的短时间内呈双倍体外,一般均为单倍体。

(1)核质体的化学成分:其化学成分是一个大型的环状双链DNA分子,一般不含组蛋白或只有少量组蛋白与之结合。DNA由四种碱基、核糖、磷酸组成,长度为0.25~3.00mm。例如,大肠杆菌细胞长度约$2\mu m$,其DNA丝的长度却是1.1~1.4mm,分子量为$3 \times 10^9 u$,含有$4.7 \times 10^6 bp$个碱基对,足可携带4288个基因,以满足细菌生命活动的全部需要。

(2)核质体的生理功能:①核质体是蕴藏(负载)遗传信息的主要物质基础。②通过复制将遗传信息传递给子代。在细胞分裂时,核质体直接分裂成两个而分别进入两个子细胞中。③通过转录和翻译调控细胞新陈代谢、生长繁殖、遗传变异等全部生命活动。

(3)质粒:在许多细菌细胞中还存在核质体DNA以外的共价闭合环状(简称CCC)的超螺旋双链DNA分子,称为质粒。质粒分布于细胞质中或附着在核染色体上,从细胞中分离的质粒大多有三种构型,即CCC型、开环型(简称OC)和线型(简称L),其大小范围一般为1~1000kb。每个细菌体内中可含1~2个或多个质粒。

(三)细菌的特殊结构

不是所有细菌都具有的细胞构造称为特殊构造,包括糖被、鞭毛、菌毛和芽孢等。

1.糖被

包被于某些细菌细胞壁外的一层厚度不定的透明黏液性胶状物质称为糖被。糖被按其有无固定层次、层次厚薄又可细分为4种类型:微荚膜、荚膜、黏液层和菌胶团。

(1)荚膜的化学组成:荚膜的化学组成因菌种而异,多数为多糖,少数为多肽或蛋白质,也有多糖与多肽复合型的。此外,荚膜含有大量水分(约占90%)。多糖按组分不同可分为同质多糖和异质多糖，前者由一种单糖组成，如 α-D-葡聚糖、β-D-葡聚糖、果聚糖、聚半乳糖，后者由两种或两种以上的单糖组成。

（2）荚膜的功能：①保护菌体免受干燥的损害；保护致病菌免受宿主白细胞的吞噬；防止细胞受化学药物（如抗生素等）和重金属离子的毒害，以及噬菌体的侵袭。②贮藏养料。当营养缺乏时，作为碳源和能源被细菌利用。③表面附着作用。例如唾液链球菌（S. salivarius）和变异链球菌分泌己糖基转移酶，使蔗糖转变成果聚糖（荚膜），它可使细菌黏附于牙齿表面，细菌发酵糖类产生乳酸，引起龋齿。④堆积某些代谢废物。⑤荚膜是某些致病菌的毒力因子，与致病力有关。如有荚膜的 S-型肺炎链球菌毒力强，失去荚膜后致病力降低。⑥荚膜为主要表面抗原，具有特异的抗原性，同种细菌的荚膜因其组分不同而得以分型，用于菌种的鉴定、分型和分类。例如肺炎链球菌可根据多糖成分的不同分为 70 多个血清型。方法是以细菌与各型诊断血清混合，若型别相同，即可见荚膜膨大，称为荚膜膨胀试验。

（3）荚膜的应用与危害：在食品工业中，可利用野油菜黄单胞菌的黏液层提取胞外杂多糖—黄原胶，作为食品较理想的增稠剂等；一些益生乳酸菌，如干酪乳杆菌（L. casei）、长双歧杆菌（B. longgum）、嗜热链球菌（S. thermophilus）等在生长代谢过程中能分泌一种荚膜多糖或黏液多糖，统称为胞外多糖（Exoysaccharides，EPS），近年来研究发现 EPS 具有抗肿瘤、抗氧化、免疫调节及降血压等主要生理功能。此外，EPS 还具有改善发酵乳流变学特性、黏度和质地，防止乳清析出的作用，故利用高产 EPS 的益生乳酸菌替代添加的稳定剂或增稠剂，既可以提高产品稳定性，又可以生产功能性发酵乳制品。在制药工业中，利用肠膜明串珠菌可将蔗糖合成为大量荚膜物质葡聚糖的特性，提取葡聚糖用于大量生产右旋糖酐，作为代血浆的主要成分，亦可用于生产葡聚糖生化试剂。但是，肠膜明串珠菌是制糖工业的有害菌，常在糖液中繁殖，使糖液变得黏稠而难以过滤，因而降低了糖的产量。产荚膜细菌的污染还可造成面包、牛奶和酒类及饮料等食品的黏性变质。

2. 鞭毛

某些细菌在细胞表面着生有一根或数十根细长、波浪状弯曲的丝状物，称为鞭毛。鞭毛长度可超过菌体若干倍，一般为 $10\sim20\mu m$，甚至可达 $70\mu m$，直径为 $0.01\sim0.02\mu m$，因此必须依赖电子显微镜才能观察到。在光学显微镜下需采用特殊鞭毛染色法，利用染料对鞭毛成分的特殊亲和力，使鞭毛加粗后才能观察到。

（1）鞭毛的化学组成：细菌鞭毛主要由分子量为 $(1.5\sim4.0)\times10^4$ u 的鞭毛蛋白组成，这种鞭毛蛋白是一种良好的抗原物质（H 抗原）。此外，也含有少量的糖类和脂类。经研究证明，鞭毛蛋白的氨基酸组成与动物横纹肌中的肌动蛋白相似，这可能与鞭毛的运动性有关。

（2）鞭毛的结构：细菌的鞭毛结构由基体、鞭毛钩、鞭毛丝三部分组成（图 2-4）。具体构造参见基础微生物学教程。

（3）鞭毛的类型：细菌鞭毛的有无、数量及着生方式由细菌的遗传特性决定，这些特性也是细菌分类、鉴定的重要依据。根据鞭毛在菌体表面的着生位置和数目，可将其着生方式分为三个主要类型：分别为单生鞭毛［如霍乱弧菌（Vibrio cholerae）等］、丛生鞭毛（如荧光假单胞菌、铜绿假单胞菌等）和周生鞭毛（如普通变形杆菌、大肠杆菌、枯草芽孢杆菌等）。

（4）鞭毛的功能：鞭毛的生理功能是运动，这是原核生物实现趋性的最有效方式。根据引起趋性环境因子的种类，分为趋向性、趋避性、趋化性、趋光性、趋磁性和趋氧性。

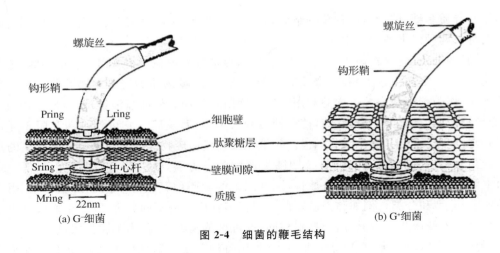

图 2-4 细菌的鞭毛结构

3. 菌毛

菌毛又称纤毛。它是长在菌体表面的一种比鞭毛更细、短直、中空、数量较多的蛋白质丝状物。菌毛的结构较鞭毛简单,无基体等复杂构造,着生于细胞膜上,穿过细胞壁后伸展于体表,直径一般为 3～10nm,由许多菌毛蛋白亚基围绕中心作螺旋状排列,呈中空管状。许多 G⁻ 细菌、少数 G⁺ 细菌和部分球菌的菌体上着生菌毛。每个菌体一般有 250～300 根菌毛,其数目、长短与粗细因菌种而异。如大肠杆菌每菌有 100～200 根菌毛。

菌毛的功能是使菌体附着于物体表面。有菌毛者尤以 G⁻ 致病菌居多,它们借助菌毛黏附于宿主呼吸道、消化道或泌尿道等的上皮细胞上,进一步定殖和致病。例如淋病奈氏球菌(*Neisseria gonorrhoeae*)能黏附于人体泌尿生殖道的上皮细胞上,引起性疾病。大量实验证实菌毛的黏附作用与致病力有关,若此类菌失去菌毛,同时也失去致病力。

4. 性毛

性毛又称性菌毛,其构造和成分与菌毛相同,但比菌毛粗而长,略弯曲,中空呈管状。性菌毛一般多见于 G⁻ 细菌的雄性菌株中,每菌仅有少数几根。性菌毛是由质粒携带的一种致育因子的基因编码,故性菌毛又称 F 菌毛,带有性菌毛的细菌称为 F⁺ 菌或雄性菌。性菌毛能在雌雄两株菌接合交配时,向雌性菌株传递 DNA 片段。即雄性菌通过性菌毛与雌性菌接合,将雄性菌中质粒的 DNA 输入雌性菌中,使雌性菌获得某些遗传性状。

5. 芽孢

某些细菌在其生长发育后期,细胞质脱水浓缩,在细胞内形成一个圆形或椭圆形,对不良环境条件具有较强抗性的休眠体,称为芽孢。由于细菌芽孢的形成都在胞内,故又称为内生孢子,以区别于放线菌、霉菌等形成的外生孢子。带有芽孢的菌体称孢子囊,未形成芽孢的菌体称为营养体或繁殖体。由于一个营养细胞仅能形成一个芽孢,而一个芽孢萌发后仅能生成一个新营养细胞,故芽孢不具有繁殖功能。芽孢的类型、化学组成及结构特点等详见基础微生物学教程。

6. 伴孢晶体

少数芽孢杆菌如苏云金芽孢杆菌(*Bacillus thuringiensis*)在形成芽孢的同时,会在芽孢旁形成一颗菱形或斜方形的碱溶性蛋白晶体,称为伴孢晶体(δ 内毒素)。由于伴孢晶体对鳞翅目、双翅目和鞘翅目等 200 多种昆虫的幼虫有强烈毒杀作用,故国内外大量生产苏云金杆菌制成的生物农药——细菌杀虫剂。有的苏云金杆菌还产生 3 种水溶性的苏云金素（α、β、γ 外毒素）和其他杀虫毒素。近年来,国内外正在研究将苏云金杆菌的毒素蛋白基因转入农作物细胞内,此种转基因农作物能不断释放毒素,抵御害虫侵袭,而且对人畜无害,亦不会污染环境。

（四）细菌的繁殖方式

细菌一般进行无性繁殖,多数细菌以二等分裂方式繁殖,这称为裂殖。如果裂殖形成的两个子细胞大小相同则称为同形裂殖。有少数细菌在陈旧培养基中生长,偶尔产生两个大小不等的子细胞,则称为异形裂殖。多数细菌繁殖属同形裂殖,即为对称的二等分裂方式繁殖。

二、真核微生物

凡是细胞核具有核膜、核仁,能进行有丝分裂,细胞质中存在线粒体或同时存在叶绿体等细胞器的微小生物,称为真核微生物。真菌主要包括单细胞真菌（酵母）、丝状真菌（霉菌）和大型子实体真菌（蕈菌）。其中酵母菌和霉菌占有很大比例。真核细胞比原核细胞更大、更复杂,而真核微生物已发展出许多由膜包裹的细胞器,如内质网、高尔基体、溶酶体、微体、线粒体和叶绿体等,尤其是已进化出有核膜包裹着的完整的细胞核,其中存在的染色体由双链 DNA 长链与组蛋白和其他蛋白密切结合,以更完善地执行生物的遗传功能。

（一）酵母菌

酵母菌（Yeast）不是分类学上的名称,而是一类以出芽繁殖为主要特征的单细胞真菌的统称。酵母菌与人类的关系极其密切。酵母菌及其发酵产品极大改善和丰富了人类生活。例如乙醇和酒精饮料的生产,馒头和面包的制造,甘露醇和甘油的发酵,维生素和有机酸的生产,石油和油品的脱蜡,均离不开酵母菌;从酵母菌体中可提取核酸、麦角甾醇、辅酶 A、细胞色素 C、凝血质和维生素 B_2 等生化药物;酵母菌以通气方式培养可生产大量菌体,其蛋白质含量可达干酵母的 50％,且蛋白中含有丰富的必需氨基酸,常用于生产饲用、药用或食用单细胞蛋白（single cell protein,SCP）。由于酵母菌的细胞结构与高等生物单个细胞的结构基本相同,并且具有世代时间短、容易培养、单个细胞能完成全部生命活动等特性,因此,近年来酵母菌已成为分子生物学、分子遗传学等重要理论研究的良好材料。例如,啤酒酵母中的质粒可作为外源 DNA 片段的载体,并通过转化而完成组建"工程菌",从而在基因工程方面发挥重要作用。

酵母菌也给人类带来危害。腐生型酵母菌能使食品、纺织品及其他原料腐败变质;少数嗜高渗酵母,如鲁氏酵母（*Saccharomyces rouxii*）、蜂蜜酵母（*S. mellis*）可使蜂蜜、果酱腐败;有的酵母菌是发酵工业的污染菌,影响发酵产品的产量和质量。有的酵母菌与昆虫共生,如球拟酵母属（*Torulopsis*）存在于昆虫肠道、脂肪体及其他内脏中。也有少数种（约 25 种）寄生,引起人或其他动物的疾病。其中最常见的是白假丝酵母（*Candida albicans*,旧称白色念珠菌）,可引起人的皮肤、黏膜、呼吸道、消化道以及泌尿系统等多种疾病,如鹅口疮、阴道炎等;新型隐球酵母（*Cryptococcus neoformans*）可引起慢性脑膜炎和轻度肺炎等。

酵母菌通常分布于含糖量较高和偏酸性环境中,如水果、蔬菜、花蜜以及植物叶子上,尤其是葡萄园和果园的上层土壤中较多,而油田和炼油厂附近土层中可分离到能利用烃类的酵母菌。

1.酵母菌的细胞形态与大小

酵母菌为单细胞结构生物,其细胞直径一般比细菌粗 10 倍,为(2～5)μm×(5～30) μm,有些种长度达 20～50μm,最长者达 100μm。例如,典型的啤酒酵母(Saccharomyces cereviseae,又称酿酒酵母)的细胞大小为(2.5～10.0)μm×(4.5～21)μm,长者可达 30μm。 故用 400 倍的光学显微镜就能清晰看见酵母菌的形态。各种酵母菌有其一定的形态和大 小,但也随菌龄、环境条件(如培养基成分)的变化而有差异。一般成熟的细胞大于幼龄细 胞,液体培养的细胞大于固体培养的细胞。有些种的细胞大小、形态极不均匀,而有的种则 较均匀。

酵母菌细胞的形态通常呈球形、卵圆形或椭圆形,少数呈圆柱形或香肠形、柠檬形、尖顶 形、三角形、长颈瓶形等。

2.酵母菌细胞结构

酵母菌具有典型的细胞结构(图 2-5),有细胞壁、细胞膜、细胞核、细胞质及其内含物。 细胞质内含有线粒体、核糖体、内质网、微体、中心体、高尔基体、纺锤体、液泡及贮藏物质等, 此外,有些种还有出芽痕(诞生痕),有些种还具有荚膜、菌毛等特殊结构。酵母菌的细胞结 构组成部分介绍详见基础微生物学教程。

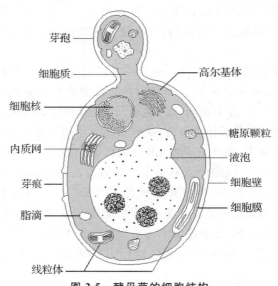

图 2-5　酵母菌的细胞结构

3.酵母菌的繁殖方式和生活史

酵母菌有无性和有性两种繁殖方式,其中以无性繁殖为主,无性繁殖中又以芽殖多见, 少数为裂殖和产生无性孢子。酵母菌有性繁殖主要是产生子囊孢子,凡能进行有性繁殖的 酵母菌称为真酵母,只能进行无性繁殖的酵母菌称为假酵母。

个体经一系列生长、发育阶段后而产生下一代个体的全部过程就称为该生物的生活史 或生命周期。各种酵母菌的生活史可分为以下三个类型(图 2-6):①营养体既可以单倍体 (n)也可以二倍体(2n)形式存在,酿酒酵母为此种类型的典型代表;②营养体只能以单倍体 的形式存在,八孢裂殖酵母为此种类型的典型代表;③营养体只能以二倍体形式存在,路氏 酵母(Saccharomyces ludwigii)为此种类型的典型代表。

4.酵母菌的培养特征

（1）酵母菌的菌落特征

多数酵母菌为单细胞的真菌，其细胞均呈粗短形状，在细胞间充满着毛细管水，故在麦芽汁琼脂培养基上形成的菌落与细菌相似。酵母菌的菌落表面光滑、湿润、黏稠，质地柔软，容易用接种针挑起，多数呈乳白色或奶油色，少数为红色（如黏红酵母和玫瑰色掷孢酵母等），多数不透明，一般有酒香味。酵母菌的菌落比细菌显得较大而厚（凸起），这是由于酵母菌个体细胞比细菌大，细胞内颗粒较明显，细胞间隙含水量相对较少，以及酵母菌不能运动等特点所致。有的酵母菌的菌落因培养时间较长，会因干燥而皱缩。此外，凡不产生假菌丝的酵母菌，其菌落更为隆起，边缘十分圆整；而能产大量假菌丝的酵母，则菌落较平坦，表面和边缘较粗糙。菌落的颜色、光泽、质地、表面和边缘形状等特征都是酵母菌菌种鉴定的依据。

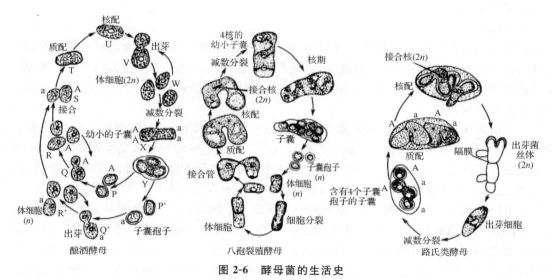

图 2-6　酵母菌的生活史

（2）酵母菌的液体培养特征

在液体培养基中，不同酵母菌的生长情况不同。有的生长于培养基的底部并产生沉淀；有的在培养基中均匀悬浮生长；有的则在培养基表面生长并形成菌膜、菌醭或壁环，其厚度因种而异。有假菌丝的酵母菌所形成的菌醭较厚，有些酵母菌形成的菌醭很薄，干而变皱。菌醭的形成与特征具有分类、鉴定意义。上述生长情况反映了酵母菌对氧气需求的差异。

（二）霉菌

霉菌是丝状真菌的统称。凡是生长在固体营养基质上，形成绒毛状、蜘蛛网状、棉絮状或地毯状菌丝体的真菌，统称为霉菌。霉菌意即"发霉的真菌"，通常指那些菌丝体比较发达而又不产生大型子实体的真菌。在地球上，几乎到处都有霉菌的踪迹。

霉菌与工农业生产、医疗实践、环境保护和生物学基本理论研究等方面都有密切关系，是人类认识和利用最早的一类微生物。可以用来生产各种传统食品。如酿造酱油和食醋，制酱、腐乳、干酪等。在农业中可用于发酵饲料、植物生长刺激素（赤霉素）、杀虫农药（白僵菌剂）等的生产，在发酵工业中可用于酒精、有机酸（柠檬酸、葡萄糖酸、延胡索酸等）、抗生素

（青霉素、头孢霉素、灰黄霉素等）、酶制剂（糖化酶、蛋白酶、纤维素酶等）、维生素（硫胺素、核黄素等）、生物碱（麦角碱、胆碱等）、真菌多糖等的生产。此外，霉菌作为基因工程的受体菌，在理论研究中具有重要价值。如粗糙脉孢霉（*Neurospora crassa*）被作为研究遗传学的理想材料而应用于生化遗传学的研究。一些能分解各种复杂有机物（尤其是纤维素、半纤维素和木素）的霉菌，在自然界物质转化中具有重要作用，被人类用于生物质能源的研究。

但同时霉菌也给人类的生产和生活带来危害。首先霉菌可以引起工农业产品的霉变，造成谷物、果蔬、纺织品、皮革、木器、纸张、光学仪器、电工器材和照相胶片等发霉变质。霉菌还可引起植物病害，引发人和动物疾病，不少致病真菌可引起人和动物的浅部病变（如皮肤癣菌引起的各种癣症）和深部病变（如既可侵害皮肤、黏膜，又可侵犯肌肉、骨骼和内脏的各种致病真菌）。霉菌还能产生多达100多种的真菌毒素，多种真菌毒素可致癌，严重威胁人和动物的健康。

1. 霉菌的细胞形态

（1）菌丝

菌丝是真菌营养体的基本单位，它由硬壁包围的管状结构组成，内含可流动的原生质。菌丝的宽度一般为 $3\sim10\mu m$，由细胞壁、细胞膜、细胞质、细胞核、细胞器和内含物所组成。菌丝是由霉菌的孢子萌发而形成。根据菌丝中是否具有隔膜可将霉菌的菌丝分为无隔膜菌丝和有隔膜菌丝两种。

①无隔膜菌丝：菌丝内无隔膜，整个菌丝就是一个长管状的单细胞，细胞质内含有多个细胞核，常被称为多核单细胞。在菌丝生长过程中只有细胞核的分裂和原生质量的增加，而无细胞数目的增多。接合菌亚门和鞭毛菌亚门的霉菌菌丝属于此种类型，如接合菌亚门、接合菌纲、毛霉目中的根霉属（*Rhizopus*）、毛霉属（*Mucor*）、梨头霉属（*Absidia*）等。

②有隔膜菌丝：菌丝内有隔膜，其将菌丝分隔成多个细胞，整个菌丝由多个细胞组成，每两节中间的一段菌丝称菌丝细胞，每个细胞内含有一个或多个细胞核。隔膜上有一个或多个小孔相通，使细胞之间的细胞质相互流通，进行物质交换。在菌丝生长过程中，细胞核的分裂伴随着细胞数目的增多。子囊菌亚门（除酵母外）、担子菌亚门和多数半知菌亚门的霉菌菌丝属于此种类型，如分属于半知菌亚门、丝孢纲、丝孢目中的青霉属（*Penicillium*）、曲霉属（*Aspergillus*）和木霉属（*Trichoderma*）等。

（2）菌丝体的分化形式

当霉菌孢子落在适宜的固体营养基质上后，就发芽产生菌丝，菌丝继续生长并向两侧分枝。由许多分枝菌丝相互交织而成的群体称为菌丝体。霉菌菌丝体在功能上有一定的分化，密布于营养基质内部主要执行吸收营养物功能的菌丝体称为营养菌丝体；伸出培养基长在空气中的菌丝体则称为气生菌丝体；部分气生菌丝体生长到一定阶段，可以分化成为具有繁殖功能、产生生殖器官和生殖细胞的菌丝体，称为繁殖菌丝体。在长期进化过程中，为了适应环境和自身生理功能的需要，霉菌菌丝体可分化出许多功能不同的特化形态，如营养菌丝体可形成假根、匍匐菌丝、吸器、附着胞、附着枝、菌核、菌索、菌环、菌网等；气生菌丝体可形成各种形态的子实体。

①匍匐菌丝：又称匍匐枝，是指根霉属的霉菌营养菌丝分化形成的具有延伸功能的匍匐状菌丝。每隔一段距离在其上长出伸入基质的假根和伸向空间生长的孢子囊梗，新的匍匐菌丝再不断向前延伸，以形成蔓延生长的菌苔。

②假根:假根是指根霉属真菌延伸的菌丝,在蔓延到一定距离后,即在基物上生成的根状菌丝,其功能是固着和吸收营养物质。

③吸器:由一些植物寄生真菌,如锈菌、霜霉菌和白粉菌等从营养菌丝上产生出来的旁枝,侵入植物细胞内后分化成的指状、球状、丝状或丛枝状结构,用以吸收寄主细胞的养料。

④菌核:是由霉菌的菌丝团组成的一种外层色深、坚硬的休眠体,同时它又是糖类和脂类等营养物质的储藏体。其内层疏松,大多呈白色。它对外界不良环境具有较强的抵抗力,在适宜条件下可萌发出菌丝,生出分生孢子梗、菌丝子实体等。

⑤子实体:子实体是指在其内部或表面产生无性或有性孢子,具有一定形状和构造的菌丝体组织。它是由真菌的气生菌丝和繁殖菌丝缠结而成的产生孢子的结构,其形态因种而异。结构简单的子实体有:曲霉属和青霉属等产生无性分生孢子的分生孢子头(或分生孢子穗);根霉属和毛霉属等产生无性孢囊孢子的孢子囊;担子菌产生有性担孢子的担子。结构复杂的子实体有:产生无性孢子的分生孢子器、分生孢子座和分生孢子盘等结构,能产生有性孢子的子囊果。

2.霉菌的繁殖方式和生活史

在自然界中,霉菌以产生各种无性或有性孢子来繁殖,一般以无性繁殖产生无性孢子为主要繁殖方式。根据孢子的形成方式、孢子的作用及自身特点,可将霉菌的繁殖方式分为多种类型。由于不同种属的霉菌产生孢子的方式、孢子的形态或产生孢子的器官不同,所以霉菌孢子的形态特征和产孢子器官的特征是霉菌分类、鉴定的主要依据。

(1)无性繁殖

霉菌的无性繁殖是指不经过两个性细胞结合,而直接由菌丝分化产生子代新个体的过程。无性繁殖所产生的孢子称为无性孢子。霉菌常见的无性孢子有孢囊孢子、分生孢子、节孢子和厚垣孢子等(图 2-7)。菌丝不具隔膜的霉菌一般形成孢囊孢子和厚垣孢子;菌丝具隔膜的霉菌多数产生分生孢子和节孢子,少数能产生厚垣孢子。

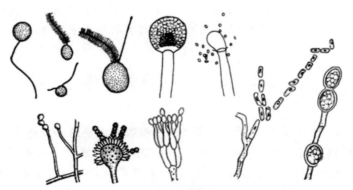

图 2-7　霉菌的无性繁殖方式

(2)有性繁殖

霉菌的有性繁殖是指经过两个性细胞结合,一般经质配、核配和减数分裂而产生子代新个体的过程。有性繁殖所产生的孢子称有性孢子。霉菌常见的有性孢子有卵孢子、接合孢子和子囊孢子。一般无隔膜菌丝的霉菌产生接合孢子,有隔膜菌丝的霉菌产生子囊孢子。

担孢子是大型子实体真菌——担子菌(蘑菇、木耳等)产生的有性孢子。它是一种外生孢子,经过两性细胞质配、核配后产生。因为它着生于担子上,故称担孢子。担子菌的特化菌丝形成各种子实体,如蘑菇、香菇等子实体呈伞状,由菌盖、菌柄和菌褶等组成,菌褶处着生担子和担孢子。

(3)霉菌的生活史

霉菌的生活史是指霉菌从一种孢子萌发开始,经过一定的生长发育阶段,最后又产生同一种孢子为止所经历的过程,它包括有性繁殖和无性繁殖两个阶段。在霉菌的生活史中,许多真菌以无性繁殖方式为主,即在适宜条件下,孢子萌发后形成菌丝体,并产生大量的无性孢子,进行传播和繁殖。当菌体衰老,或营养物质大量消耗,或代谢产物积累时,才进行有性繁殖,产生有性孢子,渡过不良环境后,再萌发产生新个体。有的霉菌在生活史中只产生无性孢子,例如,半知菌亚门中的某些青霉、交链孢霉等。

霉菌典型的生活史如下:菌丝体(营养体)在适宜条件下产生无性孢子,无性孢子萌发形成新的菌丝体,如此重复多次,这是霉菌生活史中的无性阶段;霉菌生长发育的后期,在一定的条件下开始有性繁殖阶段,即在菌丝体上形成配子囊,经过质配、核配形成双倍体的细胞核后,经过减数分裂产生单倍体孢子,孢子萌发成新的菌丝体。

3.霉菌的培养特征

霉菌的细胞呈丝状,在固体培养基上有营养菌丝和气生菌丝的分化,气生菌丝间没有毛细管水,故它们的菌落与细菌和酵母菌的不同,而与放线菌的接近。霉菌的菌落较大,一般比细菌的菌落大几倍到几十倍。有少数霉菌,如根霉、毛霉、脉孢菌在固体培养基上呈扩散性生长至整个培养皿基质,看不到单独菌落。多数霉菌的生长有一定局限性,菌落直径为1~2cm,质地一般比放线菌疏松,呈现或紧或松的蜘蛛网状、绒毛状、棉絮状或地毯状;菌落外观干燥,不透明,与培养基的连接紧密,不易用针挑取。菌落最初常呈浅色或白色,当长出各种颜色的孢子后,相应呈现黄、绿、青、棕、橙、黑等各色,这是由于孢子有不同形状、构造与色素所致。有些霉菌的营养菌丝分泌水溶性色素,使培养基也带有不同的颜色。菌落正反面的颜色、边缘与中心的颜色常不一致。各种霉菌在一定培养基上和一定条件下形成的菌落大小、形状、颜色等相对稳定,故菌落特征是鉴定霉菌的重要依据之一。

第二节 微生物的营养

微生物在生命活动中,需要不断从外部环境中吸收所需要的各种物质,通过新陈代谢获得能量,合成细胞物质,同时排出代谢产物,使机体正常生长繁殖。凡能满足微生物机体生长繁殖和完成各种生理活动所需的物质称为营养物质。营养物质是微生物生命活动的物质基础,而微生物获得与利用营养物质的过程称为营养。学习和掌握微生物的营养理论及规律,是认识、利用和深入研究微生物的必要条件,尤其对有目的地选用、改造和设计符合微生物生理要求的培养基,以便进行科学研究或用于生产实践具有极其重要的作用。

一、微生物的营养物质

营养物质是微生物生存的物质基础,而营养是微生物维持和延续其生命形式的一种生理过程。微生物所需要的营养物质因种类和个体的不同而有千差万别,微生物需要的化学元素主要由相应的有机物和无机物提供,小部分可以由分子态的气体提供。根据营养物质在微生物细胞中生理功能的不同,可将它们分为碳源、氮源、无机盐、生长因子(生长因素)和水 5 大类营养要素。

(一)水分

水是微生物细胞不可缺少的组成成分,微生物各种各样的生理活动中必须有水参加才能进行。水在细胞中的生理功能主要有:①作为细胞原生质胶体的主要成分。②具有溶剂与运输介质的作用,即营养物质必须先溶解于水中才能被微生物吸收和利用,以及营养物质的吸收和代谢产物的排出都必须通过水来完成。③参与细胞内一切生化反应,并作为代谢过程的内部介质。④水是热的良导体,有利于散热,可调节细胞的温度。⑤水的比热容高,能有效吸收代谢过程中放出的热,降低热能,使菌体温度不致过高。因此,水是微生物生长不可缺少的物质。

(二)碳源

在微生物生长过程中,凡是为微生物提供碳素来源的营养物质称为碳源。其主要生理功能是构成微生物细胞物质和代谢产物,并为微生物生命活动提供能量。碳源物质在细胞内经过一系列复杂的化学变化,成为微生物自身的细胞物质(如糖类、脂类、蛋白质等)和代谢产物。同时,大部分碳源物质在细胞内生化反应过程中还能为机体提供维持生命活动所需的能源。因此,碳源物质通常也是能源物质。但是有些以 CO_2 作为唯一或主要碳源的微生物生长所需的能源则并非来自碳源物质。

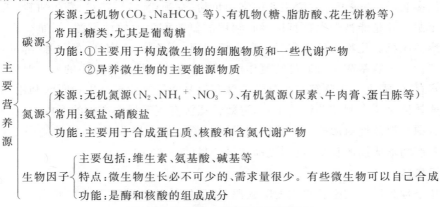

主
要
营
养
源

碳源
- 来源:无机物(CO_2、$NaHCO_3$ 等)、有机物(糖、脂肪酸、花生饼粉等)
- 常用:糖类,尤其是葡萄糖
- 功能:①主要用于构成微生物的细胞物质和一些代谢产物
  ②异养微生物的主要能源物质

氮源
- 来源:无机氮源(N_2、NH_4^+、NO_3^-)、有机氮源(尿素、牛肉膏、蛋白胨等)
- 常用:氨盐、硝酸盐
- 功能:主要用于合成蛋白质、核酸和含氮代谢产物

生物因子
- 主要包括:维生素、氨基酸、碱基等
- 特点:微生物生长必不可少的、需求量很少。有些微生物可以自己合成
- 功能:是酶和核酸的组成成分

图 2-8 微生物生长所需主要营养源

微生物能够利用的碳源种类很多(图 2-8),既有简单无机碳化物,如 CO_2 和碳酸盐等,也有复杂的有机物,如糖类及其衍生物、脂类、醇类、有机酸、烃类、芳香族化合物等。

多数微生物(如异养微生物)都以有机物作为碳源和能源,其中糖类是微生物最好的碳源。但微生物对不同糖类的利用也有差别。例如,在以葡萄糖和乳糖或半乳糖为碳源的培养基中,大肠杆菌首先利用葡萄糖,然后利用乳糖或半乳糖。凡是能被微生物直接吸收利用的碳源(如葡萄糖)称为速效碳源。反之,不能被微生物直接吸收利用的碳源(如乳糖或半乳糖)称为迟效碳源。其次是脂类、醇类和有机酸等。有少数微生物(如自养微生物)能利用 CO_2 或碳酸盐作为唯一碳源或主要碳源,将 CO_2 逐步合成细胞物质和代谢产物。这类微生物在同化 CO_2 的过程中需要日光提供能量,或者从无机物的氧化过程中获得能量。

葡萄糖和蔗糖是实验室中常用的碳源。发酵工业中为微生物提供的碳源主要是糖类物质,如饴糖、谷类淀粉(玉米、大米、高粱米、小米、大麦、小麦等)、薯类淀粉(甘薯、马铃薯、木薯等)、野生植物淀粉,以及麸皮、米糠、酒糟、废糖蜜等。为了解决发酵工业用粮与人们食用粮、畜禽饲料用粮的矛盾,已广泛开展了以纤维素、石油、CO_2 和 H_2 等作为碳源和能源来培养微生物的节粮代粮研究工作,并取得了显著成绩。

(三)氮源

氮元素是组成微生物细胞内的蛋白质和核酸的重要成分。在微生物生长过程中,凡是构成微生物细胞或代谢产物中氮素来源的营养物质都被称为氮源。其生理功能是用于合成细胞物质和代谢产物中的含氮化合物(如蛋白质和核酸)。

氮源物质包括蛋白质及其不同程度的降解产物(胨、多肽、氨基酸等)、尿素、尿酸、铵盐、硝酸盐、亚硝酸盐、分子态氮、嘌呤、嘧啶、脲、胺、酰胺、氰化物(图 2-8)。不同微生物对氮源的利用差别很大。固氮微生物能以分子态氮作为唯一氮源,也能利用化合态的有机氮和无机氮。多数微生物(如腐生细菌、肠道菌、动植物致病菌、放线菌、酵母菌和霉菌等)都能利用较简单的化合态氮,如铵盐、硝酸盐、氨基酸等,尤其是铵盐和硝酸盐几乎可被所有微生物吸收利用。蛋白质需要经微生物产生并被分泌到胞外的蛋白酶水解后才能被吸收利用,如一些霉菌和少数细菌具有蛋白质分解酶,能以蛋白质或蛋白胨作为氮源。有些寄生型微生物只能利用活体中的有机氮化物作为氮源。

实验室中常用的氮源有硫酸铵、硝酸盐(硝酸铵、硝酸钾、硝酸钠)、尿素及牛肉膏、蛋白胨、酵母膏、多肽、氨基酸等。发酵工业中常用鱼粉、蚕蛹粉、黄豆饼粉、花生饼粉、玉米浆、酵母粉等作氮源。凡是能被微生物直接吸收利用的氮源称为速效性氮源,例如铵盐、硝酸盐、尿素等水溶性无机氮化物易被细胞吸收后直接利用;玉米浆、牛肉膏、蛋白胨、酵母膏等的蛋白质降解产物——氨基酸也可通过转氨作用直接被机体利用。饼粕中的氮主要以大分子蛋白质的形式存在,需进一步降解成小分子的肽和氨基酸后才能被微生物吸收利用,故属迟效性氮源。速效性氮源有利于菌体的生长,迟效性氮源有利于代谢产物的形成。发酵工业中,将速效性氮源与迟效性氮源按一定比例制成混合氮源加入培养基中,以控制微生物的生长时期与代谢产物形成期的长短,达到提高产量的目的。

(四)无机盐

无机盐是指为微生物生长提供的除碳源、氮源以外的各种必需矿物元素。其生理功能是:①构成细胞的组成成分,维持生物大分子和细胞结构的稳定性;②参与酶的组成,作为酶活性中心的组分,以及作为酶的辅助因子和激活剂;③调节并维持细胞渗透压、pH 和氧化还原电位;④作为某些自养微生物的能源物质和无氧呼吸时的氢受体。

凡是微生物生长所需浓度在 $10^{-4} \sim 10^{-3}$ mol/L(培养基中含量)范围内的矿物元素称主要元素,它包括磷、硫、镁、钙、钠、钾、铁等金属盐类。它们各自的生理功能如图 2-9 所示。

凡是微生物生长所需浓度在 $10^{-8} \sim 10^{-6}$ mol/L(培养基中含量)范围内的矿物元素称微量元素,它包括锌、锰、钼、硒、钴、铜、钨、镍、硼等。微量元素有的参与酶蛋白的组成,或者作为许多酶的激活剂。如果微生物在生长过程中缺乏微量元素,会导致细胞生理活性降低,甚至使其停止生长。由于微生物对微量元素的需要量极微,无特殊原因,培养基中不必另外加入。值得注意的是,许多微量元素都是重金属,过量供应反而有毒害作用,故供应的微量元素一定要控制在正常浓度范围内,而且各种微量元素之间要有恰当的比例。

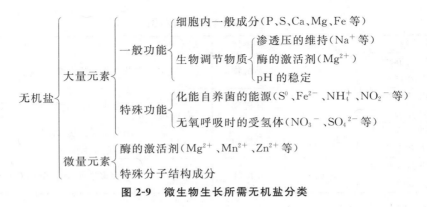

图 2-9　微生物生长所需无机盐分类

(五)生长因子

生长因子是指微生物生长不可缺少、本身又不能合成或合成量不足以满足机体生长需要的微量有机化合物。各种微生物需求的生长因子的种类和数量不尽相同。根据生长因子的化学结构及其在机体内的生理作用,可将其分为维生素、氨基酸、嘌呤或嘧啶三大类。

1. 维生素类

维生素是最先被发现的生长因子。虽然一些微生物能合成维生素,但许多微生物仍然需要外界提供才能生长。其主要生理功能是作为酶的辅基或辅酶的成分,参与新陈代谢。

2. 氨基酸类

许多微生物缺乏合成某些氨基酸的能力,必须在培养基中补充这些氨基酸或含有这些氨基酸的短肽才能使微生物正常生长。不同微生物合成氨基酸的能力相差很大。有些细菌,如大肠杆菌能合成自身所需的全部氨基酸,不需外源补充;而有些细菌,如伤寒沙门氏菌(*Salmonella typhi*)能合成所需的大部分氨基酸,仅需补充色氨酸。还有些细菌合成氨基酸的能力极弱,如肠膜明串珠菌(*Leuconostoc mesenteroides*)需要 17 种氨基酸和多种维生素才能生长。

3. 嘌呤、嘧啶及其衍生物

嘌呤和嘧啶也是许多微生物所需要的生长因子。其主要生理功能是作为合成核苷、核苷酸和核酸的原料,以及作为酶的辅酶或辅基的成分。多数微生物,尤其是营养要求严格的乳酸细菌生长需要嘌呤和嘧啶。有些微生物不仅缺乏合成嘌呤和嘧啶的能力,而且不能将它们正常结合到核苷酸上。因此,对这类微生物需要供给核苷或核苷酸才能使它们正常生长。

二、微生物的营养类型

营养类型是根据微生物生长所需要的主要营养要素,即碳源和氮源的不同而划分的微生物类型。由于微生物种类繁多,其营养类型比较复杂,根据碳源、能源和电子(氢)供体性质的不同,可将绝大部分微生物分为光能自养型、光能异养型、化能自养型和化能异养型四大类型(表 2-1)。

表 2-1　微生物的营养类型

营养类型	能源	氢供体	基本碳源	实　例
光能无机营养型（光能自养型）	光	无机物	CO_2	蓝细菌、紫硫细菌、绿硫细菌、藻类
光能有机营养型（光能异养型）	光	有机物	CO_2 及简单有机物	红螺菌科的细菌（即紫色无硫细菌）
化能无机营养型（化能自养型）	无机物 *	无机物	CO_2	硝化细菌、硫化细菌、铁细菌、氢细菌、硫黄细菌等
化能有机营养型（化能异养型）	有机物	有机物	有机物	绝大多数细菌和全部真核微生物

* 指 NH_4^+、NO_2^-、S、H_2S、H_2、Fe^{2+} 等。

三、微生物对营养物质的吸收方式

环境中的营养物质只有被吸收到细胞内才能被微生物逐步利用。微生物在生长过程中不断产生多种代谢产物,必须及时排到细胞外,以免在细胞内积累产生毒害作用,这样微生物才能正常生长。根据物质运输过程的特点,目前一般认为,除原生动物外,其他各大类有细胞的微生物对营养物质的吸收主要有简单扩散、促进扩散、主动运输、基团转位 4 种方式。而膜泡运输则是原生动物的一种营养物质运输方式。

第三节　微生物的生长

微生物在适宜条件下,不断从环境中吸收营养物质转化为构成细胞物质的组分和结构,当个体细胞的同化作用超过了异化作用,即大分子的合成速度超过大分子分解速度时,细胞原生质的总量(质量、体积、大小)增加则称为生长。生长达到一定程度(体积增大),由于细胞结构的复制与再生,细胞便开始分裂,这种分裂若伴随着个体数目的增加,即称为繁殖。如果异化作用超过同化作用,即大分子分解超过大分子合成,细胞便趋于衰亡。在个体、群体形态上、生理上都会发生一系列由量变到质变的变化过程,称为发育。由此可见,微生物的生长与繁殖是两个不同,但又相互联系的概念。生长是一个逐步发生的量变过程,繁殖是一个产生新的生命个体的质变过程。高等生物的生长与繁殖两个过程可以明显分开,但对低等单细胞生物而言,由于个体微小,这两个过程是紧密联系很难划分的过程。因此在讨论微生物生长时,常将这两个过程放在一起讨论,这样微生物生长又可以定义为在一定时间和条件下细胞数量的增加,这是微生物群体生长的定义。

在微生物的研究和应用中,只有群体生长才有意义。凡提到"生长"时,一般均指群体生长,这一点与研究大型生物有所不同。微生物的生长繁殖是其自身的代谢作用在内外各种环境因素相互作用下的综合反映,因此,有关生长繁殖数据即可作为研究各种生理、生化和遗传等问题的重要指标。同时,有益菌在生产实践中的各种应用,以及对腐败菌、病原菌引起的食品腐败和食物中毒发生的微生物的控制,也都与其生长繁殖紧密相关。因此有必要学习微生物生长繁殖规律与影响其生长的环境因素,以及控制其生长繁殖的方法。

一、细菌的生长繁殖

（一）细菌生长繁殖的条件

1.营养基质

细菌的生长要满足六大营养要素，即适宜的水分、碳源、能源、氮源、矿物质，以及必需的生长因子等。如果营养物质不足，机体一方面降低或停止细胞物质合成，避免能量的消耗，或者通过诱导合成特定的运输系统，充分吸收环境中微量的营养物质以维持机体的生存；另一方面机体对细胞内某些非必要成分或失效的成分，如细胞内贮存的物质、无意义的蛋白质与酶、mRNA 等进行降解，以重新利用。例如在氮源、碳源缺乏时，机体内蛋白质降解速率比正常条件下的细胞增加了 7 倍，同时减少 tRNA 的合成和降低 DNA 复制的速率，导致生长停止。

2.温度

细菌在生长过程中均有其各自的最低、最适和最高生长温度范围，它们在最适温度下生长最快，超过最高或低于最低生长温度就会停止生长，甚至死亡。多数细菌最适温度在 $20\sim40℃$ 之间。

3.氢离子浓度（pH）

培养基的 pH 对细菌的生长繁殖影响很大。多数细菌生长的最适 pH 为 $6.5\sim7.5$。细菌生长过程中由于分解各种营养物质产生的酸性或碱性代谢产物使培养基变酸或变碱而影响其生长，因此需要向培养基内加入一定量的缓冲剂。

4.渗透压

细菌在一定浓度的等渗溶液中才能生长繁殖。如将细菌置于高渗或低渗溶液中，则会因失水或膨胀而死亡。但一般细菌比其他生物对渗透压的改变有较大适应力。

5.呼吸环境

根据细菌不同的呼吸类型，要有适宜的呼吸环境。将好氧菌置于厌氧环境中就不能生长。有些细菌需要在环境中加入一定浓度的 CO_2 或 N_2 才能生长或旺盛生长。

（二）细菌群体的生长规律

将少量单细胞微生物纯培养菌种接种到新鲜的液体培养基中，在最适条件下培养，以细菌数量的对数或生长速率为纵坐标，以生长时间为横坐标，绘制成的曲线称为细菌的生长曲线。每种细菌都有各自的典型生长曲线，但它们的生长过程都有共同规律。根据细菌生长繁殖速率的不同，可将曲线大致分为迟缓期、对数期、稳定期与衰亡期 4 个阶段。微生物分批培养生长曲线的不同阶段特点及原因分析详见基础微生物学教程。

研究生长曲线对于细菌的研究工作和生产实践有指导意义。在研究细菌的代谢和遗传时，需采用生长旺盛的对数期的细胞；在发酵生产方面，使用的发酵剂最好是对数期的种子接种到发酵罐内，几乎不出现迟缓期，控制延长对数期，可在短时间内获得大量培养物（菌体细胞）和发酵产物，缩短发酵周期，提高生产率。

二、真菌的生长繁殖

（一）真菌生长繁殖的条件

1.营养基质

真菌对营养要求不高，一般只要供给碳源和氮源即可生长繁殖。多数真菌是异养菌，能利用多种碳水化合物,如单糖、双糖、淀粉、维生素、木素、有机酸和无机酸等,并能够利用多种含氮有机物,如蛋白质及其水解产物(蛋白胨,氨基酸),也可从含氮无机物中获得氮源,如硫酸铵、硝酸盐、氮化物等。

2. 温度

真菌的生长繁殖温度一般比细菌低,多数真菌最适温度范围为 $25\sim30℃$。部分真菌在 $0℃$ 以下停止生长,但某些真菌仍可生长繁殖,引起冷藏食品的腐败或霉坏。

3. 湿度

真菌生长繁殖要求的湿度较高,除水分外,空气的湿度对真菌的生长影响很大,因为多数真菌在高湿度下才能形成繁殖器官,相对湿度应在 90% 以上,便于真菌的繁殖。

4. pH

环境中的酸碱度是真菌生长繁殖的重要条件,多数真菌喜在酸性环境中生长。它们在 pH3~6 之间生长良好,而在 pH2~10 之间也可生长。

5. 呼吸环境

多数丝状真菌是好氧菌,在有充足氧气的环境中才能生长繁殖,但酵母菌是典型的兼性厌氧菌,既可在有氧时进行生长繁殖,又能在无氧条件下进行发酵。

丝状真菌在液体培养基中的生长方式在发酵工业生产中十分重要,因为它影响发酵中通气性、生长速率、搅拌能耗和菌丝体与发酵液的分离难易等。在液体培养基中丝状真菌基本以均匀的菌丝悬浮的方式生长,但大多数情况以松散的菌丝絮状或堆积紧密的菌丝球的沉淀方式生长。接种量的大小、接种培养物是否凝聚以及菌丝体是否易于断裂等综合因素决定着丝状真菌是丝状悬浮生长还是沉淀生长。丝状真菌生长通常以单位时间内细胞的物质量(主要是干重)的变化表示。

(二)丝状真菌的群体生长规律(非典型生长曲线)

将少量丝状真菌纯培养物接种于一定容积的深层通气液体培养基中,在最适条件下培养,定时取样测定菌丝细胞物质的干重。以细胞物质的干重为纵坐标,培养时间为横坐标,即可绘出丝状真菌的非典型生长曲线。丝状真菌的非典型生长曲线与细菌的典型生长曲线有明显差别。前者缺乏对数生长期,与此期相当的只是培养时间与菌丝干重的立方根呈直线关系的一段快速生长期。根据丝状真菌生长繁殖后的细胞干重的不同,可将曲线大致分为迟缓期、快速生长期和生长衰亡期 3 个阶段。

1. 生长迟缓期

造成生长迟缓的原因有两种:一是孢子萌发前的真正的迟缓期,另一种是生长已开始但却无法测量。对真菌细胞生长迟缓期的特性目前缺乏详细研究。

2. 快速生长期

此时菌丝体干重迅速增加,其立方根与时间呈直线关系。因为真菌不是单细胞,其繁殖不以几何倍数增加,故而无对数生长期。真菌的生长常表现为菌丝尖端的伸长和菌丝的分枝,因此受到邻近细胞竞争营养物质的影响。尤其在静置培养时,许多菌丝在空气中生长,必须从其邻近处吸收营养物质供生长需要。在快速生长期中,碳、氮、磷被迅速利用,呼吸强度达到顶峰,代谢产物(如酸类)可出现或不出现。静置培养时,在快速生长期的后期,菌膜上将出现孢子。

3. 衰亡期

真菌生长进入衰亡期的标志是菌丝体干重下降。一般在短期内失重很快,以后则不再变化。但有些真菌会发生菌丝体自溶。这是其自身所产生的酶类催化几丁质、蛋白质、核酸等分解,同时释放氨、游离氨基酸、有机磷和有机硫化合物等所致。处于衰亡期的菌丝体细胞,除顶端较幼细胞的细胞质稍稍稠密均匀外,多数细胞都出现大的空泡。

此期生长的停止由下列两种因素之一所导致。一是在高浓度培养基中,可能因为有毒代谢产物的积累阻碍了真菌生长。如在高浓度碳水化合物的培养基中可积累有机酸,而在含有机氮多的培养基中则可能积累氨;多数次级代谢物质如抗生素等,也是在生长后期合成。二是在较稀释的营养物质平衡良好的培养基中,生长停止的主要因素是碳水化合物的耗尽。当生长停止后,菌丝体自溶裂解的程度因菌种的特性和培养条件而异。

丝状微生物包括丝状真菌和放线菌。上述丝状真菌的非典型生长曲线对描述放线菌群体的生长规律同样适用。

三、微生物的同步培养

微生物个体生长是微生物群体生长的基础。但群体中每个个体细胞都处于不同的生长阶段,因而它们的生长、生理和代谢活性等特性不一致,从而出现生长与分裂不同步的现象。同步培养是使微生物群体中不同步的细胞转变成能同时进行生长或分裂的群体细胞的一种培养方法。以同步培养方法使群体细胞都处于同一生长阶段,并同时分裂的生长方式称为同步生长。通过同步培养方法获得的细胞称为同步培养物。同步培养物常被用于研究微生物生理、遗传特性和作为工业发酵的种子。同步培养方法很多,可归纳为机械筛选法与环境条件诱导法。

(一)机械筛选法

这是一类根据微生物细胞在同一生长阶段的细胞体积、大小与重量完全相同或它们与某种材料吸附能力相同的原理,用密度梯度离心分离法、过滤分离法和膜洗脱法收集同步生长的细胞设计的方法。其中前两种方法较有效和常用。

1. 滤膜洗脱法

根据硝酸纤维素滤膜能与其相反电荷的细菌细胞紧密吸附的原理,将细菌悬浮液通过垫有硝酸纤维滤膜的过滤器,不同生长阶段的细菌均吸附于膜上,然后翻转滤膜置于滤器中,再用无菌培养基流过过滤器,以洗去未结合的细菌,而后将滤器放入适宜条件下培养一段时间,其后仍将培养基经过过滤器,这时新分裂产生的细胞被视为小细胞被洗下,分步收集并通过培养即可获得满意的同步细胞。

2. 密度梯度离心分离法

将不同步的细胞悬浮在不被该细菌利用的蔗糖或葡聚糖的不同梯度溶液中,通过密度梯度离心将大小不同细胞分成不同区带,每一区带的细胞大致处于同一生长时期,分别取出培养,即可获得同步生长细胞。

3. 过滤分离法

将不同步的细胞培养物通过孔径大小不同的微孔滤器,从而将大小不同的细胞分开。选用适当孔径的微孔滤膜,只使个体较小的刚分裂的细菌通过滤膜,分别将滤液中的细胞取出培养后获得同步培养物。

（二）环境条件诱导法

这是一类根据细菌生长与分裂对环境因子要求不同的原理，通过控制环境温度、培养基成分或影响其生长周期中主要功能的代谢抑制剂等诱导细菌同步生长而设计的方法。

1.控制温度

通过最适生长温度与允许生长的亚适温度交替处理可使不同步生长细菌转为同步分裂的细菌。在亚适温度下细胞物质合成照常进行，但细胞不能分裂，使群体中分裂准备较慢的个体赶上其他分裂较快的细胞，再换到最适温度时所有细胞都同步分裂。

2.控制培养基成分

培养基中的碳源、氮源或生长因子不足，可导致细菌缓慢生长直至生长停止。将不同步的细菌在营养不足的条件下培养一段时间，然后转移到营养丰富的培养基中培养，就能获得同步细胞。或将不同步生长营养缺陷型细胞在缺少主要生长因子的培养基中饥饿一段时间，令细胞都不能分裂，再转到完全培养基中就能获得同步生长细胞。

此外，还有加入代谢抑制剂、控制光照和黑暗、加热处理等方法获得同步分裂细胞。应该明确指出，保持同步生长的时间因菌种和条件而变化。由于同步群体内细胞个体的差异，同步生长最多只能维持2～3代又很快丧失其同步性而变为随机生长。

四、微生物的连续培养

（一）连续培养的概念

分批培养（又称密闭培养）中的培养基为一次性加入，不补充也不再更换，随着微生物的活跃生长，培养基营养物质逐渐消耗，有害代谢产物积累，其对数生长期难以长期维持。当微生物以分批培养方式培养至对数期的后期时，在培养容器中以一定速度连续流入新鲜培养基，同时利用溢流方式，以同样速度不断流出培养物（菌体和代谢产物），使培养容器中细胞数量和营养状态达到动态平衡，其中的微生物可长期保持在对数期的平衡生长状态与恒定的生长速率上，这就是连续培养。连续培养如用于生产实践，就称为连续发酵。连续培养可分为恒化培养和恒浊培养两种方式。

（二）连续培养的类型

1.恒化器

恒化器是通过控制某种限制性营养物质的浓度和培养基的流速，来保持细胞生长速率恒定和培养液的流速不变，并使微生物始终在低于其最高生长速率的条件下进行生长繁殖的连续培养装置。培养基中某种限制性营养物质通常被作为控制细胞生长速率的生长限制因子，如氨基酸、氨和铵盐等氮源，或是葡萄糖、麦芽糖等碳源，或者是无机盐、生长因子等物质。恒化器连续培养可获得低于最高菌体产量的稳定细胞浓度的菌体，主要用于研究与微生物生长速率相关的各种理论。

2.恒浊器

恒浊器是通过光电系统不断调节培养液的流速，以控制培养基的浊度恒定，进而保持菌体细胞浓度（或密度）恒定的连续培养装置。当培养基的流速低于微生物生长速率时，菌体密度增高，超过预定值时通过光电系统的调节，加快培养液流速，使浊度下降；反之亦然，以此达到恒定密度的目的。在发酵生产中，为了获得大量菌体或与菌体生长相平行的某些代谢产物（如乳酸、乙醇等）时，均可利用恒浊器的连续发酵。

（三）连续培养的特点

微生物能在比较恒定的环境中以恒定的速率生长,有利于研究生长速率(或营养物质)对细胞形态、组成和代谢活动的影响,可筛选出新的突变株;连续培养在生产上可缩短生产周期,减少非生产时间(包括简化装料、灭菌、出料、清洗发酵罐等单元操作),提高设备利用率,便于自动化生产,减轻劳动强度。缺点:营养物质利用率和产物浓度一般低于分批培养,且容易因杂菌污染以及菌种发生变异而导致微生物衰退。

五、环境因素对微生物生长的影响

微生物通过新陈代谢与周围环境因素相互作用。当环境条件适宜时,微生物进行正常的新陈代谢,生长繁殖。当环境条件不太适宜时,微生物的代谢活动就会发生相应的改变,引起一些变异(如形态变异);环境条件改变过于激烈时,可导致其主要代谢机能发生障碍,生长受到抑制,甚至死亡。因此,掌握微生物与周围环境的相互关系,一方面能创造有利条件,促进有益微生物的生长繁殖;另一方面,可利用对微生物不利因素,抑制或杀灭病原菌。对微生物有影响的环境因素,可分为物理、化学、生物三类,本章重点介绍理化因素对微生物生长的影响。

（一）温度

温度是影响微生物生长繁殖最重要的物理因素。温度的变化对各种类型微生物的代谢过程产生影响,从而改变其生长速率。温度对微生物生长的影响具体表现在:①影响酶的活性。每种酶都有最适的酶促反应温度,温度变化影响酶促反应速率,最终影响细胞物质合成。在一定温度范围内,酶活性随温度的上升而提高,细胞的酶促反应与生长速率加快。一般温度每升高$10℃$,生化反应速率增加一倍。②影响细胞膜的流动性。温度升高,流动性加大,有利于营养物质的运输;反之,温度降低,流动性降低,不利于物质运输,因此温度变化影响营养物质的吸收与代谢产物的分泌。③影响物质的溶解度。物质只有溶于水才能被机体吸收或分泌,除气体外,温度上升,物质的溶解度增加;温度降低,物质的溶解度降低,最终影响微生物的生长。④影响机体生物大分子的活性。核酸、蛋白质等对温度较敏感,随着温度的升高会遭受不可逆的破坏。

1. 微生物的温度类群

根据最适生长温度范围不同,可将微生物分为低温型(专性嗜冷菌、兼性嗜冷菌)、中温型(嗜温菌)和高温型(嗜热菌、超嗜热菌)三个生理类群。每个类群又可分为生长温度三基点,即最低、最适和最高生长温度。

整体来看,微生物可以在$-10\sim95℃$范围内生长,极端温度下限为$-30℃$,极端温度上限为$105\sim150℃$。微生物在温度三基点内都能生长,但生长速率不同。只有在最适生长温度时,其生长速率才最高,代时才最短。当低于或高于最低或最高生长温度时,微生物就停止生长,甚至死亡。

（1）低温型微生物

在$-10\sim20℃$能够生长,最适生长温度在$10\sim15℃$的微生物称为低温型微生物。可分为专性嗜冷菌和兼性嗜冷菌两种。前者最适生长温度为$15℃$左右或更低,最高生长温度为$20℃$,最低温度为$0℃$以下,甚至在$-12℃$还能生长,此类菌分布于地球两极地区。后者最适生长温度为$20℃$左右,最高生长温度为$30℃$或更高,此类菌分布于海洋、深湖、冷泉和冷藏食品中。如假单胞菌、乳酸杆菌和青霉菌等兼性嗜冷菌于低温(0~7℃)下生长,则引起冷藏食品变质。

嗜冷微生物能在低温下生长的机理:①由于酶活性在低温下更高,能更有效地起催化作用,而温度达到 30~40℃时会使酶失去活性;②细胞膜中不饱和脂肪酸含量较高,在低温下细胞膜仍保持半流动状态而能履行正常功能,即保证膜的通透性,有利于营养物质运输。

(2)中温型微生物

能在 10~45℃生长,最适生长温度在 20~40℃的微生物称为嗜温微生物。可分为室温菌和体温菌两种。前者最适生长温度约为 25℃,土壤微生物和植物病原菌均属于室温菌,它们在腐生环境中生长;后者最适生长温度约为 37℃,温血动物和人体中的病原菌,以及引起食品腐败变质菌类和发酵工业用菌种均属于体温菌,它们在寄生环境中生长。嗜温性微生物最低生长温度不能低于 10℃,若低于 10℃则不能启动蛋白质合成过程,许多酶功能受到抑制,从而抑制嗜温微生物的生长。

(3)高温型微生物

凡是在 45℃或 45℃以上温度的环境中能够生长,最适生长温度在 50~60℃的微生物称为嗜热微生物。可分为专性嗜热菌和兼性嗜热菌两种。前者在 37℃不能生长,55℃生长良好;后者在 37℃能够生长,55℃生长良好。此类微生物主要分布于温泉、堆肥、发酵饲料、日照充足的土壤表面等中。例如,芽孢杆菌属和梭状芽孢杆菌属中的部分菌类、高温放线菌属(Thermoactinomyces)等都是在 55~70℃中生长的类群。有的细菌可在近 100℃的高温中生长。在罐头工业中嗜热菌常给食品杀菌带来麻烦,但在发酵工业中,如能筛选到嗜热菌作为生产菌种,可以缩短发酵时间,防止杂菌污染。工业上常用的德氏乳酸杆菌就属于此类,其最适生长温度为 45~50℃。

嗜热微生物能在高温下生长的机理:①菌体内的酶和蛋白质更抗热,尤其蛋白质对热更稳定。如嗜热脂肪芽孢杆菌的 α-淀粉酶经持续 24h 加热 70℃后仍保持酶的活性。②能产生多胺、热亚胺和高温精胺,以稳定核糖体结构和保护大分子免受高温的损害。③核酸也具有较高的热稳定性结构,其鸟嘌呤(G)+胞嘧啶(C)的含量变化很大。tRNA 在特定的碱基对区含较多的 G+C,因而有较多的氢键,可增强热稳定性。④细胞膜中含有较多的饱和脂肪酸与直链脂肪酸,可形成更强的疏水键,从而能在高温下仍保持膜的半流动状态而能履行正常功能。⑤在较高温度下,嗜热菌的生长速率较快,合成生物大分子物质迅速,能及时弥补被热损伤的大分子物质。

嗜热微生物的生长曲线独特,其迟缓期和对数期非常短。它们生长速度较快,有些嗜热菌在高温下的增代时间仅 10min,进入稳定期后迅速死亡。故嗜热微生物的生理代谢比嗜温或嗜冷微生物代谢要快得多。

2. 微生物生长速率和温度的关系

微生物生长速率与温度的关系常以温度系数 Q_{10} 来表示,即温度每升高 10℃微生物的生长速率与未升高温度前的微生物生长速率之比。多数微生物的温度系数 Q_{10} 值为 1.5~2.5,即在一定的温度范围内,温度每升高 10℃,微生物生长速率增快 1.5~2.5 倍。

3. 低温对微生物的影响

微生物对低温具有很强的抵抗力。多数微生物所处环境温度降到最低生长温度时,新陈代谢活动减弱到最低程度,最后处于停滞或休眠状态。这时,微生物的生命活动几乎停止,但仍能在较长时期内维持生命;有少数微生物在低于生长温度时(如冰冻情况)会迅速死亡。同时,也有少数嗜冷菌能在一定低温条件下缓慢生长。当温度上升到该微生物生长最适温度时,又开始正常生长繁殖。

4.高温对微生物的影响

(1)高温对微生物影响的原理

微生物对高温比较敏感,如果超过其最高生长温度,一般会立即死亡。高温对微生物的致死作用主要因蛋白质、核酸与酶系统等重要生物高分子的氢键受到破坏,导致菌体蛋白质凝固变性;核酸发生降解变性失活;破坏细胞的组成;热溶解细胞膜上类脂质成分形成极小的孔,使细胞内容物泄漏,从而导致死亡。

不同微生物对热的敏感程度不同,部分微生物对热的抵抗能力较强,在较高温度下尚能生存一段时间。凡是在巴氏杀菌的温度下(63℃,30min)尚能残存,但不能在此温度下正常生长的微生物,称为耐热微生物。与食品有关的耐热菌主要有芽孢杆菌属、梭状芽孢杆菌属、乳杆菌属、链球菌属、肠球菌属、微球菌属、节杆菌属和微杆菌属等的一些种。

(2)微生物耐热性大小的表示方法

不同微生物因细胞结构的特点和细胞组成性质的差异,它们的致死温度各不相同,即它们的耐热性不同。食品工业中,微生物耐热性的大小常用以下几种数值表示。

①热致死温度(thermal death point,TDP):是指在一定时间内(一般为10min)杀死悬浮于液体样品中的全部微生物所需要的最低温度。

②热力致死时间(thermal death time,TDT):是指在特定条件和特定温度下,杀死样品中一定数量微生物(通常为99.99%)所需要的最短时间。

(二)水分

1.水分活度的概念

水分是微生物生命活动的必要条件。微生物细胞的组成不能缺少水分,因为细胞内所进行的各种生物化学反应均以水分为溶媒,在缺水环境中微生物的新陈代谢受到阻碍,最终造成死亡。

由于食品中的绝对含水量包括游离状态和结合状态存在的水分,前者能被微生物利用,而后者不能被利用,故食品中含有的水分不用绝对含水量(%)表示,而是利用水分活度(也称水分活性)表示在食品中可被微生物实际利用的自由水或游离水的含量。水分活度用 A_w 表示,其定义是:在相同温度和压力下,食品的蒸汽压与纯水蒸气压之比。因此 A_w 最大值为1,最小值为0。

水溶液与纯水的性质是不同的。纯水中加入溶质后,溶液分子之间的引力增加,冰点下降,沸点上升,蒸汽压下降。溶液中溶质越多,蒸汽压下降得越低。如果用可溶性物质加入培养基或食品中,配制各种不同 A_w 的培养基,然后分别接种微生物,在培养过程中观察微生物生长状况,凡是 A_w 低的基质,微生物生长不良。若基质的 A_w 低于微生物生长的最低 A_w 时,微生物就停止生长。

2.微生物生长需要的水分活度

不同种类的微生物生长的最低 A_w 值有较大差异(表2-2),即使是同一类群的菌种,其生长繁殖的最低 A_w 值也各不相同。

表 2-2　各种微生物生长的最低 A_w 值

细菌	最低 A_w	真菌	最低 A_w
大肠杆菌	0.93~0.96	黄曲霉	0.90
沙门氏菌	0.94	黑曲霉	0.88
枯草芽孢杆菌	0.95	酿酒酵母	0.94
八叠球菌	0.91~0.93	假丝酵母	0.94
金黄色葡萄球菌	0.90	鲁氏酵母	0.60
嗜盐杆菌	0.75	耐旱真菌	0.60

各种微生物生长繁殖的 A_w 范围在 0.99~0.60。在 A_w 接近于 1 的食品内,微生物会很好生长,当 A_w 低于一定界限时,微生物的生长会受到抑制。由表 2-2 可见,在细菌、酵母菌和霉菌三类微生物中,细菌对 A_w 要求较高,除嗜盐细菌以外,A_w 均大于 0.90,当 A_w 低于 0.90 时几乎不能生长。多数酵母菌生长所需要的 A_w 在 0.87~0.91,但个别耐高渗酵母(如鲁氏酵母)在 A_w 为 0.60 时还能生长。多数霉菌所需要的 A_w 比细菌和酵母菌低,其最低 A_w 为 0.80,个别霉菌(如双孢旱霉)在 A_w 为 0.65 时还能生长。随着 A_w 的降低,微生物的代谢活动减弱,当 A_w 降至小于 0.65 时,一般微生物停止生长繁殖。

3.高渗透压食品的水分活度

渗透压对微生物的影响亦可从水分活度的改变上来认识。通过加糖或加盐提高渗透压的食品,其浓度愈高,食品的 A_w 愈小。能引起高糖食品变质的微生物只是少数酵母和丝状真菌,它们生长的最低 A_w 都比较低,但生长缓慢,因而引起食品变质过程亦缓慢。但由于霉菌是好氧菌,可用嫌气方法控制其生长。

(三)渗透压

微生物细胞膜为半渗透性单位膜,能调节细胞内外渗透压的平衡,从而使微生物在不同渗透压环境中发生不同渗透现象。①如果将微生物细胞置于等渗溶液(0.85%~0.90% NaCl 溶液)中,则微生物的代谢活动正常进行,细胞保持原形;②如将微生物细胞置于低渗溶液中,因有压力差,水分迅速进入细胞内,使细胞吸水而膨胀,因有细胞壁的保护,很少发生细胞破裂现象。但在 $5×10^{-4}$ mol/L $MgCl_2$ 低渗溶液中,细胞易膨胀破裂而死亡。生产实践上利用低渗原理破碎细胞。③如将微生物置于高渗溶液中,细胞内的水分渗透到细胞外,则细胞原生质因脱水收缩而发生质壁分离现象,造成细胞代谢活动呈抑制状态甚至导致细菌死亡。总体来说,低渗对微生物的作用不太明显,而高渗对其生长有明显影响。

食品中形成渗透压的主要是食盐和食糖物质。多数细菌不能在较高渗透压食品中生长,仅能在其中生存一个时期或迅速死亡。虽有少数细菌能适应较高渗透压,但其耐受力远不如霉菌和酵母菌;多数霉菌和少数酵母能耐受较高的渗透压。生产实践中,利用一般微生物不耐高渗的原理,用盐腌和糖渍法保存食品。例如,以 5%~30% 食盐浓度腌渍蔬菜,以 30%~60% 糖制作蜜饯,以及用 60% 的糖制成炼乳等。

1.嗜盐微生物

凡是能在 2% 以上食盐溶液中生长的微生物称为嗜盐微生物,根据在不同食盐浓度的食品中的生长情况将它们分为以下 3 种类型。

(1)低度嗜盐细菌:此类菌适宜在含 2%~5% 食盐的食品中生长。如多数嗜冷细菌,假单胞菌属、无色杆菌属、黄杆菌属和弧菌属中的一些种,多发现于海水和海产品中。

（2）中度嗜盐细菌：此类菌适宜在含 5％～18％食盐的食品中生长，如假单胞菌属、弧菌属、无色杆菌属、芽孢杆菌属、四联球菌属（如嗜盐四联球菌）、八叠球菌属和微球菌属中的一些种，其中最典型的是盐脱氮微球菌和腌肉弧菌。

（3）高度嗜盐细菌：此类菌适宜在含 20％～30％食盐的食品中生长，如盐杆菌属、盐球菌属和微球菌属中的一些种，它们都能产生类胡萝卜素，常引起腌制鱼、肉、菜发生赤变现象和盐田的赤色化。此类菌又称极端嗜盐菌，只有当 NaCl 近于饱和时才能生长。嗜盐菌特异性地需要 Na^+，因为它们的细胞壁靠 Na^+ 稳定，许多酶的活性也需要 Na^+。

除个别菌种外，嗜盐细菌生长速度都较缓慢，嗜盐杆菌的代时为 7h，嗜盐球菌为 15h。

2.耐盐细菌

能在 10％以下和 2％以上食盐浓度的食品中生长的细菌称耐盐细菌，如芽孢杆菌属和球菌类几个属中的一些种。它们与嗜盐菌不同，虽能耐较高浓度的盐分，但高盐分并不是其生长所必需的。如葡萄球菌能在 10％的 NaCl 溶液内生长，但它正常生长并不需要这么高浓度的盐分。

3.耐糖微生物

能在含高浓度糖的食品中生长的微生物，属于细菌的仅限于少数菌种，例如肠膜明串珠菌等，其余多数为酵母和霉菌。耐受高糖的酵母常引起糖浆、果酱、浓缩果汁等食品的变质；耐受高糖的霉菌常引起高糖分食品、腌制品、干果类和低水分粮食的变质。

常见耐糖酵母有鲁氏酵母、罗氏酵母、蜂蜜酵母、意大利酵母、异常汉逊氏酵母、汉逊德巴利氏酵母、膜醭毕赤氏酵母等；耐糖霉菌有灰绿曲霉、匍匐曲霉、咖啡色串孢霉、乳卵孢霉、芽枝霉属和青霉属等。

（四）辐射

辐射是能量通过空间或某一介质进行传递的过程。辐射主要有紫外线辐射、电离辐射等。

1.紫外线辐射

紫外线波长范围为 130～400nm，其中以 200～300nm 紫外线杀菌作用最强，因为蛋白质和核酸分别在波长约 280nm 和 260nm 处有较高吸收峰，它们因分子结构被破坏而变性失活。紫外线的杀菌机制是诱导核酸形成胸腺嘧啶二聚体，导致 DNA 复制和转录中遗传密码阅读错误，妨碍蛋白质和酶的合成，轻则发生细胞突变，重则造成死亡。此外，紫外线还可使分子氧变为臭氧，臭氧不稳定，分解放出氧化能力极强的新生态[O]，与生物体活性成分发生氧化反应，破坏细胞物质结构而将其致死。

紫外线穿透能力很差，不能透过不透明物体，即使是一层玻璃也会滤掉大部分紫外线，因而只能用于物体表面或室内空气的灭菌。不同种类和生理状态的微生物对紫外线抗性有较大差异。一般抗紫外线的规律是：干细胞＞活细胞（湿细胞），芽孢和孢子＞营养细胞，G^+球菌＞G^-杆菌，产色素菌＞不产色素菌。紫外线对灭活病毒特别有效，但其他微生物细胞因有 DNA 修复机制，其灭活作用受到影响（参见第四章第二节"物理诱变剂"部分）。

使用紫外灯杀菌时，根据 $1W/m^2$ 计算剂量。若以面积计算，30w 紫外灯对 $15m^2$ 的房间消毒，照射 20～30min，有效距离为 1m 左右。紫外线对生物组织有刺激作用，人的皮肤和眼睛接触紫外线后，会引起红肿疼痛症状，臭氧会损害呼吸道黏膜，在使用时要注意防护。

2.电离辐射

电离辐射主要有 X 射线、α 射线、β 射线、γ 射线。由于这些波长极短（<100nm）和能量较高的射线均能引起被作用物质的电离，故称电离辐射。

α 射线是带有阳电荷的氦原子核的一股射流，具有很强的电离作用，但穿透力很弱。β 射线是中子→质子时放出带负电荷的射线，电离作用不太强，但穿透力比 α 射线强。γ 射线是由放射性同位素钴（^{60}Co）、铯（^{137}Cs）、磷（^{32}P）等发射出的高能量、波长极短的电磁波，穿透力较强，射程较远，可致死所有生物。电离辐射对微生物的致死作用并不是对细胞组分的直接破坏，而是辐射诱发细胞内物质电离，产生反应活性高的游离基，后者再与细胞内的生物大分子反应而使细胞失去活力。其作用机制是引起环境和细胞中吸收能量的水分子发生电离，产生 H^+ 离子和 OH^- 离子，后者再与液体中的氧分子结合，产生具有强氧化性的过氧化物（如 H_2O_2），作用于细胞蛋白质、酶、DNA，使蛋白质和酶的疏基（—SH）氧化，发生交联和降解作用，导致细胞蛋白质变性和酶失活，DNA 和 RNA 发生较大损伤和突变，直接影响DNA 复制和蛋白质的合成，从而造成细胞损伤或死亡。

辐射剂量以戈瑞（Gy）表示，即每公斤被照射物质吸收 1J 的能量为 1Gy。

电离辐射灭菌的特征是被灭菌物品的温度不升高，因此又称冷灭菌。现已用于不耐热食品的杀菌处理。电离辐射除了用于杀菌外，还有杀虫、抑制发芽、改良品质等作用。

根据食品保藏的目的不同，所采用的照射方法有三种。①辐射消毒：采用适当剂量照射，杀灭食品中的病原菌，相当于巴氏杀菌。②辐射防腐：采用适当剂量照射，杀死变质菌类，延长食品保藏期。③辐射灭菌：采用高剂量照射，杀灭食品中的一切微生物。

辐射杀菌的 D 值与热力杀菌的 D 值概念不同。前者表示杀灭食品中 90% 的微生物所需要的辐射剂量，或菌数减少一个对数周期所需要的辐射剂量。

影响辐射效果的因素很多，主要是微生物的种类，一般抗电离辐射的规律是：G^+ 菌＞G^- 菌，芽孢＞营养体，酵母菌＞霉菌，霉菌＝细菌营养细胞，病毒＞其他微生物类群。非孢子菌、孢子菌和病毒的辐射致死剂量分别为 0.5～10kGy、10～50kGy 和 10～200kGy。

此外微生物的数量、照射时间、氧气、食品的组分和水分、食品的物理状态和包装等都会影响辐射杀灭效果。一般微生物在干燥条件下比在含水环境中更耐电离辐射，而且在有 O_2 情况下辐射杀菌作用要强于无 O_2 情况。在厌氧条件下，同种微生物则需较高剂量灭活。同种微生物在不同的基质中所要求的致死剂量差异很大，因此在辐射处理不同食品时，杀死微生物所需的辐射剂量差别很大。

(五)氢离子浓度

1.微生物生长的 pH 范围

与温度的三基点相类似，微生物存在最低、最适和最高生长 pH。

根据微生物最适生长 pH 不同，可将之分为嗜碱微生物和嗜酸微生物。凡是最适生长pH 偏于碱性范围内的微生物，称嗜碱微生物，例如硝化细菌、尿素分解菌、根瘤菌和放线菌等；有的不在碱性条件下生活，但能耐碱条件，称耐碱微生物，如链霉菌等。凡是最适生长pH 偏于酸性范围内的微生物，称嗜酸微生物，例如硫杆菌属、霉菌和酵母菌等；其中有的不在酸性条件下生活，但能耐酸条件，称耐酸微生物，如乳酸杆菌、醋酸杆菌、肠杆菌和假单胞菌等。嗜酸微生物在酸性环境中，细胞膜可以阻止 H^+ 进入细胞。嗜碱微生物在碱性条件下，可以阻止 Na^+ 进入细胞。

一般而言,多数酵母菌和霉菌喜在偏酸性环境(pH5 左右)生活,而多数放线菌则喜在偏碱性环境(pH8 左右)生活,多数细菌喜在近中性环境(pH7 左右)生活,即适应低 pH 的能力为霉菌>酵母菌>细菌。在最适 pH 时,微生物生长繁殖最旺盛。在最低或最高 pH 环境中,微生物虽能生存和生长,但生长非常缓慢且容易死亡。

2. pH 对微生物的作用

①影响微生物对营养物质的吸收。pH 引起细胞膜电荷的变化,影响膜的渗透性和膜结构稳定性,以及影响营养物质的溶解度和解离状态(电离度或离子化程度)。②影响代谢反应中各种酶的活性。只有在最适 pH 时,酶才能发挥最大催化作用,从而影响微生物的正常代谢活动。③不同 pH 还可引起代谢途径的变化。④pH 的变化引起细胞一些成分的被破坏。细胞内的叶绿素、DNA 和 ATP 易被酸性 pH 破坏,而 RNA 和磷脂则对碱性 pH 敏感。⑤影响环境中有害物质如消毒剂的电离度,从而影响消毒剂对微生物的毒性。不利的 pH 环境使细胞对很多毒剂更为敏感。

(六)氧化还原电位

氧化还原电位又称氧化还原电势(Eh)。环境中 Eh 与氧分压有关,氧气浓度越高,Eh 越高;Eh 也受 pH 的影响,pH 低时,Eh 高;pH 高时,Eh 低。标准氧化还原电位(Eh')是 pH=7 时测得的氧化还原电位。电子从一种物质转移到另一种物质,在这两种成分之间产生的电位差可用仪器测量。常用伏(V)为单位表示 Eh 的强度。氧化能力强的物质具有较高的 Eh,还原能力强的物质具有较低的 Eh。在自然环境中,Eh' 的上限是 +0.82V(环境中存在高浓度 O_2),Eh' 的下限是 -0.42V(富含 H_2 的环境)。

不同微生物生长所需要的 Eh 不一样。一般好氧菌在 Eh+0.1V 以上均可生长,以 Eh 为 +0.3~+0.4V 时为适宜;厌氧菌在 Eh+0.1V 以下生长,如厌氧梭菌需要大约 -0.2V 才能生长,有一部分厌氧菌可在 -0.05V 生长;兼性厌氧菌在 +0.1V 以上进行有氧呼吸,在 +0.1V 以下时进行发酵;微好氧菌如乳酸杆菌和乳酸乳球菌等,在 Eh 稍偏低时,+0.05V 左右生长良好。

好氧菌在代谢活动时不断消耗培养基质中的 O_2,并产生抗坏血酸、硫化氢、含巯基(-SH)化合物等还原性物质而使 Eh 下降。如 H_2S 可使 Eh 降至 -0.30V。可向培养基中加入高铁化合物等氧化剂和通入氧气或空气,维持适当的 Eh,以培养好氧菌;向培养基中加入还原剂,如抗坏血酸、硫化氢、铁、含巯基的二硫苏糖醇、半胱氨酸和谷胱甘肽等可以降低 Eh,以培养厌氧菌。

食品中的 Eh 高低受食品成分的影响,也受空气中氧气的影响。肉中含有的巯基化合物(半胱氨酸、谷胱甘肽等)和蔬菜、水果中含有的还原糖(葡萄糖、果糖等)、抗坏血酸等还原性物质可降低 Eh。例如,整块肉的表面 Eh 值为 +0.3V,深层 Eh 值在 -0.2V 左右,而搅碎的肉 Eh 值在 +0.2V,所以能在其表面生长的为好氧菌,深部为厌氧菌。植物的汁液 Eh 值在 +0.3~+0.4V,故植物性食品易被好氧菌引起变质。由于霉菌是专性好氧菌,可采用缺氧方法防止食品和粮食的霉变。在密闭容器中加入除氧剂(铁粉、辅料和填充剂)或在真空包装中充入 N_2,能抑制好氧菌的生长,但不能抑制厌氧菌和兼性厌氧菌的生长。

第四节　微生物的代谢

代谢是指生物体内各种化学反应的总和,它主要由分解代谢与合成代谢两个过程组成。

分解代谢是指细胞将营养物质降解成小分子物质的过程,并在这个过程中产生能量。合成代谢是指细胞利用简单的小分子物质合成较复杂大分子物质的过程,在这个过程中要消耗能量。合成代谢所利用的小分子物质来源于分解代谢过程中产生的中间产物或环境中的小分子营养物质。合成代谢与分解代谢既有明显的差别,又紧密相关。分解代谢为合成代谢的基础,它们在生物体中偶联进行,相互对立而统一,决定着生命的存在与发展。合成代谢为吸收能量的同化过程,分解代谢为释放能量的异化过程。

一、微生物的能量代谢

(一)微生物的呼吸作用

微生物的生命活动需要的能量来源于微生物的呼吸作用。微生物的呼吸作用是在细胞内酶的催化下,将某种营养物质或在同化过程中合成的某些物质氧化,并释放能量,以供给细胞生长所需要的物质和生活所需的能量。因此,呼吸作用包括一系列生物化学反应和能量转移的生物氧化还原过程,亦被称为"产能代谢"或"生物氧化"。

既然微生物的呼吸是氧化和还原过程,在生物氧化过程中,则无论在有氧或无氧情况下,必须有一部分物质被氧化,同时另一部分物质被还原。在微生物细胞中,生物氧化的方式有三种:①物质中加氧,如葡萄糖加氧被彻底分解为 CO_2 和 H_2O;②化合物脱氢,如乙醇脱氢为乙醛;③失去电子,如 Fe^{2+} 失去电子变成 Fe^{3+}。

根据最终电子受体(氢受体)的不同,可将微生物的呼吸作用(生物氧化)分为有氧呼吸、无氧呼吸与发酵三种类型。

1. 有氧呼吸

有氧呼吸是指微生物在氧化底物时,以分子氧作为最终电子受体的生物氧化过程,通过有氧呼吸可将有机物彻底氧化并释放出大量能量,能量的一部分储存在 ATP 中,一部分则以热的形式散发。许多异养微生物以有机物作为氧化基质进行有氧呼吸获得能量,而这种呼吸作用必须有脱氢酶、氧化酶以及电子传递系统参与。

以葡萄糖为基质的有氧呼吸可分为两个阶段。第一阶段是葡萄糖在细胞质中经糖酵解途径(EMP 途径)生成丙酮酸;第二阶段是在有氧条件下,丙酮酸进入三羧酸循环(TCA 循环),通过一系列氧化还原反应最后转化为 CO_2 和 H_2O。在 EMP 途径和 TCA 途径中,脱下的氢或释放出的电子经过电子传递链的传递作用,最后传递到 O_2,于是葡萄糖被彻底氧化,O_2 被还原,最终产物为 CO_2 和 H_2O。需氧菌和兼性菌在有氧条件下可以进行有氧呼吸,同时释放大量的能量。

2. 无氧呼吸

无氧呼吸是指以无机氧化物作为最终电子受体的生物氧化过程。有少数微生物(厌氧菌和兼性厌氧菌)以无机氧化物(如 NO_3^-、NO_2^-、SO_4^{2-}、$S_2O_3^{2-}$、CO_2 等)为最终电子受体,进行无氧呼吸。在无氧呼吸过程中,从底物脱下的氢和电子经过呼吸链的传递,最终由氧化态的无机物受氢(电子),并伴随氧化磷酸化作用产生 ATP。底物也可被彻底氧化,但与有氧呼吸相比,产生的能量较少。例如,硝酸盐还原细菌,在无氧条件下葡萄糖被彻底氧化时,以 NO_3^- 作为呼吸链的最终电子受体,在硝酸盐还原酶的作用下,将 NO_3^- 还原成 NO_2^-,NO_2^- 在亚硝酸盐还原酶作用下可再进一步还原成 NO、N_2O 直至 N_2。这是一种异化硝酸盐还原作用,又称反硝化作用。作为这类无氧呼吸的氧化基质的一般为有机物,如葡萄糖、乙酸等,它们可被彻底氧化成 CO_2 和 H_2O,并有 ATP 的合成。

3. 发酵

(1)狭义的发酵概念是指在无氧条件下,微生物在产能代谢中最终电子受体是被氧化基质本身所产生的,而未被彻底氧化的中间产物,即有机物既是被氧化的基质,又作为最终电子受体,而且作为最终电子受体的有机物是基质未被彻底氧化的中间产物。在此种发酵过程中,一般由底物脱下的电子和氢交给 NAD(P),使之还原成 NAD(P)H_2,后者将电子和氢交给作为最终电子受体的中间代谢产物(有机物),完成氧化还原反应,电子的传递不经过细胞色素等中间电子传递体,而是分子内部的转移。由于发酵作用对有机物的氧化不彻底,发酵结果是积累有机物,且产生能量较少。

(2)广义的发酵是在有氧或无氧条件下,利用好氧或兼性厌氧、厌氧微生物的新陈代谢活动,将有机物氧化转化为有用的代谢产物,从而获得发酵产品和工业原料的过程。它包括好氧呼吸、厌氧呼吸和发酵三个方面的过程。因此,微生物中的狭义发酵和工业生产中广义发酵概念的含义是有区别的。

(二)不同呼吸类型的微生物

在呼吸和发酵过程中,根据微生物的呼吸作用不同,所含的呼吸酶系统是否完全,最终电子受体是否是氧,以及微生物与分子氧的关系不同,可将它们分成好氧菌、厌氧菌、兼性厌氧菌、微好氧菌和专性好氧菌五种呼吸类型。

1. 耐氧菌

耐氧菌在有氧条件下进行厌氧生活,生长不需要氧,分子氧对它们也无毒;它们没有呼吸链,细胞内有超氧化物歧化酶(SOD)和过氧化物酶,但无过氧化氢酶;靠专性发酵获得能量。乳酸菌多数是耐氧菌。例如乳酸乳球菌乳酸亚种(*Lactococcus lactis* subsp. *lactis*)、粪肠球菌(*Enterococcus faecalis*)、乳酸乳杆菌(*Lactobacillus lactis*)以及肠膜明串珠菌(*Leuconostoc mesenteroides*)等。

2. 厌氧菌

一般有厌氧菌和专性厌氧菌之分。这类菌只能在无氧或低氧化还原电位的环境下生长,分子氧对它们有毒,即使短期接触空气,也会抑制其生长甚至使之死亡;它们缺乏完整的呼吸酶系统,即细胞内缺乏 SOD 和细胞色素氧化酶,多数还缺乏过氧化氢酶等抗氧化酶,主要靠发酵、无氧呼吸、循环光合磷酸化或甲烷发酵等提供所需能量。常见的厌氧菌有梭菌属、拟杆菌属(*Bacteroides*)、双歧杆菌属(*Bifidobacterium*)、消化球菌属(*Peptococcus*)、瘤胃球菌属(*Ruminococcus*)、韦荣氏球菌属(*Veillonella*)、脱硫弧菌属(*Desulfovibrio*)、甲烷杆菌属(*Methanobacterium*)等。其中多数产甲烷细菌是极端厌氧菌。

3. 兼性厌氧菌

这类菌在有氧或无氧条件下均能生长,但有氧情况下生长得更好,它们具有需氧菌和厌氧菌的两套呼吸酶系统,细胞含 SOD 和过氧化氢酶;在有氧时靠有氧呼吸产能,无氧时借发酵或无氧呼吸产能。许多酵母菌、肠道细菌、硝酸盐还原菌(如脱氮小球菌),人和动物的病原菌均属此类菌。例如,啤酒酵母(*Saccharomyces cerevisiae*)在有氧时进行有氧呼吸,得到细胞产量;在无氧时进行乙醇发酵而用于酒类酿造。肠杆菌科的各种细菌包括大肠杆菌、产气肠杆菌和普通变形杆菌(*Proteus vulgaris*)等都是常见的兼性厌氧菌。

4.微好氧菌

这类菌只能在较低的氧分压(1～3kPa,正常大气压中的氧分压为20kPa)下才能正常生长,它们具有完整的呼吸酶系统,通过呼吸链并以氧为最终氢受体而产能。例如霍乱弧菌(*Vibrio cholerae*)、发酵单胞菌属(*Zymomonas*)、氢单胞菌属(*Hydrogenomonas*)以及少数拟杆菌属的种等属于此类菌。在摇瓶培养时,菌体生长于液面以下数毫米处。

5.专性好氧菌

这类菌必须在高浓度分子氧的条件下才能生长,它们具有完整的呼吸酶系统,细胞含SOD和过氧化氢酶,通过呼吸链并以分子氧作为最终氢受体,在正常大气压下进行好氧呼吸产能。多数细菌、放线菌、真菌属于此类菌。大规模培养好氧菌时,应设法获得更多的空气。一般实验室和工业生产上常用摇瓶振荡或通气搅拌的方法供给充足的氧气。

(三)化能异养微生物的生物氧化

微生物在生命活动过程中主要通过生物氧化反应获得能量。生物氧化是发生在活细胞内的一系列氧化还原反应的总称。生物氧化的类型包括有氧呼吸、无氧呼吸与发酵。多数微生物是化能异养型菌,只能通过降解有机物而获得能量。葡萄糖是微生物最好的碳源和能源,这里以葡萄糖作为微生物氧化的典型底物,它在生物氧化的脱氢阶段中,可通过EMP途径、HMP途径、ED途径、TCA循环完成脱氢反应,并伴随还原力[H]和能量的产生。葡萄糖在厌氧条件下经EMP途径产生丙酮酸,这是多数厌氧和兼性厌氧微生物进行葡萄糖无氧降解的共同途径。丙酮酸以后的降解,因不同种类微生物具有不同的酶系统,使之有多种发酵类型,可产生不同的发酵产物,即由EMP途径、HMP途径、PK途径、双歧途径、ED途径、TCA循环等代谢途径产生的主要发酵产物,如酒精、甘油、乳酸、丙酸、丁酸、柠檬酸、谷氨酸等。

1.EMP途径

EMP途径(embden-meyerhof-parnas pathway)又称糖酵解途径或二磷酸己糖途径。生物体内葡萄糖被降解成丙酮酸的过程称为糖酵解,这是多数微生物共有的基本代谢途径。糖酵解产生的丙酮酸可进一步通过TCA循环继续彻底氧化。通过EMP途径(图2-10),1分子葡萄糖经10步反应转变成2分子丙酮酸,产生2分子ATP和NADH$_2$分子。

在EMP途径终反应中,2NADH$_2$在有氧条件下,可经呼吸链的氧化磷酸化反应产生6ATP;而在无氧条件下,则可将丙酮酸还原成乳酸,或将丙酮酸脱羧成乙醛,后者还原为乙醇。

EMP途径的特征性酶是1,6-二磷酸果糖醛缩酶,它催化1,6-二磷酸果糖裂解生成两个三碳化合物,即3-磷酸甘油醛和磷酸二羟丙酮。其中磷酸二羟丙酮在丙糖磷酸异构酶作用下转变为3-磷酸甘油醛。2个3-磷酸甘油醛经磷酸烯醇式丙酮酸在丙酮酸激酶作用下生成2分子丙酮酸。丙酮酸是EMP途径的关键产物,由它出发在不同的微生物中可进行多种发酵。EMP途径是连接TCA循环、HMP途径和ED途径等其他重要代谢途径的桥梁,同时也为生物合成提供了多种中间化合物。此外,还可通过EMP途径的逆过程合成单糖。

由EMP途径中的关键产物丙酮酸出发有多种发酵途径,并可产生多种重要的发酵产品,下面介绍乙醇、甘油、乳酸、丙酸和丁醇等常见的几种发酵类型。

(1)酵母的酒精发酵

①酵母Ⅰ型发酵:酵母菌在无氧和酸性条件下(pH3.5～4.5)经EMP途径将葡萄糖分

解为丙酮酸,丙酮酸再由丙酮酸脱羧酶作用形成乙醛和 CO_2 ,乙醛作为 $NADH_2$ 的氢受体,在乙醇脱氢酶的作用下还原为乙醇。

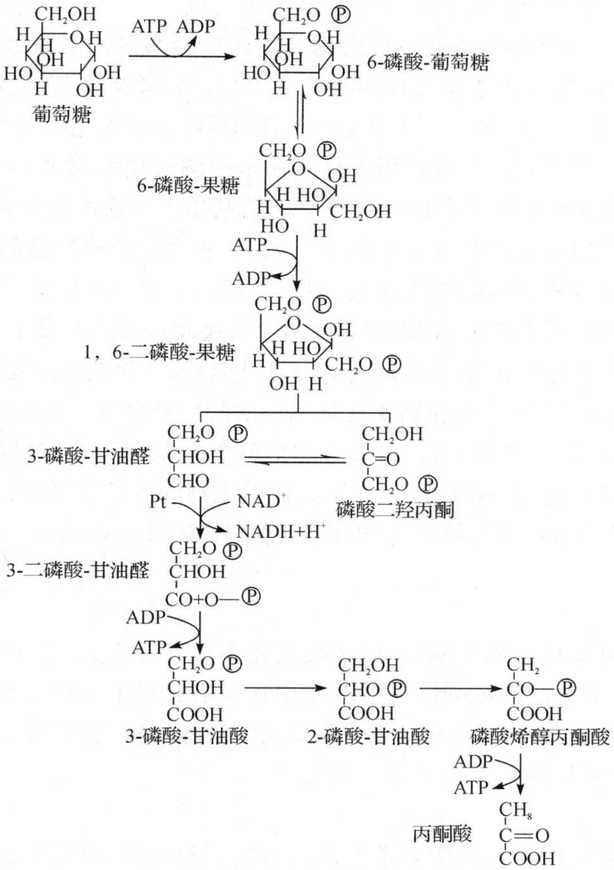

葡萄糖　6-磷酸-葡萄糖　6-磷酸-果糖　1，6-二磷酸-果糖　3-磷酸-甘油醛　磷酸二羟丙酮　1，3-二磷酸-甘油醛　3-磷酸-甘油酸　2-磷酸-甘油酸　磷酸烯醇丙酮酸　丙酮酸

图 2-10　EMP 代谢途径

酵母菌是兼性厌氧菌,在有氧条件下丙酮酸循环彻底氧化成 CO_2 和 H_2O。如果将氧气通入正在发酵葡萄糖的酵母发酵液中,葡萄糖分解速度下降并停止产生乙醇。这种抑制现象首先由巴斯德观察到,故称为巴斯德效应。在正常条件下,酵母菌的酒精发酵可按上式进行,如果改变发酵条件,还会出现其他发酵类型。

②酵母 II 型发酵:当发酵液中有亚硫酸氢钠时,它可以和乙醛加成生成难溶性硫化羟基乙醛。迫使磷酸二羟丙酮代替乙醛作为氢受体,生成 α-磷酸甘油。后者在 α-磷酸甘油脱氢酶的催化下,再水解脱去磷酸生成甘油,使乙醇发酵变成甘油发酵。

③酵母 III 型发酵:在偏碱性条件下(pH7.6),乙醛不能作为氢受体被还原成乙醇,而是两个乙醛分子发生歧化反应,一分子乙醛氧化成乙酸,另一分子乙醛还原成乙醇,使磷酸二羟丙酮作为 $NADH_2$ 的氢受体,还原成 α-磷酸甘油,再脱去磷酸生成甘油,这称为碱法甘油发酵。这种发酵方式不产生能量。

应注意的是采用该法生成甘油时,必须使发酵液保持碱性,否则由于酵母菌产酸使发酵液 pH 降低,使第 III 型发酵回到第 I 型发酵。由此可见,发酵产物会随发酵条件变化而改变。酵母菌的乙醇发酵已广泛应用于酿酒和酒精生产。

（2）同型乳酸发酵

葡萄糖经乳酸菌的 EMP 途径,发酵产物只有乳酸,称同型乳酸发酵。在 ATP 与相应酶的参与下,一分子葡萄糖经两次磷酸化与异构化生成 1,6-二磷酸果糖,后者随即裂解为 3-磷酸甘油醛和磷酸二羟丙酮,磷酸二羟丙酮转化成 3-磷酸甘油醛后经脱氢作用而被氧化,其释放的电子传至 NAD^+,使之形成还原型 $NADH_2$。后者又将其接受的电子传递给丙酮酸,在乳酸脱氢酶作用下还原为乳酸。在乳酸发酵中,作为最终电子受体的是葡萄糖不彻底氧化的中间产物——丙酮酸。发酵过程中借基质水平磷酸化生成 ATP,是发酵过程中合成 ATP 的唯一方式,为机体提供可利用的能量。所谓基质水平磷酸化是指在被氧化的基质上发生的磷酸化作用。即基质在其氧化过程中,形成某些含高能磷酸键的中间产物,这类中间产物可将其高能键通过相应酶的作用转给 ADP,生成 ATP。葡萄糖经乳酸菌的 EMP 途径氧化,开始时消耗 ADP,后来产生 ATP,总计每分子葡萄糖净合成 2 分子 ATP。

进行同型乳酸发酵的微生物,有乳酸乳球菌乳酸亚种、乳酸乳球菌乳脂亚种、嗜热链球菌、德氏乳杆菌保加利亚亚种(旧称保加利亚乳杆菌)、嗜酸乳杆菌等。乳酸发酵广泛应用于食品和农牧业中。泡菜、酸菜、酸牛奶、乳酪以及青贮饲料等都是利用乳酸发酵的发酵制品。由于乳酸菌的代谢活动积累乳酸,酸化环境,抑制其他微生物的生长,能使蔬菜、牛奶、青贮饲料等得以保存。近代工业多以淀粉为原料,经糖化后,利用德氏乳酸杆菌（*L. delbrueckii*）进行乳酸发酵生产纯乳酸。

（3）丙酸发酵

葡萄糖经糖酵解途径生成丙酮酸,丙酮酸羧化形成草酰乙酸,后者还原成苹果酸、琥珀酸,琥珀酸再脱羧产生丙酸。丙酸菌发酵产物中还常有乙酸和 CO_2。丙酸菌多见于动物肠道和乳制品中。工业上常用傅氏丙酸杆菌和薛氏丙酸杆菌等发酵生产丙酸。丙酸细菌除利用葡萄糖外,也可利用甘油和乳酸进行丙酸发酵。

（4）丁酸型发酵

能进行丁酸型发酵的微生物主要是专性厌氧的丁酸梭菌、丙酮丁醇梭菌和丁醇梭菌。

①丁酸发酵:丁酸梭菌能进行丁酸发酵,其葡萄糖发酵产物以丁酸为主,还可产生乙酸、CO_2 和 H_2 等。葡萄糖经 EMP 途径产生的丙酮酸,在辅酶 A 参与下生成乙酰 CoA,再生成乙酰磷酸,在乙酸激酶的催化下,可将磷酸转移给 ADP,生成乙酸和 ATP。由 2 分子丙酮酸产生的 2 分子乙酰 CoA 还可缩合生成乙酰 CoA,并进一步还原生成丁酸。

②丙酮丁醇发酵:丙酮丁醇梭菌能进行丙酮丁醇发酵,它是丁酸发酵的一种。其葡萄糖的发酵产物是以丙酮、丁醇为主,还有乙酸、丁酸、CO_2 和 H_2。丙酮和丁醇是重要的化工原料和有机溶剂。丙酮丁醇梭菌具有淀粉酶,发酵生产可以淀粉为原料。淀粉分解为葡萄糖,葡萄糖经 EMP 途径降解为丙酮酸,丙酮酸生成乙酰 CoA,进而合成丙酮和丁醇。丙酮来自乙酰乙酸的脱羧,而丁醇来自丁酸的还原。在丙酮、丁醇发酵过程中,前期发酵主要产生丁酸、乙酸,后期发酵随着 pH 下降,转向积累大量的丙酮、丁醇。

③丁醇发酵:丁醇梭菌能进行丁醇发酵,其葡萄糖主要发酵产物是丁醇、异丙醇、丁酸、乙酸、CO_2 和 H_2。异丙醇由丙酮还原而成。

（5）混合酸发酵

能积累多种有机酸的葡萄糖发酵称为混合酸发酵,又称甲酸发酵。大多数肠道细菌,如大肠杆菌、伤寒沙门氏菌、产气肠杆菌等均能进行混合酸发酵。先经 EMP 途径将葡萄糖分解为丙酮酸,在不同酶的作用下丙酮酸分别转变成甲酸、乙酸、乳酸、琥珀酸、CO_2 和 H_2 等。

2. HMP 途径

HMP 途径(hexose-monophosphate-pathway)又称单磷酸已糖途径或磷酸戊糖支路。这是一条能产生大量 $NADPH_2$ 形式还原力和重要中间代谢产物而并非产能的代谢途径。葡萄糖经 HMP 途径而不经 EMP 和 TCA 循环可以得到彻底氧化。

HMP 途径可概括为三个阶段。①葡萄糖分子通过几步氧化反应产生 5-磷酸核酮糖和 CO_2;②磷酸核酮糖发生同分异构化而分别产生 5-磷酸核糖和 5-磷酸木酮糖。③上述各种磷酸戊糖在没有氧参与的条件下,发生碳架重排,产生了磷酸已糖和 5-磷酸甘油醛,后者可通过以下两种方式进行代谢。一种方式是进入 EMP 途径生成丙酮酸,再进入 TCA 循环进行彻底氧化,许多微生物利用 HMP 途径将葡萄糖完全分解成 CO_2 和 H_2。另一种方式是通过二磷酸果糖醛缩酶和果糖二磷酸酶的作用而转化为磷酸葡萄糖。

HMP 途径一次循环需要 6 分子葡萄糖同时参与,其中有 5 分子 6-磷酸葡萄糖再生,用去 1 分子葡萄糖,产生大量 $NADPH_2$ 形式的还原力。具有 HMP 途径的多数好氧菌和兼性厌氧菌中往往同时存在 EMP 途径。单独具有 HMP 途径的微生物少见。HMP 途径和 EMP 途径中的一些中间产物可以交叉转化和利用,以满足微生物代谢的多种需要。

3. PK 途径

PK 途径(phospho-pentose-ketolase pathway)又称磷酸戊糖解酮酶途径。

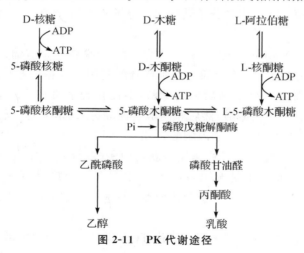

图 2-11　PK 代谢途径

该途径从葡萄糖到 5-磷酸木酮糖均与 HMP 途径相同,然后又在这条途径的关键酶——磷酸戊糖解酮酶的作用下,生成乙酰磷酸和 3-磷酸甘油醛。肠膜明串珠菌分解葡萄糖的典型异型乳酸发酵途径如图 2-11 所示。

通过 PK 途径将 1 分子葡萄糖发酵产生 1 分子乳酸、1 分子乙醇和 1 分子 CO_2,并且只产生 1 分子 ATP 和 1 分子 H_2O。明串珠菌属中的肠膜明串珠菌肠膜亚种(*Leuconostoc mesenteroides* subsp. *mesenteroides*)、肠膜明串珠菌葡萄糖亚种(*L. mesnteroides* subsp. *dextranicum*)、肠膜明串珠菌乳脂亚种(*L. mesenteroides* subsp. *cremoris*)和乳酸杆菌属中的短乳酸杆菌(*Lactobacillus brevis*)、发酵乳杆菌(*L. fermentum*)、甘露乳杆菌(*L. manitopoeum*)和番茄乳杆菌(*L. lycopersici*)等乳酸菌可通过 PK 途径进行异型乳酸发酵。因为它们既缺乏 EMP 途径

中的关键酶——果糖二磷酸醛缩酶和异构酶,又缺乏 HMP 途径的转酮——转醛酶系,而具有磷酸戊糖解酮酶,故其葡萄糖的降解依赖于 HMP 途径的变异途径——PK 途径。微生物利用不同糖类虽然都进行异型乳酸发酵,但其发酵途径和产物稍有差异。例如,肠膜明串珠菌肠膜亚种通过 PK 途径利用葡萄糖时发酵产物为乳酸、乙醇、CO_2,而利用核糖时的发酵产物为乳酸和乙酸,利用果糖的发酵产物为乳酸、乙酸、CO_2 和甘露醇等。此外,根霉($Rhizopus$)亦可进行异型乳酸发酵。

4. 双歧途径

双歧途径(bifidum pathway)是两歧双歧杆菌($Bifidobacterium\ bifidum$)、长双歧杆菌($B.\ longum$)、短双歧杆菌($B.\ breve$)、婴儿双歧杆菌($B.\ infantis$)等双歧杆菌分解葡萄糖的非典型异型乳酸发酵途径,这是 EMP 途径的变异途径。双歧杆菌既无醛缩酶,也无 6-磷酸葡萄糖脱氢酶,但有有活性的磷酸解酮酶类,这是双歧途径的关键酶。在双歧途径中,从 2 分子葡萄糖到 2 分子 6-磷酸果糖均与 EMP 途径相同,其中,1 分子 6-磷酸果糖在第一个关键酶——6-磷酸果糖磷酸酮酶(磷酸己糖酮酶)的作用下裂解生成 4-磷酸赤藓糖和乙酰磷酸,乙酰磷酸由乙酸激酶催化为 1 分子乙酸;另 1 分子 6-磷酸果糖则与 4-磷酸赤藓糖反应生成 5-磷酸木酮糖,5-磷酸木酮糖在第二个关键酶——磷酸木酮糖磷酸酮酶(磷酸戊糖解酮酶)的催化下分解成 2 分子 3-磷酸甘油醛和 2 分子乙酰磷酸,2 分子 3-磷酸甘油醛在乳酸脱氢酶催化下生成 2 分子乳酸,而 2 分子乙酰磷酸被乙酸激酶催化为 2 分子乙酸。通过双歧途径可将 2 分子葡萄糖发酵产生 2 分子乳酸和 3 分子乙酸,并产生 5 分子 ATP。

5. ED 途径

ED 途径(enrner-doudoroff pathway)又称为 2-酮-3-脱氧-6-磷酸葡萄糖酸(KDPG)裂解途径。它是少数缺乏完整 EMP 途径的细菌所特有的利用葡萄糖的替代途径。在 ED 途径中,6-磷酸葡萄糖首先脱氢产生 6-磷酸葡萄糖酸,继而在脱水酶和醛缩酶的作用下,产生 1 分子 3-磷酸甘油醛和 1 分子丙酮酸,然后 3-磷酸甘油醛进入 EMP 途径转变成丙酮酸。1 分子葡萄糖经 ED 途径最后生成 2 分子丙酮酸、1 分子 ATP、1 分子 NADPH 和 $NADH_2$。

ED 途径的特点是:①葡萄糖经快速反应获得丙酮酸(仅 4 步反应);②6 碳的关键中间代谢产物是 KDPG;③特征性酶是 KDPG 醛缩酶;④特征性反应是 KDPG 裂解生成丙酮酸和 3-磷酸甘油醛;⑤产能效率低,1 分子葡萄糖经 ED 途径分解只产生 1 分子 ATP。

6. 三羧酸循环

三羧酸循环(tricarboxylic acid cycle)简称 TCA 循环。是指由糖酵解途径生成的丙酮酸在有氧条件下,通过一个包括三羧酸和二羧酸的循环逐步脱羧、脱氢,彻底氧化生成 CO_2、H_2O 和 $NADH_2$ 的过程。它是生物体获得能量的有效途径,在多数异养微生物的氧化代谢中起关键作用。

从图 2-12 可知,丙酮酸脱羧后,形成 $NADH_2$,并产生 2C 化合物乙酰 CoA($CH_3COSCoA$),它与 4C 化合物草酰乙酸经 TCA 循环的关键酶——柠檬酸合成酶作用,缩合形成 6C 化合物柠檬酸。通过一系列氧化和转化反应,6C 化合物经过 5C 化合物阶段又重新回到 4C 化合物——草酰乙酸,再由草酰乙酸接受来自下一个循环的乙酰 CoA 分子。

TCA 循环中的某些中间代谢产物是各种氨基酸、嘌呤、嘧啶和脂类等生物合成前体物,例如乙酰 CoA 是脂肪酸合成的起始物质;α-酮戊二酸可转化为谷氨酸,草酰乙酸可转化为天冬氨酸,而且这些氨基酸还可转变为其他氨基酸,并参与蛋白质的生物合成。TCA 循环也是糖类、脂肪、蛋白质有氧降解的共同途径,例如脂肪酸经 β-氧化途径生成乙酰 CoA 可进入 TCA 循环彻底氧化成 CO_2 和 H_2O;又如丙氨酸、天冬氨酸、谷氨酸等经脱氨基作用后,可分别形成丙酮酸、草酰乙酸、α-酮戊二酸等,它们都可进入 TCA 循环被彻底氧化。因此,TCA 实际上是微生物细胞内各类物质的合成和分解代谢的中心枢纽。

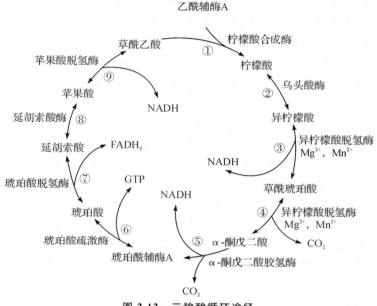

图 2-12　三羧酸循环途径

二、微生物的分解代谢

微生物的代谢活动与动植物食品的加工和贮藏有密切的关系,食品中含有大量糖类、淀粉、纤维素、果胶质、蛋白质和脂肪等物质,可作为微生物的碳素和氮素来源的营养物质。如果环境条件适宜,微生物就能在食品中大量生长繁殖,造成食品腐败变质,同时人们利用有益菌的代谢活动生产发酵食品、药品和饲料等。

微生物对大分子有机物的分解一般可分为三个阶段:第一阶段是将蛋白质、多糖、脂类等大分子营养物质降解成氨基酸、单糖及脂肪酸等小分子物质;第二阶段是将第一阶段的分解产物进一步降解为更简单的乙酰辅酶 A、丙酮酸和能进入 TCA 循环的中间产物,在此阶段会产生能量(ATP)和还原力(NADH 及 $FADH_2$);第三阶段通过三羧酸循环将第二阶段的产物完全降解成 CO_2,并产生能量和还原力。由于分解代谢释放的能量供细胞生命活动使用,因此微生物体内只有进行旺盛的分解代谢,才能更多地合成微生物细胞物质,并使其迅速生长繁殖。可见分解作用在微生物代谢中十分重要。

(一)蛋白质和氨基酸的分解

蛋白质的降解产物通常是作为微生物生长的氮源物质或生长因子。由于蛋白质是由氨基酸以肽键结合组成的大分子物质,不能直接通过菌体细胞膜,故微生物对蛋白质不能直接吸收利用。微生物利用蛋白质时,先分泌蛋白酶至细胞外,将蛋白质水解成为短肽后透过细胞,再由细胞内的肽酶将短肽水解成氨基酸后才被利用。

1.蛋白质的分解

蛋白质在有氧环境下被微生物分解的过程称为腐化,这时蛋白质可被完全氧化,生成简单的化合物,如 CO_2、H_2、NH_3、CH_4 等。蛋白质在厌氧的环境中被微生物分解的过程称为腐败,此时蛋白质分解不完全,分解产物多数为中间产物,如氨基酸、有机酸等。

蛋白质的降解分两步完成:首先在微生物分泌的胞外蛋白酶的作用下水解生成短肽,然后短肽在肽酶的作用下进一步被分解成氨基酸。根据作用部位的不同,肽酶分为氨肽酶和羧肽酶。氨肽酶作用于有游离氨基端的肽键,羧肽酶作用于有游离羧基端的肽键。肽酶是一种胞内酶,在细胞自溶后释放到环境中。

微生物分泌蛋白酶种类因菌种而异,其分解蛋白质的能力也各不相同。一般真菌分解蛋白质能力强,并能分解天然蛋白质,而多数细菌不能分解天然蛋白质,只能分解变性蛋白以及蛋白质的降解产物,因而微生物分解蛋白质的能力是微生物分类依据之一。

分解蛋白质的微生物种类很多,好氧的如枯草芽孢杆菌、马铃薯芽孢杆菌、假单胞菌等,兼性厌氧的如普通变形杆菌,厌氧的如梭状芽孢杆菌、生孢梭状芽孢杆菌等。放线菌中不少链霉菌均产生蛋白酶。真菌如曲霉属、毛霉属等均具蛋白酶活力。有些微生物只有肽酶而无蛋白酶,因此只能分解蛋白质的降解产物,不能分解蛋白质。例如乳酸杆菌、大肠杆菌等不能水解蛋白质,但可以利用蛋白胨、肽和氨基酸等。故蛋白胨是多数微生物的良好氮源。

在食品工业中,传统的酱制品,如酱油、豆豉、腐乳等的制作也都利用了微生物对蛋白质的分解作用。近代工业已能利用枯草芽孢杆菌、栖土曲霉、放线菌中的费氏放线菌等微生物生产蛋白酶制剂。

2.氨基酸的分解

微生物利用氨基酸除直接用于合成菌体蛋白质的氮源外,还可分解生成氨、有机酸、胺等物质作为碳源和能源。氨被利用合成各种必需氨基酸、酰胺类等,有机酸可进入三羧酸循环或进行发酵作用等。此外,氨基酸的分解产物对许多发酵食品,如酱油、干酪、发酵香肠等的挥发性风味组分有重要影响。

不同微生物分解氨基酸能力不同。例如,大肠杆菌、变形杆菌属和绿脓假单胞菌几乎能分解所有的氨基酸,而乳杆菌属、链球菌属则分解氨基酸能力较差。由于微生物对氨基酸的分解方式不同,形成的产物也不同。微生物对氨基酸的分解方式主要是脱氨作用和脱羧作用。

(二)脂肪和脂肪酸的分解

脂肪是自然界广泛存在的重要脂类物质。脂肪和脂肪酸作为微生物的碳源和能源,一般被微生物缓慢利用。但如果环境中有其他容易利用的碳源与能源物质时,脂肪类物质一般不被微生物利用。在缺少其他碳源与能源物质时,微生物能分解与利用脂肪进行生长。由于脂肪是由甘油与三个长链脂肪酸通过酯键连接起来的甘油三酯,因此,它不能进入细胞,细胞内贮藏的脂肪也不可直接进入糖的降解途径,均要在脂肪酶的作用下进行水解。

1.脂肪的分解

脂肪在微生物细胞合成的脂肪酶作用下(胞外酶对胞外的脂肪作用,胞内酶对胞内脂肪作用),水解成甘油和脂肪酸。

脂肪酶广泛存在于细菌、放线菌和真菌中。如细菌中的荧光假单胞菌、黏质沙雷氏菌(又名灵杆菌)、分枝杆菌等,放线菌中的小放线菌,霉菌中的曲霉、青霉、白地霉等都能分解脂肪和高级脂肪酸。一般真菌产生脂肪酶能力较强,而细菌产生脂肪酶的能力较弱。脂肪酶目前主要用于油脂、食品工业中,常被用做消化剂并用于乳品增香、制造脂肪酸等。

2.脂肪酸的分解

多数细菌对脂肪酸的分解能力很弱。但是,脂肪酸分解酶系诱导酶,在有诱导物存在情况下,细菌也能分泌脂肪酸分解酶,而使脂肪酸分解氧化。如大肠杆菌有可被诱导合成脂肪酸的酶系,使含 $6\sim16$ 个碳的脂肪酸靠基团转移机制进入细胞,同时形成乙酰 CoA,随后在细胞内进行脂肪酸的 β-氧化。

脂肪酸的 β-氧化是脂肪酸分解的一条主要代谢途径,在原核细胞的细胞膜上和真核细胞的线粒体内进行,由于脂肪酸氧化断裂发生在 β-碳原子上而得名。在 β-氧化过程中,能产生大量的能量,最终产物是乙酰 CoA。乙酰 CoA 直接进入 TCA 循环被彻底氧化成 CO_2 和水,或以其他途径被氧化降解。

3.甘油的分解

甘油可被微生物迅速吸收利用。甘油在甘油酶催化下生成 α-磷酸甘油,后者再由 α-磷酸甘油脱氢酶催化产生磷酸二羟丙酮。磷酸二羟丙酮可进入 EMP 途径或其他途径被进一步氧化。

三、微生物的合成代谢

微生物的合成代谢包括初级代谢产物(如糖类、脂类、蛋白质、氨基酸、核酸、核苷酸等)的合成代谢与次级代谢物(如毒素、色素、抗生素、激素等)的合成代谢。本节重点介绍单糖、氨基酸与核苷酸的生物合成。

(一)单糖的合成

微生物在生长过程中,需不断将简单化合物合成糖类,以构成细胞生长所需的单糖和多糖。糖类的合成对自养和异养微生物的生命活动十分重要。单糖的合成主要有卡尔文循环(光合菌、某些化能自养菌)、乙醛酸循环(异养菌)、EMP 逆过程(自养菌、异养菌)、糖异生作用、糖互变作用。下面主要介绍由 EMP 逆过程及糖异生作用合成单糖。

1.由 EMP 逆过程合成单糖

单糖的合成一般通过 EMP 途径逆行合成 6-磷酸葡萄糖,而后再转化为其他糖,故单糖合成的中心环节是葡萄糖的合成。EMP 途径中大多数的酶促反应是可逆的,但由于己糖激酶、磷酸果糖激酶和丙酮酸激酶三个限速酶催化的三个反应过程都有能量变化,因而其可逆反应过程另有其他酶催化完成。

(1)由丙酮酸激酶催化的逆反应由两步反应完成。丙酮酸激酶催化的反应使磷酸烯醇式丙酮酸转移其能量及磷酸基生成 ATP,这个反应的逆过程就需吸收等量的能量,因而构成"能障"。为了绕过"能障",另有其他酶催化逆反应过程。首先由羧化酶催化,将丙酮酸转变为草酰乙酸,然后再由磷酸烯醇式丙酮酸羧激酶催化,由草酰乙酸生成磷酸烯醇式丙酮酸。这个过程中需消耗两个高能键(一个来自 ATP,另一个来自 GTP),而由磷酸烯醇式丙酮酸降解为丙酮酸只生成 1 个 ATP。

(2)由己糖激酶和磷酸果糖激酶催化的两个反应的逆行过程。己糖激酶(包括葡萄糖激酶)和磷酸果糖激酶所催化的两个反应都要消耗 ATP。这两个反应的逆行过程:1,6-二磷酸果糖生成 6-磷酸果糖及 6-磷酸葡萄糖生成葡萄糖,分别由两个特异的果糖-2-磷酸酶和葡萄糖-6-磷酸酶水解己糖磷酸酯键完成。

2. 由糖异生作用合成单糖

非糖物质转变为葡萄糖或糖原的过程称为糖异生作用。非糖物质主要有生糖氨基酸(甘氨酸、丙氨酸、苏氨酸、丝氨酸、天冬氨酸、谷氨酸、半胱氨酸、脯氨酸、精氨酸、组氨酸、赖氨酸等)、有机酸(乳酸、丙酮酸及三羧酸循环中各种羧酸等)和甘油等。糖异生的途径基本上是 EMP 途径或糖的有氧氧化的逆过程。例如,异养菌以乳酸为碳源时,可直接氧化成丙酮酸,丙酮酸经 EMP 途径的逆反应过程合成葡萄糖、代谢物对糖异生具有调节作用。糖异生原料(如乳酸、甘油、氨基酸等)的浓度高,可使糖异生作用增强。乙酰 CoA 的浓度高低决定了丙酮酸代谢流的方向,如脂肪酸氧化分解产生大量的乙酰 CoA,可抑制丙酮酸生成草酰乙酸,使糖异生作用加强。

(二)氨基酸的合成

微生物细胞内能生物合成所有的氨基酸,其生物合成主要包括氨基酸碳骨架的合成,以及氨基酸的结合两个方面。合成氨基酸的碳骨架主要来自糖代谢(EMP 途径、HMP 途径和 TCA 循环)产生的中间产物,而氨有以下几种来源:①直接从外界环境获得;②通过体内含氮化合物的分解得到;③通过固氮作用合成;④硝酸盐还原作用合成。此外,在合成含硫氨基酸时,还需要硫的供给。氨基酸的合成主要有三种方式。①氨基化作用:指 α-酮酸与氨反应形成相应的氨基酸。例如,谷氨酸的生物合成就是 α-酮戊二酸在谷氨酸脱氢酶的催化下,以 NAD(P)$^+$ 为辅酶,直接吸收 NH$_4^+$,通过氨基化反应合成的。②转氨基作用:在转氨酶(又称氨基转移酶)催化下将一种氨基酸的氨基转移给酮酸,生产新的氨基酸的过程。例如,在转氨酶催化下谷氨酸的氨基转移给丙氨酸,使前者生成 α-酮戊二酸,后者生产丙氨酸。③以糖代谢的中间产物为前体物合成氨基酸:21 种氨基酸除了通过上述两种方式合成外,还可通过糖代谢的中间产物,如 3-磷酸甘油醛、4-磷酸赤藓糖、草酰乙酸、3-磷酸核糖焦磷酸等经一系列生化反应而合成。

(三)核苷酸的合成

核苷酸是核酸的基本组成单位,由碱基、戊糖、磷酸所组成。根据碱基成分可将核苷酸分成嘌呤核苷酸和嘧啶核苷酸。嘌呤核苷酸的全合成途径由磷酸核糖开始,然后与谷氨酸胺、甘氨酸、CO$_2$、天冬氨酸等代谢物质逐步结合,最后将环闭合起来形成次黄嘌呤核苷酸(IMP),并继续转化为腺嘌呤核苷酸(AMP)和鸟嘌呤核苷酸(GMP)。

从 IMP 转化为 AMP 和 GMP 的途径,在枯草芽孢杆菌中,分出两条环形路线,GMP 和 AMP 可以互相转变;而在产氨短杆菌中,从 IMP 开始分出的两条路线不是环形的,而是单向分支路线,GMP 和 AMP 不能相互转变。而核苷酸的全合成途径受阻时,微生物可从培养基中直接吸收完整的嘌呤、戊糖和磷酸,通过酶的作用直接合成单核苷酸,所以称为补救途径。嘌呤碱基、核苷和核苷酸之间还能通过分段合成相互转变。

嘧啶核苷酸的生物合成是由小分子化合物全新合成尿嘧啶核苷酸,然后再转化为其他嘧啶核苷酸。脱氧核苷酸的生物合成是由核苷酸糖基第二位碳上的—OH 还原为 H 而成,是一个耗能过程。不同微生物的核苷酸脱氧过程可在不同水平上进行。大肠杆菌脱氧过程是在核糖核苷二磷酸的水平上,而赖氏乳杆菌在核糖核苷三磷酸的水平上进行。DNA 中的胸腺嘧啶脱氧核苷酸是在形成尿嘧啶脱氧核糖核苷二磷酸后,脱去磷酸,再经甲基化生成。

四、微生物代谢的调节

(一)微生物代谢的调节

微生物细胞从环境中不断地吸收营养物质,然后进行分解和合成作用,以满足生长和繁殖的需要,这些分解和合成反应都是在酶的作用下进行的,受到酶的调节。微生物代谢的调节主要依靠酶合成调节与酶活性调节方式控制参与调节的有关酶的合成量和酶的活性。

1.酶合成的调节

酶合成的调节是通过调节酶的合成量进而调节代谢速率的调节机制。酶的合成受基因和代谢物的双重控制。一方面,酶的生物合成受基因控制,由基因决定酶分子的化学结构;另一方面,酶的合成还受代谢物(酶反应底物、产物及其结构类似物)的控制和调节。当有诱导物时,酶的生成量可以几倍乃至几百倍地增加。相反地,某些酶反应的产物,特别是终产物,又能产生阻遏物,使酶的合成量大大减少。

(1)诱导作用

凡能促进酶生物合成的现象称为诱导,该酶称为诱导酶。它是细胞为适应外来底物或其结构类似物而临时合成的一类酶,例如E. coli在含乳糖培养基中所产生的β-半乳糖苷酶和半乳糖苷渗透酶等。能促进诱导酶产生的物质成为诱导物,它可以是酶的底物,也可以是底物结构类似物或是底物的前体物质。有些底物类似物比诱导物的作用更强,如异丙基-β-D-硫代半乳糖在诱导β-半乳糖苷酶生成方面比乳糖的诱导作用要大1000倍。

(2)阻遏作用

凡能阻碍酶生物合成的现象称为阻遏。阻遏可分为末端代谢产物的阻遏和分解代谢产物的阻遏两种。

①末端代谢产物的阻遏:是指由代谢途径末端产物的过量积累而引起的阻遏,例如,在E. coli合成色氨酸中,色氨酸超过一定浓度,有关色氨酸合成的酶就停止合成。

②分解代谢物阻遏:是指培养基中同时存在两种分解代谢底物(两种碳源或氮源)时,微生物细胞利用快的那种碳源(或氮源)阻遏利用慢的那种碳源(或氮源)的有关酶合成的现象。分解代谢物的阻遏作用,并非是快速利用的碳源(或氮源)本身直接作用的结果,而是通过碳源(或氮源)在其分解过程中所产生的中间代谢物所引起的阻遏作用。例如,将E. coli培养在含有乳糖和葡萄糖的培养基上,优先利用葡萄糖,并于葡萄糖耗尽后才开始利用乳糖,其原因是葡萄糖分解的中间代谢产物阻遏了分解乳糖酶系的合成。

总之,在代谢途径中某些中间代谢物或末端代谢物的过量积累均会引起阻遏关键酶在内的一系列酶的生物合成,从而更彻底地控制代谢和减少末端产物的合成。

(3)酶合成的调节机制

酶合成的诱导和阻遏现象可以通过J. Monod和F. Jacob(1961)提出的操纵子假说解释。操纵子由细胞中的操纵基因和临近的几个结构基因组成。

结构基因能够转录遗传信息,合成相应的信使RNA(mRNA),进而再转移合成特定的酶。操纵基因能够控制结构基因作用的发挥。细胞中还有一种调节基因,能够产生一种胞质阻遏物,胞质阻遏物与阻遏物(通常是酶反应的终产物)结合时,由于变构效应,其结构改变,且操纵基因的亲和力变大,而使有关的结构基因不能转录,因此,酶的合成受到阻遏。诱导物也能与胞质阻遏物结合,使其结构发生改变,减少与操纵基因的亲和力,同时使操纵基因恢复自由,进而使结构基因进行转录,合成 mRNA,再转译合成特定的酶。

2.酶活性的调节

酶活性的调节是通过改变已有酶的催化活性来调节代谢速率的调节机制。这种调节方式分为激活和抑制两种。

(1)激活作用

激活是指在分解代谢途径中较前面的中间产物激活参与后面反应的酶的活性,以促使反应加快。例如,粪肠球菌的乳酸脱氢酶活力被 1,6-二磷酸果糖所促进,粗糙脉孢霉的异柠檬酸脱氢酶活力被柠檬酸所促进。

(2)抑制作用

抑制主要是反馈抑制,当代谢途径中某末端产物过量时可反过来抑制该途径中的第一个酶(调节酶)的活性,以减慢或中止反应,从而避免末端产物的过量积累。例如大肠杆菌在合成异亮氨酸时,当末端产物异亮氨酸过量而积累时,可反馈抑制途径中第一个酶——苏氨酸脱氨酶的活性,从而 α-酮丁酸及其以后的一系列中间代谢物都无法合成,最后导致异亮氨酸合成的停止,避免末端产物过多积累。细胞内的 EMP 途径和 TCA 循环的调控也是通过反馈抑制进行的。

反馈抑制是酶活性调节的主要方式,其特点是使酶暂时失去活性,当末端产物因消耗而浓度降低时,酶的活性又可恢复。因此,酶活性的调节比酶合成的调节要精细、快速。

(3)酶活性的调节机制

①变构调节:是指某些末端代谢产物与某些酶蛋白活性中心以外的某部分可逆地结合,使酶构象改变,从而影响底物与活性中心的结合,进而改变酶的催化活性。能够在末端产物的影响下改变构象的酶,称为变构酶。末端产物与活性中心的结合是可逆的,当末端产物的浓度降低时,末端产物与酶的结合随之解离,从而恢复了酶蛋白的原有构象,使酶与底物结合而发生催化作用。

变构酶的作用程序:专一性的代谢物(变构效应物)与酶蛋白表面的特定部位(变构部位)结合→酶分子的构象变化(变构转换)→活力中心修饰→抑制或促进酶活性。

②修饰调节:又称共价调节,在某种修饰酶催化下,调节酶多肽链上一些基团可与某种化学基团发生可逆的共价结合,从而改变酶的活性。在共价修饰过程中,不同酶的催化作用使酶蛋白某些氨基酸残基上增、减基团,酶蛋白处于有活性(高低活性)和无活性(或低活性)的互变状态,从而调节酶的活化或抑制。修饰调节是微生物代谢的重要调节方式,有许多处于分支代谢途径,对代谢流量起调节作用的关键酶属于共价调节酶。目前已知有多种类型的可逆共价调节蛋白:磷酸化/去磷酸化,乙酰化/去乙酰化,腺苷酰化/去腺苷酰化,甲基化/去甲基化等。示例如下:

原核细胞中:低活性状态←(腺苷酰化)酶←谷氨酰胺合成酶→(去腺苷酰化)酶→高活性状态。

真核细胞中:低活性状态←(去磷酸化)酶←丙酮酸脱氢酶→(磷酸化)酶→高活性状态。

共价修饰与变构调节区别:共价修饰对酶活性调节是酶分子共价键发生了变化,即酶的一级结构发生了变化;而在变构调节中酶分子只是单纯的构象变化。另外,共价修饰对调节信号具有放大效应,其催化效率比变构调节要高。

除上述调节之外,酶活性还受到多种离子和有机分子(抑制剂或激活剂)的影响,尤其是特异的蛋白质激活剂和抑制剂在酶活性的调节中起重要作用。

五、微生物的次级代谢

(一)次级代谢与次级代谢产物

一般将微生物从外界吸收各种营养物质,通过分解代谢与合成代谢,生成维持生命活动所需要的物质和能量的过程,称为初级代谢。初级代谢产物是指微生物生长繁殖所必需的代谢产物。如醇类、氨基酸、脂肪酸、核苷酸以及由这些化合物聚合而成的高分子化合物(多糖、蛋白质、脂类和核酸等)。与食品有关的微生物初级代谢产物有酸类、醇类、氨基酸和维生素等。次级代谢是相对于初级代谢而提出的一个概念,是指微生物在一定的生长时期,以初级代谢产物为前体物质,通过支路代谢合成一些对自身的生命活动无明确功能的物质的过程。由次级代谢产生的与微生物生长繁殖无关的产物即为次级代谢产物。它们大多数是分子结构比较复杂的化合物,如抗生素、生物碱、毒素、色素、激素等。与食品有关的次级代谢产物有抗生素、毒素、色素等。

1.抗生素

抗生素是生物在代谢过程中产生的(以及通过化学、生物或生物化学方法所衍生的)以低微浓度选择性地作用于他种生物机能的一类天然有机化合物。已发现的抗生素大部分为能选择性地抑制或杀死特定的某些种类微生物的物质,因此也曾称为抗菌素,是现代医疗中经常使用的重要药物。抗生素主要来源于微生物,特别是某些放线菌、细菌和真菌。如灰色放线菌产生链霉素,金色放线菌产生金霉素,纳他链霉菌(*Streptomyces natalensis*)产生纳他霉素等。霉菌中点青霉和产黄青霉产生青霉素,展开青霉和里青霉产生灰黄霉素等。一些细菌如枯草芽孢杆菌产生枯草菌素、乳酸乳球菌(旧称乳酸链球菌)产生乳链球菌素(nisin)等。

2.毒素

某些微生物在代谢过程中,能产生某些对人和动物有毒害的物质,这些物质称为毒素。能产生毒素的微生物在细菌和霉菌中较为多见。细菌产生的毒素可分为外毒素和内毒素两种,而霉菌只产生外毒素,为真菌毒素。细菌外毒素是某些病原细菌(主要是 G^+ 菌)在生长过程中合成并不断分泌到菌体外的毒素蛋白质;真菌毒素是某些产毒霉菌在适宜条件下产生的能引起人或动物病理变化的次级代谢产物。外毒素的毒性较强,但多数不耐热(金黄色葡萄球菌肠毒素、黄曲霉毒素除外),加热70℃毒力即被减弱或破坏。能产生外毒素的微生物包括病原细菌和霉菌中某些种,如破伤风芽孢杆菌、肉毒梭菌、白喉杆菌、金黄色葡萄球菌、链球菌等 G^+ 菌,霍乱弧菌、绿脓杆菌、鼠疫杆菌等 G^- 菌,以及黄曲霉、寄生曲霉、青霉、镰刀霉等。内毒素即 G^- 菌细胞壁的脂多糖(LPS)部分,只有在菌体自溶时才会释放出来。内毒素毒性较外毒素弱,但多数较耐热,加热80~100℃、1h才被破坏。能产生内毒素的病原菌包括肠杆菌科的细菌(如致病性大肠杆菌、沙门氏菌等)、布鲁氏杆菌和结核分枝杆菌等。

3.色素

许多微生物在培养过程中能合成一些带有不同颜色的代谢产物,即色素。色素或积累于细胞内,或分泌到细胞外。根据它们的性质可分为水溶性色素和脂溶性色素。产生的水溶性色素使培养基着色,如绿脓菌色素、蓝乳菌色素、荧光菌的荧光素等。有的产生脂溶性色素,使菌落呈各种颜色,如黏质沙雷氏菌的红色素,金黄色葡萄球菌的金黄色素等。还有一些色素,既不溶于水,也不溶于有机溶剂,如酵母和霉菌的黑色素和褐色素等。真菌和放线菌产生的色素更多。有的色素可用于食品,如红曲霉属(*Monascus*)的紫红色素等。

4. 激素

某些微生物能产生刺激动物生长或性器官发育的一类生理活性物质,称为激素。目前已经发现微生物能产生 15 种激素,如赤霉素、细胞分裂素、生长刺激素等。生长刺激素是由某些细菌、真菌、植物合成,能刺激植物生长的一类生理活性物质。已知有 80 多种真菌能产生吲哚乙酸,例如,真菌中的菱白黑粉菌能产生吲哚乙酸;赤霉菌(禾谷镰刀菌的有性世代)所产生的赤霉素是目前广泛应用的植物生长刺激素。

(二)次级代谢的调节

1. 次级代谢与初级代谢的关系

次级代谢与初级代谢关系密切,初级代谢的关键性中间产物往往是次级代谢的前体。比如糖降解过程中的乙酰 CoA 是合成四环素、红霉素的前体物;次级代谢一般在菌体对数生长后期或稳定期进行,但也会受到环境条件的影响。质粒与次级代谢关系密切,其遗传物质控制着多种抗生素的合成。

2. 初级代谢对次级代谢的调节

初级代谢与次级代谢均有代谢调节的控制,但由于次级代谢产物是以初级代谢产物为母体衍生出来的,因此次级代谢必然会受初级代谢的调节控制。如青霉素的合成会受到赖氨酸的强烈抑制,而赖氨酸合成的前体 α-氨基己二酸可以缓解赖氨酸的抑制作用,并能刺激青霉素的合成。这是因为 α-氨基己二酸是合成青霉素和赖氨酸的共同前体。如果赖氨酸过量,它会抑制这个反应途径中的第一个酶,减少 α-氨基己二酸的产量,从而进一步影响青霉素的合成。

3. 碳、氮代谢产物的调节

次级代谢产物一般在菌体对数生长后期或稳定期合成。这是因为在菌体生长阶段,被快速利用的碳源或氮源分解产物阻遏了次级代谢酶系的合成。只有在对数生长后期或稳定期,这类碳源或氮源被消耗殆尽之后,阻遏作用解除,次级代谢产物才得以合成。如葡萄糖分解物阻遏了青霉素环化酶的合成,使它不能将 α-氨基己二酸—半胱氨酸—缬氨酸三肽转化为青霉素 G。

4. 诱导作用及产物的反馈阻遏或抑制

次级代谢也有诱导作用。例如,巴比妥虽不是利福霉素的前体物,也不参与利福霉素的合成,但能促进利福霉素 SV 转化为利福霉素 B。同时,次级代谢产物的过量积累可反馈阻遏关键酶的生物合成或反馈抑制关键酶的活性。例如,青霉素的过量积累可反馈阻遏合成途径中第一个酶的合成量;霉酚酸的过量积累能反馈抑制合成途径中最后一步转甲基酶的活性。

第五节　微生物的遗传

微生物遗传学是研究和揭示微生物遗传变异规律的一门学科。遗传性和变异性是微生物最基本的属性之一。所谓遗传性就是在一定环境条件下,微生物性状相对稳定,能把亲代性状传给子代,维持其种属的性状,从而保持物种的延续。在某些条件下,由于微生物遗传物质的结构变化,而引起某些相应性状发生改变的特性,称为变异性。这种变异性是可遗传的。遗传性和变异性的关系:遗传中有变异,变异中有遗传。遗传和变异是一对既互相对立,又同时并存的矛盾。没有变异,生物界就失去进化的材料,遗传只能是简单的重复;没有遗传,变异不能积累,变异就失去意义,生物也就不能进化。

研究微生物的遗传变异具有重大的理论与实践意义。对微生物遗传变异特性的深入研究,特别是随着各种微生物基因组全序列测定的完成,使人们在基因组水平全面深刻认识微生物遗传变异规律及其多样性,从而有目的定向利用丰富的微生物资源,创造出更多具有生产性能优良的菌种,使之在相同发酵或培养条件下,达到优质高产,更好地造福于人类。

一、遗传的物质基础

20 世纪 50 年代前后,人们以微生物为研究对象,用三个著名的实验证明了 DNA 才是一切生物遗传变异的物质基础。

(一)三个经典实验

1.经典转化实验

1928 年,细菌学家 F. Griffith 以肺炎链球菌(*Streptococcus pneumoniae*)(旧称肺炎双球菌)为研究对象进行转化实验。肺炎链球菌是一种球形细菌,常成双或成链排列,可使人患肺炎和小白鼠患败血症致死。它有两种不同菌株,一种为有荚膜的致病菌株,菌落表面光滑,故称 S 型菌株;另一种不形成荚膜,菌落外观粗糙,称为 R 型菌株。将加热杀死的 S 型细菌注入小鼠体内后,小鼠并不死亡,也不能从小鼠体内分离出肺炎球菌;但是将加热杀死的 S 型细菌和少量活的 R 型细菌一起注入小鼠体内,却意外发现小鼠死亡,并从死小鼠体内分离出活的 S 型细菌(图 2-13)。对这一现象的合理解释是:在 S 型细菌细胞内可能存在一种具有遗传转化能力的物质,它能通过某种方式进入 R 型细胞,并使 R 型细菌获得表达 S 型荚膜性状的遗传特性。1944 年,O. T. Avery、C. M. MacLeod 和 M. McCarty 从热死的 *S. pneumoniae* 中提纯了几种有可能作为转化因子的成分,并深入到离体条件下进行转化实验。从活的 S 型菌株中抽提各种细胞成分(DNA、蛋白质、荚膜多糖等),而后对各种生化组分进行转化试验。其实验结果是转化组分中有较完整的 DNA,使实验组的小鼠均患败血症而死亡。这表明只有 S 型菌株的 DNA 才能将肺炎链球菌的 R 型菌株转化为 S 型;而且 DNA 纯度越高,其转化效率也越高,甚至只取用 6×10^{-8}g 的纯 DNA 时,仍保持转化活力。这有力地说明了 S 型菌株转移给 R 型菌株的绝不是遗传性状(指荚膜多糖)本身,而是以 DNA 为物质基础的遗传信息。

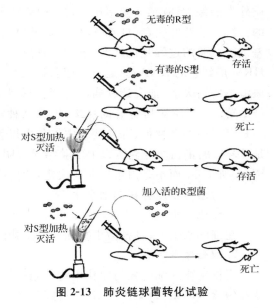

图 2-13 肺炎链球菌转化试验

2.噬菌体感染实验

1952 年，A. D. Hershey 和 M. Chase 发表了证实 DNA 是噬菌体的遗传物质基础的著名实验——噬菌体感染实验(图 2-14)。首先，将大肠杆菌(E. coli)培养在以放射性^{32}P 作为磷源或以放射性^{35}S 作为硫源的组合培养基中，从而制备出含^{32}P-DNA 核心的噬菌体或含^{35}S-蛋白质外壳的噬菌体。接着，将这两种不同标记的病毒分别与其宿主大肠杆菌混合。由图 2-14 可见，在噬菌体感染过程中，^{35}S 标记的实验组多数放射活性留在宿主细胞的外面，其蛋白质外壳未进入宿主细胞；^{32}P 标记的实验组多数放射活性进入宿主细胞的里面。由此可知，进入宿主细胞的是 DNA。虽然只有噬菌体的 DNA 进入了宿主细胞，但却有自身的增殖、装配能力，最终会产生一大群既有 DNA 核心，又有蛋白质外壳的完整子代噬菌体。这充分证明，在噬菌体的 DNA 中，存在着包括合成蛋白质外壳在内的整套遗传信息。

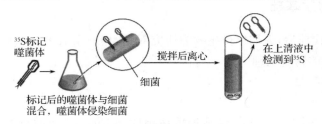

图 2-14 噬菌体感染试验

3.植物病毒的拆分和重建实验

为了证明核酸是遗传物质，H. Fraenkel-Conrat 在 1956 年用含 RNA 的烟草花叶病毒(TMV)进行著名的植物病毒的拆分和重建实验。将 TMV 置于一定浓度的苯酚溶液中振荡，使其蛋白质外壳与 RNA 核心相分离。结果发现裸露的 RNA 也能感染烟草，并使其患典型症状，而且在病斑中还能分离到完整的 TMV 粒子。当然，由于提纯的 RNA 缺乏蛋白质外壳的保护，故感染频率比正常 TMV 粒子低些。实验中，还选用了另一株与 TMV 近缘的霍氏车前花叶病毒(HRV)，其外壳蛋白的氨基酸组成与 TMV 只存在 2～3 个氨基酸的差别。试验的过程是这样的：①用表面活性剂处理 TMV，得到它的蛋白质；②用弱碱处理 HRV 得到它的 RNA；③通过重建获得杂种病毒；④TMV 抗血清使杂种病毒失活，HRV 抗血清不使它失活，证实杂种病毒的蛋白质外壳来源是 TMV，病毒重建成功；⑤杂种病毒感染烟草产生 HRV 所特有的病斑，说明杂种病毒的感染特性是由 HRV 的 DNA 所决定，而不是二者的融合特征；⑥从病斑中再分离得到的子病毒的蛋白质外壳是 HRV 蛋白质，而不是 TMV 的蛋白质外壳。以上实验结果说明杂种病毒的感染特征和蛋白质的特性是由它的 RNA 所决定，而不是由蛋白质所决定，遗传物质是 RNA。

(二)遗传物质存在的七个水平

1.细胞水平

在细胞水平上，真核微生物和原核生物的大部分 DNA 都集中在细胞核或核质体中。

2.细胞核水平

真核生物的细胞核与原核生物细胞的核区都是该种微生物遗传信息的最主要装载者，被称为核基因组、核染色体组或简称基因组。除核基因组外，在真核生物(仅酵母菌的 $2\mu m$ 质粒例外，在核内)和原核生物的细胞质中，多数还存在一类 DNA 含量少、能自主复制的核外染色体。原核细胞的核外染色体通称为质粒。

3.染色体水平

不同微生物的染色体数差别很大,如米曲霉单倍体染色体数为7,大肠杆菌为1,啤酒酵母为17。原核微生物如细菌一般为单倍体(1个细胞中只有1套染色体),真核微生物如啤酒酵母的营养细胞及霉菌的接合子为二倍体(1个细胞中含有2套功能相同的染色体)。

4.核酸水平

多数生物的遗传物质为双链DNA,只有少数病毒,如大肠杆菌的ØX174和fd噬菌体等为单链DNA。双链DNA有的呈环状(如原核生物和部分病毒),有的呈线状(部分病毒),而有的细菌质粒DNA则呈超螺旋状(麻花状)。真核生物的DNA总与缠绕的组蛋白同时存在,而原核生物的DNA却单独存在。

5.基因水平

基因是生物体内具有自主复制能力的最小遗传功能单位。其物质基础是一条以直线排列、具有特定核苷酸序列的核酸片段。众多基因构成了染色体,每个基因长度大体在1000~1500bp范围。从基因功能上看,原核生物的基因是通过操纵子和其调节基因共同构成的调控系统而发挥作用,每一操纵子又包括结构基因、操纵基因和启动基因(又称启动子或启动区)。结构基因是决定某一多肽链结构的DNA模板;操纵基因与结构基因紧密连锁并通过与相应阻遏物的结合与否,控制是否转录结构基因;启动基因既是DNA多聚酶的结合部位,又是转录的起始位点。操纵基因和启动基因不能转录mRNA。调节基因能调节操纵子中结构基因的活动。调节基因能转录出自己的mRNA,并经转译产生阻遏物(阻遏蛋白),后者能识别并附着在操纵基因上。由于阻遏物和操纵基因的相互作用可使DNA双链无法分开,阻碍了RNA聚合酶沿着结构基因移动,使结构基因不能表达。

6.密码子水平

遗传密码是指DNA链上决定多肽链中各具体氨基酸的特定核苷酸排列顺序。遗传密码的信息单位是密码子,每一密码子由mRNA上3个核苷酸序列(三联体)组成,除决定特定氨基酸的密码子外,还有不代表任何氨基酸的"无意义密码子"(如UAA、UAG和UGA仅表示转译中的终止信号)。

7.核苷酸水平

核苷酸单位(碱基单位)是一个最低突变单位或交换单位,基因是遗传的功能单位,密码子是信息单位。在多数生物的DNA中,均只含腺苷酸(AMP)、胸苷酸(TMP)、鸟苷酸(GMP)和胞苷酸(CMP)4种脱氧核苷酸,但也有少数例外。

(三)微生物的基因组

基因组(genome)是指存在于细胞或病毒中的所有基因,它通常是指单倍体细胞的全部一套基因。由于现在发现许多非编码的DNA序列具有重要功能,因此目前基因组的含义实际上是指细胞质编码基因与非编码的DNA序列组成的总称,包括编码蛋白质的结构基因、调控序列,以及目前功能尚不清楚的DNA序列。不同生物的DNA长度,即基因组的大小各不相同,一般可用bp(base pair,碱基对)和Mb(mega bp,百万或兆碱基对)为单位表示基因组大小。真核与原核微生物的基因组都比较小,最小的大肠杆菌MS2噬菌体只有3000bp,3个基因(通常以1000~1500bp为1个基因计)。微生物基因组随种类不同而表现出多样性,下面分别以大肠杆菌和啤酒酵母为代表介绍常见微生物的基因组。

1. 大肠杆菌的基因组

大肠杆菌基因组为双链环状的 DNA 分子,其长度是菌体长度的 1000 倍,所以 DNA 分子是以紧密缠绕成较致密的不规则小体(拟核)形式存在于细胞中,其上结合有类组蛋白蛋白质和少量 RNA 分子,在细胞中基因组执行着复制、重组、转录、翻译以及复杂的调节过程。1997 年由 Wisconsin 大学的 Blattner 等人完成了大肠杆菌全基因组的测序工作。

大肠杆菌基因组的大小为 4.7×10^6 bp,4288 个基因,与其他原核微生物的基因数基本接近,说明这些微生物的基因组 DNA 绝大多数是可编码的序列,不含有内含子。大肠杆菌总共有 2584 个操纵子,基因组测序推测出 2192 个操纵子,如此多的操纵子结构可能与原核基因表达大多采用转录调控有关。此外,由 16S rRNA、23S rRNA、5S rRNA 这 3 种 RNA 组建了核糖体,它们在核糖体中的比例为 $1:1:1$。多数情况下结构基因在基因组中是单拷贝的,但是编码 rRNA 的基因 rrn 是多拷贝的,大肠杆菌有 7 个 rRNA 操纵子,7 个 rrn 操纵子中就有 6 个分布于 DNA 的双向复制起点 oric 附近,这有利于 rRNA 的快速装配,以便在急需蛋白质的合成时短时间内大量生成核糖体。原核生物基因组存在一定数量的重复序列,但与真核生物相比少得多,而且重复的序列亦较短,一般为 4~40bp。

2. 啤酒酵母的基因组

1996 年由欧洲、美国、加拿大和日本共 96 个实验室的 633 位科学家共同首次完成了啤酒酵母这一真核生物的全基因组的测序工作。该基因组大小为 13.5×10^6 bp,5800 个基因分布在 16 个不连续的染色体中,其 DNA 与 4 种主要组蛋白(H_2A、H_2B、H_3、H_4)结合构成染色体。染色体 DNA 上有着丝粒和端粒,没有操纵子结构,但有内含子序列。啤酒酵母的基因组最显著的特点是高度重复,如 tRNA 的基因在每个染色体上至少有 4 个,多则 30 多个,总共约有 250 个拷贝(大肠杆菌约 60 个拷贝),tRNA 的基因只位于 Ⅻ 号染色体的近端粒处,每个长 9137bp,有 100~200 个拷贝。此外,啤酒酵母基因组中有许多较高同源性的 DNA 重复序列。如此高度重复的序列是啤酒酵母的一种进化策略,如果少数基因突变失去功能,则可不影响其生命活动,并能适应复杂多变的环境。

真核微生物和原核微生物的基因组差别较大。前者一般无操纵子结构,但存在大量非编码序列和高度重复序列,由于基因有许多内含子(非编码序列),从而使编码序列变成不连续的外显子(可编码序列)状态;后者有操纵子结构,但绝大多数原核微生物不含有内含子,遗传信息的编码序列是连续的,而且重复序列较少。

(四)原核微生物的质粒

1. 质粒定义

质粒是游离并独立存在于染色体以外,能进行自主复制的细胞质遗传因子,通常以共价闭合环状(简称 CCC)的超螺旋双链 DNA 分子形式,存在于各种微生物细胞中。

2. 质粒的主要特性

(1)可自主复制和稳定遗传。质粒能在细胞质中自主复制,并能将质粒转移到子代细胞中,可维持许多代。

(2)为非必需的基因。质粒携带某些核基因组中所缺少的基因,控制细菌获得某些对其生存非必需的性状,失去质粒的细菌仍可存活。但在特殊条件下赋予细菌特殊功能,使其得到生长优势。例如抗药性质粒和降解性质粒,能使宿主细胞在相应药物或化学毒物环境中生存,并在细胞分裂时稳定传给子代细胞。

（3）可转移。某些质粒可以较高的频率（$>10^{-6}$）通过细胞间的接合、转化等方式，由供体细胞向受体细胞转移。

（4）可整合。在一定条件下，质粒可以整合到染色体 DNA 上，并可重新脱落下来。

（5）可重组。不同质粒或质粒与染色体上的基因可以在细胞内或细胞外进行交换重组，并形成新的重组质粒。

（6）可消除。如果质粒的复制受到抑制而核染色体的复制仍继续进行，则引起子代细胞不带质粒。质粒消除可自发产生，也可用一定浓度的吖啶橙染料或丝裂霉素 C、溴化乙啶、利福平、重金属离子以及紫外线或高温等处理消除细胞内的质粒。

3. 质粒的种类

根据质粒所编码的功能和赋予宿主的表型效应，可将其分为以下几类。

（1）F 质粒：又称致育因子（F 因子）。其大小约 100kb，这是最早发现与大肠杆菌接合作用有关的质粒。携带 F 质粒的菌株称为 F^+ 菌株（相当于雄性），无 F 质粒的菌株称为 F^- 菌株（相当于雌性）。F 质粒整合到宿主细胞染色体上的菌株称之为高频重组菌株（简称 Hfr）。由于 F 因子能以游离状态（F^+）和以与染色体相结合的状态（Hfr）存在于细胞中，所以又称之为附加体。当 Hfr 菌株上的 F 因子通过重组回复成自主状态时，有时可将其相邻的染色体基因一起切割下来，而成为携带某一染色体基因的 F 质粒，如 F-lac、F-gal 等，因此将这些携带不同基因的 F 质粒统称为 F'，常用 F' 表示带有 F' 质粒的菌株。

（2）抗性质粒：又称抗性因子（R 因子），简称 R 质粒，主要包括抗药性和抗重金属两大类。带有抗药性质粒（如 R1 质粒）的细菌对氯霉素、链霉素、磺胺、氨苄青霉素和卡那霉素具有抗性，R 质粒能使细菌对金属离子（如碲、砷、汞、镍、钴、银、镉等）呈现抗性。

（3）细菌素质粒：Col 质粒含有编码大肠杆菌素的基因，其编码的产物是一种细菌蛋白，只杀死其他近缘肠道细菌且不含 Col 质粒的菌株。由 G^+ 菌产生的细菌素也由质粒基因编码，例如乳酸乳球菌（旧称乳酸链球菌）产生的乳酸链球菌素（Nisin）以及枯草芽孢杆菌产生的枯草菌素，均能强烈抑制某些 G^+ 菌的生长，故可用作食品的生物防腐剂。

（4）毒性质粒：许多致病菌携带的毒性质粒均含有编码毒素的基因。例如，致病性大肠杆菌含有编码肠毒素的质粒，产生的肠毒素能引起腹泻；苏云金杆菌含有编码 δ 内毒素（伴孢晶体）的质粒，产生的 δ 内毒素对多种昆虫有强烈毒杀作用；根瘤土壤杆菌携带一种 Ti 质粒（又称诱瘤质粒），是引起双子叶植物冠瘿瘤的致病因子，经过改造的 Ti 质粒可广泛应用于转移及植物载体；发根土壤杆菌携带一种 Ri 质粒，是引起双子叶植物患毛根瘤的致病因子。Ri 质粒在功能上与 Ti 质粒有广泛的同源性，也可用于转基因植物载体。

（5）代谢质粒：又称降解性质粒。它携带有编码降解某些复杂有机物的酶的基因。带有代谢质粒的细菌（如假单胞菌）能将有毒化合物，如苯、农药、辛烷和樟脑等降解成能被其作为碳源和能源利用的简单物质，从而使它在污水处理等方面发挥重要作用。每一种具体的质粒常以其降解的底物而命名，如 XYL（二甲苯）质粒、OTC（辛烷）质粒、CAM（樟脑）质粒等。此外，代谢质粒中还包括一些能编码固氮功能的质粒。例如根瘤菌中与结瘤和固氮有关的基因均位于共生质粒中。

（6）隐秘质粒：上述质粒均具有某种可检测的遗传表型，但隐秘质粒不显示任何表型效应，它们的存在只有通过物理方法，例用凝胶电泳检测细胞抽提液等方法才能发现。

4. 质粒在基因工程中的应用

少数质粒(如 F 因子或 R 因子等)可在不同菌株间发生转移,并可表达质粒多携带的基因信息。根据这一特性,通过转化作用,利用细菌质粒作为基因的载体,将人工合成或分离的特定的基因片段导入受体细菌中,使受体细菌产生人们所需的代谢产物,故质粒已成为重要的基因载体而应用于基因工程中。

二、基因突变

基因突变简称突变,泛指细胞内(或病毒粒子内)遗传物质的分子结构或数量突然发生了可遗传的变化。基因突变可自发或经诱导产生。狭义的突变专指基因突变(点突变),包括一对或几对碱基的缺失、插入或置换;而广义的突变则包括基因突变和染色体畸变。染色体畸变又包括染色体的缺失、重复、插入、倒位和易位。

(一)基因突变的类型

1. 碱基变化与遗传信息的改变

不同碱基变化引起遗传信息的改变不同,主要有以下四种类型:

```
原序列    5′-AUG   CCU   UCA   AGA   UGU   GGG-3′
            Met    Pro   Ser   Arg   Cys   Gly

同义突变  5′-AUG   CCU   UCA   AGA   UGU   GGA-3′
            Met    Pro   Ser   Arg   Cys   Gly

错义突变  5′-AUG   CCU   UCA   GGA   UGU   GGG-3′
            Met    Pro   Ser   Gly   Cys   Gly

无义突变  5′-AUG   CCU   UCA   AGA   UGA   GGG-3′
            Met    Pro   Ser   Arg   stop

                         缺失一个碱基 A
移码突变  5′-AUG   CCU   UCA   AG↑U   GUG   GG-3′
            Met    Pro   Ser   Ser    Val
```

同义突变是指因为某个碱基的变化虽然使密码子发生了改变,但是由于密码子的简并性,并未使产物氨基酸发生变化。错义突变是指碱基变化引起了产物氨基酸的变化。例如编 A 氨基酸的密码子变成编 B 氨基酸的密码子。如果碱基发生变化,代表某种氨基酸的密码子变成终止密码子(UAA、UAG、UGA),使蛋白质合成提前终止。例如三联密码子中,1 对碱基的突变使原编码氨基酸的密码变成非氨基酸密码。移码突变是指由于缺失或插入了 1~2 个碱基,使得此处之后的碱基序列发生了改变,其后翻译的氨基酸序列亦全部变化。

2. 表型变化

表型指某一生物体所具有的一切外表特征和内在特性的总和,是其基因型在合适环境条件下通过代谢和发育而得到的具体体现。基因型又称遗传型,是某一生物个体所含有的全部遗传因子即基因组所携带的遗传信息。从筛选菌株的实用目的出发,常用的表型变化的突变类型可分为以下几种:

(1)营养缺陷型:从自然界分离到的任何微生物在其发生营养缺陷突变前的原始菌株称野生型菌株,简称野生型。如果以 A 和 B 两个基因表示其对这两种营养物质的合成能力,则野生型菌株的遗传型应是[A$^+$B$^+$]。野生型菌株发生突变(自发突变或诱发突变)后形成的带有新性状的菌株,称突变型菌株,简称突变株。野生型菌株由于发生基因突变而丧失了某种(或某些)酶,随之失去了合成某种(或某些)生长因子(如碱基、维生素或氨基酸)的能力,因而成为必须从培养基或周围环境中获得这些生长因子才能正常生长繁殖的菌株,这类突变株称为营养缺陷型突变株,简称营养缺陷型。A 营养缺陷型的遗传型用[A⁻B⁺]表示,而 B 营养缺陷型的遗传型用[A⁺B⁻]表示。此类菌株可在加有相应营养物质的基本培养基平板上生长并检出。例如,大肠杆菌的野生型菌株有合成色氨酸的能力,基本培养基上缺乏色氨酸能正常生长。如果该菌株成为色氨酸营养缺陷型,则无法再在基本培养基上正常生长,而必须添加色氨酸才能生长。营养缺陷型经回复突变或重组后产生的菌株称原养型菌株,简称原养型。其营养要求在表型上与野生型相同,遗传型均用[A⁺B⁺]表示。营养缺陷型可作为重要选择性遗传标记,广泛用于遗传学、分子生物学、遗传工程的研究和育种工作中。

(2)抗性突变型:指野生型菌株因发生基因突变而产生的对某化学药物或致死物理因子产生抗性的一种变异类型。抗性突变型作为重要选择性遗传标记,在加有相应药物或用相应物理因子处理的培养基平板上,只有抗性突变株能生长,从而较容易地被分离筛选。

(3)条件致死突变型:某菌株或病毒经基因突变后,在某种条件下具有致死效应,而在另一种条件下没有致死效应的突变类型。常见的条件致死突变型是温度敏感突变型,用 Ts 表示。例如,大肠杆菌的某些菌株在 42℃下是致死的,但能在 37℃下得到 Ts 突变株。引起 Ts 突变的原因是:突变使某些重要蛋白质的结构和功能发生改变,导致在某一特定温度下具有功能,而在另一温度(一般为较高温度)下丧失功能。条件致死突变型亦可作为选择性标记。

(4)形态突变型:形态突变型是指形态发生改变的突变型,包括引起微生物个体形态、菌落形态、颜色的变化,以及影响噬菌体的噬菌斑形态的变异,一般属非选择性突变。例如,细菌的鞭毛或荚膜的有无,霉菌或放线菌的孢子有无或颜色变化,菌落表面的光滑、粗糙以及噬菌斑的大小或清晰度等的突变。

(5)抗原突变型:指由于基因突变引起的细胞抗原结构发生的变异类型。

(6)产量突变型:由于基因突变引起的代谢产物产量有明显改变的突变类型。若突变株的产量显著高于原始菌株称正变株,该突变株称正突变株,反之则称负突变。

(二)突变率

某一细胞(或病毒粒子)在每一世代中某一性状发生突变的几率称突变率。为方便起见,突变率可用某一单位群体在每一世代(即分裂 1 次)中产生突变株的数目来表示。例如,10^{-6} 的突变率意味着每 10^6 个细胞在分裂成 2×10^6 个细胞过程中,平均产生 1 个突变株。

$$突变率=(突变细胞数/分裂前群体细胞数)\times100\%$$

据测定,一般基因的自发突变率为 $10^{-9}\sim10^{-6}$,转座突变率为 10^{-4},无义突变或错义突变的突变率约为 10^{-8}。由于突变率很低,因此要筛选出突变株犹如大海捞针,所幸的是可以利用检出营养缺陷型的回复突变株(即野生型菌株的表型)或抗药性突变株的方法达到目的。

(三)基因突变的特点

基因突变一般有以下 7 个共同特点:

(1)自发性。指即使不经诱变剂处理也能自发地产生突变。

(2)不对应性。指突变性状与引起突变的原因之间无直接对应关系。如抗药性突变不是因为接触了某种药物(如青霉素)才发生的,而是在接触前突变就已发生,加入抗生素只是将相应的突变株选择出来。

(3)稀有性。通常自发突变的几率很低($10^{-9} \sim 10^{-6}$)。

(4)独立性。引起各种性状改变的基因突变彼此是独立的,某基因的突变率不受他种基因突变率的影响。

(5)诱变性。自发突变的频率可因诱变剂的诱变作用而显著提高(提高 $10 \sim 10^5$ 倍),但并不改变突变的本质。

(6)稳定性。基因突变是遗传物质结构的改变,因而突变后的新遗传性状是稳定的可遗传的,但新突变后的基因仍可以再发生突变。

(7)可逆性。野生型菌株某一性状某次发生的突变称为正向突变,这一性状也可发生第二次突变,使其又恢复原来的性状,这第二次相反的突变称回复突变。突变后的某一性状可以相同的几率回复到原有性状,即回复突变的几率与突变几率相同。突变可以回复的具体含义是,野生型菌株可以通过突变,成为突变型菌株;相反,突变型菌株会再次发生突变而成为野生型状态。

(四)诱发突变机制

诱发突变是指人为的理化因子的刺激使微生物的性状发生了可遗传的变化。凡是能使突变率显著高于自发突变频率的物理、化学和生物因子统称为诱变剂。

诱发突变的机制包括碱基的置换、移码突变和染色体畸变三种方式。

(五)自发突变机制

自发突变是指没有人工参与下(不经诱变剂处理)微生物所发生的突变。称它为自发突变绝不意味着这种突变没有诱变原因。自发突变的机制目前了解较多的有下面三种。

(1)射线和环境因素的诱变效应:低剂量的诱变因素、长时期综合诱变效应常使微生物发生自发突变。如宇宙空间中各种短波的辐射或高温以及自然界普遍存在的低浓度诱变物质的作用等均可引起微生物自发突变。

(2)微生物自身有害代谢产物的诱变效应:微生物在培养过程中,菌体本身产生有害的代谢产物(H_2O_2、酸、碱),可作为内源性诱变剂对菌体自身遗传物质产生影响。

(3)互变异构效应:已知只有 5-溴尿嘧啶的分子结构由酮式转变为烯醇式时,才能引起突变。由于 A、T、C、G 四种碱基的第 6 位上不是酮基(T、G),就是氨基(C、A),所以 T 和 G 可以以酮式或烯醇式状态存在;而 C、A 则可以氨基式或亚氨基式状态存在。因为平衡一般倾向于酮式或氨基式,故 DNA 双链结构中,一般总是以 A:T 和 G:C 碱基配对形式出现。只是在偶然情况下,T 和 G 会以稀有的烯醇式状态出现,因而在 DNA 复制到达这一位置的瞬间,通过 DNA 多聚酶的作用,在其相对位置上,就不出现 A 和 C,而是 G 与 T;同理,如果 C 和 A 以稀有的亚氨基形式出现,在 DNA 复制到达这一位置的瞬间,则在新合成的 DNA 单链的与 C 和 A 相应的位置上就不出现 G 和 T,而是 A 和 C。这可能就是发生相应的自发突变的原因。据统计,碱基对发生自发突变的几率为 $10^{-9} \sim 10^{-8}$。

(六)艾姆氏试验

由于生物的遗传物质都是核酸,故凡能使核酸结构发生改变的因素都可影响生物学功能。例如有些化学物质会引起 DNA 结构损伤并对生物具有致突变、致畸变和致癌变(简称"三致")作用。由于癌变效应主要出现于人类等高级哺乳动物中,以及产量性状等非选择性突变难以检出，故根据生物化学统一性的原理，人们设计选用了细菌为模型，以了解各种有害物质引起人类和动物"三致"的原因。艾姆氏试验（Ames test）是一种利用细菌营养缺陷型的回复突变来检测环境或食品中是否存在化学致癌剂的简便有效方法。Ames test 测定潜在化学致癌物的方法如下：①将不同浓度的试验药品与从老鼠肝脏抽提的酶混合。这是因为许多化学药品本身在动物体外无诱变作用，而必须在肝脏中与酶接触，经代谢变化后才有诱变作用。②将上述混合物适当保温，以圆滤纸片吸取不同浓度的试样制成试验滤纸片。③以基本培养基倒成平板，将鼠伤寒沙门氏菌的组氨酸缺陷型突变株涂布于平板上，再将不同浓度的滤纸放入平板中央，同时做一空白对照。④经培养后在基本培养基上滤纸片周围长出的菌落即为营养缺陷型的回复突变株，而营养缺陷型突变株在空白对照平板上滤纸片周围未长菌落。分析计算试验药品是否具有诱变作用，以及最有效的诱变浓度。

供试验用的营养缺陷型突变株应具备两个条件：①不含 DNA 修复酶，使其在诱变时无法修复因碱基变化而引起的突变，使试验结果较准确；②大部分为单点突变的营养缺陷型菌株。因此只要根据营养缺陷型突变株在诱变剂（化学药品）的作用下是否回复突变而成为野生营养型菌株的现象，即可了解该化学药品是否为致癌物，试验结果表明，化学物质对细菌的诱变性与其对动物的致癌性成正比，即 95％左右的致癌物质有诱变剂的作用，而 90％左右的非致癌物质没有诱变剂的作用。

目前，艾姆氏试验已广泛用于检测食品、饮料、药物、饮水和环境等试样中的致癌物，此法具有快速（约 3d）、准确（符合率＞85％）和费用低等优点；而采用动物试验检测药物的致癌性具有周期长、费用高和人工需要量大等缺点。

三、基因重组和杂交过程

两个不同性状个体内独立基因组的遗传基因，通过一定途径转移到一起，经过遗传分子间的重新组合，形成新的稳定基因组的过程，称为基因重组或遗传重组，简称重组。重组是遗传物质在分子水平上的杂交，因此，与一般在细胞水平上进行的杂交有明显区别，但是细胞水平上的杂交必然包含了分子水平上的重组。在真核微生物中，基因重组可通过有性杂交、准性杂交来实现；而在原核微生物中，基因重组必须在特殊条件下进行，即通过转化、转导、接合、原生质体融合和溶源转变实现基因重组。因此，微生物的遗传基因可以通过以下5 种途径重组：①两个不同性细胞或体细胞结合，促使整套染色体交换的基因重组，如真菌的有性杂交或准性杂交。②细胞间不接触，仅涉及个别或少数基因的重组。例如受体细胞接受供体细胞内抽提的 DNA 而进行的基因重组（转化），以及供体细胞的基因通过噬菌体的携带转移到受体细胞中进行的基因重组（转导）。③细胞间暂时沟通，使供体菌的核基因组片段传递给受体菌（接合）。④由噬菌体提供遗传物质，使寄主细胞获得完整噬菌体的核酸的基因重组（溶源转变）。⑤双亲细胞的原生质体融合，促使部分染色体基因重组，如细菌、酵母菌、霉菌的原生质体融合。

四、微生物与基因工程

自 20 世纪 70 年代以来，随着分子生物学、分子遗传学与核酸化学等基础理论的发展，产生了基因工程这一遗传育种新领域。DNA 的特异切割、DNA 的分子克隆和 DNA 的快速测序这三项关键技术的建立，为基因工程技术的发展奠定了坚实基础。

(一)基因工程定义

基因工程又称遗传工程,也称体外DNA重组技术,是20世纪70年代初发展起来的一个遗传育种新领域。它是根据需要,用人工方法取得供体DNA上的基因,经过切割后在体外重组于载体DNA上,再导入受体细胞,使其复制和表达,从而获得新表现型的一种分子水平的育种技术。这种使DNA分子进行重组,再在受体细胞内无性繁殖的技术又称为分子克隆。利用这种分子水平的杂交技术可以完成超远缘杂交,并且更具定向性。通过基因工程改造后获得的具新性状的菌株称为工程菌。近年来,工程菌已应用于发酵生产中,利用基因工程菌可以大量发酵生产胰岛素、干扰素、疫苗、抗体等贵重的药用蛋白。本节仅对基因工程技术作基础性介绍,具体内容可参考相关专著。

(二)基因工程的基本操作

基因工程的基本操作步骤包括:目的基因(即外源基因或供体基因)的分离,DNA分子的切割与连接,优良载体的选择,目的基因与载体的体外重组,重组载体导入受体细胞,重组受体细胞的筛选和鉴定,外源基因在"工程菌"或"工程细胞"中的表达,"工程菌"或"工程细胞"的大规模培养、检测以及一系列生产性能试验等。

基因工程的操作方法将在第四章介绍。

(三)微生物与基因工程的关系

微生物本身和微生物学在基因工程中占据了十分重要的地位,甚至无法取代,可以说一切基因工程操作都离不开微生物,这可从以下5个方面得到充分证实:①载体:充当目的基因的载体主要由病毒、噬菌体和细菌、酵母菌中的质粒改造而成;②工具酶:基因工程中具有"解剖刀"和"缝衣针"作用的千余种特异工具酶,多数从微生物中分离纯化获得;③受体:作为基因工程中的受体细胞,主要使用容易培养和能高效表达目的基因各种性状的微生物细胞和微生物化的高等动、植物单细胞株;④微生物工程:为了大规模表达各种基因产物,实现商品化生产,常将外源基因表达载体导入酵母菌中以构建"工程菌"或"工程细胞株",而要进一步发挥其应有的巨大经济效益,就必须让它们大量生长繁殖和发挥生物化学转化作用,这就必须通过微生物工程(或发酵工程)的协助才能实现;⑤目的基因的主要供体:尽管基因工程中外源基因的供体生物可以是任何生物对象,但由于微生物在代谢多样性和遗传多样性等方面具有独特优势,尤其是嗜极菌(即生长于极端条件下的微生物)的重要基因(如可抗高温、高盐、高碱、低温等的基因)的优势,为基因工程提供了极其丰富而独特的外源基因供体库。

参 考 文 献

[1]董明盛,贾英民.食品微生物学[M].北京:中国轻工业出版社,2006.

[2]李阜棣.微生物学[M].北京:中国农业出版社,2010.

[3]刘慧.现代食品微生物学[M].北京:中国轻工业出版社,2006.

[4]江汉湖,董明盛.食品微生物学(第三版)[M].北京:中国农业出版社,2010.

第二篇　食品微生物菌种选育与发酵技术

第三章　食品微生物菌种资源与微生物筛选技术

第一节　食品微生物菌种资源及用途

一、概　述

微生物与食品工业的关系非常密切,微生物在食品工业中的应用方式主要有 3 种:(1)菌体的直接应用,如食用菌、乳酸菌的食用等;(2)微生物代谢产物的应用,如酒类、食醋、氨基酸、有机酸等都是微生物发酵作用的代谢产物;(3)微生物酶分解产物的应用,如豆腐乳和酱油的制作(刘静娜,2012)。

食品微生物菌种,顾名思义,就是在食品生产活动中使用的微生物的纯培养物保存体。按微生物对人类的作用可以将其分为两类:一类是可以应用于食品开发的有益微生物,即微生物发酵剂(如酵母菌、乳酸菌和黑曲霉等);另一类是益生菌,即可给予宿主健康益处的微生物菌种。

食品微生物菌种资源广泛,有真菌、细菌、放线菌和微型藻类。随着对微生物与食品生产关系认识的不断深入,人们不仅对传统发酵食品的微生物菌种有了新的认识,而且新食品微生物菌种也不断被发现,食品微生物菌种的应用范围也逐渐扩大。

二、常规食品微生物菌种特性及用途

微生物菌种能否应用于食品中,除了要考虑安全性问题,还要了解微生物的理化特性、生长环境、耐受条件等。下面列举酵母、霉菌、细菌三类微生物的菌种特性及其代表性菌在食品行业中的应用情况。

(一)酵母菌

酵母菌属于高等微生物的真菌类,是兼性厌氧菌,在有氧和无氧环境下都能生长,在自然界如空气、土壤、水中和动物中广泛存在。酵母菌主要生长在酸性环境中,最适 pH 范围为 4.5~5.0,最适生长温度一般在 20~30℃。多数酵母分布在富含糖类的环境中,比如一些水果、蜜饯的表面或者植物分泌物(如仙人掌的汁)中,小部分在昆虫体内生活。个体形态

有球状、卵圆、椭圆、柱状和香肠状等,和高等植物的细胞一样,酵母菌也有细胞核、细胞膜、细胞壁、相同的酶和代谢途径。其菌落一般湿润、较透明,质地均匀,颜色多以乳白色为主,少数为红色或黑色。酵母必须在有水的条件下才能生长,但某些酵母在水分极少的环境如蜂蜜中也能生存,这也表明有些酵母对渗透压有很高的耐受性。

酵母菌在食品工业中的作用主要体现在酒类的生产、面包的制作、药用等。最典型和最重要的酵母菌是酿酒酵母(Saccharomyces cerevisiae)。1883 年,Hansen 开始分离培养酵母并将它应用于啤酒酿造,由于酿酒酵母发酵过程中不仅能产生酒精还能产生二氧化碳,也作为膨松剂被用于膨化食品或面包的制作,因此该酵母又被称为面包酵母。食品用酵母菌主要有以下种类。

1. 酵母菌属(Saccharomyces)

细胞圆形、卵圆形,常形成假菌丝,通常进行出芽及多极出芽繁殖,有性繁殖能产生 1～4 个子囊孢子。能发酵葡萄糖、蔗糖、半乳糖和棉子糖等多种糖类产生 CO_2 及 C_2H_5OH,但不发酵乳糖,可用于酿酒及面包发酵等。但也可引起果蔬、果酱等发酵变质,亦能在酱油表面形成白色皮膜。如鲁氏酵母(S. Rouxii)、蜂蜜酵母(S. mellis)和啤酒酵母(S. cerevisiae)。

2. 毕氏酵母属(Pichia)

细胞圆筒形,可形成假菌丝,子囊孢子为球形或帽形,子囊内的子囊孢子数为 1～4 个。分解糖的能力弱,不产生酒精,能氧化酒精,能耐高浓度酒精,常使酒类和酱油变质,并形成浮膜,例如:粉状毕氏酵母(P. farinosa)。

3. 汉逊氏酵母属(Hansenula)

细胞球形、卵形、圆柱形,常形成假菌丝,子囊孢子 1～4 个,孢子形状为帽形或球形,在液体中可形成浮膜。对糖有很强的发酵作用,主要产物是酯类而不是酒精,常危害酒类和饮料,例如:异常汉逊氏酵母(H. anomala)。

4. 假丝酵母属(Candida)

细胞球形或圆筒形,有时连成假丝状,借多端出芽或分裂繁殖。在液体表面常形成浮膜,对糖分解作用强,有些菌种能氧化有机酸,如浮膜假丝酵母(C. mycoderma)。该属酵母能利用烃类作为碳源,其菌体蛋白质含量高达 60% 左右,蛋白质中含有大量赖氨酸,并含有较多的维生素和多种微量元素,已被用来作为单细胞蛋白生产的菌种。

5. 红酵母属(Rhodotolula)

细胞球形、卵圆、圆筒形,借多端出芽繁殖,菌落特别黏稠,能产生赤色、橙色和灰黄色等色素,该属都具有积聚大量脂肪的能力,细胞内含脂量可高达 60%,但蛋白质含量低于其他酵母。在食品上生长可形成赤色斑点,如黏红酵母(R. glutinis)、胶红酵母(R. mucilaginosa)。

6. 球拟酵母属(Torulapsis)

细胞呈球形、卵圆形、椭圆形,借多端出芽繁殖,能分解多种糖,具有耐高糖及高盐的特性,常见于蜜饯、蜂蜜、果汁、乳制品、鱼、贝类及冰冻食品等食品中,是酿酒上的“野酵母”,如杆状球拟酵母(T. bacillaris)。

7. 丝孢酵母属(Trichosporon)

细胞呈假丝状,能形成出芽孢子和节孢子,出芽孢子可连接成短链状或花轮状;也能产生厚垣孢子,在液体表面能产生浮膜。细胞内含有的脂肪量与红酵母相似,对糖分解能力弱,常发现于酿造品和冷藏肉中,例如茁芽丝孢酵母(T. pullulans)。

(二)霉菌

霉菌是丝状真菌的俗称,在潮湿的条件下,霉菌会在有机物上大量生长繁殖,长出一些肉眼可见的绒毛状、絮状的菌落。其菌落形态较大、质地松软、外观干燥不透明。一般来说,霉菌的生长条件之一是必须有充足的水分,根据食品的种类不同和菌种的不同,对水分的要求也不同,但水分低于 10% 时,微生物是较难生长的,当水分活度(A_w)接近于 1 时,微生物最容易生长繁殖,当 A_w 低于 0.7 时,可以阻止产毒素的霉菌繁殖。不同种类的霉菌最适生长温度也不同,但大多数霉菌的生长温度在 25～30℃(姚粟等,2006)。

目前,霉菌在食品加工工业中用途十分广泛,绝大多数霉菌能把加工所用原料中的淀粉、糖类等碳水化合物以及蛋白质等含氮化合物及其他种类的化合物进行转化,制造出多种多样的食品、调味品以及食品添加剂。如以粮食和油料作物作为主要原料,利用以米曲霉为主的微生物进行发酵酿造可以制作酱类食品,包括大豆酱、豆豉、豆瓣酱及其加工制品;利用黑曲霉发酵能分泌多种胞外蛋白,如 α-L-鼠李糖苷酶、葡萄糖苷酶、葡糖淀粉酶、纤维素酶、半乳糖苷酶、阿拉伯糖苷酶等,这些酶在食品工业中起着举足轻重的作用,如 α-L-鼠李糖苷酶能水解含有苦味的柚皮苷,被用于柑橘类果汁脱苦,能够增加酒的香味,还能用于生产鼠李糖。食品用霉菌主要有以下种类。

1. 毛霉属(*Mucor*)

菌丝绒毛状,为无分隔的多核单细胞,菌丝体可以在基质上和基质内广泛蔓延,无假根和匍匐枝。以菌丝和孢子囊孢子形式进行无性繁殖,顶生孢子囊的孢囊梗多数呈丛生状,分枝或不分枝,孢囊梗伸入孢子囊部分称中轴,孢囊孢子为球形或椭圆形。有性繁殖形成接合孢子。有些毛霉具有强分解蛋白质的能力,并会产生芳香味及鲜味,用于制造腐乳;有些种类具有较强的糖化力,可用于酒精和有机酸工业原料的糖化和发酵,常发现在果蔬、果酱、糕点、乳制品、肉类等的上面,引起食品变质败坏,如鲁氏毛霉(*M. rouxianus*)。

2. 根霉属(*Rhizopus*)

根霉的形态结构与毛霉相似,菌丝分枝,细胞多核无分隔,菌丝能伸入培养基内长成分枝的假根,连结假根匍匐生长于培养基表面的菌丝称匍匐菌丝,从假根处向上丛生直立的孢子囊梗,孢子囊梗不分枝,孢子囊梗的顶端膨大形成圆形的孢子囊,孢子囊内产生大量孢子囊孢子。根霉能产生糖化酶和蛋白酶,常用于酿酒,并是甾体激素、延胡索酸和酶制剂的应用菌,常会引起粮食及其复制品霉变,如米根霉(*R. oryzae*)等。

3. 曲霉属(*Aspergillus*)

菌丝为有分隔的多细胞,菌丝常有多种颜色,无假根,附着在培养基表面的菌丝分化为具有厚壁的足细胞,足细胞上形成直立的分生孢子梗,梗的顶端膨大成为顶囊,在顶囊的表面生出辐射状排列的一层或两层小梗,小梗顶端产生一串分生孢子,以分生孢子进行无性繁殖,分生孢子的形状、颜色、大小因不同种类而异,属半知菌类。曲霉属能产生糖化酶和蛋白酶,常作为糖化菌用于制药、酿造。分解有机质和蛋白能力强,并能引起食品霉变和产生黄曲霉毒素。它们广泛分布于糕点、水果、蔬菜、肉类、谷物和各种有机物品上。

4. 青霉属(*Penicillium*)

菌丝体由分枝多有分隔的菌丝组成,菌丝可分化发育为具有横隔的分生孢子梗,分生孢子梗的顶端不膨大,顶端轮生小梗(或多级小梗)呈扫帚状,每个小梗顶端产生成串的分生孢子,分生孢子因种不同可产生青、灰绿、黄褐等颜色。未发现有性世代,能生长于各种食品上,引起食品和原料变质,某些菌种可用于制取抗生素如点青霉(*P. notatum*)。

5. 木霉属(*Trichoderma*)

菌丝内有横隔,菌丝生长初期为白色,分生孢子梗直立,菌丝与主梗几乎呈直角,分枝多不规则或轮生,分枝上又可继续分枝,形成二级、三级分枝,分枝的末端称小梗,小梗上长出的分生孢子常黏聚成球形孢子头。有些种类能产生很强的纤维素酶,食品加工和饲料发酵上将它们用于纤维素下脚料制糖、淀粉加工,如绿色木霉(*T. viride*)。木霉可引起谷物、水果、蔬菜霉变,同时也可使木材、皮革纤维品霉变,在自然界分布广泛。

6. 交链孢霉属(*Alternaria*)

菌丝有横隔,匍匐生长,分生孢子梗较短、单生或成簇,大多数不分枝,分生孢子梗顶端生分生孢子,分生孢子呈桑葚状,也有椭圆和卵圆形,有纵横隔膜似砌砖状,顶端延长成喙状,孢子褐色到暗褐色,孢子常数个连接成链。本属广泛分布于土壤、有机物、食品和空气中。有些种类是植物病原菌;有些可引起果蔬食品的变质;有些用于生产蛋白酶或转化甾体化合物。

7. 葡萄孢霉属(*Botrytis*)

菌丝中有横隔,匍匐状分枝,分生孢子梗自菌丝上直立生出,细长,呈树枝状分枝,顶端常膨大,在短的小梗上簇生分生孢子如葡萄状,分生孢子单细胞、卵圆形。常产生外形不规则暗褐色菌核。本属广泛分布于土壤、谷物、草食性动物的消化道中,是植物病原菌,可引起水果、蔬菜败坏,本属有很强的纤维素酶,如灰色葡萄孢霉(*B. cinerea*)。

8. 芽枝霉属(*Cladosporium*)

又称枝孢霉属,菌丝有分隔,橄榄色,自菌丝上长出的分生孢子梗几乎直立且分枝。分生孢子从分生孢子梗顶端芽生而出,形成树枝状短链,分生孢子呈球形或卵圆形,初为单细胞,老后产生分隔。本属可引起食品霉变,并能危害纺织品、皮革、纸张和橡胶等物品,如蜡叶芽枝霉(*C. herbarum*)。

9. 镰刀霉属(*Fusarium*)

菌丝有分隔,气生菌丝发达,分生孢子梗和分生孢子从气生菌丝生出,或由培养基内营养菌丝直接生出黏分生孢子团,内有大量分生孢子,分生孢子有大小两种形状,大型孢子为多细胞,似镰刀状,大多有 3~5 个隔,少数球形、柠檬形;小型孢子大多为单细胞,少数有1~3 个隔,分生孢子群集时呈黄色、红色或橙红色。有些种类能形成菌核。本属可引起谷物和果蔬霉变;有些菌是植物病原菌;有些菌产生毒素引起人及动物中毒,如禾谷镰刀霉(*F. graminearum*);还有些菌会产生赤霉素。

10. 地霉属(*Geotrichum*)

菌丝有分隔,白色,菌丝进入成熟阶段即断裂为酵母状裂生孢子,裂生孢子可产生各种颜色如白色等。本属常见于酸泡菜上、有机肥、腐烂果蔬及植物残体上。可引起果蔬霉烂,其菌体含有丰富营养成分,可供食用及饲料用,如白地霉(*G. candiolum*)。

11. 链(脉)孢霉属(*Neurospora*)

菌丝有分隔,菌丝上形成有分枝及有分隔的分生孢子梗,梗上产生成串分生孢子(单细胞)以芽生增殖,分生孢子群集时呈粉红色或橙黄色。菌体富含蛋白质和胡萝卜素,可引起面包、面制品霉变,例如谷物链孢霉(*N. sitophila*)。

12. 复端孢霉属(*Cephalothecium*)

菌丝有隔,分生孢子梗单生、直立、不分枝,分生孢子顶生,有分隔,单独存在或呈链状,分生孢子为洋梨形的双细胞,呈粉红色。本菌能使果蔬、粮食霉变,例如粉红复端孢霉(*C. roseum*)。

13. 枝霉属(*Thamnidium*)

菌丝初生无隔,老化后分隔,菌丝分枝多,孢囊梗从菌丝上生出,孢子囊梗可同时生有大型孢子囊(及囊轴)和小型孢子囊(无囊轴),通过有性生殖产生接合孢子。本菌常出现于冷藏肉中和腐败的蛋中,如美丽枝霉(*T. elegans*)。

14. 分枝孢属或称侧孢霉(*Sporotrichum*)

菌丝分隔,分生孢子梗有分枝,分生孢子梗顶端生出分生孢子,分生孢子单细胞,卵圆形或梨形,菌落奶油色,本属常出现于冷藏肉上,形成白色斑点,如肉色分枝孢霉(*S. carnis*)。

15. 红曲霉属(*Monascus*)

菌丝有分隔,多核,分枝繁多,菌丝体产生的分生孢子梗与营养菌丝没有明显的区别。分生孢子着生在菌丝及其分枝的顶端,单生或成链,形成的闭囊壳球形有柄,形成的子囊球形内含 8 个子囊孢子。菌落初为白色,老熟后变成粉红色、红色至红褐色。红曲霉能产生红色色素,及淀粉酶、麦芽糖酶、蛋白酶等,广泛用于食品工业上的酿酒、制醋、制红腐乳,以及作为食品的染色剂和调味剂。

(三)细菌

广义的细菌是指所有的原核生物,而人们通常所说的为狭义的细菌,指一类形状细短,结构简单,多以二分裂方式进行繁殖的原核生物,是在自然界分布最广、个体数量最多的有机体,是大自然物质循环的主要参与者。细菌的菌落与酵母菌较为相似,在固体食品表面呈现水珠状、鼻涕状等色彩多样的小突起,用手抚摸有黏滑的感觉,在液体中出现浑浊、沉淀或液面漂浮白色的棉状物。

细菌在食品中的应用主要有果汁、醋、酸奶等产品的制作,常用的食品细菌按革兰氏特性分为以下种类。

1. 革兰氏阴性菌

醋酸杆菌属(*Acetobacter*)杆菌,幼龄菌 G⁻,老龄菌常为 G＋,无芽孢,需氧性,周生鞭毛,能运动或不运动,有较强的氧化能力,能将酒精氧化为醋酸,可用于制醋;但能引起果蔬和酒类的败坏;如纹膜醋酸菌(*A. aceti*),一般粮食发酵、果蔬腐败、酒类及果汁变酸等都有此菌参与。胶醋酸杆菌(*A. xylinum*),能产生大量黏液而妨碍醋的生产。棒状杆菌属存在于环境、植物和动物中,其中谷氨酸棒杆菌用于生产谷氨酸(余秉琦,2005);芽孢短杆菌属中的亚麻短杆菌和干酪短杆菌产生含硫化合物,用于几个干酪品种香味的形成,它们还能导致其他富含蛋白质的食品腐败变质。丙酸杆菌属中的牛乳丙酸杆菌用于食品发酵;双歧杆菌属中的婴儿双歧杆菌、青春双歧杆菌均为益生菌。

2. 革兰氏阳性菌

乳酸杆菌属(*Lactobacillus*)不运动,菌体为杆状,常呈链状排列,常发现于牛奶和植物性食品的产品之中,如干酪乳杆菌、保加利亚杆菌、嗜酸乳杆菌,这些菌常用来作为乳酸、干酪、酸乳等乳制品的发酵剂。链球菌属(*Streptococcus*)球菌呈短链或长链状排列,部分菌种如乳链球菌、乳酪链球菌等,用于制造发酵食品,是用于乳制品发酵的菌种。明串珠菌属(*Leuconostoc*)球状,成对或链状排列,如蚀橙明串珠菌和戊糖明串珠菌可作为乳制品的发酵剂,戊糖明串珠菌及肠膜明串珠菌可用于制造代血浆。能在高浓度盐和糖的食品中生长,会引起糖浆、冰淇淋配料等的酸败,常存在于水果、蔬菜之中。芽孢杆菌属(*Bacillus*),需氧菌,产生芽孢,广泛分布于自然界中,土壤及空气中更为常见,是蛋白酶、淀粉酶和脂肪酶的主要生产菌种,如枯草芽孢杆菌等;同时还具有降解饲料中复杂碳水化合物的酶,如果胶酶、纤维素酶和葡萄聚糖酶等,如地衣芽孢杆菌;具有破坏植物性饲料细胞的细胞壁,促使细胞内营养物质释放,还能消除饲料中的抗营养因子等。芽孢杆菌属也是食品中常见的腐败菌。

三、食品微生物菌种资源库

获得目的微生物的渠道主要包括:向菌种保藏中心购买、向相关学者索取、从自然界或者特殊环境中分离。其中,向菌种保藏机构购买是获取常用菌种的主要渠道,而进行菌种分离纯化可以获得特殊性状的微生物新菌种或菌株,这两种途径是菌种的最主要来源。

(一)菌种保藏机构

我国现有的菌种保藏管理机构名录如下。

(1)普通微生物菌种保藏管理中心(CGMC),中国科学院微生物研究所,北京(AS):真菌、细菌。中国科学院武汉病毒研究所,武汉(AS-IV):病毒。

(2)农业微生物菌种保藏管理中心(ACCC),中国农业科学院土壤肥料研究所,北京(ISF)。

(3)工业微生物菌种保藏管理中心(CICC),中国食品发酵工业科学研究所,北京(IFFI)。

(4)医学微生物菌种保藏管理中心(CMCC),中国医学科学院皮肤病研究所,南京(ID):真菌。卫生部药品生物制品检定所,北京(NICPBP):细菌。中国医学科学院病毒研究所,北京(IV):病毒。

(5)抗生素菌种保藏管理中心(CACC),中国医学科学院抗生素研究所,北京(IA);四川抗生素工业研究所,成都(SIA):新抗生素菌种。华北制药厂抗生素研究所,石家庄(IANP):生产用抗生素菌种。

(6)兽医微生物菌种保藏管理中心(CVCC),农业部兽医药品监察所,北京(CIVBP)。

(二)国外主要菌种收集保藏机构

(1)美国标准菌种收藏所(ATCC),美国马里兰州,罗克维尔市。

(2)真菌中心收藏所(CBS),荷兰,巴尔恩市。

(3)英联邦真菌研究所(CMI),英国,邱园。

(4)日本东京大学,应用微生物研究所(IAM),日本,东京。

(5)日本发酵研究所(IFO),日本,大阪。

(6)日本科研化学有限公司(KCC),日本,东京。

(7)国立标准菌种收藏所(NCTC),英国,伦敦。

(8)国立卫生研究院(NIH),美国,马里兰州,贝塞斯达。

(9)美国农业部,北方开发利用研究部(NRRL),美国,皮奥里亚市。

在各机构保藏的菌种中,一类是模式菌种即标准菌种,另一类是用于教学科研的普通菌种,第三类是生产应用菌种。可用于生产的菌种价格较高。所以根据需要可以向有关机构索购,保藏机构在寄售菌种时附送说明中包括该菌种的较适合的培养基和培养条件等。

第二节 微生物菌种的分离与筛选技术

一、概 述

人类利用微生物已经有几千年的历史,而微生物通常是肉眼看不到的微小生命体,而且广泛存在于自然界。获得目的微生物的渠道主要包括向菌种保藏中心购买和自行分离两种。为了满足人们的需要以及食品行业中的多样性,性质优良的菌株不断被发现。在自然界中筛选较为理想的生产菌种是一件极其细致和艰辛的工作。当前,借助于先进的科学理论和自动化的实验设备,菌种筛选效率已大为提高。土壤是最丰富的微生物资源库,动、植物体上的正常微生物区系是重要的菌种来源,而各种极端环境更是开发特种功能微生物的潜在资源。

二、传统菌种分离与筛选技术

微生物菌种的分离与纯化是研究和利用微生物的第一步,是微生物研究工作中最重要的环节之一。微生物的分离纯化就是指从混杂的细胞群体中将不同的细胞区分开来达到分离纯化,主要是根据不同的细胞所具有的各种各样的特性来实现的,包括细胞的物理特性如密度、体积和电荷等,以及细胞的生物学特性如特异性表面标志和功能、对某种营养元素或抗生素的敏感性。不同种类的微生物,其特性和生理功能不同,因此,微生物的分离纯化方法也有差异。微生物分离筛选的基本指导依据主要有根据筛选目标对象微生物的分类、生理生化与代谢特性等基本信息,研究分离筛选的培养基成分、培养条件甚至结合对象微生物的生态学理论或生产产品的特性等,在此基础上设计分离筛选目标微生物。微生物分离筛选的基本步骤由以下几个环节表示,分别为设计方案、采样、增殖、分离和性能测定。

一般来说,菌种分离及筛选的操作流程如图 3-1 所示。

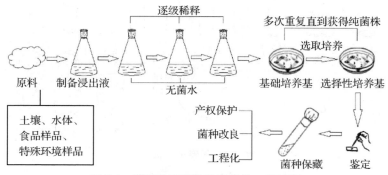

图 3-1 菌种分离筛选及改良的一般流程

(一)采集菌样

首先选定目的微生物可能存在的场所,最常见的场所是土壤。由于每种微生物对生长环境包括营养物质、温度、水分、阳光、通风等的要求都有所不同,因此在选择场所时,必须对目的菌种有初步了解。比如要采集能分泌柚苷酶的菌株,查阅文献或相关资料发现柚苷酶是一种能够水解柚皮苷的胞外糖苷酶,而柚皮苷是柑橘类水果中富含的一种黄酮类物质,因此推测能分泌柚苷酶的菌株生长在柑橘类水果附近,从腐烂的柑橘类水果及其附近土壤就可以采集得到。

(二)富集培养

富集培养的首要任务是要找到适宜目的菌种的培养基,在自然条件下,凡有某种微生物大量生长繁殖的环境,必定存在着该微生物所必要的营养和其他条件,若直接采用这类自然基质经过灭菌,就可获得一个初级的天然培养基。例如上述的产柚苷酶的菌株为曲霉,查找相关资料得知曲霉的生长温度一般在28~30℃,常用的培养基为马铃薯葡萄糖琼脂(PDA)培养基。此外,可以根据菌种的特性适当增加或减少培养基成分或含量,比如,柚苷酶产生菌能分解柚皮苷产生葡萄糖,因此分离柚苷酶产生菌时在培养基中添加少量柚皮苷可以富集能产生柚苷酶的菌种。

(三)菌种分离纯化

传统分离纯化方法包括固体培养基分离法和液体培养基分离法,固体培养基分离法利用稀释平板对微生物进行分离纯化;液体培养基分离法利用接种物在液体培养基中进行顺序稀释来纯化菌种。这些方法无需特殊的仪器,分离纯化的效果好。

1.固体培养基法

(1)稀释倒平板法。先将待分离的材料用无菌水作一系列的稀释(如1:10,1:100,1:1000,1:10000等),然后分别取不同稀释液少许,与已溶化并冷却至45℃左右的琼脂培养基混合,摇匀后,倾入灭过菌的培养皿中,待琼脂凝固后,制成可能含菌的琼脂平板,保温培养一定时间即可出现菌落(图3-2)。如果稀释得当,在平板表面或琼脂培养基中就可出现分散的单个菌落,这个菌落可能就是由一个细菌细胞繁殖形成的。

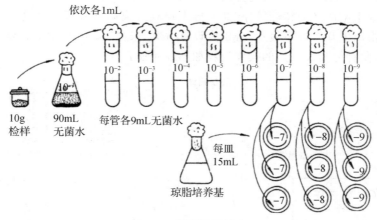

依次各1mL

10^{-2} 10^{-3} 10^{-4} 10^{-5} 10^{-6} 10^{-7} 10^{-8} 10^{-9}

10g
检样 90mL
无菌水 每管各9mL无菌水

每皿
15mL -7 -8 -9

琼脂培养基 -7 -8 -9

-7 -8 -9

图 3-2 稀释倒平板法

(2)涂布平板法。将一定浓度、一定量的待分离菌液移到已凝固的培养基平板上,再用涂布棒快速地将其均匀涂布,使之长出单菌落而达到分离的目的。简要操作步骤:①将涂布器浸在盛有酒精的烧杯中。②取少量菌液(不超过0.1mL)滴加到培养基表面。③将沾有少量酒精的涂布器在火焰上引燃,待酒精燃尽后,冷却8~10s。④用涂布器将菌液均匀地涂布在培养基表面,涂布时可转动培养皿,使菌液分布均匀(图 3-3)。

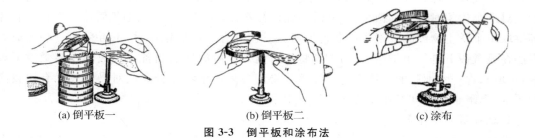

(a) 倒平板一　　　　　(b) 倒平板二　　　　　(c) 涂布

图 3-3　倒平板和涂布法

(3)平板划线分离法。最简单的分离微生物的方法是平板划线法(图 3-4),即用接种环以无菌操作沾取少许待分离的材料,在无菌平板表面进行连续划线,微生物细胞数量将随着划线次数增加而减少,并逐步分散开来,如果划线适宜的话,微生物能一一分散,经培养后,可在平板表面得到单菌落。有时这种单菌落并非都由单个细胞繁殖而来的,故必须反复分离多次才可得到纯种。其原理是将微生物样品在固体培养基表面多次作"由点到线"稀释而达到分离目的。划线的方法很多,常见的比较容易出现单个菌落的划线方法有斜线法、曲线法、方格法、放射法和四格法等。

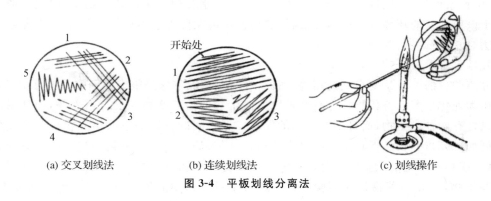

(a) 交叉划线法　　　　(b) 连续划线法　　　　(c) 划线操作

图 3-4　平板划线分离法

2.液体培养基法

接种物在液体培养基中进行顺序稀释,至高度稀释度,一支试管分配不到一个微生物;必须在同一个稀释度的许多平行试管中,大多数(95%以上)表现为不生长;有微生物生长的试管得到的培养物就认为是纯培养。

除了以上方法外,还可利用选择培养基进行直接分离富集培养,或者单细胞(单孢子)培养法,但是有些微生物菌种很难进行人工培养,在实验室条件下较难培养出菌落。这种情况还需结合微生物生态学理论综合处理或通过分子生态检测技术加以进一步研究,再制订相应的分离纯化方法。

3.单细胞分离法

只能分离出混杂微生物群体中占数量优势的种类是稀释法的一个重要缺点。在自然界,很多微生物在混杂群体中都是少数。这时,可以采取显微分离法从混杂群体中直接分离单个细胞或单个个体进行培养以获得纯培养,称为单细胞(或单孢子)分离法。单细胞分离法的难度与细胞或个体的大小成反比,较大的微生物如藻类、原生动物较容易,个体很小的细菌则较难。对于个体较大的微生物,可采用毛细管提取单个个体,并在大量的灭菌培养基中转移清洗几次,除去较小微生物的污染。这项操作可在低倍显微镜,如解剖显微镜下进行。对于个体相对较小的微生物,需采用显微操作仪,在显微镜下用毛细管或显微针、钩、环等挑取单个微生物细胞或孢子以获得纯培养。在没有显微操作仪时,也可采用一些变通的方法在显微镜下进行单细胞分离,例如将经适当稀释后的样品制备成小液滴在显微镜下观察,选取只含一个细胞的液体来进行纯培养物的分离。单细胞分离法对操作技术有比较高的要求,多限于在高度专业化的科学研究中采用。

4. 选择培养基分离法

没有一种培养基或一种培养条件能够满足一切微生物生长的需要,在一定程度上所有的培养基都是有选择性的。如果某种微生物的生长需要是已知的,也可以设计特定环境使之适合这种微生物的生长,因而能够从混杂的微生物群体中把这种微生物选择培养出来,尽管在混杂的微生物群体中这种微生物可能只占少数。这种通过选择培养进行微生物纯培养分离的技术称为选择培养分离,特别适用于从自然界中分离、寻找有用的微生物。自然界中,大多数场合中的微生物群落是由多种微生物组成的,从中分离出所需的特定微生物是十分困难的,尤其当某一种微生物所存在的数量与其他微生物相比非常少时,单采用一般的平板稀释法几乎是不可能的。要分离这种微生物,必须根据该微生物的特点,包括营养、生理特征、生长条件等,采用选择培养分离的方法。或抑制其他大多数微生物不能生长,或造成有利于该菌生长的环境,经过一定时间培养后使该菌在群落中的数量上升,再通过平板稀释等方法对它进行纯培养分离。

5. 二元培养物

分离的目的通常是要得到纯培养,然而,在有些情况下这是很难做到的。但可用二元培养物作为纯化培养的替代物。含有两种以上微生物的培养物称为混合培养物,而如果培养物中只含有两种微生物,而且是有意识的保持二者之间的特定关系的培养物称为二元培养物。例如二元培养物是保存病毒的最有效途径,因为病毒是细胞生物的严格的细胞内寄生物;有一些具有细胞的微生物也是严格的其他生物的细胞内寄生物,或特殊的共生关系。对于这些生物,二元培养物是在实验室控制条件下可能达到的最接近于纯培养的培养方法。另外,猎食细小微生物的原生动物也很容易用二元培养法在实验室培养,培养物由原生动物和它猎食的微生物二者组成,例如,纤毛虫、变形虫和黏菌。

在以上介绍的几种方法中,平板分离法普遍用于实验室微生物的分离与纯化。微生物在固体培养基上生长形成的单个菌落,通常是由一个细胞繁殖而成的集合体。因此可通过挑取单菌落而获得一种纯培养。获取单个菌落的方法可通过稀释涂布平板或平板划线等技术完成。值得指出的是,从微生物群体中经分离生长在平板上的单个菌落并不一定能保证是纯培养。因此,纯培养的确定除观察其菌落特征外,还要结合显微镜检测个体形态特征后才能确定,有些微生物的纯培养要经过一系列分离与纯化过程和多种特征鉴定才能得到。

(四)菌种的鉴定

在获得纯培养物后,需要对菌种进行鉴定,可通过表型特征以及遗传特征进行鉴定,真菌类微生物一般可以通过表型特征进行鉴定,主要包括观察菌落形态、生理和代谢特征以及生态特征。分子方面的鉴定可通过提取总 DNA,扩增 ITS 区域(16SrDNA 或 28SrRNA),NCBI 数据库进行比对,选择近缘序列构建系统发育树进行鉴定。

（五）知识产权保护的申请

知识产权的问题越来越得到人们的关注,尤其是针对竞争激烈的微生物资源,研究方案都是应该被严格保护的,同时微生物资源开发包含重大的经济利益,也包含重大的风险,为了保护自己的知识产权,在做好保密工作的同时,及时申请专利是非常必要的。

（六）菌种的改良

微生物资源的开发与利用在某种意义上讲是微生物天然功能在人工控制条件下,按照人的意志进行改造。菌种改良的方法主要有传统的随机诱变法和基因工程手段。传统的随机诱变法使菌种发生基因突变,尽管这种方法与基因工程技术相比存在盲目性大、工作量大等不足,但容易实施,因此仍然是目前菌株改造最有效的方法。

（七）微生物生长条件优化、放大实验及工程化

微生物都有其最适的生长条件,如温度、酸度、水分活度等,在菌株未应用之前,应对该菌进行条件优化,一般的优化指标有 pH、温度和水分活度等。放大实验或中试是微生物资源开发研究中一个重要的环节,其主要目的是对前期实验的验证和进一步探索。

三、食用菌的分离与鉴定方法

人们有目的地将特定品种食用菌的菌丝体单独分离出来,从而将获得的菌丝体进一步纯化的过程为食用菌菌种分离。通常用的方法有组织分离、孢子分离、基内菌丝分离法及培养料分离法。通过观察食用菌的生长情况即可对其进行鉴定。

（一）组织分离法

即通过切取菌索、子实体、菌核的新鲜幼嫩的组织进行分离,以获取纯菌丝的方法,属于无性繁殖,最常用的菌种分离法之一。

（二）孢子分离法

即将食用菌成熟的有性孢子(担孢子或子囊孢子)在适宜的培养基上萌发成菌丝体而获得的纯培养的方法,程序如下:选择种菇—种菇消毒—采收孢子—接种—培养—挑菌落—钝化菌种—母种。运用此法可获得强活性、短菌龄的菌丝,同时可分离得到兼有双亲遗传特性的有性孢子,可用于杂交育种和选育新种,适用于产孢子的真菌。

（三）基内菌丝分离法

即从食用菌生长基质中分离选择获得纯菌种的方法。如可利用菇木及土壤等作为分离材料进行分离。此法操作较复杂,但适宜不易采得子实体、错过子实体发生时期的菌类或胶质菌的菌种分离。

（四）培养料分离法

选择长有优质子实体的移栽袋,待子实体长到成熟度 80% 时去子实体,对栽培袋进行消毒,同时将接种工具和接种培养料一起放入接种袋,消毒、接种,并在适宜条件下培养。

四、微生物分离检测的发展

在分离筛选微生物时通常我们使用选择性培养基来获得单个的纯化目的微生物,对于受到损伤的和热应激的微生物还需要经过增菌培养,增菌过程包括前增菌、选择性增菌和后增菌,因此从样品中分离检测某些微生物特别是病原微生物时需要很长时间,实际上检测时间主要是等待增菌时间,这样就远远不能适应快速检测的需要,为了缩短检测时间,有些学者考虑利用非选择性增菌的方法来替代常规选择性增菌步骤,节省了大量的时间,然后再用常规的标准方法来检测和鉴定分离目标微生物。以下介绍几种快速检测分离微生物的方法。

(一)利用 PCR-DGGE(基于聚合酶链式反应的变性梯度凝胶电泳)技术指导功能微生物的分离

由于食品成分的复杂性和微生物代谢途径的多样性,食品中微生物鉴定是一件重要但复杂的工作。现在通过分子生物学的方法在分子水平上分析食品中微生物群落结构和检测微生物群落动态变化。

原理:采用 PCR-DGGE 技术对微生物群落进行多样性分析,并将得到的信息用于指导微生物的分离,利用 PCR 将微生物扩增电泳进行图谱分析,切割胶回收 DNA 进行测序,将测序结果进行比对。

方法:基因组总 DNA 的提取;基因组总 DNA16S rDNA 高可变区的 PCR 扩增;16S rDNA 序列高可变区的 DGGE 分析;DNA 片段序列分析。

应用:Orphan 等通过扩增水样中微生物群落总 DNA 的 16SrDNA 片段并克隆建库分析了高温油田微生物群落结构的组成;佘跃惠等基于 16SrDNA V3 高可变区的 PCR-DGGE 图谱分析结合条带割胶回收 DNA 进行序列分析,对新疆油田注水井和相应采油井微生物群落的多样性进行了比较并鉴定了部分群落成员(佘跃惠,2005)。程海鹰等采用 PCR-DGGE分析了在高温、高压和厌氧条件下富集培养的油藏内源微生物(程海鹰,2008)。这些研究探讨了油藏微生物的种群多样性,为内源微生物采油提供了清晰的生态学背景,从而为内源微生物提高石油采收率的机理研究提供更多理论依据。但是目前还没有利用该技术对油藏微生物进行指导分离。

(二)针对性筛选方法——产果胶酶微生物筛选

1.透明带法

透明带法是将试验用果胶酶加入果胶培养基上,恒温培养数小时后试管培养基上部有略透明部分,用游标卡尺量出透明带高度,透明带越高证明酶活越大。这种方法不需加入特殊药品,它所形成的透明带较明显,具有简便、快速、结果直观可信的特点,一次试验可以同时做很多组样品,省时省力,工作效率高,适用于果胶酶微生物的筛选和酶活性的定性鉴别。

2.透明圈法

(1)高碘酸透明圈法。利用果胶降解物在高碘酸中的溶解差别可以定性判断果胶酶的存在。由于大分子聚合物不溶于酸,果胶酶降解的小分子溶于酸从而在琼脂培养基板上形成透明圈。用果胶酶底物、缓冲液、淀粉和琼脂配成溶液铺板,然后加入少量的酶液,注入一点,反应一段时间后,加入高碘酸,如果该酶有活性,注入酶的点将出现透明圈。进一步可以倾出高碘酸溶液,加入砷酸钠溶液,根据淀粉与碘的颜色反应,更易清楚地判明透明圈的存在。该方法对于果胶酶产生菌的筛选较方便,而且可以变换底物及 pH 等区别不同种类的果胶酶。

(2)刚果红染料透明圈法。刚果红染料可与果胶分解物即多糖水解物形成有浓郁色泽的复合物。测定时可用牛津杯法,将酶液加入培养基上的牛津杯中,由于所配制的果胶平板培养基中果胶是唯一碳源,所以能在其中生长的菌落均有能力产生果胶酶,作用数小时后,再加入刚果红染色,用蒸馏水荡去薄层表面刚果红,对光即可见明显的绛红色透明圈出现。进一步可以使用盐酸进行固定,透明圈立即变成蓝色,此时透明圈仍清晰可见,但抑制了酶活力;酶活力可根据透明圈的大小判断。

（3）十六烷基三甲基溴化胺透明圈法。十六烷基三甲基溴化胺（多糖沉淀剂）与果胶分解物也可形成无色透明圈,但背景带乳白色,在果胶用量较大时结果较清晰,这种方法果胶用量较大,在实际运用中受到限制。

3. 电泳转移胶膜法

电泳转移胶膜法的依据是果胶酶底物聚半乳糖醛酸盐能被特殊染色剂染色。预先制备好聚半乳糖醛酸盐——琼脂糖超薄膜,果胶酶成分会自电泳凝胶上扩散进入超薄膜,经保温后,置于溴化十二烷基三甲基胺溶液（或钌红溶液）中保温,此时未被酶降解的薄膜区域将染上颜色,酶作用的位点留下透明圈。用此法来检测微量的果胶水解酶和裂解酶有一定优点,适于对电泳分离后的果胶酶作活性评价,也可用来筛选产果胶酶菌株,但操作过程较为烦琐。

（三）针对性筛选方法——产柚苷酶微生物筛选

以柚苷酶产生菌株 JMUdb054 的筛选过程为例（集美大学食品与生物工程学院研究案例）,了解食品新型菌株的筛选过程（图 3-5）。

1. 原理

柚苷酶是由 α-L-鼠李糖苷酶（α-L-rhamnosidase）和 β-D-葡萄糖苷酶（β-D-glucosidase）组成的复合酶,它在柑橘类果汁脱苦、鼠李糖生产、食品增香、制药工业等方面具有重要的应用价值（Yadav, et al., 2010）。柚苷酶可将柑橘类水果中的苦味物质——柚皮苷水解成无苦味的柚皮素,其中 α-L-鼠李糖苷酶将柚皮苷分解为普鲁宁和鼠李糖,β-D-葡萄糖苷酶又把普鲁宁分解成无苦味的柚皮素和葡萄糖。如果以柚皮苷为唯一碳源或主要碳源配制培养基,柚苷酶产生菌因为产生柚苷酶,可以分解柚皮苷获得葡萄糖和鼠李糖而快速生长,因此,可以用以柚皮苷为碳源的培养基进行平板分离和初筛,再通过测定菌株发酵液的柚苷酶活力进行复筛而分离得到柚苷酶产生菌株。

2. 实验材料与培养基

腐烂的柑橘果实及腐烂柑橘果实堆积处的土壤样品。

基础培养基（包括牛肉膏蛋白胨培养基、高氏培养基、查氏培养基、马铃薯培养基、斜面保存培养基）,以柚皮苷为唯一碳源的固体平板发酵培养基和选择性液体培养基。

3. 筛选流程

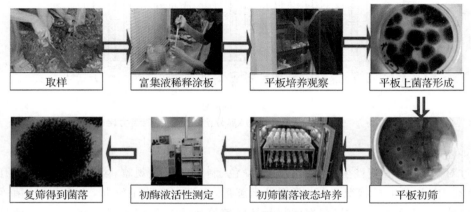

图 3-5　从自然界分离柚苷酶产生菌的流程

4. 柚苷酶活力的测定

用高效液相色谱法测定酶活力。将液体发酵液于常温下 5000r/min 离心 10min 后取上清液作为粗酶液。准确量取 1.0mL 柚皮苷标准溶液（250μg/mL）与 950μL 柠檬酸—磷酸氢二钠缓冲液（pH5.0）混合，置于 50℃恒温箱保温 5min，迅速加入 50μL 初酶液，于 50℃恒温箱中反应 5min 后立即于 100℃沸水浴中加热 20min，迅速冷却，经 15000r/min 离心 10min 后用 0.45μm 滤膜过滤，利用 HPLC 法测定柚皮苷和柚皮素的含量（色谱图如图 3-6 所示）。空白对照加入的酶液需事先灭活处理，按上述方法操作。

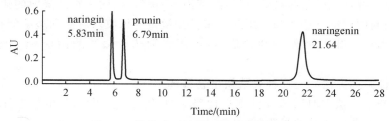

图 3-6　柚苷酶活性检测的高效液相色谱

5. 实验结果

分离得到真菌 146 株、细菌 218 株以及少量放线菌。平板初筛选得到 128 株菌株对柚皮苷有分解作用（数据从略），说明这些菌株可能会产生降解柚皮苷的酶，即柚苷酶。经复筛得到一株具较强活力的柚苷酶菌株 4-D6（图 3-7）。

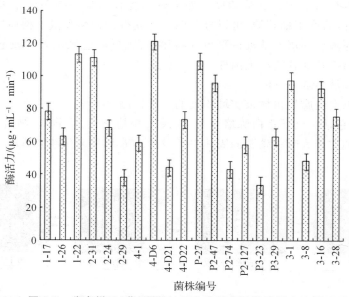

图 3-7　分离样品（菌株编号）部分菌株产柚苷酶活力比较

6. 菌株的初步鉴定

通过对菌株 4-D6 有性生殖、菌落形态、染色、制片及显微观察，发现该菌株含有有性世代；菌落在 PDA 上生长状况良好，菌落呈椭圆形，表面突起为毛绒状，边缘粗糙，菌落初期菌丝为白色，生长孢子后为黑色，据此判断其繁殖器官为分生孢子或粉孢子；菌丝体呈绒毛状,分生孢子无隔膜,呈球形或拟卵圆形等;孢子梗无分枝,分生孢子聚成头状且串生;分生孢子梗从壁厚而膨大的菌丝细胞(足细胞)垂直生出,顶端膨大成球形的泡囊,分生孢子穗球形,紫褐色至黑色(图 3-8)。与真菌鉴定手册第 496 页中的检索表中的描述[分生孢子穗球形,紫褐色至黑色(少有褐色或浅色的)]相符。与丛梗孢科(*Moniliaceae*)、单孢亚科(*Amerosporoideae of Moniliaceae*)、曲霉族(*Aspergilleae*)、曲霉属(*Aspergillus* Mich. ex Fr.)、黑色曲霉组的描述基本上相吻合。进一步通过 ITS-5.8SrDNA 序列和钙调蛋白基因序列系统进化分析表明该菌株是塔宾曲霉(图 3-9)。

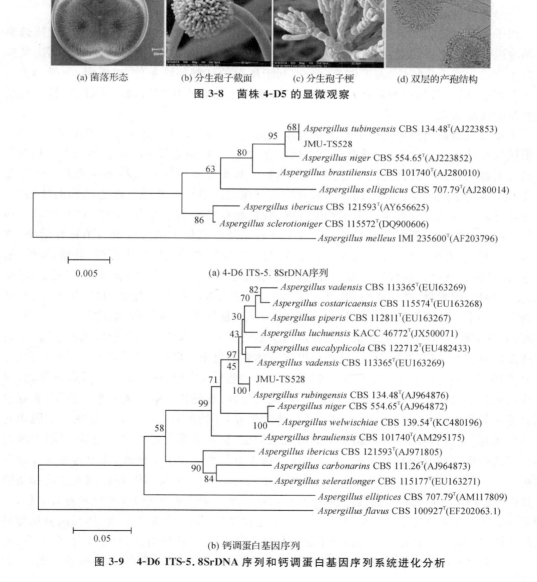

(a) 菌落形态　　(b) 分生孢子截面　　(c) 分生孢子梗　　(d) 双层的产孢结构

图 3-8　菌株 4-D5 的显微观察

(a) 4-D6 ITS-5.8SrDNA序列

(b) 钙调蛋白基因序列

图 3-9　4-D6 ITS-5.8SrDNA 序列和钙调蛋白基因序列系统进化分析

五、微生物菌种的保藏

微生物菌种是一种极其重要而珍贵的生物资源,菌种保藏是一项十分重要的基础性工作。菌种保藏机构的任务是在广泛收集实验室和生产用菌种、菌株、病毒毒株(有时还包括动、植物的细胞株和微生物质粒等)的基础上,将它们妥善保藏,使之不死亡、不衰退、不污染和不降低生产性能,以供科研和生产单位之用。为此,国际上一些较发达国家都设有国家级的菌种保藏机构。例如,中国普通微生物菌种保藏管理中心(CGMCC)、美国典型菌种保藏中心(ATCC)、英国的国家典型菌种保藏所(NCTC)以及日本的大阪发酵研究所(IFO)等都是有关国家的代表性菌种保藏机构。

(一)菌种保藏原理

用于长期保藏的原始菌种称保藏菌种或原种。菌种保藏的基本原理是:首先应挑选典型菌种或典型培养物的优良纯种,最好采用它们的休眠体(如芽孢、分生孢子等);其次是根据微生物的生理生化特性,人工创造一个有利于休眠的良好环境条件,如低温、干燥、缺氧、缺乏营养素,以及添加保护剂或酸度中和剂等,使微生物处于代谢活动不活泼、生长繁殖受到抑制的休眠状态。

干燥和低温是菌种保藏中的最重要因素。据试验,微生物生长温度的低限约在$-30℃$,而酶促反应低限在$-140℃$。低温须与干燥结合,才有良好保藏效果。细胞体积大小和细胞壁的有无影响着细菌对低温的敏感性,一般体积大和无壁者较敏感。冷冻保藏前后的降温与升温速度对不同生物影响不同。细胞内的水分在低温下会形成破坏细胞结构的冰晶体,而速冻可减少冰晶体的产生。在实践中发现,较低温度更有利于保藏,如液氮($-196℃$)和$-80℃$的预冻效果显著好于$-25℃$。冷冻干燥时添加适当保护剂可以提高菌种存活率,常用保护剂有:渗透保护剂(如甘油等)、半渗透保护剂(如海藻糖、蔗糖、麦芽糖、乳糖、果糖、葡萄糖、山梨醇、甘露醇、肌醇等)、非渗透保护剂(脱脂乳、血清白蛋白、酪蛋白、酵母粉、β-环糊精、麦芽糊精、葡聚糖、透明质酸钠、可溶性淀粉、纤维素等)、抗氧化保护剂(维生素 C、谷氨酸钠等),其中保护效果较好的有甘油、海藻糖、蔗糖、脱脂乳、透明质酸钠、维生素 C、谷氨酸钠等,其保护机理:①甘油的羟基与胞内蛋白质形成氢键,以取代由水分子形成的氢键,从而保持蛋白质原有结构的稳定性。甘油还可与菌体表面自由基联结,避免菌体暴露于介质中。②糖类和醇类的羟基与蛋白质中的极性基团或与细胞膜磷脂中的里氨酸基团形成氢键,保护细胞膜和蛋白质结构与功能的完整性。除此之外,海藻糖还具有较大的水化面积,能竞争结合更多的蛋白质水化层中的水,减少冰晶体的生成,并使蛋白质结构更加紧密。③脱脂乳等高分子保护剂以包裹形式在菌体表面形成保护层,如乳清蛋白形成的蛋白膜,可减少因细胞壁损伤而引起的胞内物质泄漏,避免菌体暴露于氧气和介质中。此外,乳中其他成分亦有保护作用。④抗氧化保护剂可减轻过氧化物自由基对细胞的损伤作用,保护细胞结构和功能不被破坏。不同保护剂对不同菌种的保护效果各异,而且各类保护剂的保护机理各有千秋,一般复配的保护效果要优于单一保护剂,故实践中通常以脱脂乳为基础保护剂,通过试验获得复配的保护剂的最优组合配方。使用复配保护剂时,通常按一定比例与离心收集的菌泥混合,先于$-80℃$预速冻,再以冻干机进行干燥,即为冻干菌粉;或直接于$-80℃$条件下快速冷冻,即为冷冻菌液。

（二）常用的菌种保藏方法

一种良好的菌种保藏方法,首先应保持原菌优良性状长期稳定,同时还应考虑方法的通用性、操作的简便性和设备的普及性。在国际上最有代表性的美国 ATCC 中,近年来仅选择最有效的冷冻干燥保藏法和液氮保藏法保藏所有菌种,两者结合既可最大限度减少不必要的传代次数,又不影响随时分发给全球用户,效果甚佳。我国 CCCCM 的菌种保藏规模目前为亚洲第一(有 1.4 万余株各种微生物),现采用斜面传代法、冷冻干燥保藏法和液氮保藏法进行保藏。具体操作方法详见基础微生物学实验教程。

第三节　微生物菌种分离筛选研究实例

一、蛋白酶产生菌种的筛选及应用技术

蛋白酶是在一定的 pH 和温度条件下,通过内切和外切作用使蛋白质水解为小肽和氨基酸的生物酶(周兰姜,2011),在所有工业用酶中是应用最为广泛的一种,约占整个酶制剂产量的 60% 以上(王俊英,2012);蛋白酶既可以从动植物组织中提取,也可以通过微生物发酵工艺进行生产,目前蛋白酶制剂主要利用曲霉、芽孢杆菌等微生物发酵制备(宋鹏,2012)。与动植物资源比较,微生物来源的蛋白酶生产周期短、生产成本低、易控制、不受土地和季节等限制,且微生物产生的蛋白酶多为胞外酶,日趋成为工业酶制剂的主要来源(马桂珍,2011),因此分离筛选能易纯化制备、分泌具有良好酶学特性并在适宜的培养条件下能提高产酶活性的菌株,是基础科研人员的目标和任务。

Fang 等从海底泥浆中分离出一株能在多种有机溶剂下正常生长,且蛋白酶稳定性良好的菌株 *Bacillus sphaericus* DS11,通过蛋白酶活力测定达 465U/mL(Fang, et al.,2009)。Reddy 等从土壤中分离出菌株 *Bacillus* sp. RKY3,经 PB 试验设计和响应面方法优化后酶活达 939U/mL (Reddy, et al.,2008)。Karan 等从盐水湖中分离出的产胞外蛋白酶菌株 *Geomicrobium* sp. EMB2,在有机溶剂、盐溶液、表面活性剂、洗涤剂和碱性溶剂中有显著稳定性,经响应面法优化后酶活达 721U/mL(Karan, et al.,2011)。Wang 等运用响应面方法优化 *Colwellia* sp. NJ341 的发酵培养基,使其蛋白酶活性达 183.21 U/mL(Wang, et al.,2008)。Chi 等从盐田沉积物中分离出一株蛋白酶高产菌 *Aureobasidium pullulans*,通过优化最高酶活达 7.2U/mL(Chi, et al.,2007)。任佩等采用检测水解透明圈和测定蛋白酶活力的方法,从章鱼肠道中分离筛选出一株高产蛋白酶的菌株 QDV-3,其所产蛋白酶在 SDS-PAGE 电泳上显示至少有 5 种,分子质量范围为 32.4～124.2kD(任佩,2013)。邓加聪等从养殖场附近淤泥中采样,分离得到 20 株胶原蛋白水解活性的菌株(邓加聪,2013)。经活性平板初筛、摇床复筛及酶活测定,筛选得到 1 株胶原蛋白酶活性为 28.70U/mL 的菌株。卫春会等采用传统微生物分离方法从高温大曲中分离得到 3 株细菌(卫春会,2014),通过酪素培养基确定了蛋白酶活性最高的是细菌 JX1,其产物蛋白酶的活性达到 142.636U/g。

（一）蛋白酶产生菌的选育原理

蛋白质分解菌可利用明胶液化和牛乳胨化试验检验。明胶是由胶原蛋白经水解产生的蛋白质,在 25℃ 以下可维持凝胶状态(固体状态),而在 25℃ 以上明胶就会液化,有些微生物能分泌明胶水解酶(胞外酶),可将大分子明胶水解成小分子明胶,从而使明胶液化,甚至在

4℃仍能保持液化状态。

牛乳含有酪蛋白成分,具有酪蛋白水解酶的细菌水解酪蛋白为小分子物质,可直接出现胨化现象,据此可知该菌为蛋白质分解菌。

能够产生胞外蛋白酶的菌株在牛奶平板生长后,其菌落可形成明显的蛋白水解圈。水解圈与菌落直径的比值(D/d 值),常被作为判断该菌株蛋白酶产生能力的初筛依据。但是,由于不同类型的蛋白酶都能在牛奶平板上形成蛋白水解圈,细菌在平板上的生长条件也和液体环境中的生长情况差别很大,因此在平板上产圈能力强的菌株不一定就是高产蛋白酶菌株。可再次利用干酪素平板培养基,依据 D/d 值确定产蛋白酶菌株。

通过初筛得到的菌株还必须用发酵培养基进行培养,通过对发酵液中蛋白酶活力的仔细调查、比较,才有可能真正得到需要的蛋白酶高产菌株,这个过程称为复筛。需要指出的是,因为不同菌株的适宜产酶条件差别很大,常需选择多种发酵培养基进行产酶菌株的复筛工作,否则可能漏掉一些已经得到的高产菌株。

蛋白酶活力的测定按中华人民共和国颁布的标准 QB747-80(工业用蛋白酶测定方法)进行。其原理是 Folin 试剂与酚类化合物如酪氨酸(Tyr)、色氨酸(Trp)和苯丙氨酸(Phe)等在一定的温度和 pH 下发生反应形成蓝色化合物;用蛋白酶分解酪蛋白(底物)生成含酚基的氨基酸与 Folin 试剂呈蓝色反应,通过分光光度计比色测定可知酶活大小。

(二)蛋白酶产生菌的选育流程与方法

1. 蛋白酶产生菌的选育流程

待检样品→预处理→梯度稀释→平板初筛→发酵培养复筛→粗酶提取→蛋白酶活力测定→高产蛋白酶菌株

2. 蛋白酶产生菌的初筛方法

脱脂牛乳琼脂法以倾注平板法制成不同检样稀释度的平板后,于 20℃恒温培养箱中培养 3d,用 1%盐酸或 10%醋酸溶液淹没平板 1min,倾去多余的酸溶液,计数因细菌分解蛋白质的作用而产生透明圈的菌落数。蛋白质分解菌的计数以每毫升或每克样品中蛋白质分解菌的菌落数报告。

软琼脂明胶覆盖法:向灭菌平板中倒入少许作为底层培养基(以刚好铺满底部为准),凝固后吸取适当检样稀释液 0.1mL 接种于底部培养基,用无菌玻璃涂布棒将平板上的菌液涂布均匀,然后倒入已熔化并冷却至 50℃左右的软琼脂明胶覆盖培养基 10～12mL 立即混匀,凝固后将平板倒置于 20℃恒温培养箱中培养 3d。之后用 10mL 5%醋酸淹没平板表面,15min 后倾去酸液,计算具有透明圈的菌落数。

明胶穿刺法:取高层明胶培养基试管,用接种针穿刺接种待检纯培养物,置于 20℃恒温培养箱中培养 2～5d,观察明胶液化情况,以此判断是否为蛋白酶分解菌。

脱脂牛奶—干酪素琼脂平板培养法:又称脱脂牛奶琼脂平板法,即向灭菌平板中倒入 15～20mL 脱脂牛奶琼脂培养基,凝固后吸取适当检样稀释液 0.1mL 接种于培养基,用无菌玻璃涂布棒将平板上的菌液涂布均匀,将平板倒置于 30℃恒温培养箱中培养 3d,观察透明圈产生情况[①]。干酪素琼脂平板法,即挑取上述培养基中 D/d 值(透明圈与菌落直接比)较大的菌落,划线培养于干酪素琼脂培养基,将平板倒置于 30℃恒温培养箱中培养 3d,观察透明圈产生

---

① 脱脂奶粉用水溶解后应单独灭菌,105℃下放置 15min,倒平板前与灭菌的琼脂混合。

情况。划线分离两次,筛选出 D/d 值较大的菌落,进行发酵培养复筛[①]。

目前研究报道中较多采用脱脂牛奶—干酪素琼脂平板培养法筛选产蛋白酶菌株,该法操作简单,观察方便,筛选率高。

3.蛋白酶活力的测定

将初筛得到的蛋白酶产生菌株接种到适宜的发酵培养基中,在 30℃下于 150r/min 摇床培养 2d。将发酵液离心或过滤后按照 QB747-80 中方法测定蛋白酶活力,筛选出高产蛋白酶活力菌株。[②]

蛋白酶活力的测定参照丁鲁华(1984 年)的方法进行测定。蛋白酶活力单位定义:1.0mL 酶液于 35℃,pH7.2 条件下,每分钟水解 2％酪蛋白溶液产生 1μg 酪氨酸的酶量定义为一个酶活力单位,以 U/mL 表示。

(三)蛋白酶产生菌的选育实例——豆制品发酵

豆制品是以大豆为主要原料经过加工制作或精炼提取而得到的产品,种类多达几千种,包括具有几千年生产历史的传统豆制品和采用新技术生产的新型豆制品。传统豆制品包括发酵性与非发酵性豆制品;目前发酵豆制品微生物主要包括下面几大类:一是细菌类,以枯草芽孢杆菌为典型代表,日本的纳豆(Natto)生产的主要菌种就是纳豆芽孢杆菌,它不仅可以分泌蛋白酶、淀粉酶、纤维素酶、脂肪酶,更主要的是它可以生成纳豆激酶(Nattokinase),芽孢杆菌也是生产淀粉酶的主要菌株,生产蛋白酶的为枯草杆菌 1398,藤黄小球菌(*Micrococcus luteus*)是克东腐乳酿造用的主要微生物。二是真菌类,主要以毛霉、根霉(*Rhizopus*)、米曲霉(*Aspegillus oryzae*)为主,腐乳酿制以毛霉为主,有总状毛霉(*Mucor racemosus*)、高大毛霉(*Mucor mucedo*)、雅致放射性毛霉(*Actinomucor elegans*)、腐乳毛霉(*Mucor sufu*)等,国内登记的有腐乳毛霉 3.25,雅致放射性毛霉 3.2778 等;米曲霉也是发酵豆制品常见的霉菌,如米曲霉 3.042、酱油曲霉等,主要用于制作豆酱和豆豉(王瑞芝,2009)。

我国传统的大豆发酵制品之一豆豉,不仅具有良好的风味,还具有很高的营养价值。传统发酵豆豉采用的是自然制曲,包括酵母及曲霉等多种微生物,属于多菌种混合发酵豆豉;其中,米曲霉型豆豉起源最早且分布广泛,其所分泌的蛋白酶对发酵过程中所产生的风味和营养具有重要作用。以下以豆制品发酵产蛋白酶典型菌株毛霉菌的分离筛选为例,介绍蛋白酶产生菌的分离筛选过程。

1.高产蛋白酶产生菌的初步筛选

以邓芳席(1995)分离筛选优良毛霉菌株为例。

(1)单菌分离

从自然生霉的腐乳毛胚、腊八豆曲或浏阳豆豉曲样品上取少量毛霉孢子,点种在牛奶琼脂平板上 20℃培养。选取生长速度快,菌丝致密,孢子量多的单个菌落,继续进行多次点种培养。然后用稀释平板分离,待长出单菌落移接斜面。

(2)小试管初筛

采用透明带法,取培养 4d 的 PDA 琼脂平板毛霉菌种约 0.25cm²,放入小试管初筛液体

---

① 干酪素配方及灭菌方法:A 液为 Na₂HPO₄·12H₂O 1.07g,干酪素 4g,200mL 水溶解,70℃下水浴 2h;B 液为 KH₂PO₄3g,200mL 水溶解;A、B 液混合加入琼脂 15g,定容至 1000mL,121℃下灭菌 15min。

② 因不同菌株的产酶条件差异很大,可选择牛肉膏蛋白胨、酵母膏、玉米粉、大豆粉等培养基。

培养基表面,20℃培养5d。测量菌丝下培养液澄清层高度,选择透明带出现较早,并且较宽的菌株进行菌种复筛。

或取活化培养好的培养液5mL,振荡混匀后用接种环以点接法点滴在脱脂乳固体培养基上,于20～40℃范围培养48h,挑选菌体周围产生透明圈较大的菌株,并记录透明圈直径。

(3)三角瓶复筛

取毛霉PDA琼脂平板菌种一小块,接入三角瓶麸皮培养基中,于20℃培养4d,提取酶液,测定蛋白酶活力,这样得到初始菌株。

液体培养法:将挑选出的菌株接种到100mL液体发酵培养基中,选取合适的温度培养48h,取10mL发酵液,离心(4500r/min,20min,4℃)收集上清液,上清液即为粗酶液。收集粗酶液测定蛋白酶的活力。

2.高产蛋白酶生产菌株的诱变育种

一般野生型菌株的性能及耐受性较差,遗传不稳定,往往不能满足现代快速发酵的需求,因此采用不同处理方法进行菌种选育是必不可少的,通过诱变能够得到适用于豆豉发酵的高效菌株,以达到缩短发酵周期和提升发酵产能的目的。

得到初始菌株后可以采用^{60}Co射线诱变或紫外线、亚硝基胍等其他方式结合处理,可以采取以下的程序获得高产蛋白酶或耐高温的菌株(徐建国,2010),具体程序如下:

菌种活化→菌悬液制备→紫外诱变条件优化及诱变→高产蛋白酶菌株筛选→突变菌株蛋白酶活力测定→优选高蛋白酶活力菌株→亚硝基胍诱变条件优化→高产蛋白酶菌株筛选→突变菌株蛋白酶活力测定→优选及遗传稳定性检验

陈方博(2010)采用氦氖诱变与亚硝基胍诱变技术处理产蛋白酶菌株米曲霉(HDF-C14),细胞发生正突变率为15.79%,而用脉冲频率2450MHz处理试验菌株,并不能促进细胞正突变。

3.产蛋白酶菌株发酵条件的优化

可以依据实际情况采用单一或多种方法混合选育,在确定筛选菌株后再考察培养温度、培养时间和接种量等发酵条件对菌株产酶的影响,并改变培养基的氮源、碳源及起始pH值,优化发酵培养基(吴满刚,2014)。

将筛选出的菌株接种到100mL液体发酵培养基中,于35℃,150r/min的摇床培养48h,测定粗酶液中蛋白酶活力,考察培养温度、培养时间和接种量等发酵条件对菌株产酶的影响,并改变培养基的氮源、碳源及起始pH值,优化发酵培养基。

(四)蛋白酶产生菌的选育实例——鱼酱油发酵

鱼酱油作为传统鱼类发酵产品,有着悠久的历史,是人们的主要蛋白质与营养氨基酸重要来源之一。传统的鱼酱油是以海产低值鱼为原料,与一定比例的海盐混合后经过腌制和长期自然发酵,最后过滤而成的色泽透亮,香气浓郁的液体调味品。传统鱼酱油的高盐环境使发酵过程中的优势微生物为嗜盐菌,主要包括芽孢杆菌属、微球菌属、葡萄球菌属、链球菌属和片球菌属中极度耐盐的细菌,也包括含有细菌视紫红质光合色素的红色极端嗜盐古细菌(extremely halophilic red archaea)和嗜盐乳酸菌(halophilic lactic acid bacteria)。嗜盐乳酸菌中仅有四联球菌属中的一些细菌能在高盐浓度(18%NaCl)下正常生长(Udomsil, et al.,2010)。泰国鱼露发酵过程的优势菌群是芽孢杆菌、棒状杆菌,还有少量的假单胞菌和红色极端嗜盐古细菌(Antonio, et al.,1998)。黄紫燕等对传统鱼露发酵中的微生物动态进行了分析(黄紫燕,2010),检测出乳酸菌和酵母菌是发酵过程中的优势菌。海洋鱼类因其蛋白质含量丰富、种类繁多,在鱼酱油发酵过程中发挥主要作用的是产蛋白酶菌类。下面就以鱼酱油不同时期的发酵样品为例,简述蛋白酶产生菌的选育过程。

(1)鱼酱油蛋白酶产生菌的初筛

目前研究中多采用脱脂牛奶—干酪素琼脂平板法。取鱼酱油发酵过程中不同发酵时期的样品,经预处理后配制成不同梯度稀释液。分别吸取 0.1mL 稀释液接种于脱脂牛奶琼脂平板上,用无菌玻璃涂布棒将菌液涂布均匀后,将平板倒置于 30℃恒温培养箱中培养 3d,观察透明圈产生情况。用接种环挑取 D/d 值较大的菌落,划线接种于干酪素琼脂培养基,将平板倒置于 30℃恒温培养箱中培养 3d,观察透明圈产生情况。划线分离两次,筛选出D/d值较大的菌落,进一步作下一步的复筛实验。

(2)鱼酱油蛋白酶产生菌的复筛

将初筛得到的菌株接种到牛肉膏蛋白胨发酵培养基中,30℃、150r/min 摇床培养 2d。取发酵液离心后按照 QB747-80 中的方法测定蛋白酶活力,根据蛋白酶活力的大小最后得到高产蛋白酶活力的菌株。

二、产海洋活性物质的微生物筛选方法

海洋微生物天然活性物质的筛选首先是海洋微生物的分离筛选。筛选时不仅要考虑到海洋微生物的多种来源以及特定的生长环境,而且还要考虑到微生物的种类。由于产生特定活性物质的微生物是从海洋的不同区域中采集的大量微生物菌株样品中筛选出来的,需要大量筛选工作才有可能得到有价值的菌株。因此需要一套廉价简易的、快速有效的培养筛选模式,首先将无活性的大部分菌株排除掉,再通过别的手段获得具有重要意义和实用价值的高产菌株。研究常用快捷有效的自动化高通量药物筛选方法(HTS)或快速分子筛选方法进行筛选,以下介绍几种常用且有效的筛选方法。

(一)高通量筛选法

中国海洋大学在已有 tsFT210 细胞的流式细胞术筛选模型基础上(朱天骄,2002),利用研究室现有条件建立了海虾生物致死法筛选模型,并通过组合使用这 2 种模型,探讨了海虾生物致死法一级初筛和对初筛活性菌株利用流式细胞术模型二级复筛的分级组合筛选模式(韩小贤,2005)。利用这种模型进行分级组合筛选,充分发挥 2 种模型各自的长处,形成了细胞周期抑制、细胞凋亡诱导以及细胞毒等抗癌活性微生物菌株的简便快速且经济可行的组合筛选模式,该分级组合筛选模式与流式细胞术筛选模型的单独筛选模式相比,无漏筛,具有成本低、速度快、复筛样本数目大大缩小、流式细胞术筛选的工作量减少等特点,适用于大量菌株抗肿瘤活性的体外筛选。

(二)BIA 筛选法

此方法多用于海洋微生物中抗肿瘤物质的筛选。虽然抗肿瘤物质筛选方法很多,但试验证明,在体外模型中 BIA 法以其独特的筛选机制显示出不可忽视的优势。它是利用遗传学方法构建的一株具有 K2lacZ 片段的溶源性 *E. coli* 指示菌菌株,该菌株在正常条件下不表达 β-半乳糖苷酶,但当培养介质中含有能作用于 DNA 的化合物时,菌株就会被诱导产生B2 半乳糖苷酶。因此,通过检测是否有 β-半乳糖苷酶产生就可初步确定样品中是否含有能够作用于肿瘤细胞 DNA 的物质。由于天然药物中不少是通过使肿瘤细胞 DNA 受损伤起

作用,因此,可利用此法检测天然产物中具有这种作用机理的抗肿瘤活性物质(张亚鹏,2006),进行快速、特异性方法筛选菌株。

(三)流式细胞术筛选法

流式细胞技术(flow cytometer,FCM)能够对细胞和细胞器及生物大分子进行高达每秒上万个染色体的分析,而且一个细胞多参数分析并可分选细胞。与传统的用荧光镜检测细胞方法相比,这种以流动的方式(相对静态方式)测量细胞具有速度快、精度高和准确性好的特点,可以说 FCM 是目前最先进的细胞定量分析技术,该仪器在医学和基础生命科学中已得到广泛应用,在微藻研究中的应用相对说来较为新颖。流式细胞术一经引入微藻学,便很快在微藻的不同研究领域扩展开。

(四)海洋微生物活性产物的其他筛选法

目前,在海洋微生物中筛选活性药物的技术中,高通量筛选方法的应用和完善,提供了在短时间内筛选大量化合物的能力,而这又使得从海洋微生物分离提取各种化合物成为发现活性物质的关键环节(梁剑光,2004)。所以,扩大海洋生物的化学研究,将会建立更多更有效的海洋微生物活性物质筛选方法。

山东农业大学的科研工作者在研究海洋微生物杀虫活性筛选方法中,初筛采用浸虫法,将初筛表现活性的菌株采用"细胞毒"法(MTT 法)进行复筛,结果从 294 株供试菌株中,共有效筛选出 7 株活性较高的菌株(徐守健,2006)。

胡志钮等以卤虫为指示动物,采用双层琼脂扩散方法构建了一种杀虫微生物筛选模型(胡志钮,2000)。该模型具有灵敏度高、快速简便等优点,适合于海洋微生物杀虫活性物质的早期大量初筛工作。利用该模型对 1240 株分离于厦门海区潮间带的放线菌进行了初筛,杀虫阳性率为 2.3%,展示了海洋微生物是杀虫活性物质研究和开发的重要来源。

许文思等(许文思,2001)建立了一种利用两个菌株对 DNA 损伤修复的差异性的DDRT 法,可以用来检测受试物对 DNA 的毒性;建立了液体悬浮法和琼脂固体筛选方法,用于抗肿瘤药物的筛选。这两种方法简便易行,其中琼脂固体筛选方法与常用的抗生素生物鉴定杯碟法一样简单,适用于大量筛选各种来源的抗肿瘤药物。从抗肿瘤药物的作用机理来看,多数抗肿瘤药物的作用机制主要是作用于 DNA,因而 DDRT 法可应用于筛选并得到作用于 DNA 的抗肿瘤物质。李根等利用这一方法对海洋微生物进行抗肿瘤活性物质的筛选(李根,2004),并对其抗肿瘤作用和 DDRT 筛选方法作初步探讨,获得成功。

Lemos 等使用非选择性分离技术(Lemos, et al., 1986),从北太平洋海水中分离到一种能产生抗生素和紫色素的色杆菌,这种化合物能抑制金黄色葡萄球菌。

(五)优化发酵条件法

研究微生物合适的发酵条件,从而更快培养分离微生物也是一种方法。魏向阳等研究了产脂肪酶菌株 L42 的筛选及最适发酵培养条件(魏向阳,2008),结果表明最佳生长条件为 20℃,5%接种体积分数,培养基初始 pH 为 8.0,摇瓶装液体积 50mL(250mL 三角瓶),NaCl 质量分数为 2%~4%,培养 24h,获得大量脂肪酶。林学政等通过液体培养基培养海洋嗜冷菌产脂肪酶条件(林学政,2005),首先经南极科考从表层水深至 3300 米不等的南大洋的海洋环境中采样,在含 Tween80 的培养基平板上分离培养,经发酵培养后测定脂肪酶酶活,比较产酶活性获得酶活较高的菌株。邵铁娟等对产低温碱性脂肪酶海洋菌株进行研究(邵铁娟,2004)。朱义明等也曾从广西北海 70 个海洋动物表皮或肠道中分离并筛选了抗金黄色葡萄球菌的微生物(朱义明,2007)。

　　以下进一步通过优化发酵条件法筛选微生物的案例,说明此法的实际应用。几丁质酶是诱导性酶,而几丁质广泛存在于甲壳类动物、节肢动物的外壳中,因此要有针对性从海洋中取样,富集培养分解几丁质的菌株,利用以几丁质为唯一碳源的培养基进行菌株富集培养,限制了绝大多数不能利用几丁质的微生物生长,促进了能够产生几丁质酶的菌株生长繁殖,使目标微生物在富集培养液中所占比例增大,进而筛选目标微生物。筛选产几丁质酶的微生物较为常用的方法是透明圈法,以不溶性白色胶体几丁质为唯一碳源制成平板,以平板上菌落周围透明圈的大小判断菌株产几丁质酶活性的高低。

　　此外,还可以考虑将环境介质或一些与环境介质相关的特定化学物质或细胞信号分子,如cAMP、细胞能源物质ATP及微生物复苏促进因子(resuscitation-promoting factor,RPF)等,添加至微生物培养基中。岳秀娟等探索了在培养基中加入土壤浸出液的分离方法(岳秀娟,2006),发现4株必须在含有土壤提取液的培养基上才能生长的菌株,表明传统的分离方法确实可能忽略了这类微生物的分离。为克服培养过程中氧气对微生物的毒害作用,可采取两方面措施。一方面降低"活性氧物质";另一方面则在培养过程中添加具有降解毒性氧能力的物质,使处于VBNC状态的微生物在营养丰富的培养基上得以恢复生长繁殖能力,从而增加可用于分离与培养的微生物种类。

三、产组胺微生物的分离与筛选

　　生物胺,一类含氮低分子量化合物的总称,按化学结构可分为杂环类(色胺、组胺)、芳香族(苯基乙胺、酪胺)和脂肪族(精胺、亚精胺、尸胺和腐胺)(Lonvaud,2001)。其中组胺的毒性最大,酪胺次之。Taylor等发现二级胺包括腐胺和色胺的存在具有协同作用(Taylor & Speckhard,1983),能增强组胺的毒性。另外,Shalaby等指出生物胺也可能是诱变前体(Shalaby,1996),胺的存在可以和亚硝酸盐反应形成具有强致癌作用的亚硝胺。据研究报道,生物胺广泛存在于各种食品中,如干酪、发酵香肠、果酒、水产品和发酵蔬菜等,特别是富含蛋白质及氨基酸强化食品和发酵食品。食品中过量的生物胺会对机体健康造成不良的影响(Til, et al. ,1997;Laura & Natalija,2007)。美国FDA通过对大量组胺中毒暴露数据的评估,确定组胺危害作用水平为500mg/kg(食品)。欧盟规定鲭科鱼类中组胺含量不得超过100mg/kg;其他食品中组胺不得超过100mg/kg,酪胺不得超过100~800mg/kg。以下将从微生物角度出发,利用鉴别培养基结合HPLC检测筛选,以腌制蔬菜作为待分离样品,以此分离出产组胺菌株,并经16SrDNA序列分析鉴定种属;对得到的可疑菌株进一步研究其pH、温度和盐度等培养因素对菌株生长和产组胺量的影响,以明确产组胺菌株的生理生化特性,从而为发酵食品类组胺物质的控制提供理论依据。

(一)产组胺菌株的鉴别筛选

　　从发酵腌制蔬菜等样品液中经分离纯化得到细菌菌株,挑取斜面保藏的分离纯化菌株分别对应在MRS和PCA培养基平板上划线培养,连续转接活化2~3代,再将各菌株通过点种法接种于产组胺菌鉴别培养基(蛋白胨5.00g,牛肉浸膏5.00g,L-组氨酸5.00g,氯化钠2.50g,5'-磷酸吡哆醛0.05g,琼脂15.00g,溴甲酚紫0.06g,蒸馏水1000mL,加热溶解,调pH至5.5后经灭菌操作),放置于30℃条件下培养48h,菌落生长良好且周围有紫色晕环产生的确定为产组胺可疑菌株,再经划线法接种于产组胺菌鉴别培养基培养,进行复筛。

(二)产组胺菌株的确认

将4℃斜面保藏的经初步筛选的可疑菌株连续划线转接2~3代,挑取一环活化后的菌株分别对应接种于MRS肉汤培养基和营养肉汤培养基中,30℃下振荡培养18h。以1%接种量将新鲜种子液接种于组胺发酵培养基(L-组氨酸10.00g,大豆蛋白胨17.00g,葡萄糖2.50g,丙酮酸钠10.00g,氯化钠3.00g,磷酸氢二钾2.50g,蒸馏水1000mL,调pH6.0)中,于30℃下培养36h,以不接种培养作对照组,以HPLC法检测发酵液样品中是否有组胺产生。

(a) 不变色培养基　　　　　(b) 变紫红色培养基

图3-10　产组胺菌株初步分离结果

通过产组胺菌鉴别培养基筛选,有6株MRS培养基中生长的优势菌株能使培养基变紫红色,如图3-10所示。将6株菌株分别编号为M1至M6,其中M1为0天,M2和M3为5天,M4和M5为10天,M6为20天的冬瓜腌制体系中的优势菌株。将菌株M1至M6接种培养于组胺发酵培养基中,利用HPLC检测其发酵液中的组胺含量。

产组胺菌株的16SrDNA基因序列分析和系统发育的建立:提取组胺菌株的总DNA,菌株的16SrDNA经测序后发现M1、M2和M5以及M3和M4的碱基序列分别完全相同,因此,归属5株菌株为2个菌种。将16SrDNA序列在EzBioCloud数据库中进行同源性比对,同种菌中各取菌株M1和M3构建系统发育树,如图3-11所示。由图3-11可知,M1和M3均为肠杆菌属,而M1和*Enterobacter aerogenes*(产气肠杆菌)、M3和*Enterobacter xiangfangensis*分别聚成一支,相似度的值均达到90以上。M1和*Enterobacter aerogenes*、M3和*Enterobacter xiangfangensis*亲缘关系最近。

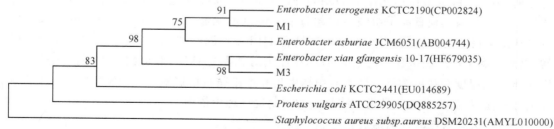

图3-11　腌冬瓜体系中产组胺菌株的系统发育树

四、细菌素产生菌的选育与发酵技术

食品安全问题一直是国内外关注的热点。随着生活质量不断提高,健康绿色的食品也越来越受到人们的青睐。人们对食品中的防腐剂安全性提出了更高的要求。而我国使用的食品防腐剂绝大部分都是化学合成物,某些化学防腐剂对人体都有一定的毒害,所以寻找一种可替代化学防腐剂的天然安全防腐剂是目前科学家所关注的焦点。20 世纪 20 年代中期,Gratia 发现大肠杆菌 V 菌株代谢过程中能产生一些抑制 φ 菌株生长的物质,随后 Gratia 和 Fredrericp 对 V 菌株的分泌物进行研究,发现是一种类似于噬菌体,但不能够自主复制的物质在起作用,Fredrericp 称其为大肠菌素(Gratia,1925)。1928 年 Rogers 等首次在革兰氏阳性菌中发现类似于大肠杆菌素的代谢产物(Rogers,1928)。1933 年 Whitehead 等(Whitehead,1933)从乳酸菌中分离得到一类具有抑菌活性的物质,在 1947 年将这类物质命名为尼生素(nisin)(Mattick,1947)。Jacob 等人称这类抑菌物质为细菌素(Mary-Harting,1972)。直到 1982 年 Konisly 对细菌素做出了明确的定义:细菌素(bacteriocin)是由某些细菌在代谢过程中通过核糖体合成机制产生的一类具有抑菌能力的蛋白质或者多肽,抑菌范围不仅局限于同源细菌,产生菌对其细菌素有一定的自身免疫性(Jack,1995),既可以由革兰氏阴性菌产生,也可以由革兰氏阳性菌产生。

乳酸菌素是一类由乳酸菌在生长代谢过程中产生的多肽类物质,具有较好的热稳定性,能有效地抑制或杀死食物中多数革兰氏阳性致病菌和腐败菌,少数乳酸菌素对革兰氏阴性菌也有一定的抑菌效果。美国 FDA 早在 1988 年就正式批准细菌素 Nisin 可用于奶酪的生产中(彭沈军,1995),从而开创了细菌素作为生物防腐剂应用于食品中的先例。现在细菌素 nisin 作为一种天然的防腐剂已经广泛应用在食品领域中,我国在 20 世纪 90 年代也批准了 Nisin 的使用。目前国内外对细菌素的研究已经比较深入,除了已经广泛研究的乳酸链球菌肽(nisin),还有乳球菌素(lactococcin)、片球菌素(pediocin)、明串珠菌素(canonic)、肉食杆菌素(carnobacteriocin)、植物菌素(plantadcin)、乳杆菌素(lactocin)等(Tagg,1976)。细菌素高产菌株的筛选、育种和发酵条件的优化是目前细菌素研究的重点。

(一)传统诱变育种

微生物育种,无论是从自然变异中选择或是人工诱变选择都是建立在遗传和变异的基础上,而遗传和变异是生物界生命活动的基本属性之一。诱变育种是以人工诱变基因突变为基础的最主要的微生物育种方法,是各国沿用至今的有效方法,尤其是在发酵工业中绝大多数优良高产菌株都是采用诱变育种的方法获得的。对 nisin 生产菌的诱变育种的方法有:紫外线诱变,微波诱变等。

1. 紫外线诱变

是最早使用、应用最广、效果明显的微生物诱变方法,这种方法诱变率高,而且不易回复突变,是微生物育种中最常用和有效的诱变方法之一。紫外线诱发微生物突变的波长范围为 200~300nm,最有效的波长为 253.7nm,当紫外线照射微生物细胞时,DNA 强烈吸收此光谱而引起突变或杀伤作用。我们一般采用 15W 紫外灯照射,15W 的紫外灯放射出来的光谱大约有 80% 集中在诱变最有效的 253.7nm。紫外线对微生物诱变的量,在灯的功率和距离一定的情况下,剂量大小由照射时间决定。

2. 微波诱变

是一种新兴的、操作简单又比较安全的诱变育种方法。微波是高频交变的电磁波,具有传导能力和很强的穿透力,能够造成水、蛋白质、核苷酸、脂肪和碳水化合物等极性分子快速震动,这种震动会引起菌体内 DNA 分子间强烈的摩擦,使 DNA 分子氢键和碱基堆积化学力受损,使 DNA 结构发生变化,从而引起变异(李豪,2005)。由于微波具有传导作用和极强的穿透力,所以在诱变过程中究竟是微波辐射直接作用 DNA 引起变异,还是因为穿透力使细胞壁通透性增加导致 DNA 交换而引起突变,到目前为止还不是很明确。但是微波育种可以避免化学试剂和某些物理诱变方法对人体造成伤害,这是微波诱变育种的优点。

(二)现代分子生物学手段育种

1. Genome shuffing 技术育种

随着分子生物学和科学技术的发展进步,在上个世纪末提出了一种将传统诱变和原生质体融合的新兴菌种改良技术(genome shuffing),其原理是首先通过传统诱变筛选得到若干正向突变菌株,然后将这些突变菌株作为递推式原生质体融合的出发菌株库,经多次原生质体融合后,株内基因组间发生随机重组,最终通过适当的筛选方法获得改良菌株。1996年,Stoyanova 等(Stoyanova,1998)将两个同源低产 nisin 产生菌 L. lactic 729 和 L. lactic 1605 进行原生质体融合,筛选出的融合子的 nisin 产量比融合前提高了 10～14 倍。实践表明,Genome shuffing 技术在选育高产 nisin 菌株方面效果显著。

2. 基因工程方法育种

近年来,随着分子生物学理论和技术的日益完善,以及对各种细菌素生物合成途径和代谢调节认识的深入,越来越多科学家利用基因工程手段对细菌素产生菌进行遗传改造而获得高产菌株。目前,主要是通过对 nisin 生物合成的相关基因进行过表达或增加其拷贝数来提高 nisin 合成能力。而 II 类细菌素中的片球菌素 PediocinPA-1 的基因工程育种,则应用 PCR 方法扩增编码成熟 pediocin PA-1 的基因片段转化大肠杆菌高效表达系统,是目前常用的基因工程生产体系。

同时,随着细菌细胞间信号转导研究的深入,科学家还发现很多细菌都能够依靠分泌某种化学分子来进行信号转导并协调群体行为。细菌依赖信号分子密度识别的一种细胞间相互交流通讯机制,可调控基因表达,这种现象被称为细菌的群体感应(quorum sensing,QS)(Bassler,1999)(详见第 7 章第二节)。很多细菌会低水平地合成并分泌自诱导小分子信号分子,细菌通过这些信号分子进行信息的交流;当信号分子处于低浓度状态时,它不足以诱导目的基因的表达;信号分子的浓度随着细菌浓度的增大而增大,当这个信号分子的浓度到达阈值时,就会诱导一些结构基因表达,同时也会诱导其自身合成基因的表达,产生更多的信号分子来诱导结构基因和自身基因大量表达,这种正反馈机制也可以用来诱导细菌素的高产。目前研究已证实多数 II 型细菌素的生物合成由 QS 系统调控。植物乳杆菌中的 L. plantarum C11、L. plantarum WCFS1 和 L. plantarum NC8 中细菌素的生物合成与 QS 系统调控密切相关。其中植物乳杆菌 C11 的调节操纵子 plnABCD 编码一个自动调整的系统,激活自身转录,同时促进另外 4 种位于 pln 基因座的操纵子转录,plnABCD 分别编码自诱导肽(成熟自 PlnA)、HPK(PlnB)和两种高度同源的反应调节器 PlnC 和 PlnD。这类细菌素的群体感应的基因调控机制一般按以下几个步骤:自诱导前提肽段在核糖体内合成,并结果特殊的转录修饰和加工,形成有活性的自诱导肽,由 ABC 转运系统运输到细胞外。随着细胞的生长,自诱导肽在细胞外积累,到一定量后便激活细胞膜上的 PlnB 蛋白——组氨酸蛋白激酶并与其结合,在保留的组氨酸残基处自磷酸化,硫酸基团则被运输给作为调节因子的 PlnC 和 PlnD 基因编码的蛋白 PlnC 和 PlnD。被磷酸化后的调节因子特意结合到目标启动子,阻遏或激活目标蛋白的表达,使自诱导肽和细菌素产生。所以可以通过外加自诱导肽,让自诱导肽的浓度到达阈值,从而促进细菌素的高产。

鉴于目前细菌素工业化生产的实际情况,需要选择合适的育种技术和生物学手段来获得优质高产的细菌素表达菌株。随着生命科学技术和工业微生物技术的发展,细菌素规模化生产和应用将有广阔的前景。

(三)细菌素发酵技术

目前细菌素的应用研究存在细菌素产量低等问题,细菌素的发酵技术是细菌素应用的一个关键技术。由于只有 nisin 是被批准工业化生产的细菌素,本文着重以 nisin 为例介绍关于细菌素产生菌的发酵技术。

1. 菌种的筛选

产 nisin 原始生产菌株大多是从乳制品中分离的,少量从蔬菜和肉类的样品中经多次分离后得到的。最终的工业生产用菌株大多是通过对原始菌株的诱变得到的。其诱变方法主要是进行物理化学复合诱变,诱变后随机筛选出菌株进行培养确定生产能力。该方法工作量大,操作繁琐。因此,至今已报道的有采用双层平板法进行初筛,减小了工作量,提高了筛选高产菌的几率。还有利用基因技术对 nisinZ 的产生菌进行定点突变并对突变体的性质进行了研究,但该方法还没有大范围的采用;还有根据乳链菌肽抗性与乳糖发酵紧密联系的原理对乳链菌肽抗性菌株进行了筛选;当然还有通过构建产 nisin 的基因工程菌得到高产 nisin 的菌株(Cheigh,2005)。

2. 培养基成分及发酵条件

nisin 的发酵生产主要是通过乳酸链球菌菌株培养基加碳源(通常是蔗糖)、氮源(如蛋白胨、酵母粉)、无机盐类和吐温等得到;发酵的效果主要受碳源和氮源的影响,另外,磷酸盐、阳离子、表面活性剂和抑制剂的种类和含量等对生产也有很大的影响。

(1)碳源

nisin 发酵中最佳的碳源是葡萄糖和蔗糖,利用葡萄糖和蔗糖发酵可得到最大的 nisin 产量,另外,木糖也是合适的碳源。一些研究表明,间歇补充碳源有利于提高 nisin 产量。

(2)氮源

nisin 的合成需要利用大量的氨基酸,因此氮源的种类直接影响着 nisin 的产量,一般选用胰蛋白、酪蛋白的水解物、植物蛋白胨、玉米浆等为氮源生产 nisin。经研究表明,以大豆蛋白胨、酵母膏、鱼粉、棉子粉作氮源较为理想。此外,在基本培养基(以蔗糖为碳源添加 8种必需氨基酸和 5种维生素)中添加 nisin 前体氨基酸如半胱氨酸、苏氨酸和丝氨酸等,有助于发酵液中 nisin 产量的提高。

(3)其他因素

无机磷酸根能够影响某些 nisin 生产菌的产量,KH_2PO_4 被认为是最佳的磷源;金属离子也是影响 nisin 发酵的因素,Ca^{2+} 能促进 nisin 的生物量及活性增加,Mn^{2+} 则会减少 nisin 约 1/3 的产量(Matsusaki, et al., 1996)。

(4)pH

在最优化的发酵条件下,可使乳酸菌菌体产量和 nisin 产量达到最优值。目前工业化生产中,最佳的发酵温度为 30℃,pH 的控制一般为 5.8～6.3,由于菌种和培养基的不同,最佳 pH 值略有差异,目前控制 pH 值的方法有流加 NaOH 溶液和去除发酵过程中所产生的乳酸(Yu,2002),这两种方法均可使 nisin 的产量得到大幅度的提高。生产中可通过将最后稳定的酸性 pH 值反复碱化至初始 pH 值(中间的间隔时间大约为 6 小时)而使 nisin 产量翻倍。

3. 发酵类型

目前工业化生产 nisin 大多采用分批发酵的形式，操作简单，能够获得较高的 nisin 产量，一般维持在 4500～6000IU/mL，但是生物量和 nisin 的生成容易受到高浓度底物和代谢产物累积的制约，发酵终点不易判断，生产效率低。

采用连续化工业生产可以通过调节培养基而解决这个制约的问题，从而提高目标物的产率。另外还有应用膜技术进行细胞循环的连续化发酵技术，即将产生的 nisin 不断地分离出反应器，减少了代谢产物的抑制，产率略高于分批发酵和无细胞循环的连续发酵。用回收细胞进行的连续发酵（用陶瓷膜保留细菌素）可在高稀释度下生产 nisinZ，在生产能力上有一定改善。但是连续发酵培养基的灭菌操作复杂，发酵过程中容易染菌，对设备要求高。

孔健等（2001）以海藻糖为载体对 nisin 生产菌进行的固定化细胞连续发酵，实现了反应器中细胞浓度的增大，可以在稀释率高于菌株最大生长率的条件下进行连续培养，提高了生产效率，并且发酵液中的游离细胞少，有利于产品的分离纯化。固定化培养有高产率、高细胞浓度、长期操作稳定等优点，但是固定化培养的缺点是单位效价较低，目前固定细胞颗粒的稳定性和连续培养时间，仍然是首先需要解决的问题。

补料分批发酵方式可以避免在分批发酵中因一次投料过多造成的底物抑制，葡萄糖的阻遏效应以及因菌体生长过旺而导致的 nisin 合成原料的不足，又比连续培养更易操作和更精确；应用于实际生产中可以避免原料的浪费，缩短生产周期，提高最终产物的浓度，对于降低生产成本，提高生产效率有着深远的意义。目前，对于 nisin 的补料分批发酵有非反馈控制和反馈控制两类。前者完全是凭借经验操作，可以是一次补加营养液，也可以少量多次补加，还可以连续流加补料；而流加补料又分为恒速流加、变速流加和指数流加三种，这种非反馈控制的补料操作简单，但带有一定的盲目性，重复性较差。后者是根据一、两个可在线检测的参数（如基质糖残留量、pH 值和溶解氧浓度等）设定控制点，分为恒 pH、恒残糖、恒溶氧等多种补料方式，相对盲目性要小得多，重复性较好。

4. 培养新型发酵方式——混菌发酵

将能利用乳酸的酵母菌（*Kluyveromyces marxianus*）和乳酸菌（*Lactococcus lactis*）共同培养，并通过控制发酵液中的溶氧浓度来控制发酵过程中的 pH 值。加碱控制 pH 值为 6.0 时，Nisin 的产量为 58mg/L；与酵母菌共培养时，nisin 的产量为 98mg/L（3920IU/mL），是纯培养的 1.7 倍（Shimizu，et al.，1999）。Liu 等将 *Lactococcus lactis* 与另一种酵母 *Saccharomyces cerevisiae* 共同培养，结果显示，乳酸菌产生的乳酸基本都被酵母菌利用，且 pH 值维持在 6 左右，混合培养中 nisin 的产量为 150.3mg/L，是 *L. lactis* 纯培养的 1.85 倍（Liu，et al.，2006）。郭淑文等（2010）以乳清为原料将乳酸链球菌与酿酒酵母（*Saccharomyces cerevisiae*）混菌共培养，结果表明，混菌发酵对 nisin 的产生有促进作用，在接种比例为乳酸菌 3%（V/V），酵母菌 5%（V/V），混菌发酵 16h 时，效价达到 782.05IU/mL，远高于单菌发酵。混菌发酵时，酵母菌的存在确实可以促进乳酸菌的生长，比单菌发酵的乳酸菌数高出近 5 倍；研究还表明，混菌发酵解除了乳酸盐对 nisin 发酵的抑制作用，这也是混菌发酵促进 nisin 产生的原因。

加入酵母菌进行混合培养的发酵不但能消耗掉生成的乳酸，同时由于酵母菌不能利用发酵培养基中的乳糖或麦芽糖，从而不会影响 nisin 的产量，也不增加发酵成本，是一种很有前景的措施。

五、一种乳酸菌的分离与筛选

(一)乳酸杆菌的分离

从不同基质中分离乳酸杆菌时,根据乳酸杆菌所在生长环境的不同以及是否为优势菌可选择不同组分的培养基。

1.MRS 培养基

MRS 培养基适用于已知乳酸杆菌,是待分离区系的优势菌。目前 MRS 培养基已经成为国际上公认的用于乳酸杆菌分离较好的培养基,常用于从乳酸杆菌发酵制品中分离菌种以及菌种分离后的传代培养。

2.RSMA

RSMA 培养基是近几年发展起来的一种非选择性培养基,其最大优点是可以使不同菌种在其表面生长并形成颜色各异易于鉴别的菌落。因此,便于乳酸杆菌与其他细菌的鉴别。但此培养的营养成分比较单一,不适于从菌群组成复杂的环境中分离乳酸杆菌。

3.番茄汁琼脂培养基

这是一种传统的用于分离乳酸杆菌的培养基。此培养基中含有一定量的番茄汁,为乳酸杆菌的生长提供了必要的营养,使得乳酸杆菌在此环境下更易生长。但操作费时费力,目前不常用。

4.其他培养基

某些选择性培养基可用于在菌群复杂的基质(例如肠道)内进行乳酸杆菌的分离。

(二)乳酸杆菌的鉴定

1.属水平的鉴定

此水平的鉴定是乳酸杆菌整体鉴定过程中较为简单且最为基本的步骤,常用的方法是对分纯后的乳酸杆菌培养物进行革兰氏染色、镜检,选择无分叉的 G^+ 杆菌。这种菌能在 pH4.5 的条件下生长,且经过一系列相关试验均为阴性,即可鉴定其为乳酸杆菌属。

2.种水平的鉴定

(1)生化鉴定

此水平的生化试验主要采用糖醇类发酵试验。依据不同乳酸杆菌对糖的利用情况不同进行鉴定。传统的生化鉴定成本较低,但费时费力,且反应管种类较少,所得结果的判定受到限制。近年来,多采用最新研制的可得结果准确可靠的快速生化鉴定系统。但价格昂贵,此两种方法均不适于大规模菌种的鉴定。

(2)基因鉴定

PCR-随机扩增多态性 DNA 通过对 PCR 产物的分析检测,以获得基因组 DNA 在待测区域内的多态性进行鉴别,具有快速、简便、成本相对较低、特异性强等特点,尤其对于鉴别亲缘关系较近的细菌更为有效,但需要相关的标准菌株做参比。

限制性片段长度多态性 PCR 即 RELP,是一种全基因组方法,该方法具有操作简便、快速、终点判断准确等优点,但酶的选择困难且价格昂贵。

PCR-变性梯度凝胶电泳 PCR-DGGE 可以区分含碱基成分不同而片段大小一致的 DNA 序列,甚至一个碱基对的不同都会引起 DNA 片段停留于凝胶的位置各异,具有快速、全面的特点。但此技术也有其限制性。

多重 PCR 可同时扩增多个目的基因,具有节省时间、降低成本、提高效率等优点,但对操作者技术要求较高且多重 PCR 的结果特异性较差。

3.株水平的鉴定

脉冲场凝胶电泳(PFGE)方法被认为是乳酸杆菌分类鉴定的最好也是最有效的方法,但费时费力。

思考题

1.什么叫微生物的分离,微生物分离有哪些常用方法?

2.以蛋白酶产生菌为例,设计一种高产蛋白酶菌种选育的整个实验流程,并写出操作的实验原理及方法。

参 考 文 献

[1]陈方博.传统豆酱中蛋白酶和淀粉酶高产菌株的选育[D].哈尔滨:黑龙江大学,2010.

[2]程海鹰,孙珊珊,梁建春,等.油藏微生物群落结构的分子分析[J].化学与生物工程,2008,25(9):39—43.

[3]邓芳席,刘素纯.腐乳毛霉菌种选育及产酶条件研究[J].湖南农学院学报,1995,21(1):56—60.

[4]邓加聪,郑虹,陈丽琴.胶原蛋白酶产生菌的筛选及初步鉴定[J].中国酿造,2013,32(4):78—81.

[5]丁鲁华.蛋白酶活性的快速准确测定方法[J].食品与发酵工业,1984,4(6):25—28.

[6]郭淑文,赵树欣,崔景宜,等.以乳清为原料采用混菌发酵技术促进 Nisin 生产的研究[J].中国酿造,2010,7(220):123—12.

[7]韩小贤,崔承彬,刘红兵,等.海洋微生物抗肿瘤活性菌株的分级组合筛选[J].中国海洋大学学报,2005,35(1):38—42.

[8]胡志钰,刘三震,黄浩,等.海洋放线菌杀虫抗生素的一种快速筛选模型[J].海洋通报,2000,19(4):36—40.

[9]黄紫燕,朱志伟,曾庆孝,等.传统鱼露发酵的微生物动态分析[J].食品与发酵工业,2010,36(7):18—22.

[10]江津津,曾庆孝,朱志伟,等.耐盐微生物对鳀制鱼露风味形成的影响[J].食品与发酵工业,2008,34(11):25—28.

[11]孔健,庄绪亮,马桂荣.固定化乳酸乳球菌连续生产 Nisin 的研究[J].微生物学报,2001,41(6):731—735.

[12]李根,林昱.DDRT 法筛选抗肿瘤海洋微生物[J].中国抗生素杂志,2004,29(8):449—451.

[13]李豪,车振明.微波诱变微生物育种的研究[J].食品工程,2005(2):5—6.

[14]梁剑光,王晓飞,陈义勇,等.海洋真菌及其活性代谢产物研究进展[J].氨基酸和生物资源,2004,26(4):1—3.

[15]林学政,杨秀霞,边际,等.南大洋深海嗜冷菌 2-5-10-1 及其低温脂肪酶的研究[J].海洋学报,2005,27(3):154—158.

[16]刘静娜.微生物与食品的主要关系[J].现代农业科技,2012(2):338—340.

[17]马桂珍,暴增海,王淑芳,等.高产蛋白酶细菌的分离筛选及其种类鉴定[J].食品科学,2011,32(21):183—187.

[18]彭沈军,李东.生物食品防腐剂乳酸链球菌素菌种筛选及鉴定[J].中国食品添加剂,1995(3):6—9.

[19]任佩,金玉兰,朴美子,等.章鱼肠道产蛋白酶菌的筛选、产酶条件及酶学性质[J].食品科学,2013,34(01):189—193.

[20]邵铁娟,孙谧,郑家声,等.Bohaisea-9145海洋低温碱性脂肪酶研究[J].微生物学报,2004,44(6):789−793.

[21]佘跃惠,张凡,向廷生,等.PCR-DGGE方法分析原油储层微生物群落结构及种群多样性[J].生态学报,2005,25(2):237−242.

[22]宋鹏,陈亮,郭秀璞.产蛋白酶菌株的鉴定及酶学特性[J].食品科学,2012,33(13):152−155.

[23]王俊英,侯小歌,张杰,等.酒曲中高蛋白酶产生菌筛选及酶学性质研究[J].中国酿造,2012,31(4):33−36.

[24]王瑞芝主编,中国腐乳酿造[M].北京:中国轻工业出版社,2009.

[25]卫春会,黄治国,黄丹,等.高温大曲高产蛋白酶菌株的分离鉴定及其产酶性能研究[J].食品与机械,2014,30(4):24−29.

[26]魏向阳,陈静,许冰.产脂肪酶菌株L42的筛选及最佳生长条件的研究[J].淮海工学院学报,2008,17(3):62−65.

[27]吴满刚,吴雪燕,管泳宇,等.豆豉生产中高产蛋白酶的米曲霉诱变及产酶条件优化[J].食品科技,2014,39(5):10−14.

[28]徐建国,田呈瑞,胡青平,等.高产蛋白酶菌株的筛选及产酶条件优化[J].中国粮油学报,2010,25(10):112−115.

[29]徐守健,张久明,田黎,等.海洋微生物杀虫活性筛选方法比较[J].华东昆虫学报,2006,15(1):70−74.

[30]许文思,彭剑,王吉成,等.一种新的快速简便的抗肿瘤药物筛选模型[J].中国抗生素杂志,2001,26(1):15.

[31]姚粟,李辉,程池.23株曲霉属菌种的形态学复核鉴定研究[J].食品与发酵工业,2006,32(12):37−43.

[32]余秉琦,沈微,王正祥,等.谷氨酸棒杆菌的乙醛酸循环与谷氨酸合成[J].生物工程学报,2005,21(2):270−274.

[33]岳秀娟,余利岩,李秋萍,等.自然界中难分离培养微生物的分离和应用[J].微生物学通报,2006,33(3):77−81.

[34]张豪,章超桦,曹文红,等.传统鱼露发酵液中优势乳酸菌的分离、纯化与初步鉴定[J].食品工业科技,2013,34(24):186−188,189.

[35]张亚鹏,朱伟明,顾谦群,等.源于海洋真菌抗肿瘤活性物质的研究进展[J].中国海洋药物,2006,25(1):54−58.

[36]周兰姜.碱性蛋白酶高产菌株的筛选[J].宜春学院学报,2011,33(8):114−116.

[37]朱天骄,崔承彬,顾谦群,等.海洋微生物的分离培养及抗肿瘤活性初筛[J].青岛海洋大学学报,2002,32(05):123−126.

[38]朱义明,洪葵.海洋动物中微生物的分离与抗金黄色葡萄球菌活性筛选[J].安徽农学通报,2007,13(8):36−38.

[39]Adav S S, Ravindran A, Sze S K. Proteomic analysis of temperature dependent extracellular proteins from Aspergillus fumigatus grown under solid-state culture condition [J]. Journal of Proteome Research, 2013, 12(6): 2715−2731.

[40]Antonio V, Joaquin JN, Aharon O. Biology of moderately halophilic aerobic bacteria[J]. Microbiology and Molecular Biology Reviews,1998,62(2):504−544.

[41]Bassler B L. How bacteria talk to each other: regulation of gene expression by quorum sensing[J]. Curt Opin Microbiol,1999,(2):582−587.

[42]Ben-Gurion R, Hertman I. Bacteriocin-like material produced by Pasteurella pestis[J]. Gen Microbiol, 1958,19(2):289−297.

[43]Cheigh C I,Park H,Choi H J. Enhanced nisin production by increasing genes involved in nisin Z bio-

synthesis in Lactococcus lactis subsp. lactis A164[J]. Biotechnology Letters,2005. 27(3):155—160.

[44]Chi Z,Ma C,Wang P,et al. Optimization of medium and cultivation conditions for alkaline protease production by the marine yeast Aureobasidium pullulans [J]. Bioresource Technology, 2007,98(3): 534—538.

[45]Fang Y W,Liu S,Wang S J,et al. Isolation and screening of a novel extracellular organic solvent-stable protease producer [J]. Biochemical Engineering Journal,2009,43(2):212—215.

[46]Gratia A. Sur un remarquable exemple dantagonisme entre deux souches de Colibacille[J]. C R Soc Biol,1925,93:1040—1041.

[47]Karan R,Singh S P,Kapoor S,et al. A novel organic solvent tolerant protease from a newly isolated Geomicrobium sp EMB2. (MTCC 10310): production optimization by response surface methodology [J]. New Biotechnology,2011,28(2):136—145.

[48]Laura M,Natalija N. Histamine and histamine intolerance [J]. Clinical Nutrition,2007,85(5):1185—1196.

[49]Lemos M L,Toranzo A E,Barja J L. Antibiotic activity of epiphytic bacteria isolated from intertidal seaweeds[J]. Microb Ecol,1986,(11):149—163.

[50]Liu C B,Hu B,Liu Y,et al. Stimulation of Nisin production from whey by a mixed culture of Lactococcus lactis and Saccharomyces cerevisiae[J]. Appl Biochem Biotechnol,2006,131(1):751—761.

[51]Lonvaud F A. Biogenic amines in wines:role of lactic acid bacteria[J]. FEMS Microbiology Letters, 2001,199(1):9—13.

[52]Mary-Harting A,Hedges A J,Berkeley R C W. Method for studying bacteriocins,In J. R. Norris,and D. W. Ribbons(ed),Methods in microbiology. Academic Press,New York,NY, 1972:315—422.

[53]Mattick A T R,Hirsch A. Further observations on an inhibitory substance (nisin) from lactic streptococci[J]. Lancet,1947,2:5—7.

[54]Matsusaki H,Endo N,Sonomoto K. Lantibiotic Nisin Z fermentative production by Lactococcus lactis IO-1:relationship between production of the lantibiotic and lactate and cell growth[J]. Appl Microbiol Biotechnol,1996,45:36—40.

[55]Reddy L V,Wee Y J,Yun J S,et al. Optimization of alkaline protease production by batch culture of Bacillus sp. RKY3 through Plackett-Burman and response surface methodological approaches[J]. Bioresource Technology,2008,99(7):2242—2249.

[56]Rogers L A. The inhabitting effect of streptococcus lactis on lactobacillus bulgaricus[J]. Bacteriol, 1928,16(5):321—325.

[57]Sanchez P C,Klitsaneephaiboon M. Traditional fish sauce (patis) fermentation in the Philippines [J]. Philippine agriculturist,1983,66(3):251—269.

[58]Shalaby A R. Significance of biogenic amines to food safety and human health[J]. Food Research International,1996,29(7):675—690.

[59]Shimizu H,Mizuguchi T,Tanaka E,et al. Nisin production by a mixed-culture system consisting of Lactococcus lactis and Kluyveromyces marxianus[J]. Appl Environ Mirobiol,1999,65 (7):3134—3141.

[60]Stoyanova L G,Egorov N S. Obtaining bacterial nisin producers by protoplast fusion of two related strains of Lactococcus Lactis subsp. lactis with weak ability to synthesize nisin[J]. Microbiology,1998(67):47—54.

[61]Tagg J R,Dajani A S,Wannamaker L W. Bacteriocins of Gram-positive bacteria[J]. Microbiol Rev, 1995,59:171—200.

[62]Taylor S L,Speckhard M W. Isolation of histamine-producing bacteria from frozen tuna[J]. Marine Fisheries Review,1983,45(4):35—39.

[63]Til H P,Falke H E,Prinsen M K,et al. Acute and subacute toxicity of tyramine,spermidine,spermine,

putrescine and cadaverine in rats [J]. Food and Chemical Toxicology,1997,35(3):337—348.

[64]Udomsil N,Rodtong S,Tanasupawat S,et al. Proteinase producing halophilic lactic acid bacteria isola-ted from fishsauce fermentation and their ability to produce volatile compounds [J]. International Jour-nal of Food Microbiology,2010,141(3):186—194.

[65]Wang Q F,Hou Y H,Xu Z,et al. Optimization of cold-active protease production by the psychrophilic bacterium Colwellia sp. NJ341 with response surface methodology [J]. Bioresource Technology,2008, 99(6):1926—1931.

[66]Whitehead H R,Cox G A. Observations on some factors in the milk of individual cows which modify the growth of lactic streptococci[J]. Biochem J,1933,27(3):951—959.

[67]Yadav V，Yadav P K，Yadav S，et al. α-L-Rhamnosidase：A review. Processing Biochemistry[J]. 2010,45(8)：1226—1235.

[68]Yu P L,Dunn N W,Kim W S. Lactate removal by anionic-exchange resin improves nisin production by Lactococcus lactis[J]. Biotechnoligy Letters,2002, 24:59—64.

第四章　食品微生物菌种改造途径与方法

微生物育种是运用遗传学原理和技术对菌种某个特定生产性状进行改造,去除不良性质,增加有益新性状,从而提高目标产品的产量、质量或降低发酵生产成本。微生物育种最终目标是通过人工干预,不断改良微生物菌种的性能,这方面的工作贯穿微生物应用的所有周期,并随着科技发展而不断进步。

第一节　食品微生物菌种改造的必要性

一、食品发酵对菌种的要求

菌种是食品发酵及其他微生物应用领域的核心,菌种效率越高,产品质量就越好,生产成本就越低。用于食品发酵的微生物菌种必须具有以下特性:①遗传学上必须稳定,能保持较长的良好经济性能;②生长快速,易于繁殖;③产物合成速度快,且容易分离提纯;④抵抗杂菌污染能力强;⑤容易进行后续选育及改造。

野生型菌株通常不具备上述优良性状,只有对野生型菌株进行不断选育才能获得以上优良性状。早在几千年前,人们在酿酒、制醋时就已经注重种曲的质量,并在生产实践中不断从自然界选择良曲,从此翻开了菌种选育的历史篇章。但是,在自然条件下,微生物菌种的自发突变率很低,单纯依赖自发突变选育优良菌株的效率很低,远不能满足生产需要;因此,对微生物菌种进行改造和选育十分必要。

二、菌种选育的有益效果

(一)提高目的产物的产量

菌种选育可大幅度提高微生物发酵产物的产量。例如通过选育谷氨酸高产菌种,不断提高味精的发酵产量,降低生产成本。多年的实践经验证明,野生型菌株经过坚持不懈的选育,可以提高成百上千倍的产品产量和质量。

(二)改善菌种特性、提高产品质量和简化工艺条件

主要策略包括:①选育多孢子、孢子生长能力强、孢子丰满的突变菌株,有效降低种子制备的工艺难度。②选育产泡少的突变菌株,可以节省消泡剂、增加罐投料量、提高发酵罐的利用率。③选育抗噬菌体的突变菌株,减少发酵过程中因噬菌体污染而倒罐的可能性。④选育对溶氧要求低的突变菌株,降低发酵过程中的动力消耗。⑤选育发酵黏度小的突变菌株,改善溶氧状态,有利于提高发酵液的过滤性能。这些菌种选育措施在提高产品质量、改变产品组分、改善工艺条件等方面也发挥了重大作用。例如使用典型的温度敏感突变株

TS-88 发酵生产谷氨酸时,发酵温度由 30℃提高到 40℃,可在富含生物素的天然培养基中高产谷氨酸达 20g/L。此外,土霉素产生菌在培养过程中会产生大量泡沫,经诱变处理后改变了遗传特性,发酵泡沫减少,节省了大量消泡剂并增加了培养液装量,改善了发酵工艺条件。将氧传递有关的血红蛋白基因克隆到远青链霉菌,可降低其对氧的敏感性,在通气不足时,其目的产物放线红菌素产量可提高 4 倍。

(三)开发新产品

通过育种改变微生物原有的代谢途径,使得微生物合成新的代谢产物,如:生产柔红霉素的菌株经诱变筛选到能合成具有抗癌功效的阿霉素的生产菌株;生产四环素的菌株通过诱变筛选到能生产 6-去甲基金霉素和 6-甲基四环素的生产菌株;生产卡那霉素的菌株通过诱变筛选到生产小诺霉素的生产菌株。此外,经基因工程育种获得的基因工程菌生产干扰素。

三、菌种改造的一般流程

广义上说,微生物菌种改良可描述为采用任何科学技术手段(物理、化学、生物学、工程学方法以及它们的各种组合)处理微生物菌种,创造遗传突变库,并在理想的条件表达获得丰富的表型突变库,从中分离得到所要求表型的变异菌种,其一般流程如图 4-1 所示。

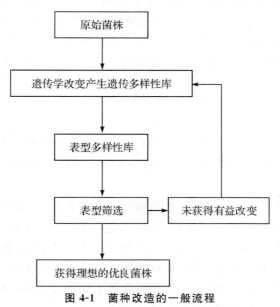

图 4-1 菌种改造的一般流程

第二节 微生物菌种选育的基本遗传操作

虽然很早以前,人们就有了种曲选育的观念,但直到近代人工诱变育种技术的建立,人类才开始真正改造微生物。此后,随着原生质体融合和重组 DNA 技术的应用,微生物育种技术迈入了真正意义的分子水平时代。

对微生物进行育种的首要条件:对微生物进行一定的遗传操作,创造遗传学上的变化,产生突变体。目前,产生突变体的方法有以下几种方法。

一、自发突变

自发突变指微生物在自然条件下受到紫外线及环境中其他致突因子的作用而产生突变的方法。这种方法简单易行,但发生自然突变的几率很低,一般为 $10^{-10}\sim10^{-6}$,菌种选育效率很低,故很少应用于菌种选育。

二、人工诱变

人工诱变是用一定剂量的诱变因子,如 NTG、^{60}Co γ-射线、UV 等处理微生物细胞,大幅度扩大基因突变频率,从而提高育种效率。人工诱变操作具有方法简便、快捷和收效显著等特点,在传统育种中广泛使用。1927 年 Miller 发现 X 射线能诱发果蝇基因突变。之后人们发现其他一些因素也能诱发基因突变,并逐渐弄清了一些诱变发生的机理,为微生物诱变育种提供了前提条件。1941 年 Beadle 和 Tatum 采用 X 射线和紫外线诱变红色面包霉,得到了各种代谢障碍的突变株。经过人工用诱变因子处理后,微生物细胞的突变频率大幅度提高,可达到 $10^{-6}\sim10^{-3}$,比自发突变提高了上百倍。人工诱变过程中,诱变因子的种类、处理剂量、多种诱变因子复合处理、诱变后的处理条件、被处理微生物的生理状况(如,处理的是营养体细胞、休眠体芽孢、分生孢子还是除去细胞壁的原生质体)、细胞是单核还是多核以及菌种对诱变因子的敏感性等都对微生物的突变率具有显著的影响。

(一)诱变因子

诱变因子包括物理诱变剂、化学诱变剂和生物诱变剂。

1. 物理诱变因子

物理诱变因子包括紫外线、X 射线、γ 射线、激光、低能离子等。常用的电离辐射有 X 射线、γ 射线、β 射线和快中子等。其中对微生物诱变效果较好、应用的较为广泛的是紫外线、X 射线和 γ 射线。

物理诱变因子可分为电离辐射和非电离辐射。其中 X 射线(波长为 0.06~136nm)和 γ 射线(波长为 0.006~1.4nm)是高能电磁波,能发射一定波长的射线,该射线在穿透物质的过程中能够把物质的分子或原子上的电子击出并产生正离子,属于电离辐射。当射线处理微生物细胞时,细胞首先接收辐射能量,穿过细胞壁、细胞膜,与 DNA 接触,主要引起 DNA 上的基因突变和染色体畸变。紫外线是一种波长短于紫色光的肉眼看不到的光线,波长为 136~390nm,紫外线穿过物质时能使该物质分子或原子中的内层电子能级提高,但不会得到或失去电子,因而不产生离子,属于非电离辐射。紫外线照射微生物细胞,使得 DNA 链上的两个嘧啶碱基产生嘧啶二聚体,碱基不能正常配对,进而产生基因突变。

近年来,一些新型诱变剂被开发出来,并被证明有良好的效果。1996 年,离子束诱变用于右旋糖酐产生菌,得到产量提高 36.5% 的突变株;1999 年,N_2 激光辐照谷氨酸产生菌——钝齿棒状杆菌,谷氨酸产量和糖酸转化率比对照提高 31%。低能离子注入育种技术是近些年发展起来的物理诱变技术。该技术不仅以较小的生理损伤而得到较高的突变率、较广的突变谱,而且具有设备简单、成本低廉、对人体和环境无害等优点。目前利用离子注入进行微生物菌种选育时所选用的离子大多为气体单质离子,并且均为正离子,其中以 N^+ 为最多,也有报道使用其他离子的,如 H^+、Ar^+、O^{6+} 以及 C^{6+},辐射能量大多集中在低能量辐射区。

2. 化学诱变因子

化学诱变剂是一类能与 DNA 起作用而改变其结构,并引起 DNA 变异的物质,它们与碱基接触发生化学反应,通过 DNA 的复制使子代细胞碱基发生改变而起到诱变作用。化学诱变剂往往具有专一性,它们对基因的某部位发生作用,对其余部位则无影响,所造成的基因突变主要为碱基的改变,以转换为多数。其诱变效应和它们的理化性质有很大的关系,根据化学诱变剂的作用机理不同,可将其分为三类。第一类是碱基类似物,即天然嘧啶或嘌呤分子结构相似的物质,如 5-BU,2-AP 等。当将这类物质加入到微生物培养基中,微生物在繁殖的过程中就能将其掺入到微生物的 DNA 分子中,不影响 DNA 的复制。其诱变作用是取代核苷酸分子中的碱基,再通过 DNA 复制引起突变,又称为掺入诱变剂。第二类是碱基化学修饰剂,即能与碱基上的一个或多个基团发生化学反应,从而改变 DNA 的分子结构,引发突变,主要包括烷化剂如甲基磺酸乙酯、硫酸二乙酯、亚硝基胍、亚硝基乙基脲、乙烯亚胺及氮芥等、脱氨剂如亚硝酸、羟化剂和金属盐类如氯化锂及硫酸锰等。其中,烷化剂是最有效,也是用得最广泛的化学诱变剂,其诱发的突变主要是 GC~AT 转换,另外还有小范围切除、移码突变及 GC 对缺失。这类诱变剂通常是配成一定浓度的母液与用缓冲液制备的单细胞悬液混合,在一定温度下处理一段时间,采用离心洗涤的方式除去药液。第三类是移码突变剂,如吖啶类化合物、EB 等,它们插入 DNA 双链上的两个碱基之间,使 DNA 链拉长,两碱基间距离拉宽,造成碱基的插入或缺失,在 DNA 复制时造成突变点以后的所有碱基都向后或向前移动,引起全体三联体密码转录、翻译错误而突变,即移码突变。这类诱变剂的使用方法与碱基类似物的使用方法相近,均是混到培养基中,让微生物在繁殖过程中掺入到 DNA 分子中。化学诱变剂的突变率通常要比电离辐射的高,并且十分经济,但这些物质大多是致癌剂,使用时必须十分谨慎。

3. 生物诱变因子

生物诱变是基于植物病原能够诱导其寄主形状产生可遗传的变异这一实验事实,并参照物理诱变、化学诱变而提出的一个新概念。在微生物遗传育种中,研究的较多的是 Mu 噬菌体,这是一类大肠杆菌的温和噬菌体,线型双链 DNA 分子,其 DNA 可以插入到宿主染色体的任何一个位点上,具有转座功能。当 Mu 噬菌体发生转座插入到宿主染色体上时,会引起突变,是典型的生物诱变剂。虽然在微生物、组织培养、质粒以及生物因子致癌等研究领域中常常涉及生物因子的致突变现象,如 1962 年 Alikhanian 观察到放线菌噬菌体的诱变效应,他们报告了利用噬菌体选育链霉素、红霉素和竹桃霉素的生产菌株;但相比于物理和化学诱变剂,生物诱变剂应用面比较窄,因此应用受到了限制。

(二)人工诱变育种的基本流程

人工诱变育种是指利用物理、化学等各种诱变剂处理均匀而分散的微生物细胞,显著提高基因的随机突变频率,而后采用简便、快速、高效的筛选方法,从中挑选出少数符合育种目的的优良突变株,以供科学实验或生产实践使用。在诱变育种过程中,诱变和筛选是两个主要环节,由于诱变是随机的,而筛选则是定向的,相比之下,筛选更为重要。其操作流程如图 4-2 所示。

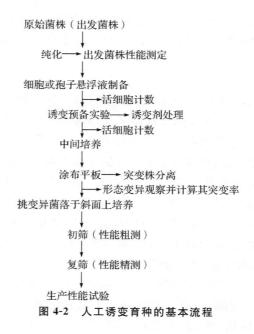

图 4-2　人工诱变育种的基本流程

1. 诱变前的准备工作

（1）诱变前对出发菌株的了解

菌种选育的过程中，要不断进行移接、培养，如果不了解试验菌株培养过程中影响其生长代谢的主要因素，就有可能因干扰而造成漏筛或误筛。其中主要的影响因素有培养基的组成、移种的密度、培养的温度、湿度等。

（2）出发菌株的纯化

确定诱变菌株后，就要进行纯化，否则容易发生变异和染菌。通常可以采用常规的划线分离法和稀释分离法，若还达不到育种要求的，可采用显微镜操纵器分离单孢子，培养形成单菌落，获得完全真实的纯菌株。

（3）诱变剂的选择和诱变剂量的确定

诱变剂的选择和剂量主要取决于诱变剂对基因作用的特异性和出发菌株的特性。实践证明，并非所有的诱变剂对所有的出发菌株都有效。诱变剂量的选择是个复杂的问题，不单纯是剂量与变异率之间的关系，还涉及很多因素，如菌种的遗传特性、诱变史、诱变剂的种类及处理的环境条件等等，实验中要根据具体情况具体分析。

在育种工作中，常以杀菌率表示诱变剂的相对剂量。杀菌率的计算：取等量被处理菌体与未被处理菌体分别在完全培养基上培养，计数各自长出的菌落。各类诱变剂的剂量表达方式有所不同，如 UV 的剂量指强度与作用时间之乘积；化学诱变剂的剂量则以在一定外界条件下，用诱变剂的浓度与处理时间的乘积来表示。在实际工作中，诱变率往往随剂量的增高而提高，但达到一定程度后，再增加剂量，诱变率反而下降。据有关研究结果表明，正突变较多出现在偏低剂量中，而负突变则较多出现于偏高剂量中。因此，目前在产量变异工作中，大多倾向于采用较低剂量。例如，以 UV 为诱变剂时，以前采用杀菌率为 90%～99.9% 的剂量，近来倾向于采用杀菌率为 70%～80%，甚至 30%～70% 的剂量。特别是对经过多次诱变的高产菌株,因容易出现负突变,更应采用低剂量处理。一般认为,经长期诱变后的高产菌株,以采用低剂量为宜;对于遗传性状不太稳定的菌株,也应采用较温和的诱变剂和较低剂量处理;对于诱变史短的低产菌株,则可采用高剂量处理。实际诱变过程中如何控制剂量大小,物理诱变剂和化学诱变剂不太一样。物理诱变剂通过控制照射的距离、时间和照射过程中的条件(氧、水等);化学诱变剂主要通过调节浓度、处理时间和处理条件(温度、pH 等)。

2. 诱变操作过程

(1)出发菌株的预培养。对出发菌株进行预培养,一般采用营养丰富的培养基,可在其中添加一些咖啡因、吖啶黄、嘌呤等物质,提高其突变率。

(2)单孢子(或单细胞)悬液的制备。在诱变育种中,所处理的细胞必须是处于均匀的悬液状态的单细胞,这样既可保证细胞均匀地接触诱变剂,又可保证生长出纯菌株。用单细胞微生物制备菌悬液时,一般选用经过前培养,必须要达到生理活性方面同步的最旺盛的对数生长期,通过离心洗涤,去除培养基,用无菌的生理盐水或缓冲液制备菌悬液,通过菌体计数,调整菌悬液浓度($10^6 \sim 10^8$ 个/mL)供诱变处理。

对产孢子的微生物进行诱变时,采用成熟而且新鲜的孢子,置于液体培养基中震荡培养到孢子刚刚萌发,离心洗涤,加入无菌的生理盐水或缓冲液震荡分散,用无菌脱脂棉过滤,通过血细胞计数法进行孢子计数,调整孢子浓度($10^6 \sim 10^7$ 个/mL),供诱变处理。

(3)诱变处理。诱变剂的处理方法可分为单因子处理和复合因子处理。其中单因子处理就是采用单一诱变剂处理;复合因子处理就是采用两种以上的诱变因子共同诱发菌体突变。一般认为复合因子处理的效果要好于单因子处理,因为多因子复合处理可以取长补短,以弥补某种不亲和性和热点饱和现象,更容易得到多突变类型。

复合诱变是指两种或多种诱变剂的先后使用、同一种诱变剂的重复作用、两种或多种诱变剂的同时使用等诱变方法。某一菌株长期使用诱变剂之后,除产生诱变剂"疲劳效应"外,还会引起菌种生长周期延长、孢子量减少、代谢减慢等,这对生产不利,在实际生产中多采用几种诱变剂复合处理、交叉使用的方法进行菌株诱变。普遍认为,复合诱变具有协同效应,如果两种或两种以上诱变剂合理搭配使用,复合诱变较单一诱变效果好。

(4)诱变后培养。诱变后的菌悬液一般不直接分离于平板,而是立即转移到营养丰富的培养基中培养数代,保证诱变发生的突变能够通过 DNA 的复制而形成稳定的突变体。

(5)筛选。菌种诱变处理后,经过后培养,涂布在琼脂平板上,由一个突变的单细胞或孢子发育成单菌落,突变的类型很多,归纳起来有两大类:第一类为形态突变株,另一类为生化突变株。这些突变株都混杂在诱变后处理的微生物中,根据筛选的目的将其分离筛选出来。

(三)突变株的筛选方法

1. 设计高效筛选方案

在微生物群体细胞经诱变处理产生的突变个体中,绝大多数属于负变株,只有极少数是正变株。既要从大量的变异株中挑选产量较高的正变株,又要花最少的工作量,则必须设计简便、高效的科学筛选方案。筛选方案最好做到不仅可提高筛选效率,还可使某些眼前产量虽不高,但有发展后劲的潜在优良菌株不致被淘汰。根据实际工作经验,常将筛选工作分为初筛与复筛两步进行。初筛以量为主,准确性要求不一定高,只要定性测定即可,以尽可能选留较多有生产潜力的菌株。复筛以质为主,通过初筛比较,精确测定少量潜力大的菌株的代谢产物量,从中选出最好的菌株。

2.创造新型筛选方法

对产量突变株生产性能的测定方法一般也分成初筛和复筛两个阶段。初筛以粗测为主,可在琼脂平板上或摇瓶培养后测定。平板法的优点是快速、简便、直观,缺点是平板上固态培养的结果并不一定反映摇瓶或发酵罐中液体培养的结果。当然,也有十分吻合的例子。如用圆的厚滤纸片(吸入液体培养基)法筛选柠檬酸产生菌宇佐美曲霉(Aspergillus usamii)的效果很好。复筛以精测为主,常采用摇瓶培养方法或台式自控发酵罐进行放大试验,在接近生产条件的情况下进行生产性能的精确测定。

(1)抗药性突变株的筛选

抗药性基因是遗传研究和育种工作重要的选择性遗传标记,同时,有些抗药菌株还是重要的生产菌种。梯度平板法是定向筛选抗药性突变株的一种有效方法,通过制备琼脂表面存在药物浓度梯度的平板,在其上涂布诱变处理后的细胞悬液,经培养后再从其上选取抗药性菌落等步骤,就可定向筛选到相应抗药性突变株。在筛选抗代谢药物的抗性菌株以取得相应代谢物的高产菌株方面,此法能达到定向培育的效果。

(2)营养缺陷型突变株的筛选

营养缺陷型突变株既可作为杂交(包括半知菌的准性杂交、细菌的接合和各种细胞的融合等)、转化、转导、转座等遗传重组的基因标记菌种,又可作为氨基酸、维生素或碱基等物质的生物测定试验菌种;此外,利用该突变株还可了解生物体内合成氨基酸和核苷酸等物质的代谢途径,该突变株还可直接作为发酵生产氨基酸、核苷酸等有益代谢产物的生产菌种。

筛选营养缺陷型突变株的三类培养基如下。

①基本培养基(MM):仅能满足某微生物的野生型菌株生长所需要的最低营养成分的组合培养基,称基本培养基。不同微生物所用的基本培养基是不相同的,有的成分极为简单,有的却很复杂,不能误认为凡是基本培养基的成分均是简单的,尤其是不含生长因子的培养基。

②完全培养基(CM):凡可满足一切营养缺陷型菌株营养需要的天然或半组合培养基,称完全培养基。一般可在基本培养基中加入一些富含氨基酸、维生素、核苷酸和碱基类的天然物质(如蛋白胨、酵母膏等)配制而成。

③补充培养基(SM):凡只能满足相应的营养缺陷型突变株生长需要的合成或半合成培养基,称补充培养基。它是在基本培养基中再添加某一营养缺陷型突变株所不能合成的某相应代谢物或生长因子所制成,因此可专门选择相应的营养缺陷型突变株。

三、杂交育种

杂交育种是利用两个或多个遗传性状差异较大的菌株,通过有性杂交、准性杂交、原生质体融合和遗传转化等方式而导致其菌株间的基因的重组,把亲代的优良性状集中在后代中的一种育种技术。杂交育种的理论基础是基因重组。由于杂交育种选用了已知性状的供体菌和受体菌作为亲本,所以不论是方向性还是自觉性,均比诱变育种前进了一大步。下面以原生质体融合技术为例讲述杂交育种的基本操作过程。

原生质体融合(protoplast fusion)亦称细胞融合(cell fusion),是指细胞外层的细胞壁被酶解脱壁形成原生质体后,在外力(诱导剂或促融剂)作用下,两个或两个以上的异源(种、属间)细胞或原生质体相互接触,通过膜融合、胞质融合、核融合,接着基因组之间发生接触、交换,进而发生基因组的遗传重组,最后在适宜的条件下再生出细菌细胞壁、获得重组子的过程。1979 年匈牙利的 Pesti 首先提出了运用融合育种技术提高青霉素的产量,从而开创了原生质体融合技术在微生物育种实际工作中的应用。

相较于常规杂交技术,原生质体融合可以大幅度提高亲本之间重组频率,扩大重组的亲本范围;具有许多常规杂交方法无法比拟的独到优点:(1)克服种属间杂交的"不育性",可以进行远缘杂交。(2)基因重组频率高,重组类型多。(3)可将由其他育种方法获得的优良性状,经原生质体融合而组合到一个菌株中。(4)存在着两个以上亲株同时参与的融合,可形成多种性状的融合子。此外,同基因工程方法相比,这一技术不需对试验菌株进行详细的遗传学研究,避免了分离提纯、剪切、拼接等基因操作,也不需高精尖的仪器设备和昂贵的材料费用。随着生物学研究手段的不断创新,原生质体融合技术的基本实验方法逐步完善,经过多年的实际应用证明,微生物原生质体融合是一项十分有用的育种技术。因此,原生质体融合育种广泛应用于霉菌、酵母菌、放线菌和细菌,并从株内、株间发展到种内、种间,打破种属间亲缘关系,实现属间、门间,甚至跨界融合。原生质体融合的基本操作如下。

(一)制备原生质体

原生质体是指去掉细胞壁的球状体,其制备过程本质上是一个溶菌酶对细胞壁酶解的生化过程。因此,细菌细胞的破壁显得尤为重要。当前去壁的方法主要有机械法、非酶法和酶法,在实际工作中,最常用和最有效的是酶法,该法时间短,效果好。酶法中具体使用哪一种酶要根据所研究的特定微生物而定。在放线菌和细菌原生质体制备中,主要使用溶菌酶;而酵母菌和霉菌一般用蜗牛酶、消解酶或纤维素酶等;也有研究表明,使用微生物产生的酶复合物或商品酶的混合液比单独使用一种酶的效果好。

(二)原生质体的融合

融合就是把亲株的原生质体在高渗条件下进行混合。在原生质体融合中,诱导融合的方法主要有化学法(PEG 促融法)、物理法(包括电融合和激光诱导融合法等)。

1. 聚乙二醇(PEG)促融法

PEG 分子具有负极性,可与正极性的水、蛋白质和碳水化合物等形成氢键,从而在原生质体间形成分子桥,使原生质体发生黏连而促使原生质体的融合。该法的优点是不需要特别的仪器设备,操作简便;缺点是 PEG 是化学试剂,对原生质体具有一定的毒性,可能影响原生质体的再生。自 1974 年 Kao 发现 PEG 在适量 Ca^{2+} 存在下能有效地诱导植物原生质体融合后,PEG 也很快被用于微生物细胞的原生质体融合。

2. 电融合法

在短时间强电场的作用下,当原生质体置于电导率很低的溶液中时,电场通电后,电流即通过原生质体,使原生质体在电场作用下极化而产生偶极子,从而使原生质体紧密接触排列成串,原生质体成串排列后,立即给予高频直流脉冲,细胞膜发生可逆性电击穿,瞬时失去其高电阻和低通透性,然后在数分钟内恢复原状。当可逆电击穿发生在两个相邻细胞的接触区时,即可诱导它们的膜相互融合,从而导致细胞融合。该法的优点是融合频率高,无化学毒性,操作简便,可在显微镜下观察融合全过程。

3.激光融合法

激光诱导融合技术的原理是:先让细胞或原生质体紧密贴在一起,再用高峰值功率密度激光照射接触处,从而使质膜击穿或产生微米级的微孔,质膜上产生微孔是一个可逆的过程,质膜恢复的过程中细胞连接微孔的表面曲率很高,使细胞处于高张力状态,此时细胞由哑铃形逐渐变为圆球状,进而细胞发生融合。该法的优点是毒性小,损伤小,具高度选择性;缺点是操作技术难度大,所需设备昂贵复杂。

(三)原生质体再生

原生质体的再生是指酶解去壁后得到的原生质体通过重建细胞壁,恢复细胞的完整形态且能够生长、分裂,这是融合育种的必需条件。原生质体的再生往往受原生质体化的因素的影响,因此在进行融合之前,应探讨原生质体形成和再生的最适条件。

(四)融合子筛选

在对 A 和 B 两种细胞的融合中,可能会形成 AA、AB 及 BB 三种融合形式。而我们要筛选出的是 AB,因此融合子的筛选是融合过程中的关键。其中有下列几种筛选方法。

1.营养缺陷型标记筛选融合子

即融合双亲为不同的营养缺陷型(单缺或双缺),双亲缺陷的原生质体融合后于基本培养基进行培养,由于双亲遗传缺陷而丧失了合成某种物质的能力,在基本培养基上不能生长,只有营养缺陷得到互补后的融合子才能恢复生长,用这种方法即可检出融合子。如,以大肠埃希菌 W4183(Arg-)和 Fu20-1(Leu-)为亲本进行原生质体融合,在不加 Arg、Leu 的培养基上筛选出融合子。该法的优点是准确可靠。在排除污染的情况下,在基本培养基上长出的菌落即可初步判为融合子;缺点是会发生部分融合子遗漏、耗时、工作量大,而且可能会造成有害突变的出现。

2.抗药性标记筛选融合子

不同种的微生物对某一种药物的抗性存在差异,利用这种差异或与菌种其他特性结合起来则可进行融合子的选择。Brodshaw 等在很早以前就利用对真菌抑制剂有抗性的营养缺陷型菌株和对真菌抑制剂敏感的野生型进行原生质体融合,使融合子能在含有真菌抑制剂的基本培养基上生长。该法的优点是可以避免营养缺陷型标记的一些不足;缺点是抗药性的获得需要耗费一定的时间,同时,还需掌握好选择性培养基中药物的浓度。

3.荧光色素标记筛选融合子

在酶解制备原生质体时向酶解液中加入荧光色素,使双亲原生质体分别带上不同的荧光色素,在一定的波长下呈现出不同的颜色,原生质体融合后,在荧光显微镜下通过观察及显微操作,即可直接选出带有两色荧光的融合子。龙建友等将经酚藏花红荧光染色标记的链霉素 No.24 菌株的原生质体与其诱变株 Ms-24 的原生质体经伊文思蓝荧光染色标记后进行融合,在荧光显微镜下筛选出同时带有红蓝荧光的高产秦岭霉素的融合子。该法的优点是能较好地保持双亲的优良性状;缺点是在显微镜下用显微操作器进行融合子的分离,因此难以获得大量的融合子。

4.灭活原生质体标记筛选融合子

该技术的原理:在原生质体融合之前,对单亲或双亲原生质体进行灭活,使其丧失再生的能力,当两亲株融合后,其致死损伤得到互补,便可获得能够存活的融合子。在此系统中,灭活的原生质体实际上起了遗传物质的载体作用。骆健美等将两株高产褐黄孢链霉菌 SG-2002-1

和 SG-2002-2 的原生质体分别经紫外灭活和热灭活后融合,获得能生长繁殖的融合子。该法的突出优点是不需要人为标记,从而大大减少了融合前对亲株进行遗传标记的工作量。

（五）原生质融合技术在微生物育种上的应用

1.通过融合杂交综合双亲优良性状,优化菌种

通过原生质体融合技术使 2 个菌株的遗传物质得到重组,从而获得兼具两个亲本优良性状的新菌株。Choi 等将无絮凝性、乙醇产量高的酿酒酵母（*Saccharomyces cerevisiae* CHY 1011）与有絮凝性、乙醇产量低的酿酒酵母（*Saccharomyces bayanus* KCCM12633）进行原生质体融合,获得的融合株 CHFY 0321 兼具了亲株 KCCM 12633 的絮凝性及亲株 CHY1011 高产乙醇的特性。张莉滟和张德纯将兼性厌氧菌保加利亚乳杆菌热灭活的原生质体作为遗传物质供体,采用电融合方法,诱导其原生质体与双歧杆菌融合,将其耐氧基因随机整合到长双歧杆菌中,提高其耐氧能力。黎永学等将双歧杆菌和酿酒酵母原生质体融合,初筛出具有双歧杆菌和酿酒酵母生物学特性、较稳定的融合细胞株 BSF1 和 BSF2,克服了双歧杆菌因厌氧而不易开发利用的难题。

2.提高代谢产物的产量

Hou 将酿酒酵母（*S. cerevisiae*）W303 经 EMS 诱变,诱变菌株融合后获得的融合子 S3-7 乙醇产量比 W303 提高了 13%。陆海鹏将一株产核黄素的假丝酵母 10 经紫外诱变后的亲株 TL-2 的原生质体与另一亲株酿酒酵母 Yl131 的原生质体融合,获得的融合株 YT-3 核黄素产量比亲株 TL-2 提高了 25%。Prabavathy 等报道了木霉菌（*Trichoderma reesei*）种内原生质体融合的研究,得到的融合子产纤维素酶活性比亲本提高了两倍。Gunashree 等利用原生质体融合技术将营养缺陷的黑曲霉 CFR335 与无花果黑曲霉 SGA01 的原生质体经紫外诱变后进行种间融合,获得的融合子植酸酶产量较两亲株明显提高。在乳杆菌研究中,Yu 等以鼠李糖乳杆菌（*Lactobacillus rhamnosus*）Lr-WT 的诱变优良菌为出发菌,通过双亲灭活得到的融合菌株 F2-2 乳酸产量是野生菌的 1.8 倍。曾献春等将保加利亚乳酸杆菌和嗜热链球菌进行乳酸菌原生质体融合,筛选出产酸量高且耐热性好的重组菌株。

3.耐高温菌种的选育

许多种微生物能在 45～65℃生存,有的甚至更高。关于微生物耐热性的机理还不是很清楚,但其耐热性有很重要的应用价值。如在酒精酿造中,酿酒酵母于 40℃时产酒量明显下降,因此选育出耐高温的菌株具有重要应用价值。Shi 等将酿酒酵母（*S. cerevisiae*）SM-3 经紫外诱变筛选得到的能于 43℃生长的两菌株作为亲本进行原生质体的融合,选育出了能耐受 55℃高温的融合菌。孙君社等利用电场诱导原生质体融合技术对产酒率高的菌株 Sb1 和产酒率低但耐高温的菌株 No.30 进行融合,选育出耐高温的酵母,解决了在纤维素类物质同步发酵过程中发酵温度同酶解温度不一致的问题。Setei 等通过原生质体融合获得了 42℃条件下发酵产酒精体积分数为 6.0%的耐高温酵母。

四、基因工程育种

基因工程育种是指利用基因工程方法对生产菌株进行改造而获得高产工程菌,或者是通过微生物间的转基因而获得新菌种的育种方法。基因工程育种是真正意义上的理性选育,按照人们事先的设计进行育种。

微生物基因工程育种的方案包括分离目的基因,选用合适的载体克隆目的基因片段,并

将其转化到受体菌中,通过基因操作来提高基因剂量水平或强化启动子功能,最终达到提高菌株生产力的目的。基因工程育种技术的技术流程主要如下。

1. 目的基因的获得

一般通过化学合成法、物理化学法、鸟枪无性繁殖法、酶促合成法、Northern 杂交分析法、cDNA 文库筛选法、杂交筛选法等方法获得目的基因。

2. 载体的选择

载体是携带目的基因并将其转移至受体细胞内复制和表达的运载工具,基因工程载体一般为环状 DNA,在体外经酶切和连接后与目的基因结合成环状重组 DNA,最后经转化,进入宿主细胞,并能在宿主细胞内大量繁殖及表达。到目前为止,人们已经研究和设计出许多不同的载体,据其来源可分为质粒载体、噬菌体载体和柯斯质粒三大类型。

3. 重组子体外构建

基因工程的一个重要方面是将 DNA 分子进行切割和连接,这方面的工作是由酶来完成,负责切割的酶属于限制性内切酶,能在载体和目的 DNA 末端切出特异的黏性末端;负责连接的酶是 DNA 连接酶,能在两段 DNA 链间形成新的磷酸二酯键,构建成由载体和目的基因组合而成的重组子。

4. 重组载体导入受体细胞

通过制备感受态受体菌细胞或直接通过高压电穿孔法,将重组子导入受体细胞。

5. 重组体筛选和鉴定

以合适的筛选方法选择具有最佳性能的突变重组子。

基因工程育种在微生物育种中的应用主要有以下几个方面。

通过基因工程法生产药物:利用基因工程技术从人或动物体内分离获得药物相关基因,通过体外重组转入微生物细胞中,使得微生物获得表达这些基因的能力成为新的工程菌。通过工程菌的发酵来生产胰岛素、红细胞生成素等蛋白质药物。这些药物包括治疗用的活性蛋白质或多肽类药物,如人干扰素、人白细胞介素、人生长素、松弛素、抑长素、表皮生长因子、肿瘤坏死因子、血小板生长因子、凝血因子等等;疫苗类,如甲肝疫苗、乙肝疫苗、疟疾疫苗、霍乱疫苗等;以及单克隆抗体及诊断试剂。

通过基因工程法提高菌种的生产能力:自 20 世纪 80 年代以来,利用基因工程提高菌种的生产能力已经在很多发酵领域获得成功,尤其是氨基酸发酵方面获得了很大的进展。如日本的 Ajinomoto 公司成功地利用载体将一种大肠杆菌基因移植到另一大肠杆菌中,使其甲硫氨酸的合成能力提高 15 倍,脯氨酸的生产能力提高 12.5 倍。中国科学院微生物研究所利用基因工程方法构建了基因工程菌 M151,该菌株在普通培养基上生产色氨酸酶的活力提高 98 倍,其发酵液中的色氨酸可达 160g/L。

通过基因工程法改进传统的发酵工艺:传统发酵工艺生产微生物代谢品常需要耗费大量的动力,尤其是好氧微生物发酵过程要提供大量的无菌空气和大功率搅拌来满足发酵对溶解氧的需求,否则其代谢物的生产能力会大大下降。若将与氧吸收传递相关的血红蛋白基因克隆到好氧微生物中,改造后的微生物在发酵时对氧的敏感度会大大降低,可有效地降低发酵时的耗能。

通过基因工程法提高菌种的抗性:酵母菌是食品工业的重要菌种,在面包制作和啤酒生产等行业具有广泛的用途,由于酵母是具有活性的微生物菌体,其保存和运输必须在低温下进行。我国的科技人员利用基因工程技术成功地构建了活性干酵母和耐高温酵母,使得酵母菌可在干燥的条件下常温保存和运输。中国科学院上海植物研究所研究构建的抗 63 株噬菌体的谷氨酸生产菌 4—210,该菌株在噬菌体严重污染的情况下仍能维持正常生产。

第三节　菌种选育的策略

一、随机突变结合定向筛选育种

菌种选育最传统的方法是利用人工诱变及原生质体融合技术产生随机突变,以目标性状或其他相关的调控靶点指标对突变库进行筛选。

常用的筛选方法有随机筛选和平板菌落筛选。随机筛选是将诱变处理后的菌体分离到琼脂平板上,培养后随机挑取菌落,一个菌落移入一支斜面,然后一支斜面接入一个三角瓶,震荡培养,通过测定产物活性的高低来决定取舍。平板菌落筛选是根据代谢产物的特异性设计培养基成分,用于筛出所需突变体的方法,在平皿分离阶段就有目的地筛选所需要的菌株,这能大大地扩大有效筛选量,提高筛选效率。主要的方法有:根据形态筛选突变株、根据平板菌落生化反应筛选突变株、采用冷敏感菌筛选抗生素突变株、采用复印技术快速筛选突变株、琼脂块大通量筛选突变株等。随着微生物育种的发展,诞生了高通量筛选技术,主要是运用自动化实验操作系统进行移液、接种、清洗等操作,用摄像头或计算机传感器识别光信号或电信号对目标性状进行检测。

二、代谢工程育种

随着对微生物遗传规律的深入认识,微生物育种工作正在沿着从不自觉到自觉,从低效到高效,从随机到定向的方向发展。

20 世纪 90 年代中期提出的代谢工程(metabolic engineering)又称途径工程(pathway engineering),注重以酶学、化学计量学、分子反应动力学以及现代数学的理论及技术为研究手段,在细胞水平上阐明代谢途径与代谢网络之间局部与整体的关系、胞内代谢过程与胞外物质运输之间的偶联以及代谢流流向与控制的机制,并在此基础上通过工程和工艺操作达到优化细胞性能的目的。它综合了基因工程、生物化学、生化工程等领域的知识,是目前国内外研究的热点之一。

(一)代谢工程的概念及技术原理

1.代谢工程的概念及发展历程

1991 年 Bailey 首次提出代谢工程这个概念。他在《科学》杂志上首次论述了代谢工程的应用、潜力和设计,并把代谢工程定义为:"用重组技术操纵细胞的酶、运输和调节功能来改进细胞的活性,亦即利用重组技术对细胞的酶促反应、物质运输以及调控功能进行遗传操作,进而改良细胞生物活性的过程。"同年,Stephanopoulos 等在《科学》杂志上论述了有关"过量生产代谢产物时的代谢工程""代谢网络的刚性、代谢流的分配、关键分叉点及速率限制步骤"等内容。目前,代谢工程的一般定义为:"利用分子生物学原理系统分析代谢途径,设计合理的遗传修饰战略来定向改善细胞的特性,或运用重组 DNA 技术来构建新的代谢途径。"

2. 代谢工程的原理及理论基础

代谢工程的原理(如图 4-3)是在对细胞内代谢途径网络系统分析的基础上进行有目的的改变,以更好地利用细胞代谢进行化学转化、能量转导合成、分子组装,它的研究对象是代谢网络,依据代谢网络进行代谢流量分析(FMA)和代谢控制分析(MCA),并检测出速率控制步骤,最终的目的是改变代谢流,提高目的产物的产率。

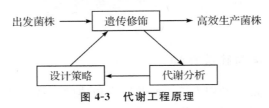

图 4-3　代谢工程原理

(1)代谢网络理论。代谢网络理论把细胞的生化反应以网络整体,而不是孤立地来考虑。细胞代谢的网络由上万种酶催化的系列反应系统、膜传递系统、信号传递系统组成,并且既受精密调节,又互相协调。各种代谢都不是孤立地进行的,而是相互作用、相互转化、相互制约的一套完整、统一、灵敏的调节系统。

代谢网络分流处的代谢产物称为节点,其中对终产物起决定作用的少数节点称为主节点。根据节点下游分支的可变程度,节点分为柔性、刚性及半柔性节点三类。一般地,柔性及半柔性节点是代谢工程设计的主要对象。节点的刚性程度必须在代谢改造策略之前进行分析。

(2)代谢流分析。对细胞中众多代谢途径进行定量的代谢流分析(metabolic fluxes analysis,MFA)是通过代谢工程的方法进行设计育种的基本依据之一。代谢流分析是假定细胞内的物质、能量处于一拟稳态,通过测定胞外物质浓度根据物料平衡计算细胞内的代谢流。放射性标记、同位素跟踪等的应用使代谢流分析更简单、方便。通过对细胞在不同情况(如改变培养环境、去除抑制、增加或减少酶活等)的代谢流分析可确定节点类型、确定最优途径、估算基因改造的结果、计算最大理论产率等。

(3)代谢控制分析。代谢流分析揭示了代谢的静态分布。而代谢控制分析(metabolic control analysis,MCA)则针对细胞内外环境的不稳定性,揭示细胞代谢的动态变化规律。弹性系数和流量控制系数是代谢控制分析研究的两个主要指标。弹性系数揭示了代谢物浓度变化对反应速率的影响程度。流量控制系数则为单位酶变化量引起的某分支稳态代谢流量的变化,用来衡量某一步酶反应对整个反应体系的控制程度。

(二)代谢工程研究步骤及相关技术

1. 代谢工程研究步骤

(1)建立一种能尽可能多的观察途径并测定其流量的方法。通常从测定细胞外代谢物的浓度入手进行简单的物料平衡。这里必须强调的是,一个代谢途径的代谢流并不等于该途径中一个或多个酶的活性。

(2)在生化代谢网络中施加一个已知的扰动,以确定在系统松散之后达到新的稳态时的途径代谢流。常采用的扰动方式包括启动子的诱导、底物补加脉冲、特定碳源消除或物理因素变化等。虽然任何有效的扰动对代谢流的作用都是可以接受的,但扰动应该定位于紧邻途径节点的酶分子上。一种扰动往往能提供多个节点上的信息,这对于精确描述代谢网络控制结构所必需的最小实验量是至关重要的。

（3）系统分析代谢流扰动的结果。如果某个代谢流的扰动对其下游代谢流未能造成可观察的影响，那么就可以认为该处的节点对上游扰动的反应是刚性（rigid）的，与之相反的情况则称为柔性（fluxible），柔性及半柔性节点是代谢工程设计的主要对象。

（4）按照要求设计合理的遗传修饰战略来定向改善细胞的特性，或运用重组 DNA 技术来构建新的代谢途径。

2.代谢工程相关技术

常规的化学和生物化学检测手段都可以用于代谢工程的研究，从而描述、判断、分析和控制代谢流状态。可主要分为代谢网络分析技术和遗传技术。

代谢网络分析主要是利用 GC-MS、2D-NMR、同位素标记（如用 2H，13C）追踪技术结合高通量分析，在获得大量生物化学反应基本数据的基础上，采用化学计量学、分子反应动力学和化学工程学的研究方法并结合先进的计算机技术，进一步阐明细胞代谢网络的动态特征与控制机理，以确定代谢改造的思路。

代谢工程修饰改造细胞代谢网络的核心是在分子水平上对靶基因或基因簇进行遗传操作，其中最典型的形式包括基因或基因簇的克隆、表达、修饰、敲除、调控、构建特殊的基因转移系统以及重组基因在目的细胞染色体 DNA 上的稳定整合。

（三）代谢工程育种策略

1.改善限速途径，提高关键酶的表达量

代谢途径中的限速反应及其关键酶决定微生物目的产物产率，提高对自然菌种进行代谢工程改造的先决条件是对代谢通量的充分了解以及对限速步骤的识别，然后，将编码限速酶的基因通过酶切等手段，制得特定片段，连接在高拷贝数的载体上再导入宿主中去表达，从而加速限速反应，达到提高目的产物的效果。磷酸烯醇式丙酮酸羧化酶（pckA）是琥珀酸放线杆菌生产丁二酸关键限速酶，Claire Vieille 等通过穿梭质粒 PGZRS-19 将 pckA 在琥珀酸放线杆菌中过量表达，使 pckA 酶活力增加了一倍，丁二酸产量明显提高。PEP 羧化酶是大肠杆菌生产丁二酸关键限速酶之一，Millard 等过量表达大肠杆菌 PEP 羧化酶，受体菌 JCL1208 的琥珀酸浓度由 3.0g/L 增加到 10.7g/L。葡萄糖酸激酶是芽孢杆菌属微生物发酵生产 D-核糖的关键限速酶之一，Miyagawa 等通过克隆葡萄糖操纵子构建 D-核糖工程菌，获得了具有高葡萄糖酸激酶活性的核糖生产菌 *Bacillus subtilis*（PGLS4）。该工程菌可积累核糖 62mg/mL，而亲株只积累 39mg/mL 的 D-核糖。微生物代谢甘油产生 1,3-二羟基丙酮（1,3-Dihydroxyacetone，DHA）的关键限速酶是甘油脱氢酶（glycerol dehydrogenase，GDH），Gatgens 等分别利用强启动子 tufB 和 gdh 提高 GDH 浓度，进而提高了 DHA 浓度，550mmol/L 甘油为底物，微生物法生产 DHA 的产量可以达到 350mmol/L，DHA 产量比普通菌提高了 75%。

2.扩展代谢途径

扩展代谢途径一般是指通过基因工程手段引入外源基因（簇）等，使原有代谢途径进一步向前或向后延伸，从而可利用新的原料合成目标产物或产生新的末端代谢产物。

在传统的酵母菌发酵淀粉原料生产酒精过程中，由于酵母菌缺乏水解淀粉的酶类，故原料需经淀粉酶作用变成葡萄糖后才能被利用，构建能直接利用淀粉的酵母工程菌可简化工序和设备，减少能源消耗，降低成本。Okumagai 等从巴斯德毕赤氏酵母中分离了一个不受乙醇阻遏的醇氧化酶基因（AOX1）启动子表达淀粉酶基因使 α-淀粉酶分泌量提高至 25mg/L，这个工程菌可以有效地由淀粉直接发酵生产乙醇；Hisayori Shigechi 等应用酵母展示系统展示葡萄糖化酶和 α-淀粉酶，成功构建了一株能直接利用玉米淀粉发酵生产乙醇的酵母基因工程菌，在72h 内，该菌株能生产乙醇 61.8 g/L，达到其理论产量的 86.5%。酿酒酵母利用木质纤维素等多聚物的水解液进行酒精发酵时，因水解液中含有大量的戊糖和己糖如木糖、甘露糖和阿拉伯糖等都不能被利用或者是利用效率低下，影响纤维素资源在酒精发酵中的应用。Jin 等利用构建酵母菌——大肠杆菌穿梭质粒，将柄状毕赤酵母依赖木糖还原酶（XR）和木糖醇脱氢酶（XDH）基因导入酿酒酵母菌体内，获得的转化子能同时有效地将木糖和葡萄糖转化为乙醇。苯丙氨酸（Phe）广泛地应用于食品和医药领域，主要是通过微生物发酵生产。Phe 合成途径有多个调控位点，Ikeda 等将与 Phe 合产相关的 DAHP 合成酶、分枝酸变位酶和预苯酸脱水酶的3 个基因克隆并连接在一起，然后转移到色氨酸（Trp）生产菌株中，使代谢流方向从终产物为Trp 转向了 Phe，产量可达 28g/L。

3. 构建新的代谢途径

构建新的代谢途径一般是将催化一系列反应的多个酶基因克隆到不能产生某种新的化学结构的代谢产物的微生物中，使之获得产生新的化合物的能力，从而克隆表达合适的外源基因，将自身的代谢产物转化为新的代谢物，或利用基因工程手段，克隆少数基因，将细胞中原来无关的两条代谢途径联结起来，形成新的代谢途径，产生新的代谢产物。自然界异黄酮合成途径主要存在于豆科植物中，郝佳等将大豆异黄酮代谢途径中的五个关键酶基因导入到大肠杆菌中，获得了含有五个外源基因可以生产异黄酮的重组大肠杆菌。

4. 阻断或降低副产物的合成

通过对微生物细胞代谢支路相关基因进行敲除或降低其活性，从而阻断或降低副产物形成。高级醇（如异戊醇、异丁醇）是啤酒发酵代谢副产物的主要组分之一，若含量过高会破坏啤酒的风味。Eden 等通过降低或敲除编码的支链氨基酸转氨酶（BCAT）的 BAT2 基因能够显著降低发酵产物中异丁醇的含量。

5. 代谢工程的综合应用

微生物细胞是一个复杂的代谢网络，单纯地提高限速酶的活性或敲除副产物支路往往不能达到实际生产所需要的产量、速率或浓度，这些对于整个代谢途径的正常运行都是有害的。因此仍然需要对改造后的代谢途径进行进一步的优化。

甘油是酿酒酵母生产乙醇的主要副产物之一，在厌氧条件下，甘油的形成使 NADH 转化成 NAD^+，由 GDP1 和 GDP2 基因编码 NADH 产生 NAD^+ 的 3-磷酸甘油脱氢酶，将磷酸二羟基丙酮转化成 3-磷酸甘油。但是若敲除其中一个或两个基因，菌体生产受到影响或直接不能生长。Nissen 等敲除酵母菌体内的 GDP1 和 GDP2 基因，并在此基础上构建了一个产生 NAD^+ 的新途径，使代谢副产物甘油的形成减少了 40%。

三、合成生物学育种

合成生物学是指从头设计并构建新的遗传组件、设备和系统，或对现有的、天然的生物系统进行重新设计和改造，以达到利用工程化的遗传系统或生物模型来处理信息、合成化合物、制造材料、生产能源、提供食物、保持和增强人类健康以及改善环境等目的。因此，全面理解合成生物学的内涵，必须从其科学理论本质及技术工程本质两个方面入手，合成生物学的科学理论本质是用"合成"的理念和策略，来研究生物和生命系统运行的规律；合成生物学的工程技术的本质是按设计好的蓝图重新组装分子元件,并转入细胞,使这些工程化的细胞执行新的功能。与分子遗传学的发展历程类似,由于微生物结构简单和分子改造技术成熟,目前合成生物学研究的对象以微生物为主。

(一)合成生物学的终极目标创造生命

合成生物学最终的目标是将可通用的遗传组件进行组装,创造出"人造生命"。2007 年 Venter 研究团队把微生物 *Mycoplasma mycoides* 的基因组用 *Mycoplasma capricolum* 的天然基因组取代,产生的融合体在基因型和表型方面都表现为 *M. capricolum*。Ball 在 Nature 中以"合成生物学:设计生命"(Synthetic Biology,Design for Life)为题,对这项研究成果给予高度评价,认为人类已经进入了"为了某个实用目的而进行全基因组工程改造"的时代。

虽然合成生物学的研究内容主要是对遗传物质和遗传元件的人工设计、合成和组装,其研究基础和内容与遗传学密不可分。但是合成生物学的科学思维自诞生之日起就与包括遗传学在内的传统自然科学截然不同。遗传学发展经历了细胞遗传学、微生物遗传学和分子遗传学 3 个时期。拉马克和达尔文通过观察生物体的遗传变异的表象开拓了遗传学的发端,DNA 双螺旋结构的揭示开辟了分子遗传学研究,遗传学遵循了一个从整体水平到细胞水平再到分子水平,由宏观到微观,由染色体到基因,逐步深入到研究遗传物质结构和功能的发展规律。合成生物学则采取另外一种思路,首先提出科学目标,在合成过程中,发现问题,解决问题,反复循环,得到"活"的系统,从根本上完成创造生命的科学终极目标。

(二)合成生物学对微生物遗传物质的合成、设计和精简

合成生物学对遗传物质的人工设计和合成必须建立在对遗传信息充分了解的基础上。20 世纪 90 年代开始实施的人类基因组计划,使人们能够全面认识一个生命系统的全部遗传密码信息,由此产生了一门新的学科——基因组学。而正是基因组学的诞生为遗传学提供了进一步发展的平台,同时为合成生物学真正意义上的诞生奠定了基础。从此,遗传学可以分析生物体基因组的全部核苷酸排列顺序,揭示其所携带的全部遗传信息,并阐明遗传信息表达的规律及其最终生物学效应。而基因组学和转录组学、蛋白质组学以及代谢组学所积累的天文数量级生物学数据,也为合成生物学的快速发展奠定了基础。这其中微生物因其基因组信息相对简单和基因操作技术非常成熟,已成为合成生物学对遗传物质合成和改造研究的模式生物。

1. 遗传物质 DNA 的合成

当自然界存在的 DNA 不具有期望属性时,合成 DNA 乃至全基因组有时是获得期望生物系统的唯一方法。合成 DNA 可以用来重新设计目标基因序列、编码区域或者调控信号(报告基因、阻遏子、激活子、终止子、核糖体结合位点和启动子等)以及为适应特殊宿主或模拟生物体而改变密码子的用法。人工合成基因允许高效构建相关的在特殊区域有所改变的基因簇,允许目标基因的柔性设计而不需常规基因重组或克隆所需的中间步骤,允许选择只包括期望功能和途径的人工合成基因,以简化或切断生物进化作用所带来的影响,允许用户插入任意期望的模块,具有可扩展性。如果把合成基因组设计成只有在实验室特殊条件和培养基中才能存活的形式,则人工合成基因更具有安全性。

不同于传统的重组 DNA 技术(DNA 克隆),化学合成 DNA 能够使研究者合理设计任何新的 DNA 序列。商业化的 DNA 合成能够很容易地合成几十 kb 的 DNA 片段。这种手段使我们方便快捷地合成基因,去除限制性酶切位点或者不想要的 RNA 二级结构和优化密码子来表达基因。DNA 合成已经被用于许多合成生物学的应用中,如创造人工基因组和定制生物合成途径。具体合成过程分为两步:第一步为由多步体外酶催化重组构建 25 个有重叠序列的大片段 DNA;第二步利用酵母体内的重组机制完成合成最终的基因组。另外,Shao 等发展了一个简单的 DNA 装配技术来合成一个生化途径。在酵母中一步装配完成了8 个基因的生化途径,这个重组菌能够利用木糖产生玉米黄质。这种自下而上的策略,大大提高了遗传工程的适用性和灵活性。

2. 非天然核酸的合成

合成生物学改造和合成遗传物质 DNA 的另一个方法是利用向细胞 DNA 中掺入非天然的核酸,来发展人工遗传系统,支持人工生命形式。在遗传的中心法则中 DNA 是遗传信息的储存分子,自然界赋予 A、T、C、G 组成的三联密码来体现生命的所有的复杂性。其中有 3 个基本设计特征(参数):(1)所选择的核苷酸;(2)核苷酸的数目;(3)三联体密码。合成非天然核酸的最直接的目的是加强多聚核苷酸的稳定性。DNA 的磷酸二酯骨架是酶裂解攻击的位点,利用其他基团,例如硫代磷酸、硼烷磷酸和膦酸,来替换核苷酸上的磷酸基团,可以将最易被攻击的位点去除。合成非天然核酸的另一个直接目的是利用非天然核苷酸扩展碱基对的数目,提高遗传信息的容量。研究发现,工程化的碱基对(例如 isoC:isoG 和Z:P)能与天然 DNA 聚合酶很好的相容。

3. 基因组工程(Genome Engineering)

基因组工程是合成生物学从微生物基因组水平改造遗传物质的一个重要手段。大片段DNA 的合成和操作技术的不断提高使基因组工程进入了一个新的时代。如今,我们可以通过各种手段对基因组进行编辑来达到不同的目的。例如从头合成基因组,消除不稳定 DNA 片段,一个基因组与另一个基因组的共存,改组基因组组分,全基因组重排等。最近,一个新的强有力的手段——多元自动基因组工程(multiplex automated genome engineering,MAGE)被用来大规模地设计和进化细胞。在这种方法中,大量寡核苷酸连续不断被引入到一个细胞群落的细胞中,利用同源交换产生跨基因组的序列多样性。整个过程能自动、便利快速和连续地产生一系列多样的遗传改变,例如错配、插入和删除。由于这种方法可以使用在单个细胞中或细胞群落的细胞间,同时作用于染色体上的许多位点,所以 MAGE 可以用来产生一个大范围的基因组多样性组合。

4. 微生物基因组的精简

合成生物学对微生物基因组水平改造的另一个重要方法是对微生物基因组的精简。其中最重要的方向是最小基因组的构建,即将研究的功能对象缩小化,希望从最小的生命入手,研究其必需的生命组成,进而模拟、复制、改造这些生命体。

Venter 研究团队将已经很小的 *M. genitalium* 基因组从 482 个基因精简到 382 个。但是这些必需基因的数目仍多于预期,其中有大约 100 个未知功能基因,这说明我们在基因组精简和基因功能的确证上还有很长的路要走。在模式生物大肠杆菌的基因组精简研究方面,Posfai 等用合成生物学的方法,通过有计划地精确地删除,使大肠杆菌基因组数量减少15%并仍然能够生长。超过 700 个非必需基因、可移动 DNA 元件和隐藏性致病基因被删除。令人惊讶的是,这一小基因组的大肠杆菌不但在生长状况和蛋白合成方面和原始菌株不相上下,而且基因组的精简反而导致菌株获得了一些有益的特性,例如高效的电转化率,能准确地复制重组基因和稳定的质粒复制。精简后的基因组还有超过 3600 个基因,其功能仍然十分复杂,无法完全确定。这种新方法使得对基因组进行大规模合理改变成为可能,也是设计新生命的起点。除了大肠杆菌,枯草杆菌(*Bacillus subtilis*)、酿酒酵母(*Saccharomyces cerevisiae*)和阿维链霉菌(*Streptomyces avermitilis*)基因组精简研究都取得了进展。

微生物基因组精简的另一个应用方面,是通过人工设计和优化,合理地选择基因组遗传信息,删减遗传冗余而创造具有简化的遗传背景的宿主细胞。细胞是一个复杂的系统,影响外源基因或外源代谢途径高效稳定表达的因素很多。大多数宿主细胞具有抑制外源基因表达以减少外源 DNA 遗传负担的能力。这样就需要对宿主细胞的相关基因进行一系列合理精简,来构建使外源基因或代谢途径稳定高效表达的菌株平台。山东大学祁庆生构建了一个大肠杆菌的好氧发酵平台,删除了主要副产物乙酸的代谢途径基因以及相关抑制基因和葡萄糖转运蛋白编码基因。将外源的聚羟基丁酸酯(PHB)合成途径转入该好氧发酵平台菌株后,构建成功的大肠杆菌重组菌 PHB 产量提高了 100%,乙酸积累下降了 90%。陈国强研究组删除了 beta-氧化途径的小基因组恶臭假单胞菌能够合成一系列均聚的聚羟基脂肪酸酯(PHA)材料,表明基因减少的恶臭假单胞菌生长不受影响,但合成 PHA 的能力成为可控。Lee 等在详细分析了 *Mannheimia succiniciproducens* 这株菌代谢途径的基础上,在其基因组上做出了许多修改,删除了与琥珀酸(1,4-丁二酸)合成无关的基因,合成出一条高效生产 PBS 单体 1,4-丁二酸的新型路径。

由简单到复杂,从构建维持最小生命体的基因组成和创造具有简化的遗传背景宿主细胞入手来研究生命体和构建能够高效稳定执行新功能的底盘细胞,是一种在根本上解决问题的研究思路。

(三)遗传功能元件(Genetic Parts)标准化

合成生物学研究除了对遗传物质的合成和改造外,还致力于工程化的设计和构建新的遗传组件、遗传线路和模块。实现这一目标的第一步就是对遗传功能元件的标准化。通过建立各种可通用的标准化的遗传元件,利用元件组装使宿主有新的功能,最终达到建立复杂元件系统,甚至组装生命的目的。合成生物学的遗传元件通常是指一段有功能的 DNA 序列(包括启动子、核糖开关、终止子、蛋白编码序列和其他功能片段)。遗传元件的标准化的过程,包括对元件的详细的描述(如序列、特性和获取途径等),按一定的标准进行质量控制测试,甚至引入统一的酶切位点以简化后续构建工作(BioBrick),从而使遗传元件具有特征明显,功能明确且能与其他元件进行自由组装等特性。

2003 年,合成生物学委员会及标准生物元件注册处在麻省理工成立。同年麻省理工建立了标准化遗传元件库(Registry of Standard Biological Parts,www. partsregistry. org),这个遗传元件库的积累速度很快,目前约有 5000 多个元器件。2004 年第一届国际遗传工程机械大赛(iGEM)在麻省理工举行,iGEM 竞赛的核心是关于标准生物零件的观念:生物零件是详细明确指定的,而且在其他子系统及整个系统中工作得非常好。一旦这些零件的参数被确定及标准化,则生物系统的模拟、设计就会变得更容易更可靠。

目前标准化的遗传元件的一个重要应用领域是,利用标准化的启动子和核糖开关等遗传元件来精确控制遗传线路中的多基因表达。启动子工程可以构建出不同强度的启动子为合成生物学研究所应用。保持调控蛋白结合位点序列不变,通过改造启动子－10 区和－35 区的序列,以及其间的 16 个碱基即可以构建一系列具有不同启动强度的启动子。2011 年

Davis 等在 *Nucleic Acids Research* 上发表了一种新的构建不同强度启动子模块的方法,他们先在−10 区和−35 区两侧加上"绝缘(insulated)"序列来隔绝激活或抑制因子结合位点,然后通过启动子随机突变文库,构建了一系列不同强度的组成型启动子。这些绝缘型启动子盒(insulated promoter cassettes)的长度可以从−105 到+5 区域,包括了主要的转录因子结合位点和大部分影响转录起始和启动子泄漏的序列范围。这种绝缘型启动子模块在各种遗传环境下更容易控制和预测。该研究所得到的启动子元件已经在麻省理工的标准化遗传元件库注册。核糖开关是一种在蛋白质翻译水平上调控一系列基础代谢途径的 RNA 调控元件。近年来发展起来的体外筛选技术(systematic evolution of ligands by exponential enrichment,SELEX)可以在体外筛选具有高亲和力和专一性的小分子核酸适体。由于 RNA 分子结构功能域有很强的模块特点,应用不同的适体和基因表达调控结构域,可以构建对特定配体小分子依赖的表达调控核糖开关。核糖开关的调控是配体浓度依赖模式,因此可以进行定量调控。同启动子相比,核糖开关可以根据细胞代谢情况精确调节基因表达和优化遗传线路。另外,原核操纵子基因间的序列可以直接影响 mRNA 的加工和稳定性,通过改变基因间的区域可以调控操纵子内多基因的表达水平。上述的标准化的遗传元件较传统的分子生物学工具调控基因表达水平的方式更加精确。并且可以模块化地使用在遗传线路的构建中,实现多基因差异水平的调控表达。同时,由于合成生物学中遗传元件详细的物理、生物学表征,这些遗传元件的使用大大简化了遗传线路的构建和调控。

(四)遗传线路(Genetic Circuit)模块化

当遗传功能元件的参数被确定及标准化,生物模块(module)的设计与构建就会变得容易而可靠。从启动子、核糖体结合位点、转录抑制子等基本元件到生物开关、基因簇、脉冲发生器、时间延迟环路、生物振荡器、三维空间图案结构及逻辑公式等生物模块的构建,为下一步人工设计和构建模块化的遗传线路创造了条件。

遗传线路的研究最早可追溯到 Jacob 和 Monod 关于半乳糖操纵子模型的遗传学经典工作。而合成生物学通过设计非天然的遗传线路,可以深刻了解经过自然进化的天然遗传线路的运转机制。输出的遗传线路可以被以下任一步控制:转录前、翻译前和翻译后。例如,利用翻译后修饰控制活性比控制转录响应时间要短得多。由于操作的简易,转录调控已经成为最常用的控制模式。转录遗传线路典型的构建方式是用化学方法连接多个启动子、抑制子和激活子。

早期合成生物学遗传线路的研究是从构建基础线路元件开始的,如被认为是合成生物学诞生的遗传开关和遗传振荡子的成功构建,以及后来的更高级的遗传振荡器的成功制造。而最具代表性的研究是 Levskaya 等创造的具有图像处理功能的遗传线路,他们设计了一个细菌系统,可以由红光触发该系统在不同状态之间开关。该系统由一种合成的传感激酶组成,使得细菌的菌苔能像生物胶片一样起作用,当一类光投射到菌体后,可产生高清晰度的二维化学图像。这种具有图像处理功能的新型遗传线路的创造,证明了合成生物学的巨大潜力及可应用性。

目前合成生物学研究的重点是发展更复杂的遗传功能线路,例如数模转换器、模(拟)数(字)转换器、定时器、自适应学习网络和决策线路(decision-making circuits)。我们以模数转换器为例说明这些下一代遗传线路的功用。模数转换器潜在的应用是噪声控制和全细胞传感器。当我们利用细胞来检测分子,我们需要的不是"X 与 Y 相关"的,而是一个"是或否"的答案。例如,毒素是否超过危险的阈值,我们更希望一个装置当高于危险阈值时,能够由无色变成红色,且随着毒素浓度的增加颜色由无色变成粉色再到红色。在一个数字系统,一个变化只有两种状态,相对模拟系统有更强的抗噪声的能力。但是,自然界固有的是模拟状态。这样我们就需要一个模数转换器来转换这两种系统。另一方面,构建遗传线路也能让研究者理解自然界遗传线路的特性。最近,Cagatay 等探究自然界在功能相当的线路中为什么选择某一特定的遗传线路的问题时,将人工构建的替代线路与野生型比较,他们发现野生型线路的噪声更大(更多的波动)。进一步的实验证实人工替代线路更精确,在特定的环境中表现出更好的功能。而噪声较大的野生型遗传线路能在更广泛的环境中起作用。因此在一个类似自然界的变化环境下,往往选择的是噪声更大和适应性更强的遗传线路,而不是更精确的线路。

标准化的遗传功能元件和模块化的遗传线路方面的研究成果,将为进一步设计和构建崭新的生物系统及创造真正意义上的"人造生命"打下坚实的基础。

第四节 菌种改造研究实例

一、鸟苷生产菌改造实例

(一)背景简介

鸟苷(Guanosine),即鸟嘌呤核苷,是嘌呤核苷类物质的一种,是由鸟嘌呤的 N-9 与 D-核糖的 C-1 通过 β 糖苷键相连形成的化合物(图 4-4),其磷酸酯为鸟苷酸,CAS 号 118-00-3,分子式 $C_{10}H_{13}N_5O_5$,相对分子质量 283.24,白色结晶性粉末,二水化合物为针状结晶,110℃失水,熔点 240℃(分解),比旋光度-60°,能溶于稀矿酸、热乙酸、稀碱(1g/33mL)和沸水,微溶于冷水(1g/1320mL),不溶于醇、醚、氯仿和苯。

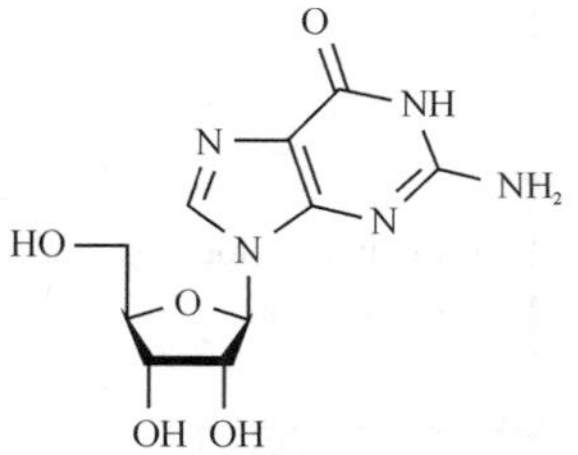

图 4-4 鸟苷的化学结构

鸟苷的用途十分广泛,在食品和医药工业中都具有十分重要的作用。在食品工业中,鸟苷主要用于生产鸟苷酸。鸟苷酸和肌苷酸(I+G)作为新一代的核苷酸类食品增鲜剂,可直接加入到食品中,起增鲜作用,是较为经济而且效果最好的鲜味增强剂,是方便面调味包、调味品(如鸡精、鸡粉和增鲜酱油等)的主要呈味成分之一。目前市场上 I+G 产品主要有韩国希杰核苷酸、韩国味元核苷酸、日本味之素核苷酸、中国星湖核苷酸。在医药工业中,鸟苷可作为很多高效药物的中间体,尤其是抗病毒药物。我国是乙型肝炎的高发区,现在市场上的许多抗乙肝病毒药物,如拉米夫定、恩替卡韦等,它们的中间体均为鸟苷。此外,流感病毒、艾滋病毒和疱疹病毒等的抗病毒药物的中间体也都是鸟苷。这些抗病毒药物的机理主要是作用于病毒的 DNA 聚合酶,竞争性作用于酶活性中心,嵌入正在合成的病毒 DNA 链中,终止 DNA 链的延长,从而抑制病毒复制。鸟苷还是三磷酸鸟苷钠的药物中间体。随着越来越多的厂家投入到生产这些药物的行列,市场对鸟苷的需要量剧增,促使鸟苷的价格在过去的几年里大幅攀升,市场前景广阔。

目前,鸟苷主要是通过微生物发酵法生产,微生物发酵法具有产率高、产量大、周期短、易控制等优点。鸟苷生产菌主要是革兰氏阳性细菌,包括解淀粉芽孢杆菌、枯草芽孢杆菌和短小芽孢杆菌等,这些菌株的共同特点是磷酸戊糖途径(pentose phosphate pathway,PPP)比较活跃,有利于葡萄糖合成嘌呤合成途径的直接前体物磷酸核糖焦磷酸(PRPP)。而将大肠杆菌用于鸟苷生产还只停留在实验室研究阶段。

(二)鸟苷生物合成途径和调控

在生物体内,鸟苷的生物合成有两条途径,分别是从头合成途径和补救合成途径。从头合成途径是指以磷酸核糖、氨基酸、一碳单位及二氧化碳等简单物质为原料,经过一系列酶促反应,合成鸟苷酸,然后水解成鸟苷。补救合成途径是指利用体内游离的鸟嘌呤和磷酸核糖焦磷酸,在次黄嘌呤—鸟嘌呤磷酸核糖转移酶的作用下生产鸟苷酸,然后水解成鸟苷。在实际的发酵生产过程中,鸟苷主要是通过从头合成途径生产的。

如图 4-5 所示,PRPP 经过 10 步酶促反应,最终生产次黄嘌呤核苷酸(IMP)。在枯草芽孢杆菌中,PRPP 生产 IMP 所需的 11 个酶都位于一个包含 12 个基因的操纵子中(Pur EK-BCSQLFMNHD)。但在大肠杆菌中 IMP 从头合成途径的基因是分散的,除了操纵子 Pur H(J)D,Pur MN 和 Pur EK 连续外,其他基因分散在基因组的不同位置。这 10 步酶促反应中的关键反应是第一步:由 PRPP 转酰胺酶(Pur F)催化 PRPP 生产 5-磷酸核糖胺。PRPP 合成 IMP 后,有 3 条分支途径:①经 SAMP 合成酶、腺苷酸琥珀酸裂解酶催化生产 AMP;②经 5′-核苷酸酶催化水解生产肌苷;③经 IMP 脱氢酶、GMP 合成酶催化生产 GMP。

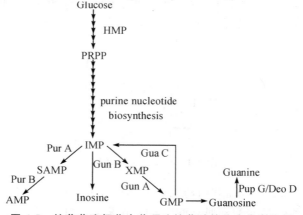

图 4-5 枯草芽孢杆菌次黄嘌呤核苷酸的分支代谢途径

枯草芽孢杆菌嘌呤核苷酸生物合成的调控机制非常复杂,包括转录阻遏、转录衰减及末端产物反馈抑制等。多种调控方式保障了嘌呤核苷酸的合成既不会过度活跃而造成浪费,也不会因合成能力不足而影响生长。Pur R 是嘌呤操纵子的阻遏蛋白,调控一系列有关嘌呤代谢基因表达。Pur R 与 yab J 基因组成一个操纵子结构,这两个基因有 4bp 的重叠区,研究表明 yab J 基因的产物是 Pur R 起阻遏效应所必需的。但是,当细胞内 PRPP 的浓度比较高时,PRPP 会阻止阻遏蛋白 Pur R 结合到嘌呤操纵子的启动子区域,从而解除阻遏效应。研究表明:添加过量的腺嘌呤到培养基中,腺嘌呤会转化成 ADP,ADP 对 PRPP 合成酶有异位抑制作用,从而降低胞内 PRPP 的浓度,有助于 Pur R 结合到调控区域,阻遏包括嘌呤操纵子等基因的转录;而添加鸟苷则会增加 PRPP 的水平,解除 Pur R 的阻遏效应。

嘌呤操纵子的转录除了受 Pur R 诱导的转录阻遏外,还受转录衰减的调控。嘌呤操纵子的转录从 Pur E 基因上游 242 个核苷酸处开始,加入过量的鸟嘌呤能使正在合成中的 mRNA 提前终止,这是转录衰减作用。嘌呤操纵子的转录衰减机制如图 4-6 所示,在转录起始位点至嘌呤操纵子的第一个基因 Pur E 之间,有两个回文结构,即 A 与 B 可以形成发夹结构,C 与 D 可以形成发夹结构,其中 B 与 C 有部分序列重叠,因此两个发夹结构只能同时存在一个。正常情况下,A 与 B 形成发夹结构,转录能够顺利通过此段前导区,进入嘌呤操纵子结构基因区。如果细胞中鸟嘌呤或者鸟苷酸的浓度比较高时,会激活生成调控因子,结合到 A 区域,阻止 A 与 B 形成发夹结构,那么 C 与 D 就可以形成发夹结构,即不依赖于 ρ 因子的终止子结构,转录提前终止。

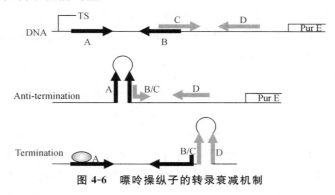

图 4-6 嘌呤操纵子的转录衰减机制

即使嘌呤操纵子的转录通过了转录阻遏和转录衰减调控,结构基因被翻译成相应的酶分子,生物体还可通过末端代谢物反馈抑制机制来调控嘌呤核苷酸的合成。调控机制如图 4-7 所示,IMP、GMP、AMP 及 ADP 可反馈抑制 PRPP 转酰胺酶的酶活,其中 AMP、ADP 可完全反馈抑制,GMP 的最大抑制程度停止在 60% 左右。此外,在 AMP 生物合成中专一性酶(SAMP 合成酶)仅受 AMP 反馈抑制,GMP 合成中专一性酶(IMP 脱氢酶)仅受 GMP 的反馈抑制。

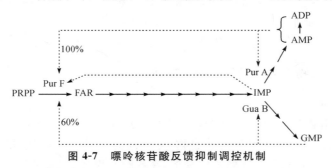

图 4-7 嘌呤核苷酸反馈抑制调控机制

(三)鸟苷生产菌的菌种选育思路

要构建一株生产菌,出发菌株的选择非常重要。如前所述,核苷类物质的生产菌株主要是芽孢杆菌属,包括解淀粉芽孢杆菌、枯草芽孢杆菌及短小芽孢杆菌等。Asahara 等以枯草芽孢杆菌为出发菌株,通过基因工程技术从头构建得到一株肌苷生产菌,其产量为 30g/L 葡萄糖的培养基可生产 6g/L 的肌苷。

增加前体物质是育种的关键。PRPP 是嘌呤核苷酸从头合成的直接前体物质,葡萄糖经过磷酸戊糖途径生产 PRPP,因此,如果能够提高胞内 PRPP 的水平,也就可以提高嘌呤核苷酸的产量。磷酸戊糖途径的关键酶是 6-磷酸葡萄糖脱氢酶,过量表达此关键酶基因,可从源头提高葡萄糖进入嘌呤合成途径的通量。而 PRPP 又是 5-磷酸核糖(R5P)经 PRPP 合成酶(Prs)催化合成,因此,提高 PRPP 合成酶的活力可以增加嘌呤合成的能力。

切断支路途径是育种常用的手段。从图 4-7 可知,IMP 除可以转化成 GMP 外,还有两条支路途径:分别是肌苷和腺嘌呤合成途径。要使鸟苷积累,首先要切断这两条支路途径。选育腺嘌呤营养缺陷型菌株可切断腺嘌呤合成途径,具体到分子水平上为 SAMP 合成酶缺失,即敲除 Pur A 基因。催化 IMP 生产肌苷的支路途径的酶是 5′-核苷酸酶,5′-核苷酸酶是一种广谱的核苷酸水解酶,也可以催化 GMP、AMP 和 XMP 等水解。如果敲除该酶基因,菌株也就无法水解 GMP 生产鸟苷。通过选育 5′-核苷酸酶弱的菌株,如选育 MSOr(抗甲硫氨酸亚砜)突变株,可以减少肌苷副产物的合成,从而高效地积累鸟苷。GMP 还原酶可催化 GMP 生产 IMP,形成一个回环。实验表明切断这步反应,可显著提高鸟苷的产量。为了能够积累鸟苷,鸟苷的水解酶系肯定要被敲除。已知在枯草芽孢杆菌中,核苷的水解酶为核苷磷酸化酶,有两个基因 Deo D 和 Pun A(Pup G)编码核苷磷酸化酶,但是它们的特异性不同。Deo D 主要水解腺苷成腺嘌呤,而 Pun A(Pup G)主要水解肌苷、鸟苷和黄苷成相应的嘌呤碱,不水解腺苷。因此,需要选育 Pun A 基因缺陷型。

除了增加前体物及切断支路途径外,解除反馈阻遏和反馈抑制等也是菌种选育中非常重要的。敲除 Pur R 基因,或者突变嘌呤操纵子启动子区域 Pur R 的结合位点,都可以解除 Pur R 的反馈阻遏。解除反馈抑制的本质是酶蛋白氨基酸序列的改变,导致空间结构的改变,从而解除末端产物对酶活力的抑制。GMP 对 Prs,Pur F 和 Gua B 三个酶都有反馈抑制作用。Zakataeva 等通过随机突变筛选获得解淀粉芽孢杆菌 Prs 的 N120S 和 L135I,突变可以解除 GMP 的反馈抑制。Shimaoka 等将脱敏的 Pur F 和 Prs 导入到大肠杆菌中表达,成功地提高了肌苷的产量。枯草芽孢杆菌嘌呤操纵子的启动子还存在转录衰减的调控,通过将启动子前导区的终止子结构破坏,可以解除此调控。

近年来,过量表达产物运输蛋白提高产量的例子越来越多。Sheremet 等将嘌呤核苷的运输蛋白 Pbu E 导入到肌苷和鸟苷生产菌中,肌苷的产量提高了约一倍,鸟苷的产量没有明显提高,这是因为 Pbu E 专一性运输肌苷。

二、青蒿素的生物合成及高产菌种构建

(一)青蒿素简介

青蒿素是我国学者在 70 年代初从中药青蒿(*Artemisia annua* L.)中分离到的抗疟有效单体,是含有过氧基团的新型倍半萜内酯化合物,分子式为 $C_{15}H_{22}O_5$,分子量 282.33,为无色针状晶体,味苦,在丙酮、氯仿、苯及冰醋酸中易溶,在乙醇和甲醇、乙醚及石油醚中可溶解,在水中几乎不溶;熔点为 156~157℃。青蒿素是一类新型的抗疟药物,其作用方式与过去的抗疟药物完全不同,具有起效快、疗效好、毒副作用低的优点,尤其是针对脑型疟疾和抗氯喹恶性疟疾的疗效最为突出。由于青蒿素能有效地解决抗氯喹恶性疟疾的难题,已被世界卫生组织

(WHO)推荐为世界上最有效的抗疟疾治疗药物。1986年，青蒿素获得新一类新药证书，双氢青蒿素也获一类新药证书。这些成果分别获得国家发明奖和全国十大科技成就奖。2011年9月，中国女药学家屠呦呦因创制新型抗疟药青蒿素和双氢青蒿素，获得被誉为诺贝尔奖"风向标"的拉斯克奖，这是中国生物医学界迄今为止获得的最高级世界大奖；2015年，屠呦呦与另外两名海外科学家分享了诺贝尔生理学或医学奖。

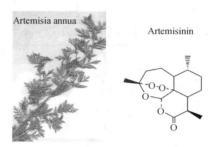

图 4-8　青蒿及青蒿素分子结构

　　青蒿素是从中药青蒿中提取的有过氧基团的倍半萜内酯药物。其对鼠疟原虫红内期超微结构的影响，主要是疟原虫膜系结构的改变，该药首先作用于食物胞膜、表膜、线粒体，内质网，此外对核内染色质也有一定的影响。提示青蒿素的作用方式主要是干扰表膜——线粒体的功能。可能是青蒿素作用于食物胞膜，从而阻断了营养摄取的最早阶段，使疟原虫较快出现氨基酸饥饿，迅速形成自噬泡，并不断排出虫体外，使疟原虫损失大量胞质而死亡。体外培养的恶性疟原虫对氚标记的异亮氨酸的摄入情况也显示其起始作用方式可能是抑制原虫蛋白合成。

　　目前世界上青蒿素类药物的生产主要是从青蒿植株中提取，而青蒿植株中青蒿素的含量很低，一般仅占干重的 $0.01\%\sim0.6\%$，而且挑取的环节多、费时费力，使得青蒿素的生产成本高、产量低，难以满足市场需求。用化学合成方法制备青蒿素，其成本高、毒性大且产量低，无法大规模生产。20世纪80年代开始试图通过生物技术手段生产青蒿素，目前青蒿素合成路径的一些关键酶基因已被克隆，使得通过基因工程方法获得青蒿素高产株成为研究热点。

（二）青蒿素生物合成及相关酶基因研究进展

　　青蒿素生物合成途径现在并不是完全清楚。根据相关中间体的分离和结构鉴定，以及生物合成相关酶基因的克隆与功能鉴定，再加上原位青蒿素饲喂实验综合分析，推断青蒿素的生物合成主要包括四大步骤：第一步是通过甲羟戊酸途径和非甲羟戊酸两条途径形成法尼基焦磷酸（farnesylpyrophosphate，FPP）；第二步是在紫穗槐-4，11-二烯合酶（amorpha-4，11-diene synthase，ADS）的作用下将 FPP 环化形成青蒿素的中间体紫穗槐-4，11-二烯；第三步是在紫穗槐-4，11-二烯氧化酶（amorpha-4，11-diene oxidase，AMO）的作用下，紫穗槐-4，11-二烯进一步被氧化形成青蒿醇、青蒿醛，进而合成青蒿酸和/或二氢青蒿酸；第四步是青蒿酸和/或二氢青蒿酸通过一系列酶反应和/或非酶反应形成青蒿素（图 4-9）。在这条合成途径中，第四步争议最大。早期的研究表明，青蒿酸是青蒿素最直接的前体；而随着青蒿素分子生物学的发展，二氢青蒿酸是青蒿素最直接的前体又逐渐被研究人员提出。究竟谁是青蒿素最直接前体，现在尚无定论。推测青蒿中可能存在至少两条青蒿素生物合成途径，即分别以青蒿酸和二氢青蒿酸为最直接前体的两条生物合成途径，不同青蒿中存在的合成途径取决于其化学型。

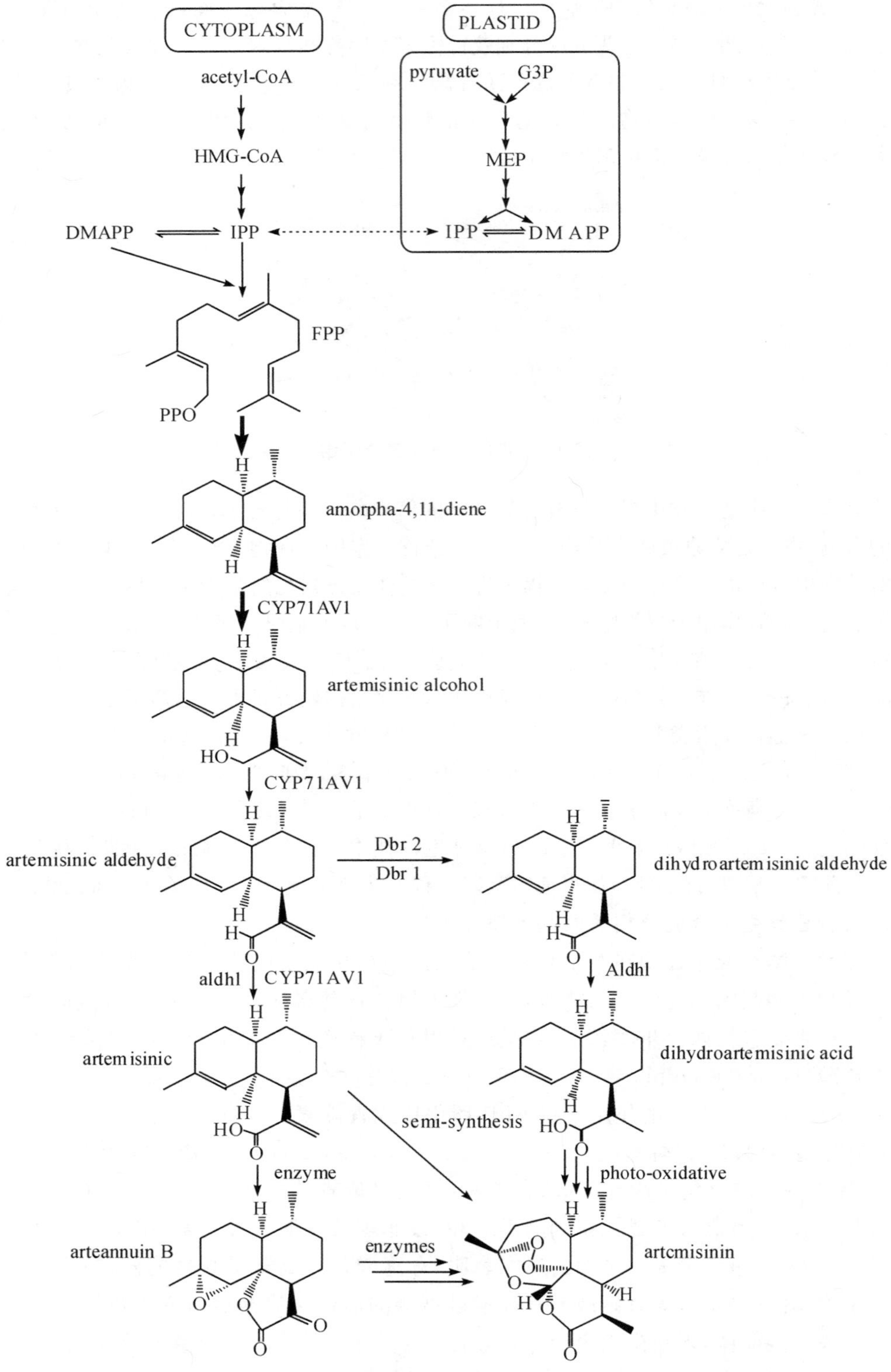

图 4-9　青蒿素的生物合成途径

参与青蒿素生物合成途径的酶基因中,参与 FPP 生物合成的酶基因绝大部分都已经通过克隆得到,如脱氧木酮糖-5-磷酸合酶(1-deoxy-D-xylulose-5-phosphate synthase,DXPS)、脱氧木酮糖-5-磷酸还原异构酶(1-deoxy-xylulouse-5-phosphate reductoisomerase,DXPR)、1-羟基-2-甲基-2-丁烯基-二磷酸合酶(1-hydroxy-2-methyl-2-butenyl diphosphatesynthase,HDS)、1-羟基-2-甲基-2-(E)-丁烯基-4-焦磷酸还原酶(hydroxy-2-methyl-2-(E)-butenyl-4-diphosphate reductase,HDR)、3-羟基-3-甲基戊二酰辅酶 A 还原酶(3-hydroxy-3-methylglutaryl coenzyme A reductase,HMGR)和法尼基焦磷酸合酶基因(farnesyl pyrophosphate synthase,FPPS)等。而以 FPP 为底物特异合成青蒿素的酶基因也有部分被克隆并进行了功能鉴定。如紫穗槐-4,11-二烯合酶、紫穗槐-4,11-二烯氧化酶、细胞色素 P450 氧化还原酶(cytochrome P450 oxidoreductase,CPR)、青蒿醛双键还原酶和醛脱氢酶等编码基因的克隆与功能鉴定。在上述酶基因中,参与萜类共同前体 FPP 生物合成的酶基因保守性较强,性质稳定,较多地见于各种实验论文和综述中,本文不作详细介绍。紫穗槐-4,11-二烯合酶是青蒿素生物合成的第一个特异性酶,其性质与基因克隆、功能鉴定参考笔者以前的综述。下面对其余参与青蒿素合成的特异性酶基因作简单介绍。

1. 紫穗槐-4,11-二烯氧化酶基因

在青蒿或非青蒿植物中,存在着多个能氧化紫穗槐-4,11-二烯的酶。2005 年,Bertea 等以青蒿叶片微粒体酶对紫穗槐-4,11-二烯进行催化实验,结果在产物中检测到了青蒿醇的存在。根据这个结果,以及青蒿醇和紫穗槐-4,11-二烯相似的结构特点,Bertea 等推断在青蒿中存在一个 P450 羟基化酶,这个酶能将紫穗槐-4,11-二烯催化生成青蒿醇。

2006 年,美国的 Keasling 和加拿大的 Covello 两个实验室先后从青蒿腺毛中克隆得到了紫穗槐-4,11-二烯氧化酶基因 CYP71AV1,并对其进行了功能鉴定,但对于 CYP71AV1 编码框的大小,这两个实验室的结果有所不同。Keasling 实验室推断 CYP71AV1 为长 1485bp,编码 494 氨基酸的蛋白,而 Covello 实验室推断 CYP71AV1 为长 1464bp,编码 487 氨基酸的蛋白,通过对两个实验室提供的具体序列进行分析,发现 Keasling 实验室多出的碱基位于 CYP71AV1 的 5′末端。尽管在氨基酸序列上存在差异,但这两个实验室对这两个蛋白都进行了功能鉴定,发现这两个蛋白都能将紫穗槐-4,11-二烯连续催化形成青蒿醇、青蒿醛和青蒿酸,是多功能酶。随后几年,CYP71AV1 基因被不同实验室的科研人员从不同的青蒿株系中克隆得到,目前,在 GenBank 中注册的 CYP71AV1 基因已有十几条。CYP71AV1 的编码序列和现在已知的其他 P450 之间的一致性很低,最高仅为 51%,表明该 P450 是一种菊科植物特异的 P450 氧化酶,考虑到青蒿素是青蒿中的特异成分,有理由推测 CYP71AV1 参与了青蒿素的生物合成途径。进一步的功能鉴定证实了这个结论。CYP71AV1 对底物具有特异性,只能作用于紫穗槐-4,11-二烯,而对其他单萜和倍半萜如柠檬烯(limonene)、α-蒎烯(α-pinene)、β-蒎烯(β-pinene)、松香芹醇(pinocarveol)、(—)-异长叶烯((—)-alloisolongifolene)、石竹烯(caryophyllene)、(—)-α-古芸烯((—)-α-gurjunene)、(+)-γ-古芸烯((+)-γ-gurjunene)、(+)-喇叭烯((+)-ledene)、(+)-β-芹子烯((+)-β-selinene)和(+)-朱栾倍半萜((+)-valencene)则没有活性。CYP71AV1 的表达具有组织特异性,RT-PCR 结果表明,CYP71AV1 在腺毛中的表达水平最高,其次是花芽(flower bud),而在叶和根中的表达水平非常低,几乎检测不到 RT-PCR 产物。

Teoh 等通过进一步的试验表明,CYP71AV1 除了能作用于紫穗槐-4,11-二烯,连续形成青蒿醇、青蒿醛和青蒿酸之外,还能作用于二氢青蒿醇,形成二氢青蒿醛,但对二氢青蒿醛几乎没有活性。

除了从青蒿中克隆青蒿素生物合成相关基因之外,2010 年,Nguyen 等从包括菊芋(*Cichorium intybus* L.)在内的 5 种菊科植物中分离得到了 5 个大香叶烯 A 氧化酶(germacrene A oxidase)cDNA,功能鉴定表明,大香叶烯 A 氧化酶除了能连续氧化大香叶烯 A 形成对应的酸外,还能连续氧化紫穗槐-4,11-二烯形成青蒿酸,但当这些氧化酶和来自青蒿的电子配偶体 CPR 偶联进行氧化反应时,其对紫穗槐-4,11-二烯的氧化活性要低于 CYP71AV1。这是第一例从非青蒿植物中分离得到具有氧化紫穗槐-4,11-二烯活性的氧化酶的报道。

2011 年,Cankar 等从菊芋根中克隆得到除了上面介绍的大香叶烯 A 氧化酶 cDNA 外,还克隆得到一个 P450 氧化酶 CYP71AV8 基因,该基因 CDS 长为 1491bp,编码 496 氨基酸,和 CYP71AV1(DQ315671)的氨基酸一致性为 78%,与大香叶烯 A 氧化酶(GU256644)的氨基酸一致性为 81%。该酶除了催化(+)-valencene 生成(+)-nootkatone 之外,还能分别催化大香叶烯 A 和紫穗槐-4,11-二烯生成 germacra-1(10),4,11(13)-trien-12-oic acid 和青蒿酸,与 CYP71AV1 不同的是,将紫穗槐-4,11-二烯投入该酶的反应体系中时,在反应产物中除了检测到青蒿醇、青蒿醛和青蒿酸之外,还检测到了二氢青蒿醛。多个具有紫穗槐-4,11-二烯氧化功能的 P450 酶的出现丰富了合成生物学制备青蒿素前体的可能性,同时,通过对这些酶进行进化分析,可能衍生得到具有超强紫穗槐-4,11-二烯氧化功能的 P450 酶。

2. 细胞色素 P450 还原酶基因

CYP71AV1 是一种 P450 氧化酶,其不能单独发挥作用,必须有电子配偶体的配合。2006 年,Keasling 实验室在克隆得到 CYP71AV1 后,从青蒿中将 CYP71AV1 的电子配偶体——细胞色素 P450 还原酶基因也克隆了出来。

3. 青蒿醛双键还原酶基因

2008 年,Zhang 等通过综合运用蛋白部分纯化、质谱和 EST 文库的方法从青蒿中克隆得到一个青蒿醛 Δ11(13)双键还原酶基因,命名为 Dbr2。Dbr2 基因为长 1245bp,编码 414 氨基酸的蛋白质,分子质量为 45.6kD。Dbr2 蛋白和植物的 12-氧代植二烯酸还原酶(12-oxophytodienoate reductases)蛋白家族具有最高的氨基酸一致性。Dbr2 的 180、183 和 185 位含有 3 个高度保守的组氨酸。Dbr2 的最适 pH 是 7.5,当 pH 为 5.5 时,Dbr2 的活性被抑制,当 pH 为 9.0 时,Dbr2 的活性只有 20%。Dbr2 在腺毛中表达最高,特异性地作用于青蒿醛,生成 11R-二氢青蒿醛,对青蒿酸、青蒿醇、artemisitene 和 arteannuin B 均无活性。

2009 年,Zhang 等从青蒿中分离得到一个双键还原酶,命名为 Dbr1,这个蛋白长为 346 氨基酸,分子质量为 38.5kD,基因编码长度为 1041bp。Dbr1 含有一个富含甘氨酸的多肽序列——AASGAVG,这个结构参与了结合 NAD(P)H 和 NAD(P)中的焦磷酸基团。底物结合位点处含有 1 个保守性很高的 Tyr,在 Dbr1 中含有 1 个保守的催化结构域 SQY。在 Dbr1 的 C 末端有 1 个保守结构域 GKNVGKQVVXVAXE,但其功能尚不清楚,Dbr1 最适 pH 是 7.0,用 NADH 做辅助因子时,没有活性。Dbr1 和 Dbr2 一样,也能催化青蒿醛形成二氢青蒿醛,但产物以 11S-二氢青蒿醛为主,此外,在待检测的底物中,Dbr1 和 Dbr2 共同的底物只有青蒿醛和 2E-nonenal。

4. 醛脱氢酶基因

2009 年,Teoh 等从青蒿中分离得到 1 个醛脱氢酶基因,命名为 Aldh1。该基因 CDS 长为 1497bp,编码 498 氨基酸,分子质量是 53.8kD。ALDH1 的 N 末端无信号肽,也没有细胞器定位序列。ALDH1 含有两个非常保守的结构域,一个是含有谷氨酸活性位点的保守结构域,另一个是含有半胱氨酸活性位点的保守结构域。这两个保守结构域参与了 ALDH1 的催化功能。此外,ALDH1 还含有保守的 4 个氨基酸,分别是 Gly243、Gly297、Glu397 和 Phe399,这 4 个氨基酸参与了与辅因子的结合。ALDH1 在腺毛中表达最高,在花芽中表达适中,在叶子中表达较低,而在根中检测不到活性,这种表达方式与 CYP71AV1 的很相似,也与青蒿素在植物中的分布很相似,表明 ALDH1 可能参与了青蒿素的生物合成。ALDH1 能作用于青蒿醛和二氢青蒿醛,生成相应的青蒿酸和二氢青蒿酸。此外,该酶对短链的烷基醛(alkyl aldehye)也有弱的活性。以二氢青蒿醛为底物时,其最适 pH 是 8.5,用 NAD 和 NADP 作辅因子时都有活性。

(三)青蒿素合成生物学研究特点

青蒿素的合成生物学研究是伴随其生物合成途径的逐步阐明而发展起来的。由于从青蒿酸/二氢青蒿酸形成青蒿素的途径不是很清楚,现在通过合成生物学技术制备青蒿素的研究绝大部分采用的都是一种半合成的路线。即通过代谢工程制备青蒿素的前体如紫穗槐-4,11-二烯、青蒿酸和二氢青蒿酸,然后通过半合成的方法合成青蒿素。经过若干年的发展,青蒿素合成生物学的研究取得了重要进展,呈现如下几个特点。

1.底盘细胞种类多样

与普通异源宿主不同的是,用于合成生物学研究的底盘细胞是一种遗传背景清楚、按照工程化原理构建的标准化集成细胞,可以为模块工作提供稳定场所,并能用于工业化生产。迄今为止,用于青蒿素及其中间体合成生物学研究的底盘细胞有大肠杆菌(E. coli)、酿酒酵母(Saccharomyces cerevisiae)、植物细胞和其他微生物。

E. coli 是所有工程菌中开发最早、最成熟的一种。尽管缺少糖基化和翻译后加工等功能,但大肠杆菌具有遗传背景清楚、生长快速、生长周期短、安全性好,可以进行高密度培养,适合表达不同基因产物和成本低及易于操作等优点,因此成为青蒿素合成生物学研究中首选的宿主菌,已经在大肠杆菌中重构了紫穗槐-4,11-二烯和青蒿酸等青蒿素中间体的合成途径。

酿酒酵母是一种真核生物,因其具有内膜系统,更适合包括 P450 氧化酶等基因在内的植物次生代谢酶基因的表达,因此,在青蒿素合成生物学研究中,被更多的作为紫穗槐-4,11-二烯、青蒿酸和二氢青蒿酸等重要中间体人工制备系统的宿主细胞。

和微生物相比,植物表达系统有自己的优势,如具有精细的调控系统,能通过光合作用获得代谢前体物质等。利用植物表达系统制备的萜类化合物产量一直很低,提高幅度较慢,但植物表达系统是获得代谢产物种类最多的底盘细胞。已经获得了紫穗槐-4,11-二烯、青蒿醇、二氢青蒿醇、青蒿酸糖苷和青蒿素等代谢产物。

除了上述几种比较常见的底盘细胞外,构巢曲霉也被用来制备紫穗槐-4,11-二烯。

2.青蒿素合成生物学研究实现了多种产物的制备

在青蒿素的合成生物学研究中,已经可以通过烟草制备出抗疟药物青蒿素,尽管产量较低,但这个开创性的研究具有非常重要的意义。首先这表明通过异源宿主细胞可以获得青蒿素,其次,加深对青蒿素生物合成途径的了解,从而促进青蒿素合成生物学的进一步发展。除此之外,通过合成生物学研究还制备获得了不同的青蒿素中间体,如紫穗槐-4,11-二烯、青蒿醇、二氢青蒿醇、青蒿酸、青蒿酸糖苷和二氢青蒿酸。并且以这些中间体为合成前体,进行了广泛的半合成青蒿素的研究,取得了重要的进展。有些半合成青蒿素的产量已经无限接近工业化的水平。

3. 重构青蒿素及其中间体代谢途径的方式多样

目前主要通过两种模式在不同的底盘细胞中构建青蒿素及其中间体代谢途径。第一种模式是青蒿素及其中间体固有代谢途径的转移、重构与工程化,这种模式是建立在对青蒿素代谢途径的深刻解析的基础之上,是青蒿素合成生物学研究中主要的模式。这种模式的主要特点是重构的青蒿素及其中间体的代谢途径与原植物中的代谢途径基本保持一致。通过这种模式构建的青蒿素及其中间体工程化生物系统中,一种方式是只导入了青蒿素生物合成特异途径中的基因,利用底盘细胞中固有的底物供应途径,便可达到制备青蒿素中间体的目的。这种构建方式主要是基于基因工程的原理设计的。和别的重构方式相比,这种方式相对较为简单。这种青蒿素及其中间体工程系统的构建理念被广泛地运用到了不同的底盘细胞中,更主要的目的是想验证不同代谢途径在底盘细胞中重构的可能性。

第二种方式也是利用底盘细胞中固有的底物供应途径,和第一种方式不同的是除了导入青蒿素生物合成特异基因之外,还导入了底物供应途径的限速酶基因,通过增加这些限速酶基因的拷贝数,提高目的产物的产量。和第一种方式相比,通过这种方式构建工程菌时,在基因工程的原理上引入了模块化设计的理念。这样构建的工程菌中,一般含有两个模块,即青蒿素及其中间体合成模块与萜类前体调控模块。组成这两个模块的基因一般分处在不同的质粒上,但考虑到底盘细胞的代谢负担,这两个模块的基因有时候也克隆在同一载体上。自然界主要存在两条萜类前体供应的途径,根据萜类前体调控模块将这种方式的工程菌分为两大类,即含 DXP 途径调控模块的工程菌和含 MVA 途径调控模块的工程菌。Martin 等构建了一种紫穗槐-4,11-二烯 *E. coli* 工程菌,除了导入 ADS 基因之外,还导入了含 DXP 途径的 3 个限速酶基因的模块,导致目的产物紫穗槐-4,11-二烯产量提高了 3.6 倍。2006 年,Ro 等构建了以酿酒酵母为底盘细胞的青蒿酸工程菌,在该工程菌中,除了导入了含青蒿酸生物合成特异基因的模块之外,还导入了含 MVA 途径基因的调控模块,通过调控模块的作用,使工程菌中青蒿酸的产量大幅提升,达到 115mg · L^{-1}。除此之外,还有很多实验室构建的工程菌都采用了这种青蒿素及其中间体合成模块与 MVA 途径调控模块共转化的模式,如 Kong 等、Wu 等、van Herpen 等以及 Farhi 等构建的工程菌。

第三种方式是另外导入一条底物供应途径,这样既可以在不需要底盘细胞供应底物的情况下,完成青蒿素及其中间体的制备,也可以同时利用底盘细胞固有的底物供应途径和引入的底物供应途径提供的底物制备青蒿素及其中间体。和前两种方式相比,这种方式通过模块化的设计导入更多基因,给底盘细胞带来的代谢负担最重,因此,在操作上更为繁杂。这种构建工程菌的方式融入了工程化思想,使得重构的代谢途径成为一条可拆卸的即插即用的"电路"。2003 年,美国伯克利分校的 Keasling 课题组构建了一个能制备紫穗槐-4,11-二烯的 *E. coli* 工程菌,在这个工程菌中,导入了 3 个模块,即甲羟戊酸合成模块(顶部模块,top module)、FPP 合成模块(bottom module)和紫穗槐-4,11-二烯合成模块。这 3 个模块都由一些可拆卸的即插即用的元件构成,因此,既可以方便地对模块中的元件进行优,也能便捷地将这些模块用于其他代谢途径的构建,将众多复杂的生物合成途径演变成了可随时拆卸用的工程化生物系统。此后的很多学者也采用了类似的方法构建了不同的青蒿素及其中间体工程化系统。

在底盘细胞中构建青蒿素及其中间体代谢途径的第二种模式是全新青蒿素及其中间体合成途径的设计、筛选、组装与程序化。这种模式是根据青蒿素及其中间体的化学结构设计的一条合成路线。根据这条合成路线从基因数据库中筛选出能参与设计好的合成路线的酶基因，并将这些酶基因导入底盘细胞中，在底盘细胞中组装成一条新的青蒿素及其中间体的合成路线。这样构建的青蒿素及其中间体的合成路线和原植物中的合成路线明显不同，它是建立在深厚的化学和生物功底的基础之上，不需要详细了解青蒿素在原植物中的合成路线。Dietrich 等构建了一个能制备 artemisinic-11S,12-epoxide 的大肠杆菌工程菌，在这个工程菌中，除了导入能合成紫穗槐-4,11-二烯的操纵子之外，还导入了一个突变的长链脱氢酶基因 P450BM3，这样构建的代谢途径并不是青蒿中存在的，然而，以利用这样构建的工程菌产生的 artemisinic-11S,12-epoxide 为底物，通过半合成的方法却能制备得到青蒿素的直接前体二氢青蒿酸。

（四）青蒿素的生物合成途径

1. 从乙酰辅酶到法呢基焦磷酸（FDP）

青蒿素的生物合成途径属于植物类异戊二烯代谢途径。近年来的研究表明，植物类异戊二烯的生物合成至少存在两条途径，即甲羟戊酸途径和丙酮酸 K 磷酸甘油醛途径。青蒿素等倍半萜类的生物合成途径属于甲羟戊酸途径，该途径在细胞质中进行。首先，由 3 个乙酰辅酶 L 缩合生成 3-羟基-3-甲基戊二单酰辅酶 A（HMG-CoA），随后，在 HMG-CoA 还原酶（HMGR）的作用下，产生甲羟戊酸（MVA）。以后 MVA 经焦磷酸化及脱羧脱水作用，形成 C5 的异戊烯基焦磷酸（IPP）。在这个过程中，由于甲羟戊酸的形成是一个不可逆的过程，因此，HMG-CoA 被认为是该途径中的第一个限速酶。然后，IPP 与其异构体二甲基烯丙基焦磷酸（DAMPP）在法呢基焦磷酸合酶（FDPS）的催化下，通过亲电反应机制形成牛儿基焦磷酸（GPP），进而形成法呢基焦磷酸（FDP）。

2. 从法呢基焦磷酸到青蒿素

Akhila 等通过放射性同位素示踪法研究了青蒿素的生物合成途径，提出青蒿素生物合成的框架为：法呢基焦磷酸（FDP）→青蒿酸→二氢青蒿酸→青蒿素。在此过程中，首先由 FDP 经过酶促反应形成一种未知的倍半萜类中间产物，该步反应被认为是青蒿素形成过程的重要限速步骤。1999 年，Bouwmeester 等从青蒿叶片中分离到青蒿素生物合成途径的重要倍半萜类中间产物——amorpha-4,11-diene，并进一步分离了催化 amorpha-4,11-diene 形成的酶，该酶是催化青蒿素生物合成的关键酶。

最近，Wallaart 等从青蒿中分离到另外两种参与青蒿素生物合成的中间产物：二氢青蒿酸（dihygroartemisinic acid）和二氢青蒿酸氢过氧化物（dihygroartemisinic acid hydroperoxide），并通过 ^{1}H 和 ^{13}C 光谱证实了其结构。通过与体内条件相同的光化学反应能使二氢青蒿酸转变成青蒿素，反应中间产物是二氢青蒿酸氢过氧化物。二氢青蒿酸和二氢青蒿酸氢过氧化物的分离及体外转化反应为青蒿体内由二氢青蒿酸到青蒿素的非酶促光化学反应提供了有力的证据。

3. 青蒿素合成菌种选育

早在 20 世纪 80 年代，中国科学院上海有机化学研究所汪猷院士领导的研究小组就利用放射性同位素标记的 2-14C-青蒿酸与青蒿匀浆（无细胞系统）保温法证明，青蒿酸和青蒿 B 是青蒿素的共同前体。青蒿素生物合成途径仅见于青蒿，但其"上游"途径为真核生物所共有,有望通过"下游"途径重建,在真核微生物(如酵母)中全合成青蒿素。过去10年来,青蒿素合成基因被国内外研究团队陆续克隆并导入酿酒酵母细胞,已成功合成青蒿酸及双氢青蒿酸等青蒿素前体。由于酵母缺乏适宜的细胞环境,尚不能将青蒿素前体转变成青蒿素,因此,青蒿依然是青蒿素的唯一来源,这凸显出继续开展青蒿种质遗传改良的必要性。同时,青蒿素生物合成的限速步骤尤其是终端反应机制已基本得到阐明,有助于开展青蒿素形成与积累的环境模拟及仿生,从而为彻底缓解青蒿素的供求矛盾创造先机。青蒿素的生产过程和应用如图4-10所示。若以双氢青蒿酸为青蒿素的直接前体,则青蒿素生物合成过程如下:首先是从乙酰辅酶A经异戊烯基焦磷酸(IPP)、二甲基烯丙基焦磷酸(DMAPP)、法呢基焦磷酸到紫穗槐-4,11-二烯的合成途径,其中DMAPP与IPP受IPP异构酶(IPPI)催化发生互变,二者再被法呢基焦磷酸合成酶(FDS)作用生成法呢基焦磷酸,并在紫穗槐二烯合酶(ADS)催化下闭环产生紫穗槐-4,11-二烯;其次是从紫穗槐-4,11-二烯到双氢青蒿酸的合成途径,紫穗槐-4,11-二烯在细胞色素P450单加氧酶(CYP71AV1)催化下,经连续氧化依次生成青蒿醇、青蒿醛和青蒿酸,其中青蒿醛受青蒿醛双键还原酶2(DBR2)催化而还原成双氢青蒿醛,后者再在青蒿醛脱氢酶1(ALDH1)催化下氧化成双氢青蒿酸。双氢青蒿醇由ALDH1/CYP71AV1催化转变成双氢青蒿醛,其逆反应则由双氢青蒿酸还原酶1(RED1)催化,最后是从双氢青蒿酸到青蒿素的合成途径,双氢青蒿酸经过未知的多个非酶促反应最终生成青蒿素。此外,青蒿酸可能经多步反应合成青蒿素B后再转变成青蒿素。

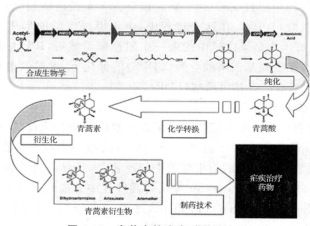

图 4-10 青蒿素的生产过程及应用

青蒿素的生物合成主要任务是青蒿素前体合成工程菌的构建。在这里为了便于叙述,将上述青蒿素生物合成过程分为"上游"、"中游"和"下游"三个途径,分别是从乙酰辅酶A到法呢基焦磷酸的"上游"途径、从法呢基焦磷酸到双氢青蒿酸的"中游"途径和从双氢青蒿酸到青蒿素的"下游"途径。青蒿及其他高等植物与酵母等真核微生物合成法呢基焦磷酸的酶促反应完全相同(循甲羟戊酸途径),因而只需在酵母中额外增加一个青蒿素合成代谢支路,就能让酵母全都合成青蒿素。目前,中游途径的酶促反应已通过导入青蒿ADS,CYP71AV1,CPR,DBR2和ALDH1等基因至酵母而得以完全重建,但下游途径的反应条件在酵母中则尚未建立。回溯到2003年,美国Keasling小组将青蒿ADS基因经密码子优化后导入大肠杆菌中表达,同时用酵母萜类合成途径代替大肠杆菌萜类合成途径,首次在细菌体内合成出青蒿素的第一个关键前体——紫穗槐-4,11-二烯,在 6L 发酵罐中培养 60h 的产率达到 450mg/L。2006 年,他们将 ADS 基因连同 CYP71AV1 和 CPR 基因同时导入酿酒酵母中表达,培育出世界上第一株生产青蒿酸的酵母工程菌,经代谢途径修饰与优化,其产率已达 153mg/L。加拿大 Covello 小组于 2008 年将新克隆的青蒿 DBR2 基因连同 ADS、CYP71AV1 和 CPR 基因一同导入酿酒酵母,率先培育出合成双氢青蒿酸的酵母工程菌,其中双氢青蒿酸产率为 15.7mg/L,青蒿酸产率 11.8mg/L。中国医学科学院及北京协和医科大学药物研究所的程克棣小组将青蒿 ADS 基因按酵母偏爱密码子优化并导入酿酒酵母后,也培育出产紫穗槐-4,11-二烯的酵母工程菌。瑞典卡尔马大学的 Brodelius 小组将 ADS 基因导入酵母中,分别获得质粒表达及染色体整合表达的产紫穗槐-4,11-二烯酵母工程菌,其中质粒表达酵母工程菌培养 16d 后的紫穗槐-4,11-二烯,产量为 0.6mg/L。

然而,到目前为止,国内外还没有一个研究小组将酵母工程菌中的青蒿素前体转变成青蒿素,其原因可能是酵母不具备青蒿素合成所需的细胞环境。这里面临着一个策略选择,即在微生物中合成青蒿素前体后是改用化学方法半合成青蒿素,还是继续探索能够让微生物将青蒿素前体转变成青蒿素的方法? 现在看来,国外选择的是前者,并且已先期启动产业化进程。不过,从工艺、成本、环境影响等方面考虑,实现青蒿素的微生物全合成无疑有着更大的应用价值。

综上所述,青蒿素的生物合成研究是增加青蒿素供给的重点方向之一。青蒿素及其衍生物的生物合成受到多种限速酶所调控,且一些编码限速酶基因的表达可能具有高度的组织和时空特异性。因此,通过导入过量表达的限速酶基因或抑制其他分支途径的反义基因,可提高转基因器官或植株中青蒿素及其衍生物的含量。同时,在相关的微生物(内生细菌、真菌)中导入青蒿素合成酶基因,有望为应用转基因微生物发酵工业化生产青蒿素奠定基础。

(五)提高工程菌中青蒿素产量的措施

1. 通过"开源"方式增加前体供应

青蒿素是一种倍半萜,其生物合成包括两部分(图 4-10)。上游部分(top pathway)主要指倍半萜共同前体 FPP 的形成。通过 MEP 和 MVA 两条途径形成的 FPP 池可以为下游各种倍半萜以及甾体提供前体物质。下游部分(bottom pathway)是青蒿素生物合成的特异途径,即在 ADS 的竞争作用下,将上游途径中形成的 FPP 池中的部分 FPP 引入青蒿素生物合成代谢流中。因此,为了提高工程菌中青蒿素或其中间体的产量,就必须将更多的前体FPP 导入青蒿素生物合成的特异途径中。总体来看,现在实现这一目的的方式主要有"开源"和"节流"两种。所谓"开源",是指提高工程菌的 FPP 池中底物的总量,从而提高进入青蒿素生物合成途径的底物的绝对总量,这是提高工程菌产量的主要方式,包括提高 FPP 形成途径中各个途径酶的效率,如增加基因拷贝数、对启动子进行修饰、优化密码子、基因替换、调控辅酶数量以及选择不同区室等,或者通过优化或平衡多基因控制的代谢途径实现底物供应的增量。而"节流"则是限制或减少底物流向别的代谢流,促使相对更多的 FPP 进入青蒿素生物合成特异途径。在青蒿素工程菌优化过程中,这两种方式既可以单独应用,也可以联合应用。

2. 增加基因的拷贝数

增加 FPP 合成途径中酶基因的拷贝数,能有效地增加底物的供应,这个观点已经为很多实验所证明。为了提高 DXP 途径合成 FPP 的效率,Martin 等在工程菌中导入了含 DXP

途径关键酶基因的质粒,通过增加这些限速酶的基因拷贝数,使得构建的工程菌产生的紫穗槐-4,11-二烯产量高于对照组。为了增加重构青蒿酸代谢途径中底物 FPP 的供应,Ro 等在酿酒酵母工程细胞中增加了 MVA 途径的限速酶基因 HMGR 和 FPPS 的拷贝数,使得青蒿酸的产量显著上升。Pitera 等通过采用将途径酶基因克隆到多拷贝的表达质粒上的方式,增加途径酶基因的拷贝数,从而有效地增加了工程菌中底物的供应。孔建强等的实验也表明,增加甲羟戊酸途径中的 HMGR 和 FPPS 编码基因的拷贝数,能有效地提高紫穗槐-4,11-二烯的产量。这种方法操作性很强,而且效果很直接,因此很多实验室都采用了增加基因拷贝数的策略来提高重构生物系统中底物的供应量,进而提高工程菌中目的产物产量。

除了通过增加途径酶基因的拷贝数来提高酶催化的效率之外,通过调控因子间接地提高这些途径酶基因的表达效率也是青蒿素合成生物学中比较常用的一种方法。UPC2 是一种转录因子,能调控甾体生物合成途径中的许多酶基因表达,也包括 FPP 生物合成途径中的部分酶基因。因此,过表达 UPC2,能有效地增加 FPP 生物合成途径中的许多酶基因的转录,进一步提高他们的表达效率,增加 FPP 的供应,有效地改善工程菌中紫穗槐-4,11-二烯和青蒿酸的产量。

3. 启动子修饰

启动子的强弱能有效地影响基因表达的效率。Pitera 等通过将甲羟戊酸生物合成相关操纵子的 Lac 启动子替换成强启动子 araBAD 后,导致甲羟戊酸积累。Anthony 等的实验也证明,采用强启动子时,甲羟戊酸生物合成相关操纵子的表达确实加强,导致紫穗槐-4,11-二烯产量显著提高。Redding-Johanson 等的实验进一步表明,使用强启动子能增加甲羟戊酸激酶和磷酸甲羟戊酸激酶的表达活性,进而提高工程菌中紫穗槐-4,11-二烯的产量。相对于上述采用强启动子调控部分途径酶基因的转录相比,Westfall 等对整条代谢途径的途径酶基因都采用强启动子进行过表达,结果发现,这样的效果更佳,和前者相比,整条代谢途径都过表达的工程菌产生的青蒿酸产量提高了 2 倍,而紫穗槐-4,11-二烯的产量更是提高了 5 倍。

除了使用强启动子调控途径酶基因的表达外,为了减少异源多基因控制的代谢途径在底盘细胞中发生基因重组而导致基因沉默的情况发生,将构成同一代谢途径的不同基因通过不同的启动子进行调控能有效地规避这个不利现象的发生。Farhi 等利用不同的启动子和终止子对青蒿素生物合成途径酶基因进行调控,在烟草细胞中有效地合成出了青蒿素。除了通过强启动子调控途经酶基因的效率之外,将含启动子的不同基因的表达盒转录方向置于相反的方向,可以有效地避免因为启动子序列相同而导致的基因重组,保证其调控的基因能有效地转录。

4. 密码子优化

通过优化 FPP 形成途径中的途径酶的密码子,显著增加其表达,增加底物供应,也是一种方法。Anthony 等将 FPP 生物合成途径中的途径酶基因进行优化,由此构建的工程菌中紫穗槐-4,11-二烯的产量提高明显。Redding-Johanson 等也证实了通过优化甲羟戊酸激酶和磷酸甲羟戊酸激酶编码基因而使这两个基因在工程菌中的表达活性上升,导致了紫穗槐-4,11-二烯产量的提升。然而,不是所有途径酶基因优化都能得到预期的效果。Anthony 等发现,当甲羟戊酸生物合成相关操纵子以及甲羟戊酸激酶被优化后,都会引起产物上升,而对 MBIS 操纵子进行密码子优化,效果不是很明显。

采用宿主偏爱的密码子,减少或避免使用稀有密码子是提高途径酶基因异源表达水平的重要手段。为了增加紫穗槐-4,11-二烯合酶基因在大肠杆菌中的表达,Martin 等将 ADS 基因突变成用大肠杆菌偏爱密码子表示的序列,并将其导入大肠杆菌,对获得的工程菌进行发酵表明,ADS 的表达显著增强,产生的紫穗槐-4,11-二烯产量明显提高。Kong 等通过连续重叠 PCR 的方法,获得了完全用酿酒酵母偏爱密码子表示的 ADS 基因,含有该基因的酵母工程菌产生的紫穗槐-4,11-二烯产量比对照组提高了 10~20 倍。该结果再次表明,优化途径酶基因的密码子是有效改善其表达水平的途径之一。然而,如果将参与青蒿酸生物合成的 3 个基因 ADS、CYP71AV1 和 CPR 都采用酿酒酵母偏爱密码子表示的序列,这样构建的工程菌产生的青蒿酸产量没有显著变化。上述结果说明,多个基因优化并不是多个单一基因优化的简单总和,详细的机制目前并不清楚。

5. 基因替换

青蒿素是通过萜类途径提供前体,而萜类生物合成途径广泛地存在于各种生物中,因此,不同生物中存在各种不同的萜类生物合成相关的酶基因,不同生物中的同工酶作用也有强弱之分,为了增加重构的代谢途径中的酶的催化效率,使用活性更强的同工酶替换原来代谢途径中的酶也是提高蛋白表达丰度,增强其催化效率,进而提高底物供应的一种方法。由于代谢途径中积累过多的 HMG-CoA 会导致细胞生长,不利于目的产物的制备,为了将更多的 HMG-CoA 引入青蒿素生物合成特异途径,2011 年 Ma 等对该工程菌中甲羟戊酸合成模块中的 HMGR 基因元件进行功能替换分析时,发现当用来自 *Delftia acidovorans* 的 HMGR 基因元件替代原代谢途径中的 HMGR 元件后,会引起 HMG-CoA 含量上升,从而提高 AD 产量。Tsuruta 等进一步对该工程菌进行研究表明,当用来自金黄色葡萄球菌(*Staphylococcus aureus*)的 HMGR 和 HMGS 两个基因元件取代工程菌中甲羟戊酸代谢模块中的 HMGR 和 HMGS 元件后,该工程菌中紫穗槐-4,11-二烯产量也会显著上升。Chang 等的实验表明,当 CYP71AV1 的 N 末端跨膜序列被假丝酵母(*Candida tropicalis*)的 P450 跨膜序列取代时,或者 CYP 的 N 末端跨膜序列被假丝酵母的 CPR 跨膜序列取代时,工程菌中代谢产物出现了差异。

6. 增加辅酶数量

萜类生物合成途径中有许多酶发挥作用都需要辅酶的参与,增加这些辅酶的数量也能显著提高途径酶的催化效率。Ma 等的实验表明,通过增加 HMGR 辅酶 NADH 的数量,能显著提高 HMGR 的催化效率,促使更多的 HMG-CoA 生物合成 AD。

7. 选择不同的区室

这种策略主要针对以植物为底盘细胞的合成生物学研究。植物中存在两条萜类生物合成途径,细胞质中主要是 MVA 途径发挥作用,而质体主要通过 MEP 途径供应前体,在这两条途径的作用下,在不同的区室形成了含量有差异的萜类前体池。当将不同的萜类生物合成途径导向不同的区室时,由于前体供应的差异,使得萜类产物的产量也有很大不同。Wu 等通过研究表明,导向质体的紫穗槐-4,11-二烯代谢途径产生的紫穗槐-4,11-二烯产量比导向细胞质中的紫穗槐-4,11-二烯代谢途径产生的紫穗槐-4,11-二烯产量高 40000 倍,达到了 $25\mu g \cdot g^{-1}$ 鲜重。随后,Zhang 等的实验也支持了这个结论。Farhi 等的实验进一步表明,导向线粒体的青蒿素代谢途径产生的青蒿素和紫穗槐-4,11-二烯产量比导向细胞质中的青蒿素代谢途径产生的青蒿素和紫穗槐-4,11-二烯产量都要高,而且增加的幅度很大。上述实验结果表明,选择合适的区室对于达成通过合成生物学规模化制备青蒿素及其中间体的目的具有很重要的意义。

8. 优化或平衡多基因控制的代谢途径

提高途径酶基因的表达,确实能改善其催化效率,然而对于多基因控制的整条代谢途径而言,局部的改善产生的效果并不理想。局部的改善往往导致代谢中间产物的积累,进而使细胞产生负担,导致毒性,抑制其生长,不利于代谢目的产物的获得。Keasling 课题组在对 2003 年构建的大肠杆菌工程菌进行优化时发现,过表达甲羟戊酸生物合成模块,会导致 HMG-CoA 积累,从而抑制细胞生长,反而不利于目的产物的产生。而增加 HMG-CoA 还原酶的拷贝数,消耗过多的 HMG-CoA 能恢复细胞的生长,这种现象说明平衡异源代谢流对于提高工程菌中目的产物的产量至关重要。Pfleger 等构建一种基于基因间隔区(intergenic regions)文库的筛选方法,实现对操纵子多个基因协同调控,解决异源代谢途径的平衡问题。综上所述,通过代谢流控制分析,实现代谢途径平衡运行,进而有效地高产制备目的产物是青蒿素合成生物学的终极目标之一。

9. 通过"节流"方式增加前体供应

除了增加 FPP 的绝对供应总量之外,减少 FPP 池中的前体流入其他倍半萜代谢途径,促使相对更多的前体流入青蒿素及其中间体生物合成的特异途径也是有效提高其产量的方法。这些节流措施主要为抑制或下调竞争代谢途径,从而限制或减少流入竞争代谢途径中的 FPP 供应。如为了提高进入青蒿酸生物合成途径的 FPP 的流量,Ro 等和 Paradise 等都通过下调竞争性甾体合成途径中的 ERG9 基因的表达,减少进入甾体生物合成途径中的 FPP 代谢流,从而相对增加进入青蒿酸生物合成途径的 FPP 流量,进而增加目的产物紫穗槐-4,11-二烯和青蒿酸的产量。Lenihan 等的实验也证明,下调 ERG9 基因的表达,确实能增加代谢产物青蒿酸的产量。

10. 提高底物利用效率

提高了底物的供应量,并不一定能显著提高工程化底盘细胞中目的产物的产量。要想使底物数量的变化在产物产量上有所体现,关键还是取决于重构的代谢途径对底物的利用效率。在青蒿素代谢途径中,底物利用主要通过青蒿素生物合成特异途径来完成。因此,工程化底盘细胞能否获得高产的目的代谢产物,取决于青蒿素生物合成特异途径的效率。提高青蒿素生物合成特异途径中的途径酶效率,主要通过两种方式,即提高单个基因效率和优化平衡整条途径。对于单个基因效率的提高,主要采取增加基因拷贝数、密码子优化、强启动子调控和融合基因等方式。对于代谢途径的平衡优化,主要采用一种基于全局的数学算法和生物信息分析,如代谢流控制分析。相对于单个基因效率的提高,整条代谢途径的平衡优化显得更为困难和复杂,对最终产物产量的影响也是最深刻和直接的。

11. 增加基因之间的偶联效率

在青蒿素生物合成途径中,P450 氧化酶 CYP71AV1 及其电子配偶体 CPR 的偶联对代谢途径的影响比较显著。Zhang 等在 N. tabacum 中导入了青蒿素生物合成相关的基因 FPPS、ADS、CYP71AV1 和 Dbr2,结果表明,转基因烟草中积累青蒿醇和二氢青蒿醇,并没有检测到预计的青蒿酸和二氢青蒿酸的生成。据此推断,烟草的内环境更适于醛的还原,而且植物内生的乙醇脱氢酶活性要强于 CYP71AV1 的青蒿醇和青蒿醛氧化酶活性,从而促使 CYP71AV1 氧化形成的青蒿醛还原成青蒿醇,或者将 Dbr2 催化形成的二氢青蒿醛还原成二氢青蒿醇。另外 Farhi 等也利用 N. tabacum 进行了合成青蒿素及其中间体的尝试,他们在 N. tabacum 中除了导入上述 4 个基因之外,还导入了 HMGR 和 CPR 两个基因,结果表明,通过这种方式构建的转基因烟草中制备出了青蒿素。在这种植物工程系统中,HMGR 的导入主要是增加前体的供应,而导致产物出现差异的一个重要原因是 CPR 基因的导入。CPR 的导入增加了和 CYP71AV1 的偶联效率,提高了它的氧化效率,有利于氧化产物的产生,进而形成青蒿素。这个结论在 Chang 等的实验中也得到了佐证。Chang 等在利用 *E. coli* 制备青蒿酸的实验中发现,CYP71AV1 和 CPR 的偶联效率要强于 CYP71AV1 与异源 CPR 的偶联效率,导入了 CYP71AV1 和 CPR 的 *E. coli* 工程菌产生的青蒿醇产量提高了 12 倍。

12. 质粒替换

质粒作为基因的载体被导入不同的工程化细胞,实现了多基因控制通路的重构与优化。因此,质粒自身的性质对工程化细胞中目的产物的产量也会有显著的影响。Chang 等的实验表明,当将 CYP71AV1 克隆到 pETDUET-1 中时,会导致 CYP71AV1 表达效率降低,从而影响 CYP71AV1 的功能,导致发酵产物中只能检测到青蒿醇。而将 CYP71AV1 克隆到 pCWori 中时,CYP71AV1 的氧化效率显著增加,直接表现就是青蒿醛和青蒿酸出现在发酵产物中。此外,工程菌中质粒之间的兼容性对产物的产量也具有很大的影响。

13. 底盘细胞替换

作为天然产物的生产场所,底盘细胞性质的差异对目的产物也会造成非常大的影响,主要体现在产量和性质两个方面。除了在分类上属于不同界的底盘细胞,如植物、酿酒酵母和大肠杆菌产生的产物会出现差异之外,同一个种的底盘细胞,即便只是基因型出现差异,产生目的产物的能力也会显著不同。Chang 等的实验表明,和 DH10B 相比,采用 DH1 作为宿主菌,能显著增加紫穗槐-4,11-二烯的氧化效率。

由以上分析可以看到,经过十多年的发展,通过底盘细胞生产青蒿素及其中间体无论从理论上还是物质上都已经准备充分。网络上早就有赛诺菲—安万特公司开始利用工程酵母制备青蒿素的报道,意味着由合成生物学制备的青蒿素正式走向生产。

思考题

1. 什么叫微生物育种? 其目的有哪些?
2. 诱变育种的操作步骤及每一步的操作目的是什么?
3. 什么叫合成生物学? 它有哪些应用?

参 考 文 献

[1]孔建强,王伟,程克棣,等.青蒿素的合成生物学研究进展[J].药学学报,2013,48(2):193-205.
[2]梁泉峰,王倩,祁庆生.合成生物学与微生物遗传物质的重构[J].遗传,2011,33(10):1102-1112.
[3]张红岩,辛雪娟,申乃坤,等.代谢工程技术及其在微生物育种的应用[J].酿酒,2012,39(4):17-21.

第五章　微生物发酵与过程优化技术

第一节　培养基设计与灭菌技术

培养基是人工配制的适合不同微生物生长繁殖或积累代谢产物的营养基质。任何培养基都应具备微生物生长所需要的六大营养要素,培养基设计的基本思想是能够满足培养对象微生物的营养类型、培养目的,并考虑价格便宜、来源广泛的材料制作培养基,以满足科研或生产需要。

一、培养基的种类与配制

(一)培养基的种类

培养基种类较多,根据分类方式的不同,可将培养基分成若干类型。

根据培养基的成分可以分为合成培养基和天然培养基。前者所用原料的化学组成明确、成分稳定,适合研究微生物菌种基本代谢过程中的物质变化,但其价格昂贵不适合规模化生产。天然培养基的原料主要采用一些天然的动植物制品,营养丰富,不需要另外添加微量元素和维生素等,来源广泛,但重复性较差。

根据培养基的物理状态可分为固体、半固体和液体培养基。在实验室固体培养基适合菌种的分离。半固体培养基在配好的液体培养基中加入 0.5%～0.8% 琼脂,主要用于微生物的鉴定、细菌的运动型和噬菌体的效价测定。液体培养基主要用于摇瓶发酵和大规模工业发酵等。

根据培养基的特殊用途可分为基础培养基、选择培养基、加富培养基和鉴别培养基。

(1)基础培养基

各种微生物的营养要求虽不相同,但多数微生物需要的基本营养物质相同。按一般微生物生长繁殖所需要的基本营养物质配制的培养基即成为基础培养基。牛肉膏蛋白胨培养基就是最常用的基础培养基,它可作为一些特殊培养基的基本成分,再根据某种微生物的特殊要求,在基础培养基中添加所需营养物质。

(2)选择培养基

它是根据某种或某类微生物的特殊营养要求或对某种化合物的敏感性不同而设计的一类培养基。利用此种培养基可以将目的微生物从混杂的微生物群体中分离出来。

①依据某些微生物的特殊营养需求设计的选择培养基:例如,利用以纤维素或石蜡油作唯一碳源的选择培养基,分离出能分解纤维素或石蜡油的微生物;利用以蛋白质为唯一氮源的或缺乏氮源的选择培养基可以分离到能分解蛋白质或具有固氮能力的微生物。

②利用微生物对某种化学物质的敏感性不同设计的选择培养基：在培养基中加入某种化合物，可以抑制或杀死其他微生物，分离到能抗这种化合物的微生物。例如，在培养基中加数滴10%的酚，以抑制细菌和霉菌的生长，可以从混杂的微生物群体中分离出放线菌。若在培养基中加入适量的孟加拉红、青霉素、四环素或链霉素等，可以抑制细菌和放线菌的生长，分离霉菌和酵母菌。在培养基中加入染料亮绿或结晶紫、牛（猪）胆盐可以抑制 G^+ 菌的生长，从而达到分离菌 G^+ 的目的。

现代基因克隆技术中也常用选择培养基，在筛选含有重组质粒的基因工程菌株过程中，利用质粒具有对某种（某些）抗生素的抗性选择标记，在培养基中加入相应抗生素，就很容易淘汰非重组菌株，以减少筛选目标菌株的工作量。

（3）加富培养基

加富培养基又称营养培养基，即在基础培养基中加入某些特殊营养物质（如血液、血清、动植物组织液等）制成的一类营养丰富的培养基。此种培养基主要培养某些营养要求苛刻的异养微生物，还可用于富集和分离某种微生物。例如，分离某些病原菌时，在培养基中加入血液或动植物组织液即为加富培养基。在加富培养基中，目的微生物的生长速度较快，其细胞数量逐渐富集而占优势，其他微生物逐渐被淘汰，从而达到分离该种微生物的目的。因此，加富培养基具有相对的选择性，常用于菌种筛选。

从某种意义上讲，加富培养基类似于选择培养基。但两者区别在于：加富培养基是用来增加所要分离的微生物的数量，使其生长占优势，从而分离到该种微生物；选择培养基抑制不需要的微生物的生长，使所需要的微生物增殖，从而分离到所需要微生物。

（4）鉴别培养基

鉴别培养基是根据微生物的代谢特点在普通培养基中加入某种试剂或化学药品，通过培养后的显色反应区别不同微生物的培养基。例如，在不含糖的肉汤中分别加入各种糖和指示剂，根据细菌对各种糖发酵结果的不同（发酵糖产酸产气情况），即发酵糖产酸又产气、只产酸不产气和不产酸也不产气，可以将细菌鉴定到种。又如最常见的用于检测食品中是否含有肠道致病菌和检测食品中大肠菌群的伊红美蓝乳糖培养基（EMB），含有乳糖及伊红、美蓝染料，由于大肠杆菌能分解乳糖产生混合有机酸，使菌体表面带 H^+，易染上酸性染料伊红，又因伊红与美蓝结合，故使大肠杆菌在 EMB 平板上呈现紫黑色具有金属光泽的菌落，而其他产气肠杆菌、沙门氏菌等肠杆菌科的细菌无此种菌落特征而得以鉴别。

（5）其他

按用途划分的培养基还有分析培养基、还原性培养基、组织培养物培养基、产孢子培养基、种子培养基、发酵培养基等。斜面培养基和种子培养基主要保证菌种大量生长并保障一定的质量，进行严格的无菌培养。发酵培养基不同，主要目的是保证微生物正常生长形成大量酶系并最终形成大量代谢产物的过程。

另外要提醒的是，种子培养基要求较高，从斜面培养基到发酵培养基，培养基的成分由精细化到粗放的转化，最大限度降低生产成本。

（二）培养基的配制

生产菌种用培养基的配制基本是以满足微生物的生长为原则，主要营养物质包括水、碳源、氮源、无机盐和生长因子；生长因子可能包括氧气、光照、维生素等。不同的微生物在不同生长期其使用目的不同，成分上也有所调整，特别是规模化发酵大生产既要符合成本方面增产节约、因地制宜的原则,也要符合有利于代谢产物形成的原则,两者必须兼顾。具体的原则包括以下几个方面,根据不同的微生物的营养要求配制不同的培养基,合适的碳氮比、pH 值、渗透压和合理的氧化还原电位等。

1. 选择适宜的营养物质

由于微生物营养类型复杂,不同微生物有不同的营养要求。因此,要根据不同微生物的营养需求选择适宜的营养物质,配制针对性强的培养基。自养微生物有较强的合成能力,能以简单的无机物如 CO_2 和无机盐合成复杂的细胞物质。因此,培养自养微生物的培养基应由简单的无机物组成。

异养微生物的合成能力较弱,不能以 CO_2 作为唯一碳源或主要碳源,故应在培养基中至少添加一种有机物。不同种类的异养型微生物对营养要求差别很大,其培养基组成也相差很远。

2. 注意营养成分的比例

微生物只有在营养物质浓度及其比例合适时才能良好生长。营养物质浓度过低不能满足其生长需要,过高又抑制其生长。例如,适量的蔗糖是异养微生物的良好碳源和能源,但高浓度蔗糖则抑制菌体生长。金属离子是微生物生长所不可缺少的矿物质养分,但浓度过大,尤其是重金属离子,反而抑制其生长,甚至产生杀菌作用。

各营养物质之间的配比,特别是碳氮比直接影响微生物的生长繁殖和代谢产物的积累。碳氮比是指碳源和氮源含量之比(C/N)。严格而言,C/N 是指在培养基中所含的碳源中碳原子物质的量与氮源中的氮原子的物质的量之比值。

一般来说,真菌需 C/N 较高的培养基,细菌特别是动物性病原菌需 C/N 较低的培养基。如果为了获得菌体,则培养基的营养成分特别是含氮量应高些,以利菌体蛋白质的合成。如果为了获得代谢产物,一般要求 C/N 应高些,使微生物不至于生长过旺,有利于代谢产物的积累。一般发酵工业用培养基的 C/N 为 100∶(0.5～2)。通常菌体的数量与代谢产物的积累量成正比。为了获得较多的代谢产物,必须先培养大量的菌体。例如酵母菌发酵生产乙醇,在菌体生长阶段要供应充足的氮源,在发酵积累乙醇阶段则要减少氮素供应,以限制菌体过多生长,降低葡萄糖的消耗,提高乙醇产率。谷氨酸产生菌发酵生产谷氨酸的情况比较特殊,培养基 C/N 为 4/1 时,菌体大量繁殖,谷氨酸积累量较少;当 C/N 为 3/1 时,菌体繁殖受到抑制,谷氨酸大量积累。

3. 控制培养基的 pH

不同类型微生物要求的适宜生长 pH 范围不同。如霉菌与酵母菌一般为 5.0～6.0,细菌为 6.5～7.5,放线菌为 7.5～8.5。培养基的 pH 与其 C/N 有极大关系。C/N 高的培养基,例如培养各种真菌的培养基,经培养后其 pH 明显下降;相反,C/N 低的培养基,例如培养一般细菌的培养基,经培养后,其 pH 则明显上升。这是由于营养物质的消耗与代谢产物的积累,改变了培养基的 pH,若不及时控制,将导致菌体生长停止。

4. 调节氧化还原电位(Eh)

各种微生物对培养基的 Eh 要求不同。好氧微生物生长的适宜 Eh 值一般为 +0.3～+0.4V,厌氧微生物只能在 +0.1V 以下生长。因此,培养好氧微生物必须保证氧的供应,可在培养基中加入氧化剂提高 Eh 值。发酵生产上常采用振荡培养箱、机械搅拌式发酵罐等专门的通气设备创造有氧条件。培养厌氧微生物又必须除去培养基中的 O_2,可加入维生素 C、巯基乙酸、半胱氨酸、谷胱甘肽、Na_2S、铁屑等还原剂降低 Eh 值。也可以用其他理化手段除去氧。发酵生产上常采用深层静置发酵法创造厌氧条件。

5.培养基在配制过程中的注意事项

（1）注意配制培养基的环境及工器具达到一定的卫生要求，减少培养基配制原料被微生物污染，同时注意原料来源的稳定性和使用要求。

（2）尽量降低培养基初始污染水平。首先，培养基的原料和水质应该新鲜，并且均要在原料保质期范围内；其次，培养基配制与灭菌之间时间间隔不能太长，培养基配制好后应立即进行灭菌处理，防止污染物的出现而降低灭菌效果，且减少培养基的营养价值，甚至可能引入有毒物质。例如：糖蜜如不及时灭菌，其含有的芽孢杆菌会大量繁殖。在工业规模化大生产中发酵罐要及时清洗，装入培养基前应空消。

（3）注意各组分加入顺序。配制培养基时加入的成分包括无机盐、油、氮源及碳水化合物，相互之间会发生复杂的化学和物理反应，如：沉淀反应、吸收反应，并转化为气体，例如：将$(NH_4)_2SO_4$和石灰混合会产生氨气并造成 pH 的改变等。

（4）考虑灭菌前后对 pH 值存在一定的变化，这种变化可能导致微生物的生长受到影响。一般培养基灭菌后 pH 值可能会降低 0.2，在配制培养基时适当考虑添加缓冲剂或预先考虑这个变化。

对于具体某一种微生物而言，特别是野生型微生物经过分离、纯化、诱变等过程衍变为工业微生物菌种，其培养基需要进行单因素试验、正交试验和均匀设计等试验方法确定其组成和配比。

二、培养基的灭菌

在工业发酵过程中微生物是发酵的灵魂，确保纯种微生物在合适的培养基上生长和代谢并形成特有的代谢产物包括菌体细胞、酶、目标产物等，那么我们必须对与微生物接触的所有培养基质和工具、设备等进行灭菌处理，减少发酵过程中杂菌污染的机会，确保发酵的成功率。同时要结合灭菌的培养基基质特点科学设计好灭菌条件即工艺参数，减少染菌的机会。根据发酵过程对环境敏感程度差异分为消毒和灭菌。消毒主要是减少被污染的机会，杀灭病原微生物，灭菌就是杀死一切微生物的操作过程。

（一）工业发酵的灭菌对象与一般灭菌方法

在工业生产中，消毒主要包括接种、空气、无菌室的处理，一般采用化学因素处理，如空气用漂白粉、甲醛、二氧化硫等进行消毒处理，而表面消毒一般用高锰酸钾溶液或紫外线照射。灭菌方法则包括干热灭菌、湿热灭菌、过滤除菌、射线灭菌、化学药品灭菌等，化学药品灭菌主要涉及生产车间环境、人工接种工器具表面和接种双手表面灭菌，包括高锰酸钾溶液、漂白粉、酒精、甲醛等。干热灭菌主要用于灭菌后保持干燥的物料和器具等。发酵工业中培养基的灭菌主要采取湿热灭菌的方法，效率高、节能、成本低。过滤除菌一般是发酵工业中大量使用的无菌空气的预处理。放射性灭菌一般是无菌室、培养室的灭菌，其波长在250～270nm 之间杀菌效率最高。

不管采取哪种灭菌方式，灭菌的实质是微生物蛋白质的变性。在工业发酵中培养基的灭菌一般采取高压蒸汽灭菌的方式，遵循的原理是既要将微生物杀灭又要确保营养物质损耗降低到最低的限度，找到纯种培养受到污染的最低几率和培养基营养损失最低的平衡点。

（二）培养基灭菌的影响因素及对策

培养基灭菌是否彻底,影响因素很多,除了培养基内杂菌的种类和数量、灭菌温度高低、时间长短外,还取决于如下几个方面。

1. 培养基的 pH 值

培养基的 pH 值范围在 6.0～8.0 时,微生物最耐热;pH 小于 6.0 时,氢离子易渗入细胞内,改变细胞的生理反应促使其死亡。所以培养 pH 值愈低,所需灭菌时间愈短。

2. 培养基的主要成分

培养基的成分如油脂、糖类及蛋白质等组成的高浓度有机物会包于细胞的周围形成一层薄膜,影响热的传导,所以灭菌温度要高;低浓度有机物灭菌温度可适当降低。低浓度(1.0%～2.0%)的氯化钠溶液对微生物有保护作用,但随着浓度的增加,保护作用随之降低,当浓度达到 8%～10%以上时,微生物的耐热性显著减弱。培养基含水量越高,其杀菌效果会越好,在一定范围内,微生物细胞含水分越多,则蛋白质的凝固温度越低,也就越容易受热凝固而丧失生命活力。

3. 培养基的物理状态

培养基的物理状态对灭菌具有极大的影响,固体培养基的灭菌时间要比液体培养基的灭菌时间长,假如 100℃时液体培养基的灭菌时间为 1h,而固体培养基则需要 2～3h 才能达到同样的灭菌效果。其原因在于用液体培养基灭菌时,热的传递除了传导外还有对流作用,固体培养基则只有传导作用而没有对流作用,况且液体培养基中水的传热系数要比有机固体物质大得多。实际上,对于含有小于 1mm 颗粒的培养基,可不必考虑颗粒对灭菌的影响,但对于含有少量大颗粒及粗纤维的培养基的灭菌,则要适当提高温度,且在不影响培养基质量的条件下,可采用粗过滤作预先处理,以防止培养基结块而造成灭菌的不彻底。例如,玉米粉在使用前应单独糊化处理,以避免结块造成染菌。

4. 培养基形成大量的泡沫

泡沫的形成主要是由于进气排气不均衡或含有容易起泡的物质如蛋白质等。培养基内泡沫的存在对灭菌不利,因为泡沫中的空气会形成隔热层,影响热量传递,使热量难以渗透进去,不易杀死泡沫中的微生物,所以对容易产生泡沫的培养基,在灭菌前应适当加入少量消泡剂。如果在灭菌过程中突然减少进气或加大排气,则立即会出现大量泡沫。对极易发泡的培养基如含有黄豆饼粉、花生粉或蛋白胨等成分的培养基应加消泡剂以减少泡沫量。

5. 微生物的菌龄及耐热程度

微生物细胞菌龄不同对高温的抵抗能力也不同,菌龄长的细胞对不良环境的抵抗力要比年轻细胞强,这与细胞中蛋白质的含水量有关,菌龄长的细胞较菌龄短的细胞中水分含量低,因此年轻细胞更容易被杀死。微生物的耐热性不同,无芽孢细菌 70℃/5min 即可被杀死;霉菌孢子 85～90℃/3min 可被杀死;但是有些细胞芽孢热阻较大,100℃/30min 仍未被杀死,所以灭菌彻底与否应以杀死细菌芽孢为准。

6. 空气排除情况

蒸汽灭菌过程中,温度的控制是通过控制罐内的蒸汽压力来实现。压力表显示的压力应与罐内蒸汽压力相对应,压力表的压力所对应温度应是罐内的实际温度。但是,如果罐内空气排除不完全,即压力表所显示的压力就不但是罐内蒸汽压力,还包括了空气分压,因此,此时罐内的实际温度就低于压力表显示所对应的温度,以致造成灭菌温度不够而灭菌不彻底。

7.搅拌

在整个灭菌过程中,必须保持培养基在罐内始终均匀地充分翻动,使培养基不致因翻动不均匀而造成局部过热,从而过多地破坏营养物质或造成局部(死角)温度过低而杀菌不彻底等,要保证培养基翻动良好,除了搅拌外,还必须正确控制进气、排气阀门,在保持一定的温度和罐压的情况下,使培养基得到充分的翻动,这是灭菌的要点之一。在灭菌情况下,因为无法搅拌更应适当延长灭菌时间。例如:容量为5L玻璃发酵罐高温灭菌需要121℃、1h。在灭菌过程中,要求既达到灭菌效果,又能尽量减少营养成分的损失。

灭菌效果好坏在工业化大生产中有一定的要求,按照灭菌理论,培养基的灭菌过程包括升温、保温和降温三个阶段,升温和保温对灭菌效果有非常重要的作用,在大生产中一般允许连续1000批次灭菌有一批次出现失败,灭菌参数的设计可以依据此参数进行。

第二节　微生物发酵的影响因素分析

一、微生物培养基

发酵培养基是微生物细胞生长和代谢所需的最基本的营养物质载体,同时,培养基也为微生物等细胞生长代谢提供了营养以外的所必需的环境。发酵工业培养基是工业发酵微生物生长和分泌发酵产物的营养基质;培养基的营养基质一般含有五大要素即碳源、氮源、无机盐以及微量元素、生长因子和水。由于微生物种类繁多,所以它们对培养基种类以及营养基质的需求和利用也不尽相同。

(一)碳源种类和浓度对发酵过程的影响及控制

1.碳源种类对发酵过程的影响及控制

碳源的种类对发酵的影响主要取决于其性质,即快速利用的碳源还是缓慢利用的碳源。快速利用的碳源能较快地参与微生物的代谢和菌体合成,产生能量并产生分解代谢产物,因而有利于微生物的生长。但有些分解代谢产物往往对目的产物的合成起阻遏作用。而缓慢利用的碳源大多为聚合物(如淀粉),不能被微生物直接吸收利用,需要微生物分泌胞外酶将聚合物分解成小分子物质,因此被菌体利用缓慢,但有利于延长代谢产物的合成时间,特别是延长抗生素的分泌期,上述特点被多种抗生素的发酵所采用。例如,乳糖、蔗糖、麦芽糖、玉米油及半乳糖分别是青霉素、头孢菌素C、核黄素及生物碱发酵的最适碳源。因此,选择合适的碳源对提高代谢产物的产量非常重要。

在对青霉素发酵的早期研究中,人们已经认识到了碳源的重要性。在快速利用的葡萄糖培养基中,菌体生长良好但合成的青霉素较少;在缓慢利用的乳糖培养基中,菌体生长缓慢但青霉素的产量明显增加。同样的例子还有葡萄糖完全阻遏嗜热脂肪芽孢杆菌产生胞外生物素——同效维生素(其化学构造及生理作用与天然维生素相类似的化合物)的合成。因此,控制使用能产生阻遏效应的碳源对于微生物的生长及产物合成非常重要。基于这个原理,在工业上,为了调节控制菌体的生长和产物的合成,发酵培养基中通常采用一定比例的快速利用碳源和缓慢利用碳源的混合物。

2. 碳源浓度对发酵过程的影响及控制

碳源浓度对微生物的生长和产物合成有明显的影响,如培养基中碳源含量超过 5％时,细菌的生长速率会因细胞脱水而下降,酵母或霉菌可耐受更高的葡萄糖浓度,达到 20％,这是因为它们对水的依赖性较低的缘故。因此,控制碳源浓度对发酵的进行至关重要。目前,碳源浓度的优化控制可采用经验法和发酵动力学法,即在发酵过程中采用中间补料的方法进行控制。在采用经验法时,可根据不同的代谢类型确定补糖时间、补糖量和补糖方式;而发酵动力学法则要根据菌体的比生长速率、糖比消耗速率及产物的比成速率等动力学参数来控制碳源的浓度。

酵母的 Crabtree 效应是反映碳源浓度对产物形成影响的典型例子。即酵母生长在高糖浓度下时,即使溶氧充足,细胞仍然会进行厌氧发酵,产生乙醇。为了避免 Crabtree 效应,阻止乙醇的生成,可以采用补料分批或连续培养的策略来控制细胞生长速率和葡萄糖浓度。

(二)氮源种类和浓度对发酵过程的影响及控制

1. 氮源种类对发酵过程的影响及控制

氮源也可分为快速利用的氮源(速效氮源)和缓慢利用的氮源(迟效氮源)。前者如氨基(或铵)态氮的氨基酸(或硫酸铵等)和玉米浆等;后者如黄豆饼粉、花生饼粉、棉子饼粉等。速效氮源容易被菌体摄取代谢,因而有利于菌体生长。但是,速效氮源对某些代谢产物的合成,尤其是对某些抗生素的合成产生负调节作用而影响其产量。迟效氮源有利于延长次级代谢产物的分泌期,提高产物的产量。但迟效氮源的一次性投入往往造成菌体的过量生长和营养组分的过早耗尽,导致菌体细胞过早衰老而自溶,从而缩短产物的分泌期。针对上述问题,发酵培养基一般选用速效氮源和迟效氮源的混合物。例如,氨基酸发酵用铵盐(硫酸铵或醋酸铵)和麸皮水解液、玉米浆作为氮源;链霉素发酵采用硫酸铵和黄豆饼粉作为氮源。但也有使用单一铵盐或有机氮源(黄豆饼粉)的培养基组成方式。

速效氮源和迟效氮源除了对发酵过程的影响外,不同种类的氮源还具有一特殊的作用。如赖氨酸生产中,培养基中甲硫氨酸和苏氨酸的存在可提高氨基酸的产量。由于纯氨基酸组分价格昂贵,生产中常用黄豆水解液来代替。此外,谷氨酸生产中,由于尿素可发生氨基化,以其作为氮源可进一步提高谷氨酸的产量。

2. 氮源浓度对发酵过程的影响及控制

与碳源浓度的选择类似,氮源浓度过低,菌体营养不足,产物的合成受到影响;浓度过高则会导致细胞脱水死亡,且影响传质。不同目的产物的发酵往往需要不同浓度的氮源,如谷氨酸发酵需要的氮源比一般的发酵过程要多。一般发酵产品发酵培养基的碳氮比为 $100:(0.2\sim2.0)$,谷氨酸发酵的碳氮比为 $100:11$ 以上时才开始积累谷氨酸。氨浓度对谷氨酸的产率也有影响,在菌体生长阶段,如果 NH_4^+ 不足,α-酮戊二酸因为不能还原氨基化而积累,从而影响谷氨酸的产量;如果 NH_4^+ 过量,则会导致谷氨酸转化为谷氨酰胺,同样降低谷氨酸的产量。

为了调节菌体生长和防止菌体衰老自溶,除了基础培养基中的氮源外,还要通过补加氮源来控制其浓度。生产上常采用以下策略:(1)根据产生菌的代谢情况,可在发酵过程中添加某些具有调节生长代谢作用的有机氮源,如酵母粉、玉米浆和尿素等,例如,在土霉素发酵中,补加酵母粉可提高发酵单位;(2)补加无机氮源,补加氨水或硫酸铵是工业上常用的方法,氨水既可作为无机氮源,又可以调节 pH 值。在抗生素发酵工业中,补加氨水是提高发酵产物的有效措施。如果与其他条件相配合,有些抗生素的发酵单位可提高 50%。但当 pH 值偏高而又需补氮时,就可补加生理酸性的硫酸铵,以达到提高氮含量和调节 pH 值的双重目的。因此,应根据发酵控制的需要来选择与补充其他氮源。

(三)磷酸盐浓度的影响及控制

磷是构成蛋白质、核酸和 ATP 的必要元素,是微生物生长繁殖和代谢产物合成所必需的。在发酵过程中,微生物从培养基中摄取的磷元素一般以磷酸盐的形式存在。因此,磷酸盐的浓度对菌体的生长和产物的合成有一定的影响。微生物生长良好时所允许的磷酸盐浓度为 $0.32\sim300$ mmol/L,但次级代谢产物合成所允许的最高平均浓度仅为 1.0mmol/L,提高到 10mmol/L 可显著抑制其合成。相比之下,菌体生长和次级代谢产物合成所需的磷酸盐浓度相差悬殊。因此,控制磷酸盐浓度对微生物次级代谢产物发酵来说是很重要的。磷酸盐浓度对于初级代谢产物合成的影响,往往是通过促进生长而间接产生的。对于次级代谢产物,其影响机制更为复杂。对磷酸盐浓度的控制,通常是在基础培养基中采用适当的浓度给予控制。对抗生素发酵来说,常常是采用生长亚适量(对菌体生长不是最适合但又不影响生长的量)的磷酸盐浓度,其最适浓度取决于菌种特性、培养条件、培养组成和原料来源等因素,并结合具体条件和使用的原材料通过实验来确定。培养基中的磷含量还可能因配置方法和灭菌条件不同而有所变化。在发酵过程中,若发现代谢缓慢、耗糖低的情况,可适量补充磷酸盐。如在四环素发酵中,间歇添加微量 KH_2PO_4,有利于提高四环素产量。

二、温度

在影响微生物生长繁殖的各种物理因素中,温度发挥着至关重要的作用。由于微生物的生长繁殖和产物的合成都是在各种酶的催化下完成的,而温度却是保证酶活性的重要条件,因此在发酵过程中必须保证稳定而合适的温度环境。温度对发酵的影响主要体现在微生物细胞的生长和代谢、产物的生成和发酵液的物理性质等方面。

(一)温度对微生物细胞生长的影响

如果有液态水和养分的话,有些微生物能够在 90℃ 以上或 0℃ 以下生长,但大多数微生物的生长局限于 $20\sim40$℃ 范围内,嗜冷菌在温度低于 20℃ 时生长速率最大,中温菌在 $30\sim35$℃ 生长,嗜热菌在 50℃ 以上生长。每种微生物都有其特征性的最低温度、最适温度和最高温度。在最低和最高温度,生长速率为 0,在最适温度生长速率最高。最适温度通常只比最高温度低 $5\sim10$℃。细菌的最适生长温度大多比霉菌高些。由于不同种类的微生物所具有的酶系和性质不同,同一种微生物的培养条件不同,最适温度也不同。如果所培养的微生物能承受稍高一些的温度进行生长繁殖,这对生产具有很大的好处,因为较高的温度既可以减少染杂菌的机会,又可减少夏季培养所需的降温辅助设备。

温度对微生物的影响,不仅表现为对菌体表面的作用,而且因热平衡的关系,热量传递到菌体内,对菌体内部所有物质与结构均有作用。由于生命活动可看作是相互连续进行的酶反应,而任何化学反应都与温度有关,通常在生物学的范围内温度每升高 10℃,生长速度就加快 1 倍。所以,温度直接影响酶反应,从而影响微生物的生命活动。根据酶促反应动力学原理,在达到最适温度之前,温度升高,反应速率加快,呼吸强度加强,必然导致细胞生长繁殖加快。但随着温度的上升,酶失活的速度也加快,菌体衰老提前,发酵周期缩短,这对发酵生产是极为不利的。同时,高温还会使微生物细胞内的蛋白质发生变性或凝固,从而导致微生物死亡。

此外,温度和微生物的生长存在着密切关系。首先,在其最适温度范围内,生长速度随温度升高而加快,生长周期随着发酵温度的升高而缩短;其次,不同生长阶段的微生物对温度的反应不同,处于延滞期的细菌对温度十分敏感,将其在最适生长温度附近培养,可以缩短其生长的延滞期和孢子的萌发时间。在最适温度范围内提高对数生长期的培养温度,既有利于菌体的生长,又能够避免热作用的破坏。例如,提高枯草芽孢杆菌前期的培养温度,可对菌体生长和产酶产生明显的促进作用。但是,如果温度超过 40℃,菌体细胞内的酶会因受热而失活,从而抑制细胞的生长。

(二)温度对发酵代谢产物的影响

温度对发酵代谢产物的影响是多方面的,主要体现在影响产物的合成方向、发酵动力学特性、发酵液物理性质、酶系组成及酶的特性等方面。

温度能够改变菌体代谢产物的合成方向。例如,在四环类抗生素发酵中,金色链霉菌能同时产生四环素和金霉素。当温度低于 30℃ 时,细胞合成金霉素的能力较强。随着温度的提高,合成四环素的比例提高。当温度超过 35℃ 时,金霉素的合成几乎停止,只产生四环素。

从发酵动力学上来看,温度的升高,可以导致反应速率增大,生长代谢加快,产物生成提前。但是,温度的升高容易导致酶的失活,且温度越高失活越快,菌体越易衰老,从而影响产物的合成。

除上述作用外,温度还能影响酶系组成及酶的特性。例如,凝结芽孢杆菌的 α-淀粉酶热稳定性易受培养温度的影响,在 55℃ 培养后所产生酶在 90℃ 保持 60min 后其剩余活性为 88%～99%;在 35℃ 培养所产生的酶经上述同样处理后剩余活性仅为 6%～10%。发酵液的黏度、基质,氧在发酵液中的溶解度和传递速率以及某些基质的分解和吸收速率等均受温度变化的影响,进而影响发酵动力学特征和产物的生物合成。

根据温度对发酵代谢产物的影响规律,大多数情况下,接种后适当提高培养温度有利于孢子萌发或加快菌体生长、繁殖,此时发酵温度一般会下降;待发酵液的温度表现为上升时,发酵液温度应控制在菌体的最适生长温度;到主发酵旺盛阶段,温度应控制在代谢产物合成的最适温度。在此过程中,还应注意同一种微生物细胞的生长和产物积累的最适温度有时也不相同。例如,青霉素生产菌的最适生长温度为 30℃,而青霉素合成的最适温度为 25℃;谷氨酸生产菌的最适生长温度为 30～32℃,而代谢产生谷氨酸的最适温度为 34～37℃;黑曲霉的最适生长温度为 37℃,而产生糖化酶和柠檬酸的最适温度为 32～34℃。所以应针对不同发酵类型在生产过程中的需要适时调整发酵温度。

(三)发酵热

发酵过程中,随着微生物对营养物质的利用以及机械搅拌的作用,都将产生一定的热能,同时因为发酵罐壁散热、水分蒸发等也会带走一部分热量。发酵热即发酵过程中释放出来的净热量,包括生物热、搅拌热、蒸发热和辐射热等,它是由产热因素和散热因素两方面决定的。

1. 生物热($Q_{生物}$)

生产菌在生长繁殖过程中产生的热能,叫作生物热。这种热的来源主要是培养基中的碳水化合物、脂肪和蛋白质被微生物分解成 CO_2、水和其他物质时释放出来的，其中部分能量被生产菌利用来合成高能化合物，供微生物代谢活动和合成代谢产物，其余部分则以热的形式散发到周围环境中去，引起温度变化。

菌体的呼吸作用和发酵作用强度不同，所产生的热量不同，具有很强的时间性。在发酵初期，菌体处在适应期，菌体量少，呼吸作用缓慢，产生的热量较少。当菌体处在对数生长期时，呼吸作用强烈，且菌体量也较多，产生的热量多，温度升高较快，生产时必须控制好此时的温度。在发酵后期，菌体已基本上停止繁殖，逐步衰老，主要靠菌体内的酶进行发酵作用，产生的热量不高，温度变化不大。

生物热也随着培养基成分的变化而变化。在相同条件下，培养基成分越丰富，营养物质被利用的速度越快，产生的生物热就越大。

2. 搅拌热（$Q_{搅拌}$）

搅拌热为搅拌器转动引起的液体之间和液体与设备之间的摩擦所产生的热量。搅拌热与搅拌轴功率有关，计算公式为：

$$Q_{搅拌} = P \times 3601$$

式中，P——搅拌桨的搅拌功，kW；

3601——机械能转化为热能的热功当量，kW·h。

3. 蒸发热（$Q_{蒸发}$）

空气进入发酵罐并与发酵液广泛接触后，引起发酵水分蒸发，被空气和蒸发水分带走的热量即为发酵热。水的蒸发热和废气因温度差异所带走的部分热量一起散失到外界。

$$Q_{蒸发} = G(I_{出} - I_{进})$$

式中，G——空气的质量流量，kg 干空气/h；

$I_{出}$、$I_{进}$——发酵罐排气、进气的热焓，kJ/kg 干空气。

4. 辐射热（$Q_{辐射}$）

因发酵罐内外温度不同，发酵液中有部分热能通过罐体向外辐射，这种热能称为辐射热。辐射热的大小取决于罐内外的温度差，受环境变化的影响，冬季影响较夏季大些。

由于产热的因素为生物热和搅拌热，散热的因素为蒸发热和辐射热，所以所得的净热量即为发酵热，这是使得发酵温度变化的主要原因。发酵热随时间变化，要维持一定的发酵温度，必须采取保温措施，如在夹套内通入冷却水控制温度。

$$Q_{发酵} = Q_{生物} + Q_{搅拌} - Q_{蒸发} - Q_{辐射}$$

（四）发酵热的测定和计算

通过测量一定时间内冷却水的流量和冷却水进、出口温度，可用下式计算发酵热。

$$Q_{发酵} = Gc(t_2 - t_1)/V$$

式中，G——冷却水流量，L/h；

c——水的比热容，kJ/(kg·℃)；

t_1、t_2——发酵罐进、出口冷却水温度，℃；

V——发酵液体积，m³。

通过发酵罐的温度自动控制装置，先使罐温达到恒定，再关闭自动装置，测量温度随时间上升的速率，按下式计算发酵热。

$$Q_{发酵} = (M_1 c_1 + M_2 c_2)S$$

式中, M_1——发酵液的质量, kg;

　　　M_2——发酵罐的质量, kg;

　　　c_1——发酵液的比热容, kJ/(kg·℃);

　　　c_2——发酵罐材料的比热容, kJ/(kg·℃);

　　　S——温度上升速率, ℃/h。

根据化合物的燃烧热值计算发酵过程中生物热的近似值。根据 Hess 定律, 热效应取决定于系统的初态和终态, 而与变化的途径无关, 反应的热效应等于产物的生成热总和减去作用物生成热总和。可以用燃烧热来计算热效应, 如有机化合物的热效应可以直接测定, 反应热效应等于作用物的燃烧热总和减去产物的燃烧热总和。可用下式计算:

$$\Delta H = \sum (\Delta H)_{作用物} - \sum (\Delta H)_{产物}$$

式中, ΔH——反应热效应;

　　　$(\Delta H)_{作用物}$——作用物的燃烧热, kJ/mol;

　　　$(\Delta H)_{产物}$——产物的燃烧热, kJ/mol。

(五)最适温度的控制

最适发酵温度是指既适合菌体生长, 又适合代谢产物合成的温度。但有时最适生长温度不同于最适产物合成温度。选择最适发酵温度应考虑两个方面, 即微生物生长的最适温度与产物合成的最适温度。不同的菌种、菌种不同的生长阶段以及不同的培养条件, 最适温度均不相同。如在谷氨酸发酵中, 生产菌的最适生长温度为 30~34℃, 生产谷氨酸的最适温度为 36~37℃, 在谷氨酸发酵前期, 菌体生长阶段和种子培养阶段应满足菌体生长的最适温度, 而在发酵的中后期菌体生长停止, 为了大量积累谷氨酸, 需要适当提高温度。此外, 温度的选择还要根据其他发酵条件灵活掌握。例如, 在通气条件较差的情况下, 最合适的发酵温度也可能比通气条件良好下低一些。这是由于在较低的温度下, 氧的溶解度相应大些, 菌的生长速率相应小些, 从而弥补了因通气不足而造成的代谢异常。又如, 培养基成分和浓度也对改变温度的效果有一定的影响。在使用较稀或较易利用的培养基时, 提高培养温度往往使养分过早耗尽, 导致菌丝过早自溶, 使产物产量降低。

三、pH

发酵过程中培养液的 pH 是微生物生长和产物合成的重要状态参数之一, 也是反映微生物在一定环境条件下代谢活动的综合指标。因此必须掌握发酵过程中培养液 pH 的变化规律, 采用适当的检测方法, 使菌体生长和产物合成处于最佳状态。

(一)pH 对发酵过程影响

不同种类的微生物对 pH 的要求不同, 均有最适合耐受范围, 大多数细菌的最适 pH 为 6.5~7.5, 霉菌一般为 4.0~5.8, 酵母菌为 3.8~6.0, 放线菌为 6.5~8.0。对 pH 的适应范围取决于微生物的生态学, 如果 pH 范围不合适, 则会影响菌体的生长和产物的合成。同时, 控制一定的 pH 范围不仅可以保证微生物的生长, 还可以抑制其他杂菌的繁殖。

同一种微生物在不同的 pH 条件下对代谢产物的合成也有影响, 但对其调节机制尚不十分清楚。代谢产物对于不同 pH 值的响应似乎是微生物的一种合理的适应过程。例如, 当产气克雷伯菌(*Klebsiella aerogenes*)在酸性 pH 条件下生长时产生乙醇和 2,3-丁二醇等中性产物；在接近或高于中性 pH 条件下生长时则主要生成有机酸（pH 值为 7.0 时生成丁二醇、乙醇和乳酸）；pH 值为 8.0 时生成乙酸、丁二醇、甲酸、乳酸和乙醇。同一种微生物由于培养环境 pH 不同，可能积累不同的代谢产物，它们在不同生长阶段和不同的生理生化过程中，也有不同的最适 pH 要求，这对发酵生产中的 pH 控制尤为重要。例如黑曲霉在pH2.0～2.5 范围发酵蔗糖，以产柠檬酸为主，只产极少量的草酸；在 pH2.5～6.5 以生长菌体为主；而在 pH7.0 左右时，则以合成草酸为主，而柠檬酸的产量很低。又如，丙酮丁醇梭菌在 pH5.5～7.0 以菌体生长繁殖为主，而在 pH4.3～5.3 才进行丙酮丁醇发酵。再如，啤酒酵母在酸性条件下（pH3.5～4.5）发酵以产乙醇为主，一般不产生甘油和醋酸，若在偏碱性条件下发酵（pH7.6）则以产甘油为主。

pH 影响菌体代谢方向，pH 不同往往导致菌体代谢过程的差异，从而改变代谢产物的质量与比例。如谷氨酸发酵中，在中性及微碱性条件下积累谷氨酸，而在酸性条件下则易形成谷氨酰胺和 N-乙酰谷氨酰胺。

此外，微生物生长阶段和产物合成阶段的最适 pH 往往也存在差异，这与菌种的特性以及产物的化学性质有关，如青霉菌的生长 pH 为 6.5～7.2，生产青霉素的 pH 为 6.2～6.8；链霉素生产菌生长 pH 为 6.3～6.9，合成链霉素的 pH 为 6.7～7.3。

（二）影响 pH 变化的因素

微生物的生长与代谢会改变培养基的氢离子平衡，从而导致 pH 的改变。其变化主要取决于微生物的种类、培养基成分和发酵条件。菌体都有调整周围 pH 的能力，使其朝着最适 pH 的方向发展。但外界环境发生较大的变化时，这种能力的影响就会变弱，凡是导致酸性物质生成或释放以及碱性物质的消耗都会引起发酵液 pH 的下降；凡是造成碱性物质的生成或释放以及酸性物质的消耗均会使发酵液的 pH 值上升。

产物的形成也会导致培养基 pH 的改变。在简单培养基中，碳水化合物的完全需氧代谢会导致质子和 CO_2 的排出，使 pH 值降低，碳水化合物通常是中性或酸性的。在柠檬酸、乙酸、葡萄糖酸的工业生产中，酸性产物能使培养基的 pH 值低于 2.5。发酵过程中一次性加糖过多，氧化不彻底也会使有机酸大量堆积。

微生物对营养物质的吸收会导致 pH 值的改变。例如，$(NH_4)_2SO_4$ 等生理酸性盐中的 NH_4^+ 被菌体利用后，残留的 SO_4^{2-} 将会引起培养液 pH 值下降；培养基中的蛋白质、其他含氮有机物如尿素等被酶水解放出氨，导致发酵起始时 pH 值迅速上升，后又因氨被菌体利用，pH 值则会下降。

$$CO(NH_2)_2 + H_2O \longrightarrow CO_2 + 2NH_3$$
$$2NH_3 + 2H_2O \longrightarrow 2NH_4^+ + 2OH^-$$

缓冲能力的变化也会导致培养基 pH 值的改变。如果培养基中起缓冲作用的物质能作为基质使用，那么随着这些缓冲物质的消耗，培养基缓冲能力也随之削弱，从而导致 pH 的波动。例如以柠檬酸作为缓冲剂时，其可被利用作为碳源和能源，导致缓冲能力的迅速损耗。为避免类似问题出现，在使用常用的磷酸盐缓冲剂时往往将用量加大到远超过微生物生长所需的范围。

此外，影响 pH 变化的还有其他一些因素。如培养基中碳氮比不当、消泡剂添加过多、中间补料中的氨水或尿素等碱性物质的量过多等。

（三）发酵过程中 pH 的调节与控制

由于微生物在发酵过程中不断吸收、同化营养物质并排出代谢产物,因此,培养基的 pH 值处于不断的变化中,这与培养基的组成成分以及微生物的生长特性有关。为了使微生物能够在合适的 pH 下进行生长繁殖以及产物的合成,应根据不同微生物的特性,在初始培养基中控制适当的 pH 值,并在整个发酵过程中跟踪检查 pH 值的变化,判断发酵是否处于相应的最适 pH 值范围之内,同时还需选用适当的方法对 pH 进行调节和控制。

采用不同原料的发酵培养基时,适宜的发酵初始 pH 会有较大的不同。如利用黑曲霉在合成培养基中发酵时,培养基需要用 HCl 调节 pH 值为 2.5 时产酸效果最好。在发酵生产中利用糖蜜为原料进行发酵时初始 pH 要求在 6.8 左右。利用薯干粉为培养基时,由于薯干粉要利用黑曲霉的酶系使培养基中的淀粉进一步转化为可利用的葡萄糖,需要把初始 pH 值控制在糖化酶的适宜 pH 范围之内（pH4.0～4.6,一般要求为 pH4.5 左右）。目前柠檬酸的生产多采用玉米糖液发酵,其初始 pH 值可在糖化过程中利用硫酸或柠檬酸母液调节到 4.8～5.2,这样对糖液的过滤和发酵均较为有利。

实际生产中,调节 pH 值的方法应根据具体情况而定。如调节培养基的原始 pH 值,或加入缓冲剂（如磷酸盐）制成缓冲能力强、pH 值改变不大的培养基,若盐类和碳源的配比平衡,则不必加缓冲剂。也可在发酵过程中加弱酸或弱碱调节 pH 值,合理控制发酵条件,尤其是调节通气量来控制 pH 值。发酵过程中调节 pH 的主要方法有以下几种。

1. 添加碳酸钙法

采用生理酸性铵盐作为氮源时,由于 NH_4^+ 被菌体利用后,剩余的酸根引起发酵液 pH 下降,在培养基中加入碳酸钙可以起到调节 pH 的作用。但碳酸钙用量过大时,在操作上容易引起染菌。

2. 氨水流加法

在发酵过程中,根据 pH 值的变化流加氨水调节 pH 值,且作为氮源供给 NH_4^+。氨水价格便宜,来源容易。但氨水作用快,对发酵液的 pH 值波动影响大,应采用少量多次流加,以免造成 pH 值过高、抑制细菌生长,或 pH 值过低、NH_4^+ 不足等现象。具体流加方法应根据菌种特性、菌体生长、耗糖等情况来决定,一般控制 pH 值在 7.0～8.0,最好采用自动控制连续流加的方法。

3. 尿素流加法

以尿素作为氮源进行流加调节 pH 值,pH 值变化具有一定的规律性,且易于操作控制。首先,由于通风、搅拌和菌体脲酶作用使尿素分解放出氨,pH 值上升;氨和培养基成分被菌体利用并形成有机酸等中间代谢产物,pH 值降低,这时就需要及时流加尿素,以调节 pH 值和补充氮源。流加尿素后,尿素被菌体脲酶分解放出氨使 pH 值上升,氮被菌体利用和形成代谢产物又使 pH 值下降,流加反复进行以维持一定的 pH。流加尿素时,除主要根据 pH 的变化外,还应考虑菌体生长、耗糖、发酵的不同阶段来采取少量多次流加,维持 pH 稍低以利于菌体生长。当菌体生长快,耗糖增加时,流加量可适当多些,pH 可略高些,发酵后期有利于发酵产物的形成。

四、供氧对发酵过程的影响

发酵液中的溶氧（dissolved oxygen,DO）浓度对微生物的生长和产物形成具有重要的影响。在好氧发酵过程中,必须不断搅拌以及供给适量的无菌空气,菌体才能繁殖和积累目标代谢产物。不同菌种及不同发酵阶段菌体的需氧量是不同的,发酵液的 DO 值直接影响微生物的酶活性、代谢途径及产物产量。发酵过程中,氧的传质速率主要受发酵液中溶氧浓度和传递阻力影响。研究溶氧对发酵的影响及控制对提高生产效率、改善产品质量等都有重要意义。

溶氧对发酵的影响分为两个方面:一是溶氧浓度影响与呼吸链有关的能量代谢,从而影响微生物生长;二是溶氧直接参与并影响产物的合成。

(一)溶氧对微生物自身生长的影响

根据对氧的需求,微生物可分为兼性好氧微生物、专性厌氧微生物和专性好氧微生物。

兼性好氧微生物的生长不一定需要氧,但如果在培养中供给氧,则菌体生长更好,如酵母菌;典型如乙醇发酵,对 DO 的控制分两个阶段,初始提供高 DO 浓度进行菌体扩大培养,后期严格控制 DO 进行厌氧发酵。兼性好氧微生物能耐受环境中的氧,但它们的生长并不需要氧,这些微生物在发酵生产中应用较少。对于专性厌氧微生物,氧的存在则可对其产生毒性,如产甲烷杆菌、双歧杆菌等,此时能否将 DO 限制在一个较低水平往往成为发酵成败的关键。

而对于专性好氧微生物(如霉菌),则是利用分子态的氧作为呼吸链电子系统末端的最终电子受体,最后与氢离子结合成水,完成生物氧化作用同时释放大量能量,供细胞的维持、生长和代谢使用。由于不同好氧微生物所含的氧化酶体系的种类和数量不同,在不同环境条件下,各种需氧微生物的需氧量或呼吸程度不同。同一种微生物的需氧量也随菌龄及培养条件的不同而不同。一般幼龄菌生长旺盛,其呼吸强度大,但由于种子培养阶段菌体浓度低,总的耗氧量也比较低;在发酵阶段,由于菌体浓度高,耗氧量大;生长后期的菌体的呼吸强度则较弱。

溶氧影响菌体生长的研究报道很多,如在谷氨酸发酵过程中,前期主要为菌体生长阶段,需要一定量的氧参与,如果氧的供应受到限制,则会影响到菌体的生长,进而影响到最终的氨基酸产量。在菌体生长阶段,溶氧水平过低,则抑制谷氨酸合成,生成大量的代谢副产物;若供氧过量,在生物素限量的情况下,菌体生长受到抑制,表现为耗糖慢,pH 值偏高,且不易下降。

(二)溶氧对发酵产物的影响

对于好氧发酵来说,溶氧通常即是营养因素,又是环境因素。特别对于具有一定氧化还原性质的代谢产物的生产来说,DO 的改变势必会影响到菌株培养体系的氧化还原电位,同时也会对细胞生长和产物形成产生影响。

例如在氨基酸发酵过程中,其需氧量的大小与氨基酸的合成途径密切相关。根据发酵需氧要求不同可分为三类:第一类包括谷氨酸、谷氨酰胺、精氨酸和脯氨酸等谷氨酸系氨基酸发酵,他们在菌体呼吸充足的条件下,产量最大;如果供氧不足,氨基酸合成就会受到强烈的抑制,大量积累乳酸和琥珀酸。第二类,包括异亮氨酸、赖氨酸、苏氨酸和天冬氨酸,即天冬氨酸系氨基酸,供氧充足可得最高产量,但供氧受限,产量受影响并不明显。第三类,有亮氨酸、缬氨酸和苯丙氨酸,仅在供氧受限、细胞呼吸受抑制时,才能获得最大量的氨基酸,如果供氧充足,产物形成反而受到抑制。

第三节 微生物发酵过程优化技术

一、概 述

为了追求经济效益,发酵工厂的规模不断扩大,由于反应器结构不当或控制不合理引起的投资风险也急剧增加。要规避这种风险,就必须首先在实验室中对发酵过程优化进行研究,特别是对生物反应宏观动力学和生物反应器进行研究。发酵过程优化是指在已经获得高产菌种或基因工程菌的基础上,在发酵罐中通过操作条件的控制或发酵装备的改型改造提高目标代谢产物的产量、转化率以及生产强度,这是发酵过程优化与控制最基本的三个目标函数。(1)产量,即目的产物的最终浓度或总活性。(2)转化率,即基质或者是反应底物向目的产物的转化百分数。(3)生产强度或生产效率,即指目的产物在单位时间内、单位生物反应器体积中的产量。通常情况下,目标代谢产物的浓度或总活性比较低,而通过发酵过程优化提高目标代谢产物的最终浓度或活性可以极大地减少下游分离精制过程的负担,降低整个过程的生产费用。产物的生产强度是生产效率的具体体现。在某些传统和大宗发酵产品如酒精、有机酸和某些有机溶剂的发酵生产过程中,虽然其下游分离精制过程相对容易,人们仍必须要同时考虑产物的生产强度和最终浓度,这样才能够从商业角度上与化学合成法相竞争。起始反应底物对目的产物的转化率,考虑的是原料使用效率的问题。在使用价格昂贵的起始反应底物或者使用对环境存在严重污染的反应底物的发酵过程中,原料的转化效率至关重要,转化率通常要求接近 100%(98%~100%)。通过优化发酵过程的环境因子、操作条件以及操作方式,可以得到所期望的目标产物的最大浓度、最大转化率以及最大生产效率。但是,通常情况下这三项优化指标不可能同时取得最大数值。例如,在酒精发酵过程中,通常情况下连续操作的生产效率最高,但其最终浓度和原料转化率却明显低于流加操作或间歇操作。提高某一项优化指标,往往需要以牺牲其他优化指标为代价,这时,需要对发酵过程进行整体的性能评价。

二、发酵过程优化的基本特征

发酵过程的控制和优化具有以下特点。(1)模型是进行过程控制与优化的基础。传统的动态发酵过程控制优化技术,是建立在非构造式动力学模型(如底物恒速流加、指数流加、分阶段环境控制等)基础上的。上述模型普遍存在难以适应或描述发酵过程的强时变性特征和非线性特征、模型参数多、物理化学意义不明确且难以计算确定、建模费时费力、通用性能不强等诸多缺点,这严重制约了建立在上述模型基础上的过程控制和最优化系统的有效性和通用能力。传统的自动控制理论难以直接应用,但可作为重要的参考。(2)相当数量的工业规模或实验室规模的发酵过程,由于没有合适的定量数学模型可循,其控制与优化操作还必须依靠操作人员的经验和知识来进行。然而,这种依靠经验的操作管理方式受到操作人员的能力、素质和专业知识等诸多因素的影响,优化控制性能因人而异、差别很大。(3)近年来,随着计算机技术和生物技术的飞速发展,以模糊理论和神经网络为代表的智能工程技术,以及以代谢反应模型为代表的现代生物过程模型技术已经逐步、大量地渗入到发酵过程的建模、过程状态预测、状态模式识别、产品品质管理、过程故障诊断和早期预警、大规模系统的仿真和模拟、遗传育种乃至过程控制与优化等诸多领域。把先进的过程控制技术、智能工程技术、代谢工程技术与发酵工程融合在一起，是现代发酵过程控制的发展方向和大趋势。

三、发酵过程优化的主要内容及步骤

(一)发酵过程优化的主要内容

发酵过程通常是在一个特定的反应器中进行。由于微生物反应是自催化反应，因此，微生物细胞自身也是反应器，所有要从细胞这个微反应器中出来的物质都必须通过细胞和环境之间的边界线，使得所有在细胞体内(即生物相)所发生的反应都与环境状况(即非生物相)密切联系在一起。实际的生物反应系统是一个非常复杂的三相系统，即气相、液相和固相的混合体，且三相间的浓度梯度相差很大，达几个数量级。要对如此复杂的系统进行优化研究，必须做大量的假设使问题得以简化。因有关生物反应的单个步骤、进(出)细胞物质的传递以及反应器内的混合等问题的研究已相当成熟，如果能通过适当的假设使复杂的反应过程简化至能够进行定量讨论的程度，一般来说就能够实现反应过程的优化。

发酵过程和化工过程的主要差异在于前者有微生物参与进行。微生物作为有生命的一种物质，其行为与化学催化剂相比更加难以控制，因而导致某些发酵过程参数难以检测，过程可控性也比化工过程有所下降。因此，如何把发酵过程模型化的概念和一些微生物生理学的基本问题结合起来已成为生化工程学者在进行发酵过程优化时考虑的主要问题之一。

生物反应动力学重点研究内容是有关生物过程、化学过程与物理过程之间的相互作用，诸如生物反应器中发生的细胞生长、产物生成、底物消耗和传递过程等的规律。生物反应动力学研究的目的是为描述细胞动态行为提供数学依据，以便进行数量化处理。生物反应宏观动力学是发酵过程优化的基础。生物反应器则是发酵过程的外部环境，反应器类型对发酵过程的效率及发酵过程优化的难易程度影响很大。发酵过程优化的目标是使细胞生理调节、细胞环境、反应器特性、工艺操作条件与反应器控制之间这种复杂的相互作用尽可能地简化，并对这些条件和相互关系进行优化，使之最适于特定发酵过程的进行。发酵过程优化主要涉及以下四个方面的研究内容。

1. 细胞生长过程研究

如果不了解微生物的生理特性以及细胞内的生化反应，研究反应动力学是没有意义的，更谈不上发酵过程的优化。因此，细胞生长过程的研究是发酵过程优化的重要基础研究内容。研究细胞的生长过程，不仅要清楚地了解微生物从非生物培养基中摄取营养物质的情况和营养物质通过代谢途径转化后的去向，还要确定在不同环境条件下微生物代谢产物的分布。

2. 微生物反应的化学计量

微生物利用底物进行生长，同时合成代谢产物，底物中的含碳物质作为能源和碳源一起促进细胞内的合成反应。理论上，所有投入的碳和氮都可以在生物反应器的排出物——菌体细胞、剩余底物以及代谢产物中找到，因此微生物反应的化学计量似乎是件容易的事，然而事实并非如此。缺少传感器、在生化系统中进行连续检测的困难，或者由于对微生物的生理特性缺乏深入的认识而导致遗漏了代谢产物，这些都会使得发酵过程的质量衡算很难进

行。而对来自工业研究的动力学数据进行质量衡算则更困难。对微生物反应进行化学计量和质量衡算的优越性在于：即使没有任何有关该微生物反应动力学的参考资料，运用基于化学计量关系的代谢通量分析方法，仍然可以提出该微生物代谢途径的可能改善方向，为过程优化奠定基础。

3. 生物反应动力学

生物反应动力学是发酵过程优化研究的核心内容，主要研究生物反应速率及其影响因素。发酵过程的生物反应动力学一般指微生物反应的本征动力学或微观动力学，即在没有反应器结构、形式及传递过程等工程因素的影响下，除了反应本身的性质外，该反应速率只与微生物固有反应组分的浓度、温度及溶剂性质有关。在一定反应器内检测到的反应速率即总反应速率及其影响因素，属于宏观动力学研究的范畴。根据宏观动力学及其对反应器空间和反应时间的积分结果，可推算达到预计反应程度（转化率或产物浓度）所需要的反应时间和反应器容积，从而进行反应器设计。建立动力学模型的目的就是为了模拟实验过程，对适用性很强的动力学模型，还可以推测待测数据，进而确定最佳生产条件。

发酵过程优化涉及非结构模型和结构模型的建立。如果把细胞视为单组分，则环境的变化对细胞组成的影响可忽略，在此基础上建立的模型称为非结构模型。非结构模型是在实验研究的基础上，通过物料衡算建立起的经验或半经验的关联模型。它是原始数据的拟合，可以体现主要底物浓度的影响。大多数稳态微生物反应都能用相当简单的非结构模型来描述，但只有当细胞内各组分均以相同的比例增加，即所谓平衡生长状态时才能这样处理。如果由于细胞内各组分的合成速率不同而使各组分增加的比例不同，即细胞生长处于非均衡状态时，非结构模型的外推范围可能有出入，此时就必须运用从生物反应机理出发推导得到的结构模型。在考虑细胞组成变化的基础上建立的模型，称为结构模型。在结构模型中，一般选取 RNA、DNA、糖类及蛋白质的含量作为过程变量，将其表示为细胞组成的函数。但是，由于细胞反应过程极其复杂，加上检测手段的限制，以致缺乏可直接用于在线确定反应系统状态的传感器，给动力学研究带来了困难，致使结构模型的应用受到了限制。

4. 生物反应器工程

包括生物反应器及参数的检测与控制。生物反应器的形式、结构、操作方式、物料的流动与混合状况、传递过程特征等是影响微生物反应宏观动力学的重要因素。在工程设计中，化学计量式、微生物反应和传递现象都是需要解决的问题。参数检测与控制是发酵过程优化最基本的手段，只有及时检测各种反应组分浓度的变化，才有可能对发酵过程进行优化，使生物反应在最佳状态下进行。

总的来讲，发酵过程控制与优化的研究内容就是要解答以下几个方面的问题：

(1)过程控制和优化的目标函数是什么？

(2)有没有可以应用于能够描述过程动力学特征的数学模型？如何建立上述模型？

(3)为实现优化目标，需要掌握什么样的情报？需要计测（在线或离线计测）哪些状态变量？

(4)用来实现优化与控制的操作变量是什么？

(5)可以在线计量的状态变量是什么？并据此可以推定什么样的不可测状态变量、过程特性或模型参数和环境条件？

(6)过程的外部干扰可能有哪些？它们对于过程控制和优化的影响是什么？

(7)实现优化与控制的有效算法是什么？如何利用选定的算法求解最优控制条件？

(8)控制和优化算法能否适时解决由于环境因子或细胞生理状态的变化而造成的最优控制条件的偏移，从而实现过程的在线最优化？

（二）发酵过程优化的步骤

在对发酵过程进行优化时，应遵循的基本原理和步骤包括：简化、定量化、分离、建模型，最后把分离开的现象重新组合起来。

1.反应过程的简化

微生物反应是一个复杂的过程，不简化不可能对其进行研究。发酵过程的简化是指把工艺过程的复杂结构压缩为少数系统，这些系统可以用关键变量表示。由于生物系统含有生物学和物理学两方面的属性，因此，进行简化必须保留基本信息。这样，才能保证实验和理论研究在实现目标的同时确保对系统描述的精确性。

2.定量化

对发酵过程进行定量分析需要系统、准确地检测各种参数。因此，在对发酵过程进行研究时，能否获得比较准确的过程参数对优化策略的适用性是非常重要的一个环节。然而，由于生物系统的复杂性，特别是可能发生在生物、物理、化学现象间的相互作用，再加上检测方法的不完善，往往会使实际的分析结果出现很大的偏差。所以，对分析方法的选择非常重要，它可以保证测定结果的可用性和代表性能够满足优化的要求。

3.分离

分离是指在生物过程和物理过程的各种速度互不影响的情况下，精心设计实验以获得关于生物和物理现象的数据。细胞在反应体系中以固相存在，而目前的技术还不能直接检测到发生在固相内部的反应。因此，只能通过计算机模拟的方式，通过检测液体培养基中的外部变化，来反映代谢反应的内部变化；而分离原理则是合理应用数学模型的一个重要的前提条件。

思考题

1.发酵优化培养基根据用途可分为哪些种类？在食品微生物研究中分别有何重要应用？

2.分析发酵过程中 pH 变化的原因，如何调控发酵过程中的变化？

3.了解掌握影响发酵过程效率的主要因素及内容。

4.发酵过程优化有哪些研究内容？

参 考 文 献

[1]陈坚,堵国成.发酵工程原理与技术[M].北京:化学工业出版社,2012.

[2]韦革宏,杨祥.发酵工程[M].北京:科学出版社,2008.

[3]余龙江.发酵工程原理与技术应用[M].北京:化学工业出版社,2014.

[4]曹军卫,马辉文,张甲耀.微生物工程(第二版)[M].北京:科学出版社,2013.

第三篇　食品微生物学研究新技术

第六章　食品微生物代谢组学与蛋白质组学研究

第一节　微生物代谢组学原理方法与应用

一、代谢组学技术概况

代谢组学(metabonomics)效仿基因组学和蛋白质组学的研究思想,对生物细胞内所有代谢物进行定量分析,并寻找代谢物与生理等变化的相对关系,从而可为新型功能性物质开发提供基础与保证。代谢组学是继基因组学、转录组学、蛋白质组学之后系统生物学的另一重要组成部分,也是目前组学领域研究的热点之一(亓云鹏,2008)。细胞内的生命活动多数发生在代谢层面,代谢产物是基因表达的最终产物,基因和蛋白表达的微小变化可以在代谢物上得到放大,这就给之后的检测带来方便。微生物代谢组学就是通过对微生物细胞内或胞外代谢产物的分析,来揭示微生物细胞生理及对环境影响的内在规律或可为基因组及蛋白质组的研究提供重要信息,也为开发或利用微生物的细胞功能等提供全面的生物学等信息。

代谢活动是生命活动的本质特征和物质基础。代谢组(metabolome)是指某一组织或细胞在一特定生理时期内所有低分子量(小于等于 1000kD)的代谢产物;这些小分子包括了内源性的和外源性的化学物质,例如多肽类、氨基酸、核苷酸、碳水化合物、有机酸、维生素、多酚类、生物碱、矿物质以及能够被一个细胞或者有机体利用、摄取或者合成的其他化学物质。代谢组的变化是生物对遗传变异、疾病以及环境影响的最终应答。与其他"组学"研究类似,代谢组学的突破在于将传统的代谢途径扩展为代谢网络的研究。通过"非目标性"地识别全部代谢物,定量它们在生物体系内的动力学变化,从而揭示传统方法无法观测到的代谢网络中不同途径之间的关系。因而,代谢组学成为系统生物学研究的重要组成部分。

现阶段,代谢组学分析应用于医学上的比较多,其研究方法主要是利用核磁共振模式识别以及专家系统等计算方法。根据研究的对象和目的的不同,该研究可以分为如下四个层次。

（一）代谢物靶标分析

即对某个或某几个特定组分进行分析，该项分析的前提是必须知道目标代谢物的结构，获得该目标代谢物的纯标准品，这是一种真正的定量方法，它需要进行严格的样品制备和分离，去除干扰物，以提高检测的灵敏度。

（二）代谢物轮廓（谱图）分析

对预设的数种代谢物靶标进行定量分析，如某一代谢路径的所有底物、中间产物或多条代谢途径的标志性组分。

（三）代谢组学分析

它是指对特定条件下的特定生物样品中所有代谢物组分进行定性和定量分析，但代谢组学分析目前还难以实现，因为还没有发展出一种真正的代谢组学技术可以涵盖所有的代谢物而不管分子的大小和性质。

（四）代谢指纹分析

以整个代谢图谱代表特定细胞、组织或某种病理生理状态的特定代谢模式，不具体分离鉴定每一组分，而是通过整体分析对样品进行快速分类（如表型的快速鉴定）。代谢指纹分析通常结合模式识别技术对代谢指纹进行分类，识别不同模式指纹的某些特征，是进行种类判别筛选、疾病诊断及寻找特定代谢模式最有用的方法。

其中，代谢物靶标分析和轮廓分析均是针对代谢系统中的某些代谢产物，并不指所有的代谢产物。

二、代谢组学技术原理与方法

代谢组学研究项目的推动包含了两个大方面的支撑，一方面是仪器方面的支撑；另一方面是数据处理软件的支撑。这些措施包括成熟的、能精确测定质量的高分辨率质谱（MS）仪，高分辨率、高通量的核磁共振光谱仪（NMR）、毛细管电泳（CE）和能快速分离化合物的超高压液相色谱法（UPLC 和 HPLC）快速化合物分离系统，以及能快速处理光谱或色谱型态的新的软件程序（Dunn, et al., 2005）。这些现代软件和硬件的组合不仅能够在同一时间内检测鉴定出一个及以上的小分子，而且可以在短短几分钟内检测到几十个小分子代谢物（Moco, et al., 2006）。另外，对于代谢组学发展的重要性还在于对包含了基于不同代谢流的结构化学的叙述性和光谱信息在内的电子数据库的扩充。

（一）几种仪器分析方法的比较

如其他新的研究领域一样，一旦确定新的研究方向后，往往伴随开展的工作就是检测技术的不断整合优化和方法手段的细化，代谢组学也不例外。代谢组学研究有许多不同的分析技术（如 NMR、气相色谱、质谱及其联用）及相应的方法。几种较常用分析方法的优缺点如表 6-1 所示。

表 6-1　代谢组学不同分析技术的比较

检测技术	优点	缺点
核磁共振波谱法	定量	灵敏度不高
	无破坏性	不能检测非质子化的化合物
	快速（2～3min/样品）	需要大量的样品（0.5mL）
	样品不需要衍生、分离	仪器比较大
	能检出或者定位出盐类和无机离子	昂贵的设备
	固样和液样都适用	
	能检出所有的有机物	
	可以定位出新的化学品	
	强大成熟的技术	
	可以用作代谢物成像	
	有确定代谢物的大量软件和数据库	
气相质谱分析	强大成熟的技术	样品无法回收
	相对而言价格便宜	样品需要衍生化
	定量（校准）	样品需要分离
	只需要适量的样品即可	慢（20～30min/样品）
	良好的灵敏度	不能用于成像
	有确定代谢物的大量软件和数据库	确定新的化合物比较困难
	检测出大部分的有机分子以及少部分的无机离子	
	分离、重现性较好	
液相质谱分析	十分灵敏	样品不能回收
	非常灵活的技术	定量性不好
	检测出大部分的有机分子以及少部分的无机离子	昂贵的仪器设备
	只需要少量的样品	慢（20～30min/样品）
	可以用于代谢物的成像	较差的分离效率和重现性（vs. GC）
	可以不分离完成检测（直接检测）	相比 NMR 和 GC，较不强大
	有可能检测出代谢物中大量潜在成分	缺少确定代谢物的大量软件和数据库
		确定新的化合物比较困难

（二）不同仪器间的联用分析

一个待研究的样品使用多个分离和检测技术相结合的方法可以检测到更多的代谢物。联用技术同时能得到待检测化合物的 UV、NMR 和 MS 等信息，为化合物分析提供了全面的信息基础。质谱与核磁共振波谱检测出的代谢物数据有一定的互补性，因此将两者（或两种数据）相结合的方法已进行实际应用，如 Gu 等（2007）将此两种方法联用，研究大鼠给予三种不同饮食后对其尿液的影响，检测出的数据均获得了较为理想的结果。与核磁共振技术联用的方法比较适用于检测高丰度的代谢物，核磁共振方法允许快速、无损的识别和量化近十几个不同的乳脂肪酸、游离糖、乙酰碳水化合物和其他小分子代谢物（Agabriel，et al.，2007），GC-MS 或 LC-MS 分析方法则比较倾向于检测低丰度的非极性或半极性代谢物（同时具有亲水基团和疏水基团）。

1. 液相色谱—质谱联用技术

液相色谱—质谱（liquid chromatography coupled to mass spectrometry，LC-MS）作为一种独立

的技术,在分析代谢产物时有显著的优点,这不仅因为不必衍生化分析物,而且还具有能分辨大量代谢物的能力。LC 分离与电喷雾(ESI)联用,能使大部分代谢产物被极化和电离以更加利于鉴别。此外,还能通过离子配对(IP)LC-MS、亲水作用 LC-MS 和反相 LC-MS 技术从固定相到流动相同时定量分析不同类型的代谢产物,因而 LC 比 GC 应用范围更广。

LC-MS 具有物质检测分析领域宽,选择性和灵敏度较好、样品制备简单等优势,样品不需要进行衍生化处理,适合于不稳定、不易衍生化、难挥发和分子量较大的代谢物(Bajad, et al., 2006;王智文,2010)。

应用 LC-MS/NMR 系统联用技术检测代谢物结构的成功例子是早期 Shockcor 等对乙酰氨基酚的代谢研究(Shockcor, et al., 1996),通过 CH_3CN/D_2O 双向体系反向梯度洗脱,经 ESI 阳离子检测,对乙酰氨基酚在人尿液中代谢物进行研究,不仅检测到传统产物,还发现了其他内源性代谢物。Pendela 等(2012)用 HPLC-NMR 与 HPLC-MS 相结合研究了红霉素的降解产物,在没有纯品对照下鉴定了 2 种未知杂质为红霉素 A 烯醇醚羧酸和红霉素 C 烯醇醚羧酸。

用 LC-MS 和 LC-UV 的联用方法研究天然提取物,并不适合于在线鉴定,而 LC-NMR 方法联用是天然提取物成分在线结构鉴定的强有力方法;用于粗提取物成分的筛选和鉴定的 LC-UV-MS 和 LC-NMR 组合联用的装配图解如图 6-1 所示(陈执中,2006)。

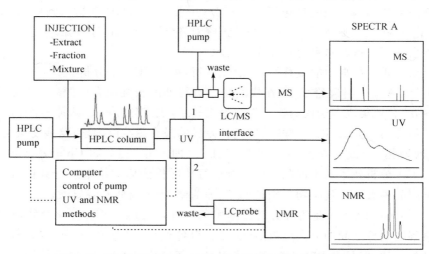

图 6-1　用 LC-UV-MS 和 LC-NMR 组合分析建立的实验图解

2. 毛细管电泳—质谱联用在代谢组学上的应用

毛细管电泳—质谱(capillary electrophoresis coupled to mass spectrometry,CE-MS)在分析复杂的代谢化合物上比 GC-MS、LC-MS 更有潜在的优势,包括高分辨效率,极小的样品量(nL),方法快捷和较低的试剂消耗等。有研究学者用 CE-MS 对大肠杆菌的阴离子、阳离子代谢产物进行了综合和定量分析。鉴定了初级代谢产物中 375 种带电的亲水中间产物,其中的 198 种被定量,从而进一步明确了 CE-MS 能用于微生物代谢领域。

CE 也有一定的局限性,主要是由于其小样品量所致的敏感性降低,尤其是与 MS 联用时,样品能进一步被屏极液稀释。但是通过减少屏极液流速和使用联机对样品进行预浓缩(如 pH 介导的堆积和短暂的等速电泳),能得到与 LC-MS 相似的敏感性;而且屏极液稀释带来的影响可通过使用无屏极界面来解决。

目前还没有一种技术能轻易分辨微生物提取物中上百种的代谢产物；虽然理论上能精确完成，但是最广泛的代谢产物的覆盖度需要联合多种能互相重叠的分离技术，通过优势互补以分辨不同物理化学特性的化合物。

(三)PCA 和 PLS-DA 数据处理技术

尽管代谢组学所涉及的技术等内容是真正意义上的代谢组学研究，但目前还不能够完全得以实现；其主要原因是代谢组学的数据处理软件有待提升，因此，目前还需开发更加有效有用的数据处理软件，发展新的算法以避免假阳性或假阴性，并能识别低含量的成分。利用软件可在以下几个方面发挥作用(亓云鹏,2008)。

1. 寻找生物

标记物在代谢指纹分析中，较常用的方法是主成分分析(PCA)和最小偏二乘法(PLS-DA)。代谢组学数据的聚类分析通常在 PCA 分析所得的得分图(Score plot)中进行，寻找生物标志物则根据 PCA 分析所得的投影图(loading plot)中，各变量对主成分贡献的大小来判断。

2. 代谢组学数据预处理

通过分析体系得到原始数据后，首先需要将数据预处理，以保留与组分有关的信息，消除多余干扰因素的影响。预处理包括分段积分(主要针对 NMR 数据)、归一化(normalization)、标度化(scaling)、滤噪(filtering)和色谱峰对齐(alignment)等步骤。

3. 对于色谱—质谱数据中的重叠峰的处理

对于色谱—质谱数据中的重叠峰，一般先解析，再作 PCA 等分析。

实际上，PCA 是一种降维技术，在代谢物共有特性的线性组合(即核心轴线)基础上很容易绘制、描绘和聚集成多倍代谢物。作为聚类技术，主成分分析是识别一个样品与另一个变量差异性最常用的方法，以及判断造成这种差异的最有影响的因素；这些变量是否以同样的方式贡献(如相关)或各个变量是否相互独立(即不相关)。如 Choi 等(Choi, et al.,2004)采用 PCA 分析技术对不同品种的大麻进行核磁检测后的结果进行分析，最终获得了可以区别不同品种大麻的代谢物分别是蔗糖、葡萄糖、天冬酰胺和谷氨酸。

与 PCA 相比，PLS-DA 是管理分类技术中的一种，通过旋转 PCA 化合物，可以提高由此方法观察到的组分之间的分离效果，从而可获得各种类(组分)最大限度的分离。两者的基本原理是类似的，但是在 PLS-DA 方法中对第二部分信息的使用，也就是说，对标记组分的特点，化学计量方法如 PCA 和 PLS-DA，不保证直接识别和量化对象化合物，而是仍允许一个无偏(或非靶向治疗)的方法对不同样本进行化学综合比较。

以上的化学统计方法是用于仪器分析后的代谢物数据，而用来检测样品的代谢组学研究方法如色谱、质谱及核磁分析技术，它们的重点在于尽可能多地识别和量化样品中的化合物，一般是通过从纯化合物中获得相应的化合物的色谱参考值，来确定样品中的化合物是何种物质；一旦构成的化合物被识别和量化后，再通过统计软件处理(PCA 或 PLS-DA)来识别重要的生物标记物和多信息代谢途径(Weljie, et al., 2006)。根据不同的目标和设备特性，定量代谢组学可以是目标物(选择特定类型的化合物如脂类或多酚)或综合性产物(包括所有或几乎所有的可检测代谢物)。目前，人们更热衷于对生物活性化合物的鉴定，许多地区在食品科学与营养学研究领域日益倾向于定量代谢组学(Gibney, et al., 2005)。目前，这两种数据处理方法,主要是通过 SAS 软件或者 SPSS 软件来运行(李小胜,2010)。

三、代谢组学技术在食品中的应用实例

代谢组学是一个相对比较新的领域,它能够在代谢组里进行高通量的辨别和定量分析小分子代谢物(German, et al., 2005)。在代谢组学诞生至 21 世纪初,代谢组学分析的作用主要集中在临床或者制药方面,如新药的发明(Kell, 2006)、药物评估(Lindon, et al., 2004)、临床新药毒理学(白景清,2005;Schnackenberg & Beger, 2006)和临床化学(Moolenaar & Wevers, 2003)等。Holmes 等应用代谢组学方法研究受试动物经不同化学药剂(如肝毒素、重金属化合物)处理后其生物体内化学成分的变化以此来评估其化学药剂的毒理学作用(Holmes, et al., 2000),通过检测不同得病老鼠的尿液来区分它们的病情,以此判断受试药剂的种类与毒理学作用,结果有 98% 的测试样本得到了正确的分类。在过去的几年里,代谢组学已在许多食品方面得到了应用(Gibney, et al., 2005),主要有食品成分分析、食品质量/真伪评估、食物消耗监测以及在食品介入或者饮食挑战研究中的生理监测(Wishart, 2008)。

从代谢组学研究的角度来看,大多数食物基本上可看作是在固体、半固体或液体培养基上复杂的化学混合物组成的各种代谢物和化学添加剂。一些“制造”出来的食物含有 10 ~ 20 种不同的化学物质(人工果汁、软饮料和纯化植物油等),有些食物可能包括数以百计的化合物(牛奶、奶酪),更有一些食物可能含有成千上万种的化合物(水果、肉类和速食食物等)。这些通常被称为营养代谢组或食物代谢组(Gibney, et al., 2005)。食物代谢组不仅是被认为有相当大的化学多样性(>100 种主要化学类物质),而且每种化合物丰度在不同食品中的差异很大。因此,采用代谢组学研究方法和手段在食品科学与技术的应用与基础研究中有广阔的前景。

(一)原料的检测

利用代谢组学的研究思路在食药材原料质量等检测上的应用十分常见,如范刚等利用[1]H NMR 和多变量分析相结合的方法寻找标志性代谢物(范刚,2012),对中藏药不同品种的黄连与多种其他珍贵药材之间加以区分,成功地获得了同类药材的不同品种之间的区别;Shao 等也通过代谢组学研究方法对海参是否感染病毒进行了研究(Shao, et al., 2013),获得了健康海参与染病海参之间存在的差异性物质。Jung 等对 3 种不同品种的蒲公英种子进行核磁—气质的互补检测(Jung, et al., 2011),最终找到了不同种子之间的(非)极性代谢物的差异。代谢组学分析研究已应用于天然食品、香料和饮料等方面,包括奶制品(牛奶)(Hu, et al., 2007),王世成等研究学者对注射了氯霉素后的奶牛产出的牛奶进行代谢分析(王世成,2010),寻找其标志性代谢物,在这个实验中,研究者采用了 XBridge C18 柱子,以乙腈和水作为流动相,采用高效液相色谱与质谱联用的方法进行分析,结果测出了单羟基十八碳二烯酸(HODE)为标志性代谢物。除了对牛奶(奶制品)等进行研究外,其他像绿茶和红茶(Wilson, et al., 2012)、麻黄(徐文杰,2012)、西红柿汁(Tiziani, et al., 2006)、香菜种子(Ishikawa, et al., 2003)以及一些药草与香料(Ishikawa, et al., 2002)等也都有研究。这些药食的成分分析使用了核磁共振、气质、液质和毛细管电泳等仪器分析方法,它们能够识别多达 100 多种不同的植物类型或 200 多种不同的碳水化合物。

(二)传统发酵食品的检测

Caligiani 等通过高通量的¹H-NMR 分析方法对醋中的主要有机成分进行检测（Caligiani，et al.，2007），使用核磁检测获得的结果与气质分析及传统分析等方法具有相关性，研究表明该方法能够同时测定碳水化合物（葡萄糖和果糖）、有机酸（乙酸、甲酸、乳酸、苹果酸、柠檬酸、琥珀酸和酒石酸）、醇类和多元醇（包括乙醇、乙偶姻，醋样品中的 2,3-丁二醇和羟甲基糠醛）、挥发性物质（乙酸乙酯）等。因此，这是一项对科研工作者极具吸引力的方法。

腌制冬瓜是浙东地区传统的特色腌制蔬菜，在民间制作食用有很长的历史，因其风味浓郁口感好，深受大众喜欢。袁晓阳等对自然发酵腌冬瓜进行了风味物质的检测（袁晓阳，2009），同样通过固相微萃取和气质联用的方法，检测出了腌冬瓜中的挥发性风味物质主要包括丁酸、己酸、戊酸、辛酸、2-甲基丁酸和 4-甲基苯酚等，它们多数呈不愉快气味，构成了腌冬瓜独特的风味。作者研究团队成员毛怡俊等采用¹H NMR 主要分析方法（图 6-2），结合主成分分析（PCA）和最小偏二乘法（OPLS-DA）方法，从整体代谢物水平上寻找冬瓜腌制各个时期的标志性代谢物，较好地判别和分析了传统腌冬瓜质量特征及其变化规律，从代谢组学角度阐明了传统腌制臭冬瓜中的微生物种群存在与产品质量组成间的关系。

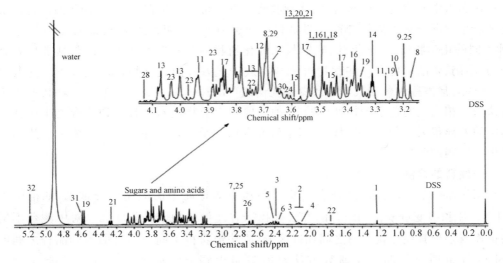

图 6-2　冬瓜腌制起始时营养组分的核磁图谱

注：(1)L-鼠李糖，(2)谷氨酸，(3)甲硫氨酸，(4)N-氨酰谷氨酸，(5)琥珀酸盐，(6)γ-氨基丁酸，(7)天冬氨酸盐，(8)胆碱硫酸酯，(9)胆碱磷酸，(10)胆碱，(11)甜菜碱，(12)D-半乳糖，(13)甘露糖，(14)色氨酸，(15)甘露醇，(16)鸟氨酸，(17)阿拉伯糖，(18)赖氨酸，(19)α-葡萄糖，(20)甘氨酸，(21)苯丙氨酸，(22)精氨酸，(23)木糖，(24)抗坏血酸，(25)柠檬酸，(26)琥珀酸，(27)天冬氨酸，(28)乳酸，(29)异亮氨酸，(30)缬氨酸，(31)乳糖，(32)β-葡萄糖。

研究结果表明，通过¹H NMR 分析，整个腌制时期共检测得到了 36 种代谢物。由 PCA 得分图（图 6-3）可见，除了腌制第 10 天和 15 天外，其余相邻腌制时期的代谢物具有差异性。腌制前 5 天的特征性代谢物质是 L-鼠李糖、乳酸、脂肪酸、精氨酸、N-氨酰谷氨酸、琥珀酸、磷酸胆碱、谷氨酸、鸟氨酸、赖氨酸和 β-葡萄糖；腌制第 5 天到 10 天的特征代谢物是乳酸、琥珀酸、甘氨酸、脯氨酸和胆碱；腌制第 15 天到 20 天的特征代谢物是乳酸、琥珀酸、甘氨酸、甘露醇、胆碱和 α-酮戊二酸。

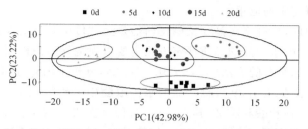

图 6-3 冬瓜腌制开始和第 5、10、15 和 20 天时卤汁代谢物成分的 PCA 得分

通过 PCA 得分图中获知的相邻取样点之间存在的差异性分析(图 6-4)与微生物的生长规律趋势和腌制环境相符。腌制开始的前 5 天里,腌冬瓜中发生的变化主要是食盐环境导致释放的营养物质以及通过 L-鼠李糖的变化看出的微生物适应新环境行为。微生物在腌制第二个阶段(5~10 天)主要是微生物充分利用营养物质进行生长的行为,由大量存在的琥珀酸和胆碱可以看出,在腌制第三个阶段(10~15 天)发生不活跃的代谢行为。最后一个腌制阶段(15~20 天),乳酸和甘露醇作为最具有代表性的特征代谢物。研究表明,冬瓜腌制过程中优势乳酸菌以异型乳酸发酵为主,且认为琥珀酸是冬瓜腌制整个过程中最具有代表性的特征代谢物。

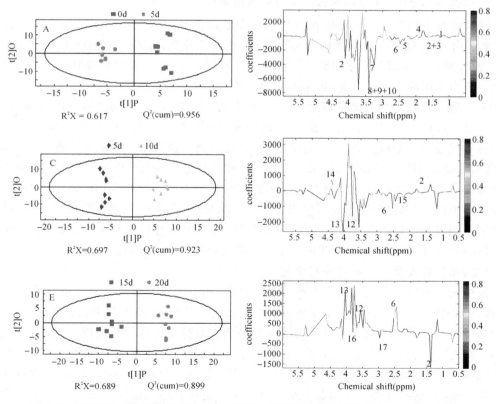

图 6-4 冬瓜不同腌制时期(5d、10d 和 15d)的 OPLS-DA 得分(相邻点 A、C 和 E)及相关系数得分(B、D 和 F)

不同颜色区分出相邻腌制时期的代谢物的显著性差异。图中:(1)L-鼠李糖,(2)乳酸,(3)脂肪酸,(4)精氨酸,(5)N-氨酰谷氨酸,(6)琥珀酸,(7)磷酸胆碱,(8)甲硫氨酸,(9)鸟氨酸,(10)赖氨酸,(11)β-葡萄糖,(12)甘氨酸,(13)胆碱,(14)脯氨酸,(15)乙酸,(16)甘露醇,(17)α-酮戊二酸。

(三)水产食品研究中的应用

在中国的沿海地区,生鲜水产品如蟹糊(蟹膏)是一种传统并且受人们欢迎的水产食品。目前为止,针对这类生鲜水产品的品质评定方法主要以视觉(感官)检测为主,叶央芳等采用核磁共振与多元分析相结合的方法(Ye, et al., 2012),分析了浙东地区蟹糊产品的营养成分及其品质的评定。结果表明,从蟹糊产品的水提取物中分析得到了产品的主要营养成分为氨基酸、糖类、羧酸、核苷酸和胺类(其中包括19种首次报告的化合物,如胆碱、尿嘧啶和鸟苷);所选择的两种不同质量等级的产品,其氨基酸、乳酸盐、N-乙酰谷氨酸、胆碱、二甲胺、尿苷、1-甲基烟酰胺和2-pyridienmethanol等成分有显著差异。因此,采用NMR分析技术结合PCA分析方法等,研究结果对于蟹糊等水产食品质量等级的划分提供了比较准确的方法及依据,打破了传统水产生鲜食品质量等级评定的局限性。另一方面,也证明采用核磁共振结合多元分析方法不仅对蟹糊产品质量评估是一种较为有效的方法,也为同类产品营养成分等的全面评估提供了新方法。

四、代谢组学技术在微生物分类与发酵工艺优化等方面的应用

(一)微生物分类、突变体筛选以及功能基因研究

经典的微生物分类方法多根据微生物形态学以及对不同底物的代谢情况进行表型分类。近几年随着分子生物学技术的突飞猛进,基因型分类方法如16SrDNA测序,DNA杂交以及PCR指纹图谱等方法得到了广泛应用。然而,某些菌株按照基因型与表型两类方法分类会得出不同的结果。因此,根据不同的分类目的联合应用这两类方法已成为一种趋势。BIOLOG等方法在表型分类中应用较为广泛,但是,代谢谱分析方法(Metabolic profiling)异军突起,逐渐成为一种快速、高通量、全面的表型分类方法。采用代谢组分类时,可以通过检测胞外代谢物来加以鉴别。常用的胞外代谢物检测方法为样品衍生化后进行GC-MS分析、薄层层析或HPLC-MS分析,最后通过特征峰比对进行分类。Bundy等采用NMR分析代谢谱成功地区分了临床病理来源以及实验室来源的不同芽孢杆菌(*Bacillus cereus*)。除了表型分类外,代谢组学数据还可应用于突变体的筛选,在传统研究中的沉默突变体(即未发生明显的表型变化的突变体)内,突变基因可能导致某些代谢途径发生变化,通过代谢快照(Metabolic snapshot)可以发现该突变体并研究相应基因的功能。

(二)微生物发酵工艺的监控和优化

发酵工艺的监控和优化需要检测大量的参数,利用代谢组学研究工具可以减少实验数量,提高检测通量,并有助于揭示发酵过程的生化网络机制,从而有利于理性优化工艺过程。Buchholz等采用连续采样的方法研究了大肠杆菌在发酵过程中的代谢网络的动力学变化。他们在缺乏葡萄糖的培养液培养大肠杆菌时加入葡萄糖,并迅速混匀,按每秒4~5次的频率连续取样。利用酶学分析和HPLC/LC-MS等手段监测样品中多达30种以上的代谢物、核苷以及辅酶,从而解析了葡萄糖以及甘油的代谢途径和底物摄取体系。通过统计学分析建模,发现在接触葡萄糖底物后的15~25s范围内,大肠杆菌体内发生的葡萄糖代谢物变化与经典生化途径相符,但随后的过程则与经典途径不符,推测可能存在新的未知调控步骤。通过上述代谢动力学研究,掌握代谢途径及网络中的关键参数,将直接有利于代谢工程的优化,包括菌株的理性优化以及发酵参数的调控。利用LC-MS方法监控发酵过程中的氨基

酸谱纹(指纹图谱),实现对整个发酵系统的高通量快速监控;而接下来的研究将考虑缩小氨基酸监测范围,通过少数几个关键氨基酸的监测实现对整个发酵系统状况的监控。

第二节　蛋白质组学在食品微生物中的应用研究进展

一、蛋白质组学概述

随着 21 世纪初人类基因组计划的完成,生命科学研究进入后基因组时代,其核心研究为功能基因组学。蛋白质组学,作为功能基因组学中最重要的组学研究,发展迅速并取得了一系列重要的进展。因为蛋白质是生命现象复杂性和多变性的直接体现者,是功能基因活动和机体生理特征的执行者,因此,对蛋白质定性、定量和定位及其相互作用的研究将为阐明生命活动的本质起到极重要的作用。

蛋白质组(proteome)一词最早由澳大利亚学者 Wilkins 等人于 1994 年提出,是一个与基因组相对应的概念,定义为"蛋白质组指的是一个基因组所表达的蛋白质",现今对其理解为由一个基因组或一个细胞、组织表达的全部蛋白质。

蛋白质组学(proteomics)是研究机体或细胞或组织内基因组表达的全部蛋白质在一定时间和条件下的动态变化,进行细胞内的蛋白质鉴定,分析蛋白质组成,探索表达模式以及功能模式,理解蛋白质的结构与功能的统一,进而调控基因表达,揭示生命活动的过程和规律(张树军,2008)。2001 年的 Science 杂志已经把蛋白质组学列为六大研究热点之一,其"热度"仅次于干细胞研究,名列第二。蛋白质组学的受关注程度如今已令人刮目相看,可以说蛋白质组学研究的开展不仅是生命科学研究进入后基因组时代的里程碑,也是后基因组时代生命科学研究的核心内容之一。

蛋白质组学不是一个封闭的、概念化的、稳定的知识体系,而是一个领域,按其研究内容可以分为三类:

(1)表达蛋白质组学。主要研究在整体水平上蛋白质表达的差异变化及其细胞中的定位和转录阶段进行的修饰,是蛋白质组学中最基础的研究之一。

(2)结构蛋白质组学。主要研究在组织、细胞、亚细胞器或蛋白复合物中所有蛋白的结构,包括蛋白质的氨基酸组成、序列、蛋白的翻译后加工修饰及蛋白的空间结构等(谭伟,2014)。

(3)功能蛋白质组学。研究蛋白质发挥功能的模式。

二、蛋白质组学的主要技术

蛋白质组学研究的实质是在细胞水平上对蛋白质进行大规模的平行分离和分析,由于需要同时处理成千上万种蛋白,因此,发展高通量、高灵敏度和高准确性的研究技术平台是现在乃至相当一段时间内蛋白质组学研究的重要任务。蛋白质组研究的进展与蛋白质组研究技术的发展是密不可分的,两者之间起到相互促进的作用。典型的蛋白质组学研究体系主要围绕以下几个方面,蛋白质的分离和提取、蛋白质的鉴定和蛋白质的组学信息。双向凝胶电泳(2D-PAGE)、质谱技术(MS)和蛋白质生物信息组学是蛋白质组学研究的三大核心技术。

(一)双向凝胶电泳技术

1975年,双向凝胶电泳技术(ISO-DLAT)由意大利化学家O'Farrel首次建立。目前,2-DE是进行蛋白质分离的最关键、最成熟和最常用的技术。其原理是:第一向为等电聚焦凝胶电泳(IEF),根据蛋白质等电点(pI)不同,使得带有不同电荷量的蛋白质产生电泳分离;第二向为SDS-聚丙烯酰胺凝胶电泳(SDS-PAGE),根据蛋白质分子量差异进行分离。

2-DE可在二维水平上分离上千种10~150kD分子量的蛋白质,并可以同时比较蛋白表达量的差异,是目前唯一能溶解大量蛋白质并能进行定性和定量分析的一种方法,操作简便,分辨率和灵敏度高,重复性较好,可用计算机进行分离后图像的分析处理,能提供不同基因表达与调控的特点。但是,2-DE仍有不足之处,如难以实现对于极大蛋白质、极小蛋白质、极碱性蛋白质(pI>10)、极酸性蛋白质(pI<3)、低丰度蛋白质(<1000拷贝数)和疏水性蛋白质进行有效分离分析与研究(邱志楠,2013)。同时存在耗时长、难自动化、灵敏度受到样品和染色效果影响等问题。

在双向凝胶电泳技术的基础上发展起来的还有差异凝胶电泳技术和毛细管电泳技术。

差异凝胶电泳技术(difference gel electrophoresis,DIGE)在一定程度上弥补了双向凝胶电泳技术的不足,提高了蛋白质组的分离效率和电泳的灵敏程度。差异凝胶电泳技术的原理是对多份不同的蛋白质组研究样品做不同的荧光标记,然后放在同一环境下进行凝胶电泳,可以直观地观察到这几组蛋白质的凝胶电泳结果的区别,继而可以对这几种不同的蛋白质表达结果进行进一步的分析与研究。

毛细管电泳(capillary electrophoresis,CE)又称高效毛细管电泳(high performance capillary electrophoresis,HPCE),其原理与蛋白等电聚焦电泳相同,但其分辨率远高于蛋白等电聚焦电泳,而且可以与质谱结合使用,具有广阔的应用前景。毛细管电泳的基本原理是:缓冲液中不同带电离子在高压(10~30kV)电场作用下,以石英毛细管为分离通道,被分离物以不同的速度迁移而达到分离的目的。

(二)高效液相色谱技术(HPLC)

近年来,随着色谱技术的发展,高效液相色谱法(HPLC)的出现为蛋白质和多肽物质的分离提供了有利的方法手段。分离过程中,蛋白质在固定相和流动相之间进行连续多次的分配,根据蛋白质在两相间分配系数、亲和力、吸附能力、离子交换或分子大小不同引起的排阻作用的差别使不同的蛋白质进行分离。

与双向凝胶电泳相比,高效液相色谱具有以下优势:扩大了蛋白质分离范围,不仅能分离小于10kD和大于150kD的蛋白质,也能对低丰度蛋白质和疏水性的膜蛋白进行分离分析;能与质谱联用实现蛋白质分离分析的自动化;分离蛋白前不需要进行变性等前处理。

(三)质谱(MS)

质谱的基本原理是样品分子离子化后,根据不同离子间的不同的质荷比(m/z)来分离并确定分子量。质谱仪是用于质谱分析的关键性仪器,主要包括3部分:离子源、质量分析器和离子检测器。最初的质谱仪适用于小分子挥发性物质的分析,20世纪80年代后期,两种大分子离子化技术电喷雾离子化(electrospray ionization,ESI)和基质辅助激光吸附离子化(matrix-assisted laser desorption/ionization,MALDI)的发明,使质谱技术成为分析大分子复杂蛋白质样品的首选,使得大规模蛋白质自动化鉴定成为可能。

在ESI质谱中,待测物溶液通过喷雾头进入离子室,在高电场作用下,蛋白质分子发生离子化；MALDI 利用激光脉冲从干燥结晶的基质中气化待测物并使之带电。离子源产生的离子进入质量分析器，利用电场、磁场或者飞行时间分离不同荷质比的离子，在检测器上产生信号，确定离子的荷质比。

根据质量分析器，质谱可以分为飞行时间质谱（TOF）、四级杆质谱（Q）、离子阱质谱（IT）和傅立叶变换离子回旋共振质谱（FTICR）。目前应用最广泛的是基质辅助激光解析电离飞行时间质谱（matrix-assisted laser desorption ionization-time of flight-mass spectrometry，MALDI-TOF-MS）和电喷雾电离质谱（Electrospray ionization mass spectrometry，ESI-MS）。前者的基本原理是利用激光脉冲辐射分散在机制中的样品使其解析成离子，并根据不同的荷质比离子在仪器无场区内飞行和达到检测器时间的不同而形成一张完整的质谱图；后者的基本原理是样品在电场的作用下成为以喷雾形式存在的带电液滴，并通过干燥气体或加热，使溶剂蒸发，最后形成气相离子，然后通过质量分析器分析离子的质量/荷质比。最后通过生物信息学将质谱分析结果与蛋白质数据库中的氨基酸比对，即可实现蛋白质的鉴定。

（四）蛋白质芯片技术

蛋白质芯片，又称为蛋白质微阵列，是一种快捷、高效、并行、高通量的蛋白质分析技术。它的原理是采用原位合成、机械点样或者共价结合等方法将多肽、蛋白、酶、抗原和抗体等特定物质固定于固相载体表面上，形成的生物大分子阵列，与待分析样品共同孵育后，通过抗体抗原结合、蛋白质相互作用等原理形成生物分子与蛋白质芯片探针的复合物，借助荧光或者化学发光的方法进行检测。

蛋白质芯片是生物芯片技术在蛋白质组学研究中的应用，它提高了蛋白质鉴定的速度和重复性，在蛋白质的生物活性以及大分子与蛋白质之间的相互作用等方面取得了大量的成果。相对基因芯片来说，蛋白质芯片的制备及反应过程要复杂得多，无论从蛋白质的合成，还是将蛋白质固定于载体上的同时又要保持蛋白质的活性方面，都存在着许多技术问题。因此，蛋白质芯片未来的发展主要集中在以下几个方面（孙平，2009）：（1）建立快速、廉价、高通量的蛋白质表达和纯化方法。目前，蛋白检测芯片将主要依赖于抗体和其他大分子，但是规模生产存在很多问题，基因工程技术的运用有望解决这一难题。（2）新载体的研制及基质材料表面处理技术的改进使蛋白质更加特异性地结合到载体上。（3）样品准备和标记操作将大大简化。（4）研究通用的高灵敏度、高分辨率和快速简便的检测方法，实现成像与数据分析一体化。（5）检测数据的标准化。

（五）蛋白质印迹

蛋白质印迹又称 Western 免疫印迹（Western Blot），是将蛋白质转移到膜上，然后利用抗体进行检测。对与已知表达蛋白质，可用相应的抗体作为一抗进行检测，对于新基因的表达产物，可通过融合标签（tag）的抗体检测。

蛋白质样品通过丙烯酰胺凝胶电泳分离后，在一定的 pH 的转移电极缓冲液中，凝胶电泳中的蛋白质带有一定的同种电荷，通电情况下向带电荷相反的电极移动，因此蛋白质转移至电极一侧的固相载体如硝酸纤维素膜或尼龙膜上。固相载体上吸附的蛋白质为抗原，与对应的抗体起特异性反应，再用化学发光剂（酶）或同位素标记的第二抗体起反应，经过底物显色或者放射性显影以检测电泳分离的蛋白质。

（六）酵母双杂交技术

蛋白质—蛋白质的相互作用是细胞生命活动的基础和特征。掌握了蛋白质之间的相互作用方式,有助于研究与蛋白调节相关的疾病的发生机制,因此研究蛋白质之间的相互作用具有十分重要的生物学意义。这种千变万化的相互作用以及由此形成的纷繁复杂的蛋白质联系网络同样也是蛋白质组学的研究热点。研究蛋白质间的相互作用有多种方法,常用的如酵母双杂交系统、亲和层析、免疫沉淀和蛋白质交联等,其中酵母双杂交系统是当前发展迅速、应用广泛的主要方法。

酵母双杂交(yeast two hybrid,YTH)技术是利用酵母遗传学方法研究蛋白质之间的相互作用,自建立以来已经成为分析蛋白质相互作用的最有力的方法之一。该方法不断完善和发展,如今它不但用来检验已知蛋白质间的相互作用,还能用来发现与已知相互作用的未知蛋白质,在对蛋白质组中特定代谢途径中蛋白质相互作用关系网络的认识上发挥了重要的作用。

双酵母杂交技术于 1989 年 Fields 等在研究真核基因转录调控中提出并初步建立的。它的产生是建立在对真核细胞转录因子特别是酵母转录因子 GAL4 的认识基础上的。完整的酵母转录因子 GAL4 包括两个彼此分离的但功能必需的结构域(吴志聪,2003),一个是位于 N 端 1～174 位氨基酸残基区段的 DNA 结合域(DNA binding domain,DNA-BD),另一个是位于 C 端 768～881 位氨基酸残基区段的转录激活域(activation domain,AD)。DNA-BD 能够识别 GAL4 效应基因(GAL4-responsive gene)的上游激活序列(upstream activating sequence,UAS),并与之结合,而 AD 则通过与转录机器(transcription machinery)中的其他成分之间的作用,启动 UAS 下游的基因进行转录。这 2 个结构域通过共价或非共价连接是转录因子发挥转录功能的关键,两者单独存在的时候并不能激活下游基因的转录反应,只有两者在空间上较为接近时,才能表现完整的 GAL4 转录因子活性并激活 UAS 下游启动子,使其下游报告基因得到转录。将 BD 序列与一已知的蛋白质 X(称为诱饵)的基因结合,构建出 BD-X 融合表达载体,将 AD 序列与拟研究的 Y-靶蛋白(prey)的基因结合,构建出 Y 表达载体。将这 2 个表达载体共转化至酵母细胞内表达,此种酵母菌株即含有特定报告基因,并且已是去掉相应转录因子的编码基因,因此本身无报告基因的转录活性。如果蛋白质 X 和 Y 可以互相作用,则即导致 BD 和 AD 在空间上的接近,从而激活 UAS 下游启动子调节的报告基因的表达,反之,BD 与 AD 就不能结合,报告基因也不能被启动表达(Bruckner, et al., 2009)。

与传统的研究蛋白质相互作用的方法相比,酵母双杂交技术使蛋白质相互作用的研究方法发生了革命性的改变,它可以精确地测定蛋白质之间微弱的相互作用,而且是在核酸水平操作,无须纯化大量的蛋白质,不受外界影响,易于操作。

基于酵母双杂交技术平台的特点,它已经被应用于许多研究工作中,在发现新的蛋白和新的蛋白质的新功能,筛选新的多肽药物,研究基因和蛋白质的功能等方面发挥了重要作用,它将继续在蛋白功能的研究乃至其他生命科学领域发挥更重要的作用。

(七)蛋白质组生物信息学

随着人类基因组计划的启动和信息科学的迅猛发展,产生了越来越多的实验数据,信息提取和数据分析成为当前生命科学研究的重要内容。因此,生物信息学成为今天生命科学最为活跃的研究领域之一。蛋白质生物信息学是综合运用生物学、数学、物理学、信息科学以及计算机科学等诸多学科的理论方法的崭新交叉学科,其内容包括收集、处理、存储、加工、分配和解释有关基因、蛋白质信息的原始数据,获得具有生物学意义的生物信息,通过查询、搜索、比较、分析相关生物信息,获取基因编码、调控、蛋白质和核酸结构功能及相互关系等信息,寻找蛋白质家族保守序列,预测蛋白质高级结构,是蛋白质组学研究的重要支撑技术。

蛋白质组数据库是蛋白质组研究水平的标志和基础。瑞士的 SWISS-PROT 拥有目前世界上最大、种类最多的蛋白质数据库,丹麦、英国、美国等也都建立了各具特色的蛋白质组数据库。目前,这类数据库的服务已实现了高度的计算机化和网络化,算法和软件的进步、数据库的一体化、服务器—客户模式的建立使之成为生物、医药和农业等学科的强有力的研究工具。

三、蛋白质组学在食品微生物中的应用研究进展

作为 20 世纪 90 年代才发展起来的新技术,蛋白质组学技术目前已在多个研究领域及行业取得了较大进步。特别地,其在食品微生物方面的应用在最近几年内也已初见成效,尤其是在海鲜、肉制品源微生物的快速鉴定方面。蛋白质组学方法相比于其他传统微生物学方法和分子生物学方法更省时、操作简单、花费较少,而且能够用于解决目前基于基因方法尚难以解决的问题,例如实现对微生物种内的区分(吴晖,2013)。

(一)蛋白质组学在食源性致病菌检测与鉴定方面的研究

近年来,微生物及其产生的各类毒素引发的食品污染备受关注,微生物污染造成的食源性疾病仍是世界食品安全中最突出的问题,因此食品中进行微生物检测至关重要。在人的食物链中,沙门氏菌、空肠弯曲菌、单增李斯特菌都是重要的食源性致病菌(Xu,2013)。如美国 2011 年下半年爆发了一起单增李斯特菌引起的食源性疾病事件,从 2011 年 7 月 31 日出现首例报告病例至 10 月 6 日共报告病例 109 例,这是 l0 多年来美国最严重的一起食源性疾病暴发事件,此次暴发涉及美国 24 个州。我国同样面临着这种现状,这严重影响到了食品工业的发展和消费者对食品行业的信心。因此,如何有效、快速地对食源性致病微生物进行检测与监控被认为是预防食源性疾病发生的关键。

虽然基于微生物学、化学、分子生物学和免疫学理论发展起来的微生物检验方法可以满足定量和定性检测的要求,但是都各自有严重的缺陷。一些传统的检测方法无法对难培养或不可培养的致病菌进行检测,也存在特异性不高、灵敏度低、耗时、不能实现有效的监测与预防作用等缺点。食品的复杂介质是 PCR 等基于 DNA 复制理论进行检测时遭遇的主要难题,另外与其相关的配套标准与法规尚难于制定(魏子溟,2003)。此外,一些细菌由于基因序列高度相似,也很难利用基于 DNA 的分子技术进行鉴定。作为后基因组时代的蛋白质组学技术为鉴定食品中的病原微生物提供了可供选择的解决办法。

蛋白质芯片对致病微生物的检测

病原微生物是食品生物性污染的最主要因素,也是引发人体食源性疾病的主要原因。然而,现实情况是由于不同食品中致病微生物的种类繁多且复杂,带来了检测的困难,用单一的生物化学方法或 ELISA 检测都有着检测种类单一、处理复杂的缺点,特别是在遇到突发的罕见微生物污染时,传统的检测方法中这些缺点体现得很明显。而蛋白芯片以其高精度、高通量、快速的特点几乎可以在很短的时间内将常见的微生物都检测出来。Schleicher公司(Tumer,2002)发明了一种可同时进行食品中大肠杆菌检测和埃希氏菌快速检测的设备,根据蛋白质微阵列,利用荧光染色,可以对病菌进行定性和半定量的检测。黄荣夫等人以 Cy3 标记抗体作为探针(黄荣夫,2006),将蛋白质芯片技术应用于副溶血弧菌、河弧菌和

大肠杆菌的检测定量,建立了一种用于水体中三种病原菌检测定量的蛋白微阵列免疫分析法。Choi 等人研究了 Protein G 在蛋白质芯片技术中的应用(Choi, et al.,2008),他们使用了 Protein G 来赋予固体表面抗体分子的定位作用,接着排列好用 MUA 修饰过的固体金表面上的 Protein G,再用微型排阵设备将结肠炎耶尔森杆菌、大肠杆菌 O157:H7、伤寒沙门氏菌、嗜肺军团菌等四种菌的单克隆抗体放在 Protein G 点上,使用这种修饰后的膜可以同时检测出四种菌。这种检测不需要较长的预处理时间,而 ELISA 等方法往往需要 16～24h 的预处理时间,因而可以更加省时;同时使用此种方法可以使大肠杆菌 O157:H7 的最低检测限降到 102CFU/mL,灵敏度大大提高。

(二)蛋白质组学在益生菌蛋白质图谱方面的研究进展

建立益生菌的蛋白质图谱为进一步研究和开发该益生菌提供了有力的基础,双向凝胶电泳和质谱分析技术是最经典和广泛应用的建立益生菌蛋白质图片的方法。内蒙古大学的张和平等人在传统生理、生化和基因组学研究基础上,对干酪乳杆菌进行蛋白组学研究,首次完成了干酪乳杆菌不同生长期蛋白表达参考图谱,分别获得了 487±21(对数期)和 494±13(稳定期)个蛋白点;发现了 47 个蛋白点在对数期和稳定期表现显著的差异表达。进一步分析显示,这些差异表达蛋白更多属于胁迫应答蛋白或细胞代谢中关键蛋白,推测它们在菌体生长和代谢,尤其抵御和适应乳酸或其他环境变化中起重要作用。肖满等鉴定了长双歧杆菌 BBMN68 的 206 个蛋白质(占长双歧杆菌 BBMN68 基因预测总蛋白的 11.4%)(肖满,2011),通过 2-D 胶分析,共有 800±15(对数期)和 800±20(稳定期)个蛋白质,其中成功鉴定出 282 个蛋白点,代表 206 个不同的蛋白质。

Perrin 等人首先构建了在 M17-乳糖培养基上生长的嗜热链球菌蛋白质组 2-DE 图谱。二维电泳结果显示在 pH4～7 梯度范围内分布有 250 个银染斑点。对其中 12 种"标记"蛋白质进行鉴定,结果表明,有 4 种是参与糖代谢中的酶类,另 4 种是应激诱导蛋白。利用代谢标记技术研究与比较两株嗜热链球菌的蛋白组图谱,结果发现有些蛋白质是两种菌株共有的,有 1 个是其中一个菌株所特有的;这项工作对将来的研究很有帮助,我们可以利用该技术比较嗜热链球菌在 MRS 培养基上和在牛奶中生长时蛋白质表达的差异,考察它们在不同培养条件下细胞蛋白质的合成以及细菌对不同培养基的适应性(李超,2005)。

(三)蛋白质组学在乳酸菌差异蛋白方面的研究进展

像其他细菌一样,乳酸菌能够通过改变代谢来适应环境的改变。乳酸菌经常遇到的胁迫环境包括温度变化、高盐(NaCl)、氧化休克、环境酸性及营养限制等。由于乳酸菌广泛应用于工业过程中或作为益生菌用于胃肠道疾病预防,为提高它们对环境胁迫的适应能力,需要做一些专门的研究。在这方面蛋白质组学方法有着不可估量的作用。

乳酸菌耐受或适应环境胁迫时会合成伴侣蛋白以恢复蛋白质构象或修复蛋白质活性,或合成修复酶以逆转蛋白质损伤,还会表达蛋白质水解酶分解不能被修复的异常蛋白,促进氨基酸的周转(Visick 等,1995)。乳酸菌的差异蛋白组学研究主要采用双相电泳质谱(2-DE-MS)技术与同位素亲和标签技术等,对耐受或适应环境胁迫时乳酸菌蛋白质组的表达模式进行全面而动态的比较研究,从而找到差异表达蛋白,探讨其耐受和适应机制(Patton,2002)。据报道,酸化作用能分别诱导 *L. lactis*、*S. oralis*、*S. thermophilus*、*Lb. sanfranciscensis*、*Lb. bulgaricus* 和 *L. acidophilus* 菌株差异表达 33、29、9、15、30 和 9 种蛋白质(Hartke,1996)。

复习思考题

1. 什么叫微生物代谢组学？它有哪些用途？
2. 代谢组学的研究手段有哪些？各有哪些优缺点？
3. 代谢组学技术在食品原料检测中有哪些具体应用？请举例说明。
4. 简述蛋白质组学的概念。
5. 蛋白质组学的技术方法有哪些？
6. 举例说明蛋白质组学技术在食品微生物学领域的应用。

参 考 文 献

[1] 白景清,程翼宇. 代谢组学及其在新药毒理研究中的应用[J]. 中国药学杂志,2005,40(21):1601—1604.

[2] 陈执中. HPLC-MS-NMR 联用技术及其在天然药物活性成分研究中的应用进展[J]. 中国民族民间医药杂志,2006(4):187—191.

[3] 范刚. 基于^{1}H-NMR 代谢物组学技术的多基源中藏药品种质量评价研究[D]. 成都:成都中医药大学,2012.

[4] 黄荣夫,庄崎厦,鄢庆枇,等. 蛋白微阵列免疫分析法用于海洋致病菌的定量检测[J]. 分析化学,2006,10(34):1411—1414.

[5] 李超,董明盛. 乳酸菌蛋白质组学研究进展[J]. 食品科学,2005,26(1):255—259.

[6] 李小胜,陈珍珍. 如何正确应用 SPSS 软件做主成分分析[J]. 统计研究,2010(8):105—108.

[7] 亓云鹏,胡杰伟,柴逸峰,等. 代谢组学数据处理研究的进展[J]. 计算机与应用化学,2008,25(9):1139—1142.

[8] 邱志楠. 蛋白质组研究技术及进展[J]. 科技传播,2014(3).

[9] 孙平,张逢春,张影. 蛋白质芯片技术的研究及应用现状[J]. 北华大学学报(自然科学版),2009,10(2):115—120.

[10] 谭伟,黄莉,谢芝勋. 蛋白质组学研究方法及应用的研究进展[J]. 中国畜牧兽医,2014,41(9):40—46.

[11] Wilson D L, Yang C. LTQ Orbitrap XL 混合线性离子阱质谱仪对绿茶和红茶提取物的代谢组学分析[J]. 中国食品,2012,(22):82—85.

[12] 王世成,李国琛,王颜红,等. 代谢组学方法研究奶牛注射氯霉素后牛奶中的生物标志物[J]. 分析化学,2010,38(8):1199—1202.

[13] 王智文,马向辉,陈洵,等. 微生物代谢组学的研究方法与进展[J]. 化学进展,2010,22(1):163—172.

[14] 魏子淏,李汴生. 食源性致病微生物的快速检测方法及其研究现状[J]. 现代食品科技,2013,29(2):438—442.

[15] 吴晖,冯广莉,李晓凤,等. 蛋白质组学技术在食品微生物安全评估与检测中的应用[J]. 现代食品科技,2013,(11):2793—2799.

[16] 吴志聪,王一飞. 酵母双杂交系统[J]. 生物技术,2003,13(5):43—44.

[17] 肖满,徐攀,赵建云,等. 长双歧杆菌 BBMN68 可溶性蛋白质图谱的建立[J]. 微生物学通报,2011,38(3):417—423.

[18] 徐文杰. 麻黄类药对组成规律的基础研究——麻黄桂枝药对Ⅰ[D]. 广州:南方医科大学,2012.

[19] 袁晓阳,陆胜民,郁志芳. 自然发酵腌制冬瓜主要发酵菌种及风味物质鉴定[J]. 中国食品学报,2009,9(1):219—225.

［20］张树军，狄建军，张国文，等. 蛋白质组学的研究方法［J］. 内蒙古民族大学学报（自然科学版），2008，23(6)：647—649.

［21］Agabriel C，Cornu A，Sibra C，et al. Tanker milk variability according to farm feeding practices：vitamins A and E，carotenoids，color，and terpenoids［J］. Journal of Dairy Science，2007，90(10)：4884—4896.

［22］Bajad S U，Lu W，Kimball E H，et al. Separation and quantitation of water soluble cellular metabolites by hydrophilic interaction chromatography-tandem mass spectrometry［J］. Journal of Chromatography A，2006，1125(1)：76—88.

［23］Bruckner A，Polge C，Lentze N，et al. Yeast two-hybrid，a powerful tool for systems biology，2009，10(6)：2763—88

［24］Perrin C，Gonzalez-Marquez H，Gaillard J L，et al. Reference map of soluble proteins from *Streptococcus thermophilus* by two-dimensional electrophoresis［J］. Electrophoresis，2000，21：949.

［25］Caligiani A，Acquotti D，Palla G，et al. Identification and quantification of the main organic components of vinegars by high resolution ^{1}H NMR spectroscopy［J］. Analytica Chimica Acta，2007，585(1)：110—119.

［26］Choi J W，Kirn Y K，Oh B-K. The development of protein chip using protein G for the simultaneous detection of various pathogens［J］. Ultramicroscopy，2008，108(10)：1396—1400.

［27］Choi Y H，Kim H K，Hazekamp A，et al. Metabolomic differentiation of Cannabis sativa cultivars using ^{1}H NMR spectroscopy and principal component analysis［J］. Journal of Natural Products，2004，67(6)：953—957.

［28］Dunn W B，Bailey N J C，Johnson H E. Measuring the metabolome：current analytical technologies［J］. Analyst，2005，130(5)：606—625.

［29］German J B，Hammock B D，Watkins S M. Metabolomics：building on a century of biochemistry to guide human health［J］. Metabolomics，2005，1(1)：3—9.

［30］Gibney M J，Walsh M，Brennan L，et al. Metabolomics in human nutrition：opportunities and challenges［J］. The American Journal of Clinical Nutrition，2005，82(3)：497—503.

［31］Gu H，Chen H，Pan Z，et al. Monitoring diet effects via biofluids and their implications for metabolomics studies［J］. Analytical Chemistry，2007，79(1)：89—97.

［32］Hartke A，Bouche S，Giard J C，et al. The lactic acid stress response of Lactococcus lactis subsp. Lactis［J］. Curr Microbiol，1996，33：194—199.

［33］Holmes E，Nicholls A W，Lindon J C，et al. Chemometric models for toxicity classification based on NMR spectra of biofluids［J］. Chemical Research in Toxicology，2000，13(6)：471—478.

［34］Hu F，Furihata K，Kato Y，et al. Nondestructive quantification of organic compounds in whole milk without pretreatment by two-dimensional NMR spectroscopy［J］. Journal of Agricultural and Food Chemistry，2007，55(11)：4307—4311.

［35］Ishikawa T，Kondo K，Kitajima J. Water-soluble constituents of coriander［J］. Chemical and Pharmaceutical Bulletin，2003，51(1)：32—39.

［36］Ishikawa T，Takayanagi T，Kitajima J. Water-soluble constituents of cumin：monoterpenoid glucosides［J］. Chemical and Pharmaceutical Bulletin，2002，50(11)：1471—1478.

［37］Jung Y，Ahn Y G，Kim H K，et al. Characterization of dandelion species using ^{1}H NMR-and GC-MS-based metabolite profiling［J］. Analyst，2011，136(20)：4222—4231.

［38］Kell D B. Systems biology，metabolic modelling and metabolomics in drug discovery and development［J］. Drug Discovery Today，2006，11(23)：1085—92.

［39］Lindon J C，Holmes E，Bollard M E，et al. Metabonomics technologies and their applications in physiological monitoring, drug safety assessment and disease diagnosis [J]. Biomarkers, 2004, 9(1): 1－31.

［40］Moco S, Bino R J, Vorst O. et al. A liquid chromatography-mass spectrometry-based metabolome database for tomato[J]. Plant Physiology, 2006, 141(4): 1205－1218.

［41］Moolenaar S, Engelke U, Wevers R. Proton nuclear magnetic resonance spectroscopy of body fluids in the field of inborn errors of metabolism [J]. Annals of Clinical Biochemistry, 2003, 40(1): 16－24.

［42］O'Farrell P H. High resolution two-dimensional gel electrophoresis of proteins[J]. Biol Chem, 1975, 250(10).

［43］Patton W F. Detection technologies in proteome analysis[J]. J Chromatogr B, 2002, 771: 3－31.

［44］Pendela M, Béni S, Haghedooren E, et al. Combined use of liquid chromatography with mass spectrometry and nuclear magnetic resonance for the identification of degradation compounds in an erythromycin formulation[J]. Analytical and Bioanalytical Chemistry, 2012, 402(2): 781－790.

［45］Schnackenberg L K, Beger R D. Monitoring the health to disease continuum with global metabolic profiling and systems biology [J]. Pharmacogenomics, 2006, 7(7): 1077－1086.

［46］Shao Y, Li C, Ou C, et al. Divergent metabolic responses of Apostichopus japonicus suffered from skin ulceration syndrome and pathogen challenge[J]. Journal of Agricultural and Food Chemistry, 2013, 61(45): 10766－10771.

［47］Shockcor J P, Unger S E, Wilson I D, et al. Combined HPLC, NMR spectroscopy, and ion-trap mass spectrometry with application to the detection and characterization of xenobiotic and endogenous metabolites in human urine[J]. Analytical Chemistry, 1996, 68(24): 4431－4435.

［48］Tiziani S, Schwartz S J, Vodovotz Y. Profiling of carotenoids in tomato juice by one-and two-dimensional NMR[J]. Journal of Agricultural and Food Chemistry, 2006, 54(16): 6094－6100.

［49］Tumer K M, Restaino L, Frampton E W. Efficacy of chromocult coliform agar for coliform and *Escherichia coli* detection in foods[J]. Food Port, 2002, 63(4): 539－547.

［50］Visick J E, Clarke S. Repair, refold, recycle: how bacteria can deal with spontaneous and environmental damage to proteins[J]. Mol Microbiol, 1995, 16: 835－845.

［51］Weljie A M, Newton J, Mercier P, et al. Targeted profiling: quantitative analysis of ^{1}H NMR metabolomics data[J]. Analytical Chemistry, 2006, 78(13): 4430－4442.

［52］Wilkins M R, Pasquali C, Appel R D, et al. From proteins to proteomes: large scale protein identification by two-dimensional electrophoresis and amino acid analysis. [J]. Bio/technology, 1996, 14(1): 61－5.

［53］Wishart D S. Metabolomics: applications to food science and nutrition research[J]. Trends in Food Science & Technology, 2008, 19(9): 482－493.

［54］Xu Y G, Cui L C, Tian C, et al. A multiplex polymerase chain reaction coupled with high-performance liquid chromatography assay for simultaneous detection of six foodbome pathogens[J]. Food Control, 2012, 25(2): 778－783.

［55］Ye Y F, Zhang L M, Tang H R, et al. Survey of nutrients and quality assessment of crab paste by ^{1}H NMR spectroscopy and multivariate data analysis[J]. Chinese Science Bulletin, 2012, 57(25): 3353－3362.

第七章 分子生物学技术在食品微生物中的应用

第一节 基因组学与食品微生态的研究

一、基因组及测序技术介绍

(一)基因组简介

众所周知,正是因为基因组(genome)的存在,地球上的生命形式才如此丰富多彩。基因组中包含着每一个独立生命个体的生长、代谢、繁殖所需要的全部生物学信息。几乎所有生物的基因组都是以 DNA(脱氧核糖核酸)的形式存在的,除了个别 RNA(核糖核酸)病毒以及朊病毒,它们分别以 RNA 与蛋白质的形式存在。

简单来说,基因组是指单倍体细胞中包括编码序列和非编码序列在内的全部 DNA 分子。而对于原核生物来说,基因组即生物个体中所有的 DNA 序列。对于真核生物来说,基因组还可以分为核基因组、线粒体基因组与叶绿体基因组。核基因组指细胞核内所有的 DNA 分子,线粒体基因组则是一个线粒体所包含的全部 DNA 分子,叶绿体基因组则是绿色光合生物一个叶绿体所包含的全部 DNA 分子。

基因组是一个庞大的生物信息库,其中所包含的生物学信息必须通过基因组表达(genome expression)来进行一系列的生命调节。基因组表达最初的产物是转录组(transcriptome),即通过转录(transcription)所生成的所有 RNA 分子的集合。转录组通过翻译(translation)表达的产物为蛋白质组(proteome)。蛋白质是组成人体一切细胞、组织的重要成分,是生命活动的主要承担者。所以,研究基因组是研究包括转录组、蛋白质组在内的一切生物信息学的基础。

本节主要介绍微生物基因组的特点与基因组测序的发展。

(二)微生物基因组的特点

1.原核微生物基因组的特点

(1)原核生物基因组结构的特征

①原核生物的染色体是由一个核酸分子(DNA 或 RNA)组成的,DNA(RNA)呈环状或线性,而且它的染色体分子量较小。

②功能相关的基因大多以操纵子(operon)形式出现。操纵子是细菌的基因表达和调控的一个完整单位,包括结构基因、调控基因和被调控基因产物所识别的 DNA 调控元件(启动子等)。

③蛋白质基因通常以单拷贝的形式存在。一般而言,为蛋白编码的核苷酸顺序是连续的,中间不被非编码顺序所打断。

④基因组较小,只有一个复制起点(origin of replication),一个基因组就是一个复制子(replicon)。

⑤重复序列和不编码序列很少。越简单的生物,其基因数目越接近用 DNA 分子量所估计的基因数。

⑥功能密切相关的基因常高度集中,越简单的生物,集中程度越高。

⑦具有编码同工酶的基因。

⑧结构基因中无重叠现象,即一段序列编码一段蛋白质。

⑨基因组中存在可移动的 DNA 序列,如转座子和质粒等。

⑩在 DNA 分子中具有多种功能的识别区域,如复制起始区、复制终止区、转录启动区和终止区等。这些区域往往具有特殊的序列,并且含有反向重复序列。

(2)原核生物基因组功能的特点

①原核生物基因组不含核小体(nucleosome)结构,染色体不与组蛋白结合。

②不同生活习性下原核生物基因组大小与 GC 含量的关系。

基因组 GC 含量(G 与 C 所占的百分比)是基因组组成的标志性指标。有两种观点来解释不同生物之间 GC 含量的差异:中性说(the neutral theory)和选择说(the selection theory)。中性说主要强调不同生物之间 GC 含量的差异是由碱基的随机突变和漂移造成,而选择说则认为 GC 含量的差异是环境及生物的生活习性等因素综合作用的结果。

③原核生物中有些基因的编码不是从第一个 ATG 起始的。

④原核生物基因组 DNA 链组成具有非对称性,包括碱基组成、密码子组成和基因方向的非对称性等。

2.真核微生物基因组的特点

(1)真核基因组远远大于原核生物的基因组。

(2)真核基因具有许多复制起点,每个复制子大小不一。每一种真核生物都有一定的染色体数目,除了配子为单倍体外,体细胞一般为双倍体,即含两份同源的基因组。

(3)真核基因都由一个结构基因与相关的调控区组成,转录产物的单顺反子,即一分子mRNA 只能翻译成一种蛋白质。

(4)真核生物基因组中含有大量重复顺序。

(5)真核生物基因组内非编码序列(NCS)占 90% 以上,编码序列占 5%。

(6)真核基因是断列基因,即编码序列被非编码序列分隔开来,基因与基因内非编码序列为间隔 DNA,基因内非编码序列为内含子,被内含子隔开的编码序列则为外显子。

(7)与真核生物基因组功能相关的基因构成各种基因家族,它们可串联在一起,亦可相距很远,但即使串联在一起成族的基因也是分别转录的。

(8)真核生物基因组中也存在一些可移动的遗传因素,这些 DNA 顺序并无明显生物学功能,似乎为自己的目的而组织,故有自私 DNA 之称,其移动多被 RNA 介导,也有被 DNA介导的。

染色体上存在的大量无转录活性的重复 DNA 序列,其组织形式有两种:串联重复序列、分散重复序列。前一种成簇存在于染色体的特定区域,后一种分散于染色体的各位点上。目前对于重复序列的作用还不是十分清楚,大体可分成 3 大类:①高度重复序列:重复几百万次,一般是少于 10 个核苷酸残基组成的短片段,如异染色质上的卫星 DNA。它们是不翻译的片段。②中度重复序列:重复次数为几十次到几千次,如 rRNA 基因、tRNA 基因和某些蛋白质(如组蛋白、肌动蛋白、角蛋白等)的基因。③单一序列:在整个基因组中只出现一次或少数几次的序列。实验证明,所有真核生物染色体可能均含重复序列而原核生物一般只含单一序列。高度和中度重复序列的含量随真核生物物种的不同而变化。

3. 病毒基因组结构特点

(1)病毒基因组大小相差较大,与细菌或真核细胞相比,病毒的基因组很小,但是不同病毒之间的基因组相差亦甚大。

(2)病毒基因组可以由 DNA 组成,也可以由 RNA 组成,每种病毒颗粒中只含有一种核酸,或为 DNA 或为 RNA,两者一般不共存于同一病毒颗粒中。组成病毒基因组的 DNA 和 RNA 可以是单链的,也可以是双链的,可以是闭环分子,也可以是线性分子。

(3)多数 RNA 病毒的基因组是由连续的核糖核酸链组成,但也有些病毒的基因组 RNA 由不连续的几条核酸链组成。

(4)基因重叠即同一段 DNA 片段能够编码两种甚至三种蛋白质分子,这种现象在其他的生物细胞中仅见于线粒体和质粒 DNA,所以也可以认为是病毒基因组的结构特点。这种结构使较小的基因组能够携带较多的遗传信息。重叠基因有以下几种情况:

①一个基因完全在另一个基因里面,如基因 A 和 B 是两个不同基因,而 B 包含在基因 A 内。同样,基因 E 在基因 D 内。

②部分重叠,如基因 K 和基因 A 及 C 的一部分基因重叠。两个基因只有一个碱基重叠。

(5)病毒基因组的大部分是用来编码蛋白质的,只有非常小的一部分不被翻译,这与真核细胞 DNA 的冗余现象不同。

(6)病毒基因组 DNA 序列中功能上相关的蛋白质的基因或 rRNA 的基因往往丛集在基因组的一个或几个特定的部位,形成一个功能单位或转录单元。它们可被一起转录成为含有多个 mRNA 的分子,称为多顺反子 mRNA(polycistronic mRNA),然后再加工成各种蛋白质的模板 mRNA。

(7)除了反转录病毒以外,一切病毒基因组都是单倍体,每个基因在病毒颗粒中只出现一次。反转录病毒基因组有两个拷贝。

(8)噬菌体(细胞病毒)的基因是连续的;而真核细胞病毒的基因是不连续的,具有内含子,除了正链 RNA 病毒之外,真核细胞病毒的基因都是先转录成 mRNA 前体,再经加工才能切除内含子成为成熟的 mRNA。更为有趣的是,有些真核病毒的内含子或其中的一部分,对某一个基因来说是内含子,而对另一个基因却是外显子。

(三)测序技术介绍

基因组测序技术是一种分子生物学及其相关学科研究中最常用的技术。1953 年,沃森与克里克发现了 DNA 双螺旋结构,开启了分子生物学时代(Watson and Crick,1953),也为 DNA 测序技术的发展奠定了理论基础。桑格(Sanger,1977)发明的 DNA 双脱氧链终止测序技术以及马克萨姆与吉利别尔特(Maxam, et al.,1977)发明的化学降解法测序技术被称为第一代 DNA 测序技术。21 世纪初,出现了第二代测序技术、基因芯片技术、第三代测序技术,发展到现在已经出现了第四代固态纳米孔测序技术。

从 1977 年第一代测序技术出现以来,基因组测序技术发展迅速,并改变了生命科学诸多领域的研究面貌。随着测序技术的发展,测序成本的下降,测序通量呈指数提高,测序速度大大加快。DNA 和 RNA 是生物的基本遗传物质,其组成和序列变化创造了形形色色的生命世界。快速、准确地获取生物体的遗传信息对于生命科学的研究具有重要意义,测序技术能够真正地反映基因组、遗传信息转录,全面地揭示基因组的复杂性和多样性,在生命科学研究中起着重要的作用。

1. 第一代测序技术

桑格的双脱氧链终止法(又称 Sanger 测序法)和马克萨姆与吉利别尔特发明的化学降解法(Maxam-Gilbert Method)被誉为第一代测序技术。桑格测序法开启了基因测序的大门,而化学降解法开启了大片段 DNA 序列快速测定的先河。目前,桑格测序法仍是核酸结构与功能研究中不可缺少的分析手段,是确定基因序列的权威标准。

Sanger 测序法的原理如下:每一次 DNA 测序反应都由 4 个独立反应组成,4 个反应体系中分别掺入了一种不含 3′-OH 的 2,3-双脱氧核苷三磷酸 ddNTP(包括 ddATP、ddTTP、ddCTP 和 ddGTP)。由于 DNA 双链中核苷酸以 3′,5′-磷酸二酯键相连,因此当 ddNTP 位于 DNA 双链的延伸末端时,无羟基 3′端不能与其他脱氧核苷酸形成 3′,5′-磷酸二酯键,DNA 双链合成便终止。若在终止位点掺入 ddATP,则新生链末端为 A,若掺入 ddTTP、ddCTP、ddGTP,相应地,新生链末端则是 T、C 或 G。该测序技术的具体做法如下:将模板、引物、4 种 dNTP(其中含有一种为放射性同位素标记的核苷酸)与 DNA 聚合酶共同保温,形成的混合物包含许多长短不一的片段,最后利用聚丙烯酰胺变性凝胶电泳(SDS-PAGE)分离该混合物,得到放射性同位素自显影条带图谱,人们依据凝胶电泳图即可读出 DNA 双链的碱基序列组成(图 7-1)。Sanger 测序技术操作快速、简单,成本相对较低,因此应用较广泛(刘振波,2012)。

Maxam-Gilbert 化学降解法则侧重于对 DNA 双链进行化学降解:将 DNA 片段的 5′端磷酸基团做放射性同位素标记后,采用不同的化学方法修饰并裂解特定碱基,产生一系列长度不同的 5′端被标记的 DNA 片段,最后,通过凝胶电泳方法将片段群分离,经同位素放射性显影,确定各片段末端的碱基,最终得到目的 DNA 的碱基组成。该测序技术重复性较高,所需要的化学试剂简单,不需进行酶的催化反应,还可对未经克隆的 DNA 片段进行直接测序,因此,可利用 Maxam-Gilbert 化学降解法进行表观遗传学方面的研究,即能够分析 DNA 的甲基化修饰等情况(刘振波,2012)。

2. 第二代测序技术

21 世纪初,第二代测序技术(next-generation sequencing,NGS)问世。第二代测序技术测序原理是边合成、边测序,即依照第一代 Sanger 测序技术的原型,利用测序仪器捕捉新掺入的末端荧光标记来确定 DNA 序列组成(Mardis,2008)。

第二代测序技术比第一代测序技术精准性更高,并提高了测序速度、降低了测序成本,为研究人员从宏观角度揭示所研究物种的基因组成和基因表达情况提供了便利。目前有三个测序平台:454 测序平台(Roche 公司)、Solexa 测序平台(Illumina 公司)和 SOLID 测序平台(ABI 公司)。

454 测序平台得到的片段较长,能够达到 400bp,并且读长的准确性较高;Solexa 测序平台的测序成本比较低,具有很好的性价比;SOLID 测序平台准确度相当高,能够达到 99.94%。

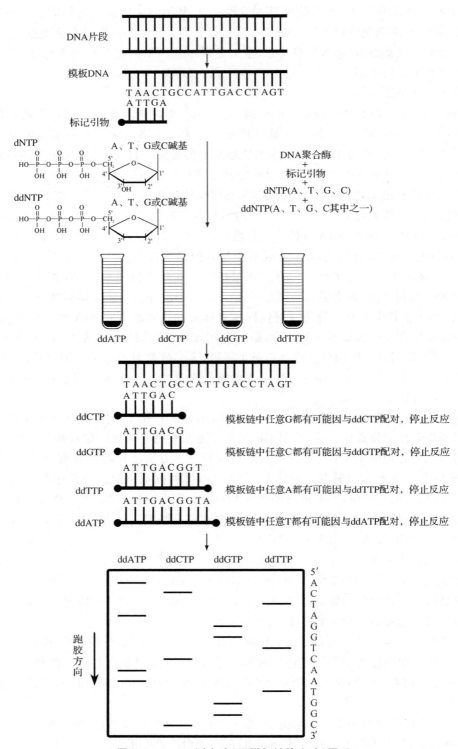

图 7-1　Sanger 测序法 (双脱氧链终止法) 原理

现以 Solexa 测序平台为例(见图 7-2),详细说明测序过程。

(1)测序文库的构建(library construction)

将样品 DNA(或 RNA 反转录得到的 cDNA)用酶随机切割,形成长度大小不一的片段。之后在每个片段两端加特定的接头(adaptor),并且片段的大小直接关系到后续数据的分析,乃至科学家们将数据与生物学现象联系的准确度。

(2)锚定桥接(surface attachment and bridge amplification)

测序过程在微流量池(flow cel1)中进行,每个微量池内含有 8 个单元通道,每个通道的内表面含有无数个被固定的单链接头。

(3)预扩增(denaturation and complete amplification)

利用固相桥式 PCR(bridge solid phase PCR)进行扩增:添加没有被标记的 dNTP 和 Taq 酶,即能够得到固相表面上的上百万条双链待测目的片段成簇分布。

(4)单碱基延伸测序(single base extension and sequencing)

荧光标记的 dNTP 在测序簇延伸其互补链时能够释放出相应的荧光,测序仪据此捕捉荧光信号,之后计算机可以将荧光信号转化为不同颜色的测序峰图,使研究者能够获得待测片段的序列信息(肖艺,2011)。

(5)数据分析(data analyzing)

通过构建重叠群(contigs)分析测序数据。重叠群,即彼此可以通过末端的重叠序列相互连接形成连续的 DNA 长片段的一组克隆。通过重叠分析、生物信息学分析将这些原始序列组装成较长的重叠群或者脚手架结构乃至整个基因组的框架结构,将组装的序列信息比对到已有的全基因组信息或与测序物种相近的物种基因组数据库中,最终得到完整的染色体基因组序列信息。第二代测序技术的高通量性,使其成为目前开展物种测序生产化的主要平台。

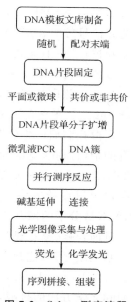

图 7-2　Solexa 测序流程

3. 第三代测序技术

基于单个分子信号检测的 DNA 测序被称为单分子测序(single molecule sequencing, SMS),或第三代测序(third generation sequencing, TGS)。该方法采用四色荧光标记的 dNTP 和被称为零级波导(zero-mode waveguides, ZMW)的纳米结构对单个 DNA 分子进行测序。这种 ZMW 是直径 $50\sim100$nm,深度 100nm 的孔状纳米光电结构,通过微加工在二氧化硅基质的金属铝薄层上形成微阵列,光线进入 ZMW 后会呈指数级衰减,从而使得孔内仅有靠近基质的部分被照亮。Φ29DNA 聚合酶被固定在 ZMW 的底部,模板和引物结合之后被加到酶上,再加入四色荧光标记的 dNTP(A555-dATP, A568-dTTP, A647-dGTP, A660-dCTP)。当 DNA 合成进行时,连接上的 dNTP 由于在 ZMW 底部停留的时间较长(约 200ms),其荧光信号能够与本底噪音区分开来,从而被识别。荧光基团被连接在 dNTP 的磷酸基团上,因此在延伸下一个碱基时,上一个 dNTP 的荧光基团被切除,从而保证了检测的连续性,提高了检测速度。

单分子实时测序的一大优势是超长的读长,PacBio RS II 测序平台能够得到的最大读长为 30kb,平均读长约 8.5kb,是目前所有商品化测序仪中读长最长的。一个 SMRT cell 单次运行产生的数据量约为 400MB,样本制备时间需要 $8\sim10$h,测序时间 $45\sim90$min,如果同时运行多个 SMRT cell,则一天能够产生最多 6.4GB 的数据。与 tSMS 类似,因为单分子的荧光信号较弱,SMRT 的单碱基准确率仅有 87.5%,但由于错误是随机产生的,通过多重测序和校正,在 10× 的条件下,准确率可提高到 99.9%(Eid, et al., 2009)。

4. 第四代测序技术

第四代测序技术又称直接测序技术,或称新新一代测序技术(next-next-generation sequencing),是建立在纳米孔基础之上而进行的单碱基读取技术,通过测定碱基经过纳米级别的蛋白孔洞而产生的跨膜电导率变化进行测序(马得芳,2013)。纳米孔是比 DNA 分子略宽的蛋白质孔,宽度为 4nm,因此,测序时,DNA 分子像一条线一样穿过蛋白孔洞。而组成 DNA 分子的每种碱基的化学性质不同会导致流经该孔洞的电流值发生改变。因此,纳米孔也可以设计成检测跨越孔洞的隧道电流,由于每种碱基的电阻率不同,可分辨出待测 DNA 双链分子的碱基组成,该技术不需要光学检测及洗脱。

目前,科学家在科学杂志上已经公布了应用第四代测序技术获得的 3 个低成本的完整人类基因组序列,比起应用传统测序技术完成人类全基因组测序的速度以及精确性有大幅度提升(Clarke, et al., 2009)。当然,第四代测序技术仍面临例如记录数据所用的工程学方面和光学方面的挑战,以及需要更强的数据处理系统来支撑这一测序技术的发展(Shen, 2009)。

经过 30 多年的发展,测序技术目前已经到了第四代,四代技术各有其优缺点,但可以预见,在未来一段时间可能会出现四代测序技术同时共存的局面,特别是在今后高通量测序研究中预计会出现“2+3”的模式,即利用第三代测序技术读长长的特征测序,再利用第二代测序技术高准确度、高通量和高性价比的特点进行纠错。

测序技术日新月异,随着其成本的降低,测序技术将得到更广泛的应用。可以预测,花费极低成本就可以测通人类全基因组序列的目标很快就会实现,到时对遗传性疾病的诊断和治疗不仅会变得更加简单、快速,还能从基因水平上引导个人医疗保健。同时,生物研究进展将会更多地依赖测序技术的进步,不同领域的科学家也可以利用很少的费用来对自己研究的物种进行基因组测序,以使其试验设计更加完善,并能取得更多的科研成果,从而进一步促进科学技术的发展。

二、食品加工与营养健康的微生态研究

(一)传统发酵食品与微生物的多样性

中国是具有比较丰富的传统发酵食品的亚洲国家之一,这些传统发酵食品包括腌制果蔬类(泡菜、酸菜和腌制菜类)、调味品(酱和醋)、茶类(红茶、黑茶和湖南茯砖茶等)、酒类(白酒)、肉食品(腌制肉肠)及水产品(鱼酱油)等各类食品,生产历史悠久。随着微生物学研究技术等的不断发展,其发酵原理逐步阐明。这些食品其中一个共同特点是加工过程中具有复杂的微生态体系,其中不同种类的微生物各自发挥其重要作用或对产品质量的形成产生重要的影响。

1. 发酵蔬菜中的微生物多样性

我国的蔬菜发酵微生物学起始于 20 世纪 40 年代,目前已对泡菜发酵过程中的微生物学性质和化学变化进行了较深入的研究,泡菜在发酵过程中有多种微生物包括酵母菌、霉菌和细菌参与,其中主要的产酸菌是乳酸菌。国内研究学者分析了酸白菜在不同发酵过程中

乳酸菌种类及其变化规律,对几种蔬菜发酵过程中的主要乳酸菌进行了分离鉴定,并对其菌系变化进行了初步分析,研究出典型菌株的发酵生理特性并对自然发酵过程中乳酸菌系变化进行了验证;研究认为,发酵初期明串珠菌属占优势,随着酸度的增加,明串珠菌属停止生长并死亡,乳杆菌属迅速繁殖。从自然发酵的酸菜汁中分离出一株明串珠菌,用其发酵酸白菜,显示出发酵初期生长快、产酸率高、风味柔和的特点。以筛选出的综合性状较优的 2 种乳酸杆菌为主要发酵菌种,通过接种发酵控制腌制蔬菜发酵进程,能够制得品质稳定、口味上乘的优质泡菜,而且其发酵速度比自然发酵至少提高了 3.26 倍。由于采用纯种菌种接种发酵和控制技术可将自然发酵的许多不足之处置于可控制范围内,国内外学者就通过分离筛选优良乳酸菌对人工接种干预腌制发酵过程开展了大量的研究,如周相玲等采用乳酸菌组合发酵剂能显著降低亚硝酸盐含量并大大缩短了腌制蔬菜的发酵时间(周相玲,2007)。叶淑红等对比自然发酵泡菜和接种植物乳杆菌发酵泡菜的发酵周期、感官评定(叶淑红,2004),认为接种植物乳杆菌发酵适用于家庭制作和工业化生产。同时,沈国华、毕金峰等研究了混合乳酸菌剂在发酵蔬菜中应用能取得比自然发酵更优的效果(沈国华,2002;毕金峰,2000)。2001 年,Gardner 等将植物乳杆菌、乳酸片球菌和肠膜明串珠菌复配制成复合发酵剂,并成功应用于腌制蔬菜发酵(Gardner, et al., 2001)。当前,对发酵食品体系中全面解析菌种组成已有报道,但各组合菌种的相互关系对发酵蔬菜品质的影响几乎没有报道。而且可直接用于发酵蔬菜工业化生产的功能乳酸菌发酵剂很少,发酵效果与自然发酵相比并没有显著性的改善。发酵蔬菜中功能性乳酸菌的筛选及探究其在腌制蔬菜中的控制技术是当前研究热点。

2. 发酵水产品中微生物的多样性

鱼酱油是一种以海产鱼为主要原料,经多种微生物共同发酵形成的一种营养较全面的液体调味品,含可溶性短肽、牛磺酸、γ-氨基丁酸和具有抗氧化活性等(Kuda, et al., 2009),产品中氨基酸组成合理,必需氨基酸总量高于 FAO/WHO 理想模式(江津津,2012),且含有多种风味成分。研究表明(Akolkar, et al., 2010),鱼酱油产品的风味和营养等品质与微生物的作用密切相关,复杂的菌群组成中包含的重要菌株对鱼酱油群落组成、发酵进程及产品质量都会产生影响。为了分析鱼酱油的微生物发酵机理,国内外学者对发酵鱼酱油的微生物菌群构成包括对优势菌的鉴定进行了研究;Sanchez 等对传统发酵鱼酱油相关的微生物进行研究(Sanchez, et al., 1983),结果表明发酵初期的优势菌是芽孢杆菌属的短小芽孢杆菌、凝结芽孢杆菌和枯草芽孢杆菌,发酵中期优势菌为地衣芽孢杆菌、生皱微球菌和表皮葡萄球菌,发酵终期优势菌为变异微球菌和腐生葡萄球菌。黄紫燕等对传统鱼露发酵微生物动态变化进行了分析(黄紫燕,2010),检测出乳酸菌和酵母菌是发酵过程中的优势菌,但未就其功能进行研究;张豪等从鱼露发酵液中共分离获得 28 种乳酸菌(张豪,2013),其中有 5 种优势乳酸菌贯穿整个发酵中后期;对鱼露发酵液中产蛋白酶菌株及乳酸菌的分离也有报道(江津津,2008)。

3. 发酵茶产品的微生物多样性

中国有大量的发酵茶类型,依据发酵情况可分为轻发酵茶、半发酵茶、全发酵茶、后发酵茶。黑茶是一类典型的后发酵茶,黑茶在制作过程中通过微生物的作用使其内含成分发生显著变化。黑砖茶是湖南省特有的商品茶,其加工制作过程主要包括原料处理(如筛制、汽蒸、渥堆和发酵)、压制定型和发花、干燥等。其中发花过程是由多种微生物作用的过程,在这一过程中长出茂盛的金黄色菌落,俗称金花,经研究发现发花过程的主要微生物有冠突散囊菌(*Eurotium cristatum*)等。这些优势微生物对茶产品的营养成分和独特的风味形成产生重要的影响。

(二)分子生物学技术在食品微生物多样性研究中的应用

针对传统发酵食品复杂的微生态体系,利用传统的微生物研究技术已很难揭示微生物个体种类的生理功能或对食品生产过程的影响,近年来以聚合酶链式反应(PCR)技术为代表,分子生物学理论和技术的飞速发展使得与食品样品有关的微生物多样性分析的精度和广度不断提高。采用分子生态学检测方法打破了传统发酵业由于缺乏对难培养微生物的研究而导致停滞不前的状况,许多专家学者也在发酵蔬菜等微生态研究中广泛使用分子生物学手段。

现代分子生物学技术的发展,已建立起了许多不需要对微生物进行独立培养的新方法和新技术,其中基于 PCR 技术的分子标记又可分为随机扩增多态性 DNA(Randomly Amplified Polymorphic DNA,RAPD)、扩增片段长度多态性(amplified fragment length polymorphism,AFLP)、变性梯度凝胶电泳(denaturing gradient gel electrophoresis,DGGE)、限制性内切酶长度多态性(restrict fragment length polymorphism,RFLP)、末端标记限制片段多态性(terminal restrict fragment length polymorphism,T-RFLP)、单链构象多态性分析(SSCP)。这些技术可根据对象的不同单独使用或选择组合使用,这样可以更充分认识不可培养微生物的丰富资源。

分子生物学分析方法(如 16S rDNA 克隆文库法)无需对微生物进行分离培养,大大增加了人们检测和鉴定环境中"非培养"微生物的能力,已被广泛地应用到水体、土壤、海洋沉积物和生物水处理系统等的细菌多样性研究,极大地丰富了环境微生物资源库,并用于指导细菌的分离培养。随着人们对微生物在分子水平的认识的不断深入,食品微生物的分子生物学研究进入一个新阶段。采用传统分离培养和非培养的 16S rRNA 基因同源性相结合,可分析发酵蔬菜卤中乳酸菌的多样性,非培养样品的乳酸菌多样性较培养样品丰富。而基于 16S rRNA 作为分子标记的变性梯度凝胶电泳(DGGE)的方法,可分析蔬菜腌制过程中微生物群落结构,从而获得更全面的微生物多样性信息。沈锡权等利用 16S rDNA 基因克隆文库的方法分析了生腌冬瓜中微生物多样性及其对腌冬瓜品质的影响(沈锡权,2012)。

以下介绍几种分子生物学方法在微生物多样性研究中的技术及其应用。

1.16S rDNA 克隆文库方法

(1)技术原理与方法

细菌含有不同的 RNA,包括 mRNA、tRNA 和 rRNA,它们分别行使着不同的功能,其中 mRNA 可将遗传信息得以表达,转译成蛋白质,它在所有细菌中都有一定的碱基序列和空间结构。不同种类的细菌 rRNA 在不同位点上的序列改变频率也不同,因此,这些分子可作为种系标记物用以鉴别不同的细菌。原核生物的 rRNA 由 50S 和 30S 两个亚基组成,50S 亚基由 23S 亚基和蛋白质组成,而 30S 亚基又由 2 种类型的小亚基组成,即 16S 和 5S rRNA,23S、16S 和 5S 的基因分别含有约 2904、1540 和 120 个核苷酸。在对原核生物进行研究时,因其核糖体小亚基的 16S rRNA 长度适中,比 5S rRNA 包含的遗传信息要多,比 23S rRNA 序列短,易于进行序列测定和分析比较等实验操作,从而发展出了 16S rRNA/rDNA 序列分析技术。

从 20 世纪 70 年代以来,科学家们因 16S rRNA 的保守性,对其进行了大量研究工作,现在已对 16S rRNA 序列有了清晰的认识。16S rRNA 基因约含有 1540 个核苷酸,信息量较大且易于分析,可分为保守区和可变区,没有基因重组和转座,其进化速率适中,能体现出不同菌属和菌种之间的差异。基于这一特性,在其保守区设计一对引物,成为通用引物,可以用来扩增出所有细菌的 16S rRNA 片段,并且这些引物仅对细菌是特异的,也就是说这些引物不会与非细菌的 DNA 互补,而细菌的 16S rRNA 可变区的差异则可以用来区分不同的菌,并且其结构的保守性可使细菌 16S rRNA 基因同源性达 97% 以上,能够反映生物物种的亲缘关系,为系统发育重建提供线索;而高变性则能揭示出生物物种的特征核酸序列,是属种鉴定的分子基础。随着核酸测序技术的发展,越来越多的 16S rDNA 序列被输入数据库,如 RDP 和 NCBI 数据库;有大量的数据和强大的数据库的支持,使细菌群落结构研究中采用细菌 16S rDNA 作目的序列进行分析就更方便可靠。

根据以上原理,我们从环境微生物样品中提取出 rRNA 或总 DNA 后,就可以利用 PCR 扩增、核酸杂交、梯度电泳和 DNA 测序等技术分析微生物样品的 16S rDNA,从而对环境微生物进行检测,或对其进行分类、定位。

16S rDNA 技术主要包括以下 3 个步骤:①基因组 DNA 的获得,首先从微生物样品中直接提取总 DNA,对易于培养的微生物可通过培养富集后再进行提取。另一种选择是提取微生物细胞中的核糖体 RNA。②16S rRNA 基因片段的获得现在一般采用 16S rRNA 引物 PCR 扩增总 DNA 中的 rRNA 序列,或通过反转录 PCR 获得互补 rDNA 序列后再进行分析。采用 PCR 技术的优点在于不仅一次性从混合 DNA 或 RNA 样品中扩增出 16S rRNA 序列,而且方便了后面的克隆和测序。但也同样会出现 PCR 所固有的缺点,尤其是采用 16S rRNA 保守序列的通用引物对多种微生物混合样品进行扩增,可能出现嵌合产物和扩增偏嗜性现象,影响结果的分析。③通过 16S rRNA 基因片段分析对微生物进行分类鉴定,将 PCR 产物克隆到质粒载体上进行测序,与 16S rRNA 数据库中的序列进行比较,确定其在进化树中的位置,从而鉴定样本中可能存在的微生物种类。

无论是全长还是部分 16S rDNA/rRNA 序列,都可以提交到 NCBI GenBank,采用 BLAST 和 RDP(ribosomal database project programs)与已知序列进行相似性分析,然后进行系统发育分析。

克隆文库法的主要操作程序:①从所要研究的环境中采集样品;②直接提取样品中微生物总 DNA,获得高质量环境样品中微生物的总 DNA 是文库构建的关键之一,既要尽可能地完全抽提出环境样品中的 DNA,又要保持较大的片段以获得完整的目的基因或基因簇;③以总 DNA 为模板扩增 16S rDNA,并将 16S rDNA 克隆到合适的载体中;④将载体转化到合适的宿主细菌建立文库,在宿主菌株的选择上,当前大肠杆菌仍然是最常用的克隆和表达的宿主细胞;⑤为了使回收的序列具有代表性,通常需要选取至少 100 个左右的单菌落进行序列回收;⑥回收的序列全部进行测序,以便进行后续微生物分类分析。

(2)16S rRNA/rDNA 在菌种鉴定及微生态研究中的应用

16S rRNA/rDNA 序列分析技术目前已被广泛应用于微生物的分类、鉴定以及微生物群落的研究,由于该技术的广泛应用,使很多方面都取得了较显著的成果。Woese 等在 1980 年利用该项技术(Woese, et al., 1980),定义并建立了古菌界,并将生物界重新划分为 3 主干 6 界系统。这也是早期应用 16S rRNA/rDNA 序列分析技术进行微生物学研究所取得的最重要成果。利用该分析技术,研究者不仅可以在对微生物不进行纯化培养的情况下对其进行全面研究,还可以对微生物群落的结构和功能做进一步的研究。

白洁等人采集黄海西北部海域春秋 2 个季节的沉积物样本(白洁,2009),构建细菌 16S rDNA 文库,并进行序列测定和多样性指数分析,探讨细菌群落结构和分布特征,研究邻界水域、人类活动以及黄海冷水团等自然和人为因素对黄海西北部微生物种类组成、数量、优势菌群等的影响,以及功能微生物对环境因子的响应,有助于深层次理解该海域沉积物的生态系统结构和功能,为我国近海微生物资源及生态环境的研究提供理论依据。

16S rDNA 序列分析方法在乳酸菌分类鉴定运用比较多,Choi 利用 16S rDNA 序列分析和 DNA 杂交技术研究了泡菜中乳酸菌的菌群变化(Choi, et al., 2003),在泡菜 5d 的发酵过程中随机分离出 120 株乳酸菌,结果发现在发酵前中期,柠檬明串珠菌(*L. citreum*)是优势菌种,在发酵后期主要为清酒乳杆菌(*L. sake*)或弯曲乳杆菌(*L. curvatus*)以及短乳杆菌。乌日娜等采用 16S rDNA 测序和同源性分析的方法(乌日娜,2005),以大于 98% 的同源性将酸马奶中的 *L. casei* zhang 和 ZL12-1 分别鉴定为 *L. casei* subsp. casei 和 *L. galli-narum*。而 Booysen 等在 2002 年将麦汁中的乳酸菌通过 16S rDNA 序列分析进行分类研究(Booysen, et al., 2002),成功地将实验菌株在亚种水平上进行了鉴定。

发酵食品的环境是多种微生物栖息的特殊培养基,利用不受培养约束的、基于 16S rDNA 的 PCR 方法可以分析食品中微生物的多样性和动态变化。如分析发酵玉米团、麦芽威士酒、意大利香肠。要使发酵食品优化,其中就是要发展包含本质微生物发酵剂的接种发酵。这种方法的缺点是不明确发酵食品中微生物的多样性及其所扮演的角色,所以借助分子分析方法来确定。Randazzo 和 Santos 等应用 16S rDNA 方法对天然发酵的橄榄汁和西班牙传统发酵制品中的乳杆菌进行了分类鉴定,结果非常有效。

2. SSCP 方法在食品微生物多样性研究中的应用

单链构象多态性(简称 SSCP)方法最早应用于土壤、生态等环境样品中微生物多样性研究(王岩,2009),被广泛应用于调查自然生态系统和生物反应器中的微生物多样性和群落演替分析(赵阳国,2005;刘小琳,2007),同其他分子生物学技术相比,它具有使用设备简单、只需普通引物,后续杂交不需变性处理等优点,在食品中的应用也逐渐被使用。张锐等利用 PCR-SSCP 方法(张锐,2011),分析了低盐榨菜腌制过程微生物多样性及其变化。

3. 指纹图谱技术

(1)变性/温度梯度凝胶电泳技术(DGGE/TGGE)

DGGE/TGGE 是目前在微生物分子生态学研究领域应用广泛的技术手段之一,DGGE/TGGE 技术最早由 Muzyer 等将其应用于微生物群落结构的研究(Muzyer, et al., 1993),随后由 Zoetenda 将其用于人体肠道菌群的分析研究(Zoetendal, et al., 1998)。由于具有相同片段长度而序列不同的双链 16S rRNA 基因分子,其解链温度(Tm)或变性剂(尿素、甲酰胺)浓度是不同的,所以当不同的双链 DNA 序列在聚丙烯酰胺凝胶中顺着梯度或者温度迁移时,其迁移位置不同,最终可以形成能够代表微生物群落构成的指纹图谱。DGGE/TGGE 技术具有加样量小、分辨率高和重复性好等优点,但其分离片段通常小于 500bp,而且 PCR 扩增所需 GC 碱基对含量不能低于 40%。Satokari 等采用 DGGE 技术对使用双歧杆菌属特异性引物 PCR 扩增出的 5 个成年人粪便的 16S rDNA 的基因片段进行了分析(Satokari, et al.,2001),发现在采样期内肠道双歧杆菌的组成比较稳定,进行测序分析证实扩增产物就是双歧杆菌。该技术手段通常只能检测到样品中相对含量大于1%的优势菌群,可能会忽略到一些含量偏低的菌群。为了提高DGGE/TGGE技术在分析某些含量较低的微生物类群时的分辨率,研究人员开发了类群特异性PCR-DGGE/TGGE技术。例如通过开发针对人体肠道菌群中乳酸菌的特异性PCR-DGGE/TGGE技术发现,*L. casei*(干酪乳杆菌)、*L. salivarius*(唾液乳杆菌)、*L. plantarum*(植物乳杆菌)、*L. helveticus*(瑞士乳杆菌)和*L. acidophilus*(嗜酸乳杆菌)是健康居民中较为普遍的乳酸菌种(Stsepetova, et al., 2011)。

(2)末端限制性片段长度多态性技术(T-RFLP)

T-RFLP(terminal restriction fragment length polymorphism)是一种基于PCR技术、荧光标记技术、限制性酶切技术和DNA序列自动分析技术,利用5'端荧光标记的引物扩增微生物标记序列或特异的目的片段的检测技术,同DGGE/TGGE技术相比具有分辨率较高、重复性良好及数字化较易、适合于多样本间微生物群落比较的优势(Liu, et al., 1997)。T-RFLP技术已被广泛应用于肠道微生物群落结构的比较分析,Hayashi等利用T-RFLP技术对3个尸检个体的各个肠段微生物群落结构进行了分析(Hayashi, et al., 2005),揭示了不同个体不同肠段的微生物群落结构有明显差异;同时Hojberg等(2005)和Fairchild等(2005)运用了T-RFLP技术分析了动物肠道内微生物群落的结构。由于T-RFLP技术只考虑每种DNA分子的末端信息,所以其获得的信息量较少;同时又因为不同种类细菌的末端酶切位点可能存在相同的情况,所以微生物群落的多样性可能被低估(Lm, et al., 2002)。

4. 高通量测序技术在食品微生物多样性研究中的应用

近年来,DNA测序技术更是飞速发展,其中高通量测序技术的应用是分子生物学研究领域的一个里程碑。2005年,Margulies等在*Nature*介绍高通量测序技术(high-throughput sequencing),同年罗氏454公司在世界上率先推出超高通量基因组测序系统,由此揭开了第二代测序技术飞速发展。高通量测序技术凭着快速、简单、高效等诸多优点引起全球学术界的轰动。

当前,以第二代测序技术为代表的高通量测序技术已经应用于基因组学和功能基因组学的许多领域(Mardis, 2008;吕昌勇,2012)。高通量测序技术因其微生物类群鉴定更准确以及对低丰度种群的可检测性等优点,已在微生物学研究包括传统发酵食品样品的微生物多样性及其功能研究中发挥越来越重要的作用。新一代测序技术突出的优点是规避了许多传统的微生物分离程序,真实客观地还原微生物菌落结构及丰度状况;由于其大平台高通量的特点,传统测序方法不能检测的丰度极低的目标微生物也能被检测;罗氏454公司的GS FLX测序平台、ABI公司的Solid测序平台和Illumina公司的Solexa Genome Analyzer测序平台为当前三个主要的测序平台。相对于454焦磷酸测序平台和Solid测序平台,Illumina测序平台具有很多的优点,综合的试剂盒、操作简单易用、成本较低以及更高的通量和准确率(Caporaso, et al., 2012),成为目前市场占有率最高的平台。其缺点是读长较短、运行时间较长。Illumina MiSeq法综合了454焦磷酸测序和Illumina HiSeq 2500的优点,合成和测序同时进行,样本的多个可变区可以同时进行测序,测序结果有较高的可信度(Loman, et al., 2012)。所以该测序方法在分析环境微生物多样性及丰度方面已被学界所认可。该测序方法在食品微生物多样性分析中的应用较少。Lee等利用Illumina MiSeq法从腌制的海产品中发现了极嗜盐古细菌的基因序列(Lee, et al., 2014);目前Illumina MiSeq测序方法在发酵食品微生物多样性检测中取得了良好的效果(Bokulich & Mills,2012),主要侧重于发酵食品,并得到了理想的结果;Sulaiman 等利用高通量测序技术揭示了中国豆酱不同成熟阶段微生物的多样性(Sulaiman, et al. , 2014),国内学者在中国传统腌制蔬菜的微生物多样性检测方面已广泛地应用此检测技术。

5.分子生物学技术在酵母菌研究中的应用

常规 PCR 检测食品中酵母菌时,一般进行增菌后才能检测到。由于食品特别是精加工食品中酵母菌数量一般较少,为了增加灵敏度,需要设计特异性较高的 PCR 引物,同时优化提取 DNA 的方法。目前已经建立了用 PCR 检测致病菌的行业标准,但仍然缺乏酵母菌的 PCR 检测行业标准(国认委,2007,2010)。

6. 5.8S rDNA 的分析

rDNA 序列是编码核糖体 rRNA 的 DNA 序列,在酵母菌中包括保守的序列区域和变异性加大的间隔区域,因其在种内呈现高度保守,而在种间呈现明显差异,因此可应用于酵母菌鉴定(郭冬琴,2012)。序列比对中主要是比对 26S rDNA D1/D2 区和 5.8S rDNA 和 ITS 间隔区的碱基序列。亲缘关系近的菌种 5.8S rDNA 具有较高相似度的序列,但是 ITS 序列由于进化速率较快具有长度和序列上的高度变异性,可以提供丰富的变异位点和信息位点(林晓民,2005),ITS 序列常与 5.8S rDNA 序列结合使用,对于亲缘关系较近的菌种间的区分比较有效(刘淑艳,2000;王凤梅,2009;杨静静,2011)。分析 5.8S rDNA 的一般步骤:样品基因组 DNA 的提取;建立基于 λ 噬菌体的 DNA 克隆文库;以具有种类特异性的 rDNA 探针对文库进行筛选;测序;对测序的序列和相关数据库进行比对分析等。5.8S rDNA-ITS 在酵母菌鉴定中应用广泛,Zarzoso 等通过该方法研究雪利酒发酵过程中酵母菌种群动态变化(Zarzoso, et al. , 2001)。崔志峰等采用该方法结合 RFLP(崔志峰,2007),与数据库比对,快速准确地鉴定了研究室保藏的 12 株酵母菌种,已知的两株菌 *Saccharomycescerevisiae* AS 2.516 和 *Saccharomycodes ludwigii* AS 2.243,与数据库信息完全一致,同时分类鉴定出 10 株未知种类的酵母。王凤梅等(2009)采用基于酵母 5.8S rDNA-ITS 区域的技术鉴定内蒙古土默川平原酿酒葡萄中分离出的酵母菌,相关酵母为 *Hanseniaspora uvarum*,*Saccharomyces cerevisiae*,*Issatchenkia orientalis*,*Pichia kluyveri*,*Pichia anomala* 和 *Candida stellata*。

(三)肠道微生态与人体健康

人体的肠道包含一个复杂的微生态系统,人体肠道中仅细菌细胞数达 10^{14} 数量级,占人体微生物总微生物数量的 78%,其中大多为肠道正常菌群,除细菌外,人体还存在正常病毒群、正常真菌群、正常螺旋体群等,各有其生理作用;而人类粪便的菌群数量达每克 10^{11} 个数量级,菌群种类达 800 种以上;肠道菌群最显著的特征之一是它的稳定性,它对人类抵抗肠道病原菌引起的感染性疾病是极其重要的。近年来,以肠道菌群为代表的人体微生物组(human microbiome)在维持人体健康中具有不可替代的作用,而菌群结构失调与多种疾病的发生、发展关系密切;菌群的研究已成为国际医学研究的热点。图 7-3 是人体肠道微生物多样性的一个例子。

目前国内外对肠道的微生物多样性检测、饮食与肠道菌群变化关系以及菌群与人类疾病的相互关系展开了大量的研究,并取得了重要进展。

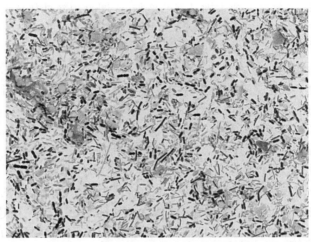

图 7-3　人体肠道微生物多样性——采自人体粪便样品的革兰氏染色结果

1. 人体肠道微生物多样性的检测方面

同其他样品中微生物多样性的分析一样，传统方法主要是依靠培养技术，即从肠道分离微生物，经培养的分离物作为分析肠道菌群的唯一来源，一般使用平板培养法。但在复杂的肠道菌群中，90％以上是专性厌氧菌，它们对氧的苛求，对特殊营养的要求及与宿主的密切关系，使得能在实验室条件下被分离纯化出来的细菌只占极少部分。许多细菌由于难于模拟其生长繁殖的真实环境而不能获得纯培养。因此，分子生物学分析方法广泛应用于肠道微生物多样性的检测。

Satokari 等采用 DGGE 技术对使用双歧杆菌属特异性引物 PCR 扩增出的 5 个成年人粪便的 16S rDNA 的基因片段进行了分析（Satokari，et al.，2001），发现采样期内肠道双歧杆菌组成稳定，进行测序分析证实扩增产物就是双歧杆菌。由于该方法通常只能检测到样品中相对含量大于 1％的优势菌群，可能会忽略到一些含量偏低的菌群，于是研究人员开发了针对特异性类群的 PCR-DGGE/TGGE 技术（Stsepetova，et al.，2011），如通过开发针对人体肠道菌群中乳酸菌的特异性 PCR-DGGE/TGGE 技术发现，*L. casei*（干酪乳杆菌）、*L. salivarius*（唾液乳杆菌）、*L. plantarum*（植物乳杆菌）、*L. helveticus*（瑞士乳杆菌）和 *L. acidophilus*（嗜酸乳杆菌）是健康居民中较为普遍的乳酸菌菌种。作为肠道菌群的多样性及定量分析的重要配套技术，实时荧光定量 PCR 技术（Real-time PCR）也成功应用于微生态环境样品的检测。也有学者运用 T-RFLP 技术（末端限制性片段长度多态性技术）分析了动物肠道内微生物群落的结构（Fairchild，et al.，2005；Hojberg，et al.，2005），由于 T-RFLP 技术只考虑每种 DNA 分子的末端信息，所以其获得的信息量较少。同时又因为不同种类细菌的末端酶切位点可能存在相同的情况，所以微生物群落的多样性可能被低估（Lm，et al.，2002）。张鑫等利用 FISH（荧光原位杂交）技术测定甲基化儿茶素能促进肠道双歧杆菌和乳酸菌的增殖（张鑫，2013），抑制梭状菌和拟杆菌的增殖，但对肠道总菌群数量影响不大。

De Filippo 等应用焦磷酸测序技术（454-Pyrosequencing）对 15 名欧洲儿童和 14 名非洲布基纳法索儿童的肠道菌群进行了研究（De Filippo，et al.，2002），结果表明，饮食习惯和环境差异均对肠道菌群的组成具有较大影响；Beards 等评估非消化性碳水化合物制成的低能量巧克力对肠道菌群是否具有调节作用（Beards，et al.，2010），发现肠道中双歧杆菌数量均显著增加,乳杆菌数量得到了极显著的增加,表明食用降低热值的糖替代物可改善肠道健康。采用新一代鸟枪法深度测序技术,华大基因的研究人员鉴定出约 60000 个与 Ⅱ 型糖尿病相关的分子标记(Qin, et al., 2012),并指出同健康居民相比糖尿病患者的肠道微生物组成发生了中度的变化。通过使用 Illumina 平台(高通量测序平台),Qin 对 124 个欧洲人粪便样品进行了测序,发现肠道微生物基因的数量约是人自身基因的 150 倍(Qin, et al., 2012)。通过使用 Sanger 测序,Arumugam 等(2011)对欧洲人肠道菌群结构进行了分析并根据肠道细菌基因的差异性将 22 个样本分为 3 个独立的"enterotype"类型。在该研究的基础上,研究人员结合 454 测序技术和鸟枪法测序指出"enterotype"类型的形成与长期的膳食有关,而与性别以及肥胖等因素无关(Wu, et al., 2011)。

也有研究学者通过定量宏基因组学研究健康个体中多个基因丰度的差异性以及肠道微生物组的特征,并构建出参考基因集,揭示出基因和功能水平上的一些特异性生物标记物,这些以微生物为指标的生物标记物有可能是诊断不同疾病的一个强有力的工具。

2. 饮食与肠道菌群变化及健康的关系方面

饮食是影响肠道菌群组成的关键因子之一,在肠道菌群的定殖、成熟及肠微生态系统稳定的保持中都起到非常关键的作用。其他因素如感染、疾病、抗生素可以短暂地改变肠道菌群的自然组成,因此对宿主的健康产生不利的影响(Forsythe, et al., 2010)。

(1)饮食对肠道菌群的影响

生活方式和饮食中任何重要的改变都可影响微生物的稳定性。纯母乳喂养的婴儿,肠道菌群中主要为双歧杆菌和乳酸菌;母乳配合奶粉喂养的婴儿,肠道菌群更多样化,有双歧杆菌、拟杆菌属、梭菌属和兼性厌氧菌(Wall, et al., 2009)。固体婴幼儿食物的引入可导致肠道微生物组成发生很大改变(Koenig, et al., 2011);De Filippo 等研究了饮食对断奶阶段婴幼儿肠道微生物组成的影响(De Filippo, et al., 2010),比较研究了非洲布基纳法索幼儿(饮食方式为非洲农村饮食)和意大利幼儿(饮食方式为西方现代儿童饮食)粪便菌群的 16S rDNA 序列比对结果,结果表明,两组在哺乳期间的微生物组成没有显著差异,但断奶后两组肠道微生物组成变化差异显著。非洲布基纳法索儿童的肠道微生物以拟杆菌属为主,*Prevotella* 属和 *Xylanibacter* 属也较多,这些肠道微生物主要产生纤维素水解酶和木糖醇水解酶,有助于多糖降解。此外,非洲布基纳法索儿童粪便中的短链脂肪酸水平也较高,厚壁菌相对较少,而意大利儿童的肠道微生物组成完全没有这些特点。近年来,David 等对比了食用"植物性食物"和"动物性食物"志愿者的肠道微生物,发现食物能快速、重复地影响人的肠道微生物(David, et al., 2014)。"动物性食物"食用者肠道内胆汁耐受性微生物,包括理研菌(*Alistipes*)、嗜胆菌(*Bilophila*)和拟杆菌(*Bacteroides*)丰度增加,而与植物多糖代谢相关的厚壁菌门数量减少,包括罗氏菌(*Roseburia*)、直肠真细菌(*Eubacterium*)和布氏瘤胃球菌(*Ruminococcus bromii*)。

食物对宿主肠道微生物菌群结构有深远影响,甚至参与到微生物与宿主的共进化过程中。Ley 等比较了草食动物、杂食动物和肉食动物肠道微生物菌群的差异,发现三者的肠道微生物菌群显著不同(Ley, et al., 2008)。人作为典型的杂食动物,其食物的摄取必然影响到肠道微生物与宿主的共进化过程。

(2)肠道菌群对宿主健康的促进作用

人体肠道的微生物可直接参与宿主的各种代谢过程,发挥其重要而独特的作用,能产生多种有益于人体的代谢产物,促进宿主的健康(尚婧晔,2012)。一方面,人体肠道内微生物群基因的多态性为宿主提供了多种人体自身所不具备的酶与生化途径,使其能够发酵人体所不易消化的食物残渣及上皮细胞分泌的内生黏液;这一复杂的代谢活动,不仅可以恢复宿主的代谢能量及可吸收底物,也为微生物自身的生长和繁殖提供了能量和营养(Guarner, et al. , 2003)。另外,代谢过程的终产物——短链脂肪酸(SCFA),主要是乙酸、丙酸和丁酸等,对宿主有着极其重要的生理功能。SCFA 不仅为宿主细胞提供了能量及营养,更重要的是它在炎症、肿瘤预防及治疗等诸多方面展现出很大的研究及应用前景(詹彦,2007)。另一方面,肠道菌群除能代谢人体自身不能分解的物质,还能与宿主发生共同代谢作用,参与对药物及其他外来化合物的代谢,通过肝肠循环将宿主细胞的代谢与肠道菌群代谢联系起来,胆汁酸及脂肪等的代谢便是其中最为典型的例子(Xu, et al. , 2006)。再者,肠道微生物的某些成员还能自身代谢或共同代谢产生一些类似于药物的化合物,直接对人体的生理功能和免疫力产生影响(Zhao, et al. , 2010),如肠道菌群中的双歧杆菌、乳杆菌和大肠埃希菌等可以合成多种蛋白质和维生素,被人体所利用(尹军霞,2012)。

3. 肠道菌群与人类疾病的相互关系方面

肠道微生物菌群是一个庞大复杂的生态系统,广泛参与了人体的生理、病理过程,与人体形成动态平衡状态,一旦这种平衡被打破,极有可能导致或加重疾病的发生和进展。目前认为,肠道菌群结构的改变和失衡与多种疾病(包括自身免疫性疾病、肝病、肠道疾病和糖尿病等)有密切的关系。

（1）自身免疫性疾病

自身免疫性疾病是机体对自身抗原发生免疫反应而导致自身组织损害所引起的疾病,它的产生与肠道微生物有一定联系。肠道内微生态环境紊乱可导致全身免疫系统过度活跃,进而有可能出现自身免疫性疾病。据此可以看出,疾病的发生改变着肠道菌群的组成,特别是一些益生菌的减少和致病菌的增加。

（2）肝病

肝硬化是临床常见的慢性进行性肝病,是由一种或多种病因长期或反复作用形成的弥漫性肝损害。已有研究发现肝硬化患者肠道拟杆菌门显著降低(陆颖影,2015),然而蛋白菌、梭形杆菌显著增多;该研究还发现肠杆菌科、韦荣球菌科、链球菌科在肝硬化患者的肠道中升高,毛螺菌科降低。

（3）肠道疾病

急性腹泻、急性胃肠炎患者常伴有肠道优势菌群(肠球菌、双歧杆菌、乳酸杆菌及类杆菌)比例失调,常驻菌群明显减少,其中厌氧菌数量下降最为显著,且上升速度缓慢;另外过路菌群定殖增多。肠道菌群失调多见于急性肠感染、细菌性食物中毒、急性化学物质中毒、急性全身感染、变态反应性疾病、内分泌疾病、药物副作用等,相反菌群失调又可诱发或加重腹泻,并增加肠道对致病菌的易患性。盲目运用抗生素不仅不利于治疗,反而有可能加重病情,导致菌群进一步失调。慢性腹泻的病因较多,也较为复杂,肠道菌群失调是其主要致病因素之一,其他常见的病因有肠易激综合征、急性痢疾后腹泻、吸收不良综合征等。慢性腹泻患者的肠道细菌,如拟杆菌、双歧杆菌、肠球菌、肠道杆菌数量显著降低(郑鹏,2014),真杆菌、韦荣球菌、产气荚膜杆菌显著增多。

（4）糖尿病

根据世界卫生组织统计，全球约 3.47 亿多人饱受糖尿病痛的折磨，糖尿病已成为继肿瘤和心脑血管疾病之后，威胁人类生命健康的第三大杀手。仅中国就有糖尿病患者约 9240 万人，约占全球糖尿病患者的 1/3。治疗糖尿病的手段也较多，其中分析糖尿病患者肠道菌群成为热点。糖尿病人与非糖尿病人相比，厚壁菌门相对丰度低，而拟杆菌门和变形菌门丰度高。大量研究证明，益生菌对改善血糖水平具有一定的作用。

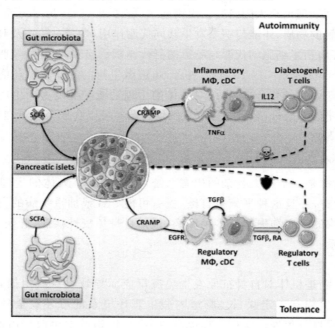

图 7-4　肠道菌群产生短链脂肪酸促进胰腺 α-细胞和 β-细胞表达 CRAMP 发挥免疫调节作用及自身免疫糖尿病的预防作用机制

2015 年，江南大学孙嘉教授等研究人员在免疫领域顶级期刊 *Immunity* 发表文章，首次揭示出肠道菌群调控下的 Cathelicidins 类抗菌肽在 1 型糖尿病预防中的重要免疫调节作用（图 7-4）。该团队研究了自体先天免疫系统的一部分 Cathelicidins 类抗菌肽（又称宿主防御肽），主要由上皮细胞以及免疫细胞表达释放。研究发现，胰岛 β 细胞可表达 CRAMP（cathelicidin-related antimicrobial peptide），而此类抗菌肽在 1 型糖尿病发病过程中有所缺失，补充外源性 CRAMP 可通过调节胰岛中的促炎型免疫细胞表型、炎症因子表达等机制发挥抗 1 型糖尿病的作用。作为胰岛 β 细胞来源的 Cathelicidins 类抗菌肽的产生受肠道菌群代谢产物短链脂肪酸的调控，因此，肠道菌群平衡也是影响胰岛免疫微环境和 1 型糖尿病发病的关键。该研究首次证实肠道菌群抗菌肽和自身免疫性糖尿病的关联，从分子水平揭示了 1 型糖尿病发病机制，并为防治 1 型糖尿病提供了新思路。

（5）代谢综合征与肥胖

肥胖已成为严重威胁人类健康的全球性疾病，据世界卫生组织统计，世界人口的 12% 患有肥胖，近几年肠道菌群与肥胖的关系备受关注。越来越多的证据表明肠道菌群可能是肥胖的关键因素之一，肠道菌群在宿主的能量代谢调控上有着不可忽视的作用。有研究发现菌群可以直接调节宿主脂肪存储组织的基因表达活性,增加宿主脂肪的积累,并且肠道菌群能够调控禁食诱导脂肪因子(FIAF)的表达。FIAF能抑制脂蛋白脂肪酶(LPL)的活性,是菌群诱导的脂肪存储增加的重要中介因子。以上研究表明,肠道菌群作为一种环境因素,参与宿主脂肪存储的调控,是肥胖发生的重要原因之一。

肠道菌群结构及种群类型与人体肥胖存在一定关系,上海交通大学赵立平研究团队从食用植物或药食同用植物中筛选一些调节肠道菌群结构的化学成分,同时进一步研究肠道菌群中具有的调节或活化人体细胞脂代谢基因,或者说,通过关闭或打开脂燃烧的基因,从基因角度阐明肥胖的本质。这种阐明肠道菌群如何与饮食互作,引起人体肥胖的机制,有望发展出以肠道菌群为靶点、预防和治疗肥胖的新方法。

另外,有许多研究发现肥胖人群存在肠道菌群失衡,肥胖者拟杆菌门/厚壁菌门的比例较体质量正常者明显降低。目前肠道菌群引起肥胖的机制的主流观点是代谢性内毒素血症学说(郭慧玲,2015)。

第二节　微生物的群体感应

一、微生物群体感应的概念

(一)群体感应与自身诱导物质

群体感应(quorum-sensing,QS),指细菌之间存在的一种信息交流,其产生的原因解释为许多细菌都能合成并释放一种被称为自身诱导物质(也称细菌信息素)即自诱导物质(autoinducer,AI)的信号分子,胞外的AI浓度能随细菌密度的增加而增加,达到一个临界浓度时,AI能启动菌体中相关基因的表达,调控细菌的生物行为。如产生毒素、形成生物膜、产生抗生素、生成孢子、产生荧光等,以适应环境的变化,我们将这一现象称为群体感应调节,这一感应现象只有在细菌密度达到一定阈值后才会发生,所以也有人将这一现象称为细胞密度依赖的基因表达(cell density dependent control of gene expression)。

AI是细菌自身可以合成的一种信号分子,细菌根据特定的信号分子的浓度可以监测周围环境中自身或其他细菌的数量变化,当信号达到一定的浓度阈值时,能启动菌体中相关基因的表达来适应环境的变化,如芽孢杆菌中感受态与芽孢形成、病原细菌胞外酶与毒素产生、生物膜形成、菌体发光、色素产生和抗生素的形成等。根据细菌合成的信号分子和感应机制不同,QS系统基本可分为三个代表性的类型,革兰氏阴性细菌一般利用酰基高丝氨酸内酯(AHL)类分子作为AI,革兰氏阳性细菌一般利用寡肽类分子(autoinducing peptides,自诱导肽,简称AIP)作为信号因子,另外许多革兰氏阴性和阳性细菌都可以产生一种AI-2的信号因子。一般认为AI-2是种间细胞交流的通用信号分子。另外,最近研究发现,有些细菌利用两种甚至三种不同信号分子调节自身群体行为,这说明群体感应机制是极为复杂的。

(二)细菌信息素的特点

群体感应细菌信息素作为自然存在的一种物质,它具有以下一些特点:①分子量小。细菌信息素都是一些小分子物质,如酰基-高丝氨酸内酯(AHL)衍生物、寡肽、γ-丁内酯等,能自由进出细胞或通过寡肽通透酶分泌到环境中,在环境中积累。②具有种属特异性。革兰氏阴性菌的高丝氨酸内酯没有特异性,一种细菌的调节蛋白能响应多种不同的信息素;据此已建立了多种革兰氏阴性细菌的信息素检测系统;而革兰氏阳性菌的寡肽类信息素则一般没有这种交叉反应。③对生长期和细胞密度具依赖性。一般在生长的对数期或稳定期,在环境中积累达到较高浓度,其所调节的基因表达量最大,而且稳定期培养物的无细胞提取物能够诱导培养期(细菌密度较低)的培养物生理状况的改变。④在细菌感染过程中具调控作用:许多信息素产生菌是动植物致病菌或共生菌,它在细菌和宿主之间的相互作用中起着重要的调控作用。如金黄色葡萄球菌(*Staphylococcus aureus*)在调控哺乳动物细胞凋亡过程中,依赖于高丝氨酸内酯信息素和环境因子控制的毒素蛋白(Agr)和调节蛋白(Sar)因子,这两个基因发生突变的菌株可以进入细胞,但不能诱导细胞凋亡。⑤其他信息素的抗生素活性。如乳酸乳球菌(*Lactococcus lactis*)产生的乳链球菌素 Nisin,不但作为信息调节细胞生物合成和免疫基因的表达,也作为抗生素拮抗其他微生物。植物乳杆菌(*L. plantarum*)产生的植物乳杆菌素 A 也有信息素和抗生素的双重活性。细菌信号分子扩散透过细胞膜的自由扩散模式,如图 7-5 所示。

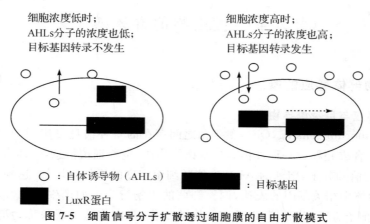

图 7-5   细菌信号分子扩散透过细胞膜的自由扩散模式

二、细菌群体感应的分子机制

(一)革兰阴性菌信号分子

每种革兰阴性菌所产生的群体感应机制不同,但其调控蛋白具有高度同源性,目前研究的大多数革兰阴性菌都存在与之相同的 QS 系统,被称之 LuxI-AHL 型 QS 系统。费氏弧菌是最早被发现并进行 QS 系统研究的革兰阴性菌,AHL 是一类特殊的小分子水溶性化合物,可作为 QS 系统中的自诱导剂;LuxI 类蛋白酶可催化带有酰基的载体蛋白的酰基侧链与 s-腺苷蛋氨酸上的高丝氨酸结合生成 AHL,LuxI 是一类可催化合成 AI 的胞内蛋白酶。不同革兰阴性菌的 LuxI-AHL 型 QS 系统有所差别,其 AHL 类自诱导剂都是以高丝氨酸为主体,差别只是酰基侧链的有无及侧链的长短不同。作为革兰阴性菌特有的自诱导剂 AHL 可自由出入于细胞内外,随着细菌密度的增加,当细胞外周环境中的细菌分泌的 AHL 积聚到一定浓度阈值时,可与细胞质中的作为受体的 LuxR 蛋白的氨基残端结合,激活所调控的基因表达。

比如在以 AHL 为自诱导剂的革兰阴性菌 QS 系统中,信号传导途径具有多样性。其中以铜绿假单胞菌研究最为成熟，它主要包含四套 QS 体系（图 7-6），第一套 *las*R/*las*I 体系，由转录激活因子 *Las*R 和乙酰高丝氨酸内酯合成酶 *Las*I 蛋白组成，*las*I 能指导 AIN-3-氧代十二烷酰-高丝氨酸内酯（3-OXO-C-HSL）的合成，并以主动转运的方式分泌到胞外，达到一定的阈浓度时可结合 *Las*R，并激活转录，增强包括碱性蛋白酶、外毒素 A、弹性蛋白酶在内的毒力因子的基因转录，可以使铜绿假单胞菌毒力基因的表达增高。第二套 QS 体系 *rhl*R/*rhl*I 系统，*rhl*R 是转录调节子，*rhl*I 可编码 AHL 合成酶，该系统产生的一种结构为 C4-HSL 的高丝氨酸内酯类自体诱导物，可自由通过细胞膜，调控大量基因的表达，如指导鼠李糖脂溶血素、几丁质酶、氰化物、绿脓菌素等物质的产生。

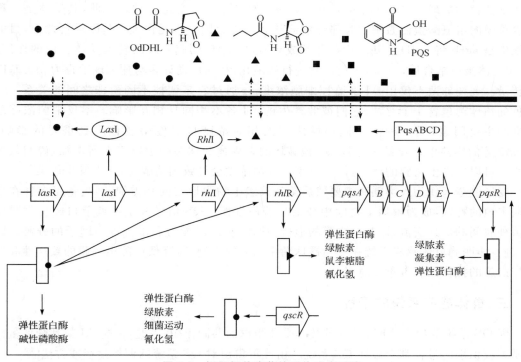

图 7-6　铜绿假单胞菌的群体感应系统

2-庚基-3-羟基-4-喹诺酮是近期发现的铜绿假单胞菌第三套 QS 系统，又称假单胞菌喹诺酮信号系统（pseudomonas quinolone signal，PQS）；喹喏酮信号系统的信号分子具有抗菌活性Ⅲ，不溶于水，关于它如何行使菌间信号转导的机制尚不明确，可能是通过一种"胞吐"样转运机制在细菌间传导 PQS 信号；PQS 可以连接 Las 和 Rhl 两个系统，一方面 Las 和 Rhl 控制着 PQS 生成，另一方面 PQS 又影响着 Las 和 Rhl 的基因表达，两者之间存在着微妙的平衡关系。此外 PQS 还在调整细菌密度及释放毒力因子方面起着一定的作用。除上述三种 QS 系统，最近还发现了另一种铜绿假单胞菌 QS 辅助系统 GacS/GacA 系统，且已证明在提高细菌游走能力、释放可可碱醋酸钠以及促进生物被膜形成中发挥重要的作用。

（二）革兰阳性菌信号分子

革兰阳性细菌主要使用一些小分子多肽（AIP）作为 AI 信号分子，这种寡肽信号也随着菌体浓度的增加而增加，当累积达到一定浓度阈值时，位于膜上的 AIP 信号识别系统与之相互作用，经过一个复杂的过程，起到调控作用。

革兰阳性菌 QS 系统主要是用小分子多肽(oligopeptide)作为自诱导物,不同细菌其 AIP 分子大小也不同,不能自由穿透细胞壁,需通过 ABC 转运系统(ATP-binding-cassette)或其他膜通道蛋白作用,到达胞外行使功能。位于膜上的 AIP 信号识别系统与 AIP 结合后,激活膜上的组胺酸蛋白激酶,促进激酶中组氨酸残基磷酸化,磷酸化后的受体蛋白能与 DNA 特定靶位点结合,从而激活一种或多种靶基因而行使功能。AIP 不仅能检测细菌密度,影响生物被膜的形成,而且还能调控不同菌种之间的关系。以表皮葡萄球菌的自体诱导物与 4 株金黄色葡萄球菌的 QS 相互作用,结果有 3 株受到干扰;但相反,这 4 株菌的 AIP 对表皮葡萄球菌的 QS 却均无影响。

金黄色葡萄球菌(*Staphylococcus aureus*)的自体诱导物是一种环八肽,其受体是一种可以跨膜的组氨酸蛋白激酶。大部分葡萄球菌的毒力因子都是由 agr 基因进行调控,目前的推论是 agrB 将 agrD 的基因产物分解成环八肽,agrC 则起到跨膜转运受体蛋白的作用。AI 和受体蛋白结合后,对 agrA 的产物进行磷酸化,从而启动许多与葡萄球菌毒力相关基因的转录。葡萄球菌不仅用 AI 来监控细胞浓度,还通过它来调控不同菌株之间的关系。金黄色葡萄球菌包含 4 个亚种,它们彼此产生的 AI 各不相同且相互影响。不仅细菌浓度是侵染的主要因素,同一种间不同菌株之间的相对浓度也对侵染过程起到重要的影响。Vuong 等的实验中,agr 缺失导致 QS 被破坏的表皮葡萄球菌的生物膜有所增加,说明低菌浓度可以促进生物膜的产生,但反过来高细菌浓度会导致细菌解离,从而发生侵染。

变形链球菌作为人类龋病主要致病菌和致龋生物膜形成的必需细菌,具备了多种在牙表面定殖的特性,成为致龋生物膜中数量显著的细菌。QS 信号分子可调节口腔生物膜中细菌种属间的信息交流,调节生物膜的形成、糖代谢、耐酸能力和多种毒力因子的分泌。因此,进一步明确群体感应系统在变形链球菌中的介导机制,对降低口腔生物膜的致病性和对治疗措施的抵抗性有着重要意义。

三、群体感应系统的干扰

因 QS 系统依赖于 AI 信号分子及其受体蛋白的共同作用,因此,影响 AI 与其受体蛋白的积累或识别的过程都会破坏 QS 系统。由此可得出对 QS 系统的调控途径或方法。

(一)信号分子的降解与干扰

降解信号分子是调控 QS 系统的方法之一,使其不能与受体蛋白结合,从而破坏细菌的 QS 体系。大部分革兰氏阴性细菌的自体诱导物都是 AHLs 类化合物,由长度为 4～18 个碳的乙酰基链尾部与一个保守的高丝氨酸内酯头部相连。内酯酶(AHL-lactonase)和酰基转移酶(AHL-acylase)目前都已经在一些细菌中被发现。内酯酶可以水解 AHL 的内酯键,生成的酰基高丝氨酸的生物活性大大降低,如枯草芽孢杆菌所产生的 AiiA 酶就属其中的一种。酰基转移酶则是作用于连在酰基高丝氨酸内酯上的氨基,生成脂肪酸和不具有任何生物活性的高丝氨酸内酯。另一种干扰信号分子的方法是抑制 AI 的生成。例如,三氯生(triclosan)是一种有效的烯酰基 ACP 还原酶(Enoyl-ACP reductase)抑制剂,烯酰基 ACP 还原酶参与酰基 ACP(acyl-ACP)的生成,而后者是生成 AHL 的重要物质之一,三氯生的加入导致 AHL 的产量减少。

(二)AI 结构类似物的合成

通过合成一些 AI 的结构类似物,与相应的受体蛋白竞争性结合,也是一种干扰细菌

QS 体系的机制。目前研究较多的是呋喃酮类,已有的研究表明,该类物质可以和 AHL 竞争结合,抑制 QS 系统的启动从而干扰细菌生物被膜形成以及致病因子的表达。海洋红藻 (*Delisea pulchra*)能够产生一种和 AHL 结构类似的卤化呋喃酮(halogenated furanones),将此物质与费氏弧菌一起培养会促进 LuxR 的降解,并因此破坏其 QS 行为。天然的呋喃酮化合物对铜绿假单胞菌的 QS 系统虽然没有明显作用,但 Hentzer 等发现呋喃酮的衍生物呋喃酮 C-56 能特异性地抑制 lasB 和一些受 QS 调节的毒力因子的表达,并减弱浮游状态和生物膜状态细菌的 QS 调控基因的表达。他们还利用一种新的呋喃酮衍生物呋喃酮 C-30 作为铜绿假单胞菌的 QS 信号拮抗剂,发现被呋喃酮 C-30 所抑制的基因中有 80% 是受 QS 系统调节的,包括编码多药外排泵和毒力因子的基因。同时用这两种合成的呋喃酮处理肺部感染的小鼠,能取得良好的疗效。

(三)群体感应淬灭酶

群体感应在协调细菌群体基因同步表达和细菌生物学功能上起着非常重要的作用。但在自然界中,原核生物之间和原核生物与真核生物之间的相互作用普遍存在,如果某种细菌通过 QS 介导的群体活动提高其在自然环境中的竞争力,那么其竞争对手很有可能利用某个特殊的机制来破坏这些细菌的群体感应,从而在竞争中占得先机。人们已经从一些原核生物和真核生物中鉴定出一些群体感应淬灭酶和抑制剂,这些群体感应淬灭酶可能降解细菌 QS 系统的信号分子 AHL,干扰细菌 QS 系统,破坏其参与调控的生物学功能。细菌群体感应淬灭酶的发现和研究为生物防治依赖 QS 细菌侵染提供了可能的途径,也对研究它们在宿主中的作用和对生态系统的潜在影响提出挑战。

四、细菌群体感应的应用

微生物技术的日益发展,使我们目前可通过操控细菌的外部环境及能力做出更有益于人类健康的事情,如不久的将来研究者可通过改造细菌的状况使具有强毒力的致病菌群崩溃。细菌通过群体感应系统来进行通信,它们对周围的环境进行特异性应答,细菌分泌的胞外产物或者公众产物依赖于其接触的环境。

(一)农(水)产品中特定菌群的诊断与防治

食品原料来源之一的农产品极易由微生物引起腐烂变质,全世界每年收获的农产品中约 25% 由于腐烂而失去食用价值,引起严重的资源和经济损失。导致食品原料腐烂变质的危害性较大的微生物之一是病原菌,常见的有欧文氏菌属(*Erwinia*)、黄单孢菌属(*Xanthomonas*)和假单孢菌属(*Pseudomonas*)等,其中由此引起的植物软腐病约占被子植物类农产品腐烂的一半。QS 系统对细菌发病作用的调控逐步被研究和发现(曾东慧,2009),其中最近研究发现的欧文氏菌致病性受细菌群体感应系统的调控。当菌体浓度达到一定阈值后病原菌分泌与农产品致病相关的胞外酶,破坏植物的防御系统,降解植物组织从而引起病害。

对此类细菌的诊断主要依据细菌通过特定的信号分子的浓度检测周围环境中自身或其他细菌数量。随着细菌数量的增加,细菌分泌的信号分子随之增加并达到一定的阈值时,启动细菌中相关基因的表达,增强细菌的竞争力从而适应环境;利用介导细菌的群体感应系统,抑制病原细菌致病基因的表达、生物膜的形成和诱导农产品原料本身防御系统等,最后达到防治病害及农产品原料保鲜的目的。

农产品还可通过干扰 QS 系统而发挥作用,高等植物如豇豆、番茄、野豌豆、苜蓿及水稻等受到细菌的侵染时能够产生 AHL 类似物,以此影响细菌 AHL 介导的 QS 调控系统。

水产品凡纳对虾优势腐败菌鉴定:刘尊英等研究发现(刘尊英,2011),水产品凡纳对虾优势腐败菌经检出为不动杆菌属,均存在以 AHLs 为信号分子的群体感应系统,添加外源信号分子 AHLs 能促进其中一菌株 Aci-1 生物膜的形成,且呈浓度依赖性,研究发现,在一定的贮藏条件范围内,凡纳对虾腐败菌信号分子 AHLs 浓度与细菌总数、挥发性盐基氮含量存在正相关,因此,通过测定群体感应系统介导的 AHLs 信号分子可推断凡纳对虾特定腐败菌,为水产品保鲜及相关研究提供新思路与方法。

(二)新的抗菌策略

目前科学家们发现了群体感应系统可以控制细菌细胞的产物释放到外界环境中,相关研究成果由华盛顿大学的研究者发表于国际杂志 *Science* 上。研究者以绿脓杆菌为研究对象,绿脓杆菌是一种革兰氏阴性条件致病菌,其可以在囊性纤维化病人的肺部进行繁殖,并且分泌多种毒性因子,对人的机体危害极大,绿脓杆菌的细胞可以通过产生并且共用产物来相互合作,研究发现,某些特定的细胞,俗称为"骗子细胞",其不分泌任何胞外产物,但其可以和其他细胞共享胞外产物。这些"骗子细胞"就是绿脓杆菌群体感应系统的突变体细胞,其并不能随着细菌密度的增加而分泌产物,研究者通过改造细菌周围的环境以提高细菌细胞之间相互合作的成本,此时,"骗子细胞"就会优于合作的细胞进行逃逸,以使得合作细胞急剧降低,最后使得整个细菌菌群崩溃。另外,抗菌作用策略研究可有以下几种思路。

1. 降解信号分子

设计一种方法,可产生使 AHL 分子灭活的 AHL 降解酶,使病原菌 QS 系统不能启动它所调控的基因。这些酶包括芽孢杆菌中水解 AHL 的内酯酶 AiiA;根癌土壤杆菌中内酯酶 AtM 等。

2. 使用信号分子类似物

产生病原菌信号分子的类似物与信号分子受体蛋白竞争结合,从而阻断病原菌的 QS 系统;一种化合物卤代呋喃酮更容易结合 LuxR 蛋白并使其失活。

3. 阻断信号分子的合成

acyl-ACP 和 SAM 的类似物可以有效抑制 AHL 的合成,抑制 QS 的某些物质或微生物,同样能够有效地抑制细菌生物膜的形成。这方面的研究为医学界的学者们提供了研制高效抗菌药的新思路。如果我们能够研制出一种物质,它能够抑制病原菌的 QS 系统,那么它就能有效地控制病原菌的毒害作用。

(三)乳酸菌细菌素合成的调控

由于 QS 系统是微生物通过感知与细胞密度相关的信号分子的浓度来调控基因表达的一种行为,乳酸菌产生的细菌素主要分为四大类,许多产 Ⅱ 类细菌素的乳酸菌可通过自诱导的 QS 系统来调控其细菌素的合成(张香美,2011)。用于调节产生 Ⅱ 类细菌素的 QS 系统由三个基因产物组成,称作三组分系统,这三种组分包括自诱导肽(autoinducing peptide,AIP)、跨膜的组氨酸蛋白激酶(histidine protein kinase,HPK)和存在于细胞质中的感应调节蛋白(Response Regulator protein,RR)。其中 HPK 和 RR 常被称作双组分系统(two component system,TCS)。AIP 是细胞生长过程中产生的一类信号分子,当 AIP 达到某一临界浓度时,便可激活 HPK,使得其 C 端的一个保守 His 残基发生自磷酸化,随后通过转磷酸化作用将 His 残基上的磷酸基团转移到与其同源的 RR 保守 Asp 残基上,磷酸化的 RR 作为一个转录激活子,结合到启动子上,激活细菌素基因的表达,同时也激活编码三组分系统的基因,从而形成一个反馈通路。

另一方面,环境条件对细菌素合成的影响很可能通过 QS 调控系统发挥作用,而这种影响或多或少影响到 QS 信号分子,进而影响到细菌素的产生。尽管目前还无确切证据来证明环境因子对细菌素的合成是通过 QS 介导,但大量研究证明,环境因子所导致的细菌素合成的消失可被添加适量的诱导肽逆转。

(四)生物被膜的形成

微生物被膜的形成是一个多级过程,包括细菌表面的黏附,细胞间集聚和繁殖,多聚基质的产生、生长、成熟,最终被膜分散或降解。QS 系统对生物被膜的形成具有重要作用,它通过调节种群密度和成熟被膜内的代谢活动来适应营养需求。食品由于细菌污染引起的被膜形成是一种较常见的现象(高宗良,2012)。从奶、肉及鱼产品中分离的蜂房哈夫尼亚菌(*Hafnia alvei*)是一种细菌性食品感染菌,此菌有形成被膜的能力。被膜在食品加工环境中是一个持续性问题,主要是对细菌生物被膜的防治。如生物污染指细菌在有水的管道或界面,生长形成生物被膜后,污染或腐蚀这些装置。到目前为止,QS 信号分子在被膜形成中的确切机制尚不清楚,抑制 QS 可能清除被膜从而延缓食品腐败变质,利于食品生产和安全。

五、细菌群体感应亟待解决的问题

这些问题主要包括对人类健康有关的肠道微生物的群体感应机制;肠道微生物数量超过 1000 万亿,是人体细胞总数的 10 倍以上,其总重量超过 1.5 千克,若将单个微生物排列起来可绕地球两圈,同种类及不同种类微生物间及其相互作用如何,如何互相利用、互相协调和互相斗争? 群体感应在其中的作用是什么?

第三节　微生物功能基因的挖掘及其应用

一、功能基因的概念

基因的概念是随着生物学的研究,特别是分子遗传学的研究而逐步深化的,因此,不同的时期对基因的定义有所不同。20 世纪初 Johanssen 首创基因(gene)这个词时,只是简单地用于表达孟德尔的遗传因子,并认为基因是一个独立的遗传物质的功能单位,同时也是一个基本的突变单位和交换单位。到 20 世纪中叶,基因的物质基础是核酸的重大发现,极大地促进了对基因的认识,由于发现了一个基因内部可以有多个位点的突变与交换,因此认为基因并不是最小的突变与交换单位,基因作为一个基本的遗传功能单位,它的原始功能是编码组成蛋白质或多肽的氨基酸序列,一个基因对应一种多肽是这一时期确立的原则。到了 20 世纪 70 年代以后,基因断裂、基因重叠、内含子、外显子、转座子、启动子等的陆续发现,进一步加深了人类对基因的认识。

一般来说,对于基因的概念可以这么定义:基因是可以转录成 RNA 的基因组片段,如果这种 RNA 是编码蛋白质的,那么这种 RNA 成为信使 RNA,它能翻译成蛋白,这类基因也成为编码蛋白质基因。如果 RNA 是非编码的核糖体 RNA 和转运 RNA,那么它不能翻译成蛋白质,这类基因就成为编码 RNA 基因。

自然界中微生物具有丰富的多样性,它们广泛分布在各种环境中,据估计数量多达 10^{30} 个(Sleator,2008)。这其中蕴含着极其丰富的基因资源,它们的基因组编码大量蛋白质和代谢途径关键酶,这类基因被称之为微生物的功能基因。近年来,大量的微生物基因序列信息被获取,如何利用这些基因组信息,并对重要的微生物进行功能基因的挖掘已经成为国内外研究热点。

二、微生物功能基因的挖掘

以人类基因组计划为代表的生物体基因组研究成为整个生命科学研究的前沿,而微生物基因组研究又是其中的重要分支。世界权威性杂志《科学》曾将微生物基因组研究评为世界重大科学进展之一。从分子水平上对微生物进行基因组研究为探索微生物个体以及群体间作用的奥秘提供了新的线索和思路。为了充分开发微生物(特别是细菌)资源,1994 年美国发起了微生物基因组研究计划(MGP)。通过研究完整的基因组信息开发和利用微生物重要的功能基因,不仅能够加深对微生物的致病机制、重要代谢和调控机制的认识,更能在此基础上发展一系列与我们的生活密切相关的基因工程产品,包括:接种用的疫苗、治疗用的新药、营养强化剂、生物防腐剂和各种酶制剂等等。通过基因工程方法的改造,促进新型菌株的构建和传统菌株的改造,全面促进微生物工业时代的来临。

宏基因组学(也称为环境基因组学或群落基因组学)的出现,使得不依赖于微生物培养而直接从自然环境中挖掘特定序列或功能的基因成为可能(Valenzuela, et al. ,2006)。最初由 Handelsman 等在 1998 年提出宏基因组学,以生态环境中全部微小生物的基因组(the genomes of the total microbiota found in nature)作为研究对象,针对特定环境样品中微生物复杂群落的基因组总和进行研究,而不需要分离、培养微生物(Handelsman, et al. , 1998)。利用宏基因组学的方法挖掘新型功能基因的基本流程为:采集样品;提取特定环境中的基因组 DNA;构建宏基因组文库;筛选阳性克隆子,目的基因的亚克隆和表达;目的产物的生化特性分析(王魁,2012)。伴随着 PCR、基因克隆以及基因组测序等技术的日趋成熟与完善,宏基因组学技术在微生物新型功能基因和新生物活性物质的发现方面具有很好的应用,进而极大地推动了微生物学的发展。

三、以酶为例探究功能基因的挖掘策略

国内外食品工业近年来发展的重要标志是现代高新技术特别是生物技术在食品工业中的普及应用。其中酶工程技术是生物技术的重要内容,与食品工业的关系极为密切。一方面与食品有关的酶工程研究正成为食品领域的研究热点并取得了长足的进展,另一方面,酶工程对传统食品工业的提升和改造成果也尤其引人注目。因此,运用分子生物学的研究方法,将某种酶的功能基因克隆到一定载体中,并转化到适当的受体菌,经培养繁殖,再从收集的菌体中分离得到大量的表达产物。

以一种纤维素酶为例,探究功能基因的挖掘策略。天然纤维素是在已知和大量未知的纤维素降解菌的共同作用下被生物降解的。目前很难通过传统的微生物筛选方法筛选到新

的具有高降解效率的菌种和酶类。除了已经获得纯培养的天然纤维素降解菌株外，自然环境中还存在着很多未被发掘的纤维素生物降解菌群和丰富的纤维素酶资源。针对特定环境中不可培养的物种，研究其遗传物质的多样性，寻找新的功能基因或新蛋白，这就是微生物环境基因组学和蛋白质组学的研究思路。

宏基因组学挖掘新的功能基因的基本策略是在不进行相关微生物培养分离的情况下，直接从环境中提取所有微生物的全部遗传物质，构建宏基因组文库，进一步对基因组文库进行分析找出编码某种活性产物的基因。通常对基因组文库的分析有两种途径：一种是基于功能的分析，进行功能筛选；一种是基于序列的分析，采用基因组测序和基因的序列注释的方法获得新的功能基因（Schloss，et al.，2003；Vieites，et al.，2009）。

（一）基因组测序和基因的序列注释

随着测序技术的进步，已经有越来越多的微生物基因组、转录组和元基因组被测序。截止到 2012 年，已经有 23910 个细菌基因组、649 个古菌基因组和 5818 个真核生物基因组或转录组已经完成测序或正在测序（Pagani，et al.，2012）。随着新一代测序技术的进步（读序更长、序列更多）和拼接技术的完善，可以预期通过对元基因组注释获得数量更多、质量更高的酶基因资源。对基因进行注释的基本方法是通过 blast 和 hmm-search，通过找到相似序列来进行家族分类和功能预测（Yin，et al.，2012）。如何对这些大量的基因组、转录组和元基因组数据进行高通量的、准确的注释，也是进行新的功能基因资源挖掘所需要解决的关键技术问题。

（二）基于功能的分析

利用基因组文库的功能筛选的方法，不依赖于已知序列的相似性，理论上有可能筛选到更为新颖的功能基因，并且此方法可以与序列注释的方法互补。通过根据已知的保守 DNA 序列设计杂交探针或 PCR 引物来，从基因组文库中获取感兴趣的基因。利用环境基因组技术寻找新纤维素酶基因的基本研究思路如图 7-7（朱永涛，2009）所示。

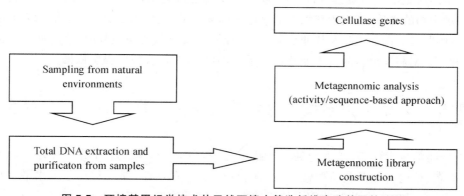

图 7-7　环境基因组学技术从天然环境中筛选纤维素酶基因的流程

从文献报道可了解到，通过宏基因组文库的构建，已经在天然环境中筛选到了许多种活性蛋白基因。如醇类氧化还原酶基因（Knietsch，et al.，2003）、脂肪酶基因（Lee，et al.，2004）、几丁质酶基因（Cottrell，et al.，1999）和抗生素合成基因（Gillespie，et al.，2002）等。

四、功能基因的挖掘在食品中的应用

在未来的食品技术中,微生物将会扮演非常重要的角色。1985 年,丝状真菌(*Fusarium graminearum*)生产真菌蛋白的销售已获英国农业部、渔业部和食品部认可。这种真菌食品成功进军市场是一个重要的里程碑,它证明了在未来农业生产力不能满足不断增长的人口的需求时,微生物能解决蛋白质短缺的问题。而且,微生物生长周期短,生产的食品在价格上可能会更有竞争力。

以酿酒酵母为例,酿酒酵母是燃料乙醇的主要生产菌,其功能基因存在多样性。絮凝是酿酒酵母的一个重要生产性状,由负责糖蛋白合成的絮凝基因编码,这些絮凝基因包括 FLO1、FLO5、FLO9 和 FLO10 等(Zhao,et al.,2009)。在不同的酿酒酵母菌株中克隆出了多种絮凝基因(Zhao,et al.,2012),不同酿酒酵母菌株中也存在多样的耐性相关基因,这些功能基因的发现可以被应用在高活性酿酒酵母菌株的改造研究中。

乳酸杆菌作为一种重要的微生态调节剂参与食品发酵过程,对其进行的基因组学研究将有利于找到关键的功能基因,然后对菌株加以改造,使其更适于工业化的生产过程。国内维生素 C 两步发酵法生产过程中的关键菌株氧化葡萄糖酸杆菌的基因组研究,将在基因组测序完成的前提下找到与维生素 C 生产相关的重要代谢功能基因,经基因工程改造,实现新的工程菌株的构建,简化生产步骤,降低生产成本,继而实现经济效益的大幅度提升。对工业微生物开展的基因组研究,不断发现新的特殊酶基因及重要代谢过程和代谢产物生成相关的功能基因,并将其应用于生产以及传统工业、工艺的改造,同时推动现代生物技术的迅速发展。

为了全面挖掘微生物的潜力,研究者对其进行大量的研究,并且将其广泛应用于商业生产中。然而研究主要局限于商业菌株的筛选以及单个酶或者简单代谢途径的研究。近几年开展的乳酸菌基因组学研究,改变了这一现状。每一种微生物及其生理代谢功能由其自身的基因所决定。基因组是基因和染色体的总和,涵盖了生物全部的遗传信息。基因组学研究在分子水平上揭示生物的本质,进而为在根本上改造生物提供了可能,从分子水平上揭示乳酸菌多样性和进化,阐明乳酸菌的生理及代谢机制,挖掘控制重要形状的功能基因,进而加速优良菌种的选育和改造,提高发酵食品的工业化控制水平,为高效利用乳酸菌提供依据。

第四节 分子生物学技术在乳酸菌等微生物检测鉴定中的应用

分子生物学技术作为 21 世纪的主导技术之一,是研究核酸、蛋白质等所有生物大分子的功能、形态、结构特征及其重要性、规律性和相互关系的科学,是人类从分子水平上真正揭开生物世界的奥秘,由被动地适应自然界转向主动地改造和重组自然界的基础学科,以生物大分子为研究对象的分子生物学成为现代生物学领域里最具活力的学科。

传统的细菌分类法是以伯杰氏手册中细菌的表型特征的相似性为基础的。然而,在不同类群的细菌中,仅仅单纯地依靠表型相似性并不能够准确地确定乳酸菌的系统发育关系。随着科学技术的不断进步与发展,特别是细胞生物学技术、分子生物学技术等的不断发展,人们的研究水平逐渐由宏观转向微观,人们重新认识了细菌分类学,使得细菌分类技术由原

来的表象转移到了基因水平。分子生物学技术的迅速发展,使得应用生物(动植物、微生物)个体的 DNA、RNA 和蛋白质进行分析分类的方法普遍受到关注。

乳酸细菌是指能够利用发酵的碳水化合物产生大量乳酸的一类细菌。这类细菌在自然界分布非常广泛,种类繁多,具有生物的多样性。因此可以被用来研究分类学、生物化学、遗传学、分子生物学、基因工程,在理论上具有极高的应用价值。近年来我国有关乳酸菌的研究和应用也十分活跃,特别是随着分子生物学研究技术的日益成熟,应用这类技术对乳酸菌的研究更加深入和透彻,同时这些研究也加深了人们对乳酸菌的认识和理解。其中鉴定乳酸菌的分子生物学技术方法主要是以聚合酶链式反应(polymerase chain reaction,PCR)技术和核酸分子探针杂交为基础。

一、基于 rDNA 序列的分子标记技术

(一)核糖体 DNA 的种、属特异性序列扩增

根据核糖体 DNA(rDNA)的高度保守区设计通用引物,根据不同种、属细菌的可变区设计种、属特异性引物。由于不同种、属乳酸菌的可变区的位置不同,所以以此为引物扩增出的 DNA 片段的长度具有种、属的特异性。因此可以根据扩增得到的特异性片段的长度来鉴定细菌。例如以双歧杆菌的 16S rDNA 属特异性序列作为反相引物,以位于不同碱基位置处的两歧双歧杆菌、长双歧杆菌、青春双歧杆菌、短双歧杆菌和婴儿双歧杆菌等的 16S rDNA 种特异性序列作为正向引物进行 PCR 扩增,利用获得的扩增片段长度对样品中存在的双歧杆菌菌种进行鉴定。

(二)16S rDNA 序列同源性分析

16S rDNA 是 16S rRNA 的基因,长约 1.5kb。利用细菌的通用引物扩增 16S rRNA 基因,序列测定后,输入 GenBank 中对其进行同源性分析,判断某个分类单位在系统发育上属于哪一个分类级别。一般认为,在种这个分类等级上,如果两个分类单位间的 16S rRNA 序列同源性大于 97.5%,则认为他们属于同一种。

(三)核糖体 DNA(rDNA)的种、属特异性核酸探针杂交

核酸分子杂交技术是近 20 年来迅速发展起来的应用面比较广的研究手段。它不仅可以作为细菌分类鉴定的一个方法被采用,而且已被广泛应用于基因工程、分子遗传学和病毒学等方面的研究。根据细菌基因组中具有的种、属特异性的 DNA 序列,主要是核糖体 DNA 的序列,设计核酸探针,利用分子杂交方法对样品中的乳酸菌进行特异、准确的检测。依据操作方法的不同,此方法又被分为 PCR-ELISA 和菌落原位杂交等。

(四)rDNA 转录间隔区序列分析

转录间隔区序列(internally transcribed spacer sequence,ITS)是指 rRNA 操纵子中位于 16S rRNA 和 23S rRNA、23S rRNA 和 5S rRNA 之间的序列。近几年来人们发现不同菌种 16S-23S rDNA 间隔区两端(16S rDNA 的 3 端和 23S rDNA 的 5 端)均具有保守序列的碱基序列。不同间隔区所含 tRNA 的基因数目和类型不同,具有长度和序列上的多型性,而且比 16S rDNA 具有更强的变异性,因而可以作为菌种鉴定的一种分子指征。ITS 序列分析适用于属及其以下水平的分类研究,方法上可以采用种、属特异性 ITS 片段扩增、探针杂交或 ITS 序列分析(孟祥晨,2009)。

(五)16S rDNA 扩增片段的碱基差异分析

KlijnN 等研究发现,在乳酸菌 16S rRNA 基因内部存在着 3 个可变区域 V1、V2 和 V3 区。

由于不同菌株的16S rRNA基因的碱基组成不同,通过PCR扩增这些可变区,得到的相同大小的DNA片段,经过温度梯度凝胶电泳(TGGE)、瞬时温度梯度凝胶电泳(TTGE)和变性梯度凝胶电泳(DGGE)后,会被分离开来。根据扩增片段出现的位置就可鉴定样品中含有的优势乳酸菌的种类。

温度梯度凝胶电泳(TGGE)、瞬时温度梯度凝胶电泳(TTGE)和变性梯度凝胶电泳(DGGE)可以分析DNA片段的碱基序列差异。他们的工作原理是利用DNA的下述特点,即在变性时DNA片段在琼脂糖凝胶中的迁移率下降。因此,利用温度或化学变性剂在凝胶电泳板中形成一个变性梯度,具有不同变性特点的DNA片段停留在凝胶的不同位置处,因此可以分开长度相同但是碱基序列却不同的DNA片段。这些方法最初是用来筛选基因中的突变碱基,后来又被用做分析某一生态环境中微生物群体的组成及动态变化、检查菌株的纯度及某一基因的拷贝数量,但近几年来又应用于乳酸菌等菌种的鉴定。为了对某些细菌进行准确鉴定,可以用PCR方法扩增,有助于区分鉴定他们的16S rDNA序列中的高度可变区,将长度相同的扩增产物做DGGE、TGGE和TTGE电泳分析。由于待鉴定乳酸菌的高度可变区的碱基序列不同,不同乳酸菌PCR产物的电泳条带处于不同的位置,根据条带位置差异可以鉴定细菌。

(六)DNA的G+C含量测定法

世上每种生物的DNA都含有特定的G+C含量。细菌的DNA(G+C)mol%值是作为微生物的一个基本遗传特征。其通常以DNA中鸟嘌呤(G)加胞嘧啶(C)的摩尔数的百分比即(G+C)mol%来表示。根据研究表明,微生物DNA(G+C)mol%值的变化范围比较大,不同微生物的DNA中(G+C)含量范围在24%~76%,而类群相似的微生物的G+C含量的变化范围保持在3%~5%。因此,通过G+C含量测定的方法可以快速地确定微生物是属于哪一类群,可以节约时间及精力。原核微生物的DNA(G+C)mol%为20~80,真核微生物的DNA(G+C)mol%为30~60。但对于某一种特定的微生物来说,其DNA中(G+C)的含量是恒定不变的。研究表明,即使亲缘关系十分密切和表型高度相似的微生物也只能是具有相似的(G+C)mol%值,绝不可能相同。还有研究表明,同一属细菌之间(G+C)mol%含量上下不会大于12mol%,种与种之间的则会小于5mol%,因此,这个数据的大小可以确定细菌之间亲缘关系的远近(王俊刚,2012)。G+C含量的摩尔分数指标的建立有助于对表型特征相似、难以鉴别的细菌作出分类鉴定,解决分类中的某些疑难问题,纠正其中的错误。在乳酸细菌类群及其有关属种也可同样将测定G+C含量作为对它们的分类鉴定的一种手段,C+C含量的摩尔分数已成为这类菌分类鉴定中重要的鉴别特征(郭本恒,2004)。

(七)16S rRNA基因寡核苷酸序列分析

细胞的核糖体rRNA可使遗传信息得以表达,转译成蛋白质,因此可以想象这些分子具有作为种系发生的指示所必不可少的性质。在相当长的进化过程中,rRNA分子的功能几乎保持恒定,而且其分子排列顺序有些部位变化非常缓慢,以致保留了古老祖先的一些序列,这就是说,从这种排列顺序可以探测出种系发生关系上的深远关系。而且rRNA在细胞中含量大,一个典型的细胞中含有10000~20000个核糖体,易于提取,可以获得足够的使用量供比较研究之用。

就目前研究表明,原核生物都包含有3种rRNA,即23S rRNA,16S rRNA和5S rRNA,而其所包含的核苷酸数目分别为2900、1540和120个。5S rRNA只有120个核苷酸,极易分析,但是却没有足够的遗传信息来供研究。而 23S rRNA 含有的核苷酸数又太多,分析起来十分困难,并且还消耗大量的人力物力,不利于大量的试验研究。原核生物的 16S rRNA 的核苷酸数为 1540 个,大小适中,并且该 rRNA 存在于所有的生物中,不论是在结构上还是在功能上都具有高度的保守性,一直以来都被人们称之为"细菌化石"(雷正瑜,2006,)。

当然,16S rRNA 寡核苷酸顺序分析并不能鉴定所有的菌种,例如用这种方法很难区分 *Garadnerella* 和 *Bifidobacterium*,,但是由于 *Bifidobacterium* 是具有高 G+C 含量的革兰氏阳性细菌,因此有人曾用前面提到的测定 G+C 含量摩尔分数的方法来鉴定 *G. vaginalis*(42%)和 *Bifidobacterium*(5%~65%)。这个例子也说明了,每种方法都不是绝对准确的,每种方法都有自己的长处和缺陷,它们可以互相作为补充。在工作中我们要找出最适合本实验的鉴定方法,有时可能多种鉴定方法一起使用(Zhang, et al., 2011)。

二、基于 DNA 指纹图谱技术

(一)限制性片段长度多态性技术

限制性片段长度多态性(restriction fragment length polymorphism,RFLP)分析作为第一代分子生物学标记自问世以来已广泛运用于多门生物学科研究中。根据不同生物个体或种群间 DNA 片段酶切位点有所差异的特点,利用限制性内切酶进行消化,得到长短、种类、数目不同的限制性片段,然后对这些特定 DNA 片段的限制性内切酶产物进行分析。利用该技术得到的实验结果重复性较好,其图谱带型较简单,易于分析,但突出缺点是对于混杂样品必须进行优化,并需选择合适的特异性引物,并且由于形成带型很复杂,对结果的分析需要依靠计算机软件辅助完成。

(二)全基因组 DNA 的脉冲场凝胶电泳

由于普通的单方向恒定电场使 DNA 分子的泳动动力方向恒定且不发生变化,严重影响凝胶电泳分离大相对分子质量 DNA 片段的效果。在这种情况下,可以用脉冲场凝胶电泳(pulsed-field gel electrophoresis,PFGE)来分离这些大相对分子质量的 DNA 片段。在普通的凝胶电泳中,大的 DNA 分子(>10kb)移动速度接近,很难分离形成足以区分的条带。在脉冲场凝胶电泳中,电场不断在两种方向(有一定夹角,而不是相反的两个方向)变动。DNA 分子带有负电荷,会朝正极移动。相对较小的分子在电场转换后可以较快转变移动方向,而较大的分子在凝胶中转向较为困难。因此小分子向前移动的速度比大分子快,这样就达到分离大分子 DNA 的目的。脉冲场凝胶电泳可以用来分离大小从 10kb 到 10Mb 的 DNA 分子,全基因组 DNA 脉冲场凝胶电泳被认为是 DNA 指纹图谱技术中最准确的方法。

(三)扩增核糖体 DNA 限制性片段长度多态性分析

扩增核糖体 DNA 限制性片段长度多态性分析(amplified ribosomal DNA restriction fragment length polymorphism analysis,ARDRA)是 PCR 与 RFLP 技术相结合的一种 rDNA 限制性片段长度多态性分析方法。该法是 Vaneechoutte 等人于 1992 年提出的,是将 PCR 扩增的 16S rDNA 序列用限制性内切酶进行剪切,然后根据酶切图谱对细菌菌株进行快速鉴定的方法。后来 Roy 等以 ldh 基因序列为靶,结合 BamHI、TaqI 和 Sau3AI 的酶切作用区分种系发生上十分接近的双歧杆菌亚种。这种方法能在短时间内确定细菌的种类并估算出细菌种类数目,特别适用于检测双歧杆菌及其他培养条件苛刻的细菌(徐军,2014)。

(四)随机扩增多态性 DNA 分析

随机扩增多态性 DNA(randomly amplified polymorphic DNA,RAPD)分析最先是由 Williams 等于 1990 年建立。其基本原理是利用一系列长度约为 10bp 的随机引物,在较低的退火温度时结合到与之同源的 DNA 序列上,对所研究的基因组 DNA 进行 PCR 扩增,然后将扩增产物进行聚丙烯酰胺或琼脂糖凝胶电泳,经染色或放射自显影来检测产物 DNA 片段的多态性。扩增 DNA 片段的多态性能反映基因组相应区域 DNA 的多态性,显示出不同菌株之间的差异。随机扩增多样性 DNA 分析技术更适合于菌株间的鉴定。RAPD 技术具有快速、简单、可以检测序列长度差异和引物区碱基差异等优点,可以用于种与亚种的鉴别,也可比较种属间的差异。李东梅等对 48 株常见的致病酵母菌属间、种间及种内基因组型的多态性进行了研究,RAPD 带型清楚地显示了假丝酵母属及相关酵母属间、种间及种内的差异,表明其在假丝酵母属菌种的分类鉴定中有一定的优势(李冬梅,1997)。

(五)扩增片段长度多态性分析

扩增片段长度多态性(amplified fragment length polymorphism,AFLP)分析结合了 PCR 技术和 RFLP 技术,对 DNA 的限制性酶切片段进行 PCR 扩增。基因组 DNA 先经限制性内切酶消化,然后将双链接头连接到 DNA 片段的末端,接头序列和相邻的限制性位点序列作为引物结合点,扩增产物通过电泳分离显示其多态性(许文涛,2009)。该技术盛行于国内外的微生物研究领域,尤其在乳酸菌的分类鉴定方面成果较多,例如,李海星等利用 AFLP 技术对发酵酸面团中分离出的 20 株乳酸菌进行研究,了解了其中乳酸菌的多态性及其分型(李海星,2005)。Batdorj 等将蒙古传统酸奶中一株具有抑菌活性的乳酸菌鉴定为德士乳杆菌乳酸亚种(Batdorj B,2007)。Esteve-Zarzoso 等用一种简化的 AFLP 方法对葡萄酒发酵过程中的酵母菌进行了分类(Esteve-Zarzoso B,et al.,2010)。

第五节　微生物信息网络化

微生物学是一门综合性很强的学科,其在现代生物学发展中起着重要的作用。随着高通量核酸测序技术的进步,大量的基因组测序工程已被完成,这些数据都被储存在相关的数据库中。同时,对蛋白质结构和功能的研究也积累了大量的蛋白质信息数据,加上通过对核酸序列进行翻译获得的蛋白质序列,蛋白质信息数据也与日俱增。这些积累起来的数据以生物数据库的方式存储,通过计算机和互联网技术,与全世界科研工作者共享。微生物研究者已经能够通过网络获取微生物许多领域的信息,包括很多微生物的完整基因组和蛋白质组,生物学信息快速方便的获取方式,已经极大拓展了研究者的研究范围,提升了研究者对生命活动的认识水平,带来了前所未有的机遇。

一、生物数据库

(一)核酸数据库

核酸数据库是指存储核酸信息的数据库。核酸包括 DNA 和 RNA,是生物的遗传物质。目前,最重要的核酸数据库是国际核酸序列联合数据库(international nucleotide sequence database collaboration,INSDC),由美国的 NCBI、欧洲的 EMBL 和日本的 DDBJ 于 1988 年共同建立。INSDC 没有固定的数据中心,三家成员数据库保持独立运营并分别对外提供全部数据,三家数据库每天通过网络进行新增数据的同步工作,以保持数据统一。同一条数据在三家数据库中使用同一个登录号(accession number),序列数据和注解是完全一样的,因此对于科技工作者来说,三家数据库的内容是完全等同的。三家数据库分别提供了具有自身特色的数据库查询检索工具,界面展示也各不相同(表 7-1)。

表 7-1　NCBI、EMBL 和 DDBJ 三大数据库对应关系

数据类型	DDBJ	EMBL-EBI	NCBI
Next generation reads	Sequence Read Archive		Sequence Read Archive
Capillary reads	Trace Archive	European Nucleotide Archive (ENA)	Trace Archive
Annotated sequences	DDBJ		GenBank
Samples	BioSample		BioSample
Studies	BioProject		BioProject

NCBI 数据库,是由美国国家生物技术信息中心(National Center for Biotechnology Information,NCBI)维护的供公众自由读取,带注释信息的基因组、转录组、核酸和蛋白序列数据库;NCBI 维护着很多重要的数据库,其中最著名的是 GenBank 数据库,因此很多时候人们使用 GenBank 指代 NCBI 的一系列数据库。EMBL 库是欧洲分子生物学实验室(European Molecular Biology Laboratory)的核酸序列数据库库;DDBJ 库是日本 DNA 数据库(DNA Data Bank of Japan,DDBJ),即日本的核酸与蛋白质序列数据库。

自建立以来,INSDC 数据库收录的数据量都在不断增长(图 7-8),近十几年来增长速度不断加快。根据 DDBJ 提供的统计数据,截至 2015 年 12 月,数据库中收录的 nucleotides 达到 204,119,485,393 个碱基对,entries 达到 189,264,014 条。INSDC 的三大成员数据库中,NCBI 的 GenBank 数据库是数据贡献量最大的一个,大约三分之二的数据是科技工作者首先提交到 GenBank 数据库中,进而通过数据交换在三大数据库中共享(图 7-9)。

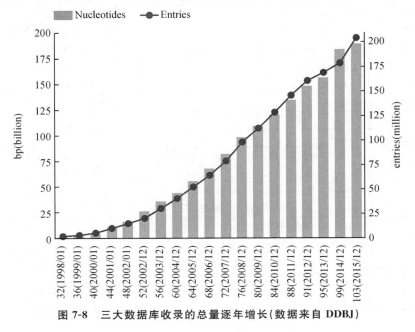

图 7-8　三大数据库收录的总量逐年增长(数据来自 DDBJ)

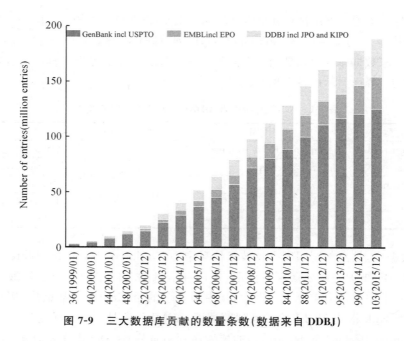

图 7-9　三大数据库贡献的数量条数(数据来自 DDBJ)

为保证互换数据的可靠性和通用性,INSDC 的三个成员数据库使用相同的数据存储类型,主要的数据类型有 19 种,各种数据类型的定义如表 7-2。

表 7-2　INSDC 数据库的数据类型

分类依据	简称	英文全称	中文名称
基于生物分类学	HUM	Human	人类
	PRI	Primates(other than human)	灵长动物(除人以外)
	ROD	Rodents	啮齿动物
	MAM	Mammals(other than primates or rodents)	哺乳动物(除灵长类和啮齿类)
	VRT	Vertebrates(other than mammals)	脊椎动物(除哺乳类以外)
	INV	Invertebrates	无脊椎动物
	PLN	Plants or fungi	植物和真菌
	BCT	Bacteria	细菌
	VRL	Viruses	病毒
	PHG	Phages	噬菌体
	ENV	environmental sampling, sequences obtained via environmental sampling methods	环境样品,基于宏基因组等环境学方法的样品
基于数据类型	SYN	synthetic constructs, sequences constructed by artificial manipulations	人工合成的序列
	EST	expressed sequence tags, cDNA sequences read short single pass	表达序列标签
	TSA	Transcriptome Shotgun Assembly	转录组鸟枪测序组装
	GSS	genome survey sequences, genome sequences read short single pass	基因组调查序列

（续表）

分类依据	简称	英文全称	中文名称
基于数据类型	HTC	high throughput cDNA sequences from cDNA sequencing projects	高通量 cDNA 序列
	HTG	high throughput genomic sequences mainly from genome sequencing projects	高通量基因组序列
	STS	sequence tagged sites, tagged sequences for genome sequencing	序列标签位点
	PAT	patent sequences	专利序列

三家数据库的存储子数据库的比例各有差别（图 7-10）。DDBJ 数据库中，EST，TSA，GSS，PAT 数据库占有较大比例（大于 5%）。EMBL 数据库中，INV，EST，GSS，PAT 数据库占有较大比例（大于 5%），NCBI 数据库中 ENV，EST，TSA，GSS，PAT 数据库占有较大比例（大于 5%）。

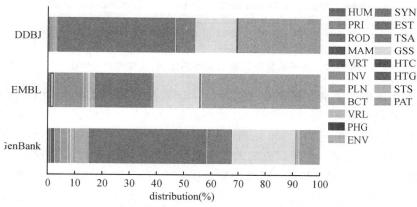

图 7-10　三大数据库各子数据库分布（数据来自 DDBJ）

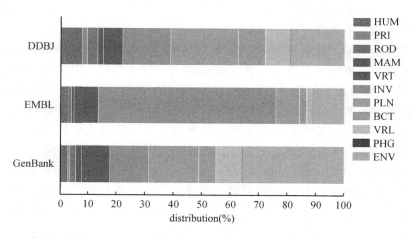

图 7-11　三大数据库基于分类学（根据数据来源物种分类）的子数据库分布（数据来自 DDBJ）

从数据的物种来源看（图 7-11），DDBJ 数据库中占据较大比例的前三类生物是 INV、PLN 和 ENV，EMBL 数据库中占据较大比例的是 INV、ENV 和 VRT，NCBI 数据库中占据较大比例的是 INV、PLN 和 ENV。

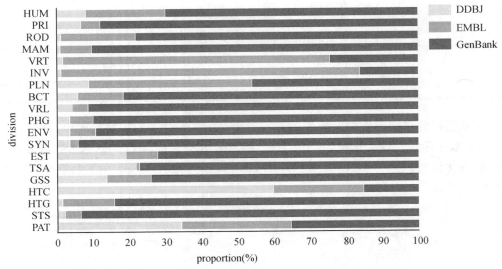

图 7-12　各子数据库三家数据库的比例（数据来自 DDBJ）

从各数据子库中三家的比例来看（图 7-12），DDBJ 在 HTC（高通量 cDNA 序列）数据库中的比例超过其他两家，占据绝对优势，需要高通量 cDNA 序列的研究者可能要重点关注 DDBJ 数据库。EMBL 在 VRT（脊椎动物）和 INV（无脊椎动物）数据库中的比例超过其他两家，占据绝对优势，从事动物学研究的人员可能需要重点关注 EMBL 数据库。PLN（植物和真菌类）数据库，则是 EMBL 和 NCBI 两家数据量比较多，PLN 收录着的植物和真菌类的数据，对相关的研究者具有很高的参考与应用价值。与专利有关的 PAT 数据库，是比较均衡的。除此之外的其他数据类型，包括微生物学研究范围内的细菌、病毒、噬菌体数据，都是 NCBI 的 GenBank 数据库占据绝对的数量优势。因此 NCBI GenBank 数据库成为微生物学研究者需要重点关注的数据库。

从收录的数据量最大的前 50 个物种来看（表 7-3），排名靠前的主要是重要经济动植物、重要模式动植物和重要病原生物。与高等动植物相比，微生物的基因组通常较小，其数据量也比较小，因此在数据量排名上并不靠前。值得注意的是，除人之外，前十大物种中，有两个与微生物学研究领域有关，分别是未培养细菌（uncultured bacterium）和海洋宏基因组样品（marine metagenome），这反映了以宏基因组学为代表的环境微生物研究已经成为目前微生物研究的重要领域。除此之外，收录数据量最多的微生物是大肠杆菌（*Escherichia coli*）和人类免疫缺陷病毒 1（human immunodeficiency virus 1，HIV1），前者是重要的生物工程菌，是现代微生物学和分子生物学研究的明星生物，而后者则是人免疫缺陷病毒即艾滋病病毒，是目前重点研究的致病生物。这些数据在某种程度上反映了目前微生物学领域研究的热点。

表 7-3　INSDC 前 50 个物种（数据来自 DDBJ）

序号	物种拉丁名/英文名	物种	核苷酸	条目
1	*Homo sapiens*	智人	17956200447	22775054
2	*Mus musculus*	小家鼠	10055648746	9795530
3	*Rattus norvegicus*	褐家鼠	6563459832	2250716
4	*Bos taurus*	家牛	5413102825	2227757
5	*Zea mays*	玉米	5204609268	4177765
6	*Sus scrofa*	野猪	4895757078	3297675
7	*Danio rerio*	斑马鱼	3173486384	1728459
8	*Hordeum vulgare*	普通大麦	3123413891	1326009
9	uncultured bacterium	未培养细菌	2986010520	4610368
10	*Ovis canadensis canadensis*	盘羊	2590569059	62
11	marine metagenome	海洋宏基因组	2486893637	3196890
12	*Triticum aestivum*	小麦	1938648419	1809175
13	synthetic construct	合成构建	1870961369	6409839
14	*Cyprinus carpio*	鲤鱼	1835983395	204962
15	*Solanum lycopersicum*	番茄	1744874032	744882
16	*Apteryx australis mantelli*	褐几维鸟	1595384171	326939
17	*Oryza sativa Japonica Group*	水稻粳稻	1588799505	1358995
18	*Vitis vinifera*	葡萄	1560625658	816980
19	*Strongylocentrotus purpuratus*	紫色球海胆	1435471103	258062
20	*Macaca mulatta*	猕猴	1298124579	458270
21	*Spirometra erinaceieuropaei*	绦虫	1264189828	490068
22	*Xenopus (Silurana) tropicalis*	热带非洲爪蟾	1249281142	1588006
23	*Arabidopsis thaliana*	拟南芥	1203298375	2579902
24	*Nicotiana tabacum*	烟草	1201530137	1779909
25	*Drosophila melanogaster*	果蝇	1159489776	1270701
26	*Glycine max*	大豆	1030741874	2117992
27	*Pan troglodytes*	黑猩猩	1010565578	217363
28	*Canis lupus familiaris*	家犬	964318531	1462661
29	*Solanum pennellii*	野生番茄	933212838	11819
30	*Panicum virgatum*	柳枝稷	920285198	1219085
31	*Humulus lupulus var. lupulus*	啤酒花	915421176	387929
32	*Gallus gallus*	原鸡	914334442	842250
33	*Echinostoma caproni*	棘口吸虫	834572451	86102
34	*Xenopus laevis*	非洲爪蟾	822572662	1122893
35	*Cucumis melo*	甜瓜	796172048	134633
36	*Oryza sativa Indica Group*	水稻籼稻	759816813	495865
37	*Ciona intestinalis*	玻璃海鞘	757828943	1222062
38	*Trichobilharzia*	毛毕吸虫	701860682	188476
39	*Sorghum bicolor*	高粱	690341484	1034619
40	*Oryzias latipes*	青鳉	679251195	1238462
41	*Medicago truncatula*	苜蓿	663656629	480480
42	*Escherichia coli*	大肠杆菌	660380908	112019

(续表)

序号	物种拉丁名/英文名	物种	核苷酸	条目
43	Human immunodeficiency virus 1	人类免疫缺陷病毒 1	622562127	608106
44	Polystoma	多盘单殖吸虫	617352471	316411
45	Capra hircus	山羊	605396015	543936
46	Bombyx mori	家蚕	586087671	1038729
47	Phaseolus vulgaris	菜豆	565118403	700841
48	Ictalurus punctatus	斑点叉尾鮰	563756914	821042
49	Heligmosomoides polygyrus	多形螺旋线虫	560806799	44939
50	Dicrocoelium dendriticum	矛形双腔吸虫	548138596	478881

下面以国内研究者最常用的 NCBI 数据库为例,介绍主要类型的核酸数据库。

1. GenBank 数据库

GenBank 数据库是 NCBI 最为公众熟知的数据库,存储了所有可公开获得的包含注释的 DNA 序列数据。GenBank 将核酸数据按照数据来源、注释信息等分成子库,方便使用者检索和下载。GenBank 主要分为三个数据子库(divisions),包括:

核心核酸序列数据库(Core Nucleotide,简称 Nucleotide)是 GenBank 的主要部分,储存具有完整编码序列(complete cds)和完善注释信息(annotated),经过表征(characterized)的核酸序列。这部分序列是 GenBank 数据库中可靠度较高的序列,也是 GenBank 数据库的核心部分。而与此形成对比的是,dbEST 和 dbGSS 中收录的序列通常是部分编码序列(partial cds)和缺少注释信息(unannotated),未经过表征(uncharacterized)的核酸序列。

表达序列标签数据库(Expressed Sequence Tags database,dbEST),储存短的(通常小于 1000bp)、单次测序得到的 cDNA 序列,以及来自于差异显示和 RACE 实验的 cDNA 序列;由于 cDNA 是由 mRNA 反转录生成的,因此 dbEST 的序列信息来源是 mRNA。通常情况下,表达序列标签(Expressed Sequence Tags,EST)是测序 cDNA 文库的时候批量产生的,它们代表了特定组织或细胞在特定的发育阶段中表达的基因的快照,它们是对于给定的 cDNA 文库的表达标签。多数 EST 项目会一次产生大量的序列,这些数量达到几十个甚至数千个的序列通常是成批提交到 GenBank 和 EST 数据库中,没有经过甄别、合并等处理过程,因此在引用、提交和文库组织等方面存在巨大的重复和冗余。另外,EST 数据库中还包括差异显示实验和 RACE 实验产生的 cDNA 序列。虽然这部分序列比常规的 EST 序列更长,一般是单次测序产生或小批量产生的,在长短、质量或数量方面都与传统的 EST 存在差异,但是它们都是来自 cDNA 测序,很多序列缺少必要的注释信息和表征,因此也被存储在 dbEST 数据库中。

基因组调查序列数据库(Genome Survey Sequences database,dbGSS),主要储存未经注释的、长度较短的单次测序得到的基因组调查序列。从序列的长度和注释程度来讲,与 EST 数据库中的序列较为相似。与 EST 数据库不同的是,GSS 数据库中储存的序列主要来源是基因组 DNA,而不是 mRNA。应当注意的是,有两类序列(外显子捕获技术和基因捕获技术得到的序列)是经由 cDNA 中间体得到的,在处理这两类序列时,应考虑可能发生的剪接事件。GSS 数据库包含(但不限于)以下类型的数据:随机"单次测序阅读"基因组调查序列、黏粒/细菌人工染色体/酵母人工染色体(Cosmid/BAC/YAC)的末端序列、外显子捕获的基因组序列、转座子标签的序列和 Alu-PCR 法得到的序列等。

2. TA 和 SRA 数据库

TA 和 SRA 数据库，是 NCBI 存储原始测序数据的两个主要数据库。追溯档案（trace archive，TA）数据库主要存储来自凝胶电泳/毛细管等第一代平台的测序数据及其质量数据，如 Applied Biosystems 公司 ABI3730® 系列测序仪的数据。序列读取档案（sequence read archive，SRA）数据库存储高通量测序平台获得的原始序列数据和序列比对信息，包括 Roche 454 GS System®，Illumina Genome Analyzer®，Applied Biosystems SOLiD System®，Helicos Heliscope®，Complete Genomics® 以及 Pacific Biosciences SMRT® 的原始数据及其比对信息。TA 和 SRA 数据库中的记录是原始序列数据，不包含任何注释和特征信息，通过将实验的原始数据提供给其他研究者，可以提高结果的再现性。并且，比较不同数据集中的生物序列数据，将有助于产生新的发现。

3. HTG 数据库

高通量基因组序列（high throughput genomic sequences，HTG/HTGS）数据库，主要存储大通量数据中心产生的基于传统的克隆-测序法得到的大量未完成的基因组片段序列，包括处于不同阶段（包括阶段 0，1，2，3）的未完成基因组序列。大规模测序中心及其资助机构达成了关于公共资助项目所产生数据的一致协议（简称"百慕大原则"），该协议规定，可用的"未完成"的序列数据，应该尽快被公布出来，用于同源性搜索和其他类型的序列分析。可用数据目前被定义为长度大于 2 千碱基的所有 contig 序列，像这样的初步数据通常来自单次"鸟枪法"测序的自动化装配，产生的速度非常快，但是将这些数据转换到更加完善的"完成"状态可能需要相当长的时间，因此需要及时把这些可用的序列公布出来，HTG 数据库便应运而生。上述未完成的序列被提交并存储在 HTG 子数据库，每个记录都增加了明显的未完成标记来指示数据的初步性质。

4. TSA 数据库

转录组鸟枪装配（transcriptome shotgun assembly，TSA）数据库，主要储存将 EST 数据和新一代测序数据通过计算机装配得到的转录组数据。TSA 数据库中收录的转录组，其重叠序列到转录本的装配是通过计算方法实现的，而不是通过传统的克隆和 cDNA 测序组装来实现，为了保证数据计算组装的可靠性，组装中使用的一级序列数据必须由相同的提交者通过实验测得。同时随着测序数据的增加和计算方法的改进发展，TSA 数据库中的转录组装配也在更新。需要注意的是，TSA 库中的数据记录是计算拼接的产物，没有对应的实物序列，这一点和 GenBank 中记录的不同。TSA 库中的数据以项目（BioProject）为基本的储存单元，一个项目中包括了某个转录组的所有相关序列，这也是区别于 GenBank 数据的重要特征。

5. WGS 数据库

全基因组鸟枪序列（whole genome shotgun，WGS）数据库，储存的数据通常是通过全基因组鸟枪法测序策略产生的原核生物或真核生物的不完整基因组或不完整染色体装配。INSDC 标准的基因组装配通常分为 4 个不同水平（图 7-13），Contigs、Scaffold、Chromosome 和 Reads。WGS 库中储存的通常是处于 Contigs 和 Scaffold 水平的注释和未注释的序列信息。存储在 WGS 库中的数据可以添加注释，也可以不含注释。WGS 库中的数据以项目（BioProject）为基本的储存单元，项目是由某个机构或团体发起的一次完整科学研究所产生的相关生物数据的集合。一个项目能够为用户提供一个单一的地方,用于组织和存放所有与该项目相关的数据,方便用户维护科学研究中的各种数据。一个典型的项目可以是用于测序多个细菌菌株或物种的多分离项目,也可以是测序单一生物体的基因组和转录组的单分离项目。NCBI 旗下几个主要数据库,包括 SRA,TSA 和 WGS 等,都需要数据以项目(BioProject)的形式进行提交和存储。通常情况下,用户最初提交数据到 WGS 数据库时,需要注册并生成一个 BioProject,系统会为其分配唯一的 BioProject 登录号以方便引用,所有相关的生物样品和实验数据以档案的形式储存在这个项目中。此后,所有与此项目相关的其他类型数据都要使用相同的 BioProject 进行储存,例如原始测序数据提交给 SRA 数据库,基因组装配序列提交到 GenBank 或者 WGS 数据库等。

所有已启动但未完成的基于新一代测序技术的基因组鸟枪测序数据,其初步组装结果和此后的组装更新将存储在 WGS 数据库中,原始数据可以提交并存储在 SRA 数据库中,组装成完整染色体和基因组后,移送到 Genomes 数据库中进行存储,因此在某种意义上讲,WGS 数据库反映了目前正在进行中的所有基于新一代测序技术的全基因组测序研究状况。

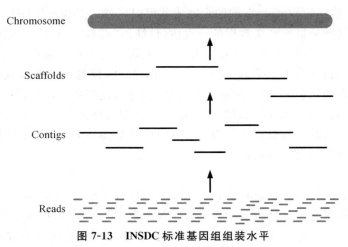

图 7-13　INSDC 标准基因组组装水平

6. Genomes 数据库

完整基因组(complete genomes,简称 Genomes)数据库,储存的数据通常是已完成的原核生物或真核生物的完整基因组或完整染色体装配,例如某原核生物包含质粒的完整染色体装配,或者酿酒酵母 16 个染色体的完整装配。另外,质粒和细胞器基因组的完整装配也包含在 Genomes 数据库中。与 WGS 数据库相比,Genomes 数据库中的数据装配水平和完成度更高,能够提供一种生物最完整的基因组信息,记录了其全部的遗传密码,这也就意味着,其数据的可靠性、可参考性是最高的。Genomes 库中的数据同样以项目(BioProject)为基本的储存单元存储,在 Genomes 库中的项目可以添加注释,但注释不是必需的。

7. Metagenome 数据库

宏基因组(Metagenome)数据库,主要储存微生物宏基因组数据和装配。微生物是构成地球生物多样性的主要部分。然而,由于其生存和适应的环境条件的不同,其中许多微生物不能通过标准技术进行分离和培养。不基于微生物培养的分析方法对于理解这些无法培养微生物的遗传多样性、群体结构和生态起着至关重要的作用。宏基因组学是一种不基于微生物培养的基因组重要分析方法，能够绕过个别物种的分离和实验室培育的技术壁垒，提供对微生物群体范围内的代谢功能进行评估的能力。宏基因组数据的分析，提供了一种从无法培养的环境样本中来确定新的物种和鉴定完整基因组的方法。

宏基因组数据库并不是一个独立的数据库，有关宏基因组的数据按照数据类型分别保存于对应的其他数据库中。宏基因组项目可以包含来自生态或有机体源的原始序列（提交并保存于 TA 或 SRA 数据库），从原始序列数据组装得到的 contig 和 Scaffold 序列，以及包括从分类学上定义的生物体的部分基因组（作为项目提交并保存于 WGS 数据库），以及在某些情况下，支持诸如 16S 核糖体 RNA 或 Fosmid 黏粒序列（提交并保存于 GenBank）。宏基因组项目通常需要把物种名称标记为"环境微生物样品（environmental sample）"或"宏基因组样品（Metagenome sample）"，宏基因组项目如包括其他类型的序列数据，如组装 16S 核糖体 RNA，Fosmid 黏粒序列或转录组数据，这些序列的微生物名称被标记为"未培养的微生物（如 uncultured bacterium）"核糖体 RNA 和序列黏粒，而转录组数据可以使用"某宏基因组（如 soil metagenome）"的名称。

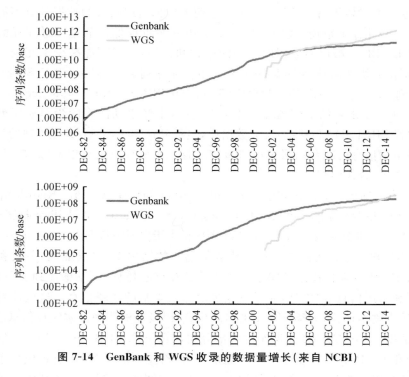

图 7-14　GenBank 和 WGS 收录的数据量增长（来自 NCBI）

从近年的发展趋势来看，基于新一代测序技术的基因组测序数据的增长速度已经远远超过传统的 GenBank 数据增长速度（图 7-14）。截至 2016 年 3 月，NCBI 已收录 2794 个真核生物（Eukaryotes）基因组（其中包含 1329 个真菌 *Fungi* 基因组），66438 个原核生物（古生菌 *Archaea* 和细菌 *Bacteria*）基因组，5543 个病毒（*Virus*）基因组。真菌、原核生物和病毒合计 73310 个基因组。从数量上来说，微生物在已知的基因组中占据绝对的优势，这些基因组根据组装水平的不同，分别储存在 Genomes 和 WGS 数据库中。由于 WGS 数据库能够反映目前正在进行中的所有基于新一代测序技术的全基因组测序研究状况,因此具有重要的参考意义。从图中可以看出,以 WGS 数据库为代表的新一代测序产生的数据量,无论从碱基数还是记录条数,其增长速度都远远超过了 GenBank 数据增长速度。

(二)蛋白质数据库

蛋白质是生命活动和生物功能的基础,蛋白质数据库是指包括蛋白质信息的数据库。常用的蛋白质数据库有很多,目前公认收录信息最广泛和注释信息最全面的蛋白质数据库是 UniProt,即通用蛋白质资源数据库(Universal Protein Resource,UniProt),除此之外还有 wwPDB(worldwide Protein Data Bank,wwPDB)等蛋白质数据库。

1. UniProt 数据库

UniProt 数据库是储存蛋白质序列和注释数据的综合数据库,它是一家合作组织,成员包括欧洲生物信息研究所(European Bioinformatics Institute,EMBL-EBI),瑞士生物信息学研究所(Swiss Institute of Bioinformatics,SIB)和美国蛋白质信息资源库(Protein Information Resource,PIR)。

在 UniProt 之前,EMBL-EBI 和 SIB 共同建立了 Swiss-Prot 和 TrEMBL 数据库,而 PIR 建立了蛋白质序列数据库(PIR-PSD)。这两大数据组织收录的数据具有不同的覆盖度和注释重点,曾经并存了很长一段时间。Swiss-Prot 数据库储存的是经过注释的蛋白质序列,采用了和 EMBL 核酸序列数据库相同的格式和标识,并尽可能减少了冗余序列。随着核酸测序数据量的快速增长,由此转录而来的蛋白质序列数量远远超出了 Swiss-Prot 的注释能力,因此他们建立了 TrEMBL 数据库(Translated EMBL Nucleotide Sequence Data Library,TrEMBL),用来存储由核酸序列转录得到的,未经手动注释的蛋白质序列。与此同时,PIR 维护着 PIR-PSD 和一些相关的数据库,包括 iProClass(一个经过整理的涉及蛋白质家族、功能与结构信息的综合数据库)。2002 年,这三个机构决定集中资源、知识和人力,共同组建了 UniProt 合作组织。

根据其官方的描述,UniProt 数据库主要由 UniProt 知识库(UniProt Knowledgebase,UniProtKB),UniProt 参考数据库(UniProt Reference Clusters,UniRef)和 UniProt 档案库(UniProt Archive,UniParc)三部分组成。另外 UniProt 还提供了蛋白质组数据库(Proteome)。

UniProtKB 知识库是蛋白质序列和功能信息的数据中枢,提供准确、一致和丰富的注释。每个 UniProtKB 条目在记录规定的必要信息和核心数据(氨基酸序列、蛋白名称或描述、分类数据和引用信息等)之外,还尽可能多地加入丰富的注释信息。这些注释信息包括被广泛接受的生物本体论,分类学和交叉引用信息,以及能够明确证实注释信息质量的实验性和计算性证据。UniProtKB 知识库由两部分组成:UniProtKB/Swiss-Prot(经审核,手动注释的序列)和 UniProtKB/TrEMBL(未经审核,自动注释的序列)。前者包含了来自文献描述或专家监督下计算分析得到的,经过人工注释的蛋白质序列。后者则包含了来自计算分析,仍需要人工手动注释的蛋白质序列,通常是由高通量测序产生的核酸序列转录得到的,未经手动注释的蛋白质序列。

当前,UniProtKB 数据库中超过 95% 的蛋白质序列都是从提交到公共核酸数据库 EMBL/GenBank/DDBJ(INSDC)中的核酸序列的编码区域(coding sequence,CDS)翻译得到的。所有这些蛋白质序列,以及同时提交的相关数据,被自动集成到 UniProtKB/TrEMBL 数据库中,如果后来经过人工注释,则移入 UniProtKB/Swiss-Prot 数据库。UniProtKB

数据库另外 5% 的蛋白质序列来源包括 PDB 数据库（Protein Data Bank archive，PDB）、文献中发表的序列、基因预测和直接提交到 Swiss-Prot 的 Edman 降解或 MS 实验得到氨基酸测序序列等。UniProtKB 数据库中的所有条目都由经验丰富的分子生物学家和蛋白质化学家通过计算机工具进行分析，并查阅文献资料以核实相关信息。UniProtKB 的人工注释由许多国际知名生物学家组成的专家团队进行审核和持续更新，他们会严格审查每个蛋白质相关的实验证据或计算机预测数据，对 Swiss-Prot 数据库中的数据进行持续更新。

为了最小化冗余并改进序列的可靠性，由一个相同的基因编码的所有蛋白序列被合并成一个单一的 UniProtKB/Swiss-Prot 条目，同一蛋白质在各种测序报告之间的差异（可变剪接事件，多态性或数据冲突）将在条目的特征表中进行分析和详尽说明。某一个蛋白质序列一旦收录到 UniProtKB/Swiss-Prot 数据库，相关蛋白质条目将自动从 UniProtKB/TrEMBL 数据库中删除。

UniProtKB/Swiss-Prot 数据库中的数据一直增长很快（图 7-15），21 世纪初的 10 年甚至以接近指数的方式增长。近几年来，由于严格的人工审核和去冗余机制的执行，UniProt-KB/ Swiss-Prot 的条目数增速有所放缓。

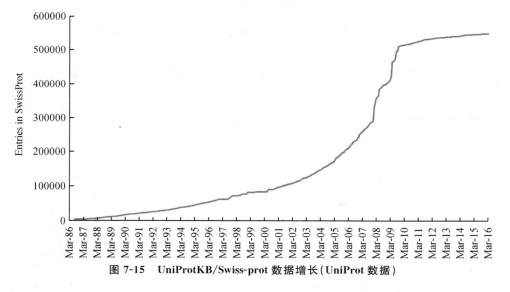

图 7-15　UniProtKB/Swiss-prot 数据增长（UniProt 数据）

从 UniProtKB/Swiss-Prot 序列的物种来源来看（图 7-16），超过三分之二的序列来自原核生物（细菌、古生菌和病毒），其中细菌（bacteria）序列比例为 60%，古生菌（archaea）比例为 4%，病毒（viruses）比例为 3%。真核生物比例为 33%。这也在某种程度上反映了原核生物极为丰富的生物多样性。

从 UniProtKB/Swiss-Prot 中收录条目最多的 20 个物种来看（表 7-4），除人之外，排名靠前的是重要经济动植物、重要模式动植物和重要病原生物。前 20 大物种中，有 9 个属于微生物学研究领域，这些微生物基本上都是现代微生物学和分子生物学研究的明星生物，或者是重点研究的致病生物。例如，酿酒酵母（*Saccharomyces cerevisiae*）是非常重要的食品微生物和模式生物，是应用最广泛、与人类关系最密切的一种酵母，是发酵中最常用的生物种类，传统上它用于制作面包馒头等食品以及用于酿酒，在现代分子生物学和细胞生物学中用作真核模式生物。裂殖酵母（*Schizosaccharomyces pombe*）通过分裂的方式进行无性繁殖，是细胞分裂最典型的模式生物。大肠杆菌（*Escherichia coli*）是最重要的生物工程菌和模式生物，是基因工程主要原核受体菌，广泛用于外源 DNA 克隆和扩增、原核基因高效表达和基因文库构建等，在分子生物学和细胞生物学中用作原核模式生物。这些数据在某种程度上反映了目前微生物学领域研究的热点和现状。

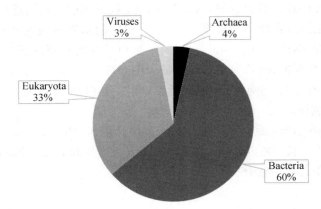

图 7-16　Swiss-Prot 序列来源物种分布（UniProt 2016 年 3 月数据）

表 7-4　2016 年 3 月 Swiss-Prot 收录出现频率最高的前 20 个物种（UniProt 数据）

序号	物种拉丁名/英文名	物种
1	*Homo sapiens*（Human）	人类
2	*Mus musculus*（Mouse）	小家鼠
3	*Arabidopsis thaliana*（Mouse-ear cress）	拟南芥
4	*Rattus norvegicus*（Rat）	大鼠
5	*Saccharomyces cerevisiae*（strain ATCC 204508 / S288c）（Baker's yeast）	酿酒酵母
6	*Bos taurus*（Bovine）	牛
7	*Schizosaccharomyces pombe*（strain 972 / ATCC 24843）（Fission yeast）	裂殖酵母
8	*Escherichia coli*（strain K12）	大肠杆菌 K12
9	*Bacillus subtilis*（strain 168）	枯草芽孢杆菌
10	*Dictyostelium discoideum*（Slime mold）	盘状细胞黏菌
11	*Caenorhabditis elegans*	秀丽隐杆线虫
12	*Oryza sativa* subsp. japonica（Rice）	水稻（粳稻）
13	*Xenopus laevis*（African clawed frog）	非洲爪蟾
14	*Drosophila melanogaster*（Fruit fly）	果蝇
15	*Danio rerio*（Zebrafish）（*Brachydanio rerio*）	斑马鱼
16	*Gallus gallus*（Chicken）	原鸡
17	*Pongo abelii*（Sumatran orangutan）（*Pongo pygmaeus abelii*）	苏门答腊猩猩
18	*Mycobacterium tuberculosis*（strain ATCC 25618 / H37Rv）	结核杆菌
19	*Escherichia coli* O157：H7	大肠杆菌 O157
20	*Mycobacterium tuberculosis*（strain CDC 1551 / Oshkosh）	结核杆菌

自成立以来,UniProtKB/TrEMBL 数据库中的数据一直增长迅速(图 7-17),同期增长速率都高于 UniProtKB/Swiss-Prot 的增速,21 世纪初的 10 多年甚至以接近指数的方式增长。2015 年 3 月的一次大规模蛋白质组去冗余处理导致 TrEMBL 数据库 entry 数减半(9200 万条到 4600 万条),此后 UniProtKB/TrEMBL 的条目数依然增长迅速。

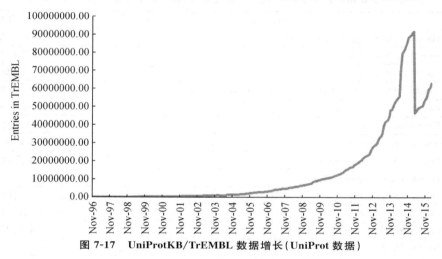

图 7-17　UniProtKB/TrEMBL 数据增长(UniProt 数据)

从 UniProtKB/TrEMBL 序列的物种来源来看(图 7-18),大约 70% 的序列来自原核生物(细菌、古生菌和病毒),其中细菌 Bacteria 序列比例为 63%,古生菌 Archaea 比例为 2%,病毒 Viruses 比例为 4%。真核生物比例为 30%。

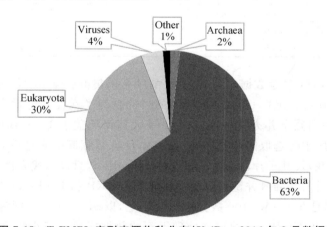

图 7-18　TrEMBL 序列来源物种分布(UniProt 2016 年 3 月数据)

从 UniProtKB/TrEMBL 中收录条目最多的 20 个物种来看(表 7-5),除人之外,排名靠前的是重要经济动植物、重要模式动植物和重要病原生物。前 20 大物种中,有 12 个属于微生物学研究领域,这些微生物基本上都是现代微生物学和分子生物学研究的热点生物,或者是重点研究的致病生物。值得注意的是,与环境微生物学研究相关的未培养细菌(uncultured bacterium)和海洋宏基因组样品(marine metagenome)进入了这份列表,由于 TrEMBL 的数据主要来自 INSDC 基因组学数据的翻译,这反映了以宏基因组学为代表的环境微生物研究已经成为目前微生物基因组学研究的重要领域。除此之外,人类免疫缺陷病毒 1

(human immunodeficiency virus 1，HIV1)、肺炎双球菌（*Streptococcus pneumoniae*）和丙型肝炎病毒（Hepatitis C virus)等热点病原生物也进入了这份列表，这些数据也反映了人们在病原微生物的基因组和蛋白质组研究领域取得的最新进展。

表 7-5　2016 年 3 月 TrEMBL 收录出现频率最高的前 20 个物种（UniProt 数据）

序号	物种拉丁名/英文名	物种
1	Human immunodeficiency virus 1	人免疫缺陷病毒 1
2	marine sediment metagenome	海洋宏基因组
3	*Daphnia magna*	大型溞
4	*Arundo donax*（Giant reed）（*Donax arundinaceus*）	芦竹
5	*Pseudomonas aeruginosa*	绿脓假单胞菌
6	*Escherichia coli*	大肠杆菌
7	uncultured bacterium	未培养细菌
8	*Streptococcus pneumoniae*	肺炎双球菌
9	*Homo sapiens*（Human）	人
10	*Oryza sativa* subsp. *japonica*（Rice）	水稻（粳稻）
11	Hepatitis C virus	丙型肝炎病毒
12	uncultured bacterium（gcode 4）	未培养细菌
13	*Klebsiella pneumoniae*	克雷伯氏肺炎菌
14	Hepatitis B virus（HBV）	乙型肝炎病毒
15	*Anguilla anguilla*（European freshwater eel）（*Muraena anguilla*）	欧洲鳗鲡
16	*Brassica napus*（Rape）	欧洲油菜
17	*Triticum aestivum*（Wheat）	小麦
18	*Glycine max*（Soybean）（*Glycine hispida*）	大豆
19	*Acinetobacter baumannii*	鲍氏不动杆菌
20	*Pseudomonas fluorescens*	荧光假单胞菌

　　UniRef 即 UniProt 参考数据库，它把相关的序列以集群（cluster）的方式保存在一个条目下，形成一个 UniRef。建立 UniRef 数据库的目的是为了在几种分辨率下获得序列空间的完整覆盖，减小序列冗余并方便查阅。UniRef 数据库涵盖了 UniProtKB 数据库全部序列和 UniParc 数据库中经选取的部分序列。UniRef100 数据库把来自不同物种的完全相同的序列（100％同源性）及其子片段合并记录为一个 UniRef，只显示代表性蛋白质的序列，同时提供所有合并条目的登陆号并链接到相应的 UniProtKB 和 UniParc 记录。UniRef90 和 UniRef50 数据库则是在 UniRef100 数据库的基础上，以 90％和 50％同源性对序列进行聚集保存。UniRef90 和 UniRef50 的集群处理得到的数据库尺寸减小幅度分别约为 58％和 79％，能够显著提高基于序列相似性的搜索速度。一个集群中序列最长的成员定义为种子序列，但是最长序列不总是信息最丰富的，群集中的其他成员往往能够提供更多生物学上的相关信息（包括名称、功能、交叉引用等），因此集群中的成员通过打分的方式决定其在集群中的排序，打分标准包括序列的质量、注释的得分、是否具有参考蛋白组、是否模式生物以及序列长度和完整性等。因此集群的展示方式能够将一类相似序列中质量最高、注释最完善的代表性序列优先展示出来，为研究工作提供了极大的便利。表 7-6 展示了 UniRef 数据库的条目数量。

表 7-6　UniRef 数据库条目数量（UniProt 2016 年 3 月数据）

内　容	全部 UniRef	单成员 UniRef	多成员 UniRef	成员经审核的 UniRef
UniRef100	76839110	68989275	7849835	462007
UniRef90	40646186	29392556	11253630	329709
UniRef50	16628273	10469524	6158749	156814

　　UniParc 即 UniProt 档案库，是综合性的非冗余数据库，存储所有公开发表过的蛋白质序列。UniParc 数据库的建立是为了解决多个数据库之间数据冗余的问题，为蛋白质提供唯一可靠的身份信息。由于蛋白质数据来源非常广泛，同一个蛋白质需要可能同时存在于几个数据库，也可能拥有几个拷贝。为了去除这些冗余，UniParc 对序列相同的蛋白质仅保存一次，提供一个恒定的唯一的标识符（unique identifier，UQI）。一个标识符建立后，永不会删除、修改或重新分配，以保证标识符的唯一性，因此通过这个标识符可以识别不同数据库中的蛋白质序列，成为蛋白质唯一的可靠的身份标识。UniParc 数据库仅仅存储蛋白质的序列，蛋白质的所有其他信息可以通过数据库的交叉引用到源数据库中检索。

　　UniParc 数据库不断跟踪源数据库中序列的变化并记录所有的更改历史，因此可以说 UniParc 数据库记录了所有蛋白质序列的当前状态和历史状态。在序列水平上来说，UniParc 结合了许多数据库的资源，因此搜索 UniParc 相当于同时搜索多个数据库。由于严格的非冗余策略的执行，UniParc 数据增长速度一直比较稳定（图 7-19）。

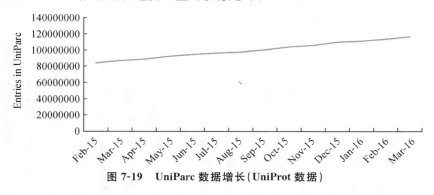

图 7-19　UniParc 数据增长（UniProt 数据）

　　除了上述的几个主要数据库，UniProt 还提供了 Proteome 数据库，即蛋白质组数据库，该数据库中收录了基因组已经测序完成的物种的蛋白质组。UniProt Proteome 数据库提供的蛋白质组是"被认为"由生物体表达的所有蛋白质。大多数的 UniProt 蛋白质组是基于一个完全测序的基因组的翻译，并且包含了通常存在于染色体外的元件，例如从某些生物的质粒或细胞器的基因组中获得的序列。一些蛋白质组还可能包括一些基于高质量的 cDNA 克隆得到的，暂时没有对应到已知基因组装配中的序列（由于测序错误或拼装间隙），这部分仅存在于蛋白质组中的序列，需要经过人工审查其存在的相关支持证据，包括对来自与其密切相关的生物的同源序列进行仔细分析。大多数的 UniProt 蛋白质组是基于提交到国际核酸序列数据库（INSDC）的基因组序列进行翻译得到的，另一部分来自与 Ensembl 等数据库的合作，获得的一些 INSDC 中缺少的脊椎动物和非脊椎动物基因组。

2. PDB 数据库

全球 PDB 数据库（worldwide Protein Data Bank，wwPDB）是以储存、整理、发布生物大分子结构信息为主的数据库，PDB 是全球性的数据库，主要储存蛋白质和核酸等生物大分子的三维结构信息，接受所有生物，包括细菌、酵母、植物、动物和人体中的生物分子的结构信息。

PDB 数据库始建于 1971 年，结构生物信息学研究会（Research Collaboratory for Structural Bioinformatics，RCSB）从 1998 年开始负责 PDB 的管理，这期间的 PDB 称为 RCSB PDB 数据库。2003 年，以 RCSB PDB 数据库为基础，美国的 BMRB（Biological Magnetic Resonance Data Bank）、日本的 PDBj（Protein Data Bank Japan）和欧洲的 PDBe（Protein Data Bank in Europe）共同成立了全球 PDB（Worldwide PDB，wwPDB）组织，维护和管理 PDB 数据库，确保 PDB 的内容的全球化和统一化，并保证自由和公开地向全球科学界开放。现在，RCSB PDB 仍然是 wwPDB 的主要维护者和贡献者，负责定期维护和更新 wwPDB 中的数据。

PDB 数据库中收录的生物大分子三维结构主要通过 X-射线晶体衍射（X-Ray diffraction）和核磁共振（Nuclear Magnetic Resonance，NMR）方法测得，用户可直接查询、调用和观察数据库中所收录的任何大分子的三维结构。对于蛋白质来说，该数据库同时提供蛋白质的氨基酸序列及其三维空间晶体学原子坐标。PDB 数据库是蛋白质结构和功能研究的重要参考，其储存数据的文件格式已经成为保存蛋白质三维结构的标准格式。

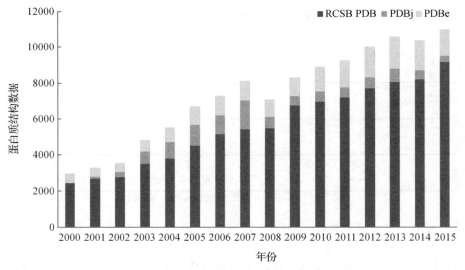

图 7-20　wwPDB 收录的蛋白质结构增长（wwPDB 数据）

自建立以来，wwPDB 数据库收录的数据量都在逐年增长（图 7-20）。wwPDB 的三大成员组织中，RCSB PDB 数据库是数据贡献量最大的一个，大约四分之三的蛋白质结构数据是科技工作者提交到 RCSB PDB，进而收录到 wwPDB 数据库。

随着网络技术的发展和使用频率的提高，wwPDB 每年的数据下载量都在不断提升。图 7-21 展示了近年来，通过 FTP 和 WebSite 方式从 wwPDB 三大成员组织数据库下载的数据量。RCSB PDB 数据库是数据下载贡献量最大的一个，占据了大约四分之三的数据下载量。

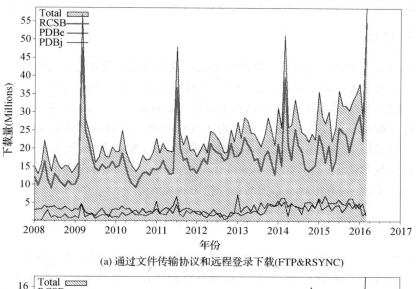

(a) 通过文件传输协议和远程登录下载(FTP&RSYNC)

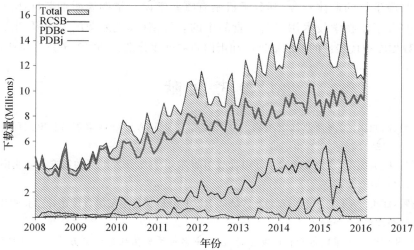

(b) 通过网站下载和浏览(Website Downloads and Views)

图7-21 wwPDB三大成员组织数据库下载量

二、数字图书馆

数字图书馆(digital library)是用计算机和数字技术处理,存储各种图书、文献、期刊、视频、音频等数字内容的虚拟图书馆,实质上是一种基于多媒体制作和发布的分布式信息系统,能够实现跨地域、跨时空的信息采集和管理。

数字图书馆以互联网和高性能计算为依托,向读者和用户提供了比传统图书馆更为广泛、先进和方便的服务,从根本上改变了人们获取信息、使用信息的方法。对于一个科学研究人员,学会利用数字图书馆将能为科研工作提供良好的推动和便利。

现在互联网上存在着许多数字图书馆,国内著名的有:中国国家数字图书馆(www. nlc. gov. cn/);中国知网(www. cnki. net/);超星数字图书馆(chaoxing. com/);万方数据知识服务平台(www. wanfangdata. com. cn/);维普期刊资源整合服务平台(lib. cqvip. com/)等。

三、电子刊物

现代计算机技术的高速发展与互联网的逐渐普及已经极大地改变了文献出版的面貌。大量与微生物学紧密相关的图书和期刊已经实现在线化和电子化。同时还产生了一系列在线期刊服务网站,通过互联网为用户提供文献检索或论文下载服务。现在,许多知名的图书都提供或即将提供电子版供公众获取和使用,图书电子化已经成为出版业的大趋势。世界上绝大多数生物类杂志都提供电子版本,并且多数以电子版的发行为主,许多杂志已经不再提供印刷版。一些有权威性的学术刊物,如 Science(http://science. sciencemag. org/)、Nature(http://www. nature. com)等还有内容丰富的网站与杂志相配合。

思考题

1. 什么叫基因组,基因组与食品微生态研究有何关系,请说明具体应用例子。
2. 什么叫微生物的群体感应,其分子机制有哪些学说? 举例说明细菌群体感应的例子。
3. 有哪些分子生物学技术用于研究食品中的乳酸菌(如乳酸菌的鉴定及相关功能)?
4. 生物数据库中代表性的核酸数据库和蛋白质数据库分别有哪些? 分别有哪些重要用途?

参 考 文 献

[1]白洁,李海艳,赵阳国.黄海西北部沉积物中细菌群落 16SrDNA 多样性解析[J].中国环境科学,2009,29(12):1277－1284.

[2]毕金峰,刘长江,孟宪军.自然发酵酸菜汁中乳酸菌的分离、鉴定及发酵剂的筛选[J].沈阳农业大学学报,2000,31(4):346－349.

[3]崔志峰,杨霄,汪琨.基于 5.8SrDNA-ITS 区域的 RFLP 分析快速鉴定酵母菌菌株[J].浙江工业大学学报,2007,35(3):241－245.

[4]中华人民共和国国家质量监督检验检疫总局.食品中多种致病菌快速检测方法——PCR 法[S].北京:中国标准出版社,2007:1－12.

[5]中华人民共和国国家质量监督检验检疫总局.食品中常见致病菌检测 PCR-DHPLC 法[S].北京:中国标准出版社,2010:1－9.

[6]郭冬琴.橙汁中酵母菌的分离鉴定及其快速分子检测技术研究[D].重庆:西南大学,2012.

[7]郭本恒.益生菌[M].北京:化学工业出版社,2004,153－158.

[8]郭慧玲,邵玉宇,孟和毕力格,等.肠道菌群与疾病关系的研究进展[J].微生物学通报,2015,42(2):400－410.

[9]高宗良,谷元兴,赵峰,等.细菌群体感应及其在食品变质中的应用[J].微生物学通报,2012,39(7):1016－1024.

[10]黄紫燕,晁岱秀,朱志伟,等.鱼露快速发酵工艺的研究[J].现代食品科技,2010,26(11):1207－1211.

[11]江津津,黎海彬,曾庆孝,等.潮汕鱼酱油营养成分分析与品质评价[J].食品科学,2012,33(23):310－313.

[12]江津津,曾庆孝,朱志伟,等.耐盐微生物对鳀制鱼露风味形成的影响[J].食品与发酵工业,2008,34(11):25－28.

[13]吕昌勇,陈朝银,葛锋,等.微生物分子生态学研究方法的新进展[J].中国生物工程杂志,2012,32(8):111-118.

[14]雷正瑜.16SrDNA序列分析技术在微生物分类鉴定中的应用[J].湖北生态工程职业技术学院学报,2006,4(1):4-7.

[15]李冬梅,王端礼,李世荫,等.致病酵母菌基因组多态性及亲缘关系的研究[J].微生物学报.1997(2):135-141.

[16]李海星,曹郁生,付琳琳,等.AFLP技术对发酵酸面团中乳酸菌多态性的研究[J].微生物学杂志,2005,25(5):50-53.

[17]刘淑艳,李玉.几种主要分子生物学技术在菌物系统学研究中的应用[J].吉林农业大学学报,2000,03:47-51.

[18]刘小琳,刘文君.生物陶粒与生物活性炭上微生物群落结构的PCR-SSCP技术解析[J].环境科学,2007,28(4):924-928.

[19]刘振波.DNA测序技术比较[J],生物学通报,2012,47(7):14-17.

[20]林晓民,李振岐,王少先.真菌rDNA的特点及在外生菌根菌鉴定中的应用.西北农业学报,2005,14(2):120-125.

[21]陆颖影,胡国勇,王兴鹏.肠道菌群与相关代谢性及消化系统疾病的关系[J].国际消化病杂志,2015,35(2):126-128.

[22]刘尊英,郭红,朱素芹,等.凡纳滨对虾优势腐败菌鉴定及其群体感应现象[J].微生物学通报,2011,38(12):1807-1812.

[23]孟祥晨,杜鹏,李艾黎,等.乳酸菌与乳品发酵剂[M].北京:科学出版社,2009.

[24]沈国华,王建宁.纯菌接种发酵技术在腌渍蔬菜加工上的应用研究(二)纯菌接种发酵技术最佳发酵模式的确定与应用[J].中国调味品,2002,(6):24-27.

[25]尚婧晔,余倩.肠道菌群代谢作用与人体健康关系的研究进展[J].中国微生态学杂志,2012,24(1):87-90

[26]沈锡权,赵永威,吴祖芳,等.冬瓜生腌过程细菌种群变化及其品质相关性[J].食品与生物技术学报,2012,(4):411-416.

[27]王凤梅,马利兵,潘建刚.分子生物学技术在酵母菌鉴定中的应用[J].饮料工业,2009,12(10):1-4.

[28]王魁,汪思迪,黄睿,等.宏基因组学挖掘新型生物催化剂的研究进展[J].生物工程学报,2012,28(4):420-431.

[29]王俊钢,刘成江,郭安民,等.分子生物学技术在乳酸菌鉴定中的应用[J].中国酿造.2012,31(1):1-3.

[30]王岩,沈锡权,吴祖芳,等.PCR-SSCP技术在微生物群落多态性分析中的应用进展[J].生物技术,2009,19(3):84-87.

[31]乌日娜,张和平,孟和毕力格.酸马奶中乳杆菌 Lb. casei. Zhang和ZL12-1的16SrDNA基因序列及聚类分析[J].中国乳品工业,2005,33(6):4-9.

[32]肖艺.基因测序:第三代和"新生代"[J].生物技术世界,2011(45):16-19.

[33]徐军,仲崇琳,杨美林.分子生物学技术在双歧杆菌鉴定中的应用[J].生物技术世界,2014,(12):134-135.

[34]许文涛,郭星,罗云波,等.微生物菌群多样性分析方法的研究进展[J].食品科学,2009,30(7):258-265.

[35]杨静静,孟镇,钟其顶,等.分子生物学技术在酵母菌多相分类鉴定中的应用[J].中国酿造,2011,(4):16-19.

[36]尹军霞,林德荣.肠道菌群与疾病[J].生物学通报,2004,39(3):26-28.

[37]叶淑红.植物乳杆菌的筛选及其在泡菜中的应用[J].中国酿造,2004,(7):19-21.

[38]曾东慧,张艳芬,边晓琳,等.群体感应与农产品细菌病害防治新进展[J].江苏农业科学,2009(4):350—352.

[39]詹彦,支兴刚.短链脂肪酸的再认识[J].实用临床医学,2007,8(1):134—135.

[40]张得芳,马秋月,尹佟明,等.第三代测序技术及其应用[J].中国生物工程杂志,2013,33(5):125—131.

[41]张豪,章超桦,曹文红,等.传统鱼露发酵液中优势乳酸菌的分离、纯化与初步鉴定[J].食品工业科技,2013,34(24):186—188.

[42]张锐,吴祖芳,沈锡权,等.榨菜低盐腌制过程的微生物群落结构与动态分析[J].中国食品学报,2011,11(3):175—180.

[43]张鑫,马丽苹,张芸,等.茶叶儿茶素对肠道微生态的调节作用[J].食品科学,2013,34(5):232—237.

[44]张香美,李平兰.产Ⅱ类细菌素乳酸菌群体感应及其应用[J].微生物学报,2011,51(9):1152—1157.

[45]赵阳国,任南琪,王爱杰,等.SSCP技术解析硫酸盐还原反应器中微生物群落结构[J].环境科学,2005,26(4):171—176.

[46]郑鹏,嵇武.肠道菌群与肠道疾病的研究进展[J].医学综述,2014,20(24):4479—4481.

[47]周相玲,朱文娴,汤树明,等.人工发酵与自然发酵泡菜中亚硝酸盐含量的对比分析[J].中国酿造,2007,(11):51—52.

[48]朱永涛,刘巍峰,王禄山,等.不依赖微生物培养的纤维素降解酶及基因资源的挖掘[J].生物工程学报,2009,25(12):1838—1843.

[49]Akolkar A V, Durai D, Desai A J. Halobacterium sp. SP1 (1) as a starter culture for accelerating fish sauce fermentation[J]. Journal of Applied Microbiology, 2010, 109(1):44—53.

[50]Arumugam M, Raes J, Pelletier E, et al. Enterotypes of the human gut microbiome. Nature, 2011, 473(7346):174—180.

[51]Batdorj B, Trinetta V, Dalgalarrondo M, et al. Isolation, taxonomic identification and hydrogen peroxide production by Lactobacillus delbrueckii subsp. lactic T31, isolated from Mongolian yoghurt:inhibitory activity on food-bornepathogens [J]. Journal of Applied Microbiology, 2007, 103(3):584—593.

[52]Beards E, Tuohy K, Gibson G. A human volunteer study to assess the impact of confectionery sweeteners on the gut microbiota composition[J]. Br J Nutr, 2010, 104(5):701—708.

[53]Berman H M, Westbrook J, Feng Z, et al. The Protein Data Bank, 1999-[J]. International Tables for Crystallography, 2000, 67(Suppl):675—684.

[54]Bokulich N A, Mills D A. Next-generation approaches to the microbial ecology of food fermentations [J]. Biochemistry and Molecular Biology Reports, 2012, 45(7):377—389.

[55]Booysen C, Dicks L M T, Meijering I. Isolation identification and changes in the composition of lactic acid bacteria during the malting of two different bar ley cultivars[J]. International Journal of Food Microbiology, 2002, 76:63—73.

[56]Caporaso J G, Lauber C L, Walters W A, et al. Ultra-high-throughput microbial community analysis on the Illumina HiSeq and MiSeq platforms[J]. The ISME Journal, 2012, 6(8):1621—1624.

[57]Choi I K, Jung S H, Kim B J, et al. Novel leuconostoc citreum starter culture system for the fermentation of kimchi, a fermented cabbage product [J]. Antonie Van Leeuwenhoek, 2003, 84:247—253.

[58]Clarke J. Continuous base identification for single-molecule nanopore DNA sequencing[J]. Nature Nanotechnology, 2009, 4:265—270.

[59]Cottrell M T, Moore J A, Kirchman D L. Chitinases from uncultured marine microorganisms[J]. Appl Environ Microbiol, 1999, 65(6):2553—2557.

[60]David L A, Maurice C F, Carmody R N, et al. Diet rapidly and reproducibly alters the human gut
[61]microbiome[J]. Nature, 2014, 505(7484):559—563.

［62］De Filippo C，Cavalieri D，Di Paola M，et al. Impact of diet in shaping gut microbiota revealed by a comparative study in children from Europe and rural Africa［J］. Proc Natl Acad Sci USA，2010，107 (33)：14691－14696.

［63］Edman C F，Mehta P，Press R，et al. Pathogen analysis and genetic predisposition testing using micro-elect ronic arrays and isot hermal amplification［J］. J Invest Med，2000，48(2)：93－101.

［64］Eid J. Real-Time DNA Sequencing from Single Polymerase Molecules. Science，2009，323：133－138.

［65］Esteve-Zarzoso B，Hierro N，Mas A，et al. A new simplified aflp method for wine yeast strain typing ［J］. LWT-Food Science &. Technology，2010，43(10)：1480－1484.

［66］Fairchild A S，Smith J L，Idris U，et al. Effects of orally administered tetracycline on the intestinal community structure of chickens and on tet determinant carriage by commensal bacteria and Campylobacter jejuni［J］. Appl Environ Microbiol，2005，71(10)：5865－5872.

［67］Forsythe P，Sudo N，Dian T，et al. Mood and gut feelings［J］. Brain Behav. Immun，2010，24：9－16.

［68］Gardner N J，Savard T，Obermeier P，et al. Selection and characterization of mixed starter cultures for lactic acid fermentation of carrot，cabbage，beet and onion vegetable mixtures［J］. International journal of food microbiology，2001，64(3)：261－275.

［69］Gillespie D E，Brady S F，Bettermann A D，et al. Isolation of antibiotics turbomycin A and B from a metagenomic library of soil microbial DNA［J］. Appl Envir Microbiol，2002，68(9)：4301－4306.

［70］Guarner F，Malagelada J R. Gut flora in health and disease［J］. Lancet，2003，361(9356)：512－519.

［71］Handelsman J，Rondon M R，Brady S F，et al. Molecular biological access to the chemistry of unknown soil microbes：a new frontier for natural products［J］. Chem Biol，1998，5(10)：245－249.

［72］Hayashi H，Takahashi R，Nishi T，et al. Molecular analysis of jejunal，ileal，caecal and recto-sigmoidal human colonic microbiota using 16S rRNA gene libraries and terminal restriction fragment length polymorphism［J］. J Med Microbiol，2005，54(11)：1093－1101.

［73］Hojberg U，Canibe N，Poulsen H D，et al. Influence of dietary zinc oxide and copper sulfate on the gastrointestinal ecosystem in newly weaned piglets［J］. Appl Environ Microbiol，2005，71(5)：2267－2277.

［74］Knietsch A，Waschkowitz T，Bowien S，et al. Construction and screening of metagenomic libraries derived from enrichment cultures：generation of a gene bank for genes conferring alcohol oxidoreductase activity on Escherichia coli［J］. Appl Environ Microbiol，2003，69(3)：1408－1416.

［75］Koenig J E，Spor A，Scalfone N，et al. Succession of microbial consortia in the developing infantgut microbiome［J］. Proc Natl Acad Sci USA，2011，108(Suppl 1)：4578－4585.

［76］Kuda T，Tanibe R，Mori M，et al. Microbial and chemical properties of aji-no-susu，a traditional fermented fish with rice product in the Noto Peninsula，Japan［J］. Fish Sci，2009，75：1499－1506.

［77］Lee H W，Yim K J，Song H S，et al. Draft genome sequence of Halorubrum halophilum B8 T，an extremely halophilic archaeon isolated from salt-fermented seafood［J］. Marine genomics，2014，18：117－118.

［78］Lee S W，Won K，Lim H K，et al. Screening for novel lipolytic enzymes from uncultured soil microorganisms［J］. Appl Microbiol Biotechnol，2004，65(6)：720－726.

［79］Ley R E，Hamady M，Lozupone C，et al. Evolution of mammals and their gut microbes［J］. Science，2008，320(5883)：1647－1651.

［80］Liu W T，Marsh T L，Cheng H，et al. Characterization of microbial diversity by determining terminal restriction fragment length polymorphisms of genes encoding 16S rRNA［J］. Appl Environ Microbiol，1997，63(11)：4516－4522.

［81］Lm W H，saint D A. Validation of a quantitatme method for real time PCR kinetics［J］. Biochem Biophys Res Commun, 2002, 294(2):347－353.

[82]Loman N J, Misra R V, Dallman T J, et al. Performance comparison of benchtop high-throughput sequencing platforms[J]. Nature biotechnology, 2012, 30(5):434－439.

[83]Mardis E R. Next-generation DNA sequencing methods[J]. Annu. Rev. Genomics Hum. Genet., 2008, 9: 387－402.

[84]Mardis E R. The impact of next-generation sequencing tec-hnology on genetics[J]. Trends Genet, 2008, 24(3):1331－41.

[85]Maxam A M, Gilbert W. A new method for sequencing DNA[J]. Proc Natl Acad Sci USA, 1977, 74 (2):560－564.

[86]Muyzer G, de Waal E C, Uitterlinden A G. Profiling of complex microbial populations by denaturing gradient gel electrophoresis analysis of polymerase chain reaction-amplified genes coding for 16S rRNA [J]. Appl Environ Microbiol, 1993, 59(3):695－700.

[87]Pagani I, Liolios K, Jansson J, et al. The Genomes OnLine Database (GOLD)v. 4:status of genomic and metagenomic projects and their associated metadata [J]. Nucleic Acids Res, 2012, 40 (D1):571－579.

[88]Qin J, Li R, Raes J, et al. A human gut microbial gene catalogue established by metagenomics sequencing[J]. Nature, 2010, 464(7285):59－65.

[89]Qin J, Li Y, Cai Z, et al. A metagenome-wide association study of gut microbiota in type 2 diabetes [J]. Nature, 2012, 490(7418):55－60.

[90]Sanchez P C, Klitsaneephaiboon M. Traditional fish sauce (patis) fermentation in the Philippines [J]. Philippine agriculturist, 1983, 66(3):251－269.

[91]Sanger F, Nicklen S, Coulson A R. DNA sequencing with chain-terminating inhibitors[J]. Proc Natl Acad Sci USA, 1977, 74(12):5463－5467.

[92]Satokari R M, Vaughan E E, Akkermans A D L, et al. Bifidobacterial diversity in human feces detected by genus-specific PCR and denaturing gradient gel electrophoresis[J]. Appl Environ Microbiol, 2001, 67(2):504－513.

[93]Schloss P D, Handelsman J. Biotechnological prospects from metagenomics[J]. Curr Opin Biotechnol, 2003, 14(3):303－310.

[94]Shen S Q. Single molecule sequencing and individual medical[J]. Progress in physiological sciences. 2009, 40(3):283－288.

[95]Sleator R D, Shortall C, Hill C. Metagenomics[J]. Lett Appl Microbiol, 2008, 47:361－366.

[96]Stsepetova J, Sepp E, Kolk H, et al. Diversity and metabolic impact of intestinal Lactobacillus species in healthy adults and the elderly[J]. Br J Nutr, 2011, 105(8):1235－1244.

[97]Sulaiman J, Gan H M, Yin W F, et al. Microbial succession and the functional potential during the fermentation of Chinese soy sauce brine[J]. Frontiers in Microbiology, 2014, 5:556.

[98]U. S. Department of Energy. Genomes OnLine Database[EB/OL]. [2013－11－15]. http://www. genomesonline. org /cgi－bin / GOLD /index. cgi.

[99]Valenzuela L, Chi A, Beard S, et al. Genomics, metagenomics and proteomics in biomining microorganisms[J]. Biotechnol Adv, 2006, 24(2):197－211.

[100]Vieites J M, Guazzaroni M E, Beloqui A, et al. Metagenomics approaches in systems microbiology [J]. FEMS Microbiol Rev, 2009, 33(1):236－255.

[101]Wall R, Ross R P, Ryan C A, et al. Role of gut microbiota in early infant development[J]. Clin Med Pediatr, 2009, 3:45－54.

[102]Watson J D, Crick F H. Molecular structure of nucleic acids: a structure for deoxyribose nucleic acid [J]. Nature, 1953, 171(4356):737—738.

[103]Woese C W R, Gutell R, Gupta R, et al. Detailed analysis of the higher-order structure of 16S-like ribosomal ribonucleic acids[J]. Microbiology Reviews, 1983, 47(3):621—669.

[104]Wu G D, Chen J, Hoffmann C, et al. Linking long-term dietary patterns with gut microbial enterotypes[J]. Science, 2011, 334(6052):105—108.

[105]Xu K J, Li L J, Xing H C. The effect of intestinal flora involved in host metabolism on personal health care[J]. Int J Epidemiol&·Infect Dis, 2006, 33(2):86—89.

[106]Yin Y, Mao X, Yang J, et al. dbCAN:a web resource for automated carbohydrate-active enzyme annotation[J]. Nucleic Acids Res, 2012, 40(W1):445—451.

[107]Zarzoso B E, Toran M J P, Maiquez E G, et al. Yeast population dynamics during the fermentation and biological aging of Sherry wines[J]. Applied and Environmental Microbiology, 2001, 67(5): 2056—2061.

[108]Zhao L P, Shen J. Whole-body systems approaches for gut microbiota-targeted, preventive healthcare [J]. J Biotechnol, 2010, 149(3):183—188.

[109]Zhao X Q, Bai F W. Yeast flocculation:new story in fuel ethanol production[J]. Biotechnol Adv, 2009, 29:849—856.

[110]Zhao X Q, Li Q, He L, et al. Exploration of a natural reservoir of flocculating genes from various Saccharomyces cerevisiae strains and improved ethanol fermentation using stable genetically engineered flocculating yeast strains[J]. Process Biochem, 2012, 47(11):1612—1619.

[111]Zhang W, Shao H B. Applications of molecular biology and biotechnology in oil field microbial biodiversity research[J]. African Journal of Microbiology Research, 2011, 5(20):3103—3112.

[112]Zoetendal E G, Akkermans A D, De Vos W M. Temperature gradient gel electropho-resis analysis of 16S rRNA from human fecal samples reveals stable and host-specific communities of active bacteria [J]. Appl Environ Microbiol, 1998, 64(10):3854—3859.

第四篇　食品微生物学分析技术

第八章　食品微生物的检测方法

第一节　食品微生物的分析

　　人们生活水平的提高和食品安全意识的增强,对食品安全提出了更高的要求,食品安全已成为全球关注的焦点。食品微生物分析技术的发展和其在食品安全检测中的应用也越来越受到人们的重视。食品微生物检测方法为食品检测必不可少的重要组成部分。首先,它是衡量食品卫生质量的重要指标之一,也是判定被检食品能否适用的科学依据之一;其次,通过食品微生物检验,可以判断食品加工环境及食品卫生情况,能够对食品被细菌污染的程度作出正确的评价,为各项卫生管理工作提供科学依据,提供传染病和食物中毒的防治措施;再次,食品微生物检验是贯彻"预防为主"的卫生方针,可以有效地防止或减少食物中毒和人畜共患病的发生,保障人们的身体健康。同时,它对提高产品质量,避免经济损失,保证出口等方面具有政治上和经济上的重大意义。

一、微生物的传统分析技术

　　食源性疾病主要是由微生物和化学药物所引起的,其中微生物引起的食源性疾病占一半以上的比例。食品中的微生物污染成为食品安全的首要问题。微生物污染存在食品生产、加工、储存、运输、销售到食用的整个过程的每个环节中,对人体产生严重的危害。常规的检验大多通过培养基培养目标微生物,然后利用电子计数器或放大镜观察计数的方式,来确定食品是否受到此微生物的污染。生活中一般常见的微生物传统分析技术有活细胞标准平板计数法(SPC)、最近似数测定方法(MPN)、染色还原技术、直接显微计数法四种基本方法。

(一)活细胞标准平板计数法(SPC)

　　平板菌落计数法又称活细胞标准平板计数法(SPC),是目前测定活细胞和食品产品中菌落形成单位数应用最广泛的方法,它能够判定食品被微生物污染的程度及卫生质量,也可观察微生物在食品中生长繁殖的动态。常规的标准平板计数法是将一部分食品混合或均质化,在适当的稀释液中进行梯度稀释,然后涂布或者倾注到适宜的琼脂培养基上,在适当温度下培养一段时间后,使用电子计数器对可见的菌落进行计数。计数时,根据待检样品的污染程度,做 10 倍递增系列稀释,制成均匀的系列稀释液,使样品中的微生物细胞分散开,使之呈单个细胞存在(否则一个菌落就不只是代表一个细胞),选择其中 2～3 个稀释液,使至少一个稀释度的平皿中培养基内,经恒温培养后,由单个细胞生长繁殖形成菌落,统计菌落数(菌落形成单位:CFU),根据其稀释液倍数和取样接种量即可换算出样品中的活菌数(单位:CFU/克或毫升)。

由于菌落总数是在普通营养琼脂上,37℃有氧条件下培养的结果,故厌氧菌、微需氧菌、嗜冷菌和嗜热菌在此条件下不生长,有特殊营养要求的细菌也受到限制。因此,SPC 法所得结果实际上只包括一群在普通营养琼脂中生长、嗜中温的需氧和兼性厌氧的细菌菌落的总数。由于自然界这类细菌占大多数,其数量的多少能反映样品中细菌总数,而且所测结果是活菌数,能更真实反映样品中的细菌总数,故用 SPC 法测定食品中含有的细菌总数已得到了广泛认可,被广泛用于生物制品检验(如活菌制剂)、发酵剂、食品、饮料和饮用水等的含菌数量或污染程度的检测。菌落总数可作为判定食品清洁程度(被污染程度)的标志,通常越干净的食品,单位样品菌落总数越低,反之,菌落总数就越高。因此,细菌菌落总数测定对检样进行卫生学评价提供了依据。平板菌落计数法一般用于某些成品检测、生物制品检验、土壤含菌测定及食品、水污染程度的检验。以下面实验为例。

实验用品用到的菌种:大肠杆菌和枯草芽孢杆菌;培养基用的是牛肉膏蛋白胨琼脂培养基。准确称取待测样品 10g(mL),放入装有 90mL 无菌水并放有小玻璃珠的 250mL 三角瓶中,用手或置摇床上振荡 20min,使微生物细胞分散均匀,静置 20～30s,即成 10^{-1} 稀释液;再用 1mL 无菌吸管,吸取 10^{-1} 稀释液 1mL,移入装有 9mL 无菌水的试管中,吹吸 3 次,让菌液混合均匀,即成 10^{-2} 稀释液;再换一支无菌吸管吸取 10^{-2} 稀释液 1mL,移入装有 9mL 无菌水的试管中,吹吸 3 次,即成 10^{-3} 稀释液;以此类推,连续稀释,制成 10^{-4}、10^{-5}、10^{-6}、10^{-7} 等一系列稀释菌液;用稀释平板计数时,待测菌稀释度的选择应根据样品来确定。样品中所含待测菌的数量多时,稀释度应高,反之则低。

(二)最近似数测定方法(MPN)

在最近似数测定方法中,食品样品的稀释液的准备类似于 SPC 法。将三个连续等分量样品或稀释梯度的试液转移到 9 个或 15 个有适宜培养基的试管中,这分别称为 3 试管或 5 试管法。最初样品中微生物的数量通过查阅标准 MPN 表获得,这实际上是统计学上的一种方法,通常 MPN 法的结果高于 SPC 的结果。MPN 法的优点如下:

(1)这种方法相对比较简单;

(2)与 SPC 法相比较,不同实验室得到的结果更加可靠,相似率较高;

(3)特殊微生物群体可以通过适当的选择性培养基进行测定;

(4)这是一种测定粪大肠菌群含量的方法。

这种方法的缺点就是玻璃器皿使用量大(特别是 5 试管法),并且缺乏观察微生物菌落形态的机会,精确度低。

MPN 多用于大肠菌群的检验,其原理是选择适当稀释倍数的稀释液,接种在特定的液体培养基中培养,再检查培养液是否有该生理群微生物的生长。根据不同稀释度接种管的生长情况,用统计学方法求出每克食品中该生理群微生物的数量。选择稀释度范围的原则是最低稀释度的所有重复都要有菌生长,而最高稀释度则要求全部重复无菌生长。

（三）染色还原技术

在利用染色还原技术估测相关产品中活菌数量时，通常使用两种染色剂：亚甲基蓝（methylene blue，又称美蓝）和刃天青（resazurin）。进行染色还原实验时，食品上清液加入任何一种染色剂标准溶液，亚甲基蓝会从蓝色还原为白色，而刃天青则从暗蓝色还原为粉红色或白色，染色剂还原的时间与样品中微生物的数量成反比。

对牛奶样品中 100 种培养物进行亚甲基蓝和刃天青还原反应，除 2 个例外，两种染色剂在细菌数目和染色还原时间上都非常一致。在一项用刃天青还原反应快速检验牛肉腐败的研究中，刃天青被还原为无色，而且结果与 SPC 法显著相关。鲜肉样品中细菌的 SPC 值 $>10^7$CFU/g，可以在 2h 内检测出来。用采自羊畜体表面的样品进行实验，刃天青法在 30min 内可被 18000CFU/m^2 的菌体所还原。染色还原技术很早就应用于乳品厂中，用来估测鲜牛乳的微生物学质量。它具有简单、快捷、经济等优点，而且只有活细胞才对染色剂有明显的还原能力。其缺点是所有微生物对染色剂的还原程度各不相同；它不适用于含还原酶的食品，除非使用特殊的方法处理样品。

（四）直接显微计数法（DMC）

直接显微计数法是最简单的方法，DMC 法由以下几部分组成：将食物样品涂片或在显微镜的载玻片上培养，用适当的染色剂染色，用显微镜（油镜）观察并计数。DMC 法广泛应用于乳品厂，用来估测生牛奶和其他奶制品的微生物学质量，这种特殊方法最初是由 Breed 发明的（Breed 计数）。这种方法包括：在显微镜载玻片上 1cm^2 范围内涂布 0.01mL 样品，经过对样品的固定、脱脂、染色，则可计算微生物或菌落的数量，在这个过程中还包括校正显微镜。这种方法还可用于其他食品，如干燥食品和冷冻食品的微生物快速检测。

DMC 法的优点是快速，简便，可以观察细胞形态，而且有助于提高荧光探测器的效率。其缺点是：由于这是一种显微镜方法，因此容易造成操作人员疲劳，无论活细胞还是死细胞都会被计入在内，食品颗粒通常不能与微生物区别开，单细胞和菌落无法清楚地区分，有些细胞由于染色不好而可能不被计入，因此 DMC 法总是比 SPC 法的菌数多。尽管存在上述缺点，DMC 法仍是检测食品中微生物数量最快的方法。

利用血球计数板在显微镜下直接计数，是一种常用的微生物计数方法，此方法是将菌悬液（或孢子悬液）放在血球计数板载玻片与盖玻片之间的计数室中，在显微镜下进行计数，由于计数室盖上盖玻片后的容积是一定的，所以根据在显微镜下观察到的微生物细胞数目来计算单位体积内微生物的总数目。

二、微生物的快速检测技术

常规检测手段由于过程烦琐、检测时间长，需要大型实验室的专业人员操作，数据不够准确，这往往无法满足现代化食品工业以及食品安全快速检测的需求。如何快速、实时和现场检测食品微生物污染成为目前亟须解决的技术问题。近年来，许多快速检测方法，如 PCR 技术、基因芯片技术、ATP 生物发光技术等，以其简便、快速、高通量、高灵敏度等特点，在食品质量与安全控制领域得以广泛研究与应用（张香美，2010）。

（一）免疫学技术

免疫学检测技术是应用免疫学理论而设计一系列测定抗原、抗体、免疫细胞及其分泌细胞因子的实验方法，其基本原理是利用抗原、抗体间能发生特异性免疫反应以检测病原。

1. 免疫荧光技术(IFT)

免疫荧光技术是将不影响抗原、抗体活性的荧光色素标记在抗体(或抗原)上,与其相应抗原(或抗体)结合后,形成的免疫复合物在一定波长光激发下可产生荧光,借助荧光显微镜可检测或定位被检抗原。目前免疫荧光技术可用于沙门氏菌、葡萄球菌毒素、*E. coli* O157和单核细胞增生李斯特氏菌等快速检测。

(1)荧光抗体法(FA)检测技术

荧光抗体法自 1942 年创立发展以来,广泛地应用于医学诊断和食品微生物检测。特定抗原的抗体与荧光物质结合而发出荧光。当抗体与抗原发生反应时,抗体—抗原复合体发出荧光,利用荧光显微镜检测。荧光标记物通常是罗丹明 B、荧光异氰酸盐和荧光异硫代异氰酸盐;荧光异硫代异氰酸盐应用最为广泛。用于快速检测细菌的荧光抗体技术主要有两种方法。直接法是利用抗原与特异的带有荧光物质抗体结合;间接法中同源抗体并不与荧光物质结合,而是利用同源抗体的抗体(抗抗体)与荧光物质相连(抗原被同源抗体包围,同源抗体又被其抗抗体包围,从而发出荧光)。在间接法中标记物可以检测同源抗体的存在,直接法中标记物可以检测抗原的存在。利用间接法不需要为每一待测的微生物制备荧光抗体。如果用 H 免疫血清,FA 技术就不需要沙门氏菌的纯培养物。同时通过流式细胞仪,针对细胞表面不同抗原,可以同时使用多种不同的荧光抗体,对同一细胞进行多标记染色。如研制成的抗沙门氏菌荧光抗体,用于 750 份食品样品的检测,结果表明与常规培养法符合率基本一致。

(2)荧光标记噬菌体技术

荧光标记噬菌体技术是根据噬菌体特异性侵染宿主菌的原理,选用一种合适的染色剂将噬菌体的核酸染色标记,然后用标记过的噬菌体侵染相应的宿主菌,噬菌体吸附在其宿主菌表面后,随即将标记过的核酸注入宿主细胞,随着越来越多的噬菌体核酸的注入,细胞内荧光随着荧光素的增多而增强,借助荧光显微镜便能判定宿主菌的存在,从而实现病原菌的检测。

此技术经改良后将荧光染料 YOYO-1 更换为灵敏度较高且对噬菌体结构和功能都无破坏性的 SYBRgold 核酸染料来标记沙门氏菌噬菌体 P22,成功地检测到了沙门氏菌 LT2株,同时与 DAPI、EB、YOYO-1 等核酸染料作对比,结果显示 SYBRgold 染剂是实验效果最好的核酸染料;后人又将 SYBRgreenⅠ和 SYBRgreenⅡ用于大肠杆菌、沙门氏菌以及李斯特菌的检测,均成功检出,且灵敏度较高,该方法完全能用于实际生产中微生物的检测。

多数噬菌体与宿主呈一一对应关系,虽特异性极高,但宿主范围较窄,且噬菌体与宿主作用的裂解机理尚不明确,有待进一步研究,所以该技术在实践中的应用相对较少。但是荧光标记噬菌体技术,检测周期短,能区分死活细菌,准确性好,检测前无需将各细菌纯化,预增菌后即可用于检测,整个过程可在 8h 内结束,且多个细菌检测可同步进行,因此该项技术在食源性致病菌的检测中有着广阔的发展前景。

2. 酶免疫技术(EAI)

酶免疫技术是利用抗原、抗体反应高度特异性和酶促反应高度敏感性,通过肉眼或显微镜观察及分光光度计测定,达到在细胞或亚细胞水平上示踪抗原或抗体部位,及对其进行定量的目的。根据抗原、抗体反应是否需要分离结合和游离酶标记物而分为均相和非均相两种类型。非均相法较常用,包括液相与固相两种免疫测定法。非均相酶固相免疫测定法即

ELISA 在目前应用最为广泛。利用 ELISA 法检测大肠埃希氏杆菌（*Escherichia coli*）内毒素，发现 ELISA 技术具有灵敏、快速的特点。此外，ELISA 法还可用于食品介导病毒检测。利用双抗夹心 ELISA 检测食品中大肠杆菌 O157：H7，该法稳定性、重复性良好，对纯培养菌液检出限为 10^5 CFU/mL，具有良好敏感性及特异性。用被检样品直接包被 ELISA 板固定加酶标抗体作用一段时间后，加入底物显色后终止反应，可以使用沙门氏菌特异性单克隆抗体 CB8 和 de7 直接检测沙门氏菌。目前已成功应用于蛋品、鲜奶、肉制品中沙门氏菌检测，与传统方法相比，其敏感性和特异性均达到理想效果。此法在 6h 内即可检测出浓度为 10^4 CFU/mL 副溶血弧菌，且与其他菌株均无交叉反应。

3. 免疫印迹技术

免疫印迹技术又称转移印迹技术，是一种将蛋白质凝胶电泳、膜电泳、抗原抗体反应相结合的免疫分析技术。其借助高分辨率 PAGE 电泳将混合蛋白质样品有效分离成许多蛋白区带，分离后蛋白经电泳转移至固相支持物，通过与特异性抗体结合，即可定性或定量检测靶蛋白。免疫印迹技术综合 SDS-PAGE 高分辨率及 ELISA 高敏感性和高特异性，是一种有效分析手段，目前应用于酵母和真菌检测，以及进出口食品的禽流感病毒检测。

4. 免疫层析技术

免疫层析技术将免疫学原理与层析原理相结合，借助毛细管作用，样品在条状纤维制成膜上泳动，其中待测物与膜上一定区域配体结合，通过酶促显色反应或直接使用着色标记物，在短时间内（20min 内）便可得到直观结果。免疫层析按其原理可分为两类：一类以酶促反应显色为基础，以显色高度来定量；另一类则使用着色标记物，如乳胶颗粒、胶体硒、胶体金及脂质体等，层析时，标记物与待测物被相应配体捕获而浓集显色，以纤维膜上显色条有无或多少来定性或定量。目前在检验微生物时常用的是免疫胶体金技术。罗立新等选用柠檬酸钠改良法制备胶体金，测定其最适结合蛋白浓度为 $28\mu g/mL$，构建免疫层析检测试剂和检测方法，检测冷冻猪肉、牛奶、冰激凌及不同稀释度的产单核李斯特菌标准样品，灵敏度达 87.5%，具有良好重现性。

5. 免疫磁珠分离技术

免疫磁珠分离技术是将免疫学反应高度特异性与磁珠特有磁响应性相结合的一种新免疫学技术。

（1）原理

利用人工合成的内含铁成分，可被磁铁磁力所吸引，外有功能基团，可结合活性蛋白质（抗体）的磁珠，作为抗体的载体。当磁珠上的抗体与相应的微生物或特异性抗原物质结合后，则形成抗原—抗体—磁珠免疫复合物，这种复合物具有较高的磁响应性，在磁铁磁力的作用下定向移动，使复合物与其他物质分离，而达到分离、浓缩、纯化微生物或特异性抗原物质的目的，然后再对磁珠上的微生物进行鉴定（张小强，2009）。

（2）应用

①金黄葡萄球菌的检测。国内陈伶俐等将人 IgG 结合到磁珠上，用该磁珠对样品中的金黄葡萄球菌进行了快速分离检验（纪勇，2011）。取适量免疫磁珠，加入金黄葡萄球菌菌液中，磁场下分离磁珠，将分离前后的菌液及磁珠涂平板，并用大肠杆菌、白葡萄球菌等作对照。结果用此磁珠分离后，只有金黄葡萄球菌的浓度有明显的降低。对磁珠所涂平板的菌落进行鉴定，证明为金黄葡萄球菌。应用此法分离检验此菌，富集速度快，灵敏度高，效果好。

②E. coli O157：H7 的检测。Fratamico 等将兔抗 E. coli O157：H7 多克隆抗体连接到羊抗兔 IgG 包被的磁珠上，从食物增菌培养液中快速分离 E. coli O157：H7 菌株，再将带菌的磁珠接种到培养基上，加入荧光素标记的 E. coli O157：H7 抗血清，在荧光显微镜下观察，此法的敏感性为 10 个菌/mL 增菌培养液。庞惠勇等应用斑点免疫层析法(DicA)和免疫磁珠法(IMBS)对腹泻病人和家禽(畜)粪便中的 E. coli O157：H7 菌株进行检测，同时以直接分离培养法作对照，结果 DicA 法阳性率为 10.34%(假阳性率为 8.41%)；IMBS 法检出率为 1.92%，而直接分离培养法检出率为 0.24%。IMBS 法较直接分离培养法检出率显著提高。两法结合用于检测 E. coli O157：H7，具有快速、省时和灵敏度高等优点。

③沙门氏菌的检测。Blackburn 等将用生物素标记的抗沙门氏菌多价多克隆抗体连接到链霉亲和素包被的磁珠上，以此试剂检测从不同食物中提取的活沙门菌。此法的敏感性可达 10^5 CFU/g 食物，总的检测时间从 5d 减少至 1~2d。Lnk 等应用抗沙门氏菌 C 群(O 抗原 6 和 7)单克隆抗体包被磁珠的方法检测沙门氏菌(O：6,7)，采用直接和间接 ELISA 法测定结合到磁珠表面上的细菌或其游离的抗原。吸附到磁珠上的完整细菌也可用吖啶橙染色后，用显微镜检查。此法的敏感性为 10^3~10^4 CFU/mL 样品。Widjojoatmodjio 等应用抗沙门氏菌 A、B、C1、C2、D 和 E 血清的特异性单克隆抗体，通过羊抗体 IgG 或 IgM 连接到二氧化铬的磁珠颗粒上，直接检测粪便中的沙门氏菌。用免疫磁珠分离技术从乳及乳制品、肉类和蔬菜中分离出沙门氏菌，其检测限为 10~20 个/g 细菌。

④副溶血性弧菌的检测。张凡非等采用免疫磁珠法分离海水海泥和蛤肉中副溶血性弧菌。他们将磁珠与副溶血性弧菌免疫血清混合，制备免疫磁珠，用于分离样品中的细菌。分离出的菌株接种平板并进行常规鉴定，结果此法较一般的培养分离法极大地提高了检出率(张凡非,2004)。

⑤幽门螺杆菌的检测。Takako 等应用 IMBS 和 PCR 联合的方法分离感染幽门螺杆菌(H. pylori)的小鼠胃肠及粪便样品中的 H. pylori 菌株。结果表明，胃肠样品经 IMBS 法的分离率不高于直接培养法，但粪便样品经 IMBS 法分离后，不经培养，用 PCR 法仍能检测出 H. pylori 菌株。

食品受到污染后，致病微生物所占比例往往很小，常规检验方法多先用选择性增菌培养基进行增菌，鉴定需要时间很长。而免疫磁珠能够利用磁性表面抗原或抗体特异性吸附需检测的致病菌，并利用磁场对致病菌进行富集，从而可以实现致病菌的快速检测，具有分离速度快、效率高、操作简便、仪器设备简单、亲和吸附特异及高敏感性等特点，而且易于和现有的检测方法进行整合。免疫磁珠技术与其他检测手段的联用适宜于快速检测食品中致病菌，是目前食品中微生物检测研究的重点。制备大小适宜、表面活性基团丰富的磁珠是免疫磁珠制备的关键，随着应用的不断发展，这一方法将成为食品微生物检测的一个发展趋势。

6.酶联荧光免疫分析技术(ELFIA)

酶联荧光免疫分析技术是在酶联免疫吸附分析基础上发展而成的一种快速检测微生物方法。其基本原理是首先将已知抗体吸附于固相载体，加入待测样本，样本中抗原与固相载体上抗体结合，然后酶标抗体再与样本中抗原结合；加入酶反应底物，底物被酶催化为带荧光产物，产物量与标本中受检物质量直接相关，然后根据荧光强度进行定性或定量分析(张冲,2010)。ELFIA 法可用于测定抗原，也可用于测定抗体。目前已经有商品化的荧光酶标分析仪，如法国生物梅里埃公司生产的荧光酶标分析仪就是建立在 ELFIA 原理上的自动检测系统,该仪器已被应用于食品致病微生物的检测中。利用自动酶联荧光免疫分析系统检测冻肉中沙门氏菌来验证该法的灵敏度和特异性,与常规细菌培养法比较,该方法在155份样品中,检出沙门氏菌阳性10例,阴性145例,而常规细菌培养法检测出酶联荧光免疫分析技术法阳性样本中9例呈阳性,其余146例皆为阴性。因此该法用于冻肉沙门氏菌检测灵敏度为100%、特异性为99%。

(二)分子生物学技术

1.基因探针技术

基因探针技术又称分子杂交技术,细胞核酸DNA和RNA是一类可以传递遗传信息的大分子,利用其可作为检测的标靶。标靶通常是一个特异性的核酸序列,利用具有同源性序列的核酸单链在适当条件下互补形成稳定的DNA RNA或DNA DNA链的原理,采用高度特异性基因片段制备基因探针来识别细菌。基因探针技术是利用DNA分子的变性、复性以及碱基互补配对的高度精确性,对某一特异性DNA序列进行探查。它是利用同位素、生物素等标记的特定DNA片断,决定探针的特异性;用放射性同位素或生物素标记探针,使杂交试验同时具有高度的敏感性。在典型的探针操作中,未知生物体的DNA片段通过限制性内切核酸酶获得。经过电泳分离条带后,转移到硝酸纤维素膜上,并与标记探针杂交。温和地洗去DNA探针后,采用放射自身显影方法来检测是否存在杂交产物。

一个标准的探针可以检测到的最少细菌数目在$10^6 \sim 10^7$,当探针DNA应用于食品中时,由于每毫升中可能只有一个目标微生物存在,所以必须通过一个浓缩富集的过程,以使细胞达到一定数量,以提供足够的DNA用于检测。当初始的细胞数目为10^8时,采用放射性探针可以在$10 \sim 12h$获得结果。当需要富集培养时,需要的时间为富集培养时间加上探针检测时间,一般为44h或更久。目前利用DNA探针技术检测食品中的微生物已取得了不少重要成果,如用DNA探针技术检测食品中的大肠杆菌、沙门氏菌、志贺氏菌、金黄色葡萄球菌等。

2.PCR技术

PCR技术是利用DNA聚合酶具有的以单链DNA为模板,寡聚核苷酸为引物,沿5'→3'方向掺入单核苷酸的特性,在体外适宜条件下扩增位于两段已知序列之间的DNA片段(高晓平,2008;蒋志国,2008)。在DNA聚合酶催化的一系列反应中,两端序列互不相同的引物分别与模板DNA两条链上的各一段序列互补,进行PCR反应时,摩尔数大大过量的引物及4种脱氧核糖核苷酸(dNTP)参与下对模板DNA加热变性,然后将反应物冷却至某一温度,这一温度可使引物与它的靶序列发生退火,退火引物在DNA聚合酶作用下得以延伸。重复进行变性、退火和DNA延伸这一循环,前一轮扩增的产物又充当下一轮扩增的模板,目的DNA以2^n方式积累,使皮克(pg)水平的起始物达到微克(μg)。由于PCR灵敏度高,理论上可以检出一个细菌的拷贝基因,因此在细菌的检测中只需短时间增菌甚至不增菌,即可通过PCR进行筛选,节约了大量时间。目前,利用PCR技术已经可以实现耐甲氧苯青霉素金黄色葡萄球菌、耐万古霉素肠球菌、耐多药结核分枝杆菌等常规难以快速检测的多种菌的快速检测。基于分子生物学的检测技术能够在约1h从鼻孔中检测出耐甲氧苯青霉素金黄色葡萄球菌,约4h从直肠样本中分离出肠球菌的耐万古霉素A和B基因。新型焦磷酸实验可以在一天之内从分枝杆菌阳性株肉汤培养基上直接得到耐多药结核分枝杆菌的结果。

3.基因芯片技术

基因芯片也称 DNA 微阵列,是由核酸的分子杂交衍生而来的,它是利用原位合成法或将已合成好的一系列寡核苷酸以预先设定的排列方式固定在固相支持介质表面,形成高密度的寡核苷酸的阵列,样品与探针杂交后,再通过激光共聚焦荧光检测系统等对芯片进行扫描,对每一探针上的荧光信号做出比较和检测,并用计算机系统分析,从而迅速得出所要的信息。利用单碱基延伸标签反应对包括副溶血性弧菌在内的 8 种常见致病菌进行检测,反应灵敏度可达到 0.1pg,可快速灵敏地检测食源性致病菌,并为食源性疾病的诊断和防治提供了一定的依据。基因芯片是一种高通量的核酸分子杂交技术,可同时对上千个基因进行快速分析,几小时内即可得出检测结果,是目前鉴别食品有害微生物最有效的手段之一,该方法为食源性致病菌多个毒力、药敏基因的同步化、快速检测等提供了一个有利的平台。但是,当食品样品的成分比较复杂时,芯片检测基因组 DNA 灵敏度就会下降;食品样品中病原菌含量较少时,也面临同样的问题。基因芯片检测技术所需仪器和耗材昂贵,且操作过程对工作人员要求较高。

基因芯片以其高灵敏度、高通量的特点逐渐成为致病菌检测研究的热点,但普通的基因芯片在杂交反应结束后还需要使用荧光扫描系统进行结果分析,这就给配备简单的实验室在使用上造成了一定的困难。为了解决这一问题,开发了一种新的芯片技术——可视芯片技术(朱许强,2011)。其原理是在酶的催化作用下产生的沉淀,沉积在芯片表面,使芯片的厚度发生变化,致使反射在芯片上的光的波长发生改变,由此可以通过芯片上颜色的变化来观察实验结果。可视芯片对区分不同的序列有很好的准确性,检测的浓度可以达到 5pmol/L,同时可视芯片特异性高,准确性好,在混合检测中无交叉反应的情况出现。

可视芯片依赖于引物的扩增和探针的特异性结合,设计和筛选有效的、特异性强的引物和探针是建立可视芯片检测技术的关键,但这具有一定的难度;在理论上如果可视探针产生蓝色的杂交信号则即为阳性信号,但在实际检测中,背景和其他没有发生杂交反应的位点也可能会产生沉淀的堆积而造成表面颜色的改变。可视芯片检测技术虽然还不够完善,但其既有基因芯片快速、准确、高效、高通量的特点,又可以摆脱昂贵的基因芯片实验设备的限制,因此已成为国内外研究的热点。

4.核酸恒温扩增技术

PCR 技术在反应过程中需不断变换温度,应用时不够方便,于是恒温扩增技术应运而生。核酸恒温扩增技术是在恒定温度下实现 DNA 或 RNA 分子数目增加的技术,其中应用较广泛的是环媒恒温扩增技术(Loop-Mediated Isothermal Amplification,LAMP)。其基本原理是采用 4 条特异引物及一种具有链置换活性 DNA 聚合酶,在 65℃左右对核酸进行扩增,短时间扩增效率可达到 $10^9 \sim 10^{10}$ 个拷贝。利用 LAMP 法可以快速检测志贺氏菌属和肠道侵袭性大肠埃希氏菌,扩增反应可在 2h 内完成。同时利用 LAMP 技术在几种常见致病分枝杆菌中能快速、特异性检测出结核分枝杆菌。

(三)代谢技术

1.ATP 生物发光法

ATP 是所有生物生命活动的能量来源,普遍存在于各种活细菌细胞中,并且含量相对稳定,细菌细胞死亡后几分钟内 ATP 便被水解消失,故 ATP 与活菌量直接相关。ATP 生物发光技术的原理是荧光素酶在 ATP 和 O_2 以及 Mg^{2+} 存在的情况下,催化荧光素氧化脱羧,将化学能转化为光能,释放出光量子。在一定的 ATP 浓度范围内,其浓度与发光强度呈线性关系。利用这一原理,可从待测食品中提取 ATP,通过测定荧光强度即可确定活菌浓度。

目前 ATP 生物发光法已被用于食品中微生物的快速检测,在 HACCP 管理中也被广泛用于关键控制点检测。ATP 生物发光法可用于肉及肉制品杂菌污染的测定、饮料中的微生物测定、啤酒酵母的活性测定、海洋食品和调味品的微生物检测等。自动 ATP 生物荧光技术在欧洲和北美的乳品工业中已广泛应用于生乳活菌数检测、UHT 乳活菌数检测、设备清洁度的评估及成品货架期的推算等。

利用 ATP 生物发光方法检测食品包装中污染的解淀粉芽孢杆菌和地衣芽孢杆菌的芽孢,最低检测限分别为 1.4×10^2 CFU/mg 和 1.0×10^3 CFU/cm²。在粉状食品中用 ATP 生物发光方法对苏云金芽孢杆菌的芽孢进行检测,检测限为 $7.9 \times 10^0 \sim 3.2 \times 10^4$ CFU/mg,而 PCR 检测限为 614CFU/mg。ATP 生物发光方法与热激活相结合,在 20min 内就可以完成对存活的细菌芽孢数量的测定。经过过滤和用特殊培养基复苏,在 $10 \sim 30$ CFU/mL 甚至更广的范围内,ATP 生物发光方法与菌落平板计数方法保持着较好的线性相关性。目前,对 ATP 生物发光原理的自动发光器进行改进,以实现进样自动化,提高进样的准确率,该方法可同时检测 50 个~100 个样品,重复性好,变异系数仅为 8.1%。

生物发光法无需培养微生物过程,且荧光光度计是便携式的,使用方便、操作简便,适合现场检测,在几分钟内即可得到检测结果,是目前检测微生物最快的方法之一。但该方法存在着容易受到外界因素的干扰、不能定性鉴别微生物种类、对于某些样品的直接检测灵敏度仍然达不到要求等缺点。因此,选取合适的 ATP 提取剂,降低外界因素的干扰,增强对微生物的特异性识别,提高检测灵敏度成为改善该方法的关键。目前,新型 ATP 提取剂的研制已经取得了巨大的进步。同时,将其他新技术与 ATP 生物发光法结合成为一种潮流,例如免疫磁分离与 ATP 生物发光技术相结合的 IMS/ATP 技术既降低了外界因素的干扰,对微生物也具有特异性识别能力,同时又极大提高了检测灵敏度。

2. 电阻抗技术

阻抗微生物学这一概念源自微生物生长在培养基中会引起分子浓度和电导率的变化。电阻是指一个交流电路中的表观阻值,相当于直流电路中的真实电阻,当微生物在培养基中生长时,它们将低电导率的物质代谢成较高电导率的产物,因此降低了培养基的电阻。通过测量液体培养基的电阻而得出的生长曲线,对不同菌属和菌株具有良好的重现性(唐佳妮,2010)。

阻抗法是通过测量微生物代谢引起的培养基电特性变化来测定样品中微生物含量的一种快速检测方法。在培养过程中,微生物的新陈代谢作用可使培养基中电惰性的大分子底物,如碳水化合物、蛋白质、脂肪等营养物质代谢为电活性的小分子产物,如氨基酸、乳酸盐、醋酸盐等。随着微生物的生长和繁殖,培养基中的电惰性分子逐渐被电活性物质取代,从而使培养基的导电性增加,电阻抗降低。微生物的起始数量不同,出现指数增长期的时间也不同。通过建立两者之间的关系,检测培养基的电特性变化来推算出微生物的原始菌量。此外,由于不同的微生物在培养基中的代谢活性有所不同,因此阻抗法能够为微生物菌种鉴定提供有利依据。因为电阻抗技术具有检测速度快、灵敏度高、准确性好等优点,阻抗微生物学在食品工业中得到了广泛的应用,主要体现在食品微生物质量控制的许多领域,诸如原料质量估测、加工工艺评估、成品质量检测、产品货架期预测等。该法目前已经用于细菌总数、霉菌、酵母菌、大肠杆菌、沙门氏菌、金黄色葡萄球菌等的检测。

3.放射测量技术

放射测量法（RM）是一种物理、化学诊断新技术。它主要用于血培养基中微生物的检验。RM 的原理是根据细菌在生长繁殖过程中可利用培养基中的 ^{14}C 标记的碳水化合物或盐类的底物，代谢产生 $^{14}CO_2$，然后通过仪器测量 $^{14}CO_2$ 的含量增加与否，来确定样品中有无细菌存在。如向培养基中加入 ^{14}C 标记的葡萄糖，当样品中有细菌时，含 ^{14}C 的葡萄糖可被生长的细菌摄取吸收，经过代谢被利用，结果可能出现以下两种情况：一是 ^{14}C 进入细菌体内被标记，此时可用放射测量仪检测细菌的放射性，由此可直接证明标本中的细菌存在，并根据放射性强弱间接确定所含细菌的数量；二是如果以气态的 $^{14}CO_2$ 释放出，可用氢氧化季铵盐捕获 $^{14}CO_2$，以细菌生长测量仪检测放出的 $^{14}CO_2$，这样可快速、准确地检测出样品中有无细菌及其细菌的量。这一方法已用于测定食品中的细菌，具有快速、准确度高和自动化等优点。

4.微热量计技术

微热量计技术（microcalorimetry）是通过测定细菌生长时热量的变化进行细菌的检出和鉴别。这是利用微小热量的变化，对底物降解过程焓的变化进行测量。微生物在生长过程中产生热量，虽然产生的量很小，但仍能通过敏感的微热量计进行测量。用微热量计对微生物计数时，温谱图必须与绝对微生物细胞数呈相关性，一旦建立了参考温谱图，食品样品温谱图便可与之相比较而得到微生物的绝对数量。

有间歇式和连续式两种类型量热仪，大部分早期研究都是用间歇型的仪器进行的，显微量热仪测定的热力学变化是由分解活动产生的（缪佳铮，2011）。在微生物研究中应用最广泛的显微量热仪是 Calvet 仪器，它的灵敏度很高。将其作为一个快速的检测方法，研究主要集中于利用该仪器对食源性病原微生物进行定性和性质研究。显微量热仪的检测结果随着微生物的培养时间、接种量、发酵底物以及其他相关因素的变化而变化。但这一方法用于鉴定酵母的实用性受到了怀疑，如果通过应用连续型显微量热仪，酵母可被鉴定出来。这一方法已被用于研究罐装食品的腐败，辨别常黏附性大肠杆菌，检测金黄色葡萄球菌的存在与否以及估测牛肉酱中的细菌。

5.接触酶测定技术

接触酶测定技术是通过计算一个含有接触酶的纸盘，在盛有 H_2O_2 的试管中的漂浮时间来估计菌数。接触酶与 H_2O_2 之间产生生化反应，放出氧气，使纸盘由试管底部浮到表面。当样品中接触酶含量高时（表明接触酶阳性细菌含量高），纸盘上浮的时间短（以秒计）。大多数腐败微生物是嗜冷性细菌。而大多数嗜冷细菌接触酶呈阳性，故可以用接触酶反应来估计食品中的嗜冷性菌群。

（四）仪器分析技术

1.气相色谱法（GC）

自从 1903 年茨维特发现色谱，气相色谱（GC）分析技术因为其分析速度快，分离效能较其他分析仪器较高，选择性较好等诸多优点，被企业科研和工业研究广泛应用在环境污染监测、物理分析、药物检测、食品农药残留及工业产品检测等诸多领域。气相色谱法检测微生物原理主要是依据不同微生物化学组成或其产生代谢产物各异，利用上述色谱检测可直接分析各种体液中细菌代谢产物、细胞中脂肪酸、蛋白质、氨基酸、多肽、多糖等，以确定病原微生物特异性化学标志成分，协助病原诊断和检测。气相色谱应用的原理是将微生物细胞经水解、甲醇分解、提取及硅烷化、甲基化等衍生化处理后，使之分离尽可能多化学组分供气相色谱仪进行分析。不同微生物所得到色谱图中，通常大多数峰呈共性，仅有少数峰具有特征性，可被用以进行微生物鉴定，大量分析检测各种常见细菌、酵母菌、霉菌等。目前顶空气相色谱法也已广泛应用，通过检测培养基或食品密封系统顶部的微生物挥发性代谢产物 CO_2，来分析和鉴定微生物。特别是用于分析食品中的酵母菌、霉菌、大肠菌群和乳酸菌的污染程度，以及对沙门氏菌的筛选，对评价食品品质和安全性具有非常重要的意义。该方法具有灵敏度高，检测快速，在 $10^1 \sim 10^8$ CFU/mL 范围内线性好等优点。此外，热裂解气相色谱（Py-GC）在分析细菌方面具有化学分类学价值，可用于实验室检测或鉴定细菌。该法是利用细菌热裂解产生的特有生物标记物，如 2-呋喃甲醛、吡啶二羧酸等，进行细菌检测和鉴定，根据细菌裂解产物的图谱分析，即可进行菌种鉴定。

2. 高效液相色谱法（HPLC）

高效液相色谱法（HPLC）是继气相色谱法之后在经典柱层析法基础上发展的以液体做流动相的色谱方法，在食品安全指标快速检测中的表现尤为出色。高效液相色谱法的原理、方法和仪器的组成基本与气相色谱相同。高效液相色谱法因所用固定相颗粒细而规则，能承受高压，加上使用高压输液设备和高灵敏度的检测器，使其分离效率、分析速度和灵敏度都远远高于经典的液相色谱。与气相色谱相比，高效液相色谱法不要求样品易挥发，只要求样品为溶液，不受样品沸点、热稳定性和相对分子质量等限制。因此高效液相色谱法适用范围远远超过气相色谱法。尤其是高效液相色谱法是在高压条件下溶质在固定相和流动相之间进行的一种连续多次交换过程，它借溶质在两相间分配系数、亲和力、吸附力或分子大小不同引起排阻作用的差别使不同溶质得以分离。它融合了液相和气相两种色谱分析方法的优势，因而功效更明显，在食品检测中应用越来越广泛。

3. 毛细管电泳（CE）技术

毛细管电泳技术泛指以高压电场为驱动力，以毛细管为分离通道，依据样品中各组分之间淌度和分配行为差异而实现分离的一类分离技术。毛细管电泳是 20 世纪 80 年代以来发展最快的仪器分析之一，使电泳技术进入了一个崭新的时代——高效毛细管电泳（HPCE）时代，它已成为生物化学和化学分析中最受瞩目，发展较快的一种分离、分析的新技术。HPCE 能用于氨基酸、手性分子、维生素、农药、无机离子、有机酸、染料、表面活性剂、肽和蛋白质、糖类、低聚核苷和 DNA 片段，甚至于整个细胞和病毒粒子的分离分析。利用 CE 可以对粪肠球菌、化脓链球菌、无乳链球菌、肺炎链球菌和金黄色葡萄球菌 5 种细菌进行分离，不同发育阶段菌体细胞对应着不同特征峰，且大多数细菌在电泳后仍能保持活体状态，活体细菌在线检测可为微生物分析提供新的快速分析方法。

4. 质谱技术

质谱法是应用电磁学原理，分离和鉴定离子化了的分子或原子质量的一种物理方法。质谱技术检测和鉴定微生物主要基于质谱图中是否存在特异性生物标记物分子离子。不同微生物具有不同质谱图，即微生物指纹图谱，采用新型质谱软电离方法可获得微生物质谱图，将实验得到质谱图与已被编入质谱指纹图库中已知微生物指纹图谱进行比对，即可达到检测和鉴定微生物的目的（吴多加，2005）。

5.微生物自动检测仪

全自动微生物分析系统是一种由传统生化反应及微生物检测技术与现代计算机技术相结合,运用概率最大近似值模型法进行自动微生物检测的技术,可鉴定由环境、原料及产品中分离的微生物,无需经过微生物分离培养和纯化过程,就能直接从样品检出特殊的微生物种类和菌群来。全自动微生物分析系统还能同时进行 60 个～200 个样品的分析。采用传统常规鉴定方法与全自动微生物分析系统可以对 11 株革兰阴性菌和 3 株革兰阳性菌进行生化鉴定。应用全自动微生物分析系统进行病原菌鉴定时间平均为 4h～6h,比传统方法鉴定时间缩短,其方法的鉴定符合率为 100%,全自动微生物分析系统具有操作简便、鉴定快速、准确可靠、高度自动化等特点,适用于各类细菌的检验和鉴定,同时也是快速鉴定食品中致病菌的较好方法。

6.流式细胞技术

流式细胞术(flow cytometry,FCM)是一种对高压液流中的单列细胞或其他生物微粒进行快速分析和分选的技术,可以在一秒钟时间内快速分析上万个细胞,能同时从一个细胞中测得荧光、光散射和光吸收等多个参数,从而获取细胞 DNA 含量、细胞体积、蛋白质含量、酶活性、细胞膜受体和表面抗原等许多重要参数,并且可以根据这些参数将不同特征的细胞分开。流式细胞仪产生于 20 世纪六七十年代,最初应用于临床医学和科学研究,经过数十年的发展完善,现代流式细胞术已经广泛地应用于从基础研究到应用实践的各个方面,在细胞生物学、微生物学、分子生物学、医学、食品科学等领域,发挥着重要的作用。微生物研究中,流式细胞术已经成为一种不可替代的研究技术,在微生物(酵母、细菌等)快速检测中发挥重要的作用。

FCM 实质上是让悬浮的细胞通过流通导管依次到达检测器。薄片状液留下的射流装置用于确定通过检测器的细胞的速率和轨线,并检测细胞属性,是发射荧光、吸收荧光还是对光发生散射。可测量细胞的 1～3 个或更多个属性,然后根据测得的这些属性,通过流式分拣将细胞分类。流式细胞仪主要由细胞流动室(包括样品管、鞘液管)、激光聚焦区、检测系统、数据处理系统等 4 部分组成,其工作原理是将被检测对象制备成一定浓度细胞(微粒)悬液,经荧光染色后,放入流式细胞仪样品管中,细胞在气体压力下进入鞘液管,在鞘液约束下,细胞(微粒)排列成单列从流动室喷嘴高速喷出成为细胞(微粒)液粒,经荧光染色后细胞经激光聚焦区时受激光激发,产生散射光和荧光信号,通过一些波长选择通透性滤光片,可将不同波长散射光和荧光信号区分而将单个细胞(微粒)液滴分离,并由计算机进行图像及数据处理。该仪器已被用于 DNA 含量、染色体组成及细胞表面标记等物质测定。

(1)流式细胞仪结构及工作原理

流式细胞仪主要由液流系统、光源和光学系统、检测系统、分析系统和分选系统等部分组成。

①液流系统。流式细胞仪只能检测单列的细胞或生物颗粒,液流系统的主要作用是将细胞或生物样品包裹在液滴中形成连续的单列细胞,用于接下来的光学检测。液流系统的核心部件是双层管构成的喷嘴,内层的样品管与贮放样品室相连,细胞悬液在高压作用下从样品管喷射出形成单列细胞;高压鞘液从外层的鞘液管中从四周流向喷孔,包围在样品外周后形成包裹细胞样品的连续液流,从喷嘴射出。鞘液的高速流动形成的聚合力,将待检测细胞限制在液流的轴线上。

②光源和光学系统。经特异性荧光染色的细胞样品需要特定波长的光照激发才能发出荧光,用于检测。光源和光学系统的作用是将特定波长激发光照射到样品流上,并将通过样品的散射光和样品发出的荧光收集并投射到检测器上。现代流式细胞仪的光源一般是激光器和弧光灯,多个光源的组合能够产生所需的特定波长范围的光线。为使细胞得到均匀照射,激光光斑直径应和细胞直径相近,需要通过透镜将激光光束会聚到特定直径,色散棱镜和光栅用来选择特定波长的激光。光线经过样品液滴后会发生光线散射和荧光的发射,这部分光路中使用了多种滤光片和二向反射镜,有选择性地使某一滤长区段的光线通过或反射,从而将各色荧光分开,送入相应的检测器,用于同时探测不同波长的荧光信号。

③检测系统。通过样品的散射光和样品发出的荧光需要经过光电转换转变成电信号才能被测量并分析,这部分工作由检测系统完成,其核心是各种检测器和放大电路,检测器通常是光电倍增管(photomultiplier tube,PMT),可以将接收到的光线转换成电信号同时进行增益。放大电路可以进一步将微弱的电信号放大增强,传递到分析系统,根据光电信号的强弱和分析目标的不同可选用线性放大器和对数放大器对信号进行放大。

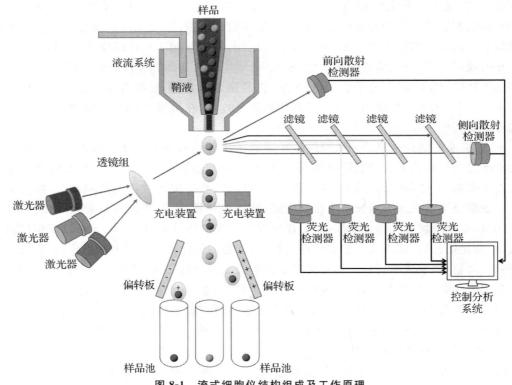

图 8-1　流式细胞仪结构组成及工作原理

④分析系统。放大后的电信号被送往分析系统进行数据处理,现代流式细胞仪的分析系统通常是电子计算机。多通道的检测器输出的电信号,经过模拟—数字转换器输入到计算机中,编译成数据文件,存贮于计算机以备调用分析。计算机的存储和计算能力很强,可对同一细胞的多个参数进行实时存储分析,能够配合流式细胞仪每秒上万个细胞的通量进行实时分析,同时可以根据设定的参数控制分选系统将符合特定条件的细胞分选出来。存贮于计算机内的数据还可以在实测后脱机重现,进行数据处理和分析,并给出结果。

⑤细胞分选系统。细胞分选系统可以将符合特定条件的细胞从细胞流中筛选出来。由喷嘴射出的液流在流体聚合力作用下形成单列细胞流,并进一步被分割成一连串的包含单个细胞的小液滴,细胞液滴经过光学系统后,其光信号被检测系统捕捉并输入分析系统进行分析。分析系统根据事先设定的参数判定是否分选该细胞,对符合条件的液滴发出分选信号,而后充电电路将给选定的细胞液滴充上电荷,携带细胞的带电液滴通过静电场时将发生定向偏转,落入相应的收集器中,完成分选。

(2)细胞参数测量原理

流式细胞仪可同时对同一细胞的多个参数进行测量,获得的信息主要来自细胞经过光学系统时产生的散射光信号和荧光信号。

①散射光信号。散射光是由于细胞及其内部结构的不均匀,使通过的光线的传播方向发生改变,而不改变光的能量,因此激光束通过细胞后将向四周散射光线,散射光的波长和入射光的波长相同。散射光的强度及空间分布与细胞的大小、形态、膜结构和胞内结构密切相关,特定的细胞对光线具有特征性的散射,散射光信号可用于区分不同的细胞。在流式细胞术测量中,常用的是两种方向的散射光测量,与入射光线方向一致的散射光称为前向散射光(FSC),与入射光线呈直角的称为侧向散射光(SSC)。通过测量这两种散射光可以得到很多关于细胞形态和结构的信息。一般来说,前向散射光的强度与细胞的大小有关,随着细胞截面积的增大而增大,对于球形细胞在小角度范围内,前向散射光基本上和截面积大小呈线性关系;侧向散射光与细胞亚结构如细胞膜、胞质、核膜等的性质相关,能对细胞内较大颗粒给出灵敏反映,对侧向散射光的测量可获取有关细胞内部精细结构的颗粒性质的有关信息。

在实际应用中,散射光测量通常是流式细胞术首先进行的必要步骤,通过散射光反映的细胞特性,可以从复杂的细胞样品中筛选出特定的细胞群体,以备进一步分析。

②荧光信号。荧光是指某些物质经特定波长的入射光照射,吸收光能后进入激发态,并发出比入射光的波长更长(能量较低)的出射光的现象。细胞内只有少部分物质和染料能够发出荧光,因此荧光信号要比散射光信号弱很多。流式细胞仪检测的荧光通常分为两种,一种是细胞自身的荧光,一种是细胞经人工标记后结合的荧光染料发出的特征荧光。

自发荧光信号多来自于血红素、核黄素、花青素、叶绿素等细胞色素物质,在荧光染料存在的测量中,通常被视为噪声信号,会干扰特异性染料荧光信号的分辨和测量。特征荧光来自于各种荧光染料,特征荧光可以通过染色、探针结合、免疫结合等方式标记到特定的细胞和亚细胞结构上,用于反映相应的细胞特性。特征荧光的测量能够反映如细胞周期、表面标识、细胞抗原、细胞受体、核酸含量等细胞状态信息,是流式细胞仪分析和筛选特定细胞的主要参考。现代流式细胞仪已能够同时测量多达10种以上的不同荧光信号,并将符合条件的细胞分选出来,用于后续研究。

(3)在食品科学领域的应用

①检测细菌和真菌数量。基于流式细胞仪高压液流产生单列细胞流的技术特点,流式细胞仪可以被用于细胞数的绝对定量,在食品科学领域,经常被用于检测细菌和真菌的总数,适用于液态食品、水、饮料、酒类等多种样品和产品。流式细胞仪计数菌体的过程通常需要经过膜过滤、离心技术对样品进行前处理,除去影响检测的基质,使样品达到 FCM 可检测状态。通过散射光特性,可以区分不同类型的菌体,通过特异性的染料标记,达到计数特

定的菌体,区分活菌和死菌等目的,因此流式细胞仪可以在一次运行中检测几种不同类型的菌体样本及其数量。相对于荧光定量 PCR 等间接检测的方法,流式细胞术具有简便、直接的优势,不需要依赖标准曲线,直接"数"出特定类型的细胞和菌体,能检出单个细胞和微生物。相对于平板计数等经典方法,流式细胞术更加灵活、快速、准确,并且不需要耗时的增菌过程,在几十分钟内得到准确的结果。

②监测酵母生理状态。酵母菌是现代食品工业中非常重要的微生物。其中酿酒酵母是与人类关系最密切的一种酵母,是发酵中最常用的生物种类,人类利用酿酒酵母的历史非常悠久,传统上它用于制作面包和馒头等食品及酿酒,在科学研究领域它是重要的真核模式生物,在现代食品工业中它是重要的发酵菌种。酿酒酵母是第一个完成基因组测序的真核生物,人们对其生化过程及细胞周期研究较为深入。

研究发现,酵母同步化培养体系中,气体交换率、CO_2 产量、乙醇产量的变化均与细胞周期相对应,如 CO_2 的产量最高时细胞数量也最大,此时细胞代谢活动也最旺盛。流式细胞术在研究酵母的细胞周期方面具有极大优势,它能够监测酿酒酵母细胞周期过程中的生理生化变化以及与发酵有关的各项参数的变化,研究其细胞生长动力学,利于优化生物工艺过程。在酿酒工业等领域,流式细胞术已经可以用于实时监测整个工艺过程,并对其进行优化及质量监控。

③监测细菌生理状态。细菌在医药和食品工业中占有重要地位,工业生产中常用的细菌有:乳酸杆菌、醋酸杆菌、枯草芽孢杆菌、棒状杆菌、短杆菌、假单胞菌、小球菌等,可用于生产乳酸、醋酸、氨基酸、核苷酸、淀粉酶、蛋白酶、脂肪酶、维生素、肌苷酸等产品。放线菌是一类主要呈菌丝状生长和以孢子繁殖的细菌,在医药和食品工业中占有重要地位,约 70% 的抗生素是由各种放线菌所产生的,另外放线菌还能产生各种酶制剂(蛋白酶、淀粉酶和纤维素酶等)、维生素(B_{12})和有机酸等。

流式细胞术已成为研究细菌生长繁殖及其生理生化状态的重要工具,对细菌细胞周期、生理活性的研究还有利于优化合理工艺过程的策略,改进生产工艺。流式细胞仪可用于鉴别特定的细菌菌种,通过特异性的核酸荧光探针或抗体,流式细胞仪能够分辨和分析特定的细菌菌种,并通过分选系统将细菌从混合培养体系中分离出来。与传统分离鉴定方法相比,流式细胞术使鉴定和分离过程合二为一,在保持特异性的同时,大大提升了菌种筛选效率。流式细胞术能够测定处于各个细胞周期的菌体数量,以及细胞膜状态和膜通透性等多种参数,方便研究物料、培养基成分以及发酵产物等对菌种生长能力和生理代谢的影响,辅助设计验证合理的生产工艺流程。

随着流式细胞术自身性能的持续提升和应用领域的不断扩展,这一技术在医药和食品科学领域正在发挥着越来越重要的作用,必将推动食品科学基础研究和工业生产技术向更加深入和广阔的方向发展。

(五)其他检测技术

1. 生物传感器技术

生物传感是指对生物活性物质的物理化学变化产生感应。从广义上讲,生物传感器是一种与传感器相连的生物感受元件的组成设备。它通过物理、化学换能器捕捉目标物与敏感元件之间的反应,然后将反应的程度用离散或连续的数字电信号表达出来,从而得出被分析物的浓度。生物传感器是一种精致的分析器件,它结合一种生物的或生物衍生的敏感元件与一只理化换能器，能够产生间断或连续的数字电信号，信号强度被分析成比例。生物传感器在分析生物技术领域具有重要用途。它是一个典型的多学科交叉产物，结合了生命科学、分析化学、物理学和信息科学及其相关技术，能够对所需要检测的物质进行快速分析和追踪。生物传感器的出现，是科学家的兴趣和科学技术发展及社会发展需求多方面驱动的结果，经过 30 多年的发展，已经成为一个涉及内容广泛、多学科介入和交叉、充满创新活力的领域。20 世纪 90 年代以后，生物传感器的市场开发获得显著成绩。传感器的应用领域已渗透到国民经济的各个部门及人们的日常文化生活中。生物传感器特异性强、灵敏度高，能对复杂样品进行多参数检测，可应用于微生物快速检测。

（1）光学传感器

将细胞固定于传感器表面，由于厚度的变化，光发生折射，光学传感器可以检测到此微小变化。单模双电波导、表面等离子体共振（SPR）、椭圆率测量法、单模双电波导、光纤波导、干扰仪等已被用于致病菌的检测。用共振镜（波型偶合）可以检测金黄色葡萄球菌，检出限为 $8×10^6$ cells/mL，检测时间为 5min。而利用纯银金属滤膜可检测 $1.7×10^5$ cells/mL 大肠杆菌，全过程需 15min。这种方法简便、快速、成本较低，但只适用于检测能产生荧光素的细菌，且灵敏度不高（刘霞，2010）。

（2）生物发光传感器

随着对能表达荧光素酶的噬菌体研究的深入，生物发光传感器的应用越来越广泛。将标记有荧光素酶的基因转入噬菌体的染色质，再把噬菌体感染目标细菌，目标细菌即具有发光能力得以用该法检测。采用 TM4 抗生素检测结核杆菌，灵敏度为 10^4 cells/mL，检测时间 2h。另有一种灵敏度较好的生物传感系统，可以检测沙门氏菌和大肠杆菌，噬菌体专一性地裂解相应的细菌宿主，利用生物发光即可检测所释放的细胞内容物中的 ATP，根据 ATP 与菌体数量的线性关系测定目的微生物的数量。如果以腺苷酸激酶代替 ATP 作为细胞标记物，检测限可降低至 10^3 cells/mL。生物发光传感检测方法的特异性好，能区分活菌体和死菌体。但不足之处在于检测时间太长，灵敏度不高。

（3）压电免疫传感器

压电免疫传感器的设计思路是在石英晶体电极（金或银）表面固定上一层抗体或抗原活性物质，在液相中通过免疫反应，固定的抗体（或抗原）分子能识别其相应的抗原（抗体）。并特异性结合形成免疫复合物，沉积在电极表面，导致电极表面质量负载的改变。免疫反应前后为晶体振荡频率的变化，根据石英晶体振荡频率的变化量可计算出被测物质的量。最早将压电传感器应用于免疫测定时，是在有塑料涂层的石英晶体表面结合牛血清白蛋白，用于测量其抗体，所得的灵敏度与传统被动凝聚法相似。石英晶体免疫传感器检测沙门氏菌，线性范围为 $10^6 \sim 10^8$ cells/mL，检测时间为 45min。以一种能特异性结合目的抗原的人工合成多肽对晶体进行再生后可重复使用 12 次以上。用石英晶体免疫传感器还可以检测病毒，并且和 ELISA 方法比较，其特异性好、敏感性高、迅速又经济。压电免疫传感器由于有利于进行生命体活动的研究，因此成为生物传感器的研究热点之一。

（4）表面等离子体共振生物传感器

表面等离子体共振是一种物理光学现象。利用光在玻璃界面处发生全内反射时的消逝波可以引发金属表面的自由电子产生表面等离子体。在入射角或波长为某一适当值的条件下，表面等离子体与消逝波的频率、波数相等，两者将发生共振，入射光被吸收，使反射光能量急剧下降，在反射光谱上出现共振峰（即反射强度最低值）。当紧靠在金属薄膜表面的介质折射率不同时，共振峰位置将不同。利用 SPR 技术光学生物传感器，通过抑制酶活性来检测牛奶中的 β-内酰胺、抗生素残留和磺胺甲噁啶。将 SMZ 共价固定在修饰过的羧甲基右旋糖苷金片上，制备 HBS 缓冲液，用含有已知浓度 SMZ 的样品构建标准曲线。将能够与 SMZ 结合的多克隆抗体加入到样品中，SPR 检测器固定化表面用以测定没有结合的抗体数量。

生物传感器从其最初的设想开始就是为了利用生化反应的专一性，高选择性地分析目标物。但是，由于生物单元的引入，生物结构固有的不稳定性、易变性，人们作出了一系列的努力与设想，来提高生物传感器的性能。生物传感器阵列为复杂体系中多种组分的同时测定提供了一种直接、简便的解决方法。目前，国外市场上已有可同时测定 16 种组分的固定式分析仪，这一技术的发展方向是功能的多元化和仪器体积的微型化，即在尽可能小的面积上排列尽可能多的传感器。人们正尝试用干涉、三维高速立体喷墨、光刻、自组装和激光解吸等技术实现这一目标。可见，应用生物传感器微阵列实现多参数的同步检测，正成为生物医学以及食品安全检测的主流。

2. 微阵列技术

阵列是对事物有序排列，根据样品点大小，阵列可分为大阵列和微阵列。大阵列样品点直径大于 $300\mu m$，一般用胶膜扫描仪显像检测；而微阵列样品点直径小于 $200\mu m$，必须用特定自动仪和显像设备显像检测。一个非常简单的微芯片可由一固体表面上（例如尼龙膜、玻璃载片或硅芯片）附上少量的来自已知菌属的单链 DNA 构成。当许多未知菌属的单链 DNA 与这一 DNA 芯片接触时，互补菌株就会结合到芯片的特定位点上。由于微阵列样品点很小，因而单个微阵列可容纳数千个甚至上万个样品，这样就大大提高检测效率。目前微阵列有 DNA、RNA、抗体、蛋白质微阵列等，以 DNA 微阵列用途最广泛。DNA 微阵列是将载物玻璃片和膜上作为探针的 DNA 寡聚核苷酸及 cDNA，使其与荧光标记的靶 DNA 相杂交，再扫描显像并测定杂交微阵列中各样品点荧光高度，最后统计分析所得数据。DNA 微排列已用于快速检测病原细菌，如爱德华氏菌属、亚硝化单胞菌、分枝杆菌、葡萄球菌、大肠杆菌 O157、李斯特氏菌等。

第二节　食品微生物代谢产物分析技术

一、色谱技术

色谱技术是几十年来分析化学中最富活力的领域之一。作为一种物理化学分离分析的方法，色谱技术是从混合物中分离组分的重要方法之一，能够分离物化性能差别很小的化合物。当混合物各组成部分的化学或物理性质十分接近，而其他分离技术很难或根本无法应用时，色谱技术愈加显示出其实际有效的优越性。色谱技术最初仅仅是作为一种分离手段，直到 20 世纪 50 年代，随着生物技术的迅猛发展，人们才开始把这种分离手段与检测系统连接起来，成为在食品、生化药物、精细化工产品分析等生命科学和制备化学领域中广泛应用的物质分离分析的一种重要手段。目前几乎在所有的领域都涉及色谱法及其相关技术的应用，色谱技术的应用日益普遍，色谱技术在科学研究和工业生产中发挥着越来越重要的作用。

(一)薄层色谱技术

薄层色谱(TLC)是一种快速、简便、高效、经济、应用广泛的色谱分析方法。薄层色谱的特点是可以同时分离多个样品,分析成本低,对样品预处理要求低,对固定相、展开剂的选择自由度大,适用于含有不易从分离介质脱附或含有悬浮微粒或需要色谱后衍生化处理的样品分析。TLC广泛地应用于药物、生化、食品和环境分析等方面,在定性鉴定、半定量以及定量分析中发挥着重要作用。常规的TLC法存在展开时间长、展开剂体积需求大和分离结果差等缺点。高效薄层色谱法是近年来迅速发展的一种高效、快速、操作简便、结果准确、灵敏度高和重现性好的薄层色谱新技术,已广泛用于各个领域。

薄层色谱法:TLC分离的选择性主要取决于固定相的化学组成及其表面的化学性质。常规薄层色谱的固定相为未改性的硅胶、氧化铝、硅藻土、纤维素和聚酰胺等,平均颗粒度$20\mu m$,点样量$1\sim5\mu L$,展开时间$30\sim200min$,检测限$1\sim5ng$。以正相色谱占主导地位,设备简单,所需资金投入少;不足之处是分离所需时间长,有明显的扩散效应。方法操作简便、准确、可靠。

高效薄层色谱法(HPTLC):采用更细、更均匀的改性硅胶和纤维素为固定相,对吸附剂进行疏水和亲水改性,可以实现正相和反相薄层色谱分离,提高了色谱的选择性。C_2、C_8和C_{18}化学键合硅胶板为常见反相薄层板。高效板厚平均$100\sim250\mu m$,点样量$0.1\sim0.2\mu L$,展距$3\sim6cm$,展开时间$3\sim20min$,最小检测量$0.1\sim0.5\mu g$,较常规TLC可改善分离度,提高灵敏度和重现性,适用于定量测定。

薄层色谱法配以荧光检测方式是检测黄曲霉毒素的常用方法。虽然自20世纪70年代后期,高效液相色谱法逐渐得以应用并迅速发展,但两者相比,薄层色谱法具有抗干扰能力强、简便易行、离线检测可反复测试等优点。在检测灵敏度方面,HPTLC的荧光检测方式可达pg级乃至更低;在检测速度上,两者则各有所长。据估算,用HPLC和HPTLC定量测定一个样品,分别需要约25min和1.5h;但当两者同时检测40个样品时,HPLC需要约15h而HPTLC仅需3h。综上所述,TLC法迄今仍在真菌毒素检测方面占据主导地位。经典TLC法大多采用液—液萃取等作为净化方法,不仅耗时长,而且由于净化效果不佳而导致展开时需采用双相展开以排除杂质干扰。采用MFC净化后,仅用单相展开即可达到分离测定的目的,不仅节省了工作时间,而且进一步减少了有毒有害溶剂的用量,提高了工作效率。

(二)气相色谱与液相色谱技术

食品微生物发酵或食品样品受各种微生物污染后产生众多的代谢产物,其中的小分子量的挥发性化合物存在相当大的比例,包括酒类、各种风味发酵食品或由于食品腐败引起的影响食品感观的各种化学成分,气相色谱分析成为最常用的分析手段。其检测特点及基本原理在上一节已有介绍。随着科技的不断发展,气相色谱技术也不断更新,新的仪器、新的检测方法和数据分析法都得到了广泛的使用。

高效液相色谱法在食品微生物的检测中有着较广泛的应用,依据不同微生物的化学组成或其产生的代谢产物,利用HPLC法检测可直接分析各种液体中微生物代谢产物,也可确定病原微生物特异性化学组分的检测,从而确定被检测食品是否存在微生物超标等情况。该技术具有完全自动化、灵敏度高、经济等优点,可以大大节省工作量,在实验和诊断中得到了广泛应用。相关内容在上节已有介绍。

(三)色谱与质谱联用技术

色谱是利用混合物中各个物质在色谱固定相和流动相之间不同的分配作用使不同的组分在两相间反复分配从而实现混合物分离的方法,其在分析化学、有机化学、生物化学的领域有着广泛的应用。质谱法是将物质粒子电离成粒子,通过适当的稳定或变化的电磁场将它们按照空间位置、时间先后等方式实现质荷比分离,通过检测其强度来进行定性定量分析的方法。在众多的分析方法中,质谱法被认为是一种同时具备高特异性和高灵敏度的普适性方法。色谱—质谱联用充分发挥了色谱的分离作用和质谱高灵敏度的检测功能,可以实现对混合物更准确的定量和定性分析,同时也简化了样品的前处理过程,使样品制备更加简便。色谱—质谱联用包括气相色谱—质谱联用(GC-MS)和液相色谱—质谱联用(LC-MS),这两种方法互为补充,适用于不同性质化合物的分析。气质联用技术是最早商品化的联用仪器,适用于小分子、易挥发、热稳定、能气化的化合物,其质谱仪器的电离源一般采用电子轰击电离源。液质联用主要适用于大分子、难挥发、热不稳定、高沸点化合物的分析,主要包括蛋白质、多肽、聚合物等。

1.GC-MS 在食品微生物代谢产物研究中的应用

GC-MS 在微生物代谢产物研究中,首要的任务是对代谢物分离鉴定方法的建立与优化。使用 GC-MS 技术以及可快速鉴定代谢物的方法,可检测 1000 多种化合物,且重现性的误差仅在 6% 以内。利用本方法还可以鉴定酿酒酵母在工业连续发酵与批次发酵时中心碳代谢流物质、氨基酸等胞内代谢产物,将这些代谢组信息与转录组、脂质组相结合,可对酵母发酵过程形成系统性的认识。在考察不同菌种对环境压力的应激反应时,发现原始酵母在抑制剂作用下会强化蛋白分解,导致氧化应激、产生大量活性氧自由基,而耐抑制型酵母中高含量的嘧啶可对细胞起保护作用;酵母的单倍体与双倍体细胞,在乙醇压力下的代谢差异明显减弱,且单倍体的代谢更易受乙醇压力的影响,而这种目标代谢物检测可作为筛选高产量菌株的有效途径。GC-MS 对多种化合物具有较强、较灵敏的分析能力,故对于鉴定比较微生物不同菌株之间的代谢物差异、同一菌株在不同生长环境下的代谢变化具有特殊的意义。这一分析技术因其高效、高通量、高分辨率的特点成为药品分析、环保监测、农药残留检测食品微生物及其代谢产物等领域重要的检测手段。

2.LC-MS 在食品微生物代谢产物研究中的应用

HPLC-MS 技术是一种普适性的分析技术,近年来获得了迅速的发展,在食品分析检验方面具有十分广阔的应用前景。比如利用高效液相色谱与大气压化学电离质谱联用(HPLC-APCI-MS)可以检测玉米食品和玉米种子中的玉米烯酮霉素,与用荧光检测器检测方法比较,用 APCI-MS 作为检测器比前者灵敏度提高了很多,对玉米烯酮霉素的检测限下降为 $0.12\mu g/kg$。并且由于质谱的高灵敏度,还可以对粗提物中的玉米烯酮霉素进行定量检测。该方法中玉米赤霉烯酮、脱氧雪腐镰刀菌烯醇和雪腐镰刀菌烯醇标准溶液的提取离子峰面积与标品浓度分别在 $3\sim4500ng/mL$、$8\sim5000ng/mL$ 范围内呈良好的线性关系,加标实验中三种毒素平均回收率在 $70.9\%\sim93.7\%$,检出限分别为 5、10 和 $12ng/g$,RSD 均小于 10%,具有很好的精密度。

二、质谱检测技术

近期快速发展起来的质谱(MS)凭借其诸多优点已成为一种新型分子水平技术。一个微生物的质谱鉴定实验,包括样品的采集和制备,整个过程不到10min。此外,质谱还是一种通用技术,它可以检测到所有类型的病原体,包括病毒、植物细菌、真菌及其孢子、寄生原生动物,并且需要样品量很少,可少于10^4个微生物。

目前采用质谱检测和鉴定微生物主要基于质谱图中是否存在特异性生物标记物的分子离子。因此,不同微生物具有不同的质谱图,即微生物指纹图谱。采用新型的质谱软电离方法,如基质辅助激光解吸电离(MALDI)和电喷雾(ESI),可获得微生物的质谱图。最近人们提出了一种基于生物信息学策略的微生物质谱鉴定方法。当对应生物体的基因序列已知时,可根据可能表达的蛋白质序列来预测质谱图中是否存在蛋白生物标记物。如利用FTI-CR-MS/MS(傅里叶变换回旋共振质谱)通过推断氨基酸序列和蛋白质组数据库搜索可以实现对完整蛋白的鉴定。样品经提取、分级和处理后,采用该方法,利用高分辨率的二级FTICR质谱分析和MALDI-MS可以从完整的孢子中发现主要生物标记蛋白,即小的酸溶性孢子蛋白(SASP)。

MALDI-TOF-MS(基质辅助激光解吸/电离飞行时间质谱)是一种强大的分析工具,其优点是灵敏度高,分析时间短,解吸完整分子的质量高达500000u,在快速鉴定检测微生物方面有很多潜在的应用,如食品中致病菌的检测等。如利用MALDI-TOF-MS可以研究多种革兰氏阳性菌和革兰氏阴性菌的全细胞的质量指纹图。在所研究的革兰氏阴性菌都有一系列质量数相差129的质谱峰,经推测是肽聚糖逐步失去戊糖或谷氨酸的产物,而革兰氏阳性菌中没有观察到这些离子,这可以作为MALDI-TOF-MS鉴定革兰氏阳性菌和革兰氏阴性菌的指标。同时,以大肠杆菌为试验对象,可以考察不同基质和蛋白提取溶液对质谱图中峰强度的影响。

三、电子鼻技术

电子鼻是能够模拟人类嗅觉系统的一种人工智能电子仪器,是适用于许多条件下测量一种或多种气味物质的气体敏感系统。电子鼻系统主要由气敏传感器阵列、信号预处理单元和模式识别单元三部分组成。气敏传感器阵列由具有广谱响应特性、较大的交叉灵敏度以及对不同气体有不同灵敏度的气敏元件组成,相当于人类鼻子的嗅觉受体细胞。工作时气敏元件对接触的气体能产生响应,并产生一定的响应模式。信号预处理单元对传感器阵列的响应模式进行预加工,以达到消除噪声、补偿漂移、压缩信息和降低信号(随样品)起伏的目的,完成提取特征、放大信号的任务。模式识别对信号预处理单元所发出的信号做进一步的处理,完成对气体信号定性和定量的识别,包括数据处理分析器、智能解释器和知识库,相当于人类的大脑。理论上,每种气味都有其特征响应谱,根据特征响应谱可区分不同的气味。

在食品工业中,酒、饮料、漱口水等产品的品质一直依靠专家的主观评定,这种方法与卷烟产品的感官评定一样,存在很多弊端,因此人们期待一种更加准确、客观、快速的评价方法。电子鼻技术能识别酒类的特异性挥发物,能识别酒精、烈性酒、葡萄酒和啤酒,其识别率可达95%。同样地,电子鼻技术也能够实时、准确地检测饮料所散发的气味,可对可乐、橙汁、雪碧等常见饮料进行快速、实时的区分,其识别率高达95.2%。另外,电子鼻在乳制品识别中也有应用,主要包括不同保质期牛奶的识别、不同产地不同风味奶酪的鉴别、细菌检测和生产过程监控等。

采用电子鼻还可以识别仓储害虫和发霉的粮食,无论虫量多少、虫子死活,它们的气体样本与标准气体样本都有明显的差异,从而能快速检测出粮食是否受到害虫的侵蚀。霉变的粮食含有对人、畜有害的霉菌毒素。谷物在发生霉变过程中会产生霉味、腐败味、酸败味或甜味等气味,这些气味的主要成分是由微生物作用产生的羟基类、醛基类、硫化物等化合物。用电子鼻技术所得数据结合径向基函数(RBF)神经网络进行分析,对发霉粮食的识别正确率可达 92.19%,而电子鼻系统对猪肉新鲜度的识别率也能达 95%。

四、酶联免疫技术

酶联免疫法 ELISA 技术自 20 世纪 70 年代出现开始,就因其高度的准确性、特异性、适用范围宽、检测速度快以及费用低等优点,成为检验中最为广泛应用的方法之一。随着蛋白质分离纯化技术和基因工程技术的不断发展,各种高纯度抗体、抗原和抗体复合物得以制备,单克隆抗体技术的应用,使得该诊断检测技术在特异性、灵敏度和客观性方面都有了大幅度的提高,并且在自动化免疫技术的推进之下进一步具有了精确的定量分析能力,已成为一种应用最为广泛和发展最为成熟的生物检测与分析技术。目前已广泛应用于临床医学、生物学和分析化学等领域。至于其在食品领域中的应用,也出现了很多报道。

ELISA 的分类至今尚无统一的标准。它的基本原理是将已知抗体或抗原结合在某种固相载体上,并保持其免疫活性,测定时将待测样品和酶标抗体或抗原按不同步骤与固相载体表面吸附的抗体或抗原发生反应,用洗涤的方法分离抗原抗体复合物和游离物,然后加入底物显色,进行定性或定量测定。随着该技术在检测分析领域的广泛应用,有些学者根据有关的文献及试剂的来源、标本的情况和检测的具体条件,提出以下几种常用的测定方法:①测定抗体的间接法;②测定抗原的双抗体夹心法;③测定抗原的竞争法,竞争法的特点是反应重复性与完成性好,是目前使用较广泛的测定方法;④捕获法测 IgM 抗体;⑤ABS(avidin biotin system)-ELISA 法;⑥PCR-ELISA 法;⑦斑点免疫酶结合试验(DIA)等。研究者可根据自身的条件和要求,灵活地设计适当的 ELISA 测定方法。它的一般操作是:①固相载体的准备:最常用的是聚苯乙烯微量反应板,规格有 40 孔、72 孔、96 孔,孔板成凹型。应用方便,参加反应的溶液用量少,适用于大规模检测。②抗原或抗体的包被:将抗原或抗体吸附到固相载体的过程称为包被或载体的致敏。③固相载体的封闭:固相载体包被 Ag(或Ab)后,载体表面可能因残留未吸附蛋白质的活性部位而吸附抗体或酶标抗体,引起试验误差;因此需要先用封闭液封闭,以降低非特异性吸附。④固相载体的洗涤:洗涤是在整个酶联免疫吸附测定的操作过程中不可缺少的一个步骤,每加一层反应结束后均要洗涤固相载体板,目的在于防止重叠反应引起的非特异性吸附。

目前发现能引起人中毒的霉菌代谢产物至少有 150 种以上,常见的产毒性真菌有曲霉菌属、青霉菌属和镰刀菌属等,其中最常见且研究最多的是黄曲霉毒素、赭曲霉毒素等。按 ELISA 法可大大提高样品阳性检出率,在扫描仪上可直接测出数据,这对于酱油系列产品的厂家质量控制以及卫生机构的质量监测提供了快捷的方法,使进一步修改酱油的 AFTB1 限量标准成为可能。目前,市场上出现了在食品中渗入罂粟壳等毒品,危害人民身体健康,现有方法如比色法、极谱法、色谱法和免疫分析法无法有效监测样品,而酶联免疫测定方法灵敏度高,特异性强,操作方便,能快速监测。

基因工程和蛋白质工程的发展,为生物酶标分析技术提供了新的技术思路和模式,弥补了其在实际应用中存在的一些缺陷和技术局限性,使其具有更为广泛的检测范围、更高灵敏度与特异性和更精确的定量能力,从而使 ELISA 技术以新的姿态出现在食品监测领域中。总之,随着科学技术的发展,检测技术日新月异,ELISA 技术比传统的检测技术具有灵敏度高、特异性好、快速、方法操作简单、样品处理量大、适用范围宽、检测费用低、易商品化等优点,因此可以肯定,ELISA 在食品领域必将得到广泛的应用。

五、PCR 技术及应用

聚合酶链式反应(polymerase chain-reaction,PCR)是美国科学家 Mullis 于 1983 年发明的一种在体外快速扩增特定基因或 DNA 序列的方法。故聚合酶链式反应 PCR 又叫体外选择性扩增 DNA 或 RNA 技术,就是模板 DNA、引物以及 4 种脱氧核糖核苷三磷酸(dNTPs)在 DNA 聚合酶的催化作用下所发生的酶促集合反应,由变性—退火—延伸 3 个步骤组成,应用该技术能在短时间内对特定 DNA 序列作百万倍扩增。

目前常用的 PCR 种类有定性 PCR 和荧光定量 PCR。荧光定量 PCR 是把荧光基团加入普通 PCR 反应体系中,利用荧光信号积累检测整个 PCR 反应的进程,通过标准曲线对未知物进行定量。荧光定量 PCR 比常规 PCR 技术自动化程度更高、特异性更强,其应用也更广泛。PCR 技术也存在一些缺点:食物成分、增菌培养基成分和其他微生物 DNA 对 Taq 酶具有抑制作用,可能导致检验结果假阴性;操作过程要求严格,微量的外源性 DNA 进入 PCR 后可以引起无限放大产生假阳性结果,扩增过程中有一定的装配误差,会对结果产生影响等等。

(一)EMA-PCR

EMA(ethidium bromide monoazide)是一种荧光插入型的核酸(DNA)结合染料。这种染料最显著的特点是当样品中死、活细胞共同存在时,它能够选择性地与死细胞中的 DNA 共价结合。由于活菌的细胞膜比较完整,EMA 不能渗透到活菌细胞内部;但在细菌死亡之后,细胞膜遭到破坏,EMA 能够很容易地渗透到细胞内部,嵌插到 DNA 分子的双螺旋上。有研究表明,死亡的细菌暴露于 EMA 染液中仅需 1min,EMA 便可透过细胞壁或细胞膜,插入 DNA 的双螺旋,发生共价交叉偶合作用,使其不能发生扩增反应,从而导致死细胞内部的 DNA 在接下来的 PCR 扩增过程中被抑制。

大量研究表明,EMA 与 PCR 相结合的检测技术,能够有效地抑制样品中死细胞 DNA 的扩增,更精确地检测到样品中的活菌细胞。例如有人利用 EMA-PCR 技术检测死、活类志贺邻单胞菌共存的菌液,发现 EMA 能够抑制志贺邻单胞死菌 DNA 的扩增,无假阳性的出现。EMA-PCR 与传统 PCR 相比,其最大优势在于在扩增时具有选择性,能够抑制 PCR 对死菌中的 DNA 扩增,只扩增其活菌的 DNA。但是,EMA 选择死活菌的能力仍然受到一些质疑,EMA 对微生物 PCR 扩增体系的影响还有很多地方尚不明确,例如,EMA 会抑制处于损伤状态的非死亡菌的扩增、EMA 自身会对 DNA 产生破坏等。但 EMA 与 Q-PCR 相结合的方式,无疑为食品中微生物的检测提供了一个新思路,既能够弥补基于 DNA 水平的 PCR 法无法选择活死细胞的扩增不足,又具有常规 PCR 检验的高灵敏度、高特异性,因而具有较大的实用和推广价值。

(二)RT-PCR

RT-PCR 就是将 RNA 的反转录(RT)和 cDNA 的聚合酶链式扩增(PCR)相结合的一种新

的扩增方法。首先在反转录酶的作用下,将 mRNA 反转录合成 cDNA,即用引物与 mRNA 杂交,然后由 RNA 依赖的 DNA 聚合酶(反转录酶)催化合成相应互补的 cDNA 链,最后再以反转录合成的 cDNA 为模板,借助 PCR 技术扩增合成目的片段。其最大优点在于,利用了只有活菌的 DNA 才能转录出 RNA 的原理,用 RNA 反转录出 cDNA 作为扩增的目标片段,以解决死菌 DNA 带来的假阳性问题。

利用 QRT-PCR(real-time quantitative reverse transcription PCR)方法可成功检测出处于活的非可培养状态与饥饿状态的霍乱弧菌。基于 RNA 水平的 PCR 技术检测结果,可以显示细菌当前的代谢活性,进而可以对细菌的代谢活性作出科学的评估。RT-PCR 技术已经广泛地应用于临床医学、分子生物学和微生物学等领域,一度被称为活菌检测的金标准,但仍有一些不确定因素限制了 RT-PCR 的使用,如样品的选择、靶点 RNA 的选择、逆转录体系的选择、扩增方式的差异等。但 RNA 作为生物活性的标志,RT-PCR 不仅能够有效地区分死活菌,其检测结果还能作为菌体代谢的活性指标,因此,RT-PCR 有着极其重要的研究价值。

(三)PCR-DGGE

由于食品成分的复杂性和微生物代谢途径的多样性,食品中微生物鉴定是一件重要但复杂的工作。现在可通过分子生物学的方法在分子水平上分析食品中微生物群落结构和检测微生物群落动态变化。

原理:应用分子生物学分析技术已成为对传统检测技术的有力支持,采用 PCR-DGGE(多聚酶链式反应结合变性梯度凝胶电泳指纹分析技术)方法可以分析检验 rRNA 的基因,根据电泳条带的多寡和条带的位置能够揭示微生物群体的多样性,将分离开的各指纹图谱条带切下进行扩增测序或者直接与类群专一性探针杂交进行分析,则可以得到更为详细的遗传信息。近年来微生物生物化学分类的一些生物标记,例如呼吸链泛醌、脂肪酸和核酸开始被用于环境样品中微生物的种群分析,其中以 16S rDNA 的基因测序为基础的分子生物学技术已经成为分析自然环境中微生物种类的重要工具(杨佐毅,2006)。

目前在细菌分类学及菌种鉴定研究中最有用和最常用的分子是 rRNA,rRNA 约占细胞中 RNA 总量的 75%~80%,编码 rRNA 的 DNA 序列中 G+C 含量较高,通常可达 53%~54%,真核生物有 5.8S,1.8S,28S,5S,四种 rRNA,而原核生物只有 5S,16S,23S 三种 rRNA,其中 16S rRNA 基因大小适中(约 1.5kb),不但含有高度保守的基因片段,而且在不同的菌株间也含有变异的核酸片段,因此其应用最为普遍。分析时可利用恒定区序列设计引物,将 16S rD-NA 进行 PCR 扩增或对 16S rRNA 进行 PT-PCR 扩增,产生长度相同但序列有异 DNA 片段混合物,然后利用可变区序列的差异对不同菌属、菌种的细菌进行分离。

方法:采用 PCR-DGGE 进行食品微生物检测时,首先要提取食品样品中的 DNA,利用保守的基因片段如细菌中的 16S rRNA,真菌中的 18S rRNA 或 26S rDNA 或等基因片段作为模板,在一对特异性引物的作用下对样品中微生物中的 rDNA 进行 PCR 或 RT-PCR 扩增,核酸扩增后电泳获得的指纹图谱包含了与多种微生物相对应的一系列条带,可以将这些条带进一步纯化和进行序列分析鉴定出微生物的种类。

应用:PT-PCR-DGGE 方法可用于检测食品中的活泼微生物,通过对特异 rDNA 序列或目的基因的分析可以检测发酵过程中存在的微生物。PCR-DGGE 指纹分析技术可应用于微生物发酵研究和发酵食品风味和质构分析,例如对我国传统白酒发酵和中药材种质资源进行研究。这一技术还可用于检测某些名优食品中的微生物种类从而判断其地理来源和产品质量。

Orphan 等通过扩增水样中微生物群落总 DNA 的 16S rDNA 片段并克隆建库分析了高温油田微生物群落结构的组成；佘跃惠等基于 16S rDNA V3 高可变区的 PCR-DGGE 图谱分析结合条带割胶回收 DNA 进行序列分析，对新疆油田注水井和相应采油井微生物群落的多样性进行了比较并鉴定了部分群落成员（佘跃惠，2007）。程海鹰等采用 PCR-DGG 分析了在高温、高压和厌氧条件下富集培养的油藏内源微生物。这些研究探讨了油藏微生物的种群多样性，为内源微生物采油提供了清晰的生态学背景，从而为内源微生物提高石油采收率的机理研究提供更多理论依据。但是目前还没有利用该技术对油藏微生物进行指导分离（程海鹰，2005）。

六、磁性纳米材料技术

功能化微纳米磁性材料是 20 世纪 80 年代出现的一类新型纳米材料，主要包括磁性纳米粒子以及基于磁性纳米粒子制备的磁性微球等。因其具有比表面积大、在溶液中分散性好、吸附速率快以及有磁响应性等特点，越来越多地被应用于食品微生物检测领域。

其中，以功能化微纳米磁性材料为吸附剂的磁固相萃取（MSPE）样品前处理技术已被广泛应用于各类复杂样品基质中待测物的富集与纯化，可有效提高待测物的富集效率，简化富集、净化过程，缩短样品前处理时间。为进一步提高净化效率，研究人员建立了基于生物识别元件和磁性材料的磁亲和固相萃取法（MASPE）。通过将可特异性结合待测物的生物识别元件（如抗体、适配子、酶、受体和抗原）偶联在磁性材料表面制备磁亲和固相萃取材料，以分散固相萃取模式净化、富集样品中的待测物，使其在具有 MSPE 优点的同时，大大提高了吸附的特异性。与传统的亲和固相萃取柱（SPE）相比，MASPE 的吸附剂表面积大，在溶液中分散性好，提高了吸附效率，同时避免了过柱操作步骤。

此外，生物识别元件功能化微纳米磁性材料作为标记物、载体及吸附剂在生物传感器检测中的应用亦日趋活跃。生物传感器由生物识别元件和各类信号转换器组成，可实现对靶向目标物的分析和检测，具有灵敏度高、选择性优良、操作简便及可连续在线分析等优点。将微纳米磁性材料的优点与生物传感器结合，可有效提高生物传感器设计的灵活性及检测灵敏度。当检测真菌毒素时，纳米磁性材料作为生物识别元件，在各个检测方法中都有应用。磁性微纳米材料在色谱仪器分析方法中的应用首先结合色谱仪器分析法进行定量检测的表面修饰抗体或适配子的磁亲和固相萃取吸附剂，有效简化了富集、净化流程，缩短了前处理时间，提高了净化效率。

（一）磁性微纳米材料在常规免疫学检测方法中的应用

免疫分析方法是生物样品中毒素残留检测常用的筛查方法，具有简单、灵敏、快速及经济适用等特点。生物识别元件功能化磁性微纳米材料在免疫学检测方法中的应用有以下两种形式。一种是以抗体功能化磁性微纳米材料为吸附剂建立 MASE 前处理方法，洗脱液用酶联免疫吸附法（ELISA）检测。如用 AFB1 抗体修饰的亚微米磁珠富集酱油中的 AFB1 并结合 ELISA 方法检测。该检测方法操作简单，灵敏度高且与国标中有机溶剂提取法相比，有机溶剂使用量少。

另一种则是以磁性粒子作为抗体的固相支持物，在磁性粒子表面进行酶联免疫吸附检测法(mp-ELISA)。与传统 ELISA 方法不同,微纳米磁性材料粒径小、表面积大、偶联容量高、溶液中分散性好,能增加反应面积,大大提高抗原抗体的反应效率。与此同时,超顺磁性使其在反应或洗涤后可在外加磁场作用下固定在孔板表面,实现与剩余反应物或洗脱液的有效分离,减小基质干扰,操作简便。如在赭曲霉毒素 A(OTA)多抗标记的磁珠表面进行藻红荧光蛋白标记的 OTA 与样品中 OTA 的竞争免疫学反应后,将磁珠上荧光蛋白标记的 OTA 洗脱,用流式细胞仪定量,并将该方法用于小麦或麦片中 OTA 的检测,LOD 为 $0.15\mu g/L$。

(二)磁性微纳米材料在电化学生物传感器中的应用

电化学生物传感器是由生物识别元件与电化学转化器(电位型或电流型的电极)组成的,利用电流或电势作为检测信号的分析仪器。其检测技术简单、灵敏度高。由于可有效提高分析灵敏度,近年来纳米颗粒标记的生物材料在电化学生物传感器中的应用引起了国内外科研工作者的广泛关注,但其仍存在如下缺陷:生物分子分离过程复杂;缺乏快速、简便、高效的生物分子固定方法;抗体、抗原等生物活性分子在电极表面的固定量少,且易脱落,致使检测灵敏度低、线性范围窄;检测后电极表面的免疫复合物不易去除,使传感器界面不能更新,无法反复使用等。而将磁性纳米材料与生物识别元件相结合应用于不同电化学传感器中可有效弥补以上的不足,改进传感器的性能。在磁场作用下,偶联有抗体、抗原等生物分子的磁性纳米粒子可方便地实现快速分离富集、靶向定位及从电极表面移除等,从而缩短分析时间、实现电极表面的快速更新。此外,利用微纳米磁珠可偶联大量生物分子的优点可使检测信号增强,电子传递的化合物加快,从而大幅度提高电化学检测灵敏度。基于上述特点,磁性纳米材料在电化学生物传感器领域具有重要的意义及广阔的应用前景。

如以 DNA 适配子为生物识别元件,超顺磁性纳米粒子为其载体,碱性磷酸酶(ALP)为信号转换元件的电化学传感器。利用电极背面的磁铁,表面偶联有 OTA 适配子的纳米磁珠被组装在工作电极表面。检测时,在反应孔中加入含 OTA 的样品及 ALP 标记的 OTA,与磁珠上的适配子进行竞争结合后洗去未结合反应物。再加入无电化学活性的萘膦酸,其在 ALP 催化作用下可转变成具活性的萘酚,再用差分脉冲伏安法(DPV)检测萘酚含量。由于磁珠表面存在大量生化反应位点及电化学检测方法的引入,该方法可实现对样品中 OTA 的简便、灵敏、快速的检测。在葡萄酒中的加标回收实验表明,其检测限为 $0.11\mu g/L$,相对标准偏差(RSD)低于 5%,重复性好。与传统的烦琐电极修饰过程相比,该方法简便地利用外加磁场即可将生物分子快速富集至电极表面。此外,该电极在 4℃存放 4 周后检测能力无变化。

值得指出的是,基于电化学检测的微流控芯片生物传感器在真菌毒素检测中的应用可极大地缩短分析耗时。微流控芯片检测是以微管道网络为结构特征,在芯片上设计各功能单元,形成进样、反应、分离、检测于一体的快速、高效、低能耗的高集成度微型分析装置,易于实现高通量自动化大规模检测。将磁性材料与微流体器件结合,使磁珠与样品的混合、反应、分离及电极检测在微流控芯片上完成,可使微流控检测兼具磁珠的操控简易性。目前真菌毒素的磁珠微芯片检测均基于在抗体功能化磁珠表面进行的酶标真菌毒素与样品中真菌毒素的竞争 ELISA 反应。

(三)磁性纳米材料在光学生物传感器中的应用

光学生物传感器由生物识别元件和光学转换器组成,具有高灵敏度、宽线性范围、简单操作、快速、高活性的发光反应等优点。将磁性材料应用于光学生物传感器能有效避免样品或反应体系中可发光干扰物及未结合标记物对检测的影响。

光学免疫传感器根据标记与否可分为有标记和无标记两种类型。表面等离子体共振(SPR)属于无标记类型,该方法与免疫法相结合,具有特异性好、灵敏度高的优点。将表面偶联抗体的磁性纳米粒子通过磁场固定在 SPR 传感器表面,通过测定共振角的变化检测 OTA,检测限为 $0.94\mu g/L$。

标记型光学免疫传感器是更为常用的光学传感器类型,但传统的荧光标记技术耐光性差、光强度较弱。因此,近年来建立了一些改进的荧光标记技术,并被应用于真菌毒素的检测。为提高传统荧光标记物的荧光强度、增强抗光漂白性,研究人员将大量有机荧光染料分子用纳米颗粒包裹或通过化学键交联在纳米颗粒内部,以期得到性能更佳的新型荧光纳米材料。比如可以通过合成掺杂大量罗丹明分子的二氧化硅纳米粒子作为荧光标记物,再在其表面偶联抗体 AFB_1(anti-AFB_1-SiO_2-RB)作为识别元件,并以 AFB_1-BSA 修饰的磁性纳米颗粒作为免疫探针,检测时将两者与样品混合发生竞争免疫反应。由于免疫探针带磁性,所得识别元件——免疫探针复合物可方便、快速地通过磁分离、清洗及重悬等步骤进行净化、富集。所得免疫复合物可用 ELISA 微孔板读取仪或程序注射流系统(SI)两种方法进行荧光检测:前者 LOD 为 $0.2\mu g/L$;后者 LOD 为 $0.1\mu g/L$。

电化学发光免疫检测法(ECLIA)是一种既具有电化学发光法的灵敏高、背景信号低及可简单地通过调节电极电压进行控制等特点,又具有免疫学检测的高选择性的检测方法,适于食品等复杂基质中痕量物质的快速分析。量子点(QD)是一类以碲化镉、硒化镉、硫化镉等为主要成分的具有电化学发光和光致发光特性的新型纳米荧光材料。与传统有机荧光标记物比较,其荧光强度较高、稳定性好、激发波长较宽,越来越多地被用于目标分子的标记和检测。

综上所述,基于表面偶联容量大、可在液相中分散以及易于操控等优良特性,生物识别元件功能化磁性微纳米材料在真菌毒素检测中的应用日益增多,有效简化了真菌毒素的检测流程、缩短了检测时间并提高了检测灵敏度。其应用方法有多种,各种方法都具有优缺点。因此,应依据检测要求、检测条件等具体情况选择适当的方法测定待测样品。磁性材料应用于样品前处理中并结合色谱法检测,定量准确、灵敏度高,但是需要昂贵的仪器,有机试剂用量较大,危害环境及实验人员健康;在常规免疫学检测中,酶联免疫吸附检测法具有灵敏、简单、快速等特点,但干扰因素较多,对检测结果造成一定影响;在生物传感器检测中,与常规的 ELISA 方法相比,利用 EIS、微流控等技术的免疫传感器具有特异性强、检测时间短、检测范围大及可以实现在线检测、操作简单等优点。但是,目前已报道的基于磁性微纳米材料的真菌毒素免疫传感器在再生性、稳定性、使用寿命等方面的研究较少,限制了它的实际应用及商业化前景,需要进一步加强。此外,将生物识别元件偶联至磁性材料表面易造成识别元件的亲和力下降,影响富集效率及传感器检测灵敏度。因此,研究与固相界面偶联对生物识别元件活性影响的机制,对制备生物识别元件功能化磁性微纳米材料具有重要的意义。

虽然目前生物识别元件功能化磁性微纳米材料在真菌毒素检测中的研究已取得了一定的成果,但与化学合成的传统 SPE 材料相比,生物识别元件制备流程复杂、费用昂贵且无法重复利用等缺陷限制了其应用。因此,开发稳定性高、可重复使用、成本低,同时兼具特异识别能力的新型识别元件,并将其用于功能化修饰磁性微纳米材料是识别元件功能化磁性微纳米材料的重要发展方向之一。表面分子印迹磁性材料以分子印迹聚合物为识别元件,兼具识别特异性和高稳定性,制备相对简单,可有效降低检测成本,有望成为真菌毒素检测的重要工具。

思考题

1. 食品微生物的生物检测技术有哪些,这些技术的检测原理如何?
2. DGGE 技术的优势和劣势分别是什么?
3. 微生物的仪器检测技术有哪些,请比较这些技术的优缺点。
4. 请举例说明流式细胞技术在微生物分析中的原理及应用。

参 考 文 献

[1]陈诺,唐善虎,岑璐伽,等.多重 PCR 技术在食品微生物检测中的应用进展[J].中国畜牧兽,2010,37(10):72—75.

[2]程海鹰,肖生科,汪卫东,等.变性梯度凝胶电泳方法在内源微生物驱油研究中的应用[J].石油学报,2005,6:82—85,89.

[3]高晓平,韩颖,黄现青.食品病原微生物分子检测技术研究进展[J].粮食与油脂,2008(9):47—48.

[4]纪勇.用于溶藻弧菌快速检测的免疫磁珠技术的研究[J].厦门:集美大学,2011.

[5]蒋志国,杜琪珍.食品病原微生物快速检测技术研究进展[J].食品研究与开发,2008,29(3):165—170.

[6]缪佳铮,张虹.仪器分析方法在食品微生物快速检测方面的应用[J].食品研究与开发,2009,30(3):166—119.

[7]刘霞,李宗军.SPR 传感器在食品微生物检测中的应用[J].食品科学,2010,31(9):201—205.

[8]佘跃惠,张凡,向廷生,等.PCR-DGGE 方法分析原油储层微生物群落结构及种群多样性[J].生态学报,2005(2):237—242.

[9]唐佳妮,吕元,张爱萍,等.阻抗法的研究进展及其在食品微生物检测中的应用[J].中国食品学报,2010,10(3):185—191.

[10]吴多加,李凤琴.在食品微生物检测和鉴定中应用的一种质谱新技术[J].中华预防医学杂志,2005,39(5):361—363.

[11]杨佐毅,李理,杨晓泉,等.PCR-DGGE 指纹分析技术在食品微生物检测中的应用[J].食品工业科技,2006,27(2):201—203.

[12]张冲,刘祥,陈计峦.食品中微生物检测新技术研究进展[J].食品研究与开发,2011,32(12):212—215.

[13]张凡非,杉山宽治,西尾智裕,等.利用免疫磁珠法分离环境及食品中产生 TDH 副溶血性弧菌的研究[J].中国卫生监督杂志,2004,1:7—9.

[14]张小强,赵晓蕾,周鑫,等.免疫磁性微球的制备及其应用于食品微生物检测的研究进展[J].化工进展,2009,28(8):1427—1430.

[15]张香美,刘焕云.食品微生物快速检测技术研究进展[J].中国卫生检验杂志,2014,24(11):1669—1672.

[16]朱许强,冯家望,王小玉,等.应用可视芯片技术检测食品中常见产毒微生物的方法研究[J].华南农业大学学报,2011,32(3):68—72.

第五篇　食品微生物的利用

第九章　益生菌及利用研究

第一节　益生菌的概念与功能

益生菌(probiotic)一词来源于希腊文"for life"(Fuller,1989),随着生物技术及微生态行业的发展,人们对益生菌的认识进一步加深。1965 年,Lilly 和 Stillwell 在 *Science* 杂志上发表的一篇论文最先使用"Probiotics"一词来描述益生菌的促生作用(谢莉敏,2013)。1991 年 Huis in't Veld 及 Havenaar 更广义地定义益生菌即是凡应用至人类或其他动物,藉由改善肠内生微生物相平衡、有益于宿主健康状态的活菌,不论是单一或混合菌株,均可视为益生菌。而益生素(prebiotic)则是指能改善人或动物肠道菌群平衡或促进益生菌生长从而对人或动物产生有益作用的化学物质或添加剂等。一般是一类宿主不能消化的食物成分,能选择性地促进肠道某种或某些有益微生物的生长,如大豆低聚糖(soybean oligosaccharide)、低聚果糖(fructo oligosaccharide)、乳糖酮(lactulose)和异麦芽低聚糖(isomalt oligosaccharide)等。

至目前为止,在世界范围内学者们对其定义仍存在着争议,FAO/WHO 定义其为通过摄入适当量从而对宿主产生有益作用的活菌(FAO,2001)。目前普遍认为作为益生菌的细菌应具备以下条件(方立超,2007):①对宿主有益;②无毒性作用和无致病作用;③能在消化道存活;④能适应胃酸和胆盐;⑤能在消化道表面定殖;⑥能够产生有用的酶类和代谢物;⑦在加工和贮存过程中能保持活性;⑧具有良好的感官特性;⑨来源于宿主相同的物种,即宿主源性。

一、益生菌的分类

益生菌分布范围广,种类多,根据菌种类型大体上包括乳杆菌属益生菌、双歧杆菌属益生菌、一些乳酸菌益生菌以及部分非产酸益生菌(Holzapfel,1998)(表 9-1):①乳杆菌属益生菌,代表性的菌种为嗜酸乳杆菌、干酪乳杆菌、植物乳杆菌、罗伊氏乳杆菌等;②双歧杆菌属益生菌,代表性的菌种为长双歧杆菌、青春双歧杆菌、短双歧杆菌、乳酸双歧杆菌、婴儿双歧杆菌等;③其他乳酸菌类,代表性的菌种为粪链球菌、乳酸乳球菌和嗜热链球菌等;④非产酸益生菌,一些酵母菌、丙酸杆菌和芽孢杆菌因具有益生菌的生理功能亦可归入益生菌的范畴。

表 9-1　益生菌的主要种类（Holzapfel，1998）

种类	乳杆菌属	双歧杆菌属	其他乳酸菌	非产酸益生菌
具体名称	嗜酸乳杆菌	青春双歧杆菌	粪肠球菌	蜡样芽孢杆菌
	干酪乳杆菌	双歧双歧杆菌	屎肠球菌	大肠杆菌
	卷曲乳杆菌	婴儿双歧杆菌	乳酸乳球菌	丙酸杆菌
	鸡乳杆菌	长双歧杆菌	肠膜明串菌	酿酒酵母
	加氏乳杆菌	乳酸双歧杆菌	乳酸片球菌	
	约氏乳杆菌	短双歧杆菌	菊糖芽孢乳杆菌	
	副干酪乳杆菌	动物双歧杆菌	嗜热链球菌	
	植物乳杆菌			
	罗伊氏乳杆菌			
	鼠李糖乳杆菌			

二、益生菌的功能

益生菌从发现至今已近 1 个世纪，期间各国科学家对各类益生菌进行了深入的研究，益生菌的功能已经得到了各国科学家和消费者的认同。益生菌的功能主要集中于维持肠道菌群的平衡，并由此引发对机体的整体效果。临床上，益生菌制品主要用于防治腹泻、痢疾、肠炎、肝硬化、便秘、消化功能紊乱等疾病（刘大波，2007；高霞，2009）。益生菌的功能主要体现在以下几个方面。

（一）对宿主的保护与营养作用

肠道菌群具有保护宿主正常的组织学和解剖学结构作用。宿主所需的维生素、氨基酸、脂质和碳水化合物都可以从正常的肠道微生物群获得，包括 B 族维生素、维生素 K、泛酸和叶酸等。

（二）参与机体物质代谢

主要体现在内源蛋白质等的代谢需要微生物菌群直接参与，肠道细菌产生 β-葡萄糖醛酸酶、硫化酶等，间接或直接为宿主利用。

（三）促进营养物质消化吸收

正常肠道菌群，有促进肠道蠕动功能，能促进机体对营养物质的消化吸收。

（四）菌群屏障作用

菌群屏障作用又叫定植力，是机体免受外来细菌感染的一个可靠保证，分为预防性屏障作用和治疗性屏障作用。前者指屏障菌群首先定植，使屏障作用的对象无法在肠道定植，对抵御外来感染起一种预防和保护作用。后者指：虽然屏障作用的目标菌株在肠道中的定植先于屏障菌群，但后来的屏障细菌可以将其从肠道中驱除，类似于化学药物的治疗作用。

（五）防癌抑癌作用

研究发现厌氧棒状杆菌，不但不会致病，还可激活人体内免疫细胞，提高吞噬能力，具有抑癌作用。

第二节　益生菌的应用开发研究

　　益生菌与健康、营养、饮食有十分密切的关系,因此,益生菌产品越来越受到消费者的青睐,益生菌产品的开发也越来越受到生产商的重视。随着益生菌市场的持续增长和研究的不断拓展,新的益生菌产品不断涌现。此外,细分市场后益生菌产品又延伸出许多新的方向。

　　芬兰、挪威和荷兰等的新型功能性酸奶、干酪、乳杆菌酸奶已上市销售,双歧杆菌酸奶、嗜酸乳杆菌酸奶已被消费者接受。Ymer(丹麦)、Nordic ropy milk(北欧黏性乳)等酪乳类制品以及浓缩酸奶(中东)、Chakka(印度)等类酸奶制品和 Kefir(开菲乳)、Koumiss(乳酒)酵母发酵产品正成为开发热点,每年新上市的含有益生菌的乳制品的数量大幅增加,在短短的 5 年之间含益生菌的新产品上市数量增长了 5 倍。

　　实际上,益生菌并不仅仅应用于食品领域,还应用于饲料、药品和膳食补充剂等多个领域(表 9-2)。其中,我国至今已经批准上市了 22 种益生菌药物,包括胃肠道使用 21 种,阴道使用 1 种。目前在国内临床上还有二到三种进口益生菌药物被应用。

表 9-2　主要的商业复合益生菌(张勇,2009)

菌株	公司	功能性
Danisco	DR-10™&DR-20™	获得免疫和获得性免疫增强
Howaru™	*Bifidobacterium lactis* HN019	
	Lactobacillus rhamnosus HN001	
Chr. Hansen	*Bifidobacterium lactis* Bb-12	治疗胶状结肠炎,提高幽门螺旋杆菌的根除率,外科手术期间病人护理,预防旅行者腹泻,对全结肠切除和回肠 J 型贮袋成形手术病人有积极效果,能改善肠道紊乱
	Lactobacillus acidophilus LA1/LA5	
Institut Rosell (Lacidofil)	*Lactobacillus acidophilus* Rosell-52	减少致病性大肠杆菌的感染,改善幽门螺杆菌引起的胃部炎症
	Lactobacillus rhamnosus Rosell-11	
Urex Biotech	*Lactobacillus rhamnosus* GR-1	重建和保持阴道正常菌群,对人体肠道有积极作用
	Lactobacillus fermentum RC-14	
VSL Pharmaceuticals, Inc	*Lactobacillus plantarum*	治疗溃疡性结肠炎,肠易激综合征,预防辐射引起的腹泻
	Lactobacillus acidophilus	
	L. casei, L. delbrueckii spp. *bulgaricus*	
	Bifidobacterium breve	
	B. longum, B. infantis, Streptococcus thermophilus	

一、益生菌在食品中的应用

　　应用于食品的常见益生菌主要指两大类乳酸菌群:一类为双歧杆菌,该类乳酸菌为全球公认的益生菌,尚未发现不利于人体的副作用。常见的有婴儿双歧杆菌、长双歧杆菌、短双歧杆菌、青春双歧杆菌等;另一类为乳杆菌,如嗜酸乳杆菌、干酪乳杆菌、鼠李糖乳杆菌、植物乳杆菌和罗伊氏乳杆菌等,其中较新型的 2 个菌种为植物乳杆菌和罗伊氏乳杆菌(陈萍,2009)。

益生菌因其特有的保健功能作为功能食品的研究已越发受到关注。在食品工业中,益生菌可参与发酵或不参与发酵直接添加,益生菌 70% 应用于乳制品中(陈萍,2009)。市场上含益生菌的乳制品主要包括酸奶油、冰淇淋、酪乳、酸奶和奶粉等,以及酸豆奶、果汁等新开发的产品。

(一)益生菌发酵制品

乳酸菌被人类利用于食品发酵,尤其是乳制品发酵已有很长的历史,但最早发现乳酸菌重要性的是诺贝尔奖获得者俄国科学家伊·缅奇尼科夫。他在对保加利亚人长寿原因的调查后认为这些人的长寿是喝酸奶的结果。而后,缅奇尼科夫对色雷斯人喝的酸奶进行化验后发现,酸奶中有一种能有效抑制肠道腐败菌的杆菌——保加利亚乳酸杆菌(刘大波,2007)。酸奶因口感丰富多样,营养价值较高,易于消化吸收,其次,酸奶含有活力强的乳酸菌,能起到增强消化功能,加强肠的蠕动和机体物质代谢的作用,对增强人体健康十分有利(高霞,2009)。干酪含有丰富的营养物质,其蛋白的网络结构对益生菌产生包裹作用有利于降低益生菌与胃肠液的直接接触时间,而且乳蛋白还具有对消化液的缓存作用,因此,干酪可以作为一种优良的益生菌载体(高霞,2009)。

Malyoth 等将双歧杆菌应用于发酵乳制品,双歧发酵乳的感官特征是较轻的酸味,和其他发酵乳制品比较少发生苦味,形成具有生理活性的 L(+)乳酸,双歧杆菌特别适宜加工发酵乳饮料,可生产兼具营养和生理功能的发酵乳制品(秦楠,2006)。

日本京都帝国大学微生物教研室的代田年稔博士经过长期研究,于 1930 年成功地分离出来自人体的乳酸杆菌,经过强化培养,使它能活着到达肠内,并将之命名为 *Lactobacillus casei strain shireta*,这就是后来被称为养乐多菌的乳酸杆菌(刘大波,2007)。

新开发出的一种功能性酸奶是将木糖醇和益生菌结合生产得到的。其功能性体现在:一方面,原料中未添加蔗糖和单糖,而是选用作为功能性甜味剂的木糖醇,可以避免血糖水平的提高;另一方面,有独特保健功能的益生菌存在,可帮助消化,防止便秘,防止细胞老化,降低对胆固醇的吸收,抗肿瘤和调节人体机能等保健和医疗作用(刘大波,2007;陈思翀,2007;Goldin,1991)。

目前,市面上以益生菌为卖点的饮料琳琅满目,品类繁多,其中酸奶仅占中国整个乳品市场份额的 15% 左右(乳酸菌奶饮品不到 5%);而国外发酵型乳酸菌奶饮料已空前发达,日本、欧洲发酵乳饮料在乳制品市场的比例达到 80%,北美约 30%。据统计,我国乳酸菌乳饮料目前以每年 25% 的速度快速递增,相比之下,国内的益生菌行业仍处于起步阶段。

(二)益生菌功能性食品添加剂

产味乳酸菌如:保加利亚乳杆菌和嗜热链球菌(其特征风味以乙醛为主);丁二酮乳链球菌、醋化醋杆菌、肠膜明串珠菌及乳酪链球菌等(产生乙二酰、乳酸、乙酸及丁二酮等风味物质),可以赋予产品芳香,提高产品风味,减少香精、香料在产品中的添加,从而使产品更趋于天然、绿色,更易于被消费者接受。另外它们还能够增加乳制品的黏稠度(陈萍,2008)。

二、益生菌在饲料中的应用

为了提高畜产品质量，保护人类健康，人们越来越倾向于无污染、无残留的饲料添加剂。益生菌作为一种新型绿色微生物饲料添加剂，通过直接饲喂动物，从而改善微生态平衡对动物产生有益影响，在提高动物生产性能的同时在动物体内无残留，近年在畜禽及水产品生产中得到较为广泛的应用（刘典同，2009；唐志刚，2010）。

（一）益生菌在畜禽养殖中的应用

益生菌能使家禽在早期就表现出优良的生产性能，特别是在周边环境不太理想的情况下。益生菌可以补充动物有益菌群、保持消化道菌群平衡，使反刍家畜瘤胃功能正常化，刺激动物体内免疫系统、提高机体免疫力，在动物体内与菌群相互竞争，协助机体消除毒素及代谢产物，改善机体代谢，补充机体营养成分，促进动物生长（刘典同，2009；唐志刚，2010）。

益生菌在生长代谢过程中将原料中的抗营养因子分解或转化，产生更能被生猪采食、消化、吸收，养分更高且无毒害作用的饲料。发酵饲料中的酵母菌和芽孢杆菌等好氧菌的存在为益生菌的生长繁殖创造了厌氧环境，而益生菌在这种环境下产生了乳酸，因此饲料变得酸香可口，大大提高动物的食欲。饲料经过发酵之后，进行了一系列的生物化学反应，改变了饲料的物理化学性质，提高了消化率、吸收率和营养价值。发酵饲料中存在大量的有益活菌及其代谢产物，可抑制肠道病原菌生长、促进肠道微生物平衡、促进肠道免疫应答、改善消化吸收功能、促进健康和生长（张勇刚，2013）。

（二）益生菌在水产养殖中的应用

近年来更是研究应用于水产养殖过程中，目前，益生菌在水产养殖业中的应用方式主要包括3种：通过改良养殖水体的水质，达到微生态平衡；控制病原，达到生物防治；通过营养性饲料添加剂的方式摄入动物肠道，提高生长性能。关于水产动物益生菌的研究和开发，国内外已做大量努力，如今成功研制并常用的有益菌种包括光合细菌、硝化细菌、芽孢杆菌、酵母菌和乳酸菌等，此外，对荧光假单胞菌也有比较详尽的研究。而水产动物益生菌的作用机制和作用方式也因不同细菌而不同（周洁珊，2012）。

益生菌能提高虾机体免疫力并促进其生长，通过产生非特异免疫调节因子等激发机体免疫功能，增强机体免疫力。研究表明，益生菌可刺激机体产生干扰素，同时提高免疫球蛋白浓度和巨噬细胞的活性（齐欣，2006）。另外，益生菌在发酵或代谢过程中产生的生理活性物质能促进食物消化和营养物质吸收代谢。由益生菌制成的微生态制剂在肠道内定位繁殖后产生的 B 族维生素、氨基酸、淀粉酶、脂肪酶、蛋白酶等生长刺激因子能提高饲料的转化率，促进虾体的增重，改善虾体的肉质和体色（陈萍，2008）。

三、益生菌在临床上的应用

近几年国内外益生菌制剂在临床上应用呈现逐年增多态势，且治疗的疾病谱逐步扩大，临床研究热点集中于炎症性胃肠病、抗生素相关腹泻、过敏、外科感染、妇科感染、预防牙周病、黏膜免疫、皮肤感染、癌症和肥胖等相关症状上。临床上常用的益生菌制剂见表 9-3（丁倩，2005）。

表 9-3　临床常用的益生菌制剂（丁倩，2005）

商品名称	所用菌种
丽珠肠乐	双歧杆菌
整肠生	地衣芽孢杆菌
米雅 BM 颗粒	酪酸菌
促菌生	蜡样芽孢杆菌
乐托儿	乳酸杆菌（热灭活）
妈咪爱	粪链球菌、枯草杆菌
金双歧	双歧杆菌、保加利亚乳杆菌、嗜热链球菌
培菲康	双歧杆菌、乳酸杆菌、肠球菌

　　Hooper 等研究了益生菌或共生微生物对维持肠道功能（如营养吸收、消化道黏膜屏障、外源性物质代谢、血管生成及肠道突变等）相关的上皮细胞基因的表达发生影响（Hooper，et al.，2001），同时益生菌对人体保护性免疫球蛋白（Ig）的生成、维持肠道微生态平衡等密切相关。另外，益生菌与益生素具有协同作用的影响，如 Kanamori 等在有关肠道功能紊乱等的治疗研究中（Kanamori，et al.，2001，2002），发现将两者联合应用比单独使用益生菌具有显著的协同影响（图 9-1）。

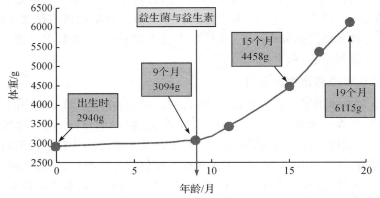

图 9-1　益生菌与益生素对婴儿生长的协同作用影响（Kanamori，et al.，2002）

　　上海交通大学系统生物医学研究院赵立平教授团队与法国达能研究中心、美国 Tufts 大学合作研究表明，益生菌可能是通过调节菌群结构来改善高脂饮食诱导的代谢综合征，进一步提示调节菌群结构可能是益生菌改善代谢综合征的机理之一。研究团队利用相关性分析，鉴定出与疾病指标呈正相关和负相关的特定肠道细菌。与疾病指标负相关的 15 种细菌类群中，很多是能够产生短链脂肪酸、保护肠屏障或抗炎的有益菌，其中 13 种能被益生菌提高。在与疾病指标正相关的 34 种细菌类群中，很多是机会致病菌或者具有促炎作用的潜在有害菌，其中 26 种被益生菌降低。这些"关键功能细菌"的改变可能介导了益生菌对宿主健康的有益作用。

第三节　益生菌菌株及益生菌制品的研究进展

　　在日本、法国、美国、俄罗斯、德国等国家益生菌的基础研究与应用很受重视。我国从

20 世纪 50 年代开始对益生菌以及与微生态相关的基础理论及应用进行研究。80 年代成立了微生态学的学会组织,继而出现了一些微生态制品。进入 21 世纪后,益生菌的研究应用受到了更为广泛的重视(胡会萍,2007)。

一、益生菌菌株研究的趋势

益生菌的功能具有菌株特异性,过去益生菌的研究热点在于发掘某个菌株的各种功能性,并试图打造获得全能的单菌株。由于宿主的肠道菌群具有一定的差异性,单株菌的平均效果就有限,因此,多种能协同增效的复合菌成为研究方向(张勇,2007)。

益生菌虽然有着很好的功能性,但对温度、湿度和其他环境条件较为敏感,因此其应用范围受到限制,目前主要是在冷藏食品中使用。为了扩大其应用范围,筛选新的耐性益生菌是益生菌研究发展的必然趋势(张勇,2007)。

益生菌产品因具有一定量的活菌数才具有显著的疗效。比如益生酸奶中至少含有 1.0×10^6 个/mL 乳酸杆菌或双歧杆菌活细胞才能有显著的疗效及保健作用。研究人员对美国和英国市场上的益生菌产品中菌体存活率进行了调查,结果超过 50% 的产品的活菌数未能达到标准。因此,在今后的益生菌产品开发中,除了研究菌株的功能性和安全性之外,研究提高益生菌在产品中的存活率的技术和方法也是更好地开发益生菌的趋势(刘大波,2007)。合生元和微胶囊包埋技术成为提高益生菌产品菌种稳定性的十分有效的方法。

二、益生菌产品的研究趋势

(一)开发针对不同消费人群的特定产品

在未来的益生菌开发过程中,应进一步深入研究菌株的作用机制,筛选出具有特定功能,能够满足不同年龄的各类患者需要的菌株。为达到这一目的,需要研究双歧杆菌对不同年龄人肠道黏膜的黏附性以及菌株在黏附后对疾病的影响(王海波等,2006)。

(二)开发含非活菌的食品

目前对非活菌益生菌制品的研究很少。与活菌制剂相比,非活菌制剂具有以下几方面的优势:货架期更长、安全性更高而且在储存和运输过程中不需冷藏。

研究人员研究表明非活菌益生菌制剂对轮状病毒引起的腹泻有治疗作用,并且对乳糖不耐症有疗效(Kaila, et al., 1995；Vesa,2000)。

(三)开发其他用途

益生菌主要被用来调节肠道菌群的组成和活动,但实际上,人体内驻留的正常菌群也可能成为益生菌调节的目标。例如口腔中微生物的组成与肠道中的同样复杂,其中一些细菌对宿主的健康不利,例如能够引发龋齿或牙周炎。研究发现酸奶能够减少口腔中引发龋齿的突变链球菌的数量,但至今对这方面的研究还很少(王海波,2006)。

思考题

1.概念解释:益生菌,益生素。

2.目前益生菌主要有哪些产品? 介绍其主要用途。

3.请你设计益生菌健康食品的开发设想。

参 考 文 献

[1]陈萍,张灿权,张春.益生菌的应用及其发展前景[J].江西农业学报,2008,20(9):188—120.

[2]陈思翀,李祯祯,陈芳.人体肠道益生菌的作用及其应用[J].江苏调味副食品,2007,(2):23—25.

[3]丁倩.益生菌制剂的临床应用[J].天津药学,2005,17:56—58.

[4]方立超,魏泓.益生菌的研究进展[J].中国生物制品学杂志,2007,20:463—466.

[5]高霞,李卫,涂世.益生菌的功效及益生菌乳制品[J].广东化工,2009,36:122—123.

[6]胡会萍.益生菌及其在功能食品中的应用[J].食品研究与开发,2007,28:173—174.

[7]刘大波,李文献,王少武,等.益生菌与益生菌乳制品的研究现状及发展趋势[J].安徽农业科学,2007,35(8):2404—2405.

[8]刘典同,王丰好,许树军,等.益生菌在畜禽生产中的应用[J].山东畜牧兽医,2009,30:14.

[9]齐欣,张峻.益生菌在对虾养殖中的应用[J].中国饲料,2006,(14):32—34.

[10]秦楠.益生菌及其在食品中应用进展[J].中国酿造,2006,(7):1—3.

[11]唐志刚,钱巧玲,侯晓莹,等.益生菌的作用机理及其在肉鸡和蛋鸡中的应用[J].家畜生态学报,2010,31:5—8.

[12]王海波,马微,钱程.益生菌的研究现状及发展趋势[J].现代食品科技,2006,22(3):286—288.

[13]谢莉敏,李丹,程秀芳,等.益生菌的种类及其在人体营养保健中的应用研究[J].安徽农业科学,2013,17:7694—7695.

[14]张勇,刘勇,张和平.世界益生菌产品研究和发展趋势[J].中国微生态学杂志,2009,21:185—193.

[15]张勇刚,董改香.益生菌发酵饲料在养猪业中的应用[J].湖北畜牧兽医,2013,34:48—49.

[16]周结珊,付锦锋,李海云,等.益生菌在水产养殖中的应用[J].科学试验与研究,2012,12:4—7.

[17]Fao W. Report of a joint FAO/WHO expert consultation on evaluation of health and nutritional properties of probiotics in food including powder milk with live lactic acid bacteria[M]. Cordoba, Argentina, 2001.

[18]Fuller R. Probiotics in man and animals[J]. J Appl Bacteriol, 1989,66:366—378.

[19]Goldin B R, Gorbach S L, Saxelin M, et al. Survival of Lactobacillus species (strain GG) in human gastrointestinal tract[J]. Digestive Diseases & Sciences, 1991, 37(1): 121—128.

[20]Holzapfel W H, Haberer P, Snel J, et al. Overview of gut flora and probiotics. [J] International Journal of Food Microbiology, 1998,41: 85—101.

[21]Hooper L V, Wong M H, Thelin A F, et al. Molecular analysis of commensal host-microbial relationships in the intestine[J]. Science, 2001,291: 881—884.

[22]Kaila M, Isolauri E, Saxelin M, et al. Viable versus inactivated Lactobacillus strain GG in acute rotavirus diarrhoea[J]. Arch Dis Childhood, 1995,72: 51—53.

[23]Kanamori Y, Hashizume K, Sugiyama M, et al. Combination therapy with Bifidobacterium breve, Lactobacillus casei, and Galactooligosaccharides dramatically improved the intestinal function in a girl with short bowel syndrome[J]. A Novel Synbiotics Therapy for Intestinal Failure, 2001,46(9): 2010—2016.

[24]Kanamori Y, Hashizume K, Sugiyama M, et al. A novel synbiotic therapy dramatically improved the intestinal function of a pediatric patient with laryngotracheo-esophageal cleft (LTEC) in the intensive care unit[J]. Clinical Nutrition, 2002,21(6):527—530.

[25]Vesa T MP, Korpela R. Lactose intolerance[J]. J Am CollNutr, 2000,19:165S—175S.

第十章　蔬菜发酵制品及乳酸菌的利用

蔬菜发酵是以蔬菜为原料,利用有益微生物生长代谢的产物及控制一定的生产条件(腌制方式等)对蔬菜进行粗加工和保藏的一种方式,归属于腌制蔬菜类。我国蔬菜腌制起源于周朝,腌制加工不仅可以延长蔬菜贮藏期、利于运输、调剂淡旺季、周年均衡供应及提高其附加值,还可以改进蔬菜风味、增加花色品种等。

第一节　发酵蔬菜制品分类及原料的选择

发酵蔬菜产品主要有泡菜、酸菜以及酱菜等,是利用天然存在的乳酸菌等微生物对蔬菜成分进行发酵产酸,降低 pH 值,同时利用食盐的高渗透压,共同抑制其他有害微生物的生长,经 15~30d 的发酵获得的制品。

一、泡　菜

泡菜是将一种或多种新鲜蔬菜及佐料、香料浸没在低盐水中,依靠乳酸菌发酵而制成的一种以酸味为主,兼有甜味及一些香辛料味,可以直接食用的发酵蔬菜制品。

(一)泡菜的分类

在世界范围内,以地域划分的著名泡菜有韩国泡菜、中国泡菜、日本泡菜以及西式泡菜,但西式泡菜没有乳酸菌发酵的过程。我国四川、湖南、湖北、广东、广西和四川等地都保存着传统的泡菜加工方法,其中四川泡菜体系较完整、具有代表性。

1. 根据加工工艺分类

根据加工工艺分为:①普通泡菜,也称汤汁泡菜,食盐水泡渍发酵后,水菜不分离,固形物≥65%;②方便泡菜,也称调味泡菜,食盐渍制后脱盐脱水、调味而成,水分≤85%。

2. 根据食盐浓度分类

根据食盐浓度分为:超低盐泡菜(食盐量≤3%)、低盐泡菜(食盐量≤6%)、中盐泡菜(食盐量≤10%)、高盐泡菜(食盐量≤15%,又叫"咸菜")。

3. 根据口味分类

根据口味分为:甜酸味、咸酸味、红油辣味和泡酸味等。

4. 根据原料分类

根据原料分为:叶菜类泡菜(如白菜、甘蓝等),根菜类泡菜(如萝卜等),茎菜类泡菜(如莴笋、榨菜等),果菜类泡菜(如茄子、黄瓜),食用菌泡菜(如木耳等)。

(二)泡菜的原辅料

泡菜制作中需要的原辅料包括菜、食盐、佐料和香料。

1. 常用于制作泡菜的菜品

茎根类、叶菜、果菜、花菜等均可作为泡菜的原料，但以肉质肥厚、组织紧密、质地脆嫩、不易软化者为佳。要求原料新鲜，无破碎、霉烂及病虫害现象。

(1)根菜类：这类蔬菜以个体肥大、色泽鲜艳、不皱皮、无腐烂、无病虫害者为优，如萝卜、胡萝卜、根用芥菜、儿菜、姜和洋姜等，并以红萝卜为佳。

(2)茎菜类：这类蔬菜以质地脆嫩、不萎缩、表皮光亮、润滑无病斑者为优，如莴苣、蒜薹、草石蚕、土豆、芋艿、地瓜、洋葱、榨菜和藕等。

(3)绿叶菜类：这类菜以鲜嫩、不枯萎、无腐烂叶、无干缩黄叶者为优，如大白菜、甘蓝、油菜、芹菜、雪里蕻、青菜、卷心菜、莲花白和瓢菜帮等。小白菜、菠菜不适于泡制。

(4)果实蔬菜类：这类蔬菜包括嫩茄子、辣椒、青番茄、嫩黄瓜、嫩冬瓜、嫩南瓜、苦瓜、冬瓜、豇豆、青豆、四季豆、香瓜和木瓜等。选料时要求果实成熟适度、色泽鲜艳、无腐叶、无病虫害等。特点是具有该品种特有的味道、成熟饱满，色泽鲜艳。

(5)菜花类：这类蔬菜组织紧密，水分充足，如菜花。

2. 食盐的选择

食盐在蔬菜腌制过程中起着重要作用，主要有：脱水、防腐、增进蔬菜的风味。腌制选用的食盐要求品质良好，苦味物质少，氯化钠含量至少在95%以上。最宜制作泡菜的是井盐，比如自贡井盐杂质含量少。海盐、加碘盐不宜用来制作泡菜。目前市场上有专用的泡菜盐销售，它是在井盐中加入少量的钙盐，如氯化钙、碳酸钙、硫酸钙和磷酸钙等，以增加泡菜的脆性。

3. 佐料的选择

泡菜制作中常选用的佐料有白酒、料酒、甘蔗、醪糟汁、红糖和干红辣椒等。白酒、料酒、醪糟汁具有辅助渗透盐味、杀菌、保脆嫩等作用；甘蔗具有吸收异味和防变质的作用；红糖起和味、提色等作用；干红辣椒则具有去除异味和提辣味的作用。

4. 香料的选择

泡菜盐水常用的香料一般有白芷、甘草、八角、山奈、草果、花椒和胡椒等。香料在泡菜盐水中起着增香味、除异味和去腥味的功效。胡椒一般仅在泡鱼辣椒时采用，用它来去除腥臭气味，山奈具有保持泡菜鲜色的作用。

二、酸　菜

酸菜一般用白菜或甘蓝为原料，是浸没在低盐水中经乳酸发酵而成的发酵蔬菜。白菜或甘蓝选用菜心，最好没有绿叶，以免影响成品色泽。

第二节　蔬菜发酵的微生物及发酵原理

各种蔬菜腌制品的自然发酵是借助于天然附着在蔬菜表面上的微生物的作用来进行的。据测定，蔬菜收获后表面所含的微生物不仅种类多，而且数量大，大白菜外叶含微生物约 13×10^8 CFU/g，根菜类表面所含的数量更大，但有益菌一般数量都较低。果蔬中的微生物大部分属于假单胞菌、早生欧文菌、黄单胞菌属和聚团肠杆菌以及各种酵母菌，还含有少量乳酸菌，如肠膜明串珠菌和乳杆菌。

蔬菜腌制保存的原理,主要是利用一定浓度的食盐溶液产生高渗透压抑制不耐盐有害微生物的生长。蔬菜腌制时,各类微生物按一定顺序进行自然发酵,一般可分为初始发酵、主发酵、二次发酵和后发酵四个阶段,四个阶段的划分是由腌制发酵过程中的物理变化确定的。

一、蔬菜腌制过程中的主要微生物及其变化

蔬菜腌制过程中的微生物种类有两种情况:一种是在高盐腌制时,基本不发生微生物发酵作用或者只有微弱的发酵作用;另一种是在适宜浓度的盐溶液中,由蔬菜本身带入或空气中的有益微生物如乳酸菌、酵母、醋酸菌进行发酵,同时有害微生物如丁酸菌(产生的丁酸有强烈的不快气味)、腐败菌和霉菌等引起有害发酵和腐败。

(一)乳酸菌

乳酸菌(LAB,*Lactic acid bacteria*)是一类能从可发酵碳水化合物(主要指葡萄糖)产生大量乳酸的细菌的统称,目前已发现的这一类菌在细菌分类学上至少包括 18 个属,主要有:乳酸杆菌属(*Lactobacillus*)、双歧杆菌属(*Bifidobacterium*)、链球菌属(*Streptococcus*)、明串珠菌属(*Leuconostoc*)、肠球菌属(*Enterococcus*)、乳球菌属(*Lactococcus*)、肉食杆菌属(*Carnobacterium*)、奇异菌属(*Atopobium*)、片球菌属(*Pediococcus*)、气球菌属(*Aerococcus*)、漫游球菌属(*Vagococcus*)、李斯特氏菌属(*Listeria*)、芽孢乳杆菌属(*Sporolactobacillus*)、芽孢杆菌属(*Bacillus*)中的少数种、环丝菌属(*Brochothrix*)、丹毒丝菌属(*Erysipelothrix*)、孪生菌属(*Gemella*)和糖球菌属(*Saccharococcus*)等(杨洁彬等,1996)。

新鲜蔬菜上占优势的微生物是革兰氏阴性好氧菌和酵母,而生产的初期,乳酸菌的数量较少,但是,在缺氧、湿润的条件下,当盐浓度和温度适当时,乳酸菌的生长则处于优势,大多数蔬菜或蔬菜汁都要经历乳酸发酵阶段。在蔬菜腌制发酵中的乳酸菌分别属于链菌属(*Streptococcus*)、明串珠菌属(*Leuconostoc*)、片球菌属(*Pediococcus*)和乳杆菌属(*Lactobacillus*)。其中,在蔬菜初始发酵阶段和主发酵阶段起主要作用的乳酸菌主要有粪链球菌(*Str. facealis*)、肠膜明串珠菌(*Leu. mesenteroides*)和短乳杆菌(*La. brevis*)。

乳酸菌在生长代谢过程中,会产生一些具有抗微生物活性的物质,如有机酸、过氧化氢、二氧化碳等,均在体外表现出抑菌活性;很多乳酸菌都能产生细菌素,如乳酸链球菌素和乳酸菌素等,研究表明这些物质在抑制病原菌上具有重要作用。乳酸菌的抗菌生物活性在维持蔬菜腌制过程的微生态平衡以及抑制腐败菌繁殖起到重要的作用,对保证蔬菜的品质及质量安全具有重要意义。

蔬菜腌制过程中同型乳酸发酵主要乳酸菌有德氏乳酸菌、植物乳杆菌和嗜热链球菌,生长温度在 $35\sim45℃$;在蔬菜腌制中常见的异型乳酸发酵的微生物有短乳酸菌和肠膜明串珠菌等,常在 $15\sim45℃$ 下生长,发酵葡萄糖主要产物为 50% 的乳酸和大量 CO_2、乙醇和乙酸。异型乳酸发酵一般在腌制早期发生,随着乳酸的积累,异型发酵乳酸菌的活动受到抑制。添加食盐量达 10% 以上也能抑制异型乳酸发酵。起重要作用的肠膜明串珠菌在蔬菜发酵过程中,快速生长降低了 pH 值,从而抑制了有害微生物的生长和蔬菜软化酶的活性;产生的 CO_2 替代了空气造成厌氧环境,不仅有利于稳定蔬菜中的 Vc 和色泽,而且也有利于其他乳酸菌按一定的顺序生长;产生的酸和醇等与其他产物结合,使产品具有特有的风味;肠膜明串珠菌能把多余的糖转化成甘露醇和葡聚糖,甘露醇和葡聚糖一般只能被乳酸菌利用,而不能被其他微生物利用,也不能与氨基酸结合成醛基或酮基,因此不会引起食品的褐变。在风

味最佳时,肠膜明串珠菌的数量达到最高。但是肠膜明串珠菌耐酸性低,随发酵的进行和pH值的下降,其生长也受到抑制,耐酸性高的乳杆菌属取而代之。如植物乳杆菌进行同型发酵,分解葡萄糖生成乳酸,耐酸性强,在蔬菜发酵后期也能生长。

(二)酵母菌

蔬菜腌制中的酵母菌可以从蔬菜采摘后本身表面带来,也可以从腌制工具和空气中自然落入而来。蔬菜腌制中常见的酵母主要有啤酒酵母、产醭酵母和鲁氏酵母等。酵母菌发酵所生成的乙醇对腌制品在后熟阶段发生酯化反应和生成芳香物质是很重要的,同时其他一些醇类物质的产生对风味也有一定的影响;酵母菌产生的乙醇也可作为醋酸菌进行醋酸发酵的基质,只有当发酵性碳水化合物全部被消耗完,酵母菌生长繁殖才停止。

在实际的蔬菜腌制发酵过程中,参与发酵的酵母菌往往多种多样,同时又受食盐浓度和pH高低等的影响而有变化。如在酸黄瓜的腌制发酵过程中,主要的发酵性酵母有 *Torulopsis versatilis*, *Hansenula subpelliculosa*, *Torulopsis holmii*, *Saccharomyces delbruekii*, *Torulopsis etchellsii* 和 *Hansenula anomala*,而主要的氧化性酵母有 *Pichia ohmeri*, *Saccharomyces rouxi* 和 *Candida krusei*;对于黄瓜腌制发酵,10%～16%高浓度食盐有利于酵母菌的生长繁殖,而5%～8%低浓度的食盐则有利于乳酸菌的生长繁殖。食盐浓度还影响黄瓜发酵的酵母菌种类,在氧化性酵母菌中 *Debaryomyces* 属和 *Saccharomyces* 属酵母菌可以在20%高浓度食盐中生长,*Pichia* 属酵母菌在15%食盐水中能生长,而 *Candida* 属酵母菌可在10%食盐水中生长。此外,食盐水的酸度也影响酵母菌的种类,如 *T. lactiscondensii* 只能在酸度较低的黄瓜发酵初期生长繁殖,随着发酵过程酸度的增加,该酵母菌就会消失,发酵性酵母会产生大量CO_2,引起酸黄瓜胀气败坏。

1.冬瓜熟腌加工工艺的酵母菌多样性与数量变化

孙丽等通过5.8S rDNA-ITS克隆文库方法和实时荧光定量PCR(RT-qPCR)方法(孙丽,2014),对浙东地区特色腌制蔬菜腌冬瓜的酵母菌多样性进行了研究,分析了冬瓜熟腌和生腌两种生产工艺条件下酵母菌种类和数量的变化情况。分别取冬瓜不同腌制时期的样品,对不同样品的阳性克隆子测序结果,在GenBank数据库中进行Blast比对,不同样品的克隆子与GenBank数据库中已知菌的5.8S-ITS rDNA序列相似性范围在99%以上。腌制过程中共涉及9个不同的菌属,其中以假丝酵母属为主。

冬瓜整个熟腌加工过程中共检出酵母菌种类8种,分别为普鲁兰类酵母(又名普鲁兰产生菌或出芽短杆霉)、海洋生防酵母、球孢枝孢、赤散囊菌、热带假丝酵母、大豆南方茎溃疡病菌、季也蒙 *Meyerozyma* 和库德里毕赤酵母。对冬瓜腌制不同阶段(分为五个时期,分别为0天、5天、10天、15天和20天)的样品进行检测,分析其种属及其相对数量的变化,检测结果如表10-1所示。

从表10-1结果可知,腌制开始(第0天)的40个克隆子比对结果均为冬瓜本身,到腌制第5天时腌制体系中出现优势酵母菌为普鲁兰类酵母,又名普鲁兰产生菌或出芽短杆霉,占克隆子总数的90%,青霉属、海洋生防酵母、球孢枝孢、赤散囊菌各占2.5%;从第10天开始假丝酵母属成为优势菌属,对40个克隆子测序结果证明全是热带假丝酵母占100%;第15天时热带假丝酵母占95%,另外的球孢枝孢和季也蒙 *Meyerozyma* 各占2.5%;第20天热带假丝酵母仍是主要菌种占82.5%,普鲁兰类酵母、海洋生防酵母、球孢枝孢、大豆南方茎

溃疡病菌和季也蒙 *Meyerozyma* 各占 2.5%，最后阶段出现了前面几个时期没检出的库德里毕赤酵母，占克隆子总量的 7.5%。

表 10-1　5.8S-ITS rDNA 克隆文库法对腌制冬瓜样品的酵母菌群落组成分析结果

菌属名	菌种名/属总数	不同时期克隆子数量				
		0 天	5 天	10 天	15 天	20 天
Candida 假丝酵母属	*Candida tropicalis*（热带假丝酵母）		0	40	38	33
	Candida 总数		0	40	38	33
Aureobasidium	*Aureobasidium pullulans*（普鲁兰类酵母）		36			1
	Aureobasidium 总数		36			1
Rhodosporidium	*Rhodosporidium paludigenum*（海洋生防酵母）		1			1
	Rhodosporidium 总数		1			1
Penicillium 青霉属	Penicillium 总数		1			
Cladosporium	*Cladosporium sphaerospermum*（球孢枝孢）		1		1	
	Cladosporium 总数		1		1	
Diaporthe 子囊壳	*Diaporthe meridionalis*（大豆南方茎溃疡病菌）					1
	Diaporthe 总数					1
Pichia 毕赤酵母	*Pichia kudriavzevii*（库德里毕赤酵母）					3
	Pichia 总数					3
Meyerozyma	*Meyerozyma guilliermondii*				1	1
	Meyerozyma				1	1
Eurotium 蜡叶散囊菌属	*Eurotium rubrum*（赤散囊菌）		1			
	Eurotium 总数		1			

冬瓜熟腌加工方式，腌制 5 天后普鲁兰类酵母数量较多，达到 3.24×10^7 copies/mL，在接下来三个阶段都未检测到；热带假丝酵母在腌制初期较少，随着时间变化，数量逐渐增加，腌制后期其拷贝数达到 1.3×10^8 copies/mL，该结果与 5.8S rDNA-ITS 文库的结果基本相符。在腌制初期，冬瓜卤水 pH 值较高，普鲁兰类酵母快速生长，第 10 天时，由于乳酸菌快速生长，pH 值已经降低，不适合普鲁兰类酵母生长，而对热带假丝酵母影响不大，能继续生长。

2. 冬瓜生腌加工方式的酵母菌种类及数量变化

按冬瓜生腌腌制工艺方法，将腌冬瓜放于阴凉处发酵 90 天，在不同阶段分别进行酵母菌多样性及相对数量变化的检测。结果表明，检测到的酵母菌种类有东方伊萨酵母（*Issatchenkia orientalis*）、库德里毕赤酵母（*Pichia kudriavzevii*）、*Candida xylopsoci* 和热带假丝酵母四种，种类上与熟腌工艺相比减少。从腌制过程酵母菌种类用数量变化上来看，在生腌初期，优势酵母菌为东方伊萨酵母和库德里毕赤酵母，各占 45%；腌制 30 天后微生物组成基本稳定，东方伊萨酵母、库德里毕赤酵母和 *Candida xylopsoci* 成为优势菌，各占 27.5%、42.5% 和 30%；腌制 60 天样品假丝酵母属占 35%，其中热带假丝酵母 5%，*Candida xylopsoci* 占 30%，东方伊萨酵母数量上没有变化，占总容量的 27.5%，库德里毕赤酵母减少三个克隆子，占总容量的 35%；冬瓜腌制成熟（90 天）时，假丝酵母属占 27.5%，其中热带假丝酵母 2.5%，*Candida xylopsoci* 占 25%；东方伊萨酵母数量上小幅增加，占总容量的 47.5%；库德里毕赤酵母克隆子数继续减少，占总容量的 32.5%。从酵母菌数量上来说，生腌冬瓜腌制过程中库德里毕赤酵母的数量级一直保持不变，数量有小幅波动，腌制 15 天时已经达到 2.90×10^8 copies/mL，30 天时由于假丝酵母属菌株大量增加，库德里毕赤酵母有所下降，60 天时数量回升，到腌制成熟期将至 2.06×10^8 copies/mL；东方伊萨酵母和库德里毕赤酵母变化趋势相同，先下降再上升，至腌制末期再次下降达到 3.26×10^7 copies/mL；腌制 15 天时假丝酵母属菌株较少，随着腌制时间的推移，数量逐渐增多，然后再下降，腌制末期稳定在 2.02×10^7 copies/mL。

(三)醋酸菌

在蔬菜的正常腌制过程中，会有少量醋酸菌的生长繁殖，在好氧条件下把酒精转化为醋酸。如膜醋酸杆菌、黑醋酸菌和红醋酸菌等，这些醋酸菌对醇类进行不完全氧化，导致最终产物酸类的积累。醋酸菌对酸性环境有较高的忍耐力，大多数能在 pH 小于 5.0 的情况下生长；蔬菜腌制过程中生成的醋酸很少，但对产品的风味形成有益。醋酸除了本身具有独特的风味外，可与乙醇形成乙酸乙酯，给腌制产品增加芳香气味。但和乳酸发酵或酒精发酵一样，过量的醋酸发酵会对产品产生不良影响。因此，在蔬菜腌制过程中要及时封缸、封坛，造成厌氧环境，减少醋酸菌的生长繁殖，保证腌制品的正常风味；如不及时封缸、封坛，醋酸菌生长旺盛引起醋酸进一步氧化为 CO_2 和 H_2O，消耗乙醇和大量糖类物质，给腌制品的风味和营养造成损失。

(四)其他细菌

在泡菜类蔬菜腌制初期除有益菌如乳酸菌和醋酸菌外，主要还有大肠杆菌类细菌的活动。如大肠杆菌能把糖类发酵分解为乳酸、醋酸、琥珀酸、乙醇、CO_2 和氢气等，其外观表现为产气；除大肠杆菌外，初期还有另外一些细菌活动，如丁酸菌进行丁酸发酵，把葡萄糖分解为丁酸、丁醇、丙酮、乙醇、乙酸、CO_2 和 H_2O 等；丙酸杆菌和丙酮梭菌可进行丙酸发酵，把葡萄糖分解为丙酸、乙酸和 CO_2 等。以上这些细菌的发酵活动，可作为产香物质增加蔬菜腌制品的特殊香味，且有机酸又可参与腌制菜的酸化，对腌制过程有一定的裨益。但是，到了发酵中期乳酸累积到 0.3% 以上时，对酸性敏感的细菌如大肠杆菌等受到限制，逐渐被正型乳酸发酵菌和乳酸杆菌所替代。

(五)霉菌

蔬菜发酵中常见的霉菌有草酸青霉、黄瓜壳二孢霉、粉红链孢霉、牙枝状枝孢霉、交链孢霉和镰刀霉等。霉菌在蔬菜腌制过程中为有害菌，特别是一些具有高果胶酶活力的类群，会导致蔬菜组织软化，引起产品严重败坏如发生软腐等。一般在厌氧条件下霉菌不能生长，再加上有高渗透压的盐溶液，更不会生长。只有当腌菜暴露在空气中，食盐含量又低时才能生长，使酸度降低，腌制品腐败，甚至产生真菌毒素。所以蔬菜腌制和贮藏期间要注意杀死或避免污染这类微生物。

二、蔬菜腌制的四个阶段

(一)初始发酵阶段

主要生长繁殖的是附着在新鲜蔬菜上的许多兼性和严格厌氧微生物。若乳酸菌开始生长繁殖，pH 值很快就会降低，许多有害微生物(如革兰氏阴性细菌和芽孢细菌等)生长繁殖就受到抑制。因此,成品腌菜的质量在很大程度上取决于乳酸菌开始生长的速度和有害微生物被抑制的程度。

(二)主发酵阶段

主要生长繁殖的微生物是乳酸菌和发酵性酵母。当可发酵性碳水化合物全部被利用完后,或 pH 值太低时,乳酸菌的生长繁殖就会受到抑制,发酵的结果是产生乳酸和乙酸等。在这一阶段,蔬菜原料的缓冲能力和可发酵性碳水化合物的含量是控制乳酸发酵和酵母发酵程度的重要因素。

(三)二次发酵阶段

主要生长繁殖的是发酵性酵母,如酵母属酵母、汉逊氏属酵母和球拟酵母等;这些酵母菌在主发酵阶段就已开始生长繁殖,耐酸性较强;低 pH 值可以抑制乳酸菌的生长繁殖,但只要存在可发酵性糖,这些酵母仍可继续生长繁殖,直到把可发酵性碳水化合物全部消耗完为止。

(四)后发酵阶段

此时可发酵碳水化合物已全部耗尽,仅暴露于卤水表面的部分微生物有生长。但在实际腌制发酵过程中,许多物理(如温度)和化学(如 pH 值)因素都可影响到各类微生物出现的先后顺序和生长繁殖速度。如乳酸菌的最适温度为 30～35℃,在这个温度下一些有害菌(如丁酸菌等)也容易生长繁殖。实践证明,为了有利于腌制产品保持正常的品质和风味,腌制过程发酵温度不宜过高,最好掌握在 12～23℃;同样 pH 值过高或过低也同样影响腌制过程的微生物类群。

第三节　蔬菜发酵的微生物代谢产物及分析

一、蔬菜腌制过程中糖的变化

腌冬瓜作为浙江东部沿海地区的传统蔬菜发酵风味食品,其发酵微生物组成丰富,产品微生态组成复杂,其中就有多种乳酸菌及酵母菌种群,由此形成浓郁的风味且具有较高的营养价值。糖类主要是由碳、氢、氧三种元素组成的碳水化合物,在发酵体系中,它可作为碳源被微生物利用,因此,腌制蔬菜中糖的种类及浓度对蔬菜发酵过程及其发酵品质形成具有重要的影响,同时了解糖的变化规律可为蔬菜腌制过程中微生物的活动规律提供参考依据。毛怡俊等通过现代仪器(高效液相色谱法等)分析方法,研究了冬瓜腌制过程中的非挥发性成分如糖类的变化。这些成分的变化分析,也可为腌冬瓜质量标准的建立和品质评定等提供基础,同时也可反映冬瓜腌制过程中环境条件、微生物种群结构及数量等变化的相互关系。

(一)腌冬瓜中粗多糖的纯化

利用 DEAE Sephrose Fast Flow 层析柱对腌冬瓜卤汁中粗多糖(wax gourd polysaccharides,简称 WGPS)进行分离,结果如图 10-1 所示。从图 10-1 可以看出,5 个时期(0,5,10,15 和 20 天)的粗 WGPS 经 DEAE Sephrose Fast Flow 层析柱分离后分别得到 3、3、3、2

和 2 个主要组分,0.05mol/L 的 NaCl 溶液洗脱的组分分别是 0-WGPS-1、5-WGPS-1、10-WGPS-1、20-WGPS-1;0.7mol/L 的 NaCl 溶液洗脱的组分分别是 0-WGPS-2、15-WGPS-1;0.1mol/L 的 NaCl 溶液洗脱的组分分别是 0-WGPS-3、5-WGPS-2;0.17mol/L 的 NaCl 溶液洗脱的组分分别是 5-WGPS-3、10-WGPS-2;0.2mol/L 的 NaCl 溶液洗脱的组分是 15-WGPS-2;0.3mol/L 的 NaCl 溶液洗脱的组分是 10-WGPS-3;0.42mol/L 的 NaCl 溶液洗脱组分是 20-WGPS-2。

(二)腌冬瓜可溶性糖的种类及变化规律

五个不同腌制时期的粗 WGPS 及其纯化组分经酸水解,再进行 HPLC 法分析;对 8 种标准单糖直接进行 HPLC 分析,得到标准单糖的液相色谱图如图 10-2 所示。从图 10-2 可以看出,8 种标准单糖的出峰顺序为鼠李糖、木糖、阿拉伯糖、果糖、甘露糖、葡萄糖、半乳糖和乳糖,各种单糖的标准曲线如图 10-3 所示,由相关系数值(数据未列)表明具有很高的可信度。

五个不同腌制时期的粗 WGPS 的单糖组成 HPLC 分析图谱如图 10-3 所示,其纯化组分的单糖组成以及质量百分比列于表 10-2 中。从数据结果可以看出,所有采样点的粗 WGPS 中没有果糖的存在,其原因可能是冬瓜原料本身没有果糖存在或果糖含量在可检出限以下,同时,也可能由于果糖含量本身很低加上在粗多糖纯化过程中的损失等。

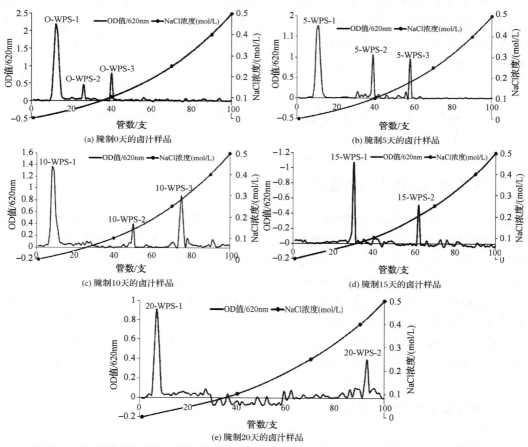

图 10-1 冬瓜腌制过程中不同时期的粗多糖经 DEAE Sephrose-FF 色谱柱的梯度洗脱曲线

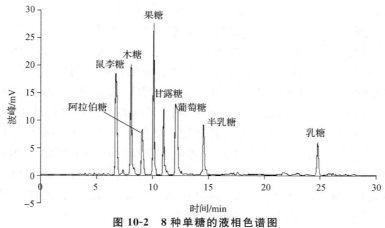

图 10-2　8 种单糖的液相色谱图

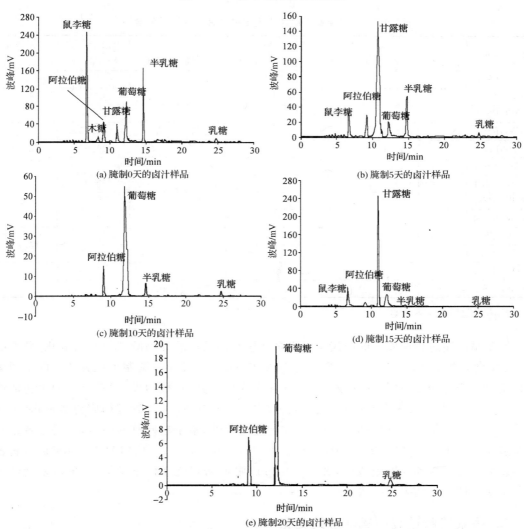

图 10-3　不同时期腌冬瓜卤汁中的可溶性糖种类

冬瓜腌制过程中单糖成分的变化主体呈现下降趋势,由最开始 24.75μg/mL 降至 1.24μg/mL,与腌冬瓜中总糖含量变化趋势的检测结果(数据未列)一致。其中经乙醇沉淀和阴离子交换柱纯化后,其可溶性糖提取率在 40%左右。由表 10-2 可以看出,鼠李糖和半乳糖是冬瓜中含量最高的两种单糖成分,并且在整个发酵过程中利用率最高。这两种糖主要对合成植物细胞壁有较大的作用(Nikaido,1965)。随着腌制的进行,腌制冬瓜卤汁中的糖分发生了一个奇特的现象,在腌制第 15 天时,腌冬瓜卤汁的多糖含量从 3.67μg/mL 上升到 13.77μg/mL。出现该状态的原因可能是腌制已处于中后期阶段,菌体的生长能力不是很旺盛,而部分多糖具有释放一类化学物质诱导细胞凋亡和分化的能力(Kamei,et al.,1997),促进了细胞的死亡,使得菌体自身多糖被释放;另外在含量上升的单糖中甘露糖占了 76%左右,也就是说甘露糖对腌制 15 天中卤水的含糖量贡献值最大,此现象需要结合基因组学的技术进一步对糖的代谢进行标记跟踪研究。

表 10-2　不同腌制时期纯化组分中含有的糖种类和含量

检测样品	可溶性糖含量(μg/mL)							占总糖的百分含量(%)	总糖含量(μg/mL)
	鼠李糖	甘露糖	阿拉伯糖	葡萄糖	木糖	半乳糖	乳糖		
0-WGPS-1	7.02	—	1.97	2.55	—	8.21	—	79.80	
0-WGPS-2	—	—	—	1.07	—	—	0.49	6.30	24.75
0-WGPS-3	—	1.51	0.96	—	0.97	—	—	13.90	
5-WGPS-1	—	—	2.31	1.18	—	2.71	—	44.35	
5-WGPS-2	—	3.91	—	—	—	—	0.28	29.97	13.98
5-WGPS-3	1.01	2.58	—	—	—	—	—	25.68	
10-WGPS-1	—	—	—	1.16	—	0.32	—	40.33	
10-WGPS-2	—	—	0.02	1.03	—	—	—	28.61	3.67
10-WGPS-3	—	—	1.01	—	—	—	0.13	31.06	
15-WGPS-1	1.29	5.22	0.70	0.93	—	0.10	—	59.84	13.77
15-WGPS-2	—	5.32	0.11	—	—	—	0.10	40.16	
20-WGPS-1	—	—	0.41	0.43	—	—	—	67.74	1.24
20-WGPS-2	—	—	—	0.33	—	—	0.07	32.26	

注:表中"—"表示未检出。

在冬瓜腌制过程中发生的糖代谢主要途径包括葡萄糖的无氧酵解与有氧氧化、糖醛酸途径、磷酸戊糖途径和多元醇途径等。表 10-2 中可明显看出不同腌制时期分离出的不同多聚糖组分。众所周知,植物多糖是一种普遍存在于自然界中(植物界)的具有多种生物活性的物质,它主要是由许多单糖(同种或不同种)以 α-1,4 或 β-1,4 糖苷键构成的多聚物(王婉钰,2013)。不少植物多糖均具有抗氧化、抗肿瘤的特性,鉴于这些有利因素,相关学者也对冬瓜多糖进行了相关鉴定和纯化分离(梅新娅,2013;程霜,2002),他们对冬瓜多糖的分析发现冬瓜多糖是由六种单糖组成的,并且是由 β-D-吡喃糖苷键互相连接的,其冬瓜多糖的组成与本实验的研究结果相一致。

二、蔬菜腌制过程中氨基酸的变化

游离氨基酸是一类具有生理活性的有机物,氨基酸在新陈代谢、生长以及免疫上都有突出贡献(Morris，et al.，2005；Mateo，et al.，2007)，有些氨基酸还与风味有一定的关系(杨苞梅，2011)。蒋芳芳等(2011)对腐乳品质影响的因素方面研究作了文献综述,阐述了腐乳发酵过程中微生态环境的变化对产品氨基氮产生的重要性,而这与其发酵过程中氨基酸代谢有密切的联系。胡捷等(2013)对不同工艺条件下普洱茶渥堆过程中的微生物与氨基酸进行分析,其中氨基酸的变化与霉菌成正相关、与细菌成负相关,氨基酸影响了茶多酚的形成从而获知微生物的变化对茶叶最终品质的影响。刘刚等(2007)通过对松茸中氨基酸组成的分析,为开发具有医学和营养价值的松茸制品提供了依据。薛敏等(2014)通过 PCA 分析方法对不同品种的猕猴桃进行氨基酸检测,得到了不同品种猕猴桃之间品质的差异性。在氨基酸分析方法方面,常用的有氨基酸自动分析仪、高效液相色谱法以及气相色谱法;自动分析仪对氨基酸的前处理较为简单,但价格较昂贵(吕雪娟,1998),气相色谱分析的缺点在于衍生剂不能与胍基、吲哚基、咪唑基和羟基完全反应(丁永胜,2004)。

毛怡俊等(2015)利用高效液相色谱法结合主成分分析对冬瓜腌制过程不同时期的氨基酸种类及数量变化角度表征腌冬瓜风味形成的品质规律。研究结果显示,在整个腌制过程中共检出 14 种氨基酸,腌制期间氨基酸总含量明显上升。经 PCA 分析(图 10-4),腌制 10 天与腌制第 15 天后结果无显著性差异,主要含有缬氨酸、甲硫氨酸和组氨酸。其余腌制时期的氨基酸的组分与浓度构成比例差异较大;其中经腌制 0 天后主要含有天冬氨酸、异亮氨酸、谷氨酸和苯丙氨酸,腌制至第 5 天主要含有 4-氨基丁酸、苏氨酸、精氨酸、鸟氨酸、赖氨酸以及色氨酸。

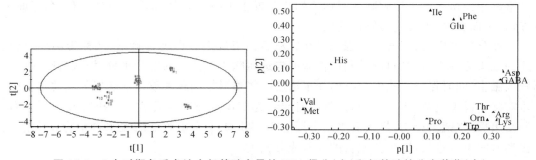

图 10-4　5 个时期冬瓜卤汁中氨基酸含量的 PCA 得分(左)和氨基酸的分布载荷(右)

以上结果表明,利用 HPLC 结合 PCA 研究复杂腌制体系中氨基酸种类及变化来反映腌冬瓜产品质量是可行的。冬瓜腌制不同时期氨基酸含量和种类发生了较大的变化,反映了冬瓜腌制过程其环境条件、微生物种群结构及数量等变化的相关性。

第四节　蔬菜发酵工艺

蔬菜由于生产季节性强,在收获旺季时就必须把部分蔬菜贮藏起来,以便在淡季时食用,于是人们在实践中,形成了各种各样的蔬菜加工工艺,并在实践中得到了丰富和发展,现将泡菜、酸菜的生产工艺进行比较。

一、四川泡菜的生产工艺

泡菜的生产工艺如图 10-5 所示。

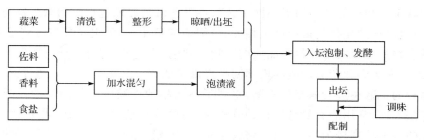

图 10-5　泡菜的生产工艺流程

（一）清洗

将蔬菜浸入水中淘洗，以去除污泥及各种杂质。

（二）整形

用刀切除不可食用部分，并根据各类蔬菜的不同特点纵向或横向切为条块状或片状。如萝卜、胡萝卜、莴笋以及一些果菜类等可切成厚 0.6cm、长 3cm 的长条，辣椒整个泡制，黄瓜、冬瓜等剖开去瓢，然后切成长条状，大白菜、芥菜剥片后切成长条。

（三）晾晒、出坯

家庭小作坊生产采用晾晒。将切割的蔬菜置于干净通风处晾晒 3 小时左右，至表面无水珠；若菜面有水，入坛后易发霉变质。

工业化生产中，为了便于管理一般在原料表面清洗之后再进行腌制，又称为出坯，出坯工序为泡头道菜之意，其目的是利用食盐的渗透压除去菜体中的部分水分、浸入盐味和防止腐败菌滋生，同时保持正式泡制时的盐水浓度。将整形好的蔬菜放入配制好的高盐水池中，盐水需浸泡没过蔬菜，再压实密封；腌制时间约为 15d，腌制完成后盐水含盐约为 15% 左右；腌制结束后，将蔬菜捞出，投入清水池中浸泡 1～2d，要求捞出脱盐后盐水含量为 4% 左右。但出坯时间不宜过长，以免使原料的营养成分损失。

（四）入坛泡制

将脱盐捞出的蔬菜投入坛泡制。入坛有三种方法，一是干法装坛，二是间隔装坛，三是盐水装坛。干法装坛适合一些本身浮力较大，泡制时间较长的蔬菜，如泡辣椒类，在菜品装至八成满后再注入盐水。间隔装坛法如泡豇豆、泡蒜等，是把所要泡制的蔬菜与需用佐料间隔装至半坛，放上香包，接着又装至九成满，将其余的佐料放入盐水中搅匀后，徐徐灌入坛中。盐水装坛法适合茎根类蔬菜，这类蔬菜泡制时能自行沉没，所以，直接将它们放入预先装好泡菜盐水的坛内。

泡菜盐水是指经调配后，用来泡制成菜的盐水。泡菜盐水对泡菜的品质影响极大，而泡菜盐水质量的优劣，往往取决于其选用的主料、佐料和香料。泡菜盐水包括老盐水、洗澡盐水、新盐水和新老混合盐水。泡菜盐水的含量一般为 20%～25%，长期泡菜的盐水浓度应保持在 20%，新盐水与洗澡盐水的浓度在 25%～28%。

（1）老盐水：老盐水是指使用两年以上的泡菜盐水，其中栖息着大量优良的乳酸菌，乳酸菌数量可达 10^8 以上，pH 约为 3.7。这种盐水内常泡有辣椒、蒜苗秆、酸青菜和陈年萝卜等蔬菜以及香料、佐料,色、香、味俱佳。这种盐水多用于接种(接种量为 3%～5%),即作为配制新盐水的基础盐水。

(2)洗澡盐水:洗澡盐水是指经短时间泡制即食用泡菜使用的盐水。一般以凉开水配制浓度为 28% 的盐水,再掺入 25%～30% 的老盐水,并根据所泡制的原料酌情添加佐料及香料;洗澡盐水的 pH 一般在 4.5 左右。

(3)新盐水:新盐水是指新配制的盐水。其配制方法为配制浓度为 25% 的新盐水,再掺入 20%～25% 的老盐水,并根据所泡制的原料酌情添加佐料和香料,pH 约为 4.7。

(4)新老混合盐水:新老混合盐水是将新、老盐水各一半配制而成的盐水,pH 约为 4.2。

二、韩国泡菜(辣白菜)

韩国泡菜是蔬菜经过盐渍后拌入各种调料(如辣椒粉、大蒜、生姜、大葱及萝卜),经低温发酵而制成的乳酸发酵食品。韩国泡菜将蔬菜和海鲜酱、调辅料综合发酵,不同风味聚集于一体,色彩鲜艳,入口辛辣,组织脆嫩,酸度适中,形成独特的香气和滋味。

(一)韩国泡菜原材料及分类

1.韩国泡菜原材料

韩国泡菜选用材料广泛,又制作独特,最普通的蔬菜如大白菜、萝卜、黄瓜、茄子、青菜、卷心菜等以及各种海鲜都可以用来做成味道各异的泡菜。

(1)主材料:白菜、萝卜、小萝卜、茄子、黄瓜、辣椒、生菜等。

(2)副材料:梨、小葱、韭菜、栗子、松子、鱼虾等各种海鲜。

(3)调料:以辣椒为主,配以盐、鱼酱、芝麻、姜、葱、糖、蒜泥等。

2.韩国泡菜分类

韩国泡菜种类繁多,根据选用的原材料种类、形态、制作方法、调料配比、地域特性不同可以分成很多种。下面以辣白菜为例说明制作工艺。

(二)辣白菜原料配比

1.主料

白菜 30kg、粗盐 3kg、水 15L。

2.配料

萝卜 4.5kg、葱白 400g、芥菜 1kg、水芹 600g、大葱 400g、蒜 400g、生姜 100g、辣椒面 800g、虾酱等海鲜酱 250g、适量的盐和白糖。

(三)生产工艺

白菜整理→切割→腌制→清洗→沥干→调料混合→包装→发酵→成品。

1.白菜的整理、切块

挑选鲜嫩的白菜,把黄色的叶子摘掉,粗大的白菜帮切成四块,小的切成两半。工业化生产时利用切割机进行切割。

2.腌制

将适量浓度的盐均匀渗透到白菜组织内部的过程。腌制可使白菜脱水,体积变小,同时盐水渗入白菜体内,而把组织中的空气排出,使白菜质地呈紧密,菜叶发软,富有弹性和韧性,在加工处理时,菜帮和叶不易折断。腌制还能够抑制有害微生物的生长,提高贮藏性。

腌制过程对泡菜质量的影响非常大。腌制过重,盐渗入得多,味咸,白菜组织过硬。腌制不够则水分多,泡菜容易发酸。腌制的好坏决定于原料(收获期、品种、生长特性等)、用盐量、腌制温度、时间、挤压、翻转次数等诸多因素,因此根据白菜的特性确定最佳的腌制条件是至关重要的。腌制的方法有干腌法、湿腌法和混腌法。

(1)干腌法:干腌法是在清洗后的白菜各叶片之间撒盐堆放的方法。虽然简便,但是难以大量、均匀处理,每棵白菜之间盐的浓度差异较大。一般家庭制作泡菜,且量少时适用。

(2)湿腌法:腌制缸中堆放白菜,用重物压上后,泡在一定浓度的盐水中。湿腌法的优点是缸与缸、上下部之间盐浓度较均匀,有利于标准化和自动化。缺点是白色部较难腌透。

(3)混腌法:将白菜撒盐后堆放,用重物压上后,倒水。此种方法缺点是缸与缸之间、同一缸中上、下部之间,盐浓度差异较大。

工业化生产常用湿腌法进行腌制。温度高,盐浓度降低和腌制时间短。一般夏季腌制时盐浓度为6%～8%,腌制16h;冬季盐浓度11%,腌制20h。腌制时上水要浸没果菜体,防止浮起,同时白菜的重量、大小要相近,盐水用循环泵回流。家庭制作泡菜常用混腌法或干腌法,因为白色部盐的渗透速度比绿色部慢,所以在白色部多撒盐,而且要上下翻转。

3.清洗、沥干

腌制好的白菜棵里残留的盐水用清水一层一层洗净。把洗净的白菜堆放在干净的板上,沥干表面附着的水分和菜体里渗出的水分。

4.调料混合

(1)原材料处理:萝卜增加甜味,可吸收各种辅料的风味,抑制风味的散发。挑选坚实而光滑的萝卜去除萝卜须,清洗干净后控干水分,然后切成4cm长的细丝。辣椒面增添辣味和呈红色的作用,是使用量最多、最重要的调料,用温水将辣椒面泡开。海鲜酱增添浓厚幽香的味道,但有时带腥味,贮藏时间长会出现不愉快的味道,也减弱辣椒的红色。一般选择虾酱、凤尾鱼酱等,含盐量20%,可调节泡菜的咸淡。择洗葱白、芥菜、水芹后切成4cm的段。大葱只取白色部分粗略地切成段。生姜和蒜去皮清洗后控干水分,放入臼中捣碎。

(2)混合:萝卜丝里放入适量的辣椒面,将其搅拌,并将上述已经过前处理的副材料(葱白、芥菜、水芹等)和调料(蒜、姜等)、海鲜酱加入,再加入适量盐和白糖调味,搅拌均匀成颜色红亮、辣甜带酸且较浓稠酱状,备用。

(3)拌料:将混合好的调料均匀地抹在每一片白菜叶上,从白菜心开始抹馅,直到外层的叶子抹完,最后用最外层叶包住后,整齐地码在容器中。

5.包装

最初制作韩国泡菜的目的是延长蔬菜的保存期。但如今,泡菜不仅局限于过冬蔬菜用,而成了全年消费的产品,从家庭化开始走向商品化,其保存性直接关系到企业的利益。泡菜的包装根据需要可以在发酵前或发酵后进行。包装容器有塑料软包装、塑料容器、铁罐包装、瓷坛子包装和玻璃瓶子包装。

出口用泡菜拌料包装后冷却到2℃,在冷藏链中流通。国内销售泡菜,小包装后低温流通销售。供应集体食堂的泡菜,拌料后放在大型容器中成熟一段时间后供应。一般家庭将泡菜放置在容器中低温冷藏。因韩国泡菜在流通销售过程中继续发酵产生气体,包装材料应具有适当的透气性。

6.发酵

泡菜经过一段时间的发酵后才能呈现真正的风味。工厂生产泡菜,存放在冷藏室进行发酵。一般家庭利用泡菜缸在地窖或储藏室发酵,但最近几年因居住条件的改变,住在楼房的城市居民将泡菜放置在泡菜专用冰箱进行发酵。泡菜专用冰箱将冰箱内部温度作为发酵标准温度,发酵一段时间后根据所产生的二氧化碳的量再调节发酵温度和时间实行第二次发酵。这样,虽然蔬菜及调料种类和量不同,根据发酵产物可自动调节发酵条件。比如维持$15\pm3℃$成熟后,达到最适发酵状态,则根据产生气体和有机酸的量,调节器感应到则终止加热部的启动,转换到冷藏状态。

泡菜发酵受温度、空气、盐浓度等因素影响。泡菜乳酸菌在高盐浓度、低温下不易生长,根据不同条件发酵程度也各异。

(1)温度:温度越低,发酵进行得越慢。如在0℃发酵60d,或在10℃发酵30d时泡菜基本成熟,味道佳,营养价值也高。

(2)空气:因乳酸菌是厌氧菌,泡菜放置在密封状态下,与空气隔绝。

(3)盐浓度:盐浓度提高,发酵成熟的时间也随之延长。一般2%、3%盐浓度可促进乳酸菌发酵,4%以上盐浓度抑制乳酸菌发酵。

泡菜是活性食品,在运输、流通、销售环节也进行发酵,因此,工厂生产的泡菜应充分考虑这些因素,来调节出库时泡菜的发酵成熟程度。

(四)韩国泡菜发酵过程中的变化

1.化学成分的变化

韩国泡菜发酵后所含有的各种化学成分的组成和含量都与新鲜蔬菜有很大不同。这是因为新鲜蔬菜经过腌制,通过物理性的渗透、扩散和吸附等作用造成原辅料之间的成分置换,又有微生物对蔬菜化学成分作用产生一系列化学变化。

在泡菜发酵过程中乳酸菌发酵碳水化合物生成乳酸、苹果酸、草酸、丙二酸、琥珀酸、柠檬酸、醋酸等有机酸,还可以生成甘露醇和酯类,其中乳酸、琥珀酸、醋酸及二氧化碳对风味贡献最大。泡菜的乳酸度为$0.4\%\sim0.8\%$时,韩国泡菜的风味最好。

韩国泡菜在发酵过程中使蛋白质降解,产生肽类、氨基酸等物质。海鲜酱、牡蛎等添加到泡菜的动物性食品蛋白质含量很高。蛋白质在成熟过程中被微生物利用产生降解产物,游离氨基酸含量增高,提高风味。

脂肪被微生物分解生成挥发性脂肪酸和甘油。维生素含量也发生变化。据研究表明,维生素A在成熟过程中含量逐渐减少,B族维生素3周后呈增长趋势,之后再减少到初期含量。维生素C含量发酵初期稍微增加后逐渐减少,发酵后期随泡菜品质下降其含量也下降,被空气氧化或加热破坏。酸败时其含量只有初期的30%。

2.微生物的变化

生产韩国泡菜的原材料既包括植物性,也包括动物性材料,在这些原材料表面和内部附着多种微生物,另外,空气中、加工用水以及加工设备中也存在微生物。因为泡菜生产不进行杀菌处理,这些微生物将参与泡菜发酵过程。因此,泡菜发酵过程中微生物的种类和数量随环境条件改变和所用原材料不同而发生变化。

3.风味的变化

盐水腌制产生高渗透压,使蔬菜脱水,体积变小,组织变软,拌入的拌料(含各种调味料,香辛料,鱼虾酱汁等)在渗透压作用下渗入已经柔软的蔬菜组织中,在乳酸菌为主的微生物和酶的作用下,原料和拌料中的各种化学成分发生变化,赋予泡菜特殊的风味和营养价值。

泡菜中的微生物发酵主要以乳酸发酵为主,辅以轻度的酒精发酵和醋酸发酵。乳酸的酸味较醋酸柔和,有爽口的功效。泡菜发酵过程中还生成其他有机酸、酒精和酯类、双乙酰、高级酮、CO_2 等呈味物质,鱼虾酱及肉汁中含有的蛋白质受微生物作用和本身所含蛋白质水解酶的作用而逐渐被分解为氨基酸,使发酵后的氨基酸总量显著增多,鱼虾酱中脂肪分解生成挥发性脂肪酸,腥味减少,使泡菜具有清鲜味和芳香味。

乳酸菌不能分解植物组织细胞内的原生质,而只利用蔬菜的渗出汁液中的糖分及氨基酸等可溶性物质作为乳酸菌繁殖的营养来源,致使泡菜组织仍保持脆嫩状态。

三、酸菜的生产工艺

酸菜生产原料一般用大白菜或圆白菜,其中以口味淡爽、偏甜的白色圆白菜最好,用它制作的酸菜口味较好。酸菜的生产工艺如图 10-6 所示。

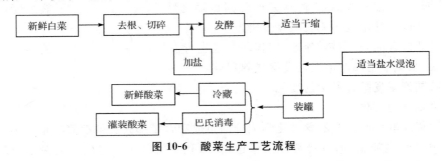

图 10-6 酸菜生产工艺流程

(1)将大白菜或甘蓝摘去残根烂叶和大叶黄叶,在太阳底下晒几天,用清水洗净后,最好能用热水漂烫,以便软化组织和部分去除菜体表层杂菌。再一层层地在容器里摆放整齐腌起来,菜顶还要压重物,盐水要没过菜体。

(2)缸的顶部盖有塑料薄膜,以隔绝空气保持厌氧和防止污染。经过较短的时间,罐中氧气耗尽,乳酸菌开始生长,释放出 CO_2,形成厌氧环境。

(3)酸菜发酵的理想温度为 18℃,或采用 35～40℃高温发酵,盐浓度为 1.8%～2.25%。

(4)冷藏的酸菜不经过巴氏灭菌,可加入防腐剂苯甲酸钠和偏亚硫酸氢钾,提高保藏性。

(5)酸菜若真空包装后再经 74～82℃,30min 加热杀菌,可保证一定的储藏期。

第五节 蔬菜发酵与质量控制技术进展

近几年来,我国腌制菜加工产业发展十分迅速,目前我国泡菜已经出口到美国、加拿大和日本等多个国家和地区。但我国的发酵蔬菜在品质和品位上都有待提高,有些发酵蔬菜的质量存在缺陷,需要在生产加工中进行控制。

一、接种乳酸菌发酵蔬菜技术

(一)菌种选择

选择适宜的菌种作发酵剂是制作优良发酵制品的先决条件。要结合各地不同风味泡菜制作特点,选择性状稳定、生长繁殖迅速、抗逆、易保存且存活期长的优良菌株,利用纯培养微生物进行接种最为可靠。另外,还可选择菌种或其代谢产物具有的抗菌特性作为接种发酵用的菌株;或选择的菌种具有功能性代谢产物或包括各种酶,提高发酵产品的功能性;根据菌种的自然生态特性也可选择多菌种接种发酵,使发酵过程及其产品的品质及性能显著提高。

(二)接种发酵对腌制蔬菜质量品质的影响

国内外研究学者有关接种发酵对腌制蔬菜的影响已有较多研究报道(李春,2006;陆胜民,2009;Lan, et al., 2009)。陆胜民等(2009)以从自然发酵的优质臭冬瓜中分离得到的典型菌株作为接种发酵剂,通过人工接种发酵试验,根据感官评定结果确定了适合的臭冬瓜发酵剂种类,并利用正交实验对发酵条件进行了选择。李春等(2006)探讨了人工接菌发酵黄瓜理化指标及微生物变化规律,结果表明,人工接入乳酸菌后,黄瓜在发酵过程中总酸度增高,而总糖的含量随发酵时间延长而减少,亚硝峰出现较快,发酵后期大肠菌群数最近似值降到很低,发酵黄瓜中 Vc 损失小;Lan 等(2009)对腌冬瓜中的乳酸菌进行了分离与鉴定;而葛燕燕等(2015)通过从腌冬瓜中分离出来的有益菌戊糖片球菌,研究接种发酵对浙东地区生腌冬瓜理化等品质变化的影响,结果如图 10-7、图 10-8 所示。

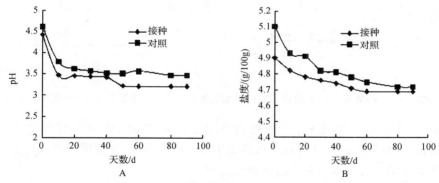

图 10-7 接种对冬瓜生腌过程 pH(A)和盐度(B)变化的影响

从图 10-7 可以看出,在生腌加工工艺条件下,接种乳酸菌后腌冬瓜的 pH 值较相应时间的对照组低,尤其是前 20 天,接种比对照组显著低($P<0.05$)。其盐度的变化为先下降再趋于平衡,在相同时间内接种腌制其盐度较对照组更低,尤其是前 40 天,变化较显著($P<0.05$)。

在冬瓜生腌的发酵过程中,接种后由于乳酸菌代谢产生乳酸,可加速早期 pH 的下降,有利于抑制杂菌的生长繁殖;pH 值的变化与乳酸菌代谢碳水化合物和蛋白质分解有关,在发酵初期,乳酸菌主要分解碳水化合物,产生乳酸,使 pH 值下降,随着时间的延长,蛋白质被部分分解,产生一些碱性氨基酸及氨,使 pH 值下降速度减缓。接种乳酸菌后腌制冬瓜成熟期缩短,一般生腌冬瓜 90 天后腌制成熟,而接种发酵工艺 60 天即可成熟。

对于亚硝酸盐的检测结果(图 10-8),对照组在第 10 天出现亚硝峰,然后迅速下降,至第 30 天后缓慢下降,第 80 天后趋于平稳,而接种组腌制发酵开始后亚硝酸盐含量最高,比对照组的最高值低得多（$P<0.05$），腌制开始后一直下降，至第 60 天左右稳定。从图 10-8 结果可以看出，对照组（未接种腌制）氨基酸态氮变化总体呈上升趋势，而接种组氨基酸态氮开始呈上升趋势，至第 30 天达到高峰，然后缓慢下降。前 40 天中，接种组发酵冬瓜的氨基酸态氮较高，第 40 天后，接种组发酵冬瓜的氨基酸态氮较低。

通过测定接种腌制冬瓜过程中的一些指标，60 天后基本稳定，而且此时感官评定颜色黄色透明，软度适中，风味良好。

（三）接种发酵对蔬菜腌制微生态构成的影响

作者研究团队从浙东传统熟腌冬瓜中筛选到一株具有抑菌性能的乳酸菌（植物乳杆菌 L34）并接种于腌冬瓜发酵，通过 Illumina MiSeq 高通量测序方法比较了自然发酵和接种发酵的腌冬瓜体系微生态多样性的差异性（表 10-3）。表 10-3 中 ace、chao、simpson 及 shannon 四个多样性指数均是表示细菌群落 alpha 多样性的指数。其中 chao 是用来估计群落中 OTU 数目的指数，表示菌群丰度；ace 表示 OTU 数目的指数，算法与 chao 不同；shannon 的大小反映了菌群多样性的高低，shannon 越大，群落多样性越高；simpson 表示菌群微生物多样性的指数之一，simpson 指数值与群落多样性成反比。

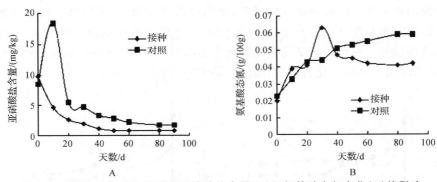

图 10-8　接种对冬瓜生腌过程亚硝酸盐含量（A）和氨基酸态氮变化（B）的影响

从表 10-3 可以看出，熟腌冬瓜在发酵成熟的过程中，细菌丰度和多样性经历了先增加后减少的过程，接种乳酸菌发酵的腌冬瓜体系中变化相对较慢，这说明接种乳酸菌发酵相对于自然发酵更能维持腌冬瓜体系的菌群相对稳定。

表 10-3　利用 Illumina MiSeq 测序的腌冬瓜细菌群落丰度和 alpha 多样性指数

多样性指数	发酵方式	发酵时间（d）			
		5	10	15	20
Reads	自然	14340	17029	18980	11076
	接种	12916	12094	8724	13045
OTU	自然	8	16	15	9
	接种	10	14	13	12
ace	自然	0 (0,0)	16 (16,16)	15 (15,15)	0 (0,0)
	接种	0 (0,0)	12 (12,12)	17 (15,31)	13 (13,13)

（续表）

多样性指数	发酵方式	发酵时间（d）			
		5	10	15	20
chao	自然	8 (8,8)	16 (16,16)	15 (15,15)	9 (9,9)
	接种	10 (10,10)	15 (14,22)	13 (13,13)	12 (12,12)
coverage	自然	1.000000	1.000000	1.000000	1.000000
	接种	1.000000	0.999835	1.000000	1.000000
shannon	自然	1.39 (1.37,1.4)	1.53 (1.52,1.55)	1.28 (1.26,1.29)	0.85 (0.83,0.87)
	接种	1.35 (1.33,1.37)	0.52 (0.5,0.54)	1.55 (1.53,1.57)	0.65 (0.63,0.67)
simpson	自然	0.3317 (0.3256,0.3378)	0.3299 (0.3255,0.3343)	0.2623 (0.2593,0.2654)	0.6395 (0.6305,0.6484)
	接种	0.4013 (0.3923,0.4102)	0.2703 (0.2654,0.2752)	0.7447 (0.7349,0.7545)	0.8008 (0.7913,0.8103)

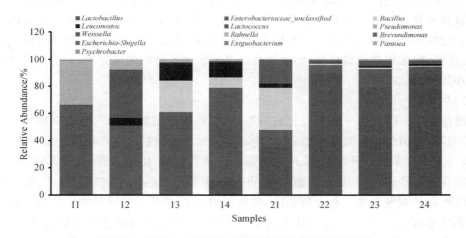

图 10-9　接种（L34）发酵对腌制冬瓜细菌多样性影响

（图注：11、13、21 和 23 分别为自然发酵腌制；12、14、22 和 24 分别为接种乳酸菌发酵；测定时间点分别 5、10、15 和 20 天。）

微生物多样性影响的分析：自然发酵和接种发酵熟腌冬瓜体系成熟过程中细菌菌群变化检测结果，整个过程中共鉴定出 8 个属的菌（丰度低于 1% 的部分合并为另一类）。由图 10-9 可知，在发酵期间（图略），熟腌冬瓜的细菌种类经历了先上升后下降的过程，这和 alpha 多样性指数反映的结果一致。发酵第 5d，自然发酵腌冬瓜中肠杆菌（*Enterobacteriaceae*）为优势菌，占细菌总量的 65.32%，假单胞菌（*Pseudomonas*）次之，占 30.93%；接种发酵体系中肠杆菌（*Enterobacteriaceae*）为优势菌，占细菌总量的 50.28%，乳酸链球菌（*Lactococcus*）次之，占 35.47。发酵第 10d，自然发酵体系中肠杆菌（*Enterobacteriaceae*）为优势菌，占细菌总量的 60.84%，芽孢杆菌（*Bacillus*）次之，占 23.13%，其他属的菌有所上升，其中明串珠菌（*Leuconostoc*）占 13.19%；接种发酵体系中肠杆菌（*Enterobacteriaceae*）为优势菌，占

68.05％,明串珠菌(*Leuconostoc*)和乳杆菌(*Lactobacillus*)分别占 11.52％和 10.75％。发酵第 15d,自然发酵体系中,乳杆菌(*Lactobacillus*)成为优势菌占细菌总量的 35.53％,芽孢杆菌(*Bacillus*)次之占 30.85％,其他菌有所上升,魏斯氏菌(*Weissella*)占 17.34％;接种体系中,乳杆菌(*Lactobacillus*)急剧上升成为优势菌,占细菌总量 89.33％,肠杆菌(*Enterobacteriaceae*)次之,占 6.48％;在发酵第 20d,自然发酵体系中,乳杆菌(*Lactobacillus*)急剧上升成为优势菌占细菌总量 79.24％,肠杆菌(*Enterobacteriaceae*)次之占 13.48％;接种发酵体系中,乳杆菌(*Lactobacillus*)为优势菌占细菌总量 86.04％,肠杆菌(*Enterobacteriaceae*)次之,占 8.23％。随着发酵时间的延长,发酵体系中的优势菌从肠杆菌(*Enterobacteriaceae*)变化为乳杆菌(*Lactobacillus*),细菌菌群丰度先增加后减少,细菌多样性经历了由复杂到单一的变化过程。

二、发酵蔬菜生产中的常见质量问题

(一)软化

软化是发酵蔬菜生产过程中的一个严重问题,它是由植物或微生物所含的软化酶引起的。最常见的软化酶是果胶酶,它能分解果胶使泡菜软化;另外,聚半乳糖醛酸酶也是一种软化酶,它能使果实种子发生软化即"软心";适当提高食盐浓度,可预防泡菜软化。不同蔬菜由于自身所含软化酶活力和抵抗微生物软化酶侵袭能力不同,故防止软化所需的食盐浓度不同,虽然高盐会抑制软化酶活力,但是考虑到高盐的诸多不利影响,故目前常用添加钙盐(如氯化钙、醋酸钙和葡萄糖酸钙)或提高泡菜水的硬度等措施来保脆。此外,还必须加强卫生管理和密封状况。

(二)生花

发酵蔬菜"生花"是由于腌制过程密封不严,某些耐盐耐酸的好气性微生物如日本假丝酵母等产膜酵母菌的生长繁殖所致;预防生花的关键在于保持厌氧环境并注意卫生;若泡菜已生花,可采取以下方法补救,向坛内加入新鲜蔬菜并装满,使坛内形成无氧状态,抑制产膜酵母和酒花菌活动;及时除去水表面白膜,并加入少量白酒、姜、蒜或紫苏叶等,防止进一步发生更为严重的腐败现象。有资料报道,泡菜中添加 0.02％～0.05％的山梨酸盐便可延缓酵母菌膜的形成,若盐水已发生变质但尚不严重时,可将盐水倒出进行澄清过滤,去除杂菌补充新盐水,并洗净坛内壁,同时加入白酒、调料及香料,继续进行泡制,若盐水或泡菜已出现严重变质时,就只能将其倒掉。

(三)产气性腐败

发酵蔬菜在腌制过程中常常出现产气膨胀现象。这主要是由于产气微生物包括酵母菌、乳酸菌,甚至大肠杆菌在腌制过程中产气引起的,可适当提高盐和酸度来防止这种现象的发生。此外,如果操作不当或卫生条件较差,某些芽孢杆菌、粉红色酵母、短乳杆菌、丁酸菌和大肠杆菌等还会导致泡菜变色、发黏及产生异味等。

(四)酵母菌的控制

蔬菜腌制发酵中酵母菌对腌制品质量有重要影响,在缺氧情况下,酵母菌主要以酒精发酵为主,但过度的酒精发酵会使腌制品酒度增高,正常风味受损;同时发酵消耗大量糖类物质,影响腌制品的营养性。另外,某些酵母菌(如产醭酵母)的大量繁殖会使腌制品表面生白花,产生不愉快的酸臭味,最后导致腌制品变质。酵母菌能在低 pH 条件下生长,并利用乳酸,使产品 pH 升高,从而引起其他不良微生物的生长。酵母菌还会产生大量气体,这些都会影响产品的最终质量;但部分酵母菌在蔬菜发酵中也有一定的有益作用,因为酵母菌能够大量利用可发酵性糖,故可避免乳酸菌在其完成发酵前受到低 pH 的抑制。

(五)褐变与护色

绿色蔬菜在发酵中易褐变,可采用以下方法预防:①制成的咸胚,可先在微碱性溶液中浸泡(pH 为 7.5~8.5)或漂烫一下;②适当提高用盐量,约 20% 以上;③浅色蔬菜的护色主要以防止酶促褐变为主,可采用漂烫、调节 pH 到 4.5~5.5 或利用护色剂如食盐、植酸等延缓其色泽的变化。

三、蔬菜发酵质量控制技术

泡菜的原料、辅料的质量和泡制过程直接影响盐渍制品的卫生和质量。蔬菜发酵生产企业应对生产的全过程进行危害分析,确定关键控制点,确定控制标准和控制方法,提出相应的改进控制措施,达到安全生产和保证产品质量的生产目的。发酵蔬菜生产中的关键点如下。

(一)原料和辅料

1.对蔬菜原料应进行严格选择

加工泡菜用的原料本身带有病原菌、毒素和虫卵等生物性危害;蔬菜表面的农药残留为化学性危害;另外收获的蔬菜原料中常常含有很多泥土、石块和其他杂物等物理性危害。有时蔬菜的品种或成熟度等因素也会使原料的贮藏性能下降,影响成品的卫生质量,因此,必须严把原料验收关,确保采购的蔬菜符合卫生标准和农药残留要求,经采收、贮藏和运输到加工厂后,剔除破碎、霉烂及病虫害等不合格的原料。

2.水

泡菜加工用水量极大,尽管对于水的质量要求不如酿酒用水等严格,但也绝不可忽视其卫生质量。一般自来水、井水或清洁的江、河、湖水等,只要符合 GB5749-2005 生活饮用水卫生标准,都可以使用;自来水水质卫生可靠,如有的水含有较高的硝酸盐或亚硝酸盐(苦井水),硝酸盐在细菌作用下能还原成亚硝酸盐,可造成人体急慢性中毒。此外水质保持适当的硬度对泡菜保脆有一定的作用。

3.食盐及其浓度

食盐是泡菜生产的主要辅料,其卫生质量要求须符合 GB2721-2003 食盐卫生标准,有的地区腌渍用盐多为海盐,但海盐易受三废污染。据有关材料介绍,有些省市海盐中氟含量高达 30~40mg/kg(比标准高 10 倍以上),氟过高可引起氟中毒;而矿盐中常有较高的硫酸盐,用这种盐腌菜容易腐烂,而且味道苦涩不佳;如果使用矿盐腌渍菜,应将盐溶解沉淀去除杂质后再使用。食盐不仅赋予泡菜一定味感,且具有抑菌防腐作用,食盐浓度越大,抑菌作用越强;当食盐浓度小于 6% 时,大肠杆菌会繁殖;当食盐浓度介于 6%~8% 之间时,尽管该浓度可抑制大肠杆菌,但丁酸梭菌仍会生长繁殖,其结果使糖和乳酸发酵,产生丁酸,从而影响泡菜的风味。但过高的食盐浓度使乳酸菌活力也受到影响,故单纯依靠高食盐浓度来保证泡菜的耐贮性,势必会影响泡菜腌制主体作用即乳酸发酵作用;在低盐泡菜日渐发展的今天,应采取低盐增酸抑菌的方法。

(二)原料预处理

原料预处理包括原料的清洗、拣选和修整，如果清洗和拣选不严，那么原料中存在的上述各种危害得不到清除，还会带入到产品中，影响产品的卫生要求。原料首先在清洗池中进行清洗，清除大部分黏附在表皮的灰尘、泥土和农药等污物。有些蔬菜洗后还要晾晒，晾晒不仅可蒸发蔬菜内的水分，缩小体积，便于腌制，而且通过阳光的照射，可利用紫外线杀菌防止产品腐烂。

(三)腌制及氧气要求

厌氧状态为乳酸菌完成乳酸发酵所必需。在有氧条件下，泡菜色泽暗黄，维生素 C 破坏，同时霉菌、酵母菌等好氧菌繁殖，造成加工失败。选择合理的发酵容器如泡菜坛，要保证容器清洁和密封，装坛时压实，泡渍液必须浸没菜体，泡制期间不宜开盖，尽量创造一个无氧环境。

(四)容器及管道卫生

(1)泡菜坛及水槽的卫生使用前彻底清洗泡菜坛，避免杂菌侵染影响成品品质。注意水槽内要保持水满，并经常清洗换水，也可在水槽内加 15%～20% 的食盐水，以防杂菌污染。

(2)工艺操作及人员卫生车间卫生质量不好，生产中使用的器具、容器、管道等杀菌不彻底，以及工作人员操作不当等都会带来某些杂菌，从而导致泡菜变色、发黏、产生异味等变质现象的发生。多次取食时，应严格保持卫生，防止油脂及污水混入坛内；油脂因密度小，浮于水表面，易被腐败性微生物分解而使泡菜变臭。

(五)食盐浓度

食盐的作用一是防腐，因为一般有害菌的耐盐能力差；二是使蔬菜组织中水分析出，成品质地柔韧、咀嚼感强。盐浓度宜控制在 10%～15%，过高引起乳酸发酵的抑制，风味差；过低引起杂菌容易繁殖导致产品异味或变质；最好采取分批加盐，兼顾发酵和防腐、防皱皮，使外观舒展饱满，还可缩短加工周期，最后达到平衡时盐浓度为 6% 以下。

传统四川泡菜首先制咸坯，咸坯是将新鲜蔬菜用食盐保藏起来，以随用随取。咸胚的制作是一层菜一层盐，最后达到平衡时的盐水浓度约为 22%；如果盐分太少达不到保存目的，盐分太高又会影响后序的发酵工艺。

(六)泡制

发酵温度和 pH 值对乳酸发酵质量起着重要作用。如果温度偏高则有利于有害菌活动，而温度偏低又不利于乳酸发酵。乳酸菌能耐受较强的酸性，而腐败菌则不能。酵母菌和霉菌虽能耐受更强的酸性，但其属于好氧菌，在缺氧环境中不能活动，故在发酵初期调节 pH 至较低值；对于人工接种的泡菜，接种前应将其温度调到乳酸菌的最佳生长温度 25～30℃，最适宜的 pH 为 5.5～6.4，发酵时应控制厌氧条件。

(七)配料控制

为了增加泡菜风味，一般在发酵好的泡菜中添加蔗糖、酒、辣椒和各种香辛料，为防止带入杂菌，这些香辛料要提前预煮后再加入。

(八)真空包装

要在一定真空条件下对泡菜进行包装，尽可能降低在杀菌时和杀菌后导致泡菜质量下降的氧化反应，并且可减少杀菌过程中的胀袋。

（九）杀菌

蔬菜原料经发酵后制成的泡菜 pH 降低到 4.5 以下，菌群种类及相对数量已发生很大变化；因此可采用巴氏杀菌（一般 85℃,30min），即可达到卫生要求。

（十）管理制度

制度不健全，管理不得当，从业人员无健康体检合格证上岗，各工序原料、设备、工具、管道等不按卫生制度进行清洗和消毒等，是影响产品质量的重大隐患。

（十一）杂菌污染

泡菜在腌制过程中常常由于一些产气微生物的影响而出现膨胀等现象，这些产气微生物包括酵母、乳酸菌和植物乳杆菌，甚至大肠杆菌，后者通常在食盐浓度低于 5% 或 pH 较高（4.8～8.5）时发生，可适当提高盐和酸的浓度来防止。

（十二）亚硝酸盐超标

腌制泡菜一定要用新鲜蔬菜，并且腌制时间不可太短，食用时一定要检查腌菜是否腐烂、变质，以防止亚硝酸盐超标。泡菜制作过程中除了严格控制发酵条件外，在发酵初期加入一定量的大蒜泥，可以阻断亚硝酸合成亚硝胺，同时也能抑制亚硝酸盐的生成，大蒜泥用量越多抑制效果越好，但过量的大蒜对泡菜的风味带来较大影响，参考用量以 1.0%～1.5% 为佳。另外原料中蛋白质或硝态氮含量越多，亚硝酸盐生成越多，但一周以后基本被还原分解。所以腌泡菜最好在泡制一周后食用较为安全。

思考题

1.什么叫发酵蔬菜？我国常见的发酵蔬菜有哪些种类及特点？

2.腌制菜质量控制有哪些因素？请分析。

3.发展我国特色发酵蔬菜有哪些设想，结合文献进展请加以阐述。

参 考 文 献

[1]程霜,冯泽静.冬瓜多糖的分离与鉴定[J].粮油加工与食品机械,2002(9):44—46.

[2]丁永胜,牟世芬.氨基酸的分析方法及其应用进展[J].色谱,2004,3(22):210—215.

[3]葛燕燕,吴祖芳,翁佩芳.冬瓜腌制生产工艺与品质特性变化研究[J].宁波大学学报,2014,27(3):1—6.

[4]胡捷,刘通讯.不同工艺条件对普洱茶渥堆过程中微生物及酶活的影响[J].现代食品科技,2013(3):571—575.

[5]蒋芳芳,刘嘉,蒋立文.腐乳品质改善的研究进展[J].中国酿造,2011(11):1—5.

[6]李春,张毅,李明墅,等.人工接菌黄瓜发酵过程中的品质变化[J].四川食品与发酵,2006(7):49—51.

[7]刘刚,王辉,周本宏.松茸氨基酸含量的测定及营养评价[J].中国食用菌,2007,26(5):51—52.

[8]吕雪娟,宁正祥.蔬菜腌制过程中的氨基酸组成变化[J].氨基酸和生物资源,1998,20(3):28—31.

[9]陆胜民,袁晓阳,杨颖,等.人工发酵生产臭冬瓜的工艺[J].浙江农业学报,2009,21(2):101—105.

[10]毛怡俊,吴祖芳.浙东特色腌冬瓜氨基酸的形成规律及变化特征[J].核农学报,2015,29(10):1931—1937.

[11]梅新娅.冬瓜多糖的提取和纯化研究[J].粮油食品科技,2013(1):54—55+80.

[12]孙丽,吴祖芳,沈锡权.5.8S rDNA-ITS 克隆文库法分析腌制冬瓜的酵母菌多样性[J].中国食品学报,2015,15(2):201—206.

［13］王婉钰,季宇彬,毕明刚.天然药物多聚糖类抗肿瘤研究进展[J].黑龙江医药,2013,26(2):200－202.

［14］薛敏,高贵田,赵金梅,等.不同品种猕猴桃果实游离氨基酸主成分分析与综合评价[J].食品工业科技,2014,35(5):294－298.

［15］杨苞梅,姚丽贤,国彬,等.不同品种荔枝果实游离氨基酸分析[J].食品科学,2011,32(16):249－252.

［16］赵维薇,许文涛,王羲,等.代谢组学研究技术及其应用[J].生物技术通报,2011(12):57－64.

［17］Kamei H, Hashimoto Y, Koide T, et al. Direct tumor growth suppressive effect of melanoidin extracted from immunomodulator-PSK[J]. Cancer Biotherapy & Radiopharmaceuticals, 1997,12(5): 341－344.

［18］Lan W T, Chen Y S. Isolation and characterization of lactic acid bacteria from Yan-dong-gua (fermented wax gourd), a traditional fermented food in Taiwan [J]. Journal of Bioscience and Bioengineering, 2009,108(6): 484－487.

［19］Mateo R D, Wu G, Bazer F W, et al. Dietary L-arginine supplementation enhances the reproductive performance of gilts [J]. The journal of Nutrition, 2007, 137(3): 652－656.

［20］Morris C R, Kato G J, Poljakovic M, et al. Dysregulated arginine metabolism, hemolysis-associated pulmonary hypertension, and mortality in sickle cell disease [J]. Jama, 2005, 294(1): 81－90.

［21］Nikaido H. Biosynthesis of cell wall polysaccharide in mutant strains of salmonella. III. transfer of L-rhamnose and D-galactose [J]. Biochemistry, 1965, 4(8): 1550－1561.

第十一章　海洋食品资源与微生物应用技术

第一节　海洋鱼类发酵——鱼酱油生产技术与质量控制

一、鱼酱油简介

自古以来,无论东方还是西方,人们都有食用鱼鲜调料的历史。Badham 早在 1854 年就记载过发酵鱼"Garum",得到罗马人的赞扬,在 19 世纪的意大利和希腊还有另外两种鱼鲜调料生产。在泰国、柬埔寨、马来西亚、菲律宾等东南亚国家,为了满足众多人口对蛋白质的需求,发酵鱼产品一直是饮食的重要组成部分(Wood, et al.,1985)。

鱼酱油在我国也被称为"鱼露、虾油",是一种历史悠久的传统水产调味品。鱼酱油是以新鲜的海洋捕捞量较大或海洋低值鱼类为主要原料,添加高浓度的盐(20％～30％)经过长期自然发酵,最后经过滤形成的色泽透亮、香气浓郁的液体调味品。鱼酱油的加工原理是利用原料自身蛋白酶和微生物的协同作用,对原料中的蛋白质、脂肪、碳水化合物等成分进行降解,得到的小分子物质溶于渗出液再经过陈放与后熟最终酿制而成。鱼酱油产品富含人体易于吸收的氨基酸、多肽、维生素以及钙磷铁等矿物质,且含有多种呈鲜味的成分,味道极其鲜美,风味与普通酱油显著不同,兼具鲜、香、咸等品质特征,是某些高档菜式的理想调味料,也是我国沿海地区和一些东南亚国家居民饮食中十分重要的佐餐食品。

世界各国传统鱼酱油的名称与制作方法如表 11-1 所示(Wood, et al.,1985;Lopet-charat, et al.,1999)。

表 11-1　各地区鱼酱油的名称、原料鱼及加工工艺

国家(地区)	名称	原料鱼	发酵工艺与时间
日本	shottsuru	沙丁鱼、鱿鱼	5∶1鱼∶盐＋发芽大米和酒曲(3∶1)混合(6 个月)
韩国	jeot-kal.	各种鱼	4∶1鱼∶盐(6 个月)
越南	noucnam	鳀、鲭、蓝圆鲹	3∶1～3∶2鱼∶盐(4～12 个月)
泰国	Nampla	鳀、鲭、鲮	5∶1鱼∶盐(5～12 个月)
马来西亚	budu	鳀	5∶1～3∶1鱼∶盐＋棕榈糖＋罗望子(3～12 月)
缅甸	ngapi	各种鱼	5∶1鱼∶盐(3～6 周)
菲律宾	paits	鳀、鲱、蓝圆鲹	3∶1～4∶1鱼∶盐(3～12 个月)
印尼	ketjapikan	鳀、鲱、纹唇鱼	5∶1鱼∶盐(6 个月)
	bakasang	鳀、沙丁鱼	5∶2鱼∶盐(3～12 个月)
中国香港	鱼露	沙丁鱼、鳀、鲹	4∶1鱼∶盐(3～12 个月)
希腊	garos	鲐	只用肝脏,9∶1鱼∶盐(8 天)
法国	pissal. a	鳀、虾虎鱼、银汉鱼、青鳞鱼	4∶1鱼∶盐(2～8 周)

泰国的鱼酱油制作历史悠久,由于鱼多,不少小鱼价格极其低廉,吃不完的鱼常被用来制作鱼酱油。目前,泰国的鱼酱油生产处于全球领先位置,在过去的50年间泰国的鱼酱油加工业实现了国内水平到国际领先的跨越,形成了较大规模的鱼酱油生产企业。在国际市场上,泰国鱼酱油(Nampla)已赢得西方国家消费者的喜欢,特别是获得北美消费者的认可(Lopetcharat,et al.,1999;朱志伟,2006)。

我国的鱼酱油生产集中在我国东部、东南沿海地区。辽宁、天津、山东、江苏、浙江、福建、广东和广西等地均有生产厂家,浙江的"兴业"原液鱼酱油、广东的"李锦记"和福建的"民天"鱼露较为有名,其中以福建省福州的产品最为出名,产量也最大,远销26个国家和地区(康明官,2001)。尤在旅游业迅速发展的今天,这些产品不仅受到当地居民的喜爱,而且越来越受到外地游客的欢迎,成为畅销的旅游产品。鱼酱油的家庭烹调使用也仅限于江浙、广东、福建等沿海地区,但由于滋味浓郁鲜美,鱼酱油已经越来越广泛地在餐饮行业和食品加工业中使用,还常被用于加工食品的调味或者直接作为其他海鲜调味料的组成。鱼酱油是我国传统食品中的瑰宝,但目前我国鱼酱油的生产,就如同其他一些传统加工食品,尚缺乏完善的质量评估与控制体系,其生产工艺与技术也亟须改进。

二、鱼酱油研究现状

由于历史原因,我国对传统发酵鱼酱油的研究严重滞后,导致生产工艺落后,质量不稳定。第一,传统鱼酱油的自然发酵涉及多种微生物,发酵过程中始终伴随着复杂的生化变化以及多种微生物、原料、环境因子之间的相互作用。这些变化和相互作用如何发生?对产品的风味、营养和安全性有何影响?这些问题迄今很少有研究涉及。第二,传统鱼酱油发酵过程是开放式发酵,所形成的生态系统结构复杂,它们在发酵过程中拮抗、互生、盛衰交替,形成菌群的平衡。但参与到发酵体系的自然微生物组成和功能尚不清晰,因而发酵过程中的代谢途径无法调控,导致发酵效率低下,生产周期长。第三,传统鱼酱油基本采用作坊式生产工艺,其工艺条件模糊不清,缺乏科学依据,导致生产技术管理带有较多的盲目性,很难制定和把握准确有效的工艺条件,难以实现规范化、标准化生产。

目前国内外对鱼酱油的研究主要集中在三个方面,通过添加蛋白酶和微生物发酵剂加快鱼酱油的发酵;鱼酱油的挥发性风味研究,包括风味的来源、风味成分的鉴定方法等;鱼酱油中嗜盐菌的分离以及微生物特性的研究等。而对鱼酱油发酵关键菌系及其代谢特性、酶产生的生物学与分子机制、营养与风味形成规律以及与加工工艺之间关系、产品品质安全性等方面还没有系统深入的研究;人们对传统发酵鱼酱油的发酵机理和食用安全性等问题认识不足,鱼酱油的生产和发展受到严重影响与制约。国外在鱼酱油发酵的研究主要集中在加工方式(Yongsawatdigul,et al.,2007)、产蛋白酶菌种与品质形成的微生物作用(Udomsil,et al.,2010)以及质量安全(Kimura,et al.,2001;Zaman,et al.,2014)三个方面。这些工作进展可为进一步研究地方特色发酵鱼酱油提供前期基础。

三、鱼酱油发酵工艺技术与品质的形成及标准

(一)发酵原料

传统鱼酱油生产原料通常是以食用价值小、经济价值较低的鱼类或水产品食品加工中的废弃物(如鱼的头、尾、鳍、内脏以及咸鱼卤水、煮鱼汤汁、鱼粉厂的压榨汁等)为主要原料,

有时再加上少量的种曲及控制一定的盐度在自然或控温条件下发酵而成。可选择的原料鱼种类繁多,包括鳀鱼、鱿鱼、蓝圆鲹、鲭鱼、罗非鱼等海洋鱼类(徐伟,2008;薛佳,2011);方忠兴等以蓝圆鲹为原料(方忠兴,2010),通过添加虾头下脚料及酱油曲发酵低盐鱼露,对发酵过程中鱼露理化性质的变化进行了研究,并对鱼露的速酿工艺条件进行了优化。

吕英涛以鳀鱼为原料(吕英涛,2008),研究了鳀鱼自溶特性,以水解过程中的α-氨基氮含量、可溶性总氮含量、总酸含量、TVB含量、蛋白质回收率及氨基酸转化率为指标,并对其变化趋势进行研究。内源蛋白酶用于鳀鱼酱油发酵,可加快发酵进程,缩短自然发酵周期,同时又可降低生产成本,并可以保持天然发酵所特有的风味。

水产品加工下脚料的开发利用 对于发酵原料,也可以通过水产鱼类加工下脚料作为辅料开发生产鱼酱油,如何雪莲以我国产量较大、经济价值较高的淡水鱼——罗非鱼的加工下脚料为原料(何雪莲,2007;薛佳,2011),参考传统的鱼酱油生产工艺,通过加曲发酵制成一种鱼露产品,并着重对鱼露的脱腥、增香方法进行了研究。薛佳等利用罗非鱼加工下脚料速酿低盐优质鱼露进行研究,通过优化工艺,达到获得优质鱼露的目的。这些方法旨在探索一条有效利用罗非鱼加工下脚料的新途径,以充分利用海南省淡水渔业资源,解决鱼类加工废弃物的排放问题及增加附加值。而刘丹等研究了以传统发酵鲍鱼内脏为原料,开发生产低盐鱼酱油的研究(刘丹,2012),研究了 pH、温度和特异性抑制剂对鲍鱼内脏内源蛋白酶活力的影响,探究混合内源酶中可能存在的蛋白酶种类;研究了金属离子(Na^+,Cu^{2+},Ca^{2+} 和 Zn^{2+})对鲍鱼内脏内源蛋白酶活力的影响;测定混合内源蛋白酶的相对分子量。研究鲍鱼内脏鱼酱油在传统发酵过程中各指标的变化,指标包括感官评定、总氮、氨基态氮、挥发性盐基氮、比重、食盐浓度和总酸等指标。徐伟通过建立鱿鱼加工废弃物自溶水解的数学模型(徐伟,2008),优化鱿鱼加工废弃物自溶水解的工艺条件,研究自溶水解过程中的生化变化,对鱿鱼加工废弃物自溶水解工艺进行指导。另外还有鱿鱼加工废弃物低盐鱼酱油的制备工艺及优化研究,鱿鱼加工废弃物低盐鱼酱油发酵过程中的生化变化研究,鱿鱼加工废弃物低盐鱼酱油中有机酸含量及挥发性风味成分的研究,等等。

(二)鱼酱油发酵微生物

鱼酱油中的风味和营养等品质的形成与微生物的存在密切相关。为了分析鱼酱油的微生物发酵机理,国内外学者对发酵鱼酱油的微生物菌群构成进行了很多的研究,主要是对优势菌等进行分类鉴定(Chaiyanan, et al., 1999)。Sanchez 等对传统发酵鱼酱油 Patis 发酵相关的微生物进行研究(Sanchez & Klitsaneephaiboon, 1983),结果表明鱼酱油发酵初期的优势菌是芽孢杆菌属的短小芽孢杆菌、凝结芽孢杆菌和枯草芽孢杆菌,发酵中期优势菌为地衣芽孢杆菌、生皱微球菌和表皮葡萄球菌,发酵终期优势菌为变异微球菌和腐生葡萄球菌。张豪等研究了传统鱼露发酵过程中乳酸菌的种类及性质(张豪,2013),以发酵周期为两年的传统鱼露发酵液为研究对象,利用乳酸菌分离培养基对中后期发酵液其中的优势乳酸菌进行分离和筛选,并考察其生理生化性质;从发酵液中共分离获得 28 种乳酸菌,其中有 5 种优势乳酸菌贯穿整个发酵的中后期。对鱼露发酵液中的产蛋白酶菌种以及分离乳酸菌的应用也有研究报道(黄紫燕,2010)。

作者所在的食品生物技术研究室开展了舟山鱼酱油发酵过程中产蛋白酶菌株筛选,从其中之一的发酵原料鱿鱼为目标菌株分离源,得到了几株蛋白酶活性较高的细菌(图11-1);并对其不同基质培养基的产酶活性及水解产物(肽及氨基酸分布)进行了初步分析比较。

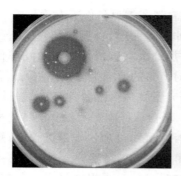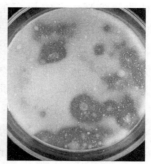

(a) 表皮 　　　　　　　　　(b) 内脏

图 11-1　水产鱿鱼不同部位(a:表皮;b:内脏)来源的蛋白酶产生菌株的筛选

黄紫燕等采用平板透明圈法初筛、摇瓶复筛,从半年鱼露发酵液中筛选到 1 株产蛋白酶的乳酸菌 T1,考察了乳酸菌的生理生化性质、酶学特性,并加入鱼露发酵液中进行发酵试验,结果显示添加 T1 乳酸菌发酵 45d,其 TSN、AAN 含量分别达到 2.16g/100mL 和 0.89g/100mL,接近国家一级鱼露标准,游离氨基酸总量为 5070.28mg/100mL,比同期自然发酵增加了 1.05 倍。在一定盐度条件下发酵鱼露可筛选得到相关产蛋白酶的菌株(Namwong, et al., 2006),对鱼原料蛋白质的水解起到重要作用。另外,江津津等对鱼露发酵液中的产蛋白酶菌株进行了分离分析(江津津,2008)。

国内对鱼露发酵过程中的微生物种群及其变化有较多研究文献报道,如黄紫燕等以传统发酵工艺制作鱼露,对鱼露发酵中微生物动态变化过程进行了分析(黄紫燕,2010,2011),研究鱼露发酵过程中不同阶段微生物的消长变化规律,检测出乳酸菌和酵母菌是发酵过程中的优势菌;同时检测了 pH 值、总酸、总酯、乙醇含量以及总可溶性氮、氨基酸态氮、挥发性盐基氮含量等理化指标,分析了游离氨基酸组成与含量,将这三者结果结合起来综合分析,结果表明,乳酸菌和酵母菌是鱼露发酵过程中的优势菌,其变化与各项理化指标及游离氨基酸的变化有密切联系,该研究为鱼露快速发酵提供了理论指导。

Ijong 等考察了印度尼西亚鱼酱油发酵过程中的物理化学性质及微生物变化(Ijong & Ohta,1996),结果表明,不同的盐浓度和葡萄糖浓度下发酵 40d 的鱼酱油,pH 随着发酵时间的延长逐渐下降,总可溶性氮和氨基酸态氮逐渐增加,谷氨酸、丙氨酸、异亮氨酸、赖氨酸在总氨基酸中占据优势地位;菌落总数在发酵的前 10d 逐渐增加,10d 后菌落总数和乳酸菌数逐渐下降。该鱼酱油发酵期间的优势菌分别为微球菌、链球菌和片球菌属。Zarei 等报告了伊朗传统鱼酱油的微生物特性(Zarei, et al., 2012),指出鱼酱油中组胺的高含量与细菌总数尤其是肠杆菌科和乳酸菌相关。国外对鱼酱油微生物特性方面的研究报道最多的是从鱼露中分离鉴定嗜盐菌以及可能的产组胺特性的研究(Thongthai, et al., 1992;Chaiyanan, et al., 1999;Kimura, et al., 2001;Udomsil, et al., 2010)。如 Udomsil 等从鱼酱油发酵中分离得到了嗜盐乳酸菌产蛋白酶菌株及其发酵特性和鱼酱油发酵产品风味等形成的关系(Udomsil, et al., 2010)。微生物与鱼酱油质量安全关系及控制方面,Kimura 等报道了鱼酱油发酵体系中产生组胺的嗜盐乳酸菌菌株(*Tetragenococcus muriaticus*)(Kimura, et al., 2001);研究分离得到了一株耐盐性葡萄球菌对组胺有降解作用(Zaman, et al., 2014)。对鱼酱油发酵过程中分离的菌株(*Tetragenococcus halophilus*)中有关编码组胺脱羧酶基因的质粒进行了分析并对其质粒变化特性进行了研究报道(Satomi，et al.，2008，2011)。

到目前为止,尚未见研究者对传统鱼酱油发酵过程中微生物的多样性以及分子生态进行研究报道,而开展这方面的研究对于探明传统鱼酱油发酵过程中的关键菌群,揭示其发酵过程中微生物的演替规律具有重要意义。

(三)鱼酱油发酵的生产工艺

鱼酱油发酵生产的工艺条件将影响微生态结构组成中不同微生物种群的消长、互生等相互关系,最终影响发酵生产周期、成品产品的质量及卫生安全等诸多方面。因此,发酵过程工艺的研究也是鱼酱油发酵产品研究的重要内容。吕英涛等比较了三种工艺条件利用鱿鱼加工副产物发酵生产鱼酱油(吕英涛,2009),测定了发酵过程中总氮、总酸、氮转化率、pH 值、氨基态氮、挥发性盐基氮(T-VBN)和蛋白酶活性的变化情况,并对产品进行了感官评价。

传统鱼酱油的天然发酵方法,虽呈味较好,却有鱼腥味和腌制特有的不良气味及高盐度的缺点,并且生产周期长。为解决工业化生产的技术瓶颈,一些学者研究采用速酿方法来生产鱼酱油,如保温发酵技术、外加酶水解及外加曲等快速发酵工艺以缩短发酵周期,但所得鱼酱油的风味不如传统发酵法,仍需要优化或者采取更有效的措施改善风味。因此,如何在缩短发酵周期的同时改良速酿鱼酱油的风味成为亟待解决的问题。以下就目前为止国内在提高传统鱼酱油发酵效率方面的相关研究进展作一简述。

1. 微生物菌剂添加法

黄紫燕采用外加微生物菌剂来改善鱼露发酵品质(黄紫燕,2011),以传统工艺发酵的鱼露发酵液作为研究对象,研究自然发酵过程中的微生物菌群包括总菌量、乳酸菌、产蛋白酶乳酸菌、酵母菌和霉菌的消长变化,得出不同时期的优势菌;同时跟踪检测了发酵过程中的pH 值、总酸、乙醇含量、TSN(总可溶性氮)、AAN(氨基酸态氮)和 TVB-N(挥发性盐基氮)含量等理化指标,分析游离氨基酸组成与含量,将这两者与微生物变化结合起来综合分析,试图找出发酵过程中微生物变化与理化变化、风味形成的联系,明确微生物的作用,初步探讨其发酵机理。研究结果表明,发酵 2 个月时微生物繁殖最旺盛,发酵 15 天时的优势菌是霉菌,发酵三个月时是酵母菌,乳酸菌成为此后发酵期间的优势菌。乳酸菌分泌出蛋白酶促使蛋白质降解,发酵前 4 个月,各项理化指标及游离氨基酸的变化较明显;随着发酵时间的进一步延长,原优势菌数量下降,其 TSN、AAN、TVB-N 等含量增长也减缓。乳酸菌与酵母菌生长利于风味和滋味物质的形成。接种发酵菌剂(芽孢杆菌属和红酵母属)对发酵品质的影响研究表明,添加微生物后鱼露发酵 90d 时其发酵液中 TSN、AAN 含量分别达到1.787g/100mL 和 0.848g/100mL,比自然发酵 90d 的样品 TSN、AAN 含量分别高出81.2% 及 65.6%,TSN 含量相当于自然发酵一年半的鱼露发酵液中总氮含量。

2. 分段式控制工艺

结合以上研究,进一步比较研究了前期高盐酶解、中期加曲自然发酵、后期高盐保温的分段式鱼露快速发酵工艺,实验结果表明,采用分段式快速发酵工艺,总可溶性氮、氨基酸态氮和游离氨基酸含量增长较快。晁岱秀等采用分段式快速发酵鱼露工艺的研究(晁岱秀,2010),利用了两种酶 Alcalase2.4L 和 Papain,促进鱼露前期发酵时其中的蛋白质快速降解,中期发酵采用自然发酵,后期发酵采用保温一周处理,即三段式快速发酵鱼露工艺,对鱼露样品的主要理化指标进行测定,结合感官和挥发性气味物质的分析,与其他快速发酵鱼露以及传统鱼露进行比较,最后确定了较优的发酵工艺。

龚巧玲等以酱油曲作为鱼露制备的快速发酵剂(龚巧玲,2009),研究了以鲭鱼为原料的鱼露的安全快速发酵工艺技术,实验结果此工艺可大大缩短鱼露的发酵周期,降低鱼露的生产成本和提高鱼露生产的经济效益;同时发酵之前的灭菌操作使得腐败微生物受到抑制,甚至被杀死,不会导致由于腐败菌引起的品质劣化现象,从而提高鱼露发酵生产的安全性。

3.温度控制对鱼露快速发酵工艺的影响

黄志斌研究了在低盐条件下的保温快速发酵鱼露生产技术的研究(黄志斌,1980),试验表明,低盐保温的发酵方法是可行的;而且原料盐渍时间越长,保温发酵的时间越短,蛋白质分解率越高,最后发酵制品的香味可以达到商品的要求,但缺点是风味不及高盐发酵的浓郁。晁岱秀等通过保温方法促进传统发酵方法的后期鱼露的熟化(晁岱秀,2010),对保温过程中的 TSN、AA-N、TVB-N 含量、pH 值和细菌总数的变化情况进行了分析测定,利用顶空进样法(HS)结合 GC-MS 法和感官分析方法研究保温过程中鱼露风味的变化规律。结果表明,保温法可促进鱼露熟化,其 TSN、AA-N 含量随保温温度升高和保温时间的延长逐渐增加,TVB-N 含量、pH 值和细菌总数变化相对较小,描述性定量感官分析结果,传统鱼露发酵后期保温能显著性改善鱼露的风味,60℃保温后鱼露风味整体可接受性较好。顶空进样法结合 GC-MS 分析认为,经 60℃保温 8d 后鱼露中特征香味的挥发性酸、2-甲基丙醛、2-甲基丁醛和二甲基三硫等含量有显著性增加。经发酵保存 2 年和后期 60℃发酵保温 8d 后鱼露风味物质的种类及含量达到发酵保存 3 年的鱼露水平。

(四)鱼酱油发酵产品风味的形成规律

风味是食品质量品质的重要特征之一,发酵鱼酱油产品也不例外,发酵食品的风味成分的产生主要是利用发酵原料中的基质成分通过微生物一系列的代谢活动而产生。

1.鱼露发酵产品风味形成的过程

肖宏艳等对潮汕鱼露发酵后的挥发性风味成分进行了分析(肖宏艳,2010),主要研究对象样品是经发酵 1 年、2 年、3 年以及 3 年后保温 1 周的鱼露发酵液,利用顶空法提取潮汕鱼露样品中的风味成分,采用气相色谱—质谱联用(GC-MS)进行风味成分的分离与鉴定,结果表明,发酵过程中变化较明显的有挥发性的酸、醇、醛、酮和含氮、含硫化合物相对含量;乙酸、2-甲基丙酸、丙酮、2-丁酮、吡唑和二甲基硫化物对潮汕鱼露的独特风味有积极贡献。江津津等研究了鳀制鱼露的理化与感官性质的变化(江津津,2007)。同时研究了由鳀鱼制鱼露生产过程中存在的耐盐微生物对鱼露风味形成的影响(江津津,2008),首先,从鱼露发酵液中分离获得了耐盐乳酸菌 M1、M2 和耐盐产蛋白酶菌 T1;将分离出来的耐盐微生物经过扩大培养后添加到原料鱼与盐的混合物中进行发酵,试验结果表明,耐盐乳酸菌 M2 和产蛋白酶菌 T1 对鱼露挥发性特征风味成分的形成尤其是挥发性酸的形成有积极的贡献,而自然发酵的鱼露则很难在发酵初期产生特征性挥发性风味物质。肖宏艳以速酿潮汕鱼露为研究对象(肖宏艳,2010),目标是改善潮汕鱼露的风味品质,首先分析了潮汕鱼露的营养组成及其潮汕鱼露发酵过程中理化指标及挥发性风味成分的变化,确定潮汕鱼露的特征挥发性风味化合物和主要的非挥发性的滋味成分。然后,在建立的两种快速鱼露发酵工艺中,通过加曲和加酶发酵方法以改善发酵产品的风味品质。

2.发酵鱼酱油风味分析技术研究

传统的对单一成分或指标成分分析很难准确或有效地表达食品的风味特征,而利用气相、液相、气质联用、核磁共振、红外光谱等现代仪器分析方法从整体上研究复杂风味体系的指纹图谱技术在发酵鱼酱油分析中很少有文献报道。

国内近年对鱼酱油风味成分的分析检测研究也较多,曾庆孝等采用顶空—固相微萃取(Headspace-SPME)和同时蒸馏萃取(SDE)技术(曾庆孝,2008),提取鱼露中的风味成分,并利用气质联用(GC-MS)进行风味成分的分离与鉴定,分析了发酵鱼露的风味成分,结果共鉴定出68种风味化合物,其中的挥发性的酸、醛以及含氮、含硫化合物构成了鱼露风味的主体成分。比较两种前处理方法结果,顶空-SPME方法有利于提取易挥发性化合物,特别是挥发性酸和醛类,而SDE法则对鱼露中高沸点化合物如含氮、含硫化合物以及烃类的提取更加有效。不同于单一物质呈味,鱼酱油里面的挥发性风味成分极其复杂,受多种因素的影响,因此,对于比较复杂的鱼酱油中的风味成分,很难确定确切的风味组分。如徐伟等对鱿鱼下脚料酿制的鱼酱油的挥发性成分进行了分析(徐伟,2010),但其根据峰面积百分比推断鱼酱油的风味构成可能不够准确。江津津等对潮汕鱼酱油中的香味成分进行了气质联用分析鉴定(江津津,2010),发现潮汕鱼酱油中的重要香气活性化合物主要为有机酸、醛类和硫化物等,香味定量描述与前期研究相符。范佳利等利用电子鼻和电子舌研究乳制品的品质变化及贮藏过程中的质量监控(范佳利,2009),研究结果表明,由电子鼻所得的气味图谱与细菌数、挥发性细菌代谢物质的种类和数量存在良好相关性。江津津等结合电子鼻的识别手段,发现加曲速酿工艺与传统鱼酱油香气最为接近(江津津,2012),可作为除气质联用、感官分析之外的另一种好的分析方法。因此,采用现代仪器分析方法可实现对传统发酵食品的风味检测和质量评价,由此可阐明发酵质量品质与微生物的关系。

由于鱼酱油发酵过程中微生物的菌群组成、数量及特征性微生物等对保持产品品质和食用安全性等有直接关系,国内外针对发酵鱼酱油的分子检测方法、特征性微生物的基因指纹图谱及对产品质量、风味的影响规律和风味形成贡献等未有更多文献报道,可值得进行进一步系统深入的研究。

(五)鱼酱油发酵产品感观特性、营养组成与质量标准

鱼酱油的外观一般呈琥珀色,澄明有光泽,产品的感观与营养组成等特性与加工原料的物质组成及微生物参与的代谢活动变化有密切关系。因此,鱼酱油产品一般富含多种氨基酸、呈味性肽、有机酸与其他多种复杂的风味物质(江津津,2012;Park, et al.,2001),鲜味浓郁且口感醇厚;应用于烹饪中能掩盖畜肉等的异味,缓减酸、咸味;鱼酱油入口留香持久,香气四溢,具有鱼虾等水产品原材料特有香气,深受人们喜爱。

作者所在研究室对福建福州、浙江舟山等产地的几种代表性产地(品种)鱼酱油产品的总氮、氨基氮(AAN)及总酸含量进行检测,结果如图11-2和图11-3所示。结果表明舟山鱼酱油总氮、总酸含量相对较高,氨基酸组成也较丰富,这些品质指标与发酵原料、生产工艺及微生物组成密切相关。

1. 鱼酱油的呈味成分

鲜味和咸味构成了鱼酱油的呈味主体。一般认为,鱼酱油的鲜味成分主要有肌苷酸钠、鸟苷酸钠、谷氨酸钠、琥珀酸钠等,谷氨酸钠是其鲜味的主要来源,而咸味仍以氯化钠为主(太田静行,1989)。但是,海鲜类调味品呈味的独特性在于鲜厚浓郁的口感,不是仅仅依靠这些物质的简单复配所能形成的,由于水产原料发酵而来的呈味物质构成复杂呈味体系,它们之间的共同作用赋予了鱼酱油独特的味感。鱼酱油中含有超过20种氨基酸,其中,甘氨酸、丙氨酸、脯氨酸、丝氨酸等为甜味氨基酸,是构成天然甜味的主体,且甘氨酸、丙氨酸的甜味浓度与葡萄糖大致相同,品质上与普通的甜味相异,还带有少许酸味,而构成复杂的甜味;谷氨酸、天冬氨酸则是鱼酱油鲜味的主要贡献者(舩津保浩,2000)。鱼酱油中还存在着大量低聚肽,约占全部氮成分的 61％ 以上,这些肽对于鱼酱油的呈味具有重要的影响;研究表明,加盐时各种短肽均表现出带甜的鲜味或带鲜的甜味,由此可知鱼酱油中肽类的呈味同食盐的相互作用极大。另外,Park 等研究还发现(Park, et al.,2002),鱼酱油中分子质量高的肽类越多,鱼酱油的味道越不好。

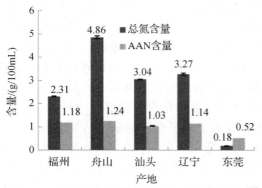

图 11-2　不同产地鱼酱油总氮和 AAN 含量比较

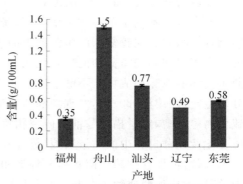

图 11-3　不同产地鱼酱油总酸含量比较

2. 鱼酱油的挥发性成分

鱼酱油的挥发性成分复杂,多数研究认为鱼酱油风味由氨味、肉香、鱼香味、干酪香和鱼腥味组成,其中氨、多种胺以及其他含氮化合物(包括呋喃、吡咯、吡啶等)是氨味形成的原因。而低分子的挥发性酸,如丁酸、3-甲基丁酸、正戊酸、异戊酸等构成了干酪风味。鱼香味可能来源于 2-乙基吡啶和二甲基三硫(Fukami, et al.,2002)。

早在 1966 年,就有研究者对越南鱼酱油 Nuocmam 和泰国鱼酱油 Nampla 的气味组成进行过初步研究(Saisithi, et al.,1966),但受当时仪器以及检测技术所限,仅对鱼酱油微生物和化学指标进行了一些报道。Dougan 等和 Mclver 等分别于 1975 年和 1982 年对泰国鱼酱油中的一些风味成分进行了探讨(Dougan, et al.,1975;Mclver, et al.,1982),采用分级分离的方法,通过调节泰国鱼酱油 Nampla 的 pH 值,把鱼酱油分为中性、酸性与碱性组分后再经过乙醚的萃取,最后检测发现了 43 种以前未经确认的化合物,其中包括 8 种酸、10种醇、6 种胺、7 种其他的含氮化合物、4 种内酯、3 种羰基化合物以及 5 种含硫化合物。Shimoda 以台湾鱼酱油为样本进行检测分析(Shimoda, et al.,1996),在碱性条件下,约有 124种挥发性成分被确定或暂时确定,其中包括 20 种含氮物、20 种醇、18 种含硫物、16 种酮、10种芳香族碳水化合物、8 种酸、8 种醛、8 种酯、4 种呋喃及 12 种其他成分。江津津等进一步研究了不同原料鱼生产鱼酱油,发现其化合物种类和数量差异也很大,蓝圆鲹鱼酱油检出的挥发性化合物最丰富(江津津,2013)。

3. 传统鱼酱油的安全性问题

部分鱼酱油的生产由海产小杂鱼发酵加工而成,小海鱼在发酵中除产生易于人体吸收的各种氨基酸以外,还会产生各种胺类物质(如组胺、色胺、尸胺和腐胺等)(Park, et al.,2001;Stute, et al.,2002),这些胺类物质如与亚硝酸盐作用在一定条件下会形成 N-亚硝基化合物。医学研究表明，亚硝基化合物（NOC）是多种胃癌高危因素的作用靶点，其中亚硝酰胺类（NAD）可能是真正的胃癌病因；由于 NAD 稳定性差，一般认为普通食品中不会存在天然的 NAD，而胃的酸性环境适合 NAD 合成，推测胃内合成的 NAD 是人体致癌的主要来源（邓大君，2000）。

　　长期以来，一些学者对鱼酱油中可能存在的致癌物 N-亚硝基化合物，进行了很多调查研究。陈重昇等对 17 份福建长乐家制鱼酱油和 4 份外地市售的鱼酱油进行测定（陈重昇，1988），检出 7 种挥发性亚硝胺，挥发性亚硝胺总量范围为 25.0～109.2μg/kg。流行病学研究表明，患胃癌的相对风险与鱼酱油食用量成正相关（蔡琳，1991）；增加维生素 C 和小分子有机硫化物等亚硝基化反应阻断剂的摄入量，能有效减少 NAD 的合成。如何抑制或减少鱼酱油中亚硝基化合物的生成是目前鱼酱油发酵研究和生产中需要解决的质量安全问题。

　　徐伟运用液相色谱—柱后衍生—荧光检测法研究了以鱿鱼加工废弃物为原料发酵生产鱼酱油中生物胺产生情况（徐伟，2010），考察了发酵过程中的酪胺、尸胺、组胺、精胺、亚精胺、胍丁胺和腐胺 7 种生物胺含量的变化，为评价发酵鱼酱油的质量安全性及其开发利用鱿鱼加工下脚料提供了基础。

　　综上所述，目前有关鱼酱油发酵体系中微生态构成、微生物菌群演潜规律、关键微生物菌系的生物学特性及其对鱼酱油发酵产品营养与质量品质的贡献等方面有待系统深入的研究，以最后达到传统发酵产品生产的可控性，同时保证传统产品质量安全，促进人类健康。

第二节　海洋微生物利用与生物活性物质的开发

一、概　述

　　海洋覆盖着地球表面积的 71%，是生命的发源地，生物种类庞大，其生物量约占地球生物量的 87%，其生物多样性远远超过陆地生物的多样性，可以说海洋是地球上最大的资源宝库。随着环境污染的加剧和人类寿命的延长，心脑血管疾病、恶性肿瘤、糖尿病和老年性痴呆症等疾病日益严重地威胁着人类健康，艾滋病、玛尔堡病毒病和伊博拉出血热等新的疾病又不断出现，仅病毒而言世界上平均每年就新增 2～3 种（李光友，2001）。人类迫切需要寻找新的、特效的药物来治疗这些疾病。加上陆地药物资源的不断开发利用和资源的日益枯竭，发现新代谢物的可能性日趋减少，再加上抗药性等问题越来越严重，由 WTO 报道，目前现有药物面临的失效性速度与新药的发现速度相接近，寻找新药的任务迫在眉睫（Nogva, et al., 2000；Voytek & Ward, 1995；Pilai, 1991；Sykes, et al., 1992）。自从 1929 年英国学者 Fleming 发现真菌产青霉素以来，人们逐步认识到放线菌、真菌和细菌是具有特殊结构的生物活性物质丰富来源的微生物；1966 年 BurkhOlder 等人从海藻表面的海洋假单胞菌 Pseudomonas 中分离到具有抗菌作用的高度溴化的吡咯化合物——硝吡咯菌素（Pyrrolnitrin），从海洋微生物中寻找海洋药物才真正开始（姜健，2004；王正乎，2004）。至作者报道为止（张明辉，2007），人们已从微生物中发现了 30000～50000 种天然产物，其中 10000 多种具有生物活性，8000 多种是抗菌和抗肿瘤化合物。

　　海洋环境条件恶劣，具有高盐、高压、低温、低光照、寡营养和低溶氧等特点，为了适应这样的生存环境，海洋生物在新陈代谢、生存繁殖方式和适应性等方面产生了与陆地生物不同的代谢系统和机体防御系统,并产生许多活性高、结构新颖和化学结构多种多样的次级代谢产物(Lin,et al. 2001;Kelecom,2002),特异的结构使其具有显著的药理稳定性和高效性,对病变细胞毒副作用,对抗菌抗肿瘤及降血糖和血脂等具有独特的效应;这些生物活性物质中相当部分是陆地生物所没有的(Attaway,et al. 1993),即无法从陆源微生物中大量得到。因此,海洋微生物作为活性物质的新来源,具有重要的研究潜力(游雪晴,2011)。

目前,已经从海洋微生物中发现了许多化合物具有较高的抗菌、抗癌、抗肿瘤活性物质。近年来,每年都有数十种结构新颖的抗肿瘤天然产物被发现,至 2000 年,从海洋微生物分离出来并鉴定的抗菌活性物质就有 258 种,79 种(31%)有一定的生物活性,而到 2002 年从海洋微生物中分离出来的生物活性物质至少有 129 种(Daferner,et al. 2002)。到 2005 年,从微生物中发现的新活性物质达到了 902 个,其中放线菌产生的 668 个(占 74%)、真菌产生的 152 个(占 17%)、细菌产生的 72 个(占 8%)(陈轶林,2005)。随着新菌种的发现和描述,其数量还在不断增大。海洋微生物作为活性物质的可持续性资源正日益受到国内外研究学者的重视,海洋微生物已成为开发新药特药的主要方向之一。

“蛟龙号”连续地破纪录下潜,也让世人将目光转向了浩瀚的大洋和绚烂的海底世界,这为极端微生物资源及其功能研究提供了重要条件。以“海洋微生物来源的创新药物前沿研究”为主题的第 396 次香山科学会议上,专家们从海洋来源微生物药物的国际研究进展、海洋来源微生物药物及大规模筛选技术以及微生物天然产物的生物合成及合成生物学研究前景等许多方面进行了广泛的学术交流和深入讨论,试图从海洋微生物中为人类寻找治病的良药,让海洋成为我们未来的大药房(游雪晴,2011)。

随着海洋生物技术的发展,加上细胞工程、基因工程、发酵工程和分离工程等技术的应用,都为最大限度地开发和利用海洋资源提供了可能性。研究海洋微生物生物活性物质,能够寻找到新的强效抗生素和抗病毒等新药以及其他有用的物质,这一新兴领域的研究在理论上和维持人类健康等方面都有着重要的意义。目前存在的问题是从海洋微生物中寻求特殊活性物质起步较晚,转向海洋发酵技术及其代谢产物的研究时间较短,海洋微生物产生的次生代谢产物在菌株发酵液中含量少,导致直接利用的抗菌物质效价较低,而其原始生境的寡营养,又较难通过营养条件改善来提高抑菌活性,影响了后续的研究工作,这是目前海洋微生物开发利用亟待解决的问题,迫切需要研究工作者改进研究方式方法,分类分层次重点研究重点突破。

以下将重点分析海洋微生物药物类活性物质的研究现状及进展,其中包括微生物的分离、培养技术和活性物质的分离提取方法等,以期为利用微生物开发海洋生物活性物质或药物提供参考。

二、海洋活性物质与微生物

在如今抗生素普遍应用的时代,科学界对细菌的耐药性的迅速出现显得措手不及,因此迫切需要快速持续地开发新类型的抗生素,以适应细菌抗生素敏感性改变的速度。有关海洋微生物活性代谢产物的研究于 20 世纪 60 年代兴起,有些成分的结构、性质已被阐明,也有许多含尚未鉴定其活性分子结构的微生物萃取物。已知的海洋微生物所产生的生物活性物质种类包括环肽类(环二肽、环四肽)、甾醇类(麦角甾醇、过氧化麦角甾醇、啤酒甾醇、麦角甾-8(9),22-二烯-3β,5α,6β,7α-四醇、3β-羟基-胆甾-5-烯、22E-5α,6α-环氧麦角甾-8(14),22-

二烯-3β,7α-二醇(43)等)、蒽醌类及蒽醌衍生物、吡喃酮类(呫酮衍生物、色酮衍生物、异黄酮、简单取代 γ-吡喃酮化合物、苯并-α-吡喃酮衍生物)、缩酮类、含羰基羟基类(醛酮化合物、酯和游离羧基化合物、含羟基化合物)含氮类(含硫生物碱类化合物、哌嗪类与喹唑类化合物、吡咯类、其他氮杂稠环类与吡啶类化合物)(赵卫权,2008),但其功能还有待开发。目前报道较多的是抗肿瘤抗菌活性物质和酶及酶抑制剂,而这其中对于海洋微生物产生的多糖类物质和酶的研究比较深入。

海洋微生物产天然活性物质筛选的主要来源是自由海水、海洋底泥和海洋动植物共附生微生物。据报道,自由海水中活性菌株筛得率为 10%,海洋底泥为 27%,共附生微生物为 48%(Fenical,1993)。由此可以看出,从海洋动植物共附生微生物中筛选分离活性物质的可能性更高,这是因为海洋共附生微生物为了协助宿主生长代谢或给宿主提供化学保护,往往会形成更加丰富多样的代谢途径,产生更多的活性物质。另外,许多原来认为是由海洋动植物产生的活性物质后来被证实基本都是由其共生或共栖菌产生的(Fenical,1993;Jensen,et al.,1998)。

(一)抗肿瘤活性物质的微生物及来源

海洋微生物广泛分布于海水、海洋沉积物、海洋动植物的表面或组织内,具有分布广泛和物种资源丰富等特点,为抗肿瘤活性物质研究与开发提供了方便快捷的材料,包括放线菌、细菌、真菌和微藻四大类。

1. 放线菌

放线菌是产生抗生素的最主要类群,在浩瀚的海洋中,放线菌亦是数量极其庞大的微生物中抗肿瘤最主要的微生物。

1991 年,来自国际最著名的海洋天然产物研究机构加州大学的 Fenical 研究组(Fenical,1993),首次发现一属全新的需盐生长的特殊海洋放线菌(Marinospora),从中分离鉴定出一系列结构新颖的化合物,命名为 Salinosporamides,实验证明有良好的抗肿瘤效果,这类放线菌广泛存在于热带和亚热带海泥中。

2003—2005 年 Fenical 小组从菌株 Salinispora tropica CNB-392 中分离得到 10 个结构新颖的化合物(William,et al.,2005;Feling,et al.,2003),其中化合物 Salinosporamide A(1)(Buchanan,et al.,2003)具有广阔的成药前景,对人结肠癌细胞的 IC_{50} 为 0.035nmol/L,已作为癌症药物进入临床前研究(Vincent,et al. 2006;Simmons,et al. 2005)。后来又在菌株 Salinispora arenicola CNR005 的发酵液中发现 2 个聚酮类化合物 Saliniketal A(14)和 Saliniketal B(15)(Williams,et al.,2005),具有成为候选药物的潜力。同一年 Fenical 小组又发现专属海洋新属 Marinispora,在该属菌株 Salinispora pacifica CNS103 中发现 2 个化合物 cyanosporasides A(12)和 cyanosporasides B(13)(Oh,et al,.2006);并在菌株 CNQ-140 次级代谢产物中分离到大环内酯类化合物 Marinomycins A-D(19~22)(Hak,et al.,2006),其中的 Marinomycins A 具有很强的细胞毒活性,对耐万古霉素的 VRSF 和 MRSA 的 MIC_{90} 均达到 $13\mu mol/L$,但是,其对非白血性白血病癌细胞 LC_{50} 约为 $50\mu mol/L$,只有微弱的抑制,表明这种化合物具有组织选择性。从 Fenical 小组报道化合物的结构类型来看,有生物碱、环肽、聚醚类毒素、萜类、多羟基甾醇等,Fenical 研究小组充分证明了海洋放线菌次级代谢产物的化学多样性。另外,Romero 等在印度洋海域分离到小单孢菌属(Romero,et al.,1997;Fernandaz-Chimeno,et al.,2000),分别从 L-13-

ACM2-092 和 L-25-ES25-008 的代谢产物中分离得到抗肿瘤化合物 Thiocoraline 和 IB-96212。Thiocoraline 是一种缩肽类物质,有潜力开发成为海洋抗肿瘤药物;IB-96212 属于大环内酯类化合物,对 P338 细胞的 IC_{50} 为 0.0001mg/L,对 HT29、MEL28 及 A549 细胞 IC_{50} 为 1mg/L,均表现明显的细胞毒性。Furumai 等在海洋小单孢菌(TP-A0468)的代谢产物中分离到异醌环素 B 和醌环类抗生素 Kosinostatin(Furumai, et al. 2002),Kosinostatin 能抑制 21 种人类癌细胞,IC_{50} 小于 0.1μmol/L。例如,对人骨髓性白血病 U937 细胞的 IC_{50} 为 0.09μmol/L,有明显的细胞毒性。Mitchell 等在海洋沉积物中的放线菌 *Streptomyces aureoverticillatus*(NPS001583)的代谢产物中分离到一种具有抗肿瘤活性的大环内酰胺 Aureoverticillactam(Mitchell, et al., 2004)。Jones 等(Jose, et al., 2003)从海洋放线菌 Strep tomyces sp.(BL-49-58-005)中分离得到 3 个新的吲哚生物碱(6-8),并对其进行了 14 种肿瘤细胞群细胞毒性测试,结果表明,化合物(6)活性最强,对白血病 K-562 细胞的 GI_{50} 为 8.46μmol/L,化合物(7)含有醛肟基团,对前列腺癌细胞、内皮肿瘤细胞、白血病 K-562 细胞、胰肿瘤细胞和结肠癌细胞的 GI_{50} 值均在 10μmol/L 范围内,且无特异性。另外,Li 等(Li, et al., 2003)发现抗肿瘤活性物质麦角甾-8(9),22-二烯-3β,5α,6β,7α-四醇。Jiang 等(2007)发现抗肿瘤活性物质异黄酮,Li 等(2006)从海洋放线菌 *Streptoverticillium luteoverticillatum* 11014 得到酯类化合物。

国内有报道称,从我国台湾海峡采集的海洋植物、动物的表面、表皮和内部分离得到多株放线菌,其中 20.6% 的放线菌对肿瘤细胞 P388 有细胞毒性,18.6% 菌株对 KB 细胞有毒性,此外还有 2.96% 菌株具有可诱导的抑菌和抑肿瘤活性(刘妍,2005)。中国海洋大学药物与食品研究所、军事医学科学院毒物药物研究所的科研人员对海洋放线菌 S1001 发酵产物进行了分离和研究,发现了效果较好的抗肿瘤活性成分(刘睿,2006)。1999 年,郑忠辉等(郑忠辉,1999)检测到厦门海域潮间带动植物体中的海洋微生物中,13 株海洋放线菌呈现阳性结果,其中一株链霉菌属菌株能够抑制肿瘤细胞的生长。李德海等(李德海,2005)对产自海洋放线菌 11014 中的抗肿瘤活性成分环二肽进行了研究。李冬初步研究了海洋放线菌 H2003 代谢产物中环二肽成分及其抗肿瘤活性(李冬,2007)。王健等分离了来源于黄直丝链霉菌产物中的醛酮化合物(王健,2005),通过延长细胞周期抑制肿瘤细胞生长。吴少杰等发现海洋链霉菌 M518 能产抗肿瘤活性物质新星形孢菌素衍生物(吴少杰,2007)。

2.真菌

对海洋真菌产生抗肿瘤活性的实证研究有较多文献报道,表明从海洋真菌分离出的次级代谢物中约 70%～80% 具有生物活性(Rizvi, et al., 2004)。

第一个报道的海洋真菌抗生素为 Leptosphaerin。Onuki 等从海泥中分离得到真菌 *Penicillium* sp. N115501 的抗菌代谢产物 N115501A。Hiort 等从地中海海绵 Axinelladam icornis 中分离到真菌 *Aspergillus niger*,产生 2 种新化合物 Bicoumanigri 和 Aspernigrins B,用 MTT 法测试显示,Bicoumanigrin 对白血病细胞有增殖抑制作用,并证明 52 位氯原子取代是活性产生的不可缺少的部分。Takahashi 等在海洋底泥中分离到盐屋链霉菌 *Streptomyces sioyaensis* SA-1785(Takahashi, et al., 1989),代谢产物为结构新颖的生物碱 Altemicindin,对肿瘤细胞 L1210 的 IC_{50} 为 0.84g/mL,对 IMC 肉瘤细胞的 IC_{50} 为 0.82g/mL。日本 Takahashi 等在海水中分离获得 *Penicillium* sp.(Takahashi, et al., 1995),菌体经过分离提纯得到 2 种次级代谢产物,对培养的 P388 白血病细胞有细胞毒素活性。丹麦 Rahbaek 从真菌 *Aspergillus insulicola* 中发现一个对硝基苯酸醋倍半萜 Insulicolid(Rahbaek，et al.，1997)。日本的 Shigemori 从海鱼 *Apogon endekatanum* 中分离到 1 株真菌 *Penicillium fellutanum*，并从其发酵物中得到 2 种肽类物质 Fellutanum A 和 B。药理试验发现，与其结构类似的 Sansalvamide 在 NCI 人类癌细胞株筛选中表现出中等程度的增殖抑制活性(GI_{50} 为 $3.6\mu mol/L$)(张亚鹏，2006)。Hong 等在 Gokasyo 海湾的海底沉积物中分离得到了真菌 *Emericella variecolor* GF10(Hong，et al.，2004)，并从其发酵产物的醋酸乙酯浸提物中分离鉴定 8 个蛇孢菌素类化合物，其中 Ophiobolin K (41)对多种癌细胞株都具有较强的细胞毒活性。Eliane 等从海藻 *Halimeda* sp. 中分离得到 1 株真菌 *Tri2choderm aviren*(Iwamoto，et al.，2001)，从该真菌发酵物的异辛烷浸取物中分离得到 Trichodermamide B(15)，体外活性实验中，Trichodermamide B(15)对人结肠癌细胞 HCT-116 表现出细胞毒活性(IC_{50} 为 $0.32mg/L$)及显著的抗菌活性。2004 年 Tan 等(2004)在 *Exserohilum rostratum* 的代谢产物中分离到 4 种新型化合物 Rostratins A-D，这些化合物对细胞 HCT-116 的 IC_{50} 分别为 8.50、1.90、0.76 和 $16.50mg/mL$。Liu 等从海洋真菌 *Penidllium terrestre* 分离出醛酮化合物(Liu，et al.，2005)。

王书锦等在我国黄海、渤海、辽宁近海区域筛选出真菌 500 多株(王书锦，2001)，其中 12 株能产生抗肿瘤活性先导化合物。熊枫等从西太平洋近赤道区采集到的 18 个深海沉积物样品中分离到 83 株海洋真菌(熊枫，2006)，有 29 株菌株对 KB 或 Raji 肿瘤细胞具有显著的抑制活性，占总供测菌株 34.9%。薛德林等在辽宁近海区域 8 个地区 102 个定点的海泥中筛选到 5 株真菌和 8 株酵母菌(薛德林，1999)，其中真菌多数属于曲霉属和青霉属，菌株 HF9601、HF9601、HF9603 对 Hela、CCL187、CCL229 有很强的抑制作用。周世宁等从海洋真菌体内分离到大环内酰胺化合物 Macrolactin、Alteramide 和多肽化合物 Obionin 等(周世宁，1997)，这些化合物都具有抗肿瘤活性。有多位研究者分别从南海海洋真菌 2516 号、南海红树内生真菌(编号 2526 和编号 1850)、南海红树林内源真菌(2534 号)、海洋真菌 *Aspergillus* sp. 红树林真菌草酸青霉(092007)、南海海洋真菌 *Fusarium* sp. (♯2489)等微生物中的代谢产物中分离到环肽成分(尹文清，2002；李厚金，2002；朱峰，2003，2005；黄永富，2006；刘海滨，2007)。宋珊珊等(2006)从海洋真菌 96F197 分离到抗癌活性成分过氧化麦角甾醇。温露等(2006)从红树林共生真菌 *Paecilomyces* sp. Tree 1-7 代谢产物中得到蒽醌类抗肿瘤物质。朱峰等(2004)从南海海洋真菌♯2526 中发现抗肿瘤化合物蒽醌衍生物。黄忠京等(2007)从南海红树林内生真菌 ZZF79 中分离得苯并-α-吡喃酮衍生物抗肿瘤药物。邵志宇等(2007)从互花米草内生真菌 *Fusarium* sp. F4 中分离到具有抗肿瘤作用的酰胺、胺与其他含氮化合物。李春远等(2007)从海洋真菌 K38 号得到酯类化合物，韩小贤等(2007)从海洋真菌烟曲霉 H1-04 发酵液中得到抗肿瘤活性物硫代二酮哌嗪衍生物和生物碱类化合物；而赵文英等从海洋来源真菌烟曲霉(*Aspergillus fumigatus*)次级代谢产物中发现了具有抗肿瘤的过氧化麦角甾醇和抗菌的含醛基或酮羰基的羰基羟基类化合物(赵文英，2007)。

3. 海洋细菌

直到上个世纪末，人们才对海洋细菌的筛选、培养及代谢产物的研究重视起来，并从中得到多糖、生物碱、醌环类、大环内酯和肽类等多种抗肿瘤活性物质(岳家兴，2006)。海洋细菌是海洋微生物抗肿瘤活性物质的一个重要来源，主要集中在假单胞菌属(*Pseudomonas*)、弧菌属（*Vibrio*）、微球菌属（*Micrococcus*）、芽孢杆菌属（*Bacillus*）、肠杆菌属（*Enterobacter*）、交替单孢菌属（*Alteromonas*）、链霉菌属（*Streptomyces*）、钦氏菌属（*Mentum scriptor genus*）、黄杆菌属（*Flavobacterium*）和小单孢菌属（*Micromonospora*）。1966 年，Burkholder 第 1 次从海洋细菌假单胞菌中分离得到具抗癌作用的硝吡咯菌素（Pyrolintrin）。此后对海洋细菌的研究一直较少，直到 20 世纪末，人们才对海洋细菌的筛选、培养及代谢产物的研究重视起来，以期从中得到新的特效抗癌药物。

海绵中存在着复杂的微生物群落，海绵中的抗癌物质是由海绵中共生共栖的细菌所产生的，从这些细菌中可以分离出抗白血病、抗鼻咽癌的活性成分。日本冈见从一株黄杆菌属的海洋细菌分离到代谢产物杂多糖 Marinactan（王正平，2004），能够增强免疫功能和抑制动物移植肿瘤，成为化疗药物治疗肿瘤的佐剂。1987 年 Kameyama 等在日本北海大约 3300m 深的海泥中筛选出一株需有海水配制培养基的菌 *Altero-monas haloplanktis*（Kameyama，et al.，1987），能够产生一种 Siderophore 类代谢物，溶瘤作用明显（Caedo，et al.，1997）。他在深海沉积物中筛选出一株芽孢杆菌，能够产生抗肿瘤物质 PM94128。Okami 从深海细菌中分离到一种新型物质 Bisucaberin（Okami，et al.，1993），其具有抗肿瘤活性。Canedo 等从加勒比海海鞘（*Ecteinascidia turbinata*）及土耳其海岸 *Polycitonide* 属海鞘中分离到 2 株土壤杆菌，并从脂溶性代谢产物中分离得到 2 个有显著抗肿瘤活性的生物碱类化合物 Sesbanimide A 和 C，对肿瘤细胞 L1210 的 IC_{50} 达 0.8 ng/mL。2003 年 Matsuda 等（2003）在海洋细菌 *Pseudomonas* sp. 中分离出 Polysaccharide B-1，该物质是一种硫酸盐多聚糖，具有抗癌细胞活性。同年 Williams 等（2003）在帕劳群岛海域的藻青菌中分离到 Ulongapeptin(1)，该物质对 KB 细胞 IC_{50} 为 0.63 mmol/L。Ustafson 等从海洋细菌中分离到大环内酯类化合物 Macroactins（胡艳红，2004），具有抗肿瘤、抗病毒和抗菌等功能。吕家森等对海洋细菌 B2817 产生的胞内外的活性产物进行了提取、纯化和测试（吕家森，2006），认为该菌产生多种活性物质，通过抑菌和抗肿瘤活性检测发现，有 3 个活性组分既具有抗肿瘤又有抗菌的活性，有一个组分只有抗肿瘤活性。梁静娟等从广西北部湾红树林海洋淤泥中筛选到的海洋细菌 *Bacillus pumilus* PLM 4 具有产生抗肿瘤多糖的能力（梁静娟，2006）。江红等在筛选新免疫抑制剂的过程中（江红，2006），从海洋青铜小单孢菌 *Micromonospora chalcea* FIM 02-523 发酵液提取到脂肽类化合物 FM523，经纯化得到 5 个组分，其中组分 3（FM523-3）与抗肿瘤抗生素同质。周旭华等对浙江舟山地区近海和盐田的样品进行分离检测（周旭华，2007），从 11 份泥样和 16 份水样中共分离纯化 120 株嗜盐菌，其中革兰氏阴性菌株占 81.6%，研究发现 19 株能产生胞外多糖，其中菌株 HS239 产量较高。姚遥等从海洋细菌 *Bacillus* sp. 中分离到环二肽类代谢产物（姚遥，2007），实验表明有抗肿瘤活性。李厚金等从大亚湾海洋细菌 *Pseudomonas* sp. 中得到吡咯类抗肿瘤物质（李厚金，2003）。温露等从南海海洋细菌 *Pseudomona* sp. 中发现了一种抗肿瘤瘤蓝色素吡咯类衍生物（温露，2005）。郑立等研究海洋细菌细胞毒代谢产物的分离，从其结构解析中发现了咔啉类化合物（郑立，2004）。

4. 微藻

微藻也是海洋微生物活性物质的一个重要来源。Pratt 等是最早从微藻中分离抗生素的研究者，他们从小球藻 Chlorella 中分离到小球藻素（Chlorellin）脂肪酸混合物，此混合物具毒性和抗细菌的功能。Hansen 发现马汉母褐胞藻 *Ochromonas malhamensis* 中存在一种结构尚未鉴定清楚的叶绿素酯(Chlorophyllides)抗生物质。从褐囊藻 *Phaeocystis pouchetii* 中分离到对革兰氏阳性细菌、酵母菌和曲霉等很有效的抗菌物质丙烯酸(Acrylic acid)。Ishibashi 等从伪枝藻 *Scytonema pseudohofmanni* 中分离得到具有广谱抗真菌作用的 Scytophytin-A。Gerwick 等从北波多黎各沿岸浅水域中采集的热带海洋蓝藻 *Hormothamnion eneromorphoides*,分离到一系列亲脂性的环肽,其中极性最小的一个环肽 Hormothamnin A 具有细胞毒性和抗微生物活性,其藻体的脂提物有明显的抗革兰氏阳性菌的活性。Pesando 研究表明日本星杆藻 *Asterionell japonica* 中产生的顺二十碳五烯酸(Ciseicosapentaenoic acid)的光氧化产物具极强的抗生活性。Starr 等从夏威夷的蓝藻 *Lyngbya majuscula* 藻体的甲醇提取物中发现有抗生素活性,对 *Micrococcus pyogenes* var. *Aureeus*, *Mycobacterium smegmatis* 等有拮抗作用。Entzeroth 等从海水蓝藻河口鞘丝藻 *Lyngbya aestuarii* 中分出一种脂肪酸 2,5-二甲基十二酸,它同样能抑制别的藻类及水生高等植物的生长。

1995 年蔡心涵等在钝顶螺旋藻中提取出藻蓝蛋白(蔡心涵,1995),口服 20mg 或者注射 2mg 给 S180 移植瘤小鼠后,激光辐照 15d,癌细胞致死率分别为 53% 和 60%,当用藻蓝蛋白处理人的大肠癌细胞株 HR8348 时,癌细胞存活率也显著降低,由此说明藻蓝蛋白具有抑癌作用和光敏作用,并且藻蓝蛋白无毒副作用。2000 年张成武等发现(张成武,2000),当螺旋藻藻蓝蛋白质量浓度达 20mg/L 时对 U-937 和 K562 细胞都有很强的抑制作用,当质量浓度达 80mg/L 时,对人血癌细胞株 HL-60 的生长有很强的抑制。

(二)抗菌抗病毒活性物质与微生物

日本近年来对海洋微生物进行了广泛研究,发现约有 27% 的海洋微生物具有抗菌活性,并且许多成分是陆地生物中不存在的,这为人工合成抗菌药物提供了新颖的先导化合物(胡萍,2004)。姜健等对大连海域一些动植物(海参、海胆、海葵、海兔、石莼、羊栖菜、裙带菜)的共附生微生物进行培养和分离(姜健,2005),并进行抗菌性实验,从中获得具有抑菌活性的细菌 21 株,放线菌 8 株,真菌 2 株。这说明海洋动植物共附生微生物中存在着丰富的抗菌资源。

1. 放线菌

海洋有着极其丰富的放线菌资源,具有抗菌活性的海洋微生物中约有 45% 来源于放线菌。就报道迄今为止,海洋放线菌产生的活性物质大部分来源于小单孢菌属和链霉菌属。王书锦从中国黄海、渤海、辽宁近海 12 个地区 128 个定位点的海水及海泥中分离到 118 株放线菌(王书锦,2001),通过初步鉴定发现以链霉菌属为主,占放线菌总数的 95%,其中多株具有抗菌活性,其中 MB97、MB98 和 MB99 等对病原真菌、病原细菌、病原弧菌等有很强的抑制和杀灭作用,MB97 生物制剂对防治重茬大豆连作障碍抗病减毒有明显作用。1998 年 Rheims 等在沼泽淤泥中分离得到新属 *Verrucosispora*(Rheims, et al., 1998)。Woo 等 (2002)从海洋链霉菌 AP77 的发酵液中分离得到一种 160 kD 的蛋白质(SAP),其对真菌具有很强的拮抗作用;Maskey 等(2003)在海洋放线菌 *Actinomadura* sp. 的代谢产物中发现新型抗肿瘤抗生素 Chandrananimycin A-C。2004 年 Bister 等在日本海底泥样中分离得到 *Verrucosispora* 属中新种 *Verrucosispora* sp.(Bister, et al., 2004),其代谢产物 Abyssomicin B-D 为多环聚酮类抗生素(Riedlinger, et al., 2004),其中 Abyssomicin C 对抑制革兰氏阳性细菌显示强烈的拮抗作用,其通过抑制叶酸辅酶的生物合成从而抑制细菌生长,与磺胺类药物具有不同的作用机制。Asolkar 研究组(2002)在太平洋 Pohoiki 湾红树林中分离得到海洋链霉菌 B7046,其代谢产物为大环内酯类化合物 Chalcomycin A 和 Chalcomy-cin B,其中 Chalcomycin B 为新化合物,对金黄色葡萄球菌显示出强烈的抑菌活性。2004年 Charan 等(Charan, et al., 2004)在海洋放线菌 Micromonospora sp. 的培养液中发现一种新型生物碱化合物 Diazepinomicin,其具有抑菌活性。Capon 等(2002)在维多利亚 Lorne海岸分离到海洋放线菌所产生的 2 个芳香氨基酸类化合物 Lorneamides A 和 Lorneamides B,其中 Lorneamides A 对枯草杆菌具有中等抗生素活性。2005 年 Fenical 小组发现一个链霉菌新种(范晓,1999),在菌株 CNQ-525 中分离得到 5 个萜类化合物,其对耐药菌的生长具有很强的拮抗作用。还有研究发现,海藻中的活性物质可以抑制植物的病原菌,促进植物生长,增加植物的抗病抗寒能力,可以作为开发生物生长调节剂先导化合物(范晓,1999;张成武,1992;田黎,1999)。

另外,来源于多种链霉菌的 Teleocidin B 亦为一种强抗菌药物,药理试验表明,对革兰阳性菌有较强的抑菌活性(陈建国,2006)。Istamycin 是从一株新的海洋放线菌中分离得到的新型抗生素,属于氨基糖苷类化合物,对革兰氏阳性和阴性细菌,包括对原有的氨基糖苷类抗生素有耐药性的细菌都有极强的作用,很有可能成为实际应用的抗感染药物(Choi, et al., 1999)。我国福建海洋研究所黄维真等(1989)从福建沿海底泥中分离到一株海洋放线菌——鲁特格斯链霉菌鼓浪屿亚种(Srutgersensis sub sp. Gulangyunensis),这株耐盐、嗜碱放线菌能够产生抗菌谱广、毒性低的抗菌物质 Minobiosamine 和肌醇胺霉素等,对绿脓杆菌和一些耐药性革兰氏阴性菌具有较强的活性。方金瑞(1998)报道了海洋链霉菌鲁特格斯链霉菌亚种,其代谢产物春日霉素是一种农用抗生素,具有低毒性、抗菌谱广的特点,是一种无公害的农药;并且在对海洋底栖菌进行活性筛选过程中发现耐盐嗜碱放线菌 2B,产生的抗菌物质 2B-B 为氨基糖苷类的丁酰苷菌素,该研究开辟了氨基糖苷类抗生素化学结构修饰的新途径。崔洪霞等(2006)从胶州湾海洋链霉菌分离到一株产抑制真菌活性的含硫生物碱类化合物。

2.真菌

除海洋放线菌外,海洋真菌是最主要的抗菌物质来源,1929 年 Fleming 发现真菌能够产生青霉素之后,人们开始认识到真菌是产生抗生素的丰富来源。

Daferner 等(2002)在海洋真菌 Ascommycete Zopfiella latipes 的培养液中分离到 2 个吡咯烷酮类化合物 Zopfiellamides A 和 B,化合物 A 对革兰氏阳性细菌的 MIC 为 $210\mu g/mL$。同年,Edrada 等(2002)在 Xestospongia exigua 体内 Penicillium cf. montanense 的发酵液中提取到 Xestodecalatone A-C,其中化合物 B 对 Candida albicans 有抑制作用。Ayer 等(1995)在贻贝组织匀浆中发现木霉属真菌,能够产生多肽类物质 Peptaibols。Okutani 等从印度洋中的真菌 Aspergillus sp. 的培养液中分离到一株新型环缩二氨酸 Gliotoxin,它对 Staphylococcus aureus,Bacillus subtillus 具有抗菌活性。据报道,董志峰等(1998)从海洋真菌枝顶孢霉(Actmonium chrysogenum)中发现一种抗生素头孢霉素 C,已用于医疗行业。

2001 年王书锦等在我国黄海、渤海、辽宁近海区域筛选出真菌 500 多株,已鉴定 20 多株,其中有曲霉属(Aspergillus)、青霉属(Penicillum)、镰刀菌属(Fusarium)等,其中 10%的代谢产物具有抗细菌的生物活性。同年,刘晨临等(2001)在海葵中分离出 23 株海洋真菌,其中 3 株具有抗病原真菌活性。林昕等(2004)研究了 176 株海洋木栖真菌的抗菌活性,其中 96 株对枯草杆菌、大肠杆菌和白假丝酵母中的一种或几种有拮抗活性,其中 16.4%的菌株具有抗大肠杆菌活性。刘晨临等(刘晨临,2001)从青岛侧花海葵和绿海葵体分离到 23 株真菌,并对其产生的抑菌活性物质进行了初步测试。从 23 株真菌中筛选出 3 株有较好抗植物病原真菌活性的菌株,其中青 11－1 的代谢产物对立枯丝核菌 Rhizoctonia solani 有较强的抑制作用。李淑彬等(2000)从南海海泥中分离出一株编号为 M182 的霉菌,初步鉴定为青霉 Penicilliwn sp.,该菌所产生的广谱抗生素 M-182A,对细菌、酵母菌及丝状真菌均有抑制作用。刘雪莉等在日本发现海洋微生物中 11.5% 的真菌对大肠杆菌、金黄色葡萄球菌、白假丝酵母等细菌和真菌有拮抗作用(刘雪莉,1997)。陈光英等对分离自南海红树林的内生真菌 1947 号的次级代谢产物进行研究(陈光英,2007),发现活性物质。孙奕等(2007)分离与鉴定了海洋真菌 Trichodermareesei 的次级代谢产物。张海龙等分别从海洋真菌 Ahernaliasp. 发酵液中和海洋真菌 09－1－1－1 分离到抗稻瘟霉活性成分(张海龙,2005;许志勇,2005)。黄忠京等(2007)发现南海红树林内生真菌 ZZF42 产生了能抗 HIV 的生物碱类代谢产物和抗肿瘤的环二肽及环四肽化合物。朱峰等从南海海洋真菌♯2526 中发现抗菌化合物蒽醌类(朱峰,2004);邵志宇等从互花米草内生真菌 Fusarium sp. F4 中分离到具有抗肿瘤作用的吡啶类衍生物和酰胺、胺与其他含氮化合物(邵志宇,2007)。

3. 细菌

大多数的海洋细菌可以产生抗生素。Barsby 等(2002)在巴布亚纽新几内亚海岸海水分离出海洋细菌 Bacillus laterosporus PNG276,其代谢产物 Basiliskamide A 和 B 对白色念珠菌的质量浓度分别为 2.5 和 5.0μg/mL。Nagao 等(2001)在分离自海洋微藻 Schizymeniadubyi 的枯草杆菌的发酵液中提取纯化出 Macrolactins G-M,对枯草杆菌和金黄色葡萄球菌的平均 MIC 为 10μg/mL。2001—2003 年 Isnansetyo 等报道了一株海洋假单胞菌 Pseudomonas sp. AMSN(Isnansetyo, et al., 2001; Kamei, et al., 2003; Isnansetyo, et al., 2003),产生的化合物 DAPG(2,4-diacetylphloroglucinol)能抑制 MRSA (methicillinresistant staphylococcus aureus) 和 VRSA (vancomycinresistant staphylococcus aureus)。2003 年美国国立癌症研究所(NCI) Barrientos 等(Barrientos, et al., 2003)发现一种海洋蓝绿菌蛋白,能够抵抗埃博拉病毒(Ebola Virus)和人免疫缺陷病毒(HIV)的感染。2004 年 Chelossi 等(Chelossi, et al., 2004)在海绵 Petrosia ficiformis 体表分离到 Rhodococcus erythropolis 和 Pseudomonas 属细菌,其产生的活性物质能够抑制革兰氏阳性菌和 Staphylococcus aureus。还有研究表明(Fox, et al., 2008; Kale, et al., 2008),某种海洋巨大芽孢杆菌通过抑制黄曲霉毒素等次级代谢产物的合成来抑制黄曲霉的生长,这种抑制作用的产生是因为该菌株能抑制黄曲霉次级代谢产物调节基因和黄曲霉毒素合成基因的表达,如 Lae A、aflr、afls 等。

田黎等(2003)从海洋环境中筛选出一株芽孢杆菌 B9987,其代谢产物能够抑制植物病原真菌,并对植物的生长有一定的促进作用。刘全永等(2001)在辽宁渤海水域分离到海洋细菌 LUB02,其具有广谱抗真菌性质,能够较强地抑制病原菌 Candidaalbicans,从海洋细菌中分离到广谱抗真菌物质,且对人体病原性念珠菌有较强的抑菌作用。郑志成等(1993)从厦门地区红树根际海泥中分离到一株链霉菌,该菌产生的抗生素 S-111-9,对革兰氏阴性菌和真菌具有抑制作用。曾春民等(1996)从大亚湾分离到细菌种 Pseudomonas sp.,能产生化合物灵菌红素(prodigiosin),该色素可用作天然色素或抗生素的开发。穆军等(2006)从中国东海分离筛选到一株具有抗菌和细胞毒活性的海洋嗜盐菌 XD20,其代谢物对白念珠菌具有抑菌活性,对 SMMC 7721 细胞株和 HeIa 细胞株具有细胞毒活性。张海龙等 (2005)从海洋细菌 *Bacillus* sp. 发酵液中分离并研究了抗稻瘟霉菌化学成分。李厚金等 (2003)从大亚湾海洋细菌 *Pseudomonas* sp. 中得到吡咯类抗菌物质。

4. 微藻

海洋微藻也可产生抗细菌、抗病毒、抗真菌的活性物质。1996 年 Minkova 等证明了紫球藻多糖有很强的抗病毒活性(Minkova, et al., 1996)。Yamaguchi(1997)在甲藻 *Alexandrium hiranoi* 中分离得到 Goniodomins,对 *Mortierella ramannianus* 和 *Candida albicans* 具有抑制作用。Naviner 等(1999)在海洋硅藻 *Skeletonema costatum* 中分离得到抗菌活性物质,能够抑制水产养殖中某些贝、鱼类中的致病菌。2004 年叶锦林等(2004)研究报道紫球藻的多糖组分能够抑菌,何伟等(2004)综述了海藻部分抗 HIV 天然硫酸多糖的研究概况。

(三)海洋来源微生物与活性酶

酶是海洋微生物产生的一大类生物活性物质。由于海洋微生物生存环境的特殊性,其代谢过程中的酶类在性质、功能上与陆地生物有很大不同,具有突出的特点和优势,如具有显著的耐压、耐碱、耐盐、耐冷等特性;代谢易于调控,在低温条件下具有相对较高的活性。因此从海洋微生物中筛选提取有应用价值的酶类,就成为海洋微生物资源开发的一个重要方面。目前为止,发现可以作为新型酶源的海洋微生物包括真菌、细菌、古细菌和噬菌体等,放线菌较少,在海洋来源酶资源的开发上表现了丰富的生物多样性(张奕婷,2010)。

1. 多糖降解酶

(1)几丁质酶(chitinase)。几丁质酶(chitinase)是催化水解几丁质的酶。近年来,随着几丁低聚糖、几丁寡糖等抗菌作用、抗肿瘤和增强机体免疫功能研究的深入,几丁质酶作为制备几丁低聚糖的重要工具而受到相当的关注。同时几丁质酶在抑制真菌生长、防治作物病虫害等方面的作用也陆续被报道。几丁质酶基础理论和应用研究日益受到重视。科研工作者都致力于从海洋中寻找稳定、高效的几丁质酶产生菌。目前已发现能够产生几丁质酶或壳聚糖酶的微生物种类繁多,包括曲霉(*Aspergillus*)、根霉(*Rhizopus*)、生孢噬细菌 (*Sporocytophaga*)、青霉(*Penicillium*)、肠杆菌(*Enterobacter*)、黏细菌(*Myxobacter*)、节杆菌(*Arthrobacter*)、芽孢杆菌(*Bacillus*)、创伤弧菌(*V. vulnificus*)、弧菌(*Vibrio*)、梭菌 (*Clostridium*)、克雷伯氏菌(*Klebsiella*)、色杆菌(*Chromobacterium*)、假单胞菌(*Pseudomonas*)、黄杆菌(*Flavobacterium*)、沙雷氏菌(*Serratia*)、链霉菌(*Streptomyces*)等;在这些微生物中,对球孢白僵菌(*Beauveria bassiana*)、褶皱链霉菌(*S. plicatus*)等的研究较多,包括酶的分离纯化、理化性质及作用机理方面(郭琪,2005)。

Osawa 等(Osawa, 1995)利用几丁质作为唯一碳源进行试验时,发现 6 种海洋细菌 *Vibrio fluvialis*, *Vibrio parahaemolyticus*, *Vibrio mimicus*, *Vibrio alginolyticus*, *Listonella anguillarum*, *Aeromonas hydrophila* 均可以产生几丁质酶或几丁二糖酶。Han 等 (2009)从海绵共附微生物中分离到几丁质酶。Hayashi 等从 *Alteromonas* sp. 中获得胞外几丁质酶(Hayashi, et al., 1995)。几丁质酶还发现于 *Vibrio anguillarum*、*V. parahaemolyticus* (Hirono,1998)、*Alteromon* sp. *Strain*(Tsujibo, et al., 1993)、*Microbulbifer degradans*(Howard, et al., 2003)和 *Salinivibrio costicola*(Aunpad, 2003)等海洋细菌以及从海泥中分离到的白孢链霉菌、蜂房芽孢杆菌。目前已经有多种来自细菌和真菌的几丁

质酶基因得到克隆,Suolow 和 Jone 将来自黏质沙雷氏菌的两个几丁质酶基因 ChiA 和 ChiB 嵌入大肠杆菌中,随后又嵌入到假单胞菌中,获得了 4 株几丁质酶高产菌株。Roberts 和 Cabib 将几丁质酶基因导入到植物体中,获得了对烟草病原菌 *Alternaria longipes* 有较强抗性的植株。

在国内,从海泥中获得了产诱导型几丁质酶的菌株链霉菌 *Streptomyces lividams* S2128、蜂房芽孢杆菌 *Bacillus alvei* B291、黄杆菌 *Flavobacterium* sp. 、白孢链霉 *Streptomyces albosporeus* CT286,在培养基加入几丁质类物质,可诱导促进酶的合成。

(2)琼脂糖酶(agarase)。琼脂糖酶(agarase)是一种亲水性红藻多糖,包括琼脂糖(agarose)和硫琼胶(agaropectin)两种组分。琼脂糖是由交替的 3-O-β-D-半乳呋喃糖和 4-O-3,6 内醚-α-L-半乳呋喃糖残基连接的直链所组成的。琼脂糖酶主要存在于海洋环境中,属于微生物胞外酶,分为 α- 和 β- 两种类型,两种类型的琼脂糖酶均有相关报道(Potin, et al. , 1993;Sugano, et al. , 1993)。自 1902 年 Groleau 第一次从海水中分离到一种可降解琼脂的假单胞菌(*Pseudomonas alatica*)以来,人们已经从海洋环境中分离到多种琼脂分解菌,包括噬细胞菌属(*Cytophage*)、假单胞菌属(*Pseudomonas*)、类假单胞菌属(*Pseudomonaslike*)、弧菌属(*Vibrio*)、链霉菌属(*Streptomyces*)、别单胞菌属(*Alteromonas*)、假别单胞菌属(*Pseudoalteromonas*)。1994 年 Sugano 等报道了一种来源于海洋细菌 Vibrio sp. JT0107 的 α-新琼寡糖水解酶(Ha, et al. , 1997)。Ohta 等从位于 1174m 深的海洋沉积物中分离到一种 Microbulbifer 菌株 JAMB-A7(Ohta, et al. , 2005),发现其分泌的 β-琼脂糖酶为内型 β-琼脂糖酶,可降解琼脂糖和聚合度超过六的琼脂寡糖,产物主要为新琼脂六糖;并且将其分泌的 β-琼脂糖酶基因以枯草杆菌为宿主进行了克隆表达,所获得的重组酶由 441 个氨基酸残基构成,为内型 β-琼脂糖酶,水解后终产物主要为新琼脂四糖,实验结果表明 NaCl,EDTA 及各种表面活性剂都不会抑制其活性。2005 年 Ohta 等又对来源于 *Agarivorans* sp. JAMB-A11 中的一种 β-琼脂糖酶在枯草杆菌中进行了重组表达(Ohat, et al. , 2005),产生了内型 β-琼脂糖酶,可水解琼脂糖和新琼脂四糖,产物 90% 为新琼脂二糖。

(3)卡拉胶酶(carrageenase)。卡拉胶是一种来源于红藻的硫酸多糖,80% 的卡拉胶被应用在食品和与食品有关的工业中,可用作凝固剂、黏合剂、稳定剂和乳化剂,在乳制品、面包、果冻、果酱、调味品等方面有较为广泛的应用。另外,在医药和化妆品方面也有所应用。卡拉胶酶(carageenase)可以作用于卡拉胶水解糖苷键,关于卡拉胶酶的研究报道并不多见。在卡拉胶酶的来源微生物研究方面,Sarwar 等从海洋细菌噬纤维菌属(*Cytophaga*)中得到了卡拉胶酶(Sarwar, 1987);从海洋噬纤维菌 MCA-2 中分离到了胞外 ι-卡拉胶酶(Renner, 1998),该酶可降解以卡拉四糖和卡拉六糖为主终产物的卡拉胶;刘岩等(2001)也报道分离到了卡拉胶降解菌,此菌在 ι-卡拉胶、κ-卡拉胶或琼胶诱导下分别产生胞外酶 ι-卡拉胶酶、κ-卡拉胶酶或琼胶酶,而加到粗 λ-卡拉胶中,则可以同时产生胞外酶 ι-卡拉胶酶和 κ-卡拉胶酶。而倪敏等(2001)、唐志红等(唐志红,2011)对卡拉胶酶的性质和特性进行过研究。

(4)褐藻胶裂解酶(Alginatelyase)。褐藻胶酶(Alginatelyase)主要来源于海洋中微生物和食藻的海洋软体动物。已发现的产褐藻胶裂合酶海洋微生物包括弧菌(*Vibrio*)、固氮菌(*Azotobacter vinelandii*)、别单胞菌(*P. aeruginosa*)、假单胞菌(*P. alginovora*)、芽孢杆菌(*K. pnermoniae*)、肠杆菌(*E. cloacae*)、黄杆菌(*F. multivolume*)和克雷伯氏菌(*K. aerogenes*)等。据文献报道,李京宝等分别从海带糜烂物中和马尾藻(*Sargassum*)表面分离出了产高效胞外褐藻胶裂解酶的海洋弧菌 *Vibrio* sp. QY101 和 *Vibrio* sp. QY102(李京宝,2004),前者分泌的胞外褐藻胶裂解酶具有降解多聚古罗糖醛酸及多聚甘露糖醛酸的活性。Sawabe 等进一步研究了褐藻酸裂解酶的性质(Sawabe,1997)。别单胞菌(*Alteromonas* sp. H-4)发酵产生褐藻酸裂解酶,此酶不仅可以降解褐藻酸钠和甘露糖醛酸古罗糖醛酸聚合物,而且可以降解聚甘露糖醛酸和聚古罗糖醛酸,酶降解上述 4 种底物可得到 DP 为 7—8,5—6,3—4 的三种主要产品,寡聚糖醛酸的回收率接近 100%,远远高于胞外裂解酶的降解回收率。

1995 年,戴继勋等从海带、裙带菜病烂部位分离得到褐藻胶降解菌别单胞菌 *Alteromonas espejiana* 和 *A. macleodii*,利用发酵得到的褐藻胶酶对海带、裙带菜进行细胞解离,获得了大量的单细胞和原生质体;而海藻单细胞在海藻养殖业中具有重要的科研和应用价值,如作为单细胞饵料用于扇贝养殖,可明显促进亲贝的性腺发育和成熟,促进幼体的发育。Brown 等报道,用基因工程的方法将来自海洋细菌(*Sargassum fluitans*)的甘露糖醛酸裂合酶基因克隆到大肠杆菌中表达,产生了大量甘露糖醛酸裂合酶,目前已大量生产。

(5)纤维素及半纤维素降解酶(cellulase)。纤维素酶在食品工业的果汁饮料生产、食品资源开发与利用以及生物发酵工业中具有非常重要的用途,而在轻纺工业中可用于生物纺织助剂、棉麻产品的磨洗等后处理以及用于海藻解壁及生物肥料加工等许多方面。韩韫等从汕尾一鲍鱼场采集的样品中分离到 120 株微生物(韩韫,2005),经过刚果红染色,初筛得到高效产纤维素酶的 8 株菌,对这 8 菌株进行了纤维素酶和滤纸分解的研究。结果表明,所分泌的纤维素酶主要为胞外酶,其中 7 株能降解滤纸条;在这 8 株菌中,JK29 能强力分泌纤维素酶;GZ-18-2 在降解滤纸能力方面很强。经鉴定,这两株菌分别为 *Vibrio alginolyticus* 和 *Aeromonas sobria*,可用于海洋菌株产纤维素酶的进一步研究。王玢等(2003)从黄海的深海海底泥中筛选出一株产纤维素酶的海洋细菌,初步鉴定为革兰氏阴性杆菌,该菌既能降解微晶纤维素,又能产生羧甲基纤维素酶,且有淀粉酶活性。

在基因工程研究方面,Hung(2011)首次从嗜热海洋细菌(*Thermoanaerobacterium saccharolyticum* NTOU1)克隆了耐热嗜盐的木聚糖酶基因 xynFCB。Guo 等(2009)克隆了 *G. mesophila* KMM 241 的 β-1,4-木聚糖酶新基因(xynA)。国内李相前等学者也利用基因克隆技术对来自不同海洋环境(高温、低温等)的纤维素酶产生菌进行了克隆表达(熊鹏钧,2004;游银伟,2005;李相前,2006)。

(6)其他多糖降解酶。Furukawa 等利用 DEAE-Toyopearl 和 Sephacryl S-300 HR 等对来自海洋弧菌的岩藻聚糖酶进行了分离纯化(Furukana, et al.,1992),得到了 3 种不同的酶蛋白,对底物进行酶解后形成以小分子寡糖为主要成分的产物。岩藻聚糖是一种复杂的硫酸多糖,由岩藻糖、半乳糖、木糖、甘露糖、阿拉伯糖及糖醛酸等共同组成,Yaphe 和 Morgan 曾报道由海洋细菌 *Pseudomonas atlantica* 和 *P.carrageenovora* 在以岩藻聚糖为唯一碳源的培养基中培养 3d 后,对底物的利用率分别达到 31.5% 和 29.9%。Okami 等从东京湾海泥中也分离到一株环状芽孢杆菌(*B. circulans*)(Okami,1988),在常规培养基中不生长,但将培养基进行适当稀释后,菌株可生长并产生一种新的葡聚糖降解酶,该酶作用于葡聚糖的 α-1,3 键和 α-1,6 键,这在溶解口腔中的链球菌产生的不溶性葡聚糖方面具有一定的潜在用途。从海洋杆菌属中也曾分离到一种新型的葡聚糖酶,在 37℃ 显示其最适酶活,这一特性适合应用于口腔医疗及保健方面。

2. 蛋白酶

1960 年，丹麦首先利用地衣芽孢杆菌生产碱性蛋白酶，并将其用于生产加酶洗涤剂。20 世纪 70 年代初，NobouKato 从海洋嗜冷杆菌中获得一种新型的海洋碱性蛋白酶；迄今为止，国内外研究开发的海洋生物蛋白酶产品已有 20 多个。

一些海洋弧菌可产生多种蛋白酶，如溶藻弧菌可产生 6 种蛋白酶，其中包括在工业和商业上有多种应用价值的胶原酶，而且这种细菌也可产生一种比较罕见的、可抗洗涤剂破坏的碱性丝氨酸蛋白酶（Greene，1996）。日本 Fukuda 等（1997）从海洋弧菌（*Vibrio* sp.）中获得了新型碱性金属型内肽酶，在 Na^+ 存在下具有最大酶活性。有报道称海洋船蛆 *Deshayes* 腺体内的共生细菌可产生碱性蛋白酶，具较强的去污活性，在 50℃ 下可加倍提高磷酸盐洗涤剂的去污效果，在工业清洗方面有潜在的应用价值。

我国在海洋碱性蛋白酶研究方面已有较大进展，陈静等从连云港海域、港口、远洋捕捞船及鱼市等地采集的海水和各类海鱼、贝类等样品中分离到 217 株产蛋白酶的细菌（陈静，2005），并从中得到 1 株产低温碱性丝氨酸蛋白酶的海洋适冷细菌-SY。王宇婧等通过现代生物工程手段对分离到的黄海黄杆菌（YS-80-122）的代谢产物进行研究（王宇婧，2004），分离到一种低温碱性蛋白酶，经试验该酶与大多数金属离子和增稠剂及表面活性剂适应性良好，属于一种新型海洋来源蛋白酶。刘成圣等（2002）采用硫酸铵沉淀、Sephadex-75 和 Sephadex-100 凝胶过滤层析等方法纯化海洋弧菌（*Vibrio pacini*）X4B-7 菌株代谢物，得到一种碱性蛋白酶，此酶对 DNA 酶有降解作用，而对 DNA 没有降解作用，该酶有希望应用于核酸的提取。

3. 脂肪酶

脂肪酶在食品工业中主要用于脱脂加工等，在制革、毛皮、纺织、造纸、洗涤剂、医药及天然橡胶等领域也有重要用途。以洗涤剂为例，目前欧洲各国市场加酶洗涤剂占有量已达 90%，日本为 80%，主要是蛋白酶和纤维素酶，而我国仅占 10%，且只是添加单一的蛋白酶。碱性脂肪酶可以作为洗涤剂酶，和蛋白酶一起加入到洗衣粉中，制成双酶洗衣粉。

Feller 等从南极海水中筛选出 4 株分泌脂肪酶的耐冷莫拉氏菌（Feller，1990）。Joseph 等（Joseph，2006）从冷冻的海鱼样品中分离出一株产脂肪酶的葡萄球菌（*Staphylococcus epidermidis*），Hardeman 等对波罗的海沉积物附着微生物所产脂肪酶研究也有相关报道（Hardeman，2007）。我国邵铁娟等（2004）从 2000 多份渤海海区海水海泥样品中分离获得一株新型脂肪酶高产菌株 BohaiSea-9145，所得脂肪酶与常见金属离子和化学试剂的配伍性较好，具有良好的耐盐及抗氧化特性，且可受表面活性剂 SDS 的激活，是一种新型的海洋低温碱性脂肪酶，在洗涤剂行业特别是冷洗行业中具有良好的应用前景。张金伟等（2007）从南极普里兹湾深海沉积物中筛选到一株产低温脂肪酶的嗜冷杆菌属（*Psychrobacter*）菌株 7195，研究表明该菌株产生的脂肪酶能在高浓度 SDS、CHAPS、TritonX-100、Tween80 和 Tween20 等变性剂中表现出较好的稳定性，与非离子表面活性剂的相容性较好，在洗涤剂工业中将具有较好的应用前景。

4. 溶菌酶

溶菌酶是一种专门作用于微生物细胞壁的水解酶，具有分解细菌细胞壁中的肽聚糖的特殊作用，具有防腐和杀菌作用，可以广泛应用到食品贮藏保鲜、医疗行业或科学研究领域（李敏，2006）。

有关海洋微生物溶菌酶的具体报道较少。Birkbeck 等(1982)从海洋生物中分离到一种溶菌酶,可分解微球菌、大肠杆菌和枯草杆菌的细胞壁,但不能分解几丁质和金黄色葡萄球菌的细胞壁,其最适作用 pH 为 7.1。日本和英国科学家分别从海洋微生物和海岸边蟹的颗粒血细胞里得到了对革兰氏阳性菌及阴性菌都有灭活作用的海洋来源溶菌酶。国内王跃军等(2000)从一株海洋来源的杆菌中分离纯化了低温溶菌酶。

(四)酶抑制剂与海洋微生物

酶抑制剂不仅可用于研究酶的结构和反应机理,而且还有可能用于药理学研究,如通过抑制酶活的方法进行疾病的治疗已经成为药物研究领域的一个热点,越来越受到重视。目前研究较为深入的是 α-葡萄糖苷酶抑制剂。

海洋微生物具有分布广、种类多的特点,为开发新药物提供了丰富的资源,海洋环境的特征显著不同于陆地环境,由于其次级代谢产物的多样性和新颖性,海洋微生物成为酶抑制剂新来源。从海洋微生物中可筛选在人体内有重要生理作用的酶抑制剂如胰蛋白酶抑制剂,血管紧张素转换酶抑制剂,血浆酶抑制剂,凝血酶抑制剂,酪氨酸酶抑制剂,弹性蛋白酶抑制剂等(Lee,2001)。从天然产物中筛选糖苷酶抑制剂的工作已进行较早,并得到了一些有价值的物质,如最常见的两种,阿卡波糖和野尻毒素。阿卡波糖由微生物 *Actinoplanes utahensis* 发酵产生,而野尻毒素由 *Streptomyces lavendulae* 发酵产生。微囊藻属 *Microcystis*(Carmichael,1992)作为寻找新药先导化合物的一种新资源,已分离出一些具有显著酶抑制活性的多肽,越来越受到重视。

1.葡萄糖苷酶抑制剂

糖苷酶不仅是生命体正常运转所必需的酶,同时又是许多疾病(如糖尿病、艾滋病及癌症)的相关酶。对高度专一的糖苷酶抑制剂的研究,不仅可用于研究酶活性中心的结构、酶的作用机制、代谢性疾病产生的原因,同时也使糖苷酶抑制剂有望成为许多疾病的治疗药物。α-葡萄糖苷酶抑制剂能够抑制 α-葡萄糖苷酶的活性,能有效地预防和改善糖尿病人并发症的发生和发展,同时它还具有抗病毒作用,对治疗和预防糖尿病及其并发症和控制肝炎的传染起重要作用,有希望应用于临床治疗糖尿病和肝炎。中草药、海藻等物质中含有 α-葡萄糖苷酶抑制剂,但含量较少,或直接提取比较困难。海洋生物中含有的天然生物活性物质比较多,为研究开发海洋新药提供可能性。现代微生物发酵技术的快速发展和海洋药物研究的深入,为海洋微生物生产新型的 α-葡萄糖苷酶抑制剂提供了技术条件。

最初人们主要研究从陆生微生物中发现 α-葡萄糖苷酶抑制剂。德国的 Maul 最先分离到一株产 α-葡萄糖苷酶抑制剂的游动放线菌,后来研制成治疗糖尿病的第一种有效药品。Acarboseo 等从一株青霉素发酵产物中分离提取到 α-葡萄糖苷酶抑制剂,它有选择性抑制酵母和动物猪的 α-葡萄糖苷酶,而对雄豆角和黑曲霉的 α-葡萄糖苷酶没有抑制作用。Shitara 等从链霉菌中提取 α-葡萄糖苷酶抑制剂,它具有抑制 α-葡萄糖苷酶和 β-葡萄糖苷酶的活性。Ouzounov 等从联合使用干扰素和 α-葡萄糖苷酶抑制剂抗 BVDV 的研究中发现,两种药物在病毒不同生长时期发挥的作用不同,联合用药起到加强作用,α-葡萄糖苷酶抑制剂可使干扰素活性提高 50 倍。目前两者联合用药治疗丙型肝炎的研究正在进行中,α-葡萄糖苷酶抑制剂很有可能成为将来治疗肝炎的重要药物之一。

近几年从海洋微生物中已经分离出新型的 α-葡萄糖苷酶抑制剂,Shirai 等从深海中分离筛选到一株产 α-葡萄糖苷酶抑制剂芽孢杆菌,它产生的酶抑制剂具有耐高温和耐高压性

质,经鉴定为一种新的化合物。海藻等海洋生物含有 α-葡萄糖苷酶抑制剂。Nakao(2000)
从海绵 *Callyspongia truncata* 中分离到一种新的多炔酸 Callyspongynic acid,能够抑制葡
萄糖苷酶;还从海绵 Penares 体组织中分离出分子式为 $C_{35}H_{62}NO_{15}S_3Na_3$ 的 Penarolide sul-
fates A1 和 A2,属于含脯氨酸的大环内酯三硫化合物(展翔天,2002)。它们对 α-葡萄糖苷
酶的抑制活性 IC_{50} 分别为 1.2 和 1.5μg/mL。李宪璀等对青岛沿海 20 种常见大型海藻的提
取物进行了研究,结果发现大多的海藻提取物对 α-葡萄糖苷酶都有一定的抑制活性,其中
松节藻等藻类提取物 α-葡萄糖苷酶的抑制活性比较显著,抑制率达到 60%以上;还从石莼
的脂溶性物质中筛选到一种酶抑制剂,1,2-二酰基-3-(6-脱氧-6-磺酸基-α-D-吡喃葡萄糖苷
基)甘油酯,对葡萄糖苷酶有较强的抑制活性。近年来,许多研究者提出了一个观点,认为海
洋动植物中提取的生物活性物质实际上是由与之共附生的微生物所产生。

　　2.其他酶等抑制剂

　　黄忠京等从南海红树林内生真菌 ZZF79 中分离得苯并-α-吡喃酮衍生物(黄忠京,
2007),能够抑制 TaqDNA 聚合酶。青岛科技大学赵文英等(2007)从海洋来源真菌烟曲霉
(*Aspergillus fumigatus*)次级代谢产物分离出酰胺、胺与其他含氮化合物,这些成分能够抑
制胆固醇合成酶。姜成林等(2001)发现了胆固醇合成酶抑制剂 HMG-COA 还原酶。朱峰
等从南海海洋真菌♯2526 和♯1850 中发现的蒽醌类化合物和蒽醌衍生物及呫酮衍生物(朱
峰,2004),能够抑制人拓扑异构酶Ⅰ(hTOP-I)。邵志宇等(2007)从互花米草内生真菌
*Fusarium*sp. F4 中分离到一种含氮化合物酰胺,它能够抑制胆甾醇酰基转移酶的活性。中
山大学陈光英等(2003)从南海红树林内生真菌 1893 代谢产物中分离到一种简单取代 γ-吡
喃酮的化合物和一种含氮化合物,前者具有抗心律不齐、抗高血压、抗惊厥等作用,后者可抗
炎并促进伤口愈合与皮肤生长等作用。江红等(2006)在筛选新免疫抑制剂的过程中,从海
洋青铜小单孢菌 *Micromonospora chalcea* FIM 02－523 发酵液提取到脂肽类化合物
FW523,经纯化得到 5 个组分,组分 3(FW523-3)与抗肿瘤抗生素 RakicidinB 同质,但它具
有与紫杉醇相当的抗肿瘤活性和与环孢素相当的免疫抑制活性。

思考题

　　1.以海洋鱼类为原料发酵生产鱼酱油的原理与影响产品质量的因素有哪些? 请分别加
以阐述。

　　2.海洋微生物包括哪些种类? 它们可能产生的功能性活性物质有哪些?

参 考 文 献

[1]蔡琳,刘韵源.福建长乐县胃癌病例——对照研究危险状态分析[J].中华流行病学杂志,1991,12(1):15－19.

[2]蔡心涵,郑树,杨工,等.藻蓝蛋白(phycocyanin)——铜激光对大肠癌细胞株 HR8348 的杀伤效应[J].
肿瘤防治研究,1995,22(1):19－21.

[3]晁岱秀.分段式快速发酵鱼露工艺的研究[D].广州:华南理工大学,2010.

[4]晁岱秀,曾庆孝,黄紫燕.温度对传统鱼露发酵后期品质的影响[J].现代食品科技,2010(1):22－27.

[5]陈光英,朱峰,林永成,等.南海红树内生真菌 1947 号次级代谢产物的研究[J].化学研究与应用,2007,
19(1):98－99.

[6]陈光英,刘晓红,温露,等.南海红树林内生真菌1893代谢产物研究[J].中山大学学报(自然科学版),2003,42(1):49—51.

[7]陈建国,李国明.海洋生物抑菌物质的研究进展[J].国际检验医学杂质,2006,27(9):820—822.

[8]陈静,王淑军,黄炜,等.产低温碱性蛋白酶海洋适冷菌SY的筛选[J].微生物学杂志,2005,25(04):38—42.

[9]陈轶林,张承来.微生物源活性物质的开发与化学新农药的创制[J].广东农业科学,2005,3:102—104.

[10]陈重昇,俞莉,陈跃,等.胃癌高发区鱼露中N-亚硝基化合物的研究[J].癌症,1988,7(2):81—84.

[11]崔洪霞,李富超,阎斌伦,等.一株产抑制真菌活性全霉素的胶州湾海洋链霉菌[J].中国海洋药物,2006,25(1):11—15.

[12]邓大君,鄂征.胃癌病因:人N-亚硝酸胺暴露[J].世界华人消化杂志,2000,8(3):250—252.

[13]董志峰,秦松,等.基因工程与海洋药物研究[J].海洋科学,1998(1):16—20.

[14]范佳利,韩剑众,田师一,等.电子鼻和电子舌在乳制品品质及货架期监控中的应用研究[J].食品工业科技,2009,30(11):343—346.

[15]范晓.海藻中的功能活性物质研究现状及其开发利用前景[J].海洋科学集刊,1999(40):102—106.

[16]方金瑞.海洋微生物:开发海洋药物的重要资源[J].中国海洋药物,1998,17(3):53—56.

[17]方忠兴,翁武银,王美贵,等.添加水产下脚料对蓝圆鲹发酵鱼露的影响[J].食品科学,2010(23):132—137.

[18]方忠兴.蓝圆鲹低盐鱼露速酿工艺及理化性质的研究[D].厦门:集美大学,2010.

[19]龚巧玲.鱼露的安全快速发酵工艺技术研究[D].杭州:浙江工业大学,2009.

[20]郭琪,王静雪.海洋微生物酶的研究概况[J].水产科学,2005,24(12):41—44.

[21]韩韫.产纤维素酶海洋菌株的筛选及鉴定[J].现代食品科技,2005,21(3):36—38.

[22]韩小贤,许晓妍,崔承彬,等.海洋真菌烟曲霉H1-04发酵液中的硫代二酮哌嗪类产物及其抗肿瘤活性[J].中国药物化学杂志,2007,179(3):155—159.

[23]韩小贤,许晓妍,崔承彬,等.海洋真菌烟曲霉H1-04生产的生物碱类化合物及其抗肿瘤活性[J].中国药物化学杂志,2007,17(4):232—236.

[24]何伟,张超,王冬,等.抗HIV海洋天然活性成分及其作用机制研究概况[J].中国海洋药物,2004,100(4):43—45.

[25]何雪莲.罗非鱼加工下脚料发酵生产鱼露的研究[D].海口:华南热带农业大学,2007.

[26]胡萍,王雪青.海洋微生物抗菌物质的研究进展[J].食品科学,2004,25(11):397—400.

[27]胡艳红,张庆林,王正平.海洋微生物生物活性代谢物研究进展及技术问题[J].科学技术与工程,2004,4(2),160—163.

[28]黄紫燕.外加微生物改善发酵鱼露品质的研究[D].广州:华南理工大学,2011.

[29]黄紫燕,晁岱秀,朱志伟,等.鱼露快速发酵工艺的研究[J].现代食品科技,2010,26(11):1207—1211.

[30]黄紫燕,朱志伟,曾庆孝,等.传统鱼露发酵的微生物动态分析[J].食品与发酵工业,2010(7):18—22.

[31]黄紫燕,刘春花,罗婷婷,等.鱼露发酵液中产蛋白酶乳酸菌的筛选及其添加应用[J].食品与发酵工业,2010,(11):88—92.

[32]黄志斌,徐轩成,杨允庄.鱼露快速发酵工艺的研究——低盐保温发酵的效果[J].水产学报,1980,4(2):141—146.

[33]黄维真,苏国成,刘添才.一种海洋链霉菌产生的广谱抗菌物质8S10[J].中国海洋药物,1989(2):11—14.

[34]黄永富,孟娜,田黎,等.海洋真菌 Aspergillus sp. 的二肽类代谢产物的研究[J].中国药物化学杂志,2006,16(1):37—39.

[35]黄忠京,邵长伦,陈意光,等.南海红树林内生真菌ZZF79中吡喃酮类代谢产物的研究[J].中山大学学报(自然科学版),2007,46(4):113—115.

[36]黄忠京,郭志勇,杨瑞云,等.南海红树林内生真菌 ZZF42 中生物碱类代谢产物的研究[J].中药材,2007,30(8):939—941.

[37]姜成林.微生物资源开发利用[M].北京:中国轻工业出版社,2001.

[38]姜健,杨宝灵.海洋微生物生物活性物质的研究[J].云南大学学报,2004,26(6):91—94.

[39]姜健,范圣第,杨宝灵,等.海洋动植物共附生微生物的分离和抗菌活性研究[J].微生物学通报,2005,32(2):65—68.

[40]江红,林如,郑卫,等.海洋青铜小单孢菌 FIM02-523 产生的脂肽类化合物 FW523 的分离鉴别和生物学活性[J].中国抗生素杂志,2006,31(5):267—270.

[41]江津津,曾庆孝,朱志伟,等.发酵鳀制鱼露的理化与感官性质的变化[J].食品与发酵工业,2007,33(5):64—67.

[42]江津津,曾庆孝,朱志伟,等.耐盐微生物对鳀制鱼露风味形成的影响[J].食品与发酵工业,2008,34(11):25—28.

[43]江津津,曾庆孝,朱志伟,等.潮汕鱼酱油中香气活性化合物的研究[J].食品科技,2010(8):294—296.

[44]江津津,陈丽花,黎海彬,等.基于电子鼻的鱼露香气品质识别[J].农业工程学报,2011,27(12):374—377.

[45]江津津,黎海彬,曾庆孝,等.潮汕鱼酱油营养成分分析与品质评价[J].食品科学,2012,33(23):310—313.

[46]江津津,黎海彬,陈丽花,等.不同原料鱼酿造鱼酱油的挥发性风味差异[J].食品科学,2013,34(4):195—198.

[47]康明官.中外著名发酵食品生产工艺手册[M].北京:化学工业出版社,2001.

[48]李春远,杨瑞云,林永成,等.海洋真菌 K38 号代谢产物的研究[J].中山大学学报(自然科学版),2007,46(1):67—70.

[49]李德海,顾谦群,朱伟明,等.海洋放线菌 11014 中抗肿瘤活性成分的研究(I)—环二肽[J].中国抗生素杂志,2005,30(8):449—452.

[50]李冬,朱伟明,顾谦群,等.海洋放线菌 H2003 代谢产物中环二肽成分及其抗肿瘤活性的初步研究[J].海洋科学,2007,31(5):46—48.

[51]李根,林昱.DDRT 法筛选抗肿瘤海洋微生物[J].中国抗生素杂志,2004,29(8):449—451.

[52]李光友,刘发义.海洋生物活性物质研究开发进展探讨[N].科技日报,2001—05—15(007).

[53]李厚金,林永成,刘晓红,等.南海海洋真菌 *Fusarium* sp.(♯2489)的代谢产物[J].海洋科学,2002,26(3):57—59.

[54]李厚金,蔡创华,周毅频,等.大亚湾海洋细菌 *Pseudomonas* sp.中的红色素[J].中山大学学报(自然科学版),2003,42(3):102—104.

[55]李京宝,于文功,韩峰,等.从海洋中分离的弧菌 QY102 褐藻胶裂解酶的纯化和性质研究[J].微生物学报,2003(6).

[56]李敏.溶菌酶及其应用[J].生物学教学,2006,31(4):2—7.

[57]李淑彬,钟英长,戴欣,等.海洋霉菌抗真菌作用的研究[J].海洋通报,2000,19(6):29—33.

[58]李相前,邵蔚蓝.海栖热孢菌内切葡聚糖酶 Cell2B 与木聚糖酶 XynACBD 结构域融合基因的构建、表达及融合酶性质分析[J].微生物学报,2006,45(6):726—729.

[59]梁静娟,王松柏,庞宗文,等.海洋细菌 *Bacillu spumilus* PLM4 产抗肿瘤多糖的发酵条件优化研究[J].广西农业生物科学,2006,25(3):256—260.

[60]林昕,黄耀坚,胡志钰,等.海洋木栖真菌抗菌活性的初步研究[J].应用海洋学学报,2004,23(3):308—313.

[61]林学政,杨秀霞,边际,等.南大洋深海嗜冷菌 2—5—10—1 及其低温脂肪酶的研究[J].海洋学报,2005,27(3):154—158.

[62]刘晨临,田黎,李光友.分离自青岛海区潮间带海葵的真菌及其产生的抑菌物质[J].中国海洋药物,2001,20(6):1-3.

[63]刘丹.传统发酵鲍鱼内脏低盐鱼酱油的研究[D].福州:福建农林大学,2012.

[64]刘成圣,刘晨光,刘万顺,等.2002.海洋弧菌碱性蛋白酶的分离纯化及部分性质研究[J].青岛海洋大学学报,32(5):734-740.

[65]刘海滨,高昊,王乃利,等.红树林真菌草酸青霉(092007)的环二肽类成分[J].沈阳药科大学学报,2007,24(8):474-477.

[66]刘全永,胡江春,薛德林,等.海洋细菌 LU-B02 生物活性物质发酵条件及理化性质研究[J].微生物学杂志,2001,21(1):10-12.

[67]刘睿,朱天骄,朱伟明,等.海洋放线菌 S1001 中抗肿瘤活性成分的研究[J].中国抗生素杂志,2006,31(1):36-38,62.

[68]刘雪莉,钱伯初.日本海洋天然活性物质研究简况[J].中国海洋药物,1997,16(1):45-49.

[69]刘岩.卡拉胶酶的研究进展[D].青岛:中国海洋大学,2001.

[70]刘妍,李志勇.海洋放线菌研究的新进展[J].生物技术通报,2005(6):34-39.

[71]吕家森,黄惠琴,丛明,等.一株海洋细菌的鉴定及其活性物质的初步研究[J].海洋学报,2006,28(5):173-178.

[72]吕英涛.鳀鱼内源蛋白酶及低值鱼制备鱼酱油过程中生化特性研究[D].青岛:中国海洋大学,2008.

[73]吕英涛,周明明,徐伟,等.发酵生产鱼酱油过程中生化特性研究[J].食品科学,2009(9):140-143.

[74]穆军,焦炳华,孙炳达,等.一株具有抗菌和细胞毒活性的海洋嗜盐菌 XD20 的筛选和鉴定[J].第二军医大学学报,2006,27(1):8-11.

[75]倪敏.海洋细菌 *Cellulophaga* sp. QY201 的 λ-卡拉胶酶研究[D].青岛:中国海洋大学,2008.

[76]Okami Y.海洋微生物产生的生物活性产物[J].应用微生物学,1988(6):44-46.

[77]邵志宇,冯永红,邓云霞,等.互花米草内生真菌 *Fusarium* sp. F4 中的活性代谢物[J].中国天然药物,2007,5(2):109-111.

[78]邵铁娟,孙谧,郑家声,等.Bohaisea-9145 海洋低温碱性脂肪酶研究[J].微生物学报,2004,44(6):789-793.

[79]宋珊珊,王乃利,高昊,等.海洋真菌 96F197 抗癌活性成分研究[J].中国药物化学杂志,2006,16(2):93-97.

[80]孙奕,吕阿丽,田黎,等.海洋真菌 *Trichoderma reesei* 的次级代谢产物的分离与鉴定[J].沈阳药科大学学报,2007,24(9):546-548.

[81]唐志红.产卡拉胶酶海洋菌株的筛选和酶学性质的初步研究[D].烟台:烟台大学,2011.

[82]田黎,林学政,李光友.海洋微藻对蔬菜生长及病原真菌的活性初探[J].中国海洋药物,1999,18(4):40-43.

[83]田黎,顾振芳,陈杰,等.海洋细菌 B9987 菌株产生的抑菌物质及对几种植物病原真菌的作用[J].植物病理学报,2003,33(1):77-80.

[84]王正平,张庆林,胡艳红.海洋微生物抗肿瘤活性物质的研究进展[J].化学工程师,2004,103(4):41-42.

[85]王健,崔承彬,顾谦群,等.海洋来源黄直丝链霉菌产物中新细胞周期抑制剂的研究[J].中国海洋药物,2005,24(4):1-5.

[86]王书锦,胡江春,薛德林,等.中国黄、渤海、辽宁近海地区海洋微生物资源的研究[J].锦州师范学院学报,2001,22(1):1-5.

[87]王玢,汪天虹.产低温纤维素酶海洋嗜冷菌的筛选及研究[J].海洋科学,2003(5).

[88]王宇婧,张曼平,孙谧,等.海洋低温碱性蛋白酶的性质[J].海洋湖沼通报,2004(1).

[89]王跃军,孙谧.海洋低温溶菌酶的制备及酶学性质[J].海洋水产研究,2000,21(4):54－63.

[90]魏向阳,陈静,许冰.产脂肪酶菌株 L42 的筛选及最佳生长条件的研究[J].淮海工学院学报,2008,17(3):62－65.

[91]温露,林永成,赵丽冰,等.红树林共生真菌 *Paecilomyces* sp. Tree1-7 代谢产物的研究[J].中药材,2006,29(8):782－785.

[92]温露,袁保红,李厚金,等.南海海洋细菌 *Pseudomonas* sp.产生的一种抗肿瘤蓝色素[J].中山大学学报(自然科学版),2005,44(4):63－65.

[93]吴少杰,李富超,秦松,等.海洋链霉菌 M518 产的新星形孢菌素衍生物的生物活性[J].高技术通讯,2007,17(8):874－879.

[94]肖宏艳,曾庆孝.潮汕鱼露发酵过程中挥发性风味成分分析[J].中国调味品,2010(2):92－96.

[95]肖宏艳.改善速酿潮汕鱼露风味的研究[D].广州:华南理工大学,2010.

[96]熊枫,郑忠辉,黄耀坚,等.从深海沉积物中筛选具有抗菌、抗肿瘤活性的海洋真菌[J].厦门大学学报(自然科学版),2006,45(3):419-423.

[97]熊鹏钧,文建军.交替假中胞菌(*Pudoalteminonas* sp.)DY3 菌株产内切葡聚糖酶的性质研究及基因克隆[J].生物工程学报,2004,20(2):233－237.

[98]薛德林,谢秋宏,马成新.中国辽宁近海地区海洋酵母菌与海洋真菌资源调查及药用和饲料用资源的研究[C]//中国药学会海洋药物专业委员会.中国第五届海洋湖沼药物学术开发研讨会论文集.青岛:中国药学会海洋药物专业委员会,1999:222.

[99]许文思,彭剑,王吉成,等.一种新的快速简便的抗肿瘤药物筛选模型[J].中国抗生素杂志,2001,26(1):15.

[100]徐伟,石海英,朱奇,等.鱿鱼加工废弃物鱼酱油发酵过程中的生物胺变化研究[J].安徽农业科学,2010(4):2055－2057.

[101]徐伟,石海英,朱奇,等.低盐鱼酱油挥发性成分的固相微萃取和气相色谱—质谱法分析[J].食品工业科技,2010(3):102－105.

[102]徐伟.鱿鱼加工废弃物低盐鱼酱油速酿工艺及生化特性研究[D].青岛:中国海洋大学,2008.

[103]许志勇,张惠平.海洋真菌 09-1-1-1 次级代谢产物的研究[J].中国海洋药物,2005,24(5):43－46.

[104]薛佳.罗非鱼加工下脚料速酿低盐优质鱼露的研究[D].青岛:中国海洋大学,2011.

[105]姚遥,田黎,李娟,等.海洋细菌 *Bacillus* sp.中环二肽类代谢产物的研究[J].中国药物化学杂志,2007,17(5):310－313.

[106]叶锦林,王明兹.紫球藻及其多糖抗菌性能初探[J].亚热带植物科学,2004,33(3):31－33.

[107]尹文清,林永成,周世宁,等.南海海洋真菌 2516 号中的环肽成分[J].中山大学学报(自然科学版),2002,41(4):56－58.

[108]游银伟,汪天虹.适冷海洋细菌交替假单胞菌(*Pseudoalteromonas* sp.)MB-1 内切葡聚糖酶基因的克隆和表达[J].微生物学报,2005,45(1):142－145.

[109]岳家兴.海洋微生物与抗肿瘤活性物质[J].生命科学仪器,2006,4(5):19－25.

[110]曾春民,林国强,沈鹤琴,等.大亚湾细菌 *Psedumonas* sp.发酵产物化学成分分析[J].中国海洋药物,1996,(2):5－7.

[111]曾庆孝,江津津,阮征,等.固相微萃取和同时蒸馏萃取分析鱼露的风味成分[J].食品工业科技,2008(1):84－87.

[112]展翔天,张春光,司玫.海洋微生物活性物质研究进展[J].中国海洋药物,2002(2):44－52.

[113]张成武,刘宇峰,王习霞,等.螺旋藻藻蓝蛋白对人血癌细胞株 HL-60、K-562 和 U-937 的生长影响[J].海洋科学,2000,24(1):45－48.

[114]张成武.微藻中的生物活性物质[J].中国海洋药物,1992,11(3):20－29.

[115]张海龙,傅红伟,田黎,等.海洋细菌 *Bacillus* sp.发酵液中化学成分的研究[J].中国海洋药物,2005,24(2):9—12.

[116]张海龙,田黎,傅红伟,等.海洋真菌 *Ahernalia* sp.发酵液中化学成分的研究[J].中国中药杂志,2005,30(5):351—353.

[117]张豪,章超桦,曹文红,等.传统鱼露发酵液中优势乳酸菌的分离、纯化与初步鉴定[J].食品工业科技,2013,34(24):186—188.

[118]张金伟.南极普里兹湾深海沉积物微生物低温酶的筛选、基因克隆表达及性质分析[D].厦门:国家海洋局第三海洋研究所,2007.

[119]张明辉.海洋生物活性物质的研究进展[J].水产科技情报,2007,34(5):201—205.

[120]张亚鹏,朱伟明,顾谦群,等.源于海洋真菌抗肿瘤活性物质的研究进展[J].中国海洋药物,2006,25(1):54—58.

[121]张奕婷,迟海洋,张丽霞,祖国仁.海洋微生物活性物质分离提取方法研究进展[J].大庆师范学院学报,2010,30(6):121—124.

[122]赵卫权,崔承彬.近年国内海洋微生物代谢产物研究概况[J].国际药学研究杂志,2008,35(5):330—335.

[123]赵文英,朱庆书,顾谦群.海洋来源真菌烟曲霉(*Aspergillus fumigatus*)次级代谢产物研究(Ⅱ)[J].青岛科技大学学报(自然科学版),2007,28(5):390—393.

[124]郑立,韩笑天,陈海敏,等.海洋细菌细胞毒代谢产物的分离及其结构解析[J].现代中药研究与实践,2004,18(增刊):80—83.

[125]郑志成,周美英.海洋链霉菌产生的抗生素 S-111-9 的研究[J].厦门大学学报,1993(5):647—652.

[126]郑忠辉,李军,黄耀坚,等.海洋微生物抗肿瘤活性物质的体外筛选[C]//中国药学会海洋药物专业委员会.中国第五届海洋湖沼药物学术开发研讨会论文集.青岛:中国药学会海洋药物专业委员会,1999:40.

[127]周世宁,林永成,姜广策,等.海洋微生物的生物活性物质研究[J].海洋科学,1997,32(3):27—29.

[128]周旭华,王勇,吴敏.舟山地区嗜盐菌的分离和产胞外多糖菌株的筛选[J].浙江大学学报(理学版),2007,34(3):335—338.

[129]朱峰,林永成,周世宁,等.红树内生真菌♯2526 和♯1850 中酮类代谢产物的研究[J].天然产物研究与开发,2004,16(5):406—409.

[130]朱峰,陈光英,林永成,等.南海红树内生真菌编号 2526 和编号 1850 代谢产物的研究[J].辽宁师范大学学报(自然科学版),2005,28(3):314—316.

[131]朱峰,林永成,周世宁,等.南海红树林内源真菌 2534 号代谢产物的研究[J].中山大学学报(自然科学版),2003,42(1):52—54.

[132]朱峰,林永成,周世宁.南海海洋真菌♯2526 中蒽醌类代谢产物的研究[J].有机化学,2004,24(9):1114—1117.

[133]朱义明,洪葵.海洋动物中微生物的分离与抗金黄色葡萄球菌活性筛选[J].安徽农学通报,2007,13(8):36—38.

[134]朱志伟,曾庆孝,阮征,等.鱼露及加工技术研究进展[J].食品与发酵工业,2006,32(5):96—100.

[135]Asolkar R N,Maskey R P,Laatsch H,et al. Chalcomycin B,a new macrolide antibiotic from the marine isolate *Streptomyces* sp. B7064[J]. J Antibiot,2002,55(10):893—898.

[136]Attaway D H,Zaborsky O R. Marine biotechnology. Vol. 1,Pharmaceutical and bioactive natural products[M]. NewYork:Plenum Press,1993.

[137]Aunpad R,Panbangred W. Cloning and characterization of the constitutively expressed chitinase C gene from a marine bacterium,Salinivibrio costicola fstrain 5SM-1[J]. Biosci Bioeng,2003,96:529—536.

[138]Ayer S W,Canedo L M,Baz J P,et al. Two novel 19 residue peptaibols isolated from cultures of a mussel associated fungus[J]. J Toxicol,1995,14(2):194.

[139]Barrientos L G,O'keefe B R,Bray M,et al. Cyanovirin-N binds to the viral surface glycoprotein,GP1, 2 and inhibits infectivity of Ebola virus[J]. Antiviral Res,2003,58(1):47—56.

[140]BarsbY T,Kelley M T,Andersen R J. Tupus eleiamides and basiliskamides,new acyldipeptides an dantifun galpolyetides produced in cultured by a Bacillus laterosporus isolate obtained from a tropical marine habitat[J]. J Nat Prod,2002,65(10):1447—1451.

[141]Birkbeck T H,McHenery J G. Degradation of bacteria by Mytilus edulis. Marine Biology, 1982,72 (1):7—15.

[142]Bister B,Bischoff D,Stroebele M,et al. Abyssomicin C-A polycyclic antibiotic from a marine Verrucosispora strain as an inhibitor of the paminobenzoic acid / tetrahydrofolate biosynthesis pathway[J]. Angew Chem Int Ed,2004,43(19):2574—2576.

[143]Buchanan G O,Williams P G,Feling R H,et al. Sporolides A and B:Structurally unprecedented halogenated macrolides from the marine actinomycete Salinispora tropica[J]. Org Lett,2005,7(13): 2731—2734.

[144]Ca Edo L M,Fernandez P J L. A new ocoumarin antituor agent obtained from a Bicillus sp. isolated from maine sediment[J]. J. Antibiot,1997,50(1):175—178.

[145]Capon R J,Skene C,Laceye,et al. Lorneamides A and B:Two new aromatic amides from a southern Australian marine Actinomycete[J]. J Nat Prod,2002,63(12):1682—1683.

[146]Carmichael W W. Cyanbobacteria secondary metabolites-the Cyanotoxins [J]. Journal of Applied Bactriology,1992,72:45—49.

[147]Chaiyanan S, Chaiyanan S, Maugel T, et al. Polyphasic taxonomy of a novel Halobacillus, *Halobacillus thailandensis* sp. nov. isolated from fish sauce[J]. Systematic and Applied Microbiology, 1999, 22(3): 360—365.

[148]Charan R D,Schlingmann G,Janso J,et al. Diazepinomicin,a new antimicrobial alkaloid from a marine *Micromonospora* sp. [J]. J Nat Prod,2004,67(8):1431—1433.

[149]Chelossi E,Milanese M,Milano A,et al. Characterisation and antimicrobial activity of epibiotic bacteria from Petrosia ficiformis(Porifera,Demospongiae)[J]. J Exper Mar Biol Ecol,2004,309:21—33.

[150]Choi D H,Shin S,Park I K. Characterization of antimicrobial agents extract2 ed from Asterina pectinifera[J]. Int J Antimicrob Agents,1999,11(1):65—68.

[151]舩津保浩，小長谷史郎，加藤一郎，等. マルソウダ加工残滓から調製した魚醤油と数種アジア産 魚醤油との呈味成分の比較[J]. 日本水産学会誌，2000，66(6)：1026—1035.

[152]Daferner M,Anke T,Sterner O. Zopfiellamides A and B,antimicrobial pyrrolidinone derivatives from the marine fungus Zopfiella latipes[J]. Tetrahedron,2002,58(39):7781—7784.

[153]Dougan J, Howard G E. Some flavouring constituents of fermented fish sauces[J]. Journal of the Science of Food and Agriculture, 1975, 26(7): 887—894.

[154]Edrada R A,Heubes M,Brauers G,et al. Online analysis of xestodecalactones A-C,novel bioactive metabolites from the fungus Penicillium cf. montanense and their subsequent isolation from the sponge Xestospongia exiqua[J]. J Nat Prod,2002,65(11):1598—1604.

[155]Feling R H,Buchanan G O,Mincer T J,et al. Salinosporamide A:A highly cytotoxic proteasome inhibitor from a novel microbial source,a marine bacterium of the new genus Salinospora[J]. Angew Chem Int Ed,2003,42(3):355—357.

[156]Feller G T M,Arpigy J L,et al. Lipases from psychrotrophic antarctic bacteria. FEMS Microbiol

Lett,1990,66:239—244.

[157]Fenical W. Chemical studies of marine bacteria:developing a new resource[J]. Chem. Rev. ,1993,93:
1673—1683.

[158]Fernandaz-Chimeno R I,Canedo L,Romero F,et al. IB-96212,a novel cytotoxic macrolide produced by
a marine micromonospora. I. Taxonomy,fermentation,isolation,and biological activities[J]. J Antibi-
ot,2000,53(5):474—479.

[159]Fox E M,Howlett B J. Secondary metabolism:regulation and role in f ungal biology [J]. Current O-
pinion in Microbiology, 2008,11:481—487.

[160]Fukami K, Ishiyama S, Yaguramaki H, et al. Identification of distinctive volatile compounds in fish
sauce[J]. Journal of Agricultural and Food Chemistry, 2002, 50(19): 5412—5416.

[161]Fukuda K,Hasuda K,Oda T,et al. Novel extracellular alkaline metalloendopeptidases from Vibriosp.
NUF-BPP1: purification and characterization [J]. Biosci Biotechnol Biochem, 1997,61(1):96—101.

[162]Furukawa S I,Fujikawa T,Koga D,et al. Purification and some propertiesof exo-type fucoidanases
fromVibriosp. N-5[J]. Biosci Biotech Biochem,1992,56(11):1829—1834.

[163]Furumai T,Igarashi Y,Higuchi H,et al. Kosinost at in,a quinocycline antibiotic with antitumor activit
from Micromonospora sp. TP-A0468[J]. J Antibiot,2002,55(2):128—133.

[164]Greene R V,Grifin H L,Cotta M A. Utility of alkaline protease from marine shipworm bacterium in
industrial cleansing applications[J]. Biotechnol Lett,1996,18(7):759—764.

[165]Guo B,Chen XL,Sun CY,et al. Gene cloning,expression and characterization of a new cold-active and
salt-tolerant endo-β-1,4-xylanase from marine Glaciecola mesophila KMM 241[J]. Appl Microbiol
Biotechnol,2009,84:1107—1115.

[166]Ha J C,Kim G T,Kim S K,et al. Beta-Agarase fromPseudomonas sp. W7:purification of the recom-
binant enzyme fromEscherichia coli and the effects of salt on its activity [J]. Biotechnol Appl Bio-
chem,1997(26):1—6.

[167]Hak C K,Christopher A K,Paul R J,et al. Marinomycins A-D,antitumor-antibiotics of a new struc-
ture class from a marine actinomycete of the recently discovered genus"Marinispora"[J]. J Am Chem
Soc,2006,128(5):1622—1632.

[168]Han Y,Yang B J,Zhang F L,et al. Characterization of antifungal chitinase from marine Streptomyces
sp. DA11 associated with South China Sea Sponge Craniella Australiensis [J]. Mar Biotechnol,2009,
11:132—140.

[169]Hardeman F,Sjoling S. Metagenomic approach for the isolation of a novel low-temperature-active lipase from
uncultured bacteria of marine sediment[J]. FEMS Microbiol. Ecol,2007,59 (2):524—534.

[170]Hayashi K,Sato S,Takano R,et al. Identification of the positions of disulfide bonds of chitinase from
a marine bacterium, Alteromonas sp. strain O-7 [J]. Biosci Biotechnol Biochem, 1995, 59 (10):
1981 —1982.

[171]Hirono I,Yamashita M,Aoki T. Molecular cloning of chitinase genes from Vibrio anguillarum and V.
parahaemolyticus[J]. Appl Microbiol,1998,84:1175—1178.

[172]Hong W, Takuya I, M asahiro K, et al. Cytotoxic sesterter2 penes, 6-epi-ophiobolin G and 6-epi-
ophiobolin N, from marine derived fungus Emericella variecolor GF10 [J]. Tetrahedron, 2004,
60:6015.

[173]Howard M B,Ekborg N A,Taylor L E,et al. Genomic analysis and initial characterization of the chiti-
nolytic system of Microbulbifer degradansstrain 2-40[J]. Bacteriol,2003,185: 3352—3360.

[174]Hung K S,Liu S M,Tzou W S,et al. Characterization of a novel GH10 thermostable,halophilic xyla-

nase from the marine bacterium Thermoanaerobacterium saccharolyticum NTOU1[J]. Process Bio-chemistry,2011,46(6):1257—1263.

[175]Ijong F G, Ohta Y. Physicochemical and microbiological changes associated with Bakasang process-ing-a traditional Indonesian fermented fish sauce[J]. Journal of the Science of Food and Agriculture, 1996, 71(1): 69—74.

[176]Isnansetyo A,Horimastu M,Kamei Y. In vitro anti-Mrsa,activity of 2,4-diacetyl phloroglucinol pro-duced by Pseudomonas sp. Amsn which was isolated from a marine alga[J]. J Antimicrob Chemoth-er,2001,47(5):724—725.

[177]Isnansetyo A,Cui L Z,Hiramastu K,et al. Antibacterial activity of 2,4-diacetylphloroglucinol pro-duced by Pseudomonas sp. Amsn isolated from a marine alga,against vancomycin-resistant Staphylo-coccus aureus[J]. Int J Antimicrob Agents,2003,22(5):545—547.

[178]Iwamoto C,Yamada T,Ito Y,et al. Cytotoxic cytochalasans from a Penicillium species separated from a marine alga[J]. Tetrahedron,2001,57:2997.

[179]Jensen P R,Dwight R,Fenical W. Distribution of actinomycetes in nearshore tropical marine sedi-ments[J]. Appl Environ Microbiol,1991,57(4):1102—1108.

[180]Jensen P R,Jenkins K M,Porter D, et al. Evidence that a new antibiotic flavone glycoside chemically defends the sea grass Thalassia testudinum against zoosporic fungiy. Appl. Environ[J]. Microbiol, 1998,64(4):1490—1496.

[181]Jiang H,Zheng Y H,Zheng W. Daidzein and genistein produced by a marine Micromonospora carbon-aceaFIM02-635[J]. Chin J Mar Drugs,2007,26(1):8—12.

[182]Jose M, Lopez S, Jensen P R, et al. Newcytotoxicindolic metabolitesfrom amarine [J]. Streptomy-cesJNatProd,2003,66:863.

[183]Joseph B, Ramteke P W, Kumar P A. Studies on the enhanced production of extracellular lipase by Staphylococcus epidermidis[J]. J. Gen. Appl. Microbiol,2006,52(6):315—320.

[184]Kale S P,Milde L,Trapp M K,et al. Requirement of LaeA for secondary metabolism and sclerotial production in Aspergillus flavus[J]. Fungal Genetics and Biology,2008,45:1422—1429.

[185]Kameyama T,Takahashi A,Kurasawa S,et al. Bisucaberin,a new siderophore,sensitizing tumorcells to macrophage-mediated cytolysis. I. Taxonomy of the producing organism,isolation and biological properties[J]. J Antibiot,1987,40(12):1664—1670.

[186]Kamei Y,Isnansetyo A. Lysis of methicill in-resistant Staphylococcus aureus by 2,4-diacetylphloro-glucinol produced by Pseudomonas sp. AMSN isolated from a marinealga[J]. Int J Antimicrob A-gents,2003,21:71—74.

[187]Kelecom A. Secondary metabolites from marine microorganism[J]. An. Acad. Bras. Cienc,2002, 7(1):151—170.

[188]Kimura B, Konagaya Y, Fujii T. Histamine formation by Tetragenococcus muriaticus, a halophilic lactic acid bacterium isolated from fish sauce[J]. International Journal of Food Microbiology, 2001, 70(1): 71—77.

[189]Lee D S,Lee S H. Genistein,a soy isoflavone,is a potentα-glucosidase inhibitor[J]. FEBS Letters, 2001,501:84—86.

[190]Lemos M L,Toranzo A E,Barja J L. Antibiotic activity of epiphytic bacteria isolated from intertidal seaweeds[J]. Microb Ecol,1986,(11):149—163.

[191]Li H J,Lin Y C,Vrijarced L L P,et al. Anewcytotoxicsterol produced by an endophytic funug s from Castaniopsis fissa at theSouht China Seacoast[J]. Chin Chem Lett,2004,15(4):419—422.

[192]Li D H,Zhu T J,Liu H B,et al. Four butenolides are novel cytotoxic compounds isoalted from the marine-deirved bcateirum,Streptoverticillium luteoverticillatum 11014[J]. ArchPharm-Res,2006,29(8): 624—626.

[193]Lin Y,Wu X,Feng S,et al. Five unique compounds:xyloketals from mangrove fungus Xylaria sp from the south China sea coast[J]. J. Org. Chem. 2001,66(19):6252—6256.

[194]Liu W,Gu Q,Zhu W,et al. Penici Uones A nad B,twonovel polyketides with tricycle[5. 3. 1. 0 ^{3,8}]undecane skeleton,from a marine-derived funugs Penidllium terrestre[J]. Tetrahed Lett,2005,46(30): 4993—4996.

[195]Lopetcharat K. Fish sauce:the alternative solution for Pacific whiting and its by-products[D]. Oregon State University, USA, 1999.

[196]Matsude M,Yamori T,Naitoh M,et al. Structural revision of sulfated polysaccharide B-1 isolated from a marine Pseudomonas species and its cytotoxic activity against human cancer cell lines[J]. Mar Biotechnol,2003,5(1):13—19.

[197]Maskey R P,Li F,Laatsch H,et al. Chandranan imycins A approximately C:Production of novel anticance antibiotics from a marine Actinomadura sp. isolate M048 by variation of medium composition and growth conditions[J]. J Antibiot,2003,56(7):622—629.

[198]McIver R C, Brooks R I, Reineccius G A. Flavor of fermented fish sauce[J]. Journal of Agricultural and Food Chemistry, 1982, 30(6): 1017—1020.

[199]Mitchell S,Nicholsn B,Teisan S,et al. Aureoverticillactam,a novel 22-atommacrocyclic lactam from the marine actinomycete *Streptomyces aureoverticillatus*[J]. J Nat Prod,2004,67(8): 1400—1402.

[200]Minkova K,Michailov Y,Toncheva-Panova T,et al. Antiviral activity of porphyridiu mcruentum polysaccharide[J]. Pharmazie,1996,51(3):194.

[201]Nagao T,Adachi K,SakaiI M,et al. Novel macrolactins as antib ioticlactones from a marine bacterium [J]. J Antibiot,2001,54(4):333—339.

[202]McIver R C, Brooks R I, Reineccius G A. Flavor of fermented fish sauce[J]. Journal of Agricultural and Food Chemistry, 1982, 30(6): 1017—1020.

[203]Naviner M,Berge J P,Du Rand P,et al. Antibacterial activity of the marine diatom Skeletonema costatum against aquacultural pathogens[J]. Aquaculture,1999,174:15—24.

[204]Nakao Y,Maki T. Penarolide sulfates A1and A2,new α-glucosidase inhibitors from a marine sponge Penares sp [J]. Tetrahedron,2000,56:8977—8987.

[205]Nogva H. K,Kristinc K. R,Naterstad K. et al. Application of 5'-nuclease PCR for quantitative detection of Listeria monocytogenes in Pure cultures,water,skimmilk,and unpasteurized whole milk. APPI,Environ Microbiol,2000,66:4266—4271.

[206]Oh D C,Williams P G,Kauffman C A,et al. Cyanosporasides A and B,chloro-and cyano-cyclopenta [α]indene glycosides from the marine actinomycete"Salinispora pacifica"[J]. Org Lett,2006,8(6): 1021—1024.

[207]Ohta Y,Hatada Y,Ito S,et al. High-level expression of a neoagarobiose-producing beta-agarase gene from *Agarivorans* sp. JAMB-A11 in Bacillus subtilis and enzymic properties of the recombinant enzyme. Biotechnol Appl Biochem,2005,41(2):183—191.

[208]Ohta Y, Hatada Y, Nogi Y,et al. Cloning, expression, and characterization of a glycoside hydrolase family 86 beta-agarase from a deep-sea Microbulbifer-like isolate. Appl Microbiol Biotechnol,2004, 66(3):266—275.

[209]Okami Y. The search for bioactive metabolite from marine bacteria[J]. J Mur Biotechnal,1993,1:59.

［210］Osawa R,Koga T. An investigation of aquatic bacteria capable of utilizing chitin as the sole source of nutrients. Lett Appl Microbiol,1995,21(5):288－291.

［211］Park J N, Fukumoto Y, Fujita E, et al. Chemical composition of fish sauces produced in Southeast and East Asian countries[J]. Journal of food composition and analysis，2001，14(2)：113－125.

［212］Park J N, Ishida K, Watanabe T, et al. Taste effects of oligopeptides in a Vietnamese fish sauce[J]. Fisheries Science，2002，68(4)：921－928.

［213］Paul R J,Erin G,Chrisy M,et al. Culturable marine actinomycete diversity from tropical Pacific Ocean sediments[J]. Environ Microbiol,2005,7(7):1039－1048.

［214］Pilai S D,Joesephson R L,Bailey C P, et al. Rapid method for processing soil samples for Polyerase chain reaction amplification of Specific gene sequences. Appl. Environ. Microbiol,1991,57:2283－2286.

［215］Potin P,Richard C,Rochas C,et al. Purification and characterization of the agarase from Alteromonas agarlyticus comb. Nov. ,strain GJIB. Eur. J. Biochem,1993,214:599－607.

［216］Rahbaek L,Christophersen C,Frisvad J, et al. Insulicolide A:nitrobenzoyloxy-substituted sesquiterpene from the marine fungus Aspergillus insulicola[J]. Nat Prod,1997,60(8)：811－813.

［217］Renner M J, Breznak J. A purification and properties of ArfI, an α-L-arabinofuranosidase from Cytophaga xylanolytica[J]. Appl Environ Microb,1998,64(1):43－52.

［218］Rheims H,Schumann P,Rohde M,et al. Verrucosispora gifhornensisgen. nov. ,sp. nov. ,a new member of the actinobacterial family Micromonosporacea[J]. Int J Syste Bacteriol,1998,48(4):1119－1127.

［219］Riedlinger J, Reicke A,Zaehner H,et al. Biosynthetic capacities of actinomycetes:Abyssomicins,inhibitors of the para-aminobenzoic acid pathway produced by the marine Verrucosispora strain AB-18-032[J]. Antibiot,2004,57(4):271－279.

［220］Rizvi M A,Shameel M. Studies on the bioactivity and elementology of marine algae from the coast of Karachi，Pakistan[J]. Phytother Res,2004,18(11):865－872.

［221］Romero F, Espliego F, Baz J P, et al. Thiocoraline,a new depsipeptide with ant itumor activity produced by a marine micromonospora[J]. JAntibiot,1997,50(9):734－737.

［222］Saisithi P, Kasemsarn R O R N, Liston J, et al. Microbiology and chemistry of fermented fish[J]. Journal. of Food Science，1966，31(1)：105－110.

［223］Sarwar G,Matoyoshi S, Oda H. Purification of a α-carrageenan from marineCytophaga species[J]. Microbiol Immunol,1987,31(9):869－877.

［224］Saisithi P, Kasemsarn R O R N, Liston J, et al. Microbiology and chemistry of fermented fish[J]. Journal. of Food Science，1966，31(1)：105－110.

［225］Sanchez P C，Klitsaneephaiboon M. Traditional fish sauce (patis) fermentation in the Philippines[J]. Philippine Agriculturist,1983,66(3):251－269.

［226］Satomi M, Furushita M, Oikawa H, et al. Analysis of a 30 kbp plasmid encoding histidine decarboxylase gene in Tetragenococcus halophilus isolated from fish sauce[J]. International Journal of Food Microbiology，2008，126(1)：202－209.

［227］Satomi M, Furushita M, Oikawa H, et al. Diversity of plasmids encoding histidine decarboxylase gene in Tetragenococcus spp. isolated from Japanese fish sauce[J]. International Journal of Food Microbiology，2011，148(1)：60－65.

［228］Sawabe T,Ohtsuka M,Ezura Y. Novel alginate lyases from marine bacterium Alteromonas sp. strain H-4. Carbohydrate Research,1997,304:69－76.

［229］Shimoda M, Peralta R R, Osajima Y. Headspace gas analysis of fish sauce[J]. Journal of Agricultural and Food Chemistry，1996，44(11)：3601－3605.

[230]Simmons T L，Eric A，Kerry M，et al. Marine natural product as anticancer drugs[J]. Mol Cancer Ther,2005,4(2):333—342.

[231]Stute R，Petridis K，Steinhart H，et al. Biogenic amines in fish and soy sauces[J]. European Food Research and Technology, 2002, 215(2): 101—107.

[232]Sugano Y，Terada I，Arita M，et al. Purification and characterization of a new Agarase from a marine bacterium，Vibrio sp. Appl. Environ. Microbiol, 1993,59(5):1549—1554.

[233]Sugano Y，Matsumoto T，Kodama H，et al. Cloning and sequencing of agaA，a unique Agarase gene from a marine bacterium，Vibrio sp. Strain JT0107. Appl. Environ. Microbiologic, 1993，59：3750—3756.

[234]Sykes P J，Neoh S H，Brisco M J，et al. Quantification of targets for PCR by use of limiting dilution. Bio. Techniques,1992,13:444—449.

[235]太田静行. 魚醤油[J]. New Food Industry, 1989, 31: 36—48.

[236]Takahashi A，Ikeda D，Nakamura H，et al. Altemicidin，a new acaricidal and antitumor subatance. Ⅰ. Taxonomy，fermation，isolation and physico-chemical and biological properties[J]. J Antibiot,1989，42:1556—1561.

[237]Takahashi C，Minoura K. A new gliotoxin produced by Aspergillus sp. isolated from the Indian Ocean [J]. Tetrahedron Letters,1995,51(12):3483—3486.

[238]Tan R X，Jensen P R，Fenical W，et al. Isolation and structure assignments of rostratins A-D，cytotoxic disulfides produced by the marinederived fungus Exserohilum rostratum[J]. J Nat Prod,2004,67(8):1374—1382.

[239]Thongthai C，McGenity T J，Suntinanalert P，et al. Isolation and characterization of an extremely halophilic archaeobacterium from traditionally fermented Thai fish sauce (nam pla)[J]. Letters in Applied Microbiology, 1992, 14(3): 111—114.

[240]Tsujibo H，Orikoshi H，Tanno H，et al. Cloning，sequence，and expression of a chitinase gene from a marine bacterium，Alteromonas sp. Strain O-7 [J]. Bacteriol,1993,175:176—181.

[241]Udomsil N，Rodtong S，Tanasupawat S，et al. Proteinase-producing halophilic lactic acid bacteria isolated from fish sauce fermentation and their ability to produce volatile compounds[J]. International Journal of Food Microbiology, 2010, 141(3): 186—194.

[242]Vincent P G，James M，Kin S L，et al. Drug discovery from natural products[J]. J Ind Microbiol Biotechnol,2006,33(7):523—531.

[243]Voytek M. A，Ward，B. B. Detection of ammonium-oxidizing bacetria of the betasubclass of the class Proteobacteria in aquatic samples with the PCR. Appli. Environ. Microbiol,1995,61:1444—1450.

[244]Williams P G，Buchanan G O，Feling R H，et al. New cytotoxic salinosporamides from the marine actinomycete Salinispora tropica[J]. JOrg Chem,2005,70(16):6196—6203.

[245]Williams P G，Ratnakar N A，Tamara K，et al. Saliniketals A and B，bicyclic polyketides from the marine actinomycete Salinispora arenicola[J]. J Nat Prod,2006,70(1):83—88.

[246]Williams P G，Yoshida W Y，Quon M K，et al. Ulongapeptin，a cytotoxic cyclic depsipeptide from a Palauan marine cyanobacterium Lyngbya sp. [J]. J Nat Prod,2003,66(5): 651—654.

[247]Woo J H，Kitamura E，Myouga H，et al. An antifungal protein from the marine bacterium Streptomyces sp. strain AP77 is specific for Pythium porphyrae，a causative agent of redrot disease in Porphyra spp[J]. Appl Environ Microbiol,2002,68(6):2666—2675.

[248]Wood B J B. Microbiology of fermented foods. Volume 1. Volume 2[M]. Elsevier applied science publishers，1985.

［249］Yamaguchi K. Recent advances in microalgal bioscience in Japan，with special reference to utilization of biomass and metabolites：A review[J]. JAppl Phycol，1997，8：487－502.

［250］Yongsawatdigul J，Rodtong S，Raksakulthai N. Acceleration of Thai fish sauce fermentation using proteinases and bacterial starter cultures[J]. Journal of Food Science，2007，72(9)：M382－M390.

［251］Zaman M Z，Bakar F A，Selamat J，et al. Degradation of histamine by the halotolerant Staphylococcus carnosus FS19 isolate obtained from fish sauce[J]. Food Control，2014，40：58－63.

［252］Zarei M，Najafzadeh H，Eskandari M H，et al. Chemical and microbial properties of mahyaveh，a traditional Iranian fish sauce[J]. Food Control，2012，23(2)：511－514.

第十二章　其他发酵食品中微生物的利用

第一节　红曲的发酵法生产

红曲米是中国传统的药、食两用品。红曲产地分布于我国福建、浙江、广东、江苏和台湾等省，其中福建省是我国红曲主要产地，以古田红曲尤为著名。它是用红曲霉菌在大米中培养发酵而成，内含可作为食品添加剂的红曲色素、具有降脂作用的莫纳可林 K 等生物活性组分，在中国已有上千年的安全食用历史。中国的红曲产业正在形成和壮大之中。据推算，国内每年作酿酒用糖化曲的红曲米产量逾万吨；近几年来用于白酒增香酯化曲（采用烟色红曲霉菌株等）的红曲数千吨；有 3000 吨以上用作色曲的红曲米销往海外，大约相同数量的红曲被国内大小企业与民间消化；采用深层发酵法生产及用红曲米提取的红曲红（尚有少量红曲黄产品）也以百吨计；主要用于降血脂的功能性红曲出口量估计在上百吨，而作保健品及药品用的功能性红曲，其量更大。

由我们祖先发明的宝贵的生物资源红曲已广泛应用于酿造、色素生产及保健药物制备方面。由于含有淀粉葡萄糖苷酶、α-葡萄糖苷酶和胞外酯酶，红曲可以用来酿制红酒和米醋；红曲菌是世界上唯一生产食用色素的微生物，在我国、日本和欧美国家均有生产的专利报道，我国生产产品主要包括红曲米和红曲米提取物，这是由固态发酵生产获得，另外一种产品就是液态深层发酵生产的红曲红产品。

红曲有多重保健作用，抑制胆固醇合成酶的物质 monacolins，根据远藤氏的报道至少有 6 种；产生 γ-氨基丁酸（γ-GABA）及葡萄胺（glucosamine）有降低血压作用；红曲菌可以治疗氨血症（ammoniemia），同时还有抑菌防腐功能。大多数研究结果表明，红曲保健作用主要是红曲菌若干代谢产物协同作用的结果。

红曲的生产有固态发酵和液态发酵两种形式，参与发酵的主要微生物包括紫色红曲菌（*Monascus purpureus*）和红色红曲菌（*Monascus anka* Nakazawa et Sato）。红曲尽管可以在食品和药品中广泛应用，但代谢过程中产生桔霉素，会形成一定的安全隐患，这是目前红曲生产中菌种选育与改良方面需要进一步深入研究的问题。1995 年，Blanc 博士发现红曲霉能产生具有肾脏毒性的桔霉素后，红曲产品的食用安全性受到挑战。为了提高有应用价值的代谢产物如红曲色素和莫纳可林 K，同时减少或消除红曲产品中桔霉素，国内外微生物学家已从菌种选育、发酵工艺条件的优化及利用基因工程技术改造红曲霉菌种等方面进行了大量的工作。如保加利亚 Rasheva 等选育了一株不产桔霉素的紫色红曲霉突变体 Went CBS 109.07；日本 Nihira 等筛选得到一个新的聚酮体合成酶基因，并将其应用于构建不产桔霉素的红曲霉菌株。

红曲生产部分仍然采用固态通风制曲方式，其生产周期较短，生产成本低，成曲质量较

好,主要工艺流程如下:

籼米→浸渍→蒸饭→摊晾→接种→曲房堆积培菌→通风制曲培养→出曲干燥

操作要点说明:浸渍,吸水量在28%～30%;蒸饭,熟透但不烂,无白心;接种,接入液体红曲种,接种量0.5%～1.0%,温度控制在30℃左右;曲房堆积培菌,时间在16～22h;制曲培养:定期翻曲,定期喷水,温度在30～40℃左右,培养时间7～8d;出曲干燥,干燥温度在45℃以内,将水分降低至12%以内。

第二节 生物防腐剂的微生物发酵法生产

食品天然防腐剂是公认安全的防腐剂,在食品安全备受关注的今天,微生物产防腐剂因容易培养、发酵周期短和成本低廉备受行业的关注。世界上每年约有20%以上的粮食及食品因腐败变质而造成巨大的浪费和经济损失,变质还会危及消费者的身体健康,引起公共卫生危机,因此食品防腐保鲜是食品加工、流通、贮存过程中重要措施之一。化学类防腐剂存在的安全隐患引发消费者对添加防腐剂食品的担忧,因此开发天然、安全的防腐保鲜剂是发展重点方向之一。

目前乳酸链球菌素(nisin)、曲酸和纳他霉素(尤新,2000)、ε-聚赖氨酸(张铁丹,2015)等生物防腐剂已经广泛应用于食品工业中,它们都是微生物代谢产生或存在于生物体内有抗菌效果的生物活性物质。以下简要介绍几种天然防腐保鲜剂的发展及生产方法。

一、乳酸链球菌肽

乳酸链球菌肽又称为乳链菌肽或乳酸链球菌素,是由属于N血清型的某些乳酸链球菌(*Streptococcus lactis*)[现又定名为乳酸链球菌(*Lactococcus lactis*)]产生的一种小肽。乳酸链球菌肽是Rogers于1928年首次发现的。1944年,Mattick和Hirsh证明该物质可以抑制许多革兰氏阳性细菌,并将这种生物活性物质称之为nisin。1969年FAO/WHO联合食品添加剂专家委员会确认乳酸链球菌素可以作为食品添加剂使用。我国对乳酸链球菌肽研究起始于1989年,由中国科学院微生物研究所完成对乳酸链球菌肽的基础研究,并与浙江新银象生物工程有限公司(前身为浙江银象生物工程有限公司)、中国食品发酵工业研究所合作中试和应用试验获得成功,以实现规模化生产,该公司是QB 2394—2007(食品添加剂乳酸链球菌素)轻工行业标准的起草单位,公司在世界上率先利用植物蛋白制备乳酸链球菌素并建立生产线,现有乳酸链球菌素年生产能力600吨,已成为世界上最大的乳酸链球菌素制造商。

乳酸链球菌素由34个氨基酸残基组成,含有5个硫醚键形成的分子内环,其中一个是羊毛硫氨酸(第3－7个残基),其他4个是β-甲基羊毛硫氨酸(分别为8－11、13－19、23－26和25－28位残基)。乳酸链球菌素的分子式为$C_{143}H_{228}N_{42}O_{37}S_7$,分子量约为3348u,目前发现自然界存在2种乳酸链球菌素变异体,一个称之为nisinA,另一个称为nisinZ,其差异性仅在于第27位氨基酸不同,前者是组氨酸(His),后者为天冬酰胺(Asn)。

乳酸链球菌肽的发酵法生产过程包括菌株的扩大培养、发酵、有效效价的测定、分离提取等过程(李滔,2007)。

微生物菌株采用黄色微球菌(*Micococcus flavus*,NCIB8166)、乳酸链球菌(*Lactoccus latcs* subsp. *lactis*)。

菌种培养基为：蛋白胨 0.5%，豆胨 0.5%，酵母膏 0.25%，牛肉膏 0.5%，乳糖 0.5%，抗坏血酸 0.05%，β-磷酸甘油二钠 1.9%，$MgSO_4 \cdot 7H_2O$ 0.025%，pH6.8。液体培养基扩大培养的条件为：30℃/8h，静止培养。

发酵培养基为：蔗糖 1%，大豆蛋白胨 1%，KH_2PO_4 1.5%，$MgSO_4 \cdot 7H_2O$ 0.2%，pH7.0，发酵条件为：30℃/24h，静止培养，接种量为 1%。在发酵过程中，当菌种处在对数生长期时采取恒速补充流加蔗糖的方式可以显著提高单位发酵液的有效效价。

二、曲　酸

曲酸（kojic acid）又称曲菌酸、鞠酸，是某些微生物生长过程中经过糖代谢产生的一种弱酸性化合物，有抗菌作用与抑制多酚氧化酶作用。其化学名为 2-羟甲基-γ-吡喃酮或 5-羟基-2-羟甲基-1,4-吡喃酮，相对分子量为 142.1。

曲酸是 1907 年由斋藤贤道（Saito）首先从米曲抽提液中发现，1916 年籔田（Yabuta）命名并于 1924 年确定其结构式。能够产生曲酸的微生物有米曲霉（*Asp. oryzae*）、黄曲霉（*Asp. flavus*）、白色曲霉（*Asp. albus*）、烟曲霉（*Asp. fumigatus*）等。国内外菌种保藏机构收藏的产曲酸的菌株有米曲霉 IFFI2326、米曲霉平展变种（*Asp. Oryzae var. effusus*）IFFI2337、米曲霉绿色变种 ATCC22788、亮白曲霉 ATCC44054、黄曲霉 ATCC 10124、产曲酸青霉（*Penicillium kojigenum*）ATCC18227。

曲酸自古以来就存在于酱油、豆瓣酱和酿造酒类中，许多以曲霉发酵的产品中可以检测到曲酸的存在，长时间实践证明曲酸对人体无害，但近期也有体外证明曲酸浓度高可能引起DNA 损伤（陈永红，2011），但没有明确的结论，日本在各类食品中的添加量为 0.05%～1%，国内尚未发现在食品中添加曲酸的报道。

一般认为曲酸的主要合成途径是葡萄糖直接氧化，工业化生产常用的原料是淀粉或糖蜜，经过好氧发酵等生成曲酸，但以葡萄糖为原料发酵法生产曲酸更有利于曲酸的生产和精制。曲酸可以直接从葡萄糖直接氧化脱水形成，中间未经过碳架断裂，这已由同位素实验证实，但具体合成途径尚无定论。

曲酸的生产类似规模型发酵工艺，经过菌种选择、扩大培养、发酵、分离、提纯等工艺步骤，具体培养基及主要参数如下（凌帅，2012）。

种子培养基：葡萄糖 10%，玉米粉 2%，酵母膏 1%，KH_2PO_4 0.5%，$MgSO_4 \cdot 7H_2O$ 0.25%，pH 自然，30℃/24h，摇瓶培养 180r/min。

发酵培养基：葡萄糖 10%，酵母膏 1%，K_2HPO_4 0.1%，KCl 0.05%，$MgSO_4 \cdot 7H_2O$ 0.05%，pH 自然，30℃/168h，摇瓶培养 180r/min，接种量为 15%（V/V）。

发酵液采用 4500r/min 的离心作用后采用直接浓缩结晶，再结合活性炭脱色、阳离子交换树脂处理获得曲酸产品，其分离收率达到 90%，产品纯度在 98% 以上，符合国家标准。

三、纳他霉素

纳他霉素（natamycin）能专门抑制酵母菌和霉菌，因而多年以来食品行业对它兴趣不减。纳他霉素又称为多马霉素（Pymaricin）或田纳西菌素（tennecetin），是一种白色至乳白色的几乎无臭无味的结晶性粉末。它是由纳塔尔链霉菌（*Streptomyces natalensis*）产生的多烯大环内酯类抗真菌剂，其典型生产菌株是 1955 年在南非的纳塔尔省分离得到的，其商业化生产是通过特定的链霉菌株以葡萄糖为底物进行可控发酵而实现,最后从发酵液中获得干的纳他霉素,国家卫生部专门为由纳塔尔链霉菌生产的纳他霉素建立了食品添加剂的安全国家标准(GB 25532—2010)。

纳他霉素是一种多烯大环内酯,经验式为 $C_{33}H_{47}NO_{13}$。相对分子量为665.7,其分子是一个四烯化合物,含有一个糖苷键连接的碳水化合物基团,即氨基二脱氧甘露糖(Mycosamine)。它能以两种结构形式存在,烯醇式结构和酮式结构,一般前者居多。纳他霉素可与固醇类物质结合,尤其是麦角固醇,麦角固醇是真菌细胞膜的重要组成部分。这一不可逆的结合破坏了细胞膜,增加了细胞的通透性,使细胞液和细胞质渗漏,导致细胞破裂死亡。而病毒、细菌和原生动物细胞不含麦角固醇,所以纳他霉素对这些微生物无效。

纳他霉素是一种安全的杀真菌剂,它对常见的引起食品腐败的霉菌和酵母菌都有特定的活性,而本身及其分解产物的毒性极小。纳他霉素对细菌没有作用,不会影响干酪及其制品的熟化,不会影响食品的口味,目前已经有很多国家批准纳他霉素在相关食品中广泛使用。

Cattaneo 等研究了纳他霉素对肉制品的保护作用,结果发现这一防霉剂能很好预防霉菌的生长。一般纳他霉素配制成 150～300mg/kg 的悬浮液对肉制品的表面浸泡和喷涂,可达到安全有效的抑菌目的。在制作香肠时,将纳他霉素悬浮液浸泡或喷涂已填好馅料的香肠表面,可以有效地防止香肠表面长霉。在腌腊制品中,如腊鸡、腊肉等可以在腌制时配成一定浓度的溶液与腌制剂混合使用,也可以在腌制后干燥前用 0.1% 的纳他霉素悬浮液进行喷洒。Thomas 和 Delves Broughton 研究了纳他霉素能明显抑制由霉菌和酵母菌引起的苹果汁、橙汁和菠萝汁的腐败。

微生物发酵法生产纳他霉素的菌种及培养基如下所示(梁景乐,2007)。

主要菌株:纳塔尔链霉菌(*Streptomyces natalensis*)ISP5357,恰塔努加链霉菌(*Streptomyces chatanoogensis*)ATCC13358,褐黄孢链霉菌(*Streptomyces gilvosporeus*)ATCC13326。

斜面培养基:葡萄糖 10%,麦芽浸出粉 3%,酵母浸出粉 3%,蛋白胨 5%,琼脂 15%,pH7.0;28℃/8～11d。

菌种种子扩大培养基:葡萄糖 20%,酵母膏 6%,蛋白胨 6%,NaCl10%,pH7.0;28℃/24～36h,220r/min。

发酵培养基:可溶性淀粉 40%,葡萄糖 30%,黄豆饼粉 15%,酵母提取物 5%,蛋白胨5%,NaCl2%,CaCO$_3$5%,pH7.6,28℃/96～120h,220r/min,接种量 10%(V/V)。

提取工艺可以利用纳他霉素在 pH 12 溶解度很高但在 pH7.0 溶解度较低的特点提取,该方法可以克服原有采用甲醇提取的安全隐患,纯度可以达到 90% 以上。

第三节　发酵乳制品的生产

一、发酵乳制品概述

发酵乳制品是一个综合性名称,包括酸奶及其制品、发酵乳及其制品、酸奶酒、发酵酪乳和干酪等。发酵乳制品顾名思义就是在产品生产过程中添加发酵剂进行发酵,利用发酵剂将乳中的乳糖转化生成乳酸、醋酸、丁二酮、乙醇及其他相关物质,使产品具有鲜美的滋味和香味,同时赋予其特定的外观和质地。国外酸奶制作用乳酸菌基本采用高密度培养技术,细胞数达到 10^{10} 数量级以上,国际上比较有名的酸奶发酵剂制造商主要有丹麦汉森(Chr. Hansen)公司、丹麦丹尼克斯(Danisco)公司、荷兰蒂斯曼(DSM)公司、加拿大罗素(Rosell)公司,每年它们出口到中国的发酵乳制品发酵剂销售额达到数十亿元。目前,国外乳酸菌已经形成产业,并且主要用于发酵乳制品(如酸奶),从菌种选育、不同乳酸菌的配伍、高密度培养、冻干技术的使用、发酵剂的贮存运输等形成完善的产业链,在世界发酵乳制品生产领域处于领先地位,国际上每年发酵乳制品的产值达到 3000 亿美元。

内蒙古农业大学张和平教授的团队从内蒙古地区酸马奶样品中筛选出 1 株对酸耐受性强的乳杆菌 Lb. casei Zhang,是我国第一次获得具有自主知识产权的国际先进水平的乳酸菌全基因组序列并首次对该菌株蛋白组学进行了较系统的研究,标志着我国益生乳酸菌的研究已经深入到基因组学和蛋白质组学的水平(北方新报,2008)。该成果填补了我国利用现代"组学"方法系统研究益生乳酸菌的空白。我国江南大学、中国农业大学和上海交通大学等高校在乳酸菌开发方面都取得了很好的成绩。

乳酸菌是用于生产发酵乳制品的特殊菌种。在以前的酸奶生产过程中,酸奶发酵剂的菌种要在酸奶生产厂家单独设立菌种车间,以完成"纯菌→活化→扩大繁殖→母发酵剂→中间发酵剂→工作发酵剂"这一工艺过程。该过程工序多、技术要求严格,一般厂家由于生产条件有限,经常出现质量问题。所以,在乳业发达国家,酸奶生产厂家不自制发酵剂,由专门生产发酵剂的企业提供酸奶发酵剂,来满足发酵乳制品厂家的要求。丹麦的汉森中心实验室 1988 年底生产出超浓缩的直投式酸奶发酵剂。我国乳制品企业包括蒙牛、伊利等企业均与国外公司合作开发生产专用发酵制剂。

直投式酸奶发酵剂(directed vat set, DVS)是指一系列高度浓缩和标准化的冷冻干燥发酵剂菌种,可直接加到热处理的原料乳中进行发酵,而无须对其进行活化、扩培等其他预处理工作。直投式酸奶发酵剂的活菌数一般为 $10^{10} \sim 10^{12}$ CFU/g。由于直投式酸奶发酵剂的活力强、类型多,酸奶厂家可以根据需要任意选择,从而丰富了酸奶产品的品种,同时省去了菌种车间,减少了工作人员、投资和空间,简化了生产工艺。直投式酸奶发酵剂不需扩大培养,可直接使用,便于管理。直投式酸奶发酵剂的生产和应用可以使发酵剂生产专业化、社会化、规范化、统一化,从而使酸奶生产标准化,提高酸奶质量,保障消费者的利益和健康。

二、乳酸菌种类

乳酸菌是指能发酵糖类,主要产物为乳酸的一类无芽孢,革兰氏染色阳性,不运动或极少运动,或过氧化氢酶阴性的细菌的总称。乳酸菌是广义范畴的概念,是非正式、非规范的细菌分类学名称。乳酸菌分布广泛,通常存在于肉、乳和蔬菜等食品及其制品中,乳酸菌在人类和其他哺乳动物的口腔、肠道等环境中,是构成特定区域正常微生物菌群的重要成员。发酵乳生产中的乳酸菌分属于乳杆菌属、链球菌属、明串珠菌属、片球菌属和双歧杆菌属。根据其代谢产物可以分为同型乳酸发酵、异型乳酸发酵。同型乳酸发酵主要包括保加利亚乳杆菌、乳酸乳杆菌、植物乳杆菌等,通过 EMP 途径生成乳酸;异型乳酸发酵包括肠膜明串珠菌、短乳杆菌、发酵乳杆菌、两歧双歧杆菌等,通过 HMP 途径形成代谢产物,终产物除乳酸外还有一部分乙醇、乙酸和 CO_2(张和平,2012)。

（一）乳杆菌属（*Lactobacillus*）

在发酵乳中应用的主要有：①专性异型发酵乳杆菌，主要有短乳杆菌、发酵乳杆菌和克菲尔乳杆菌；②专性同型发酵乳杆菌，有德氏乳杆菌、瑞士乳杆菌和嗜酸乳杆菌；③兼性异型发酵乳杆菌，主要有干酪乳杆菌及其亚种（如干酪乳杆菌鼠李糖亚种）。

（二）链球菌属（*Streptococcus*）

目前已在发酵乳中应用的有乳链球菌和嗜热链球菌等。

（三）明串珠菌属（*Leuconostoc*）

在发酵乳中应用的主要包括肠膜明串珠菌、类肠膜明串珠菌、乳明串珠菌和酒明串珠菌等。

（四）片球菌属（*Pediococcus*）

仅有戊聚糖片球菌和乳酸片球菌与其他乳酸菌结合用于发酵乳生产。

（五）双歧杆菌属（*Bifidobacterium*）

目前所知道的 24 个种中，有 9 个存在于人体肠道，在发酵乳中应用的主要有两双歧杆菌、长双歧杆菌、婴儿双歧杆菌和短双歧杆菌。详见表 12-1。

表 12-1 用于发酵乳生产的乳酸菌

乳酸菌	酸奶	酸性乳	酸性酪乳	酸性稀奶油	酸牛奶酒	酸马奶酒	常培养的温度（℃）	牛乳发酵的酸度范围及主要作用
乳链球菌		+	+	+	+		30	0.7%～0.9%/A
乳脂链球菌		+	+	+	+		20～25	0.7%～0.9%/A
丁二酮链球菌		+	+	+	+		30	0.7%～0.9%/F
嗜热链球菌	+	+					37～43	0.7%～0.9%/A
嗜热乳杆菌	+	+				+	37～40	0.3%～1.9%/A
保加利亚乳杆菌	+	+				+	37～43	1.5～1.7/A
短乳杆菌					+		20～25	0.1%～0.2%/A
可菲尔乳杆菌					+		20～25	0.1%～0.2%/A
乳脂明串珠菌		+	+	+	+		20～25	不产酸/F
葡聚糖明串珠菌		+	+	+	+		20～25	0.1%～0.2%/F
两歧双歧杆菌	+				+		37～40	0%～1.4%/A
乳片球菌		+					30	0.1%～0.2%/A

备注：A 产酸；F 产生香气。资料来源：李成涛，2005；张和平，2015。

三、发酵乳制品及高效发酵剂生产一般流程

（一）发酵乳制品的生产流程

凝固型：原料乳验收→净乳→冷藏→标准化→均质→杀菌→冷却→接入发酵菌种→灌装→发酵→冷却→冷藏

搅拌型：原料乳验收→净乳→冷藏→标准化→均质→杀菌→冷却→接入发酵菌种→发酵→添加辅料→冷却→灌装→冷藏

（二）高效发酵剂制备流程

发酵剂制备用到的培养基一般以 MRS 为基础培养基，然后在此基础上进行碳源、氮

源、营养因子及培养条件优化,再在此基础上采用补料、中和、缓冲盐法、渗透法、发酵方式优化等获得数量最高的培养条件,通过对这些相关因素的综合分析,考虑保护剂、冻干条件优化和后期保存条件优化等,最后得到经高密度培养的高活性又有较高数量的乳酸菌发酵菌剂,为企业生产创造可控的条件(杜新永,2014)。发酵菌剂冻藏保存中要考虑如下影响乳酸菌抗冷冻性的重要因素(刘彩虹,2013),包括高密度发酵过程中培养基组分、培养温度、发酵恒定 pH、中和剂的选择、菌体收获时期;另外应注意发酵结束后处理以及真空冷冻干燥过程中保护剂的添加和预冷冻处理等。

第四节 发酵肉制品的生产

一、发酵肉制品概述

发酵肉制品是以畜禽肉为原料,在自然或人工控制低温条件下进行腌制、发酵、干燥或熏制,产生具有特殊风味、色泽与质地,且具有较长保存期的一类肉制品。南方传统的腊肉制品和北方的风干肉在分类上虽不属于发酵肉制品,但在腌制和成熟过程中,微生物对产品的质构、风味、营养和安全具有重要影响。我国发酵肉制品的生产具有悠久的历史,如享誉中外的金华火腿、宣威火腿以及品质优良的中式香肠和民间传统发酵型肉制品等,由于其具有良好的特殊风味,深受国内外广大消费者的青睐。在欧洲,发酵肉制品的生产可追溯到2000年前,但只在近几十年才变得活跃起来,具有色香浓郁、工艺考究、风味独特等特点,深受消费者的欢迎。而目前利用乳酸菌发酵剂制作中式风味的发酵肉制品,其发展前景甚为广阔。每年世界上肉类消费总量超过 2 亿吨,而深加工肉制品占肉类总产量的 30% 以上,其中发酵肉制品占重要地位。国外发酵肉制品主要指干或半干香肠,其发展历史比较悠久,美国、德国的发酵肉制品生产已经实现常年化、规模化、标准化及工厂化;目前,欧美国家利用发酵剂大规模生产发酵肉制品。

二、发酵肉制品的种类及主要微生物

(一)发酵肉制品的种类及特点

发酵肉制品是以发酵灌肠制品为主,但还有部分火腿。其常见的分类方法有:①按产地可分为德国、美国、意大利和匈牙利等多种产品,如塞尔维拉特香肠、巴黎嫩大香肠、萨拉米香肠等;②按其水分含量、加工过程中水分散失程度和水分蛋白比可分为半干发酵香肠和干发酵香肠:半干发酵香肠的含水量为 40%~45%,干发酵香肠的含水量为 25%~40%;③按发酵程度(成品的 pH 值)可分为低酸发酵肉制品和高酸发酵肉制品:前者是指在0~25℃低温下进行腌制、发酵和干燥,产品 pH5.5 以上的发酵肉制品,如各种发酵火腿、萨拉米等干制发酵香肠;而后者是指在 25℃ 以上进行发酵、干燥产品 pH5.5 以下的发酵肉制品,如各种美式半干发酵香肠;④按发酵加工温度可分为低温发酵与高温发酵产品;⑤按产品加工与食用肉制品形态可分为块状发酵肉制品、馅状发酵肉制品与可食发酵副产品(马长伟,1998)。

　　发酵肉制品在其生产过程中采用了微生物发酵技术,风味独特、营养丰富、保质期长是其最主要的特点,具体特点表现为如下五个方面:

　　(1)提高产品的营养性和保健性,促进良好的特殊风味形成。在发酵过程中,由于微生物分泌的酶能分解肉中的蛋白质,从而提高了游离氨基酸的含量和蛋白质的消化率,并且形成了醇类、酸类、氨基酸、杂环化合物和核苷酸等风味物质,使产品营养价值和风味得到提升。

　　(2)抑制病原微生物的增殖和毒素产生。发酵肉制品由于乳酸的生成,降低 pH,抑制有害微生物的生长繁殖,同时乳酸菌产生的抗菌物质可抑制毒素的产生。

　　(3)具有抗癌作用。经研究发现,食用有益微生物发酵成的发酵肉制品,会使其有益菌在肠道中定殖,减少致癌前体物质,降低致癌物污染的危害。

　　(4)避免生物胺的形成。生物胺是由于酪氨酸与组氨酸被有害微生物中的氨基酸脱羧酶经催化作用而成的,危害人体健康。应用有益发酵剂后,脱羧酶活性降低,避免生物胺的形成。

　　(5)通过发酵可以改善肉制品的组织结构,促进其发色,降低亚硝酸盐在肉中的残留量,减少有害物质的形成(蔡鲁峰,2014)。

(二)发酵肉制品发酵剂中微生物的种类及性质

　　传统发酵肉制品所需的微生物是从环境中混入的"野生"菌,在乳酸菌与杂菌的竞争作用中,使乳酸菌占优势,成为发酵肉制品主要微生物。但在现代工艺条件下,作为发酵肉制品的发酵剂应具有以下特性:①耐盐性,在 6%食盐溶液中正常生长;②对亚硝酸盐有一定的耐受力;③27～37℃范围内正常生长,最适温度 32℃;④同型发酵,利用葡萄糖产生乳酸;⑤发酵副产物不生成异味;⑥为非致病菌,对人体无害,不产毒素;⑦在 57～60℃范围内灭活(刘树立,2007)。

　　在发酵肉制品生产过程中,常用的微生物发酵剂种类有细菌、酵母菌和霉菌。

　　1.细菌

　　乳酸菌和球菌为主要用于发酵肉制品中的细菌,其作用是不同的。乳酸菌的主要作用是降低 pH 值、改善肉制品的组织结构、促进发色、降低亚硝酸盐的残留量、减少亚硝胺的形成、抑制病原微生物的生长和毒素的产生、提高营养价值、促进良好风味的形成等(如使产品具有诱人的发酵酸味)。小球菌属和葡萄球菌属在发酵中的作用主要是还原亚硝酸盐和形成过氧化氢酶,从而利于肉馅发色及分解过氧化物,改善产品色泽及延缓酸败,此外也可通过分解蛋白质和脂肪而改善产品风味。

　　主要包括:①乳酸菌(*Lactobacillus*),植物乳杆菌(*Lactobacillus plantarum*)、清酒乳杆菌(*Lactobacillus sakei*)、乳酸乳杆菌(*Lactobacillus lactis*)、弯曲乳杆菌(*Lactobacillus curvatus*)、干酪乳杆菌(*Lactobacillus casei*)、乳酸片球菌(*Pediococcus acidilactici*)、戊糖片球菌(*Pediococcus pentosaceus*)、乳酸乳球菌(*Pediococcus lactis*)。② 小球菌(*Micrococci*),易变小球菌(*Micrococcus varians*)。③ 葡萄球菌(*Staphylococci*),肉食葡萄球菌(*Staphylococcus carnosus*)、木糖葡萄球菌(*Staphylococcus xylosus*)。④ 肠细菌(*Enterobacteria*),气单胞菌(*Aeromonas* sp.)。

　　2.酵母菌

　　酵母菌用于加工干发酵香肠。汉逊氏德巴利酵母菌是最常用的种类,其主要是耗尽在生长过程中肠馅空间中残存的氧,从而降低氧化还原电位(Eh)值,抑制酸败以及增强发色的稳定性,并能分解脂肪和蛋白质,形成过氧化氢酶使产品产生酵母味,同时酵母菌分解碳水化合物产生的醇与乳酸菌作用产生的酸反应生成酯,使其具有酯香味,从而改善产品风味。法国有一种发酵香肠,是将酵母接种于香肠表面生长,使产品外表披上一层"白衣",是深受消费者喜爱的风味产品。

主要酵母菌包括:汉逊氏德巴利酵母(*Dabaryomyces hansenii*),法马塔假丝酵母(*Candida famata*)。

3. 霉菌

具有霉菌的发酵型产品有特定的外观,以及特异"霉菌味"。天然环境接种生长的霉菌常检测出有霉菌毒素的存在,因此用于发酵肉制品的霉菌应经过严格的筛选,确定其不产生霉菌毒素。常用的两种不产毒素的霉菌是产黄青霉和纳地青霉,其是在成熟前在肠体表面接种霉菌孢子悬浮液,霉菌可在肠体表面密集、良好生长且抑制有害微生物;不仅赋予产品特有的外观;更重要的是能使香肠阻氧避光和抗酸败,分解脂肪和蛋白质,从而利于产品特有风味的形成。霉菌主要包括产黄青霉(*Penicillium chrysogenum*)和纳地青霉(*Penicillium nalgiovense*)(张文龙,2012)。

上述微生物种类只是目前发酵肉制品常见的菌株,但地域不同,不同发酵肉制品呈现微生物多样性(陈韵,2013)。

三、发酵肉制品的加工流程及加工技术进展

发酵肉制品以发酵香肠制品为主以及部分火腿,这些制品通常以酸度的高低(pH 值)、原料形态(绞碎或不绞碎)、发酵方法(有无接种微生物和添加碳水化合物)、表面有无霉菌生长、脱水的程度甚至以地名来命名。其简要工艺流程如下(林亲录,2014):

原料肉预处理→绞肉→配料→腌渍→充填→发酵→干燥→蒸煮或烟熏→包装

国外对发酵肉制品的研究工作主要集中在两方面:一是对具有优良性状的微生物菌种的研究,为了获得更多具有优良性状的微生物发酵菌种,国外进行了大量的研究实验,最近报道较多的是有关成香菌即对发酵肉成熟过程中风味物质形成有利的细菌的研究。另外,筛选没有脱羧能力的发酵剂菌种从而提高产品的安全性也成为一个重要的研究领域。如乳酸杆菌可以使某些氨基酸脱羧,生成对人体健康不利的酪胺、苯基乙胺和组胺;在发酵产品中,低 pH 值和低水分活性都会加速胺的形成。因此,必须通过筛选没有脱羧能力的微生物菌种,降低制品胺的含量,保证产品安全性。二是改善生产工艺的研究,研究在发酵和成熟过程中生化和微生物变化以及生产工艺条件对终产品质量的影响,是近年来的研究热点。许多国外研究人员专注于研究酶制剂对发酵肉制品发酵和成熟的作用,试图通过酶(如微生物来源的蛋白酶和脂肪酶)取代发酵剂添加在发酵肉制品中,从而达到微生物作用的效果,缩短其成熟时间。例如,Blom 等在发酵香肠中添加来源于类干酪乳杆菌(*Lactobacillus paracasei*)中的蛋白酶制剂,使干发酵香肠成熟时间缩短一半,其风味与不加此酶相差不大,这样便使干香肠的生产周期缩短,降低生产成本;另一研究是采用来源于霉菌的脂肪酶,发现其制品的稳定性(pH 值和水分活性)及微生物的生长与对照相比没有变化,且制品的多汁性和口味稍优。

近十余年来,发酵香肠加工的新进展主要表现在加工条件的改善、发酵剂的优选、现代

控制技术的应用、以市场为导向的新风味产品的开发等方面。加工条件的改善及发酵剂的优化均是建立于加工合理化和标准化基础上，可控性自动发酵装置已广为采用。例如德国推出的发酵装置，利用新鲜空气的导入以调节湿度，这一技术不仅简化了装置，而且使发酵期能量耗用降低 70%，此类装置还在进一步改进中。在现代发酵香肠加工中已可根据香肠表面湿度及 Aw 值变化的监测，准确判断发酵状态，并通过微调控制器实现发酵条件的精确自动控制。生物技术的发展使得发酵剂在发酵香肠加工中的应用日臻多样化和完善化，可通过发酵菌的提纯优化制备产品快速化、标准化所需的发酵剂，亦可根据消费者需要筛选不同产酸度及不同发酵特性的菌种，加工独具风味的新型产品。

随着人类对微生物在肉类发酵加工中的认识日益深刻，在干制发酵香肠、半干香肠、涂抹型发酵香肠发酵剂菌种筛选与配比方面已形成公认的标准，形成了冻干型发酵剂制备工艺，且自 1960 年乳酸菌发酵剂步入商用化生产供应阶段以来，已逐步实现了由第一代植物源乳酸菌、第二代肉源乳酸菌到第三代乳酸菌与微球菌混合菌种发酵剂的更新换代。在产品形态方面已实现由使用前需进一步制备或复水的微生物培养物、冷冻浓缩培养物向直接使用的冷冻浓缩发酵剂和冷冻超浓缩发酵剂转变。第三代发酵剂产品在发酵香肠中主要功用源于乳酸菌发酵产酸、细菌素和微球菌促进发色，但第三代产品仍存在现有乳酸菌抗菌能力较弱，难以实现较高温度下抑制致病菌与腐败菌实现高温干燥成熟，乳杆菌多含有氨基酸脱羧酶活性、过氧化氢与二氧化碳产生活力等影响发酵肉制品安全与质量，乳酸菌与微球菌菌种降解转化蛋白质与脂肪形成风味物质能力不足等问题，致使干制发酵香肠与发酵火腿干燥成熟加工时间漫长等，在干制发酵香肠与发酵火腿干燥成熟时间缩短方面尚难以发挥有效作用。

针对这些问题，近些年来在国家项目的支持下，很多高等院校的科研人员已在积极探索采用基因工程手段构建强抗菌能力的菌种，自干制发酵香肠或发酵火腿等低酸发酵肉制品加工过程中筛选强产香活力细菌与无氨基酸脱羧活力菌种。目前，已发现木糖葡萄球菌、肉葡萄球菌具有较强脂肪与蛋白分解能力，应用后可明显改进干制发酵香肠的风味，是具有诸多优良性状的菌种。从湖南侗族传统酸肉中分离出能产生乳酸和过氧化氢以外的乳酸菌素，能广泛抑制植物乳杆菌、李斯特菌、金黄色葡萄球菌等革兰氏阳性菌的米酒乳杆菌菌株。在基因工程菌构建方面，已将乳杆菌中的 β-半乳糖基因、过氧化氢酶基因和细菌素基因克隆与表达制备基因工程菌阶段。除来源于嗜热脂肪芽孢杆菌、热纤梭菌、金黄色葡萄球菌、猪葡萄球菌和木糖葡萄球菌的 α-淀粉酶、纤维素酶、蔗糖转移因子已被克隆到肉糖葡萄球菌外，S. staphylolyticus 中的溶葡萄球菌素基因已转移到乳杆菌中，用于抑制金黄色葡萄球菌的生长，提高了产品的安全性。如何采用基因工程手段赋予筛选菌种更多的发酵功能已成为国际发酵香肠发酵剂研究的重点。可以预见，在不远的将来，由产香菌、强抗菌能力细菌与无氨基酸脱羧能力菌与第三代发酵剂配合将作为第四代发酵肉制品加工用发酵剂，用于提高发酵肉品安全质量与品质。

发酵肉制品质量控制技术。国外主要采用发酵性能优良的乳酸菌来控制发酵技术，目前的研究工作主要集中在两方面：一是对具有优良性状的微生物菌种的研究，如筛选没有脱羧能力的发酵剂菌种。二是改善生产工艺的研究，如发酵和成熟过程中生化和微生物变化以及生产工艺条件对终端产品质量的影响。河南双汇实业集团有限责任公司是国内最大的肉制品加工生产企业，该公司进行的"肉制品发酵剂产业化研究"项目开发直投式肉制品发酵剂,经保存 6 个月后,活菌数仍可达到 10^{10} CFU/g,将其运用于生产中,可替代进口发酵剂并同时有助于发酵肉制品标准化生产,提高和保证产品质量。有关菌种与配比的研究并应用于如冷冻、冷冻浓缩和超浓缩发酵剂的研究还尚未起步,无论是中式产品还是西式产品加工还没有相应的适用冷冻浓缩发酵剂。因此,进一步研究各种发酵香肠的微生物区系组成与变化,筛选或通过基因工程制备专一高效的发酵剂菌种,有针对性研究各主要发酵香肠产品发酵剂组成,培养、冻藏、冻干和浓缩制备工艺,开发产品针对性强、功能多样、使用便利的直投式发酵剂等,是我国发酵肉制品生产亟待开展的工作。

第五节 发酵米制品的生产

一、发酵米制品概述

大米是我国南方的主要粮食作物,水稻产量占粮食总产量的 90% 以上;据农业部资料显示,2015 年中国粮食总产超过 20824.5 万吨,创下了十一年连续增产的好记录。我国的传统大米发酵食品有着悠久的历史,产品种类多样,如传统的米粉、米果、糍粑、米发糕等等都是将大米经过浸泡发酵后再蒸煮制成的。实践证明,大米经过发酵后制成的食品在口感和风味上都有较大的改善,此类产品属于生米发酵食品。还有一类产品属于熟米发酵食品,如甜米酒或江米酒、米醋、γ-氨基丁酸等都是将大米浸泡蒸煮后经微生物发酵制成的或微生物发酵后的代谢产物。

二、主要发酵米制品及进展

(一)糯米酒

糯米酒,又称江米酒、甜酒、酒酿、醪糟,是一种低酒精度高甜度的发酵酒,江米酒在我国的南方比较常见,几乎家家户户都会制作,那里连江米酒的发酵剂——酒曲,他们都是自己家制作的。而北方人则很少有制作。江米酒是一种有着浓郁地方特色,历史悠久的传统美食,其具有独特的口味、迷人的芳香、丰富的营养。经酒曲中多种微生物和糯米发酵而成的天然营养食品,酿制工艺简单,口味香甜醇美,乙醇含量极少,酸甜适中且富含多种氨基酸和风味柔和的葡萄糖、麦芽糖、低聚糖等以及适量的有机酸、酒精、维生素,营养价值很高,既可食之饱腹,又可饮用消暑解渴,保暖祛寒,无论老幼,四季皆宜,食用方便。因此深受人们喜爱。在一些菜肴的制作上,糯米酒还常被作为重要的调味料。

(二)米粉

采用自然发酵生产的米粉是我国南方诸省的早餐主食,口感爽滑,有筋道感,品质优于非发酵米粉。但是由于自然发酵的菌群体系复杂,含有乳酸菌、酵母和霉菌等多种微生物,导致发酵不好控制。传统发酵米粉其发酵时间长,如生产中用冷水浸泡,夏天一般为 1~3d,冬天一般为 3~7d 才能发酵完全,容易被杂菌污染变馊变坏和浸泡程度不好把握等弊端,使产品保质期短(杨有望,2015)。

米粉发酵是在几乎不改变淀粉的结构和粒型的前提下,通过乳酸菌等多种微生物的作用改变大米中的化学组分,从而使糊化温度降低,大米凝胶的组织结构更加细腻,凝胶强度增加,延缓老化,赋予米制品特殊的风味。虽然对于米粉发酵的研究已经取得了一些成果,但在很多方面还有一些不足,包括对发酵过程微生物的代谢、大米成分物质的转化以及微生物的菌相分析研究较少,对微生物的研究还停留在属的水平,细化到各个菌种的特性还有待于进一步研究;发酵对大米淀粉的物理化学性质有明显的影响,目前的研究主要停留在宏观研究上,从分子结构上研究发酵对支链和直链淀粉的影响还少有报道;发酵改善了大米制品的抗老化性,但发酵的抗老化机理尚不清楚;大米中酶的含量较少,但作为淀粉的降解物可能对发酵起到很重要的作用;优良菌种的培养和接种发酵对米粉产业的发展起到关键的作用,但接种专用发酵菌种的筛选纯化鉴定及运用的研究工作还远远不能满足实际需要。随着生米发酵机理研究的进一步深入,实现接种发酵对工业化生产也越来越重要。

(三)黄酒

黄酒是大米加工产品之一,黄酒一般以大米和黍米为原料,经过蒸煮、冷却、接种、发酵、压榨而酿成,它是我国也是全世界最古老的酒精饮料之一。黄酒的分类方法按照酒的含糖量分为干黄酒(含糖量小于 1.0g/100mL)、半干黄酒(1~3g/100mL)、半甜黄酒(3~10g/100mL)、甜黄酒(10~20g/100mL)、浓甜黄酒(大于 20g/100mL);以酿造原料分为糯米黄酒、籼米黄酒、粳米黄酒、黍米黄酒、小麦黄酒;按照酒曲种类分麦曲黄酒、米曲黄酒和小曲黄酒等;按照酒的酿造方法分为淋饭酒、摊饭酒和喂饭酒等,按照色泽分为黑糯米酒、绍兴元红酒和红酒。

黄酒生产的原料主要包括淀粉质原料、酒曲和水,淀粉原料为酒之肉,曲为酒之骨,水是酒之血。国内用于酿酒的微生物主要具有糖化能力强的台湾根霉(*Rh. formoshensis*)、日本根霉(*Rh. japonicns*)、河内根霉(*Rh. tonknensis*)、白曲根霉(*Rh. peka*)等(何国庆,2011)。

(四)米醋

米醋的生产工艺可以理解为黄酒或米酒生产的延伸,在酒精发酵完成后接入醋酸菌或进一步氧化产生醋酸,和蒸馏醋相比米醋含有丰富的氨基酸、矿物质等大米带来的营养成分。目前米醋酿制基本上采用全液态的生产工艺。具体路线为:

大米原料→调浆→液化→糖化→灭菌→降温→酒精发酵→醋酸发酵→灭菌→过滤→调配→成品

第六节　微生态制剂

一、微生态制剂概述

微生态学是 1977 年德国学者 Volker Rush 提出来的,当时在赫尔本建立了微生态学研究所,主要从事大肠杆菌、双歧杆菌、乳酸杆菌等活菌制剂生态疗法的研究。研究表明,微生物的生存与繁殖必须适应环境,这种环境包括外环境(也称大生态)和内环境(也称微生态)。各种微生物在生物体内形成一个微生态平衡。周德庆教授指出微生态学的任务是:研究正常菌群的本质及与宿主之间的相互关系,阐明宿主的微生态平衡和失调的机制,在上述基础上指导微生态制剂(microecologics)研制与应用,用微生态制剂调整宿主体内的微生态平衡,达到治疗或保健的目的。

一般认为微生态制剂具有维持宿主的微生态平衡、调整其微生态失调、提高其健康水平等作用;微生态制剂也可以成为微生态调节剂(microecological modulator)。益生菌(probiotics)是目前广泛使用的一个名词,它可以是含有大量有益活菌的制剂,也可以是含有这些微生物的代谢产物,能促进有益菌生长的促进因子;目前研究较多的是双歧因子(Bifidus factor)。按照微生态制剂的主要成分可以分为:①益生菌(probiotics),即由几种有益的微生物菌群经过培养增殖浓缩干燥而成;②益生素(prebiotics,又称为益生元),它不被宿主消化吸收又能选择性地促进体内有益菌的代谢和增殖,属于双歧因子的有各种低聚糖,常见的有低聚果糖、低聚异麦芽糖等;③合生元(synbiotics,又称为合生剂),指包括益生菌和益生素的制剂。微生态制剂目前在胃肠道疾病的防治、保护肝脏、降低血脂、医源性疾病防治、婴幼儿保健、减少癌变危险和抗衰老等方面有重要作用。

一种优良的微生态制剂必须满足下述条件:含有一种或几种高质量的有效菌株,活菌数量高,保质期较长(保质期间微生物数量不会下降很快),具有良好的微生态调节和其他保健功能,制剂具有较强的抗氧、抗胃酸和抗胆汁功能,尽可能添加双歧因子之类的可促进外源性和内源性有益菌增殖的物质,稳定、安全、可靠、高效。

二、微生态制剂的主要微生物

用于微生态制剂的微生物国际上通用的有乳杆菌属(*Lactobacillus*)的保加利亚乳酸杆菌(*L. delbrueckii* subsp. *bulgaricus*)、嗜酸乳杆菌(*L. acidophilus*)、植物乳酸杆菌(*L. plantarum*)、双歧杆菌属(*Bifidobacterium*)的两叉双歧杆菌(*B. bifidum*)、婴儿双歧杆菌(*B. infantis*)、青春双歧杆菌(*B. adolescentis*)、短双歧杆菌(*B. breve*)和长双歧杆菌(*B. longum*)等。

一般与微生态制剂有关的应用较多的主要微生物为双歧杆菌、乳杆菌和链球菌。分离双歧杆菌一般采用胰酶解酪朊、植物蛋白胨、酵母提取物等配制的 PTY 培养基,在严格厌氧的条件下分离;分离乳杆菌则采用 MRS 琼脂和 SL 培养基进行分离;嗜热链球菌的分离采用 Eilliker 琼脂或 Vrbaski 等的蔗糖硫铵培养基添加 1.9% β-甘油磷酸二钠来进行分离。

目前市场上有很多品牌的微生态制剂,如回春生、丽珠肠乐、双歧王、生命源口服液、三株口服液、妈咪爱和佳士康等等。其生产工艺主要包括:①选育纯化不含耐药因子的菌种,按照其营养条件和培养条件进行 2～3 级扩大培养而成为种子液;②将种子液接入灭菌并冷却到接种温度的发酵罐培养基中进行培养,不同菌种培养基和培养条件可能不同;③在发酵罐中培养一定时间后,采用离心、超滤等办法收集菌体,然后加入冻干保护剂进行真空冻干,测定单位重量的细菌数量;④冻干粉可以加或不加生长促进剂或其他添加剂,然后制成不同规格的片剂或胶囊。如果为多菌种组合,可以按照比例混合后再压制成为片剂或胶囊。

生产基本流程为:

种子→摇瓶→种子罐→发酵罐→浓缩→混合→干燥→包装

如果为固体发酵培养,工艺流程有点变化,具体为:

种子→摇瓶→发酵→干燥→粉碎→包装

三、微生态制品发展趋势

为提高单位培养液中微生物细胞的数量,目前集中研究高密度培养技术(high cell density cultivation,HCDC)或高细胞密度发酵(high cell density fermentation,HCDF),通过细胞生长环境的优化(如培养基组成优化、特殊营养物的添加、限制代谢产物积累)、培养模式的调整、流加培养的控制、生物反应器等方法提高单位质量的微生物细胞数量,该技术在微生物制剂生产中得到广泛应用(李寅,2006)。

目前,微生态制品需要解决与攻关的课题是制品活菌数的保持及产品微生物活力的快速检测技术等;随着现代微生物发酵技术、基因检测技术及生物芯片等研究的日益深入与产业化应用,不久的将来微生态制品将在食品、环境与人类健康等方面发挥越来越积极的作用。

思考题

1.分别列举说明红曲、生物防腐剂、乳制品、肉制品及米制品发酵生产所涉的主要微生物及其与产品的关系。

2.什么叫微生态制剂? 它有哪些重要用途?

参 考 文 献

[1]蔡鲁峰,邓高毅,黄亚芳,等.肉品发酵剂及肉品发酵技术优化的研究现状[J].食品与发酵工业,2014,40(9):134－138.

[2]陈永红,黄夏宁,邹志飞,等.曲酸遗传毒性的研究[J].食品科学,2011,32(3):228－232.

[3]陈韵,胡萍,湛剑龙,等.我国传统发酵肉制品中乳酸菌生物多样性的研究进展[J].食品科学,2013,34(13):302－306.

[4]杜新永,高世阳,刘同杰,等.培养基 pH 调控法高密度发酵唾液乳杆菌 XH4B 研究[J].现代食品科技,2014,30(5):196－201,110.

[5]何国庆主编.食品发酵与酿造工艺学[M].北京:中国农业出版社,2011.

[6]李成涛,吕嘉枥.乳酸菌及其发酵乳制品的发展趋势[J].中国酿造,2005(8):5－7.

[7]李滔.乳酸链球菌素发酵工艺的研究[D].武汉:华中农业大学,2007.

[8]李寅,高海军,陈坚主编.高细胞密度发酵技术[M].北京:化学工业出版社,2006.

[9]梁景乐.纳他霉素高产菌株的空间育种、工艺优化及工业放大研究[D].杭州:浙江大学,2007.

[10]林亲录,秦丹,孙庆杰主编.食品工艺学[M].长沙:中南大学出版社,2014.

[11]凌帅.曲酸生产菌株的选育及发酵工艺优化[D].合肥:合肥工业大学,2012.

[12]刘彩虹,邵玉宇,任艳,等.高密度发酵和真空冷冻干燥工艺对乳酸菌抗冷冻性的影响[J].微生物学通报,2013,40(3):3935－3936.

[13]刘树立,王春艳,王华,等.肉制品发酵剂的研究进展[J].中国调味品,2007(4):31－36.

[14]马长伟,王雪青.发酵香肠与微生物发酵剂(二)[J].食品与发酵工业,1998,24(5):77－80.

[15]《益生菌 L. casei Zhang 基因组学和蛋白质组学研究》达到国际先进水平[N].北方新报,2008－07－28(2).

[16]杨有望,周素梅,易翠平.米粉发酵剂的开发探讨[J].粮食与食品工业,2015,22(2):61－65.

［17］尤新主编.功能性发酵制品［M］.北京:中国轻工业出版社,2000.

［18］张和平.自然发酵乳制品中乳酸菌的生物多样性［J］.生命科学,2015,27(7):837－845.

［19］张和平主编.自然发酵乳制品中乳酸菌生物多样性［M］.北京:科学出版社,2012.

［20］张铁丹,郭丽琼,何伟东,等.食品生物防腐剂产生菌门间远缘细胞融合研究［J］.中国食品学报,2015,15(5):27－31.

［21］张文龙,杜明,洛铁男,等.肉品发酵剂的研究发展现状［J］.食品工业科技,2012(19):377－381.

第六篇　食品中微生物的控制技术

第十三章　食品中微生物的控制原理

第一节　食品生产中栅栏因子的运用

一、栅栏技术简介

保障食品的良好品质,需要对在食品正常保质期内可导致食品腐败变质的微生物进行控制。食品栅栏技术是由 Leistner(德国肉类研究中心微生物和毒理学研究所所长)在长期研究的基础上率先提出(赵志峰,2002)。食品要达到可贮藏性和卫生安全性,就要求在其加工中根据不同的产品采用不同的防腐技术,以阻止残留腐败菌和致病菌的生长繁殖。

食品的可贮藏性可以由多个栅栏因子的相互作用得以保证,栅栏因子的交互作用保障了食品的可贮性,这些食品称为栅栏技术食品(hurdle technology food,HTF)。这些因子单独或相互作用形成特殊的防止食品腐败变质的栅栏,决定着食品微生物的稳定性,抑制引起食品氧化变质的酶类的活性,即栅栏效应。在实际生产中,可以运用不同的栅栏因子,科学合理地组合起来发挥其协同作用,从不同侧面抑制引起食品腐败的微生物,从而改善食品质量,保证食品的卫生安全(付晓,2011)。

(一)栅栏技术基本原理

在食品防腐保藏中的一个重要现象是微生物的内平衡。内平衡是微生物维持一个稳定平衡内部环境的固有趋势。具有防腐功能的栅栏因子扰乱了一个或更多的内平衡机制,因而阻止了微生物的繁殖,导致其失去活性甚至死亡(关楠,2006)。几乎所有的食品保藏都是几种保藏方法的结合,例如:加热、冷却、干燥、腌渍或熏制、酸化、除氧、发酵、加防腐剂等,这些方法及其内在原理已经被人们以经验为依据广泛应用了许多年。栅栏技术囊括了这些方法,并从其作用机理上予以研究,这些方法即所谓栅栏因子(刘琳,2009)。栅栏因子在控制微生物稳定性中所发挥的栅栏作用不仅与栅栏因子种类、强度有关,而且受其作用次序影响,两个或两个以上因子的作用强于这些因子单独作用的累加。某种栅栏因子的组合应用还可大大降低另一种栅栏因子的使用强度或不采用另一种栅栏因子而达到同样的保存效果,即所谓的"魔方"原理。食品保藏中某一单独栅栏因子的轻微增加即可对其货架稳定性产生显著影响。此外,通过这些栅栏的相互作用使食品达到微生物稳定性,相对于应用单一而高强度的栅栏更有效,更益于食品防腐保质(王卫,1997)。

控制食品中的微生物污染,最重要的是要打破微生物的内平衡。微生物的内平衡是指在正常状态下微生物内部环境的稳定和统一,并具有一定的自我调节能力。当外界环境发生变化时,微生物通过内平衡机制抵抗外界的压力。例如微生物的生长需要内部 pH 值维持在较窄的范围内,如果偏离了最适 pH 值会使微生物的生长减慢或停止甚至死亡。通过加酸降低环境 pH 值时,微生物会通过 pH 值内平衡机制阻止质子进入细胞内部,这一过程需要消耗能量,当微生物无法产生足够的能量阻止质子进入时,内部的 pH 值会降低,导致微生物的生长停止甚至死亡。

栅栏技术是一套控制食品保质期的系统科学理论,该理论认为食品要达到可贮性和卫生安全性,其内部必须存在能够阻止食品所含腐败菌和病原菌生长繁殖的因子,通过这些因子打破微生物的内平衡,从而抑制微生物的腐败和产毒,保持食品品质。应用栅栏技术控制鲜切果蔬微生物污染的关键是要确保使微生物新陈代谢的能量耗尽。当栅栏因子作用于微生物时,一方面会促使其合成有助于抵抗不利环境的抗应激蛋白,使得微生物的抵抗能力增强,从而阻碍栅栏技术对微生物污染的控制(Cheng, et al., 2002);另一方面抗应激蛋白合成基因的激活需要消耗能量,当多种栅栏因子同时作用于微生物时,需要消耗大量能量来合成抗应激蛋白,这样会促使微生物能量消耗殆尽而死亡。通常作用微生物不同靶器官的栅栏组合(例如细胞膜、DNA 或酶系统)要比作用同一靶器官的栅栏组合(栅栏的累积效应)更能有效抑制微生物的生长,栅栏因子针对微生物细胞中的不同目标进行攻击,这样就可以从多方面打破微生物的内平衡,发挥栅栏因子的协同作用。此外,不同类型、不同强度非致死栅栏因子的联合作用比单一高强度的栅栏因子更有效。将不同类型的非致死栅栏作用于微生物细胞,能够增加其能量的消耗,使用于维持生长所需的能量转移到维持内平衡中,从而使微生物代谢能量耗尽最终导致死亡。而采用单一的高强度栅栏因子作用时会阻止内平衡机制的启动,因此不会使微生物的代谢能量耗尽,并且存活下来的微生物细胞耐受能力会提高(Gómez, et al., 2011)。

(二)常用栅栏因子

栅栏技术的作用机制是调节食品中的各种有效因子,以其各因子的交互作用来控制腐败菌生长繁殖,提高食品的品质、安全和储藏性。这些起控制作用的因子,称为栅栏因子。国内外至今研究已确定的"栅栏因子"有温度(高温或低温)、pH 值(高酸度或低酸度)、Aw(高水分活度或低水分活度)、氧化还原电位(高氧化还原电位或低氧化还原电位)、气调(二氧化碳、氧气、氮气等)、包装(真空包装、活性包装、无菌包装、涂膜包装)、压力(超高压或低压)、辐照(紫外、微波、放射性辐照等)、物理加工法(阻抗热处理、高压电场脉冲、射频能量、振动磁场、荧光灭活、超声处理等)、微结构(乳化法等)、竞争性菌群(乳酸菌等有益菌固态发酵法等)、防腐剂(有机酸、亚硝酸盐、硝酸盐、乳酸盐、醋酸盐、山梨酸盐、抗坏血酸盐、异抗坏血酸盐等)。栅栏因子共同作用的内在统一称为栅栏技术。如何利用栅栏因子特别是它们之间的协同作用是食品保鲜的关键。

栅栏技术目的为应用栅栏因子的有机结合来改善食品的整体品质。近几年来人们对栅栏效应的认识正在逐步扩大,栅栏技术的应用也逐年增加。栅栏技术已是现代食品工业最具重要意义的保鲜技术之一。

二、栅栏技术在食品保藏中的应用

栅栏技术对于食品保藏意义重大,因为栅栏技术能够通过协同作用,控制微生物对食品的破坏,保证得到稳定安全的产品,并且由于它们协同的、互相作用的影响,使得在保藏技术中,可以降低各个因子的使用强度。这种技术作为一种稳定微生物体系,保证食品安全,提高感观质量等的保藏方法已成功地被证明。

(一)栅栏技术在鲜肉及肉制品中的应用

鲜肉的营养丰富,水分含量多,并且含有多种活性酶,在运输、储藏、加工、销售过程中很容易受到微生物的污染,发生化学物质的变化和组织的分解,导致肉的腐败变质(车芙蓉,2000)。长久以来,保藏鲜肉使用最普遍的方法是冷藏,但冷藏法成本高,且肉冷冻后品质也受到一定的影响。所以,目前研究的热点是非冷冻条件下保藏鲜肉。通过辅助的或主要的使用低耗能、无污染、抑菌效果好的栅栏因子,达到在非冷冻条件下保藏鲜肉(王卫,2003)。目前,我国鲜肉保藏中使用较多的是真空包装和气调保鲜等方法,同时对天然植物提取液及其他天然抑菌及抗氧化剂等也有较详细的研究(彭丽英,2002)。其中真空包装技术已被广泛地应用,并成功地应用于鲜肉的保藏销售。真空包装延长鲜肉货架期的主要原理是采用非透气性材料,降低肉周围的空气密度,从而抑制肉中肌红蛋白和脂肪氧化及需氧微生物生长。真空包装在冷藏条件(0~4℃)下可使肉的货架期延长到20d以上。真空包装鲜肉在室温下可储存5~7d,在0℃条件下可储存21~28d。气调包装,指人为改变肉周围的空气组分,从而达到延长鲜肉货架期的目的。此项技术用于肉类保鲜始于20世纪30年代,目前被广泛应用于延长各类食品的储藏期。有研究表明,采用PET/PE塑料复合包装,以75%O_2、25%CO_2和50%O_2、50%CO_2气调包装和充气包装鲜肉进行比较研究,14d气调包装的鲜肉的细菌总数均低于真空包装和充气包装,且气调包装感官质量明显优于充气包装。20%~30%CO_2及10%~20%N_2组成的低氧环境可使新鲜肉货架期达到16d。采用8%的大蒜、花椒、小茴香、八角、生姜等香辛料的提取液涂抹鲜猪肉,可使鲜猪肉在32~35℃保鲜2d无异常。另外,茶多酚是一种很好的天然防腐剂和抗氧化剂,也是肉品保鲜中常用的栅栏因子。茶多酚是从茶叶中提取出来的化合物,其主要成分为儿茶素及其衍生物,具有供氢、抑制脂肪氧化变质的性能。采用0.6%的茶多酚溶液浸泡鲜鱼肉,储存期长达2个月之久,证明其对猪肉有良好的保鲜效果。用茶多酚浸泡的肉与未用茶多酚浸泡的肉相比,前者过氧化物低于后者70%~80%。另外,其他天然抑菌剂及抗氧化剂的应用也有很多,特别是维生素E延长鲜肉货架期的报道较多(邓明,2006)。

在肉制品方面,Leistner等人对发酵香肠的研究最引人关注。研究表明,保证发酵香肠优质可贮的栅栏因子包括A_w(降低水分活度值)、pH(发酵酸化)、cf(发酵菌优势竞争)、Eh(降低氧还原值)和Pres(添加亚硝酸盐、烟熏)。利用不同栅栏因子的抑菌作用,在发酵香肠不同的加工阶段使用相应的栅栏因子,可保证产品稳定、安全。

(二)栅栏技术在鲜切果蔬加工中的应用

我国是果蔬生产大国,产量居世界首位,但果蔬加工业的总体水平远落后于发达国家,发展鲜切果蔬产业对于提高果蔬的加工利用率,增加果蔬产品附加值,促进我国果蔬产业发展具有重要意义。目前,鲜切果蔬的生产在欧美等发达国家已经形成比较完备的体系,而在我国起步较晚,仍存在产品种类少、商品化处理水平和保鲜能力低以及货架期短等问题。最值得关注的是,在我国由于杀菌保鲜技术还不够成熟,致使鲜切果蔬在流通过程中因微生物污染损失严重,制约了我国鲜切果蔬产业的发展。将栅栏技术应用于鲜切果蔬的微生物控制,对不同的鲜切果蔬设置特定的栅栏因子及强度,可有效控制微生物的生长和繁殖,延长产品货架期,提高鲜切果蔬的经济效益。此外,将栅栏技术与危害分析及关键控制点(HACCP)、良好生产规范(GMP)和微生物预报技术(PM)等有机结合,将是未来鲜切果蔬控制微生物污染和延长货架期的重要途径(胡文忠,2009)。鲜切果蔬中应用的栅栏因子有如下几个方面。

1. 初始带菌量

初始带菌量是指鲜切加工前原料果蔬的含菌量。初始菌量越低,越有利于其他杀菌因子发挥作用,因此有必要采取措施降低鲜切果蔬的初始带菌量。在原料果蔬生长期间,使用完全腐熟的有机肥,避免使用受粪便污染含菌量多的水灌溉;采收后可以运用空气冷却、冰冷却、真空冷却等方式将果蔬预冷处理,进而除去田间热,降低微生物的侵染程度;在加工前要仔细清洗,清洗不仅能清除果蔬表面的污垢,还能除去表面大量微生物;有些果蔬鲜切后仍需进行二次清洗,洗除切面上的微生物和果蔬汁液,可抑制贮后微生物生长繁殖。为了加强清洗的效果,在水中常加入柠檬酸、电解水、次氯酸钠等杀菌剂或采用超声波等辅助清洗,可以杀死部分微生物,延长鲜切产品货架期及改善其感官质量(关文强,2008)。

2. 温度

微生物的生长、代谢和繁殖与环境温度具有直接相关性。适度的热处理可以在保证杀菌效果的基础上,降低鲜切果蔬呼吸率,延长货架期,且不会破坏产品的感官和营养品质。香瓜采用67℃的水清洗配合鲜切后,0.5kGy 的 γ-射线辐照处理能够有效降低内源性微生物的总量并且不会影响产品的颜色、硬度等感官品质(Fan, et al. , 2006)。

低温可以抑制微生物的生长繁殖。在生产实践中,控制合理的温度对于鲜切果蔬加工很有必要。通常原料果蔬收获后多置于5℃冷藏;在修整和剥皮过程中,环境温度一般保持在 10～15℃;加工后的鲜切产品冷却到 2～5℃贮藏为宜。值得一提的是,即使在低温条件下,也会有部分嗜冷微生物生长繁殖,因此低温贮藏还需与其他栅栏因子相结合,来延长鲜切果蔬的货架期(Ahvenainen,1996)。

3. pH 值

微生物的生长、繁殖都需要一定的 pH 值条件,过高或过低的 pH 值环境会抑制微生物的生长。一般来说,把食品体系的 pH 值降低到 3.0～5.0 的范围内就可以限制能够生长的微生物种类。鲜切果蔬常采用柠檬酸、苯甲酸、山梨酸、醋酸等有机酸抗菌剂降低 pH 值,再联合气调包装等栅栏因子来有效控制微生物污染(Aguayo, et al. , 2003)。鲜切香瓜在气调包装之前在低浓度的柠檬酸溶液中浸泡 30s,能够抑制微生物的生长并且避免透明化和变色。2%的乳酸浸渍鲜切胡萝卜 1min(轻柔搓洗),能有效降低微生物的总量,对接种的气单胞属病原菌的生长有明显抑制效果。但要注意有机酸的添加要保证鲜切果蔬的口味在可接受范围内。

4. 化学药剂

运用在鲜切果蔬中常见的化学杀菌措施包括液体杀菌剂、气体杀菌剂及天然杀菌剂。液体杀菌剂可以添加在原料果蔬的清洗去污及鲜切后的二次洗涤用水中,处理方式可以是浸泡、喷雾或喷淋等,也可以涂擦在原料果蔬或鲜切产品的表面,起到杀菌的作用。目前食品工业常用的液体杀菌剂主要是传统含氯杀菌剂(氯水、次氯酸钠、次氯酸钙等),这些杀菌剂价格低廉且具有较好的杀菌效果,但在使用的过程中容易产生对人体有害的副产物,许多欧洲国家严令禁止将次氯酸钠用于鲜切果蔬的杀菌中。因此,安全高效的杀菌剂是未来鲜切果蔬微生物控制的发展趋势。

气体杀菌剂可以以气态形式高浓度熏蒸杀菌或在贮藏室以低浓度间断循环进行空气环境杀菌,也可以溶于水形成杀菌溶液用于原料果蔬的清洗去污及鲜切后果蔬的二次洗涤。目前鲜切果蔬微生物控制中常用的气体杀菌剂主要有臭氧和二氧化氯等。

天然生物杀菌剂是一类从自然界中提取、纯化获得的抗菌物质,包括动物源(如壳聚糖、溶菌酶)、植物源(如中草药、香辛料)和微生物源天然杀菌剂(如苯乳酸、聚赖氨酸)。这些天然抗菌物质可以采用浸渍、熏蒸、喷洒或与保鲜纸及涂膜剂等载体结合的方式应用于鲜切果蔬,有些还可以作为可食用涂膜材料对鲜切果蔬进行涂膜处理来控制微生物污染。有研究报道,鲜切菠萝采用壳聚糖涂膜处理后,微生物总量在贮藏期间明显降低,在壳聚糖膜中加入香草醛(一种植物源天然抗菌剂)后,抗菌效果增强。有研究报道,采用 nisin 与 EDTA 在20℃条件下联合清洗香瓜 5min,鲜切后再用 nisin-EDTA 溶液清洗 1min,于 5℃低温条件下贮藏能够有效降低鲜切香瓜的微生物总量,延长货架期。此外,nisin 分别与 EDTA、山梨酸钾和乳酸钠联合清洗香瓜还能够有效清除接种的沙门氏菌,且能够降低沙门氏菌转移到鲜切产品的数量。

(三)栅栏技术在食品包装中的应用

为较好地保护食品,达到食品防腐作用,仅仅对食品施以栅栏技术而不用包装协助,往往达不到预期效果。目前,食品除了在生产加工中使用部分的栅栏因子,更多的也是通过合理的包装技术来进一步提高食品稳定性、安全性,延长食品的货架期。

食品包装技术通过阻隔作用,可有效地防止食品的腐败变质。O_2、紫外线、CO_2、水蒸气等食品包装内的成分,以及所引起的氧化还原电势,水分活度等的变化,很大程度地影响了食品的稳定性。而控制这些变化的措施,主要是依靠食品包装材料的阻隔性。但是需要阻隔的物质又往往同时有很多种,因此需要采取不同的阻隔措施来作为栅栏因子,控制那些因素的发生。用于包装过程的栅栏因子有:抽真空、充入特殊气体、气调包装等。真空与充氮包装将阻隔氧气作为首要目标,气调包装主要控制、调节包装袋内的氧气和二氧化碳的浓度,并将其稳定在一个狭小范围内。目前添加到包装材料中的栅栏因子主要有:脱氧剂、防腐剂、抗氧化剂、吸湿剂、C_2H_4 吸收剂等。当食品组织中溶解的氧难以真空除去或食品要求极低的氧气浓度时,需要加脱氧剂。在必须抵御外界危害的情况下,食品包装包含防腐剂优越性更大,而且采用合适的方法完全可以阻止防腐剂向食品内迁移。这些栅栏因子用于食品包装,达到了良好的防腐、保藏功效。如真空和真空充氮包装,就是把阻隔 O_2 作为主要对象。防湿包装用于对湿度敏感食品的包装,以阻隔水蒸气为主要目的。气调包装主要调节控制包装内的 O_2 和 CO_2 浓度,使其稳定在一个狭小范围内。食品表面涂膜的目的,主要也是阻隔内外气体和水分的交换。含脂肪含量较高的食品,为了避免脂类物质的迅速氧化和有害物质的产生,在包装时必须阻隔紫外线。

另外,由于用于包装的材料很少具有防腐性或者抗氧化性,所以也常常把具有这些功能的无机物或有机物添加到包装材料中去,发挥栅栏功能,如脱氧剂(Fe 系脱氧剂、联二亚硫酸盐系脱氧剂、活性炭等)、防腐剂与抗氧化剂等。随着包装技术的发展,栅栏技术与食品包装技术的融合将是未来发展的新趋势。

（四）栅栏技术在调理食品中的应用

现代方便食品,又称速食食品或调理食品,特指近20年来在国际上迅速发展、由工业化生产的各种大众食品。它是现代营养学、食品工艺学、食品冷藏学、现代包装学相结合的产物,其最大特点是有一定的配方要求和工程设计程序,具有加工、保存、运输、销售和食用前调理等环节,省事、省时、省原料、省燃料、体积小并且废料可加工成饲料等优点。

罐头食品被称为第一代调理食品,随着制冷工业的发展,冷冻食品获得较大发展,出现了第二代调理食品——速冻调理食品。为了适应人们生活节奏的加快及对食品质量的更高要求,借助科学技术迅猛的发展,20世纪70年代中期又开发出第三代调理食品即新型调理食品。这类食品比传统食品更好吃,更营养,又不失其方便性,因此问世后获得迅速发展。这种新型调理食品的代表是真空调理食品,其最大特征是先包装后加热蒸煮。真空调理食品与过去的调理食品所不同的是,在新鲜食品原料经调理后,先在真空状态下封装于塑料盘中,然后再经加热蒸煮、冷却后进行冷藏或冷冻,这一工序的前后调整,给产品结构和整个工序带来了实质性的改变。这个工序的调整实际上属于栅栏技术的范畴,就是将作用于食品的两种栅栏因子的作用次序调整,从而获得了更加优良的产品。此外,利用栅栏技术中相关的栅栏因子控制新型调理食品的质量,有利于更好地保持食品的色香味并使产品组织具有良好的鲜嫩度和弹性,充分体现出新型调理食品的优点。新型调理食品的特点是以保持食品品质为主,并兼顾食品的卫生安全和一定的货架寿命。因此需选择恰当种类和数量的栅栏因子,并严格控制其强度,以达到加工保藏的目的。而这些栅栏因子的种类选择、作用强度、作用次序的确定必须通过实验来完成。随着食品加工保藏技术的不断进步,栅栏技术在调理食品中的应用也逐步得到重视。

（五）栅栏技术在其他食品中的应用

栅栏技术方法在无发酵食品中的应用也得到了证实,例如意大利式饺子、意大利面食产品等。在这些产品的加工过程中,利用的主要栅栏因子是降低水分活度和温和加热,另外还有调节包装的气体成分(如酒精蒸汽等),酒精被证明对微生物的生长具有抑制作用,特别是对霉菌和微球菌效果尤为显著。以豌豆罐头的处理为例,其中使用了对热稳定好的细菌素乳酸链球菌肽作为较高的栅栏因子。一般情况下,防止罐头变质只使用加热和pH的降低这2种栅栏因子,但是这些不能完全抑制耐酸且能形成芽孢的梭菌属微生物的生长,然而使用乳酸链球菌肽,却可以完全抑制该微生物的生长。

三、栅栏技术的展望

随着食品工业的发展,对栅栏技术在食品保藏中应用和构思的关注也开始越来越多。预期这样的发展在未来会持续下去。目前食品加工和储藏过程中不同栅栏因子的联合,已经成为控制微生物引起的食品不稳定,获得安全食品的主要目标。最近食品保藏方法对食品微生物生理活动的影响,如微生物的动态平衡、代谢活动的耗竭、压力反应等正在受到广泛关注,并且出现了多靶向食品保藏的新型概念。

栅栏效应是食品防腐保质的根本所在,利用食品栅栏效应原理,设计或调节栅栏因子,优化加工工艺,改善产品质量,延长保存期,保证产品的卫生安全性和提高加工效益,这是栅栏技术的核心内容。栅栏技术的主动性运用需以扎实的理论基础、丰富的实践经验及现代加工和管理控制技术与设施设备为支撑。随着人们对栅栏技术认识的不断深入,它必将为未来食品保藏提供可靠的理论依据及更多的关键参数,这种新型保藏技术必定可以更加科学、有效地应用于各类食品中去。随着我国食品科技和产业的快速发展,栅栏技术的研究和应用日益广泛和深入,尤其在传统食品现代化技术改造、产品质量提升和适应市场发展需求的新产品开发上必将显现广阔的应用前景。

第二节　食品的传统保藏技术

一、食品传统保藏技术简介

食品生产实现工业化以前,人们通常采用腌渍、晒干、发酵等传统方法或技术保藏食品。随着工业化的发展以及科技的进步,除了传统保藏技术之外,在食品保藏方面逐渐出现了化学和生物技术、低温保鲜、加热处理、气调保藏以及新型物理保鲜保藏技术等现代化保鲜方法,并在食品的生产和加工以及产品销售中得到了有效推广。

二、食品传统保藏技术类型

(一)发酵

发酵食品是指人们利用有益微生物加工制造的一类食品,具有独特的风味,如酸奶、干酪、酒酿、泡菜、酱油、食醋、豆豉、黄酒、啤酒、葡萄酒等。发酵食品已经成为食品工业中的重要分支,广义而言,凡是利用微生物的作用制取的食品都可称为发酵食品。发酵食品在东方国家甚为流行,因为它能有效地保藏食品,制作成本低,能提高营养价值及创造特殊的风味,并且还可以通过发酵除去一些食物原料中的有毒或抗营养因子,如植酸、单宁、多酚类物质等。

我国发酵食品历史悠久,种类丰富,很多发酵食品形成了独特的风味特点。粮谷、果蔬、肉、乳等均可用作发酵食品的原料,根据这些原料的营养特点,采用不同的微生物可制作成风味独特的发酵食品,如酒类、酱醋等调味品、酱腌菜、火腿、酸乳等。对这些发酵食品有众多的研究报道,涵盖了生产、营养保健、安全性、分析方法等方面。众多研究结果肯定了我国传统发酵食品的营养保健性能和风味特征,在严格控制生产条件的基础上也能达到安全要求,但是在生产技术方面,发酵食品一直以来发展缓慢。发酵食品主要的生产环节可以分为制备发酵剂、选择原料进行发酵、发酵后处理等过程。

1. 发酵剂制备技术

我国发酵食品中的某些种类的传统生产技术不需要制备发酵剂,采用空气中或原料表面的微生物直接接种发酵,如腐乳、豆豉、豆酱、酱腌菜、泡菜、火腿等;而另外一些种类的发酵食品需要先制作发酵剂,再用发酵剂添加到原料中进行发酵,如中国酒、酱油酿制使用的曲等。但是,随着现代发酵技术的发展,对各种发酵食品中的微生物逐渐了解清楚,各种发酵食品的生产技术研究中都涉及发酵剂的制备,如制作酸泡菜的直投式发酵剂、腐乳的纯种毛霉发酵剂或根霉发酵剂及制作酸奶的直投式发酵剂等。而且,原本是自然接种制作的发酵剂也在制作技术上有了一些改进,逐渐向纯种发酵剂方向发展。

发酵剂是发酵食品的灵魂,我国众多独具特色的名优发酵食品之所以能具有独特的风味和品质,就是因为其通过控制生产条件而选择了独特的发酵剂。但现代生产加工的规模化要求开发出能产生传统风味的发酵剂,还有很多内容有待于进一步研究。现代纯种发酵剂制备技术中的一个关键问题是微生物菌种的选择和配比,而自然筛选的微生物可能存在某些缺陷,如酶活力低、酶系单一等,可能导致发酵产品品质下降。针对这一问题,应用现代生物技术分离、选育、改良发酵菌株,可提高菌株的酶活力或增加菌株的酶系表达,有可能实现单一菌株的纯种发酵,简化发酵剂的制作过程,提高发酵效率,又能稳定产品质量。例如我国黄酒酿造要求酵母耐高温、抗杂菌、发酵生香能力强,只有这样在酿造中黄酒的产量和质量才能有可靠保证。可采用基因工程、细胞融合技术进行定向育种,可选育出性能优良且适合高浓度黄酒酿造的基因工程酵母、耐高温活性黄酒干母,以及在其增殖中自动淘汰野生酵母,防止杂菌污染,也可采用基因重组技术,将高活性蛋白酶和澄清分解酶移接到黄酒酵母中改变黄酒内在的不稳定成分,从而更进一步提高黄酒的稳定性,延长保质期。传统发酵剂的制备过程机械化程度低,操作费时费力,有待于向机械化、自动化方向发展。

2. 发酵控制技术

很多传统发酵食品的原料需要预处理后再进行发酵,如酿酒、醋、酱、酱油、豆豉等,都需要先将原料谷物或豆类进行蒸煮熟化,以便微生物的利用。我国发酵食品的发酵技术进展较慢,现阶段大多数发酵食品仅从原来的自然发酵条件改进到人工控制部分条件,如温度、湿度、通气量等。发酵方式大多采用传统的固态发酵,这对自动化操作有所不便,近年也有采用液态发酵方式的,但往往产品质量都不及传统产品。在发酵设备上有一些改进,如酱油生产中的发酵容器大多已由缸改用水泥池,便于采用浸泡淋油法取油。有的固态发酵法榨油由杠杆式木制压榨机改用螺旋式压榨机;稀醪发酵采用水压式压榨机榨油,但和国外的技术发展相比,还较为落后,尚有较大改进的空间。

3. 发酵后处理技术

很多发酵食品在发酵后还要经过一系列处理,如陈酿、灭菌或脱盐等。陈酿是为了让刚刚发酵结束的食品在一定条件下发生某些生物化学反应,使其风味更加协调、柔和,如酒类、醋通常需要较长时间的陈酿。为缩短陈酿时间,提高生产企业效益,很多学者设想利用一些化学的方法和物理的方法来催陈,取得了一定的成绩。

某些发酵食品发酵后需要杀菌处理,常规的方法是加热和化学灭菌处理,但这两种方法会破坏发酵食品的风味,并损失某些营养成分。为了最大限度地保持发酵食品的营养成分,在发酵食品杀菌处理中引入了一些现代物理技术。Yang 等用 γ-射线对 12 种酱油进行灭菌,用 1kGy 的剂量可杀灭所有大肠杆菌,5kGy 剂量可使菌落总数降至国家标准以下,要杀灭全部细菌需要 10kGy 以上的剂量。报道显示,在 $5\sim7kGy$ 剂量处理时,酱油的化学成分发生了显著的变化:还原糖、游离氨基酸及醇、醛、酯等低沸点香味物质含量均显著增加。

我国传统发酵调味品通常含盐量很高,如酱油含盐量常达 $18\%\sim20\%$(W/V),主要作用是在自然发酵过程中可以控制某些微生物的生长繁殖。但现代研究认为,长期食用高盐食品对健康不利,这种情况不利于我国发酵调味品的发展。Luo 等将纳滤技术用于酱油脱盐处理,在脱盐的同时保留了酱油的营养物质,如氨基酸和风味物质。

(二)腌渍

用食盐或食糖腌渍食品是一种行之有效的食品保藏技术,其制品则称为腌渍食品。根据制作原料的不同,腌渍食品可以分为两大类:果蔬酱腌制品和腌肉制品,其中果蔬酱腌制品又分为果蔬糖制品、泡菜类、腌菜类和酱菜类。我国腌渍食品种类繁多,风味独特,在国际享有很高的声誉。腌渍食品是中国的传统食品,经过长期实践,其生产技术逐渐提高,但与国外飞速发展的腌渍食品加工相比还有较多需要改进之处,特别是腌渍菜的低盐化加工正在得到广泛关注,正日益成为研究热点(王聘,2011)。

低盐腌渍菜是指含盐量通常在7%以下、可供消费者直接食用的腌渍菜。现代医学证明,人类心脑血管疾病的高发在很大程度上与经常食用高盐度食品有关。根据国际盐与血压组织的研究结果:摄入过多的食盐不仅易引发和加重高血压,还能引发肾脏疾病和加重糖尿病病情,加剧哮喘,引起消化系统的疾病(李学贵,2004;张志强,2006)。食品的低盐化将会在很大程度上降低常食高盐食品可能给人体带来的危害。美国哈佛医学院的研究表明,减少盐的摄入量不仅能降低血压,还可能会减少心血管发病的长期风险,低盐饮食组的心血管疾病发病风险降低30%。根据研究,摄入低量的食盐,能够降低血压,从而减少对心脏的压力,对心脏具有一定的保护作用。美国加利福尼亚大学旧金山分校等机构的研究表明,如果人们将每天的食盐量减少3g,新增心脏病的病例就会减少11%,心脏病发作的病例会减少13%。美国印第安纳大学医学院的研究结果也表明,低盐饮食能够预防中风等。

我国传统意义上的腌渍蔬菜通常是依靠食盐的高渗透压和高盐度进行腌制,使产品得以较长时间地保存,因此含盐量较高,通常在13%～15%。按照世界卫生组织的建议,一般成人每日的盐摄入量在3～5g有益健康,显然高盐腌渍菜已难以满足人们对健康饮食的需求。人们对健康饮食的需求已成为腌渍菜低盐化发展的必然要素之一。另外,高盐度腌渍菜除了有利于产品质地的保持和保存外,余下的就是发苦的咸味。而鉴于食品不同风味间存在着相互掩盖、互为影响的关系,当一种呈味物质表现得特别强的时候,其他物质的风味将被掩盖或淡化,以致难以感觉出不同产品的特点。腌渍菜的低盐化无疑将为食品风味的多样化和系列化创造前提条件,这也是发展低盐化腌渍菜的又一重要原因。

1. 低盐化与风味

榨菜在腌制的过程中始终是利用盐的渗透压来改善细胞的渗透性,可以使榨菜中的部分苦涩物质和黏性物质排除(李学贵,2004)。在发酵过程中,可以改善产品的色泽及口味,增加腌渍菜的透明度。在低盐化过程中降低渗透压,可以减少对乳酸菌和酵母菌的抑制作用,同时促进发酵,增加色香味等(吴祖芳,2005)。

2. 低盐化与腌渍菜的脆度

腌渍菜的脆性是腌制保存过程中最重要的质量指标之一,因此,在低盐腌制条件下有效利用保脆技术是十分必要的。一般低盐腌渍菜用热力杀菌可以达到保鲜的目的,但由于热力的作用,腌渍菜的质地会变得比较松软,脆度降低,所以采用适当的方法保持其脆度具有重要意义(沈国华,2009;吴祖芳,2009)。产品的脆度和原料的果胶含量具有一定的关系。原料应在微熟期采收,以保持腌渍菜中原果胶物质的含量,此时原材料中的果胶含量较高,能够最大限度地保持其原有脆度。采用合理的采收预处理方法,减少由于机械损伤而引起的果胶酶活性的增强,也可避免原果胶的水解。在加工过程中添加保脆剂是目前应用最广泛的一种方法。添加 $CaCl_2$ 是保持腌渍菜脆度的主要手段之一。相关研究表明,在酱汁中添加 0.10% 的 $CaCl_2$,可以保持低盐腌渍菜产品固有的组织质地和硬度,能够改善产品口感(沈国华,2005)。

适当地调整腌渍菜中渍液的 pH 值和浓度也可以保持腌渍菜的脆度。果胶在 pH 值为 4.3～4.9 时水解度最小,如果渍液 pH 值大于 4.9 或者小于 4.3,菜质就容易变软。另外,果胶在渍液浓度大的环境中溶解度较小,菜质不容易软化。根据此性质,合理地掌握腌渍菜中渍液的 pH 值和浓度,对于保持低盐腌渍菜的脆度十分重要(董全,2002)。

食品的低盐化是人们现代社会生活水平不断提高和生活质量显著改善等综合因素共同影响的必然结果。目前,我国腌渍菜的低盐化多从高盐度的半成品开始,虽然高盐腌制能够在收获期使大量新鲜原料得以长期保藏,但是传统的高盐腌制方式不仅存在工艺烦琐、耗工费时以及成本高、污染大等弊端,而且在半成品到成品的脱盐加工过程中易造成风味与营养物质的大量流失。随着科学技术的不断发展,采用直接低盐方式实现腌渍菜的低盐化,将日益成为未来腌渍菜生产者与消费者广泛关注的焦点(陈功,2001)。通过育种与栽培技术手段的调控,延长腌渍蔬菜原料的栽培与收获期,将为探索低盐化的直接途径创造条件,并将可能彻底改变由高盐腌制成坯,再经脱盐、脱水、调味等制成品过程达到低盐化的落后模式,从节能减排与清洁加工角度全面提升低盐化的技术层次和水平,使腌渍菜产业步入长久的健康与可持续发展之路(吴丹,2008)。

(三)烟熏

目前开发的烟熏食品主要是指烟熏肉制品。烟熏肉制品通常是指将经过腌制的肉类置于烟熏室中,然后使熏材缓慢燃烧或不完全燃烧产生烟气,在一定的温度下使肉类边干燥边吸收烟气成分,熏制一段时间使其水分减少至所需含量,这样所制得的肉制品即为烟熏肉制品(崔国梅,2010)。烟熏肉制品历史悠久,并以其特有的色、香、味受到广大消费者的青睐,在我国肉制品体系中占有重要地位,不同地区、配方及加工方法形成了难以计数的产品。肉制品烟熏的目的是改善产品感官质量和可贮性,产生能引起食欲的烟熏香味,酿成制品的独特风味,使外观产生特有的烟熏色泽,肉组织的腌制颜色更加诱人,同时抑制不利微生物的生长,抗脂肪氧化酸败,延长产品货架寿命。

但是,一些传统烟熏方法可能导致的卫生安全性问题也不容忽视。熏烟中含有许多有害成分,如果在食品中含量过高,对人体健康极为有害。在烟熏食品卫生安全性研究中广受关注的是烟熏过程中产生的多环芳烃化合物(PAHs)等一系列的污染物。其中 PAHs 可使人或实验动物发生突变、畸变或癌变,目前许多国家已将其列为食品有害物质监测的重要内容之一。由于在熏烟肉制品中可能含有多环芳烃等有害物质,对人类健康造成很大的威胁,所以应采取有效的控制措施,来减少烟熏肉制品中多环芳烃的含量。

1.优选原辅料及改进烟熏设备和工艺

从原辅料上来讲,要严格控制原辅料质量及加强生产卫生管理。应选择优质原料肉、调味料和香辛料,尤其是熏烤材料。不用水分含量高、发霉变质、有异味的熏料,尽可能选用含树脂少的硬质料和商品化标准化复合熏料。选择熏材要慎重,熏材不同,B(a)P 残留量也不同。从烟熏设备和工艺上来看,需对传统烟熏工艺进行改进和优化,在尽可能保持传统风味特色的同时,改善产品卫生质量。不断研究新技术、新设备,选择多功能熏烤设备。在加工过程中,可以通过采用最佳的烟熏程序,控制烟熏程序的整个工艺,选用熏烟净化装置,来减少或消除烟熏肉制品中的 PAHs(赵勤,2005)。

2.避免炭火与食品直接接触

食品因与燃料产物直接接触而污染多环芳烃,通过将直接烟熏(传统的熏制室直接产生烟)改为间接烟熏方式,可以显著减少烟熏食品中的 PAHs 污染。间接烟熏方式采用现代的工业炉,外部设有烟发生器,熏烟被引入烟熏室之前以粗棉花加以过滤,或以静电沉淀法加以去除,或以冷却方法使其冷凝去除。这种发生器能够在适当的条件下自动工作,在直接接触食品前,烟能被滤过。同传统的烟熏过程相比,可以降低 PAHs 的污染,对人体健康威胁较小(Stolyhwo,2005)。

3. 控制烟熏温度与时间

脂肪、蛋白质等有机物在高温下分解、环化和聚合产生多环芳烃,但不同的熏烤温度和时间所产生的多环芳烃的量是不同的。烟熏温度越高,产生越多,故应控制烟熏温度。此外要控制烟熏时间,随时间的推移,熏烟成分渗透到制品内部,时间越长,渗透量越多。有研究表明,烟熏的动物性食品,B(a)P 最初主要附着于食品的表层,深度不超过 1.5mm 的皮层内含量为总量的 90% 左右,随着时间延长,B(a)P 向食品的深部渗透,存放 40d 后,内层的含量可升高至总量的 40%～45%,从而产生更严重的污染(赵月兰,1996)。

4. 液熏法取代木熏法

液体烟熏液以天然植物(如枣核、山楂核等)为原料,经干馏、提纯精制而成,主要用于制作各种烟熏风味肉制品、鱼、豆制品等。液熏法代替传统木熏法有诸多优点,相对于木熏法烟熏,液体烟熏液里含有碳氢化合物、酚类以及酸类等烟雾成分,保持了传统熏制食品的风味,更重要的是 PAHs 等有害物质含量少,大部分 PAHs 化合物在发烟的过程中被除掉,同时也减少了向大气排放的污染物(王新禄,2000;余和平,2000)。随着人们的健康意识增强,可以肯定,用烟熏液来生产肉制品必然会代替自然发烟法。

5. 强化产品安全检测

合理精确的检测方法是产品优质安全的保证。利用先进的检测技术,如高效液相色谱分析、质谱分析、气相色谱分析、荧光法等检测烟熏肉制品中的 PHAs,检测限可达 $0.1\mu g/kg$ 甚至 $0.01\mu g/kg$。目前发展起来的超声波萃取——气相色谱—质谱联用技术和固相微萃取——气相色谱—质谱联用技术用于烟熏肉制品中的多环芳烃的检测,可以提高烟熏肉制品中的 PAHs 的检出限,保证烟熏肉制品的食用安全。现代工艺及卫生条件结合合理精确的检测方法,使烟熏肉制品达到卫生安全标准(江燕,2007)。此外,在食品加工过程中,要注意避免润滑油污染食品,必要时可用食用油代替润滑油。包装材料所用石蜡应除去石蜡油中的 B(a)P 等。用日光照射食品,也能使 B(a)P 等含量降低。如果是家庭制作熏制品,要注意熏制方法,选用优质焦炭作为燃料,避免过度熏烤(Djinovic,2008)。

随着社会对食品安全的关注,国内外对如何控制和预防食品中多环芳烃进行了大量深入的研究,通过严格控制原辅料质量及加强加工卫生管理,优化和改进传统工艺,改变不合理的烟熏条件,强化产品安全检测,平时少食或不食直接或高温烟熏食品,都将会进一步减少或避免食品中多环芳烃对人体的危害。

(四)低温保藏

食品中含有丰富的营养物质,是微生物繁殖的优良场所,如果控制不当,外界微生物就会污染食品使其腐败变质,失去食用价值,严重的还会对人体产生有害的毒素,引起食物中毒(马美湖,1998)。另外,食品自身的酶在贮藏过程中也会产生一系列变化,若控制不当,就会造成食品变质。食品贮藏保鲜就是通过抑制或杀灭微生物,钝化酶的活性,延缓内部变化,达到长期贮藏保鲜的目的。在众多贮藏方法中低温保藏是应用最广泛、效果最好、最经济的方法之一,它利用各种装置将食品的热量除去,使温度降到一定数值,以减轻食品受物理、化学变化及微生物繁殖的影响,在长时间内保持食品原有的色、香、味、形等品质。低温贮藏时间长并且在低温加工中对食品组织结构和性质破坏作用最小,低温保藏被认为是目前食品贮藏的最优方法之一(刘学浩,2002)。

引起食品腐败变质的主要原因是微生物的繁殖、酶的作用及氧化作用。从理论上讲,食品贮藏保鲜就是杜绝或延缓这些作用的发生。食品低温保藏是利用低温技术将食品温度降低并维持食品在低温状态以阻止食品腐败,延长食品保存期(曾庆孝,2007)。低温保藏不仅可以用于新鲜食品物料的保藏,也适用于食品加工品、半成品的保藏。低温保藏延长食品保存期,主要包括以下几方面的作用。

1. 低温对微生物的作用

微生物和其他动物一样需要在一定的温度范围内才能生长、发育、繁殖。温度的改变会减弱其生命活动,甚至使其死亡。食品冷加工中主要的微生物有细菌、霉菌和酵母菌,食品基质是微生物生长繁殖的最佳材料,一旦这些微生物在食品中生长繁殖,就会分泌出各种酶,使食品中的蛋白质、脂肪等发生分解并产生硫化氢、氨等难闻的气体和有毒的物质,使食品失去原有的食用价值。低温抑制微生物生长繁殖的原因是:低温导致微生物体内代谢酶的活力下降,使各种生化反应速率下降;低温导致微生物细胞内的原生质体浓度及黏度增加,影响新陈代谢;低温导致微生物细胞内外的水分冻结形成冰结晶,冰结晶会对微生物产生机械损伤,而且由于部分水分的结晶也会导致生物细胞的原生质体浓度增加,使微生物体中的部分蛋白质变性,从而使微生物细胞丧失活性,这种作用在含水量大、细胞在缓慢冻结条件下更容易发生(王盼盼,2008)。

2. 低温对酶的作用

食品中含有许多酶,一些是食品中自身所含有的,另外是微生物生命活动中产生的,这些酶是食品腐败的主要因素之一。酶的活性受多种因素的影响,其中温度对酶的影响很大,高温可导致酶的失活变性,低温处理会降低酶的活性,但并不能使其活性完全丧失。冰冻或冷冻并不能完全破坏酶的活性,只是降低酶活性化学反应的速度,所以食品在-18℃贮藏时,酶会继续进行缓慢活动,并且在1周到1个月内会觉察到有不良风味或变化的迹象。冻制品在解冻过程中酶会重新活跃起来,加速食品变质。为了将冷冻及解冻过程中食品内不良变化降低到最低,食品需要经短时预煮,首先使酶失活,再进行冻制。

3. 低温对食品物料的作用

低温对食品物料的影响因食品种类的不同而不尽相同。根据低温下不同食品物料的特性,可以将食品物料分为三类:一是动物性食品物料,主要是指刚屠宰的家畜、家禽、新鲜捕获的水产品、蛋、乳等;二是指新鲜的蔬菜、水果等;三是指一些原材料、半加工品、加工品、粮油制品等。低温对食品物料的作用主要是抑制吸附在食品表面及食品环境周围微生物的活动,对其他生物也有类似的作用;低温降低食品中酶的作用及其他化学反应的作用也很重要。不同的食品物料都有其合适的低温处理要求。

4. 低温对活性食品的作用

活性食品主要是指水果、蔬菜以及禽蛋类。活性食品发生腐败变质的原因主要是呼吸作用。要长期贮藏活性食品,就必须维持活体状态,同时又要控制减弱它们的呼吸作用。低温能够减弱活性食品的呼吸作用,延长贮藏期限,贮藏温度应该选择接近冰点但又不能使活性食品发生冻死现象的温度。活性食品贮藏不仅与温度有关,还与贮藏期间的空气成分有关。因此,在降低温度的同时控制空气中的成分,就能取得较好的效果。

5.低温对非活性食品的作用

非活性食品腐败变质的主要原因是微生物和酶的共同作用,只要将非活性食品放在低温条件下,微生物和酶对食品的作用就会很微小。当食品在低温下冻结时,食品中的水分生成的冰结晶会使微生物丧失活力而不能繁殖,酶的反应也会受到严重抑制,非活性食品体内的化学变化就会变慢,食品就可以长时间贮藏并维持其新鲜状态而不会变质。

综上所述,食品变质的原因多种多样,如果对食品进行低温加工,食品中的生化反应速度就会大大减缓,使食品可以在较长时间内贮藏而不变质,即食品低温贮藏的基本原理(刘建学,2006)。

(五)干燥保藏

食品的干燥过程实际上是食品从外界吸收足够的热量使水分不断向环境中转移,从而导致水分含量不断降低的过程。干燥保藏技术是食品中的水分活度降低到一定程度,使食品在一定时期内不受微生物作用而腐败,同时控制食品中的生化反应及其他反应的进行,维持食品的品质和结构不发生变化(Fan, et al.,2006)。

食品的干燥方法分为天然干燥法和人工干燥法两大类:天然干燥法是利用太阳的辐射能使食品中的水分蒸发而除去,或利用寒冷的天气使食品中的水分冻结,再通过冻融循环而除去水分的干燥方法,该法适用于水产品和某些传统制品的干燥;人工干燥法是利用特殊的装置来调节干燥的工艺条件,使食品的水分脱除的干燥方法,依照交换方式和水分除去方式的不同,人工干燥可以分为对流干燥法、真空干燥法、辐照干燥法和冷冻干燥法等。食品的干燥保藏是一种传统的保藏方法,具有操作费用低、食用安全性高的优点,经过干燥的食品体积缩小、重量减轻、便于运输,现在常常与其他食品保藏方法共同使用。

(六)气调保藏

气调贮藏是指在一定的封闭体系内,通过各种调节方式得到不同于正常大气组成或浓度(78.8%氮气、20.96%氧气和0.03%二氧化碳)的调节气体,以此来抑制引起食品品质劣变的生理生化过程(新鲜果蔬的呼吸和蒸发、食品成分的氧化或褐变)或抑制食品中微生物的生长繁殖,从而达到延长食品保鲜或保藏期的目的(晁文,2008)。

根据气体调节原理,气调贮藏可分为控制气体贮藏(controlled atmosphere,CA)和改良气体贮藏(modified atmosphere,MA)。CA指在贮藏期间,气体的浓度一直控制在某一恒定的值或范围内,所采用的包装方式称为CAP;MA指用改良的气体建立气调系统,在以后贮藏期间不再调整,所采用的包装方式称为MAP。气调保藏有以下特点:①能够对新鲜果蔬等进行保鲜,延缓果蔬产品的衰老过程;②减轻一定的贮藏性生理病害;③抑制微生物的作用病害;④防治虫害;⑤抑制或延缓其他影响食品品质下降的不良化学变化(韩丽,2008)。目前常用的气调方法有四种,包括塑料薄膜帐气调、硅窗气调、催化燃烧降氧气调和充氮气降氧气调。

1.塑料薄膜帐气调法

利用塑料薄膜对氧气和二氧化碳有不同渗透性和对水透过率低的原理来抑制果蔬在贮藏过程中的呼吸作用和水蒸发作用的贮藏法。塑料薄膜一般选用0.2mm厚的无毒聚氯乙烯薄膜或0.075~0.12mm厚的聚乙烯塑料薄膜。塑料薄膜对气体具有选择性渗透,可使袋内的气体成分自然地形成气调贮藏状态,从而推迟果蔬营养物质的消耗,延缓衰老。

2.硅窗气调法

根据不同的果蔬及贮藏的温湿条件,选择面积不同的硅橡胶织物膜热合于用聚乙烯或聚氯乙烯制成的贮藏帐上,作为气体交换的窗口,简称硅窗。硅胶膜对氧气和二氧化碳有良好的透气性和适当的透气比,可以用来调节果蔬贮藏环境的气体成分,达到控制呼吸作用的目的。选用合适的硅窗面积制作的塑料帐,其气体成分可自动衡定在氧气体积浓度为 3%～5%;二氧化碳体积浓度为 3%～5%。

3.催化燃烧降氧气调法

用催化燃烧降氧机以汽油、石油液化气等为燃料,与从贮藏环境中(库内)抽出的高氧气体混合进行催化燃烧反应。反应后无氧气体再返回气调库内,如此循环,直到把库内气体含氧量降到要求值。

4.充氮气降氧气调法

从气调库内用真空泵抽除富氧的空气,然后充入氮气,抽气与充气过程交替进行,以使库内氧气含量降到要求值,所用氮气的来源一般有两种:一种用液氮钢瓶充氮;另一种用碳分子筛制氮机充氮,其中第二种方法一般用于大型的气调库。

我国气调库的推广普及程度和果蔬的气调保鲜贮藏量与先进国家相比差距悬殊。我国果实采后的商业贮藏率仅占总产量的 10%,其中采用气调贮藏方式的甚至不足 1%。在意大利,90%的水果要经贮藏和商业化处理,80%贮藏库为全自动气调库。最近几年,我国在气调保鲜设施方面也有了新的进展,气调技术已广泛应用于苹果、梨、蒜苔等果蔬的保鲜贮藏,还用于肉、禽、蛋、鱼、花卉、粮食、油料、药材、干果、皮货等方面,其产生的经济和社会效益日渐显著(梁美艳,2009)。

第三节 食品保藏的生物技术

由于现代生物技术学科的迅速发展,采用生物技术方法来保鲜食品也变得越来越普遍,生物技术保鲜的主要原理可包括如下几方面,即利用生物产生抗菌性代谢产物(包括抗生素、有机酸、肽类等)或通过改变及产生一些影响腐败性微生物生长繁殖的条件包括食品贮藏环境的气体组成及相对湿度等;产生与空气隔离的薄膜以隔绝氧气或以此阻止食品的氧化;直接以生物为原料提取纯化具有抗菌性能的天然物质;还有利用生物间的竞争包括营养竞争抑制有害微生物生长或拮抗作用等;通过这些原理最后达到食品防腐保鲜的目的。

一、食品的天然防腐剂

天然防腐剂也称天然有机防腐剂,是由生物体分泌或者体内存在的具有抑菌作用的物质,通常是从动物、植物和微生物的代谢产物中经人工提取,或者加工而成为食品防腐剂。此类防腐剂为天然物质,有的本身就是食品的组分,故对人体无毒害,并能增进食品的风味品质,因而是一类有发展前景的食品防腐剂。常见的天然防腐剂有某些细菌分泌的抗生素如乳酸链球菌素、溶菌酶、抗菌肽等,有酒精、有机酸、鱼精蛋白、中草药及其提取物、甲壳素和壳聚糖、天然食用香辛料植物及其提取物等。这些天然防腐剂都能对食品起到一定的防腐保藏作用。近年来国内外对植物源食品天然防腐剂的研究异常活跃,究其原因是自然界的天然植物中存在许多具有抗菌作用的生理活性物质。近年来,我国众多学者进行了植物源天然食品防腐剂的研究。他们进行了大蒜、生姜、丁香等50多种香辛科植物及大黄、甘草、银杏叶等200多种中草药及其他植物如竹叶等提取物的抗菌试验,发现有150多种具有广谱的抑菌活性,各提取物之间也存在抗菌性的协同增效作用,并将其作为天然防腐剂应用在某些食品中。

精蛋白是在鱼类精子细胞中发现的一种细小而简单的含高精氨酸的强碱性蛋白质,它对枯草杆菌、巨大芽孢杆菌、地衣型芽孢杆菌、凝结芽孢杆菌、胚芽乳杆菌、干酪乳杆菌、粪链球菌等均有较强抑制作用,但对革兰氏阴性细菌抑制效果不明显。研究发现,鱼精蛋白可与细胞膜中某些涉及营养运输或生物合成系统的蛋白质作用,使这些蛋白质的功能受损,进而抑制细胞的新陈代谢而使细胞死亡。鱼精蛋白在中性和碱性介质中的抗菌效果更为显著,广泛应用于面包、蛋糕、菜肴制品(调理菜)、水产品、豆沙馅、调味料等的防腐中。

蜂胶是蜜蜂赖以生存、繁衍和发展的物质基础。各国科学家经过研究证实,蜂胶是免疫因子的激活剂,它含有的黄酮类化合物和多种活性成分,能显著提高人体的免疫力,对糖尿病、癌症、高血脂、白血病等多种顽症有较好预防和治疗效果。同时,蜂胶对病毒、病菌、霉菌有较强的抑制、杀灭作用,对正常细胞没有毒副作用。因此蜂胶不仅是一种天然的高级营养品,而且可以作为天然的食品添加剂。近年来研究还发现,蜂胶经过特殊工艺加工处理后可制成天然口香糖。其中的有效成分具有洁齿、护牙作用,可防止龋齿的形成,同时还可以逐渐消除牙垢。

壳聚糖又叫甲壳素,是蟹虾、昆虫等甲壳质脱乙酰后的多糖类物质,对大肠杆菌、普通变形杆菌、枯草杆菌、金黄色葡萄球菌均有较强的抑制作用而不影响食品风味。广泛应用于腌渍食品、生面条、米饭、豆沙馅、调味液、草莓等保鲜中。近几年来,国内外有关刊物发表了不少关于壳聚糖以及壳聚糖衍生物的制备及应用等的研究报道。随着科研工作者对甲壳素的研究深入,其应用也必然越来越广泛。

大量实验表明,茶多酚对人体有很好的生理效应。它能清除人体内多余的自由基,改进血管的渗透性能,增强血管壁弹性,降低血压,防止血糖升高,促进维生素的吸收与同化。还有抗癌防龋、抗机体脂质氧化和抗辐射等作用。此外,茶多酚还具有很好的防腐保鲜作用,对枯草杆菌、金黄色葡萄球菌、大肠杆菌、番茄溃疡、龋齿链球菌,以及毛霉菌、青霉菌、赤霉菌、炭疽病菌、啤酒酵母菌等均有抑制作用。

香精油蕴藏在热带的芳香植物的根、树皮、种子或果实的提取物中,一直是人们比较感兴趣的天然防腐剂之一。丁香油中含有丁香酚、鞣质等。研究发现,丁香油对金黄色葡萄球菌、大肠杆菌、酵母、黑曲霉等食品有广谱抑菌作用,且在100℃内对热稳定,其突出特点是抑制真菌作用强。

大蒜所含有的大蒜辣素对痢疾杆菌等一些致病性肠道细菌和常见食品腐败真菌都有较强的抑制和杀灭作用,这使得它成为一种天然的防腐剂;大蒜蒜瓣的抗菌性能十分微弱,蒜苗与蒜的茎叶具有相当的抗菌作用,其抗菌性能在高温条件下降很多,因此应用大蒜提取物防腐保鲜最好在较低温度(85℃)下进行;大蒜的最适作用pH为4左右,因而适宜用于酸性食品的防腐保鲜中。

生物防腐剂具有保持食品原有品质、风味和营养价值等优点,用安全高效的生物防腐剂替代化学防腐剂成为一种必然的发展趋势。

二、食品微生物的拮抗作用

多种微生物经生长代谢后能产生较多种类的天然抗菌物质,对食品保藏过程中的其他杂菌起到抑制或杀灭作用,这些微生物包括细菌、霉菌、放线菌和酵母菌(李亚珍,2010;宁德鲁,2010;张福星,2012),因此,利用这些有益微生物的作用可起到食品保藏的目的。拮抗,又称抗生(antagonism),指由某种生物所产生的特定代谢产物可抑制他种生物的生长发育甚至杀死它们的一种相互关系。由于多种微生物经生长代谢后能产生较多种类的天然抗菌物质,对食品保藏过程中的其他杂菌起到抑制或杀灭作用,所以,利用这些有益微生物的作用可起到食品保藏的目的。利用生物技术方法达到食品保藏保鲜的作用,具有食品营养保存好甚至还能改善或提高食品营养的功能,并能较好地保存食品原有的品质,甚至也可以使食品风味等感观品质得到提高。

乳酸菌的保藏保鲜作用。乳酸菌(lactic acid bacteria,LAB)是一类能从可发酵碳水化合物(主要指葡萄糖)中产生大量乳酸的细菌的统称。乳酸菌在生长代谢过程中,会产生一些具有抗微生物活性的物质(Fang,et al.,2008),如有机酸、过氧化氢、二氧化碳等,均在体外表现出抑菌活性。很多乳酸菌都能产生细菌素,如乳链菌素、乳酸菌素、噬酸菌素等,研究表明这些物质在抑制病原菌上具有重要作用。因此,乳酸菌应用于食品的保藏保鲜最重要的是改善食品原料等的微生态环境,使有害微生物生长受到抑制甚至被杀灭,从而达到食品保藏保鲜的目的。

乳酸菌的抗黏附特性。黏附能力通常认为是病原菌的一种重要的毒性因子。病原菌黏附于动物肠道黏膜、定殖并产生临床症状是病原菌致病的前提条件。乳酸菌可防止病原菌附着于动物肠上皮细胞表面,定殖并入侵肠道细胞,有人称此机制为"黏附抗性"。肠道化学物质的组成也是微生态环境的重要影响因素,毒安素、硫化物、吲哚和酚类都是对肠道有刺激作用和毒性的物质,是肠道腐败菌活动增强的标志。双歧杆菌能防止致病菌对氨基酸的脱羧作用,减少肠内容物氨的浓度,有效减少毒性胺的合成,改善动物肠道环境。乳酸菌的这些特性能否应用于动物性食品以及果蔬原料等的采后保鲜值得食品科学工作者进一步的研究和应用。

乳酸菌控制蔬菜的保藏保鲜作用,国内外相继开展了通过接入具有防腐保鲜作用的有益微生物(乳酸菌等)应用于食品原料的保藏保鲜,其中已进入工业化生产应用的有泡菜的生产(Glatman,et al.,2000),已在第十章进行了具体的介绍。

(一)基因杀菌保藏技术

这是一种杀灭铜绿假单胞菌的方法,其原理是通过设法从该细菌中分离出一种基因,这种基因专门制造一种物质,负责在细菌中传递信息,阻止细菌形成生物膜集合体,使其毒性降低,且易被清洗掉。

(二)微生物生物膜保鲜技术

微生物通过分泌胞外多糖(EPS)等次级代谢产物形成生物膜,在食品介质外部形成一层致密的薄膜,从而可隔绝氧气和防止水分蒸发。例如,在绿茶的生物保鲜中,一种微生物蜡样芽孢杆菌会在茶叶表面形成一层膜,阻止茶叶与氧气的直接接触,从而可有效地控制茶叶的氧化等劣变。类似这种生物保鲜膜可有效地抑制果蔬等采后的呼吸作用和减少水分的蒸发,又可减少由于微生物的污染而发生的食物腐败作用,延长果实保鲜时间等。

（三）生物酶保鲜

通过生物酶制剂或微生物分泌酶制造一种有利于食品保质的环境，一般是根据食品种类选择相应的生物酶，以此来调控（抑制）不利于食品品质保持的酶，从而达到食品生物保鲜的目的。

（四）其他

在此领域的例子有葡萄糖氧化酶和溶菌酶。葡萄糖氧化酶具有对氧非常专一性的结合从而达到去除氧气的目的，氧化性变质是许多含油脂食品最常见的现象，发生氧化劣变或败坏其中的因素之一是分子氧，氧的存在会对脂肪性食品产生恶臭、醛、酮酸的气味，因此除氧是食品保鲜的必要条件。因此，在某些食品加工中采用酶法脱氧以达到保鲜的目的，而且由于其天然、无毒、无副作用已在食品和饮料工业中广泛应用。另外，溶菌酶可来源于诸如蛋类原料的提取物，它是一种细胞壁溶解酶，主要功能是作用于分解细菌等细胞壁的结构成分，从而可对有害微生物的细胞壁产生破坏作用，抑制微生物的生长而起到保鲜作用。

另外，也有通过采用微生物菌体直接对食品防腐保鲜的相关研究。如用啤酒酵母菌对草莓进行保鲜研究，结果啤酒酵母菌对草莓的后熟起到推迟作用而减轻草莓腐烂程度；有学者通过从葡萄表面分离到的一株链霉菌用于新疆甜瓜的防腐保鲜；也有在绿茶中掺入嫌气性蜡样芽孢杆菌经低温处理对茶叶的保鲜，相关研究信息可通过进一步查阅文献资料获得。

总之，采用生物方法对食品进行保鲜研究及应用，由于其安全、无毒和高效等优点，且资源广泛，品种多样和开发潜力大，是食品保鲜未来研究的热点，具有较好的发展前景。

思考题

1. 试述栅栏技术在食品保藏中的应用。
2. 简述食品生物技术的保鲜原理，并举例说明其在生产中的应用。

参 考 文 献

[1]车芙蓉,李江阔,岳喜庆.肉制品加工中关键控制点确定及栅栏技术应用的研究[J].食品科学,2000,21(10):54—56.

[2]晁文.青辣椒小包装气调保鲜技术研究[D].咸阳:西北农林科技大学,2008.

[3]陈功.盐渍蔬菜生产实用技术[M].北京:中国轻工业出版社,2001.

[4]崔国梅,彭增起,孟晓霞.烟熏肉制品中多环芳烃的来源及控制方法[J].食品研究与开发,2010,31(3):180—183.

[5]邓明.栅栏技术在冷却猪肉保鲜中的应用[D].武汉:华中农业大学,2006.

[6]董全.低盐酱菜脆度保持的研究[J].江苏调味副食品,2002(1):9—10.

[7]Fellows P J.食品加工技术——原理与实践[M].北京:中国农业大学出版社,2006.

[8]付晓,王卫,张佳敏,等.栅栏技术及其在我国食品加工中的应用进展[J].食品研究与开发,2011,32(5):179—182.

[9]关楠,马海乐.栅栏技术在食品保藏中的应用[J].食品研究与开发,2006,27(8):160—163.

[10]关文强,井泽良,张娜,等.新鲜果蔬流通过程中致病微生物种类及其控制[J].保鲜与加工,2008,8(1):1—4.

[11]韩丽.不同保藏方法的南美白对虾保藏过程中腐败微生物的动态监测研究[D].上海:上海海洋大学,2008.

[12]胡文忠.鲜切果蔬科学、技术与市场[M].北京:化学工业出版社,2009.

[13]江燕.烟熏肉制品中的多环芳香烃[J].肉类工业,2007(12):44—45.

[14]梁美艳,陈庆森,阎亚丽,等.气调保藏技术用于虾类保鲜的初步研究[J].食品科学,2009,30(14):296—299.

[15]李学贵,严晓燕.低盐化榨菜生产原理及其应用初探[J].中国酿造,2004(5):4—6.

[16]李亚珍,李翠萍,马惠茹,等.华莱士生物保鲜研究[J].内蒙古农业大学学报,2010,22(3):80—85.

[17]刘琳.栅栏技术在肉类保藏中的应用[J].肉类研究,2009,23(6):66—70.

[18]刘建学.食品保藏学[M].北京:中国轻工业出版社,2006.

[19]刘学浩.家禽的冷却保鲜技术[J].肉类研究,2002(2):33—34.

[20]马美湖.现代畜产品加工学[M].长沙:湖南科学技术出版社,1998.

[21]宁德鲁,陈海云.果树蔬菜的贮运及保鲜[J].云南农业科技,2001(3):44—47.

[22]彭丽英,苗耀先,黄润全.鲜肉保鲜技术的动向[J].山西农业大学学报,2002(4):356—358.

[23]沈国华,陈黎红,肖朝秋,等.薇菜方便风味食品生产工艺的研究[J].食品科学,2005,26(4):129—132.

[24]沈国华,刘大群,华颖,等.保持发酵型风味泡菜长货架期的生产技术研究[J].中国食品学报,2009,9(6):111—115.

[25]王盼盼.肉类低温保藏技术[J].肉类研究,2008(11):78—84.

[26]王聘,郜海燕,毛金林,等.低盐化在腌渍菜中的研究进展[J].保鲜与加工,2011,11(4):38—42.

[27]王卫.栅栏技术在肉食品开发中的应用[J].食品科学,1997,18(3):9—13.

[28]王卫.发酵香肠加工的栅栏效应与加工优化[J].肉类研究,2003(2):19—21.

[29]王新禄.烟熏烧烤类食品对人体健康的危害[J].肉品卫生,2000(4):411.

[30]吴丹,陈健初,蒋高强,等.低盐软包装榨菜杀菌工艺条件的研究[J].中国调味品,2008(11):51—54.

[31]吴祖芳,刘玲,翁佩芳.低盐腌制榨菜保脆工艺的优化研究[J].食品工业科技,2009(11):205—207.

[32]吴祖芳,刘璞,翁佩芳.榨菜加工中乳酸菌技术的应用及研究进展[J].食品与发酵工业,2005(8):73—75.

[33]余和平.液体烟熏香味料及其在食品工业中的应用[J].食品与机械,2000(5):29—30.

[34]曾庆孝.食品加工与保藏原理[M].北京:化学工业出版社,2007.

[35]张福星,蒋炳生,洪春来,等.生物保鲜液常温荔枝保鲜的效果[J].安徽农业科学,2002,30(1):81—83.

[36]张志强,张乃川.低盐酱菜脆度保持的研究[J].四川食品与发酵,2006(9):10—13.

[37]赵勤,王卫.熏烤肉制品卫生安全性及其绿色产品开发的技术关键[J].成都大学学报:自然科学版,2005,24(2):107—110.

[38]赵月兰,秦建华.苯并芘对动物性食品的污染与检测[J].中国动物检疫,1996,13(2):15—16.

[39]赵志峰,雷鸣,卢晓黎,等.栅栏技术及其在食品加工中的应用[J].食品工业科技,2002,23(8):93—95.

[40]Aguayo E,Allende A,Artes F. Keeping quality and safety of minimally fresh processed melon[J]. European Food Research and Technology,2003,216:494—499.

[41]Ahvenainen R. New approaches in improving the shelflif eof minimally processed fruit and vegetables[J]. Trends in Food Science and Technology,1996,6(7):179—187.

[42]Cheng H Y,Yang H Y,Chou CC. Influence of acid adaptation on the tolerance of Escherichiacoli O157:H7 to some subsequent stresses[J]. Journal of Food Protection,2002,65(2):260—265.

[43]Djinovic J,Popovic A,Jira W. Polycyclic aromatic hydrocarbons (PAHs) in different types of smoked meat products from Serbia[J]. Meat Science,2008,80(2):449—456.

[44]Fan X,Annous B A,Burke A,Mattheis J P. Combination of hot-water surface pasteurization of whole

fruit and low-dose gamma irradiation of fresh-cut cantaloupe[J]. Journal of Food Protection,2006,69 (4):912—919.

[45]Fang Z X,Hu Y X,Liu D H,et al. Changes of phenolic acids and antioxidant activities during potherb mustard (Brassica juncea,Coss.) pickling[J]. Food Chemistry,2008(108):811—817.

[46]Glatman L,Drabkin V. Using lactic acid and bacteria for developing novel food products[J]. Sci. Food Agric, 2000,80: 375—380.

[47]Gómez P L,Welti-Chanes J,Alzamora S M. Hurdle technology in fruit processing[J]. Annual Review of Food Science and Technology,2011(2):447—465.

[48]Song J,Hildebrand P D,Fan L,et al. Effect of hexanalvaporon the growth of postharvest pathogens and fruit decay[J]. Journal of Food Science,2007,72(4):108—112.

[49]Stolyhwo A,Sikorski Z E. Polycyclic aromatic hydrocarbons in smoked fish-a critical review[J]. Food Chemistry,2005,91(2):303—311.

第十四章 食品工业消毒杀菌技术

第一节 食品的热处理技术

热处理是食品工业中用于改善食品品质、延长食品贮藏期限的重要处理方法。食品的杀菌方法有多种,虽然杀菌方法多种多样,并且还在不断地发展,但热处理杀菌是食品工业最为有效、经济、简便,也是使用最广泛的杀菌方法,同时也成为用其他杀菌方法时评价杀菌效果的基本参照(徐怀德,2005)。

食品工业中采用的热杀菌有不同的方式和工艺,其主要目的是杀灭在食品正常的保质期内可导致食品腐败变质的微生物。一般认为,达到杀菌要求的热处理强度足以钝化食品中的酶活性。同时,热处理也造成食品的色香味、结构及营养成分等质量因素的不良变化。因此,热杀菌处理的理想目标是既达到杀菌及钝化酶活性的要求,又尽可能使食品的质量因素少发生变化(涂顺明,2004)。要制定出既达到杀菌的要求,又可以使食品的质量因素变化最少的合理的杀菌工艺参数(温度和时间),就必须研究微生物的耐热性,以及热量在食品中的传递情况。

一、影响微生物耐热性的因素

(一)污染微生物的种类和数量

(1)种类 各种微生物的耐热性各有不同,一般而言,霉菌和酵母的耐热性都比较低,在50~60℃条件下就可以杀灭;而有一部分的细菌却很耐热,尤其是有些细菌可以在不适宜生长的条件下形成非常耐热的芽孢(曾庆孝,2007)。显然,食品在杀菌前,其中可能存在各种各样的微生物污染。微生物的种类及数量取决于原料的状况(来源及储运过程)、工厂的环境卫生、车间卫生、机器设备和工器具的卫生、生产操作工艺条件、操作人员个人卫生等因素。

(2)污染量 微生物的耐热性,与一定容积中所存在的微生物的数量有关。微生物量越多,全部杀灭所需的时间就越长。

(二)热处理温度

在微生物生长温度以上的温度,就可以导致微生物的死亡。显然,微生物的种类不同,其最低热致死温度也不同。对于规定种类、规定数量的微生物,选择了某一个温度后,微生物的死亡时间就取决于在这个温度下维持的时间。

(三)罐内食品成分

1. pH 值

研究证明,许多高耐热性的微生物,在中性时耐热性最强,随着 pH 值偏离中性的程度越大,耐热性越低,也就意味着死亡率越大。

2.脂肪

脂肪含量高则细菌的耐热性会增强。

3.糖

糖的浓度越高,越难以杀死食品中的微生物。

4.蛋白质

食品中蛋白质含量在5%左右时,对微生物有保护作用。

5.盐

低浓度食盐对微生物有保护作用,高浓度食盐则对微生物的抵抗力有着削弱作用。

6.植物杀菌素

有些植物(如葱、姜、蒜、辣椒、萝卜、胡萝卜、番茄、芥末、丁香和胡椒等)的汁液以及它们分泌的挥发性物质对微生物有抑制或杀灭作用,这类物质就被称为植物杀菌素。

(四)热杀菌食品的 pH 值分类

大量试验证明,较高的酸度可以抑制乃至杀灭许多种类的嗜热菌或嗜温微生物;而在较酸的环境中还能存活或生长的微生物往往不耐热。这样就可以对不同 pH 值的食品物料采用不同强度的热杀菌处理,既可达到热杀菌的要求,又不致因过度加热而影响食品的质量。

从食品安全和人类健康的角度,热处理食品按 pH 值分类的可以分成酸性(≤4.6)和低酸性(>4.6)两类。这是根据肉毒梭状芽孢杆菌的生长习性来决定的。在包装容器中密封的低酸性食品给肉毒杆菌提供了一个生长和产毒的理想环境。肉毒杆菌在生长的过程中会产生致命的肉毒素。因为肉毒杆菌对人类的健康危害极大,所以罐头生产者一定要保证杀灭该菌。试验证明,肉毒杆菌在 pH≤4.8 时就不会生长(也就不会产生毒素),在 pH≤4.6 时,其芽孢受到强烈的抑制,所以,pH4.6 被确定为低酸性食品和酸性食品的分界线。另外,科学研究还证明,肉毒杆菌在干燥的环境中也无法生长。所以,以肉毒杆菌为对象菌的低酸性食品被划定为 pH>4.6、A_w>0.85。因而所有 pH 值大于 4.6 的食品都必须接受基于肉毒杆菌耐热性所要求的最低热处理量。在 pH≤4.6 的酸性条件下,肉毒杆菌不能生长,其他多种产芽孢细菌、酵母及霉菌则可能造成食品的败坏。一般而言,这些微生物的耐热性远低于肉毒杆菌,因此不需要如此高强度的热处理过程。

有些低酸性食品物料因为感官品质的需要,不宜进行高强度的加热,这时可以采取加入酸或酸性食品的办法使整罐产品的最终平衡 pH 值在 4.6 以下,这类产品称为"酸化食品"。酸化食品就可以按照酸性食品的杀菌要求来进行处理。

二、食品热处理的类型

(一)巴氏杀菌

巴氏杀菌(pasteurization)亦称低温消毒法、冷杀菌法,是一种利用较低的温度既可杀死病菌又能保持物品中营养物质风味不变的消毒法,相对于商业杀菌,是较为温和的热杀菌形式。常常被广义地定义为需要杀死各种病原菌的热处理方法。不同的细菌的最适生长温度和耐热、耐冷能力不同。巴氏杀菌其实就是利用病原体不是很耐热的特点,用适当的温度和保温时间处理,将其全部杀灭。但经巴氏消毒后,仍保留了小部分无害或有益、较耐热的细菌或细菌芽孢(何国庆,2005)。

当今使用的巴氏杀菌程序种类繁多,达到同样的巴氏杀菌效果可以有不同的温度、时间组合。巴氏杀菌主要是使食品中的酶失活，并破坏食品中热敏性的微生物和致病菌。国际上通用的巴氏牛奶杀菌法主要有两种：一种是将牛奶加热到 62～65℃，保持 30min。采用这一方法，可杀死牛奶中各种生长型致病菌，灭菌效率可达 97.3%～99.9%，经消毒后残留的只是部分嗜热菌及耐热性菌以及芽孢等，但这些细菌多数是乳酸菌，乳酸菌不但对人无害反而有益健康。第二种方法将牛奶加热到 75～90℃，保温 15～16s，其杀菌时间更短，工作效率更高。杀菌基本原则是能将病原菌杀死即可，温度太高反而会有较多的营养损失。巴氏杀菌的目的及其产品的贮藏期主要取决于杀菌条件、食品成分和包装情况。

(二)商业杀菌

商业杀菌(sterilization)简称杀菌，是一种较为强烈的热处理形式，通常将食品加热到较高温度并维持一定的时间，以杀死所有致病菌、腐败菌和绝大部分微生物，使杀菌后的食品符合货架期的要求。这种热处理形式一般也能使酶钝化，但它同样对食品的营养成分破坏较大。杀菌后食品也并非达到完全无菌，只是杀菌后食品中不含致病菌，残存处于休眠状态的非致病菌在正常的食品贮藏条件下不能生长繁殖。

商业杀菌是以杀死食品中的致病和腐败变质微生物为准，使杀菌后的食品符合安全卫生要求，具有一定的贮藏期。将食品先密封于容器内再进行杀菌处理，通常是罐头的加工形式，而将经过超高温瞬时(UHT)灭菌的食品在无菌条件下进行包装，则是无菌包装。

超高温瞬时杀菌又称 UHT 杀菌技术，是将食品在瞬间加热到高温(130℃以上)而达到灭菌目的。1949 年 UHT 杀菌技术随着斯托克(Stork)装置的出现而问世，其后国际上又出现了多种类型的超高温灭菌装置。此加热灭菌方式可分为直接加热和间接加热两种，直接加热法是用高压蒸汽直接向食品喷射，使食品以最快速度升温，几秒钟内达到 140～160℃，维持数秒钟，再在真空室内除去水分，然后用无菌冷却机冷却到室温。间接加热法是根据食品的黏度和颗粒大小，选用板式换热器、管式换热器、刮板式换热器。板式换热器适用于果肉含量不超过 1%～3% 的液体食品。管式换热器对产品的适应范围较广，可加工果肉含量高的浓缩果蔬汁等液体食品。凡用板式换热器会产生结焦或阻塞，而黏度又不足以用刮板式换热器的产品，都可采用管式换热器。刮板式换热器装有带叶片的旋转器，在加热面上刮动而使高黏度食品向前推送，达到加热灭菌之目的。超高温瞬时灭菌的效果非常好，几乎可达到或接近完全灭菌的要求，而且灭菌时间短，物料中营养物质破坏少，食品质量几乎不变，营养成分保存率达 92% 以上，生产效率很高，比其他两种热力灭菌法效果更优异，配合食品无菌包装技术的超高温式灭菌装置在国内外发展很快，如今已发展为一种高新食品灭菌技术。目前这种灭菌技术已广泛用于牛奶、豆乳、酒、果汁及各种饮料等产品的灭菌，也可将食品装袋后，浸渍于此温度的热水中灭菌。

(三)红外辐射杀菌

红外辐射加热技术，又称红外加热技术，具有高效、环保、节能的优点，近年来广泛应用于食品工业。根据传热机理的不同，热量传递有 3 种基本方式：导热、对流和辐射(夏清，2005)。和传统加热方式不同，红外辐射以电磁波形式传递热量，不需要任何媒介，极大地减少了热量损失，有效地提高了加热效率(高扬，2013)。当红外辐射照到物体上，且物体分子热运动的频率与红外辐射的频率相一致时，红外辐射很快被分子吸收转化为分子的热运动，使分子运动加剧，物料温度随之升高。红外辐射可用于杀灭液态或固态食品中的病原菌，如细菌、孢子、酵母菌和霉菌等。食品中的有机成分和水能大量吸收波段 3～1000μm 的红外辐射即远红外,因此常用远红外对食品杀菌。虽然目前远红外辐射杀菌的效应尚不明确,但有研究表明,红外加热会破坏致病菌的细胞内成分,如 DNA、RNA、核糖体、细胞膜和蛋白质,从而达到杀菌目的。

在食品加工和保存过程中,细菌等微生物会引起其变质,为了延长食品的贮藏时间,通常向食品中加入防腐剂或是杀菌剂来抑制微生物的侵袭。但这些制剂同时也会污染食品,影响食品质量,带来安全隐患。采用红外加热技术对食品进行杀菌处理则可以避免上述问题的发生(张建奇,2004)。红外辐射技术不仅可以有效杀死食品中的致病菌,而且能够较好地保持食品原有的品质,同时费用低于传统的加热方法。红外加热杀菌技术在食品工业中的应用,主要包括如下几个方面。

1.食品表面杀菌

红外辐射穿透能力较弱(通常只能加热到食品表面几个毫米),当固态食品置于红外辐照下时,表面先迅速升温,然后热量通过热传导传入食品的内部。由于许多固态食品导热性很差,当增加物料的厚度时,热传导会变弱,这样传递到食品内部的热量会很少,造成红外辐射的灭菌效果随样品厚度而减弱。然而许多固态食品染菌大部分发生在食品表面,所以红外辐照能够很好地杀灭表面细菌而尽量少地破坏食品内部品质。因此,红外加热杀菌是一种合适的表面杀菌技术。红外辐照可广泛地应用于即食食品、果蔬、种子、粉末食品等的杀菌中。

2.新鲜水果杀菌

对大多数的水果而言,感染霉菌是水果储藏时的常见问题。对有较厚果皮的水果如柑橘,保藏较长时间可能会出现霉变。但对果皮脆弱的水果如草莓、葡萄等,可能在储藏几天后即出现霉菌大量繁殖的现象,使水果的外观和气味变坏。近年来消费者对食品安全和环境保护的关注,迫使相关生产商采用更环保安全的杀菌方式来替代传统的杀菌方法。有研究表明,对采摘后的草莓进行红外处理,可有效防止草莓在储藏的过程中发生霉变。用红外结合紫外对新鲜无花果进行表面杀菌,同样获得了理想效果。经 30s 红外辐照后,紧接着用紫外处理 30s 可有效减少使无花果霉烂的霉菌和酵母数,且不影响无花果在储藏时的品质,有效地延长了货架期。红外以其加热迅速,无须加热媒介的特性,可成为一种代替传统处理方法的有效措施(Song,2007)。

3.食用香料杀菌

食用香料水分含量低,通常不易腐坏,但是当和高水分含量食品混在一起时,细菌和芽孢在合适环境下会迅速增殖,影响香料品质。由于绝大多数的细菌感染部位在香料的表面,而香料内部通常不会染菌,可以用红外表面杀菌技术来处理香料。有研究表明,小茴香籽经红外联合紫外线处理,与单独用红外/紫外辐照相比,目标菌数下降到指标值所需的时间显著缩短。黑胡椒籽在 300℃和 350℃红外照射下,分别仅需 4.7min 和 3.5min 可将总霉菌和酵母全部杀死,并且小茴香籽和黑胡椒籽经过红外辐照后品质均可很好地保持(Erdogdua,2011)。

4.液态食品杀菌

目前片状或管状换热器是牛奶和其他液态食品常用杀菌方法。在这些换热器中,热量从热源如热水或热蒸汽通过不锈钢壁传到液态食品。但对于高黏度的流体,一旦不锈钢壁生垢,会造成染菌,严重影响产品品质。因此清洁杀菌设备非常重要,但这非常耗时耗力,且产生大量的废水,这是液态食品杀菌的一个重要问题。因此,需要研发新的杀菌设备,既能有效杀菌又容易清洗。研究认为远红外辐射是一种可供选择的替代热源,对牛奶中金黄色葡萄球菌的红外杀菌试验表明,致病菌的致死率和与外灯管的温度、牛奶的流量和处理时间有显著的相关性(Krishnamurthy,2008)。红外杀菌不仅设备简单而且高效、环保,是用于液态食品杀菌工业中潜在的有效方法。

5.即食食品杀菌

对即食食品而言,热杀菌是一种最有效的杀菌方法。完全煮熟的即食食品在后期加工中,由于接触生产线上灭菌不充分的表面,在包装前可能会染上致病菌如李斯特菌。由于染菌通常发生在即食食品的表面,一种有效的表面杀菌技术可用来杀灭致病菌。目前,在食品工业中已成功应用远红外表面杀菌单独或结合热水浸泡,对即食食品在最终包装前进行杀菌,达到杀灭依靠食品传播的致病菌的目的(Huang,2008)。对美国最为常见即食食品热狗的红外表面杀菌研究结果表明,杀菌温度越高,李斯特菌数下降越多。处理过的热狗观察不到明显的品质变化,经红外处理过的产品可迅速包装,由于产品表面的热量不会立即散失,余热可以避免产品进入包装机打包时的进一步污染。同时,红外辐射技术处理含菌量超标的脱水菠菜也有相关研究报道,结果表明红外辐射杀菌,可以提高产品的食用安全性,使其符合食品卫生质量标准(张鑫,2013)。

6.粉末食品杀菌

干燥的粉末食品,含水量低,虽然通常无须灭菌,但在加工或储藏时,由于卫生条件差可能含有很多未发芽的细菌芽孢。当处于高湿环境下和适宜的温度条件下时,芽孢即会萌发,细菌大量繁殖造成经济损失(Staack,2008)。大多数的灭菌方法针对高水分含量的食品,对干燥食品的灭菌通常采取 γ-射线、紫外照射或微波等,用红外辐射处理粉末食品,是一条新的途径。有研究表明,用近红外辐照调成不同水分含量的辣椒粉,选择合适的热流密度和水分活度,可在保证品质的前提下最大限度地减少染菌数。

7.谷物杀菌

出于对食品安全的考虑,对谷物制品或储藏的谷物杀菌已得到广泛的研究。谷物颗粒上的菌群分布十分广泛,包含细菌、霉菌、放线菌和酵母等。干燥到安全水分的谷物,通常认为不利于微生物增殖,但是干燥过程不能将谷物上的微生物充分杀灭,这样微生物便有机会在生产加工到成品的过程中大量增殖。开发既有效又安全经济的杀菌方式正成为亟须解决的问题(Khamis,2011)。红外加热是一种可供选择的替代杀菌技术。红外不仅广泛应用于谷物干燥、储粮杀虫,还可对谷物进行表面杀菌。对谷物进行红外辐照,可有效降低谷物原料表面的初期带菌量,减少发生霉变,提高谷物贮藏和适用的安全性。

在综合评价食品加热杀菌效果的时候,除了考虑杀菌温度和时间这两大主要因素之外,还应该考虑以下因素:①食品的传热类型;②食品初温;③原料的质量;④原料颗粒的大小;⑤食品的黏稠度;⑥装罐量和固形物含量;⑦其他,包括食品所用包装材料、包装形式、食品在杀菌设备内的排列方式、杀菌设备的型号、杀菌设备内的热源分布状态、杀菌过程的操作、杀菌设备内有无气囊、升温时间长短等都会影响食品杀菌的效果。

加热杀菌在杀灭和除去有害微生物的技术中占有极为重要的地位,然而热力杀菌的负面作用主要体现在传统的低温加热不能将食品中的微生物全部杀灭(特别是耐热的芽孢杆菌),而高温加热又会不同程度地破坏食品中的营养成分和食品的天然特性,导致营养组分的破坏、损失,或导致不良风味、变色加剧。

第二节　食品化学杀菌技术

一、食品化学杀菌技术原理

食品化学杀菌,指利用化学与生物药剂达到杀死或抑制微生物生长繁殖的杀菌技术。这些具有杀菌或抑菌作用的化学与生物药剂被称为杀菌剂,它们是天然存在或人工合成的化学物质,有些则是通过某些生物体制取的(李沛生,2004)。虽然部分杀菌剂具有杀死微生物的作用,但多数杀菌剂对微生物只起到抑制生长和繁殖的效果。化学杀菌剂对微生物的作用实质上是与微生物细胞相关的生理、生化反应和代谢活动受到了干扰和破坏,最终导致微生物的生长繁殖被抑制,甚至死亡,主要表现为影响菌丝的生长、孢子萌发、各种子实体的形成、细胞的透性、有丝分裂、呼吸作用以及细胞膨胀、细胞原生质体的解体和细胞壁受损坏等。杀菌剂对微生物起到的"杀死"或"抑制"作用,与杀菌剂的用量和作用时间等密切相关,在剂量低或作用时间短时通常是"抑制"作用,在剂量高和作用时间长时则往往具有"杀死"作用(夏文水,2007)。

化学杀菌剂在食品工业上的利用并不是直接用于食品本身,而主要是用于水和环境的消毒。特别是近几年,食品工业及流通领域正在从卫生管理的角度,督促食品厂按照良好操作规范要求,生产卫生、安全的食品。目前,化学杀菌剂也已经成为达到抑制有害微生物这一目的的关键环节。化学杀菌剂数量大、种类多,且其在结构、来源、性质、效能和用途等方面都有很大的差异。

二、化学杀菌剂的类型

(一)卤素系杀菌剂

1.氯类杀菌剂

氯类杀菌剂存在无机类和有机类的区别。氯有较强的杀菌作用,饮料生产用水、食品加工设备清洗用水以及其他加工过程中的用具清洗用水都可以用加氯的方式进行消毒,主要是利用氯在水中生成的次氯酸。次氯酸有强烈的氧化性,是一种有效的杀菌剂。当水中余氯含量保持 $0.2\sim0.5\,mg/L$ 时,就可以把肠道病原菌全部杀死。由于病毒对氯的抵抗力较细菌大,要杀死病毒需增加水中的氯量。有机物的存在会影响氯的杀菌效果,此外,降低水的 pH 值可提高杀菌效果。常见的无机氯杀菌剂有氯、二氧化氯、次氯酸钠、漂白粉、漂白粉精等;常见的有机氯杀菌剂有三氯异氰脲酸、二氯异氰脲酸、二氯二甲基咪唑等。

2.碘类杀菌剂

碘类杀菌剂通常以碘的水溶液、碘酒和界面碘剂三种形式作为杀菌剂使用,前两种仅仅用作皮肤消毒剂使用。

(二)氧化剂类杀菌剂

氧化剂类杀菌剂包括一些含不稳定结合态氧的化合物,例如过氧化氢、过氧乙酸、臭氧等。该类杀菌剂的氧化能力较强,反应迅速,直接添加到食品会影响食品品质,目前绝大多数仅仅作为杀菌剂或消毒剂使用,应用于生产环境、设备、管道或水的消毒或杀菌。

1. 过氧化氢

过氧化氢又称为双氧水,分子式为 H_2O_2。过氧化氢是一种活泼的氧化剂,易分解成水和新生态氧。新生态氧具有杀菌作用,3%浓度的过氧化氢只需要几分钟就能杀死一般细菌;0.1%浓度在 60min 内可以杀死大肠杆菌、伤寒杆菌和金黄色葡萄球菌;1%浓度需要数小时才能杀死细菌芽孢。使用时需要注意,有机物存在时会降低其杀菌效果。过氧化氢是低毒的杀菌消毒剂,可以用于器皿和某些食品的消毒,也用于无菌液态食品包装中对于包装材料的灭菌。不过,过氧化氢的化学性质不稳定,容易失效。

2. 过氧乙酸

过氧乙酸是有机过氧酸家族中的成员,为无色液体,具有乙酸的典型气味。过氧乙酸是强氧化剂,有强腐蚀性,并且在 110℃ 以上爆炸。

过氧乙酸为强氧化剂,有很强的氧化性,遇有机物放出新生态氧而起氧化作用,与次氯酸钠、漂白粉等作为医疗或生活消毒药物使用,为高效、速效、低毒、广谱杀菌剂,对细菌繁殖体、芽孢、病毒、霉菌均有杀灭作用,易溶于水,性质极不稳定,尤其是低浓度溶液更易分解释放出氧,因此可用它来进行杀菌、消毒。此外,由于过氧乙酸在空气中具有较强的挥发性,对空气进行杀菌、消毒具有良好的效果。

3. 臭氧

臭氧(O_3)是氧气(O_2)的同素异形体,它是一种具有特殊气味的淡蓝色气体。分子结构呈三角形,键角为 116°,其密度是氧气的 1.5 倍,在水中的溶解度是氧气的 10 倍。

臭氧是一种强氧化剂,能破坏分解细菌的细胞壁,很快扩散透进细胞内,氧化分解细菌内部氧化葡萄糖所必需的葡萄糖氧化酶等,也可以直接与细菌、病毒发生作用,破坏细胞、DNA、RNA,分解蛋白质、脂质类和多糖等大分子聚合物,使细菌的代谢和繁殖过程遭到破坏。细菌被臭氧杀死是由细胞膜的断裂所致,这一过程被称为细胞消散,是由于细胞质在水中被粉碎引起的,在消散的条件下细胞不可能再生。与次氯酸类消毒剂不同,臭氧的杀菌能力不受 pH 值变化和氨的影响,其杀菌能力比氯强 600～3000 倍,它的灭菌、消毒作用几乎是瞬时发生的,在水中臭氧浓度 0.3～2mg/L 时,0.5～1min 内就可以致死细菌。达到相同灭菌效果(如使大肠杆菌杀灭率达 99%)所需臭氧水药剂量仅是氯的 0.0048%。

(三)表面活性剂杀菌剂

凡加入少量而能显著降低液体表面张力的物质,统称为表面活性剂(surfactant)。它们的表面活性是对某特定的液体而言的,在通常情况下则指水(曾名湧,2005)。表面活性剂一端是非极性的碳氢链(烃基),与水的亲和力极小,常称疏水基;另一端则是极性基团(如 $-OH$、$-COOH$、$-NH_2$、$-SO_3H$ 等),与水有很大的亲和力,故称亲水基,总称"双亲分子"(亲油亲水分子)。为了达到稳定,表面活性剂溶于水时,可以采取两种方式:(1)在液面形成单分子膜。将亲水基留在水中而将疏水基伸向空气,以减小排斥。而疏水基与水分子间的斥力相当于使表面的水分子受到一个向外的推力,抵消表面水分子原来受到的向内的拉力,亦即使水的表面张力降低。这就是表面活性剂的发泡、乳化和湿润作用的基本原理。在油—水系统中,表面活性剂分子会被吸附在油—水两相的界面上,而将极性基团插入水中,非极性部分则进入油中,在界面定向排列。这在油—水相之间产生拉力,使油—水的界面张力降低。这一性质对表面活性剂的广泛应用有重要的影响。(2)形成"胶束"。胶束可为球形,也可是层状结构,都尽可能地将疏水基藏于胶束内部而将亲水基外露。如溶液中有不溶于水的油类(不溶于水的有机液体的泛称),则可进入球形胶束中心和层状胶束的夹层内而溶解。这称为表面活性剂的增溶作用。

表面活性剂可起洗涤、乳化、发泡、湿润、浸透和分散等多种作用,而且表面活性剂用量少(一般为百分之几到千分之几),操作方便、无毒无腐蚀,是较理想的化学用品,因此在生产和科学研究中都有重要的应用。在浓度相同时,表面活性剂中非极性成分大,其表面活性强。即在同系物中,碳原子数多的表面活性较大。但碳链太长时,则因在水中溶解度太低而无实用价值。

表面活性剂杀菌剂又分阳离子型、阴离子型、非离子型和两性型。这些表面活性剂都具有乳化、渗透、洗涤、分散和发泡等特性,其中有不少还具有阻碍微生物发育乃至杀菌的作用,在杀菌能力上,阳离子型表面活性剂最强。

1.阳离子型

该类表面活性剂起作用的部分是阳离子,因此称为阳性皂。其分子结构主要部分是一个五价氮原子,所以也称为季铵化合物。阳离子型表面活性剂的特点是水溶性大,在酸性与碱性溶液中较稳定,具有良好的表面活性作用和杀菌作用。常用品种有苯扎氯铵(洁尔灭)和苯扎溴铵(新洁尔灭)等。

2.阴离子型

阴离子型表面活性剂主要包括肥皂类、硫酸化物及磺酸化物等。

3.非离子型

非离子型表面活性剂主要包括脂肪酸甘油酯、多元醇、聚氧乙烯型及聚氧乙烯—聚氧丙烯共聚物等。

4.两性型

两性型表面活性剂的分子结构中同时具有正、负电荷基团,在不同 pH 值介质中可表现出阳离子或阴离子表面活性剂的性质。在碱性水溶液中呈阴离子表面活性剂的性质,具有很好的起泡、去污作用;在酸性溶液中则呈阳离子表面活性剂的性质,具有很强的杀菌能力,主要包括卵磷脂、氨基酸型和甜菜碱型。

(四)杂环类气体杀菌剂

气体杀菌是药物杀菌中的一种特殊的杀菌方式,是以气态或喷雾的形式使用药剂,消灭固形材料、器具、设备、食品及密闭空间等处所存在的微生物。气体杀菌是在不便进行加热、使用水分的情况下所采用的一种冷杀菌,在实际应用中主要有甲醛、环氧乙烷和环氧丙烷。其优点:①对各种微生物都有较好的杀灭力,可作为灭菌剂;②易于挥发,消毒后无残留毒性,对物品损害轻微。其缺点是:①药液保存较难;②对人体有一定毒性;③有的易燃、易爆,有安全隐患。

(五)醇类消毒剂

醇类消毒剂杀灭微生物主要依靠三种作用:①破坏蛋白质的肽健,使之变性;②侵入菌体细胞,解脱蛋白质表面的水膜,使之失去活性,引起微生物新陈代谢障碍;③溶菌作用。

具有杀菌作用的醇类化合物有很多种,但由于毒性、杀菌作用、价格等方面的原因,大多数醇化合物并未在消毒上普遍使用。醇类化合物中最常用的是乙醇和异丙醇,它可凝固蛋白质,导致微生物死亡,属于中效消毒剂,可杀灭细菌繁殖体,破坏多数亲脂性病毒,如单纯疱疹病毒、乙型肝炎病毒、人类免疫缺陷病毒等。醇类杀灭微生物作用亦可受有机物影响，而且由于易挥发，应采用浸泡消毒或反复擦拭的方式保证其作用时间。醇类常作为某些消毒剂的溶剂，而且有增效作用，常用浓度为75％。近年来，国内外有许多复合醇消毒剂，这些产品多用于手部皮肤消毒（孙平，2004）。

（六）食品防腐剂

食品防腐剂是能防止由微生物引起的腐败变质、延长食品保质期的添加剂。因兼有防止微生物繁殖引起食物中毒的作用，又称抗微生物剂（antimicrobial）。

食品防腐剂的主要作用是抑制食品中微生物的繁殖，其主要作用机理包括：①能使微生物的蛋白质凝固或变性，从而干扰其生长和繁殖；②防腐剂对微生物细胞壁、细胞膜产生作用。由于能破坏或损伤细胞壁，或能干扰细胞壁合成的机理，致使胞内物质外泄，或影响与膜有关的呼吸链电子传递系统，从而具有抗微生物的作用；③作用于遗传物质或遗传微粒结构，进而影响到遗传物质的复制、转录、蛋白质的翻译等；④作用于微生物体内的酶系，抑制酶的活性，干扰其正常代谢。

食品防腐剂按作用分为杀菌剂和抑菌剂，按来源分为化学防腐剂和天然防腐剂两大类。化学防腐剂又分为有机化学防腐剂与无机化学防腐剂（周家华，2001）。

1.有机化学防腐剂

有机化学防腐剂主要包括苯甲酸及其盐类、山梨酸及其盐类、对羟基苯甲酸的酯类等。苯甲酸盐、山梨酸等均是通过未解离的分子起抗菌作用。它们均需转变成相应的酸后才有效，故称为酸型防腐剂。它们在酸性条件下对霉菌、酵母及细菌都有一定的抑菌能力，常用于果汁、饮料、罐头、酱油、醋等食品的防腐。此外，丙酸及其盐类对抑制使面包生成丝状黏质的细菌特别有效，且安全性高。

2.无机化学防腐剂

无机化学防腐剂主要包括二氧化硫、亚硫酸盐及亚硝酸盐等。亚硝酸盐能抑制肉毒梭状芽孢杆菌，防止肉毒中毒，但它主要作为发色剂使用。亚硫酸盐等可抑制某些微生物活动所需的酶，并具有酸型防腐剂的特性，但主要作为漂白剂使用。

天然防腐剂作为一种从生物体（包括动物、植物和微生物）中获取的化学物质已在第13章中食品的生物技术保藏中介绍，这里不再赘述。

第三节　食品非热物理杀菌技术

一、食品非热物理杀菌技术简介

物理杀菌技术是指不借助化学杀菌剂杀灭微生物的杀菌技术，分为热杀菌和非热物理杀菌两大类。非热物理杀菌是一类崭新的冷杀菌技术，它在克服热杀菌不足之处的基础上，运用物理手段，如场（包括电场、磁场）、高压、电子、光等的单一作用或者两种以上的共同作用，在低温或常温下达到杀菌目的的方法，因而具有许多优点和广阔的发展前景。

在冷杀菌技术中，它与化学杀菌法相比具有如下特点：（1）采用物理手段进行杀菌，避免了食品中残留的化学杀菌剂以及杀菌剂与微生物作用生成的产物对人体产生的不良影响。

（2）化学杀菌剂的多次长时间使用，可使菌体产生抗性引起杀菌作用减弱；物理杀菌一般是一次性短时间杀菌，不会使菌体产生抗性。（3）物理杀菌条件易于控制，外界环境的影响较小；化学杀菌易受多种环境因素影响，作用效果变化较大。（4）物理杀菌能较好地保持食品的风味甚至改善食品的质构，如超高压杀菌用于肉类和水产品类，能够提高肉制品的嫩度和风味，而化学杀菌则无此作用。

二、食品非热物理杀菌技术分类及进展

（一）电离辐射杀菌

利用电离辐射对食品进行的杀菌即称辐射杀菌，也叫冷杀菌。其杀菌原理是微生物受电离射线照射后，经过能量吸收，引起分子或原子电离激发，产生一系列物理、化学和生物学变化而导致微生物死亡（王蓓，2014）。

电离辐射杀菌具有以下优点：①杀死微生物效果显著，剂量可根据需要进行调节。②中剂量（5kGy）照射不会使食品发生感官上的明显变化，即使采用高剂量（＞10kGy）照射，食品中总的化学变化也很微小。③没有非食品物质残留。④产生的热量极少，可以忽略不计，可保持原料食品的特性。在冷冻状态下也能进行处理。⑤放射线的穿透深度深、均匀，转瞬即逝，而且与加热相比，可以对其辐照过程进行准确控制。⑥对包装无严格要求，可对包装、捆扎好的食品进行杀菌处理。

其缺点是：①经过杀菌剂量的照射，一般情况下，酶也不能被完全钝化。②敏感性强的食品和经过高剂量照射的食品，可能会发生不愉快的感官性变化。③能够致死微生物的剂量，对人体来说是相当高的，所以必须非常谨慎，做好运输及处理食品的工作人员的安全防护工作。为此，要对辐射源进行充分遮蔽，必须经常连续对照射区和工作人员进行检测检查。④辐射设施和照射成本费用较高，同时消费者对辐射食品卫生安全性的信任感不够强。由于钴60辐射性极强，若泄露会严重损害人体血液内的细胞组织，造成白细胞减少，引起白血病，因此需要较大投资和专门设备来产生辐射线，并需严格按照规定剂量及安全防护措施操作。此技术适用于附加值较高的食品如肉制品、果蔬、药材、包装食品、冷冻食品等。

来自食品的病原微生物与水果、果汁及蔬菜有密切的关系。在很多情况下，把这些病原微生物洗离产品或者用化学处理使它们失活非常困难，这是因为病原微生物存在于产品的各个部位，有的位置是一般灭菌方法难以接近的（王赵，2015）。电离辐射能够进入产品的各个部位，从而使食物上的病原微生物全部失去活性。现在还需要对电离辐射控制水果和蔬菜病原微生物进行深入的研究，包括最适采收时间、最耐辐射的品种、辐射杀菌的最适剂量和改变致死率的因素以及辐射处理和其他处理方式相结合的杀菌方式，预计辐射处理方式结合其他方式在杀灭病原体和保证产品质量上可能会更有效（李文炳，2001）。特别是在讲究食品风味的今天，由于果汁的巴氏杀菌可能引起风味的改变，而电离辐射处理可以作为一种不改变风味的取代技术用于果汁的杀菌处理，可能成为控制生食新鲜水果和蔬菜病原微生物最有希望的技术。

（二）紫外线杀菌

紫外线属于电磁波辐射，不能使原子电离，只能使电子处于高能状态，故放出能量低，穿透力弱，对微生物作用不及电离辐射强。但紫外线消毒价廉、方便、无残留毒性、比较安全，对消毒物品无甚损坏，故仍是常用的物理消毒方法之一（王玉军，2009）。紫外杀菌主要利用

波长为 253.7nm 的 UVC 进行杀菌,由于与 DNA 吸收峰相近,微生物受 UVC 照射时会使 DNA 键断裂,抑制 DNA 的复制和细胞分裂从而导致死亡。紫外杀菌因具有操作简单、污染小等优点,在食品工业中得到广泛应用(夏文水,2003)。

从理论上讲,只要选择合适的杀菌波长和足够的杀菌时间,紫外线可以杀死任何微生物,包括细菌、病毒和真菌等。但紫外线穿透能力极差,除了纯净的石英玻璃和硅玻璃之外,其他玻璃都能将紫外线滤掉。因此,紫外线光波必须直接照射到细菌或物体表面才能起到杀菌作用。紫外线虽然不易透过固体物质,但可以透过干净的空气和澄清透明的水,故紫外线主要用于空气消毒、水及水溶液的消毒和表面消毒三个方面。

影响紫外线消毒效果的因素很多,概括起来可分为两类:影响紫外线光源辐射强度及照射剂量的因素和微生物方面的因素,比如温度、湿度、微生物类型、染菌微生物的数量、介质(悬浮载体)、有机物、表面性质、照射强度与照射时间等。

(三)微波杀菌

微波是指波长约 $0.01 \sim 1m$ 的电磁波,可以杀灭各种微生物,不仅可以杀灭细菌繁殖体,也可杀灭真菌、病毒和细菌芽孢。微波杀菌是当代新技术,它加热时间短、升温速度快、杀菌均匀,既有利于保持食品功能成分的生理活性,又有利于保持原料的色、香、味及营养成分,而且无化学物质残留,安全性提高。因此,关注微波杀菌技术对于提高食品杀菌效果和杀菌后食品的质量有重要的意义(樊伟伟,2007)。

由于微波消毒操作方便、省力,消毒的速度快,加热均匀,温度不高,对物品的损害小,消毒后取出时方便,而且其穿透性好,效果稳定可靠。国外已将微波杀菌应用于食品工业生产,国内用微波对食品杀菌也有了初步研究,目前我国微波消毒应用较多的是对食品及餐具的处理。

1. 微波杀菌机理及特点

微波杀菌机理有热效应和非热效应两种。生物体接受微波辐射后,微波的能量会转换成热,产生热效应;生物体与微波作用会产生复杂的生物效应,即非热效应。

(1)热效应。食品中的水分、蛋白质、脂肪、碳水化合物等都属于或接近偶极分子。偶极分子吸收微波能后会发生极化,极化后在电场中获得动能并不停移动,相互之间发生碰撞,不断将动能转化为热能。偶极分子在高频电场中 1s 钟内可进行上亿次的转向"变极"运动,使分子之间产生强烈的振动,引起摩擦发热。微波作用于食品使食品表里同时加热,通过热传导共同作用于微生物,使其快速升温导致菌体蛋白质变性,活体死亡,或受到干扰无法繁殖,还可导致细胞膜破裂,使生理活性物质变形而失去生理功能,从而杀灭细菌、霉菌及其孢子(郭月红,2006)。

(2)非热效应。微波非热生物效应指生物体内部不产生明显的升温,却可以产生强烈的生物响应,使生物体内发生各种生理、生化和功能的变化,导致细菌死亡,达到杀菌目的。其机制主要包括:微生物对微波具有选择吸收性,食品主要成分淀粉、蛋白质等对微波的吸收率比较小,食品本身升温较慢,但其中的微生物一般含水分较多,介质损耗因子较大,易吸收微波能,使其内部温度急升而被杀死;降低水分活度,破坏微生物的生存环境;对细胞膜的影响:在高频微波场下电容性结构的细胞膜将会被击穿而破裂,但温度不会明显上升;细胞膜发生机械损伤,使细胞内物质外漏,影响细菌的生长繁殖;微波电磁场感应的离子流会影响细胞膜附近的电荷分布,影响离子通道,导致膜的屏障作用受到损失,产生膜功能障碍,从而干扰或破坏细胞的正常新陈代谢功能,导致细菌生长抑制、停止或死亡(余恺,2005);细胞壁破碎,蛋白质核酸等物质将渗透到体外导致微生物死亡;导致细胞内 DNA 和 RNA 结构中的氢键松弛、断裂和重新组合,诱发基因突变、染色体畸变等,从而中断细胞的正常繁殖能力;偶极分子旋转和在交互电场中趋向线形排列,引起蛋白质二级、三级结构的改变,导致细菌死亡(李清明,2004)。

用微波消毒对食品组成成分的影响,可因不同食品种类而有所差别。微波对食品的基本营养组成(蛋白质、碳水化合物、脂肪)的影响很小,而对维生素等不稳定物质有一定的破坏作用,但这种破坏作用与普通加热法相比,影响要小得多。

使用微波消毒有以下的优点:①作用时间短,消毒速度快。微波利用其选择透射作用,使食品内外均迅速升温杀灭细菌。处理时间大大缩短,在强功率密度强度下甚至只要几秒或数十秒即达满意效果。②由于热损坏物品较轻,适用于已包装好的、不耐高热的物品进行消毒处理。微波杀菌与常规热力杀菌相比,在较低温度、较短的时间内就能获得较好的灭虫杀菌效果,而且无外来物污染,能够保留更多的有效成分,保持原有的色、香、味等。③杀菌彻底。常规热力杀菌是从物料表面开始,通过热传导,由表及里渐次加热,内外存在温差梯度,造成内外杀菌效果不一致,愈厚问题就愈突出。而微波的穿透性使表面与内部同时受热,并且热效应和非热效应共同作用,杀菌效果好。④设备简单,操作方便,节约能源。微波可直接使食品内部介质分子产生热效应,而且装置本身不被加热,不需传热介质,因此能量损失少,效率比其他方法高。

微波杀菌比传统热力杀菌具有优势明显,但微波加热的不均匀性仍然是不可忽视的缺陷。其原因是:①食品物料通常含有多种成分,微波的选择性加热会使食品不同部位的温度上升产生差异,导致加热的不均匀性;②微波加热时其穿透、吸收、反射、折射会相互影响,会使被加热物体的不同部分产生较大的热能差异;③基本建设费用较高,耗电量也大;④微波辐射对人体有一定的伤害;⑤微波电场的棱角效应也是导致加热不均的主要原因之一(王弘,2000)。目前的微波食品机械还不能有效地避免加热不均的缺陷,还需从微波场中热量、能量的产生和传导机理上寻找解决问题的突破口。

(四)超声波杀菌

频率高于 20kHz 的机械波叫作超声波,它属于声波,是机械振动能量的一种传播形式,可在气体、液体和固体中传播,在传播时会引起一系列效应,利用这些效应可以影响、改变以致破坏物质的状态、性质及组织结构,因此,在含有空气或其他气体的液体中,在超声辐照下,空化的强烈机械作用能有效地破坏和杀死某些细菌与病毒或使其丧失毒性。

一般认为,超声波所具有的杀菌效力主要由于超声波所产生的空化作用,使微生物细胞内容物受到强烈的震荡,从而达到对微生物的破坏作用。所谓的空化作用是当超声波作用在介质中,其强度超过某一空气阈值时会产生空化现象,即液体中微小的空气泡核在超声波作用下被激活,表现为泡核的振荡、生长、收缩及崩溃等一系列动力学过程(李儒荀,2002)。空气泡在绝热收缩及崩溃的瞬间,泡内呈现 $5000℃$ 以上的高温及 $10^9 K/s$ 的温度变化率,产生高达 $10^8 N/m^2$ 的强大冲击波。利用超声波空化效应在液体中产生的局部瞬间高温及温度交变变化、局部瞬间高压和压力变化,使液体中某些细菌致死,病毒失活,甚至使体积较小的一些微生物的细胞壁被破坏,从而延长保鲜期(张永林,1999)。

1. 影响超声波灭菌的因素

超声波的生物学效应与空化作用有关,而空化效应的发生会受到诸如声场参数、媒质性质以及环境等因素的影响。

(1)超声波的频率、强度及照射时间。低频率的超声波杀菌效果较差,在较高频率范围内,超声波能量大,杀菌效果好。但超声波频率太高,不易产生空化作用,杀菌效果反而有所降低。低强度高功率对细菌集团的分散效果较好,而高强度低功率对细菌的杀灭作用较强。利用较高强度超声波照射菌液时,整个容器中的菌液发生对流,从而将细菌全部破碎。当超声波的输出功率为 50W,容器底部振幅为 $10.5\mu m$ 时,对 50mL 含有大肠杆菌的水作用 10 ～15min,细菌全部破碎。输出功率增加,则作用时间缩短。超声杀菌效果与其照射时间成正比,照射时间越长,效果越好。研究表明,绿脓杆菌、枯草杆菌的杀灭率和超声波作用时间显著相关。在较低强度的超声照射下,绿脓杆菌的杀灭率随时间提高最快(李汴生,2004)。

(2)微生物的种类。超声波对微生物的作用类型多种多样,这不仅与超声波的频率和强度有关,也同生物体本身的结构和功能状态有关。总的来说,超声波对微生物的杀灭效果是杀灭杆菌比杀灭球菌快;对大杆菌比小杆菌杀灭快;酵母菌的抵抗能力比细菌繁殖体强;结核菌、细菌芽孢及霉菌菌丝体的抵抗力更强;原虫的抵抗力因其大小和形状不同而异,并与细胞膜的抗张强度有关,但其抵抗力多小于细菌;病毒和噬菌体的抵抗力和细菌相近。某些细菌对超声波敏感,如大肠杆菌、巨大芽孢杆菌、绿脓杆菌等可被超声波完全破坏,但超声波对葡萄球菌、链球菌等效力较小。很多研究结果显示单独使用超声波杀灭食品中的微生物似乎效果有限,但与其他杀菌方法结合则具有很大潜力。

(3)菌液浓度及菌液容量。在超声场的作用条件一定时,菌液浓度高比浓度低时杀菌效果差,但差别不是很大。超声波属机械波,在媒介传播的过程中存在着衰减的现象,会随着传播距离的增大而逐渐减弱,因此随着被处理的菌悬液容量的增大,细菌受损的百分数将降低。此外,当被处理菌悬液中出现驻波时,细菌常常聚集在波节处,在该处的细菌承受的机械张力不大,破碎率也最低。因此最好是处理液中不出现驻波,即处理菌悬液的深度最好短于超声波在该介质中波长的一半。这也就对装样容器的长度提出了要求,从理论上说容器长度相当于 1/2 波长的倍数时为最好。

(4)媒介。超声波在不同媒质中,其作用效果会有所不同。一般微生物被洗去附着的有机物后,对超声波更敏感。另外,钙离子的存在,pH 值的降低也能提高其敏感度。食品成分,如蛋白质、脂肪等,可能会对微生物有保护和修复作用。

2. 超声波杀菌技术的应用现状

超声空化能提高细菌的凝聚作用,使细菌毒力丧失或死亡,从而达到杀菌目的。超声灭菌适于果蔬汁饮料、酒类、牛奶、酱油等液体食品,这对延长食品保鲜、保持食品安全性有重要意义。较之传统高温加热灭菌工艺,超声作用既不会改变食品的色、香、味,也不会破坏食品组分。

(1)果蔬汁饮料。绿茶饮料在加工过程中,由于茶多酚的氧化等原因,颜色会变深,由最初的黄绿色逐渐变成棕褐色,即褐变,这使绿茶饮料的外观效果及饮料品质受到严重影响。用高温灭菌处理再加适量防腐剂可以防止褐变,保证饮用安全,但饮料颜色仍然较深。经微波和超声波灭菌的茶汤饮用安全性能够得到保证,各菌种生长极少,茶汤颜色稳定,透明性好,也不褐变。三种灭菌方法中以超声波灭菌的茶汤颜色变深最少,透明性最小,茶汤中保留的茶多酚也最多,是绿茶灭菌和保护茶多酚尽量不受损失的一种较好的茶汤处理技术。可见,引入超声波灭菌技术对提高饮料品质,保证食品安全都是十分有益的。

(2)牛乳。牛乳的营养元素全面,比例搭配合理,是老少皆宜的营养保健食品,但对微生物来说也是极好的培养基,因此牛乳极易腐败变质,挤出的生鲜牛奶稍有不慎就会失去食用价值。在牛奶保质中杀菌是必不可少的一步。然而原料乳经热杀菌后极易破坏其营养价值,因此,原料乳杀菌要尽量在较低温度下进行,而采取冷杀菌技术有利于原料乳营养的保存。超声波杀菌技术就是可以达到此目的的一种冷杀菌技术。

(3)酱油。酱油是以大豆(或豆饼)、小麦粉、麦麸、食盐等为原料,经微生物发酵而得到的一种液态食品,具有营养丰富、浓度高、黏度大、微生物存活总数多等特点。它在生产过程中极易受到有害细菌、霉菌等的污染,气温高于 20℃时,在酱油表面易出现白色的斑点,继而加厚会形成皱膜,颜色由白色变成黄褐色,此即为酱油生霉,生霉的酱油浓度变淡,鲜味减少,营养成分被杂菌消耗,严重影响酱油的质量。

目前生产厂家一般采用加入防腐剂或加热等抑菌、灭菌措施。防腐剂抑菌会残留一些对人体有害的成分,同时还具有不良的味道,大大降低了酱油的质量。而加热杀菌不仅消耗了大量的能量,而且不可避免地消耗了酱油中的某些营养成分。超声波杀菌技术应用于酱油保鲜则克服了这些问题。超声波消毒特点是速度快,无外来添加物,对人体无害,对物品无损伤。跟踪考察得出经灭菌贮存后的酱油其总酸值有所增高,氨基氮有所下降,这主要是酱油中残存的微生物发酵所致,符合正常的酱油存放情况。在感官结果中,经超声波处理的酱油均有一基本特征,这就是其色泽变得清亮,黏稠度下降,鲜味较为突出。

超声灭菌技术已在发达国家获得了广泛应用,除了果蔬汁饮料、牛乳、酱油,其对酒类、饮用水等液体食品也有杀菌作用,还可用于清洗果蔬,清除食品包装和机器加工设备的污垢等。超声波杀菌对延长食品保质期、保持食品安全性有重要的意义(张宏刚,2005)。

3.存在的问题及展望

超声波杀菌的特点是速度较快,对人无伤害,对物品无伤害,但也存在消毒不彻底,影响因素较多的问题。超声波杀菌一般只适用于液体或浸泡在液体中的物品,且处理量不能太大,并且处理用探头必须与被处理的液体接触。食品物料体系提供的特殊环境使超声波作用很难达到实际应用所要求的效果,但超声波可与加热等其他杀菌方法连用,从而提高杀灭物料中细菌的能力。随着食品工业的发展,随着超声波换能器设计技术的进步,超声波技术的应用前景将更为广阔(刘丽艳,2006)。

(五)过滤除菌

过滤除菌是指用物理阻留的方法除去气体和液体中的悬浮灰尘、杂质及腐败菌。因此,过滤除菌不将存在于食品及处理食品的环境中的微生物杀死,只将其从所在的场所清除出去,这样既符合食品卫生要求,又安全,同时还有利于提高食品的贮藏性。采用过滤除菌方法处理时,必须使食品物料通过致密的滤材,因此该方法只适用于液体或气体状态的物料。乳化态、浑浊态的食品,因过滤后会改变其形状,故不宜使用过滤除菌方法(陈晓宏,2014)。

过滤除菌的原理与滤器的滤材结构、特性、滤床深浅层次、滤孔大小以及被滤物质的特性等有关,因而其机理比较复杂。空气过滤除菌的原理与液体还有差异。空气过滤除菌是基于滤层纤维网络的层层阻碍,迫使气体在流动过程中出现无数次改变气流速度大小和方向的绕流运动,从而导致菌体微粒与滤层纤维间产生撞击、拦截和布朗扩散等作用,而把菌体微粒截留、捕集在纤维表面上,达到过滤除菌的目的。而液体过滤除菌机理包括除重力沉降和惯性碰撞外的其他原理。用于过滤除菌的过滤器可大致分为积层式(深层过滤器)和筛分式(筛滤器、膜滤器)两种,按过滤推动力,又可将过滤除菌设备分为常压过滤机、加压过滤机和真空过滤机三类。常压过滤机效率低,仅适用于易分离的物料;加压和真空过滤器是以外部加压式或真空产生的压差为动力,使待过滤的流体从过滤器内通过,截留住悬浮于流体中的粒子,过滤效率较高,应用较广泛。

1. 过滤除菌法在食品工业中应用的优势

(1)有效保持产品的色香味和营养成分。过滤除菌过程是在常温下进行的,因而特别适用于对热敏感的物质,如啤酒、牛奶、果汁饮料等;同时过滤分离工艺中物料是在闭合回路中运转,这样减少了空气中氧的影响,而热和氧都对食品加工影响很大;物料在通过过滤膜的迁移过程中也不会发生性质的改变;过滤分离过程属于冷杀菌,代替传统的需要加热的巴氏杀菌工艺;所以可以尽可能地不改变产品的原汁原味,而有效地保持产品的色香味和营养成分。

(2)节约能源和绿色环保效果明显。过滤除菌过程不发生相变化,具有冷杀菌的优势,与发生相变的分离方法相比较,能源消耗低,并且采用清洁能源电力,"工业三废"(指工业生产所排放的废水、废气、固体废弃物)减少,因此节约能源和绿色环保效果明显。

(3)简化操作流程和应用范围广。过滤除菌分离过程工艺操作相对简单,容易实现自动化控制,装置占地面积也少,设备维修方便,装置寿命长,与巴氏杀菌相比较简化了操作流程。同时应用的范围很广泛。

2. 过滤除菌法在食品工业中的应用

(1)酒类生产中的应用。纯生啤酒的生产不经过高温杀菌,采用无菌过滤法滤除酵母菌、杂菌,使啤酒避免受到热损伤,保持了原有的新鲜口味,最后一道工序采用严格的无菌灌装,避免了二次污染,保质期一般可达180d。纯生啤酒与一般的生啤酒有区别,一般的生啤酒虽然也没有经过高温杀菌,但它采用的是硅藻土过滤机,只能滤掉酵母菌,而杂菌不能被滤掉,因此一般的生啤酒保质期在3~7d。

无菌过滤法是目前常用的冷杀菌法,经硅藻土过滤机和精滤机过滤后的啤酒,再进入无菌过滤组合系统过滤,包括复式深层无菌过滤系统和膜式无菌过滤系统。经过无菌过滤后,要求基本除去酵母及其他所有微生物营养细胞,才能确保纯生啤酒的生物稳定性。由于黄酒是一种非蒸馏酒,未经处理的原酒中含有大量的浑浊物、胶体物、细菌及其他微生物。为提高黄酒的品质,延长存放时间,必须对黄酒进行过滤灭菌后方可投入市场销售。采用过滤除菌法替代传统的蒸汽灭菌法,由于在较低温度下即可除去大肠杆菌及其他杂菌、悬浮杂质,对降低原材料消耗和生产成本,提高黄酒的品质有着重要的作用。

用无机膜对白酒、葡萄酒等其他果酒进行过滤除菌,经过滤后不仅可以有效去除微生物,而且可以明显提高产品的澄清度,保持产品的色、香、味,提高产品的保存期。

(2)调味品生产中的应用。由于酱油的生产过程多数暴露在自然空间中,在原料发酵分解过程中,伴随着多种微生物的生长繁殖,如细菌类、放线菌类、酵母菌类等微生物。这些菌类的存在,不但影响着酶的正常分解作用,而且产生一些异样气味及现象,致使酱油发生变味,甚至变质。在酱油生产出来后,及时地将这些杂菌杀死或除去,以保证酱油质量不变,显得至关重要。通过酱油的生产实践可知,在过滤除菌法中使用不大于 $0.5\mu m$ 的过滤膜便可把酱油中的杂菌完全除去。液态由稀醇生产醋的发酵过程中,黑色杆菌的存在导致液体产品的浑浊,通常采用无机膜及氧化锆连续的错流过滤可以去除浓缩物中的黑色杆菌,使液体产品澄清,并可以除去细菌。随着人民生活水平的提高,人们对于调味品的色、香、味、卫生指标等提出了更高的要求,过滤除菌法也就更具有社会效益和经济价值了。

(3)牛奶生产中的应用。Piot 等人于 1987 年首次将无机膜用于全脂牛奶的过滤除菌,所用的陶瓷膜内径为 4mm,孔径为 $1.8\mu m$,可以截留 98% 的脂肪,不截留蛋白质,陶瓷膜制造技术的突破,在脱脂牛奶的除菌和牛奶的浓缩方面有很好的应用前景。脱脂牛乳截留侧膜前后压降为 0.24MPa,除菌率可达到 99.86%。

(4)果汁饮料生产中的应用。20 世纪 80 年代初,无机膜过滤除菌技术就在法国果汁行业得到广泛应用,主要是除去很容易引起果汁变质的细菌、果胶及粗蛋白质,而且过滤果汁品质优良,比巴氏杀菌生产的果汁更具有芳香味。

(5)水处理领域中的应用。超滤技术在水处理领域主要应用在饮用水深度处理、地表水处理、海水淡化、中水回用等方面。饮用水的质量直接影响着人们的健康,超滤技术能有效去除水中的悬浮物、细菌、病毒、重金属、氟化物、氯化物、消毒副产物和农药残留物等可能对健康构成威胁的物质,具有占地面积小、处理效率高等特点。

(六)超高压杀菌

所谓超高压杀菌,就是将食品物料以柔性材料包装后,置于压力在 200MPa 以上的高压装置中高压处理,以达到杀菌目的的一种新型杀菌方法。高压杀菌的基本原理就是压力对微生物的致死作用,高压可导致微生物的形态结构、生物化学反应、基因机制以及细胞壁膜发生多方面的变化,从而影响微生物原有的生理活动机能,甚至使原有功能被破坏或发生不可逆变化,导致微生物死亡(魏静,2009)。

目前,在全球范围内,食品的安全性问题日益突出,消费者对营养、原汁原味的食品的呼声越来越高,高压技术则能顺应这一趋势,不仅能保证食品在微生物方面的安全性,而且能较好地保持食品固有的营养品质、质构、风味、色泽、新鲜程度。其由于独特而新颖的杀菌方法,简单易行的操作,引起食品界的普遍关注,是当前备受各国重视、广泛研究的一项食品高新技术。

1.超高压杀菌方式的特点

(1)超高压与传统热处理食品的比较。在静水压下,食品向自身体积减小的方向变化,即发生形成生物体高分子立体结构的氢键结合、离子结合、疏水结合等非共有结合反应。形成蛋白质的氨基酸缩氨结合是共有结合,在数千帕大气压下其结构不发生变化;同样食品中的维生素、香气成分等低分子化合物,也具有共有结合,在高压下也不发生变化。这样经高压处理过的食品,不会像加热杀菌那样,营养成分损失、风味变化,产生罐臭等劣化现象,而是保持了食品原料本身的生鲜味(张守勤,2000)。

(2)超高压与传统化学处理食品的比较。超高压与传统化学处理食品相比较,优点在于以下几个方面:不需向食品中加入化学物质,克服了化学试剂与微生物细胞内物质作用的产物对人体的不良影响,也避免了食物中残留化学试剂对人体的负面作用,保证食用安全;化学试剂使用频繁,会使菌体产生抗性,杀菌效果减弱,而超高压灭菌为一次性杀菌,对菌体作用效果明显;超高压杀菌条件易于控制,对外界环境影响较小,而化学试剂杀菌易受水分、温度、有机环境等影响,作用效果变化幅度较大;超高压杀菌能更好地保持食品自然风味,甚至改善食品高分子物质构象,如可作用于肉类和水产品,提高肉制品嫩度和风味(鲍志英,2003)。

综上所述,超高压杀菌技术无须加热、无化学添加剂;压力作用迅速均匀;且在常温或低温下进行,口味和风味得以保持;营养损失小,工艺简单,节约能源,无"三废"污染。

2. 食品超高压设备与协同高压杀菌工艺条件的研究进展

(1)加压 CO_2 和超临界 CO_2。由于加压 CO_2 能抑制热敏性成分的分解、抽提脂溶性物质和使酶失活,因而在食品工业和生物工程上受到普遍的关注。加压 CO_2 的灭菌机理主要是:能抽出微生物细胞内或细胞膜中的功能性物质,使微生物细胞受到损伤;进入微生物细胞内的 CO_2 电离,使细胞质的氢离子浓度增大,pH 下降;微生物细胞电离,使细胞内的某些酶由于浸透在 CO_2 中而失活;溶解于微生物细胞内的 CO_2 在急速减压时,体积膨胀而使细胞破裂。因为 CO_2 具有无毒无味、安全、来源方便等优点,是最常用的一种超临界流体,故利用 CO_2 或者超临界 CO_2 流体协同加压进行杀菌处理,压力不高(相对超高压杀菌要求压力),成本较低,前景广阔。

(2)加压方式。在超高压杀菌处理中,由于不同微生物的耐压特性各异,特别是产芽孢革兰氏阳性菌的芽孢特别耐压,延长保压时间对微生物的致死率影响不大,但是间歇式重复加压的超高压处理效果明显。脉冲加压可以使被处理微生物的细胞壁、细胞膜、代谢酶和核酸的损伤累积。快速的升压和降压可减小上述物质对环境条件的响应能力,从而降低适应性,微生物薄弱位点的损伤加剧。研究认为对于耐压性极高的芽孢,第 1 次加压会引起芽孢菌发芽,第 2 次加压则使这些发芽而成的营养细胞被杀死。因而对易受芽孢菌污染的食物用超高压多次重复短时处理,杀灭芽孢效果好。

(3)超声波协同作用。利用超声波和超高压联合作用进行食品杀菌处理,有利于杀灭各种微生物,并且认为这种杀菌作用表现为非实时性,即具有延时损伤作用。损伤的部位包括细胞壁、细胞质膜或者是 DNA,但是精确的破坏机制还需要进一步研究(赵玉生,2006)。

(4)添加剂作用。某些化学成分对细胞壁膜和生物大分子起稳定和保护作用。而另一类化学成分——抑菌添加剂却相反,可促进微生物的凋亡,而且其作用具有专一性,如尼生素(nisin,乳酸链球菌肽)就具有破坏革兰氏阳性菌专一性的作用。尼生素是生物活性很强的具有 34 个氨基酸残基的短肽,对革兰氏阳性菌具有广谱抗菌作用且对人体无害,是人体能正常消化吸收的天然防腐剂。尼生素可以与革兰氏阳性菌细胞壁膜结合并在其细胞壁膜上形成微孔通道,导致细胞内小分子物质泄漏,使细胞丧失质子转运能力,从而杀死细菌。

(5)pH。每一种微生物生长繁殖所适应的 pH 都有一定的范围,因此,pH 是影响微生物在受压条件下生存的因素之一。低 pH 和高 pH 环境都有助于杀死微生物。酶、肽或氨基酸等均属于两性电解质,具有其特定的等电点。pH 远离其等电点可改变它们的带电状态,影响酶分子和催化基团间的解离状态,弱化酶分子的各次级键,引起酶的水解,破坏酶的空间结构,直至引起酶的失活。故 pH 远离酶等电点的体系,将降低发生不可逆变性的压力"阈值"。

(6)水分活度。水分活度是指食品中水的蒸汽压和该温度下纯水的饱和蒸气压的比值。不同类群微生物生长繁殖的最低水分活度范围不同,大多数细菌为 0.94~0.99,大多数霉菌为 0.80~0.94,大多数耐盐细菌为 0.75,耐干燥霉菌和耐高渗透压酵母为 0.60~0.65。在水分活度低于 0.60 时,绝大多数微生物就无法生长。所以水分活度对灭菌效果影响很大。

(7)保压时间。每一种微生物也有一个压力"阈值",在该压力以下,增加保压时间对微生物失活率没有影响;达到或超过该压力时增加保压时间,微生物数量明显减少。微生物所处的介质(或食品种类)条件不同(如:pH、水分活度和营养成分)以及其他协同条件都可能影响灭菌效果。

在超高压杀菌过程中,应对不同的食品采用不同的处理条件,这主要是由于食品的成分及组织状态十分复杂,食品中的各种微生物所处的环境不同,因而耐压的程度也就不同。一般地,影响高压杀菌效果的主要因素有以下几点:①压力的大小和加压时间;②加压的方式;③温度;④pH;⑤微生物的种类和特性;⑥微生物生长阶段;⑦食品成分;⑧水分活度。超高压杀菌是一个非常复杂的过程,特定的食品要选择特定的杀菌工艺,要获得较好的杀菌效果必须优化以上过程,只有积累大量可靠的数据才能保证超高压食品的微生物安全,超高压杀菌技术才能实现商业化(阮征,1997)。

(七)脉冲电场杀菌

脉冲电场杀菌是通过高强度脉冲电场瞬时破坏微生物的细胞膜使微生物死亡,杀菌过程中的温度低(最高温度不超过50℃),可以避免热杀菌的缺陷。脉冲电场杀菌技术应用于食品主要是灭酶杀菌,但是与传统的方法相比,具有许多优点:①灭菌效果好。脉冲电场处理食品能更有效地杀灭食品中的酶类和微生物,使其存活率降低到几乎为零。②灭菌速度极快。脉冲杀菌可在微秒级的时间内完成灭菌过程。③对食物的营养成分和风味保存效果好。脉冲杀菌能更有效地保存食品中的营养成分,其中食物的主要指标(如蛋白质和维生素)的损伤率只有几个百分点,甚至为零。④灭菌后易处理。脉冲电场灭菌后,食物温度变化很小,杀菌后可立刻进行封装,并且较低的温度有利于食品的保鲜。⑤无环境二次污染及三废问题。

非热灭菌需要考虑三大问题:一是灭菌过程中是否会引起新的污染;二是新的灭菌方法是否比传统灭菌方法更经济实惠;三是是否可以在工业化中规模生产。综合研究表明高压脉冲电场灭菌在以上三个方面都具有明显的优势,该技术完全可以向规模化、商业化方向发展。脉冲电场杀菌技术是一种先进的科学杀菌手段,是一种绿色加工技术,该方法能耗少,以每吨液态食品杀菌耗能来看,耗电仅为0.5~2kW·h。因此杀菌成本低,经济效益显著。同时,脉冲电场杀菌的普遍使用,能够实现无污染的绿色保鲜,保持食品的天然风味和营养,适用于各类食品工业,前景非常广阔。

(八)脉冲磁场杀菌

脉冲磁场杀菌是利用高强度脉冲磁场发生器向螺旋线圈发出的强脉冲磁场,带菌食品放置于螺旋线圈内部的磁场中,微生物受到强脉冲磁场的作用后死亡。脉冲电场杀菌存在的不足是易产生电弧放电,一方面食品会被电解,产生气泡,影响杀菌效果和食品质量;另一方面电极会被腐蚀,影响设备的使用寿命。电弧放电的问题给杀菌系统的设计和放大带来了很大的难度,而脉冲磁场杀菌不存在脉冲电场杀菌的缺陷。

关于脉冲磁场杀菌在食品行业中研究和应用较多的是日本和美国,而我国有关脉冲磁场杀菌在食品行业的研究和应用都非常少,还有待于进一步开展。脉冲磁场杀菌技术与其他杀菌技术相比较,具有如下优点:①杀菌时间短,杀菌效率高,尤其是对流动性液体食品,每小时可处理几吨到几十吨;②杀菌效果好,杀菌时温升小,所以既能达到杀菌的目的,又能保持食品原有的风味、滋味、色香、品质和组分(维生素、氨基酸等)不变,这是现有的一切热杀菌工艺所无法做到的;③设备简单,占地面积小,不需要热杀菌工艺所必需的锅炉、阀门、管道等设备;④杀菌时,能耗低、无噪声、经济实用;⑤不污染环境,不污染产品,杀菌后能得到理想的绿色产品;⑥适用范围广,能用于各种灌装(或封装)前液态物料,液态食品以及矿泉水、纯净水、自来水等其他饮用水的消毒杀菌。

(九)脉冲强光杀菌

脉冲强光杀菌技术是一种非热物理杀菌新技术,它利用瞬时、高强度的脉冲光能量杀灭固体食品和包装材料表面以及透明液体食品中各类微生物,能有效地保持食品质量,延长食品货架期。

脉冲强光杀菌设备以交流电为电源,采用强光闪照的方法进行杀菌,它由一个动力单元和一个惰性气体灯单元组成(马凤鸣,2005)。动力单元是一个能提供高电压高电流脉冲的部件,为惰性气体灯提供所需的能量,惰性气体灯能发出由紫外线至近红外线区域的光线,即惰性气体灯放出只持续数百微秒的脉冲强光,其光谱与太阳光光谱比较相似,但比太阳光强几千倍至数万倍。脉冲强光杀菌技术与传统的杀菌方法相比,具有杀菌处理时间短的特点,一般处理时间是几秒到几十秒,同时具有残留少、对环境污染小,不用与物料和器械直接接触,操作容易控制等特点。

由于紫外照射会破坏有机物分子结构,所以会给某些食品的加工带来不利的影响,特别是含脂肪和蛋白质丰富的食品经紫外线照射会促使脂肪氧化、产生异臭、蛋白质变性、食品变色等。此外,食品中所含的有益成分如维生素、叶绿素等易受紫外线照射而分解,因此紫外线照射杀菌的应用受到一定程度的限制,更为突出的是,脉冲强光对食品中营养成分的影响很小(江天宝,2007)。有研究表明,脉冲强光会对食品中的油脂、L-酪氨酸、葡萄糖、淀粉及维生素 C 均不造成明显的破坏,因而这项技术有望在将来独立或在与其他技术联用的条件下得到推广(周万龙,1997)。

思考题

1.简述食品热处理的常见种类及特点。
2.简述常见食品化学杀菌剂的类型。
3.简述常见的食品非热物理杀菌技术。

参 考 文 献

[1]鲍志英,德力格尔桑.食品加工中超高压灭菌的机理[J].农产品加工,2003(11):14—15.

[2]陈晓宏.浅析过滤除菌法在食品工业中的应用[J].科技创业家,2014(5):232.

[3]樊伟伟,黄惠华.微波杀菌技术在食品工业中的应用[J].食品与机械,2007,23(1):143—147.

[4]高扬,解铁民,李哲滨,等.红外加热技术在食品加工中的应用及研究进展[J].食品与机械,2013,29(2):218—222.

[5]何国庆,贾英民.食品微生物学[M].北京:中国农业大学出版社,2005.

[6]郭月红,李洪军.微波杀菌技术在食品工业中的应用[J].保鲜与加工,2006(1):44—45.

[7]江天宝.脉冲强光杀菌技术及其在食品中应用的研究[D].福州:福建农林大学,2007.

[8]李汴生,阮征.非热杀菌技术与应用[M].北京:化学工业出版社,2004.

[9]李清明,谭兴和,等.微波杀菌技术在食品工业中的应用[J].食品研究与开发,2004,25(1):11—13.

[10]李儒荀,袁锡昌,工跃进,等.超声波—激光联合杀菌的研究[J].包装与食品机械,2002,16(3):11—12.

[11]李文炳.电离辐射杀菌保鲜水果和蔬菜的研究现状[J].辐射研究与辐射工艺学报,2001,19(2): 158—160.

[12]刘丽艳,张喜梅,李琳,等.超声波杀菌技术在食品中的应用[J].食品科学,2006,27(12):778—780.

[13]马凤鸣,张佰清,徐江宁,等.脉冲强光杀菌装置设计的初步研究[J].食品与机械,2005,21(6):66—67.

[14]阮征,曾庆孝.环境因子对超高压杀菌效果的影响[J].食品科学,1997,18(4):8—11.

[15]孙平.食品添加剂使用手册[M].北京:化学工业出版社,2004.

[16]涂顺明,邓丹雯,余小林.食品杀菌新技术[M].北京:中国轻工业出版社,2004.

[17]王蓓.脉冲强光、紫外和红外辐射对稻谷黄曲霉及其毒素的杀灭降解研究[D].苏州:江苏大学,2014.

[18]王弘.微波加热杀菌机理研究的现状[J].中国食品工业,2000,7(4):36.

[19]王玉军.食品加工中的非热杀菌技术[J].粮油科技,2009,6:52—53.

[20]王赵,陈佳,林彤,等.中药及其制剂辐射杀菌现状调研及监管建议[J].中国药学杂志,2015(4): 314—316.

[21]魏静,解新安.食品超高压杀菌研究进展[J].食品工业科技,2009,30(6):363—367.

[22]夏清,陈常贵.化工原理[M].天津:天津大学出版社,2005.

[23]夏文水.食品工艺学[M].北京:中国轻工业出版社,2007.

[24]夏文水,钟秋平.食品冷杀菌技术研究进展[J].中国食品卫生杂志,2003(6):539—544.

[25]徐怀德,王云阳.食品杀菌新技术[M].北京:科学技术文献出版社,2005.

[26]余恺,胡卓炎,黄智洵,等.微波杀菌研究进展及其在食品工业中的应用现状[J].食品工业科技,2005, 26(7):185—189.

[27]曾名湧,董士远.天然食品添加剂[M].北京:化学工业出版社,2005.

[28]曾庆孝.食品加工与保藏原理[M].北京:化学工业出版社,2007.

[29]张宏刚,郭常宁.超声波清洗效率探讨[J].中国科技信息,2005,12(24):114—115.

[30]张建奇,方小平.红外物理[M].西安:西安电子科技大学出版社,2004.

[31]张守勤,马成林.高压食品加工技术[M].长春:吉林科学技术出版社,2000.

[32]张永林,杜先锋.超声波及其在粮食食品工业中的应用[J].西部粮油科技,1999,24(2):14—16.

[33]张鑫,曲文娟,马海乐,等.脱水菠菜的催化式红外辐射灭菌研究[J].食品科学,2013,(34):133—137.

[34]赵玉生,赵俊芳.食品工业中超高压灭菌技术[J].粮食与油脂,2006(3):2.

[35]周家华,崔英德,黎碧娜,等.食品添加剂[M].北京:化学工业出版社,2000.

[36]周万龙,任赛玉,高大维.脉冲强光杀菌对食品成分的影响及保鲜研究[J].深圳大学学报,1997,14(4): 81—84.

[37]Erdogdua S B, Ekizb H I. Effect of ultraviolet and far infrared radiation on microbial decontamination and quality of cumin seeds[J]. Journal of Food Science,2011,76(5):284—292.

[38]Huang L, Sites J. Elimination of Listeriamonocy to genes on Hot dogs by Infrared Surface Treatment [J]. Journal of Food Science,2008,73(1):27—31.

[39]Krishnamurthy K, Jun S, Irudayaraj J et al. Efficacy of infrared heat treatment for inactivation of staphylococcusaureus in milk[J]. Journal of Food Process Engineering,2008,31(6):798—816.

[40]Staack N, Ahrné L, Borch E, et al. Effects of temperature,pH,and controlled water activity on inactivation of spores of Bacilluscereus in paprika powder by near-IR[J]. Journal of Food Engineering,2008, 89(3):319—324.

第十五章 食品生产加工中微生物控制的应用

第一节 生物胺的微生物来源途径及控制

生物胺是一类含氮低分子量化合物的总称,按化学结构可分为脂肪族(腐胺、尸胺、精胺、亚精胺)、芳香族(酪胺、苯基乙胺)和杂环类(组胺、色胺)(Lonvaud,2001)。研究发现,生物胺广泛存在于各种食品中,如发酵香肠、干酪、果酒、水产品和发酵蔬菜等,尤其是富含蛋白质及氨基酸的强化食品和发酵食品;食品中过量的生物胺会对人的健康造成不良的影响(Til, et al., 1997;Maintz & Novak,2007)。生物胺主要是某些微生物产生的氨基酸脱羧酶作用于游离氨基酸而形成,而醛和酮类化合物通过氨基化和转胺作用也会产生部分的生物胺(Silla,1996)。但真正产生生物胺的基本条件是必须存在游离氨基酸作为前体物质,同时还有关键的条件是必须具备微生物产生物胺的环境条件。

在各种生物胺中,组胺的毒性最大,其次是酪胺;同时,其他生物胺的存在会增强组胺和酪胺的毒性作用。Taylor 等发现二级胺包括腐胺和色胺的存在具有协同作用(Taylor & Speckhard,1983),能增强组胺的毒性作用。另外,Shalaby 等指出胺类也可能是一种诱变前体物质,胺的存在可以和亚硝酸盐反应形成亚硝胺,一种致癌物质(Shalaby,1996)。美国 FDA 通过对爆发性组胺中毒的大量数据的研究,确定组胺的危害作用水平为 500 mg/kg(食品)。欧美及我国对部分食品中组胺含量做了限量要求,如美国 FDA 要求进口水产品组胺不得超过 50mg/kg,欧盟规定鲭科鱼类中组胺含量不得超过 100mg/kg,其他食品中组胺不得超过 100mg/kg,酪胺不得超过 100~800mg/kg;我国规定鲐鱼中组胺不得超过 100mg/kg,其他海水鱼不得超过 300mg/kg。亚洲国家如中国、韩国、朝鲜和日本等是发酵蔬菜的主要生产国,生物胺在发酵蔬菜中较普遍存在(杨洁彬,1996),必须足够重视。近年来,对于腌制发酵蔬菜中生物胺的研究主要涉及生物胺产生菌、生物胺种类、检测方法和控制方法等方面。

一、生物胺的来源及种类

(一)生物胺的微生物来源

Santos 在较早的研究中发现(Santos,1996),微生物作为自身的一个防御机制,在酸性条件下有利于细菌产生组氨酸脱羧酶。蔬菜发酵过程涉及的几类微生物包括肠杆菌科细菌、假单胞菌属、霉菌及乳酸菌等均有产生物胺的报道。Tsai 等从朝鲜泡菜中分离到副干酪乳杆菌(*Lactobacillus para. paracasei*)、短乳杆菌(*Lb. brevis*)和短芽孢杆菌(*Brevibacillus brevis*)这些产组胺微生物,它们在加 0.25% 组氨酸的 MRS 培养基中能产生 13.6~43.1mg/L 组胺,这是首次证实泡菜中存在组胺和产组胺的微生物(Tsai，et al.，2005)。Kung 等从芥菜泡菜中分离到头状葡萄球菌(*Staphylococcus capitis*)、巴氏葡萄球菌(*Staphylococcus pasteuri*)、阴沟肠杆菌(*Enterobacter cloacae*)、光滑假丝酵母(*Candida glabrata*)和皱褶假丝酵母(*Candida rugosa*)，它们在 TSBH 中能产生 8.7～1260mg/L 的组胺(Kung，2006)。

在发酵腌制蔬菜过程中，乳酸菌占着发酵的主导地位，在整个发酵的前期、中期和后期都有不同种属的乳酸菌存在，因此乳酸菌对生物胺产生的影响尤其突出。从发酵蔬菜中分离得到可产生物胺的乳酸菌株有植物乳杆菌、肠膜明串珠菌、片球菌的某些种(Shalaby，1996)。田丰伟等(2011)通过 PCR 技术和 HPLC 分析技术对其实验室筛选保藏的 60 余株拟准备用于蔬菜发酵的乳酸菌形成生物胺的能力和水平进行检测和评价，结果发现有 3 株组氨酸脱羧酶阳性菌和 22 株酪氨酸脱羧酶阳性菌，并且与 MRS 培养基和模式蔬菜发酵体系中产生组胺和酪胺相一致(田丰伟，2011)。

(二)生物胺的种类

不同食品中产生物胺的种类不尽相同，同一食品中不同微生物产生物胺的种类也不同，并且同一种食品中同一微生物在不同的环境条件下产生物胺的种类也会发生变化。泡菜中主要存在的生物胺有酪胺、组胺、腐胺、尸胺、苯乙胺、色胺、精胺和亚精胺(尹利端，2005)。Pavel 等通过毛细管胶束电动色谱对 121 种德国泡菜进行检测，发现其中含有酪胺、腐胺和尸胺的平均浓度分别为 174mg/kg、146mg/kg 和 50mg/kg，组胺的含量较低，而从营养学的角度看，摄入高浓度的酪胺会对机体健康造成影响；Pavel 等同时研究发现了泡菜在贮藏过程中，随着时间的推移，酪胺的增加具有显著性。Sabrina 等通过柱前衍生法的 HPLC 技术检测发现，在罐头装的德国泡菜中酪胺的含量水平为 49mg/kg(Sabrina，et al.，2005)。Lee 等指出，在泡菜中，韩式辣白菜中的腐胺和色胺含量水平稍高于其他泡菜样品(Lee，et al.，2012)。另外，在包装的发酵黄瓜中发现了腐胺、精胺和酪胺。

二、食品中组胺的研究进展

(一)食品中组胺的产生途径

组胺是食品(发酵蔬菜、发酵水产食品等)中较普遍且易产生食品安全问题的一种生物胺。组胺一般存在于含组氨酸丰富的食品中，能够引起组胺中毒的食品主要是海产鱼类(如鲐鱼、鲭鱼、秋刀鱼、沙丁鱼、金枪鱼、竹夹鱼、沙丁鱼和长嘴鱼等)，但是易产生组胺的食品还包括葡萄酒类、豆制品、泡菜、香肠及奶制品等(徐金德，2004；Tsai，et al.，2005，2007；Pircher，et al.，2007；Rupasinghe & Clegg，2007)。组胺是食品在储藏或加工过程中体内自由组氨酸，经过外源污染性或肠道微生物(水产鱼类)产生的脱羧酸酶降解后产生的使产品品质(感官指标)劣化和对人体有一定毒害的化学物质(李苗云，2008；曹伟中，2005)。它能引起人体一系列的过敏和炎症，包括面部、躯干部和四肢出现潮红、皮肤刺痛和瘙痒，恶心、呕吐、胸闷、心跳加快和结膜充血等各种症状，病重的人会出现血压下降和早搏等(宋京玲，2005；范青霞，2006)。

组胺的产生主要由微生物引起，其产生的三个条件是：(1)存在组胺的前体物质——自由组氨酸；(2)存在催化酶——组氨酸脱羧酶(主要由微生物产生)；(3)存在发生组氨酸脱羧反应的条件(如适宜的温度、pH 等)。由于组胺的产生从某种程度上与微生物产生的酶活性有直接关系，因此，了解不同种类食品中组胺的产生与微生物分布规律，对食品质量安全的深入认识及组胺的控制等具有重要的指导价值。以下就国内外几类食品中与组胺发生有关的微生物及其相关研究、食品中组胺控制的研究现状等进行分析。

(二)几类食品的产组胺微生物

1. 水产品类

水产品中组胺来源一是鱼被捕捞死亡后,体内正常菌群被打破,导致产组氨酸脱羧酶微生物滋生,继而产生组胺;二是在加工或储藏中被外源性微生物污染而产生组胺。其他产品如葡萄酒类、豆制品、泡菜、香肠以及奶制品中组胺的积累,主要是由储藏、加工过程中污染的外源性微生物引起。水产鱼类尤其是中上层的青皮红肉鱼,体内含有丰富的自由组氨酸。一旦此类鱼或其产品中出现产组胺微生物,在适宜条件下,极易产生组胺。因此。未经加工的此类原料鱼或其产品(发酵、腌渍、干制和其他鱼肉制品)中组胺存在较广泛。

(1)未加工的鱼。Rodtong 等研究发现,将印度凤尾鱼放置于35℃下能迅速积累组胺,并从中分离到摩根氏菌(*Morganella morganii*),变形杆菌(*Proteus vulgaris*)和产气肠杆菌(*Enterobacter aerogenes*)三种主要的产组胺微生物,在液体培养基中能产生 104.1~203.0mg/100mL 组胺,其中产气肠杆菌在最适宜条件下,能够产生高达 500mg/100mL 组胺(Rodtong, et al., 2005)。陶志华等在鲭鱼中分离到两株组胺产生菌,分别属于摩尔摩根氏菌、嗜水性气单胞菌属(陶志华,2009);他们还从金枪鱼中分离到两株组胺产生菌,分别属于弧菌属和埃希氏菌属。

(2)发酵制品。Kimura 等从鱼露中分离出一株嗜盐乳酸菌(Kimura, et al., 2001)。Tsai 等研究了从东南亚各国进口的发酵鱼产品,并从中分离到凝结芽孢杆菌(*Bacillus coagulans*)和巨大芽孢杆菌(*Bacillus megaterium*),它们在添加 L-组氨酸的胰酶大豆肉汤(以下简称"TSBH")中,各自能产生 13.7ppm 和 8.1ppm 组胺(Tsai, et al., 2006)。

(3)腌渍制品。Tsai 等从腌渍鲭鱼中分离到泛菌属某种(*Pantoea* sp.)、成团泛菌(*Pantoea agglomerans*)和阴沟肠杆菌(*Enterobacter cloacae*),在 TSBH 中能够产生 18.3~21.0ppm 组胺(Tsai,2005)。

(4)干制品。Huang 等从台湾澎湖岛出售的干制鱼产品中分离到一株富产组胺菌株——产气肠杆菌,在 TSBH 中能产生 531.2ppm 组胺(Huang, 2010)。Chang 等从剑鱼鱼片中分离到葡萄球菌(*Staphylococcus* sp.)、金黄色葡萄球菌(*S. aureus*)和金黄色葡萄球菌亚属菌(*S. aureus* subsp. *aureus*),在 TSBH 中能产生 12.7~33.0ppm 组胺(Chang,2008)。Hsu 等从干制遮目鱼(*Chanos chanos*)中分离到弱组胺产生菌包括木糖葡萄球菌(*S. xylosus*)、松鼠葡萄球菌(*S. sciuri*)、苏云金芽孢杆菌(*Bacillus thuringiensis*)、费氏柠檬酸杆菌(*C. freundii*)、肺炎克雷伯菌(*K. pneumoniae*)和阴沟肠杆菌(*E. cloacae*),同时也分离到产气肠杆菌(*E. aerogenes*)和柠檬酸杆菌(*Citrobacter* sp.)能产生大于 500ppm 组胺(Hsu,2009)。

(5)其他鱼肉制品。Hwang 等研究发现发酵葡萄球菌(*S. piscifermentans*)、芽孢杆菌属(*Bacillus* sp.)和枯草芽孢杆菌(*B. subtilis*)是掺鲣鱼金枪鱼糖果中弱组胺产生菌(Hwang,2010)。Kung 从枪鱼三明治中分离筛选到蜂房哈夫尼菌(*Hafnia alvei*)、解鸟氨酸拉乌尔菌(*Raoultella ornithinolytica*)和植生拉乌尔菌(*Raoultella planticola*),在 TSBH 中能产生 42.1~595.4ppm 组胺(Kung,2009)。随后,他们又研究发现泛菌属菌(*Pantoea* sp.)、黏质沙雷氏菌(*S. marcescens*)、巨大芽孢杆菌(*B. megaterium*)、产酸克鲁伯氏菌(*K.*

oxytoca)和肺炎克雷伯菌(*K. pneumoniae*)是金枪鱼水饺中弱的组胺产生菌株,鸟氨酸阳性劳尔特氏菌(*R. ornithinolytica*)、产气肠杆菌(*E. aerogenes*)、不动杆菌(*A. baylyi*)、成团泛菌(*P. agglomerans*)和短小芽孢杆菌(*B. pumilus*)则能产生大于180ppm组胺的高产组胺菌株(Kung,2010)。Chen等研究了金枪鱼水饺,并从中检测到肠杆菌(*Enterobacter* sp.)、成团泛菌(*P. agglomerans*)、变栖克雷伯氏菌(*K. variicola*)和黏质沙雷菌(*S. marcescens*)弱组胺产生菌(Chen,2008)。

2. 酒类

果酒(如葡萄酒、苹果酒等)完全是由葡萄或苹果发酵而来,含有丰富氨基酸,尤其是含有高含量的组氨酸,因此也容易产生组胺(陈玉庆,2004)。Landete等研究发现了酒球菌属(*Oenococcus*)不是葡萄酒中主要的组胺产生菌,而小片球菌(*Pediococcus parvulus*)和希氏乳杆菌(*Lactobacillus hilgardii*)是腐败葡萄酒中产高水平组胺的微生物(Landete & Ferrer,2005)。接着他们又研究发现乳酸菌是其研究的葡萄酒中主要产生组胺、酪胺、乙胺的微生物(Landete, et al., 2007)。Rosi等从葡萄酒中分离到产组胺菌株——酒类酒球菌(*Oenococcus oeni*),并进一步证实了它产生组胺和酪胺的能力取决于菌株类型和葡萄酒成分(Rosi, et al., 2009)。Chang等从国产果酒中分离到短小芽孢杆菌(*Bacillus pumilus*)、芽孢杆菌属某种(*Bacillus* sp.)和巴氏醋酸杆菌(*Acetobacter pasteurianus*)在TSBH中能产生13.0~69.1 mg/L组胺,这是首次证实果酒中存在杆菌和醋酸菌(Chang, et al., 2009)。Garai等从苹果酒中分离到乳酸菌,并证实了生长于苹果酒中的乳酸菌具有产生生物胺(尤其是组胺和酪胺)的能力可能是一种应变依赖性,并非与特定微生物有关(Garai, et al., 2007)。

3. 大豆制品

大豆制品包括纳豆、豆豉和豆腐乳等,都由大豆发酵而来。大豆本身含有丰富的蛋白质,经微生物分解,产生各种氨基酸,为组胺的产生提供了丰富的前体物质,包括组胺。Tsai等从日本和国产纳豆中分离到枯草芽孢杆菌(*Bacillus subtilis*)和巴士葡萄球菌(*Staphylococcus pasteuri*),它们在TSBH上能够产生13.4~17.5ppm组胺,这是首次报道纳豆产品中存在组胺产生菌(Tsai, et al., 2007)。Kung等从豆腐乳中分离到枯草芽孢杆菌(*Bacillus subtilis*),在TSBH仅产生1.33 ppm左右组胺(Kung, et al., 2007)。随后,他们又从中国传统发酵的豆豉中分离到枯草芽孢杆菌(*Bacillus subtilis*)和巴氏葡萄球菌(*Staphylococcus pasteuri*),这与Kung从纳豆中分离的种类相同,但是它们在TSBH上却能够产生11.7~601ppm组胺(Tsai, et al., 2007)。

4. 乳制品

发酵乳制品(如奶酪)经微生物发酵产生,发酵过程中有可能污染外界杂菌而产生组胺。Burdychová等从荷兰式半硬质奶酪中分离到产组胺或酪胺的十四株肠球菌和两株乳酸菌均来自于污染的微生物群落(Burdychová & Komprda,2007)。Daniele等人研究了从奶制品中分离的产酸克雷伯菌(*Klebsiella oxytoca*)、弗氏柠檬酸杆菌(*Citrobacter freundii*)、普通变形杆菌(*Proteus vulgaris*)、蜂房哈夫尼菌(*Hafnia alvei*)和摩根氏菌(*Morganella morganii*)在4℃、10℃、15℃和22℃时产组胺能力,结果发现有6/7的菌株在22℃比35℃产生更多组胺(Daniele, et al., 2008)。

5. 肉制品

产组胺微生物一般存在于腊肠中,这是由于它要经过一段时间的发酵,这个过程易被外界微生物污染而产生组胺。Komprda 等人从发酵香肠中分离到植物乳杆菌(*Lactobacillus plantarum*)、短乳杆菌(*L. brevis*)、干酪/类干酪乳杆菌(*L. casei/paracasei*)、屎肠球菌(*Enterococcus faecium*)和粪肠球菌(*Enterococcus faecalis*),被鉴定为是产酪胺/组胺的微生物(Komprda, et al., 2010)。

6. 泡菜

泡菜制作是一个开放或半开放性腌渍、发酵的过程,外界产组胺微生物也极易进入腌渍液体中而产生组胺。Tsai 等人从朝鲜泡菜中分离到副干酪乳杆菌(*Lactobacillus para. paracasei*)、短乳杆菌(*Lb. brevis*)和短短芽孢杆菌(*Brevibacillus brevis*)产组胺微生物,它们在添加 0.25%组氨酸的 MRS 培养中能产生 13.6～43.1ppm 组胺,这是首次证实了泡菜中存在组胺和产组胺的微生物(Tsai, 2005)。Kung 等从芥菜泡菜中分离到头葡萄球菌(*Staphylococcus capitis*)、巴氏葡萄球菌(*Staphylococcus pasteuri*)、阴沟肠杆菌(*Enterobacter cloacae*)、光滑假丝酵母(*Candida glabrata*)和皱褶假丝酵母(*Candida rugosa*),它们在 TSBH 中能产生 8.7～1260ppm 组胺(Kung, et al., 2006)。

由此可见,具有产组氨酸脱羧酶生理作用的微生物种类较多,并且广泛存在于各类食品中。冷冻储藏的鱼或产品中组胺含量的增加,一般是由耐低温或嗜冷性微生物引起(Guizani, et al., 2005);高浓度的盐腌渍或发酵产品中组胺的积累,一般是由耐盐或嗜盐微生物引起(Kimura, et al., 2001);水分含量较低的干制品中的产组胺微生物,对水分活度的要求可能相对较低;酸度相对较高的产品中,往往能分离到产酸或耐酸的微生物。不同食品中的微生物存在如此大的差异,这可能与食品的特性(如温度、含盐量、含水量和 pH 等)有关。

三、生物胺的检测

研究生物胺的重要性不仅在于它们的毒性对人体有危害,还在于它们可以作为判断食品腐败程度的指标。因此对食品中的生物胺进行检测和定量分析对于保证人们的健康饮食和合理判断食品卫生状况具有重要意义。目前为止,生物胺的检测方法主要包括高效液相色谱法(HPLC)中的反相高效液相色谱法(RP-HPLC)和离子色谱法(IC)、薄层色谱法(TLC)、毛细管电泳(CE)法中的毛细管区带电泳和胶束电动力学毛细管电泳、生物传感器等。

高效液相色谱法具有灵敏度高、分析速度快、定性与定量分析准确等优点,从而成为目前检测食品中生物胺的最主要方法,特别是反相高效液相色谱法,由于生物胺本身不具备紫外吸收,所以要进行柱前或柱后衍生,而通常采用的是柱前衍生法;常用的柱前衍生剂有邻苯二甲醛、丹磺酰氯、二硝基甲酰氯等(Önal, 2007)。Sabrina 等对使用邻苯二甲醛和丹磺酰氯两种不同的柱前衍生剂进行了比较,通过 HPLC 检测后得出新鲜蔬菜和腌制蔬菜中生物胺的种类较一致的结果(Sabrina, 2005)。孟甜等(2010)采用苯甲酰氯衍生处理乳酸菌发酵液和发酵乳后,进行 RT-HPLC 法检测,条件为甲醇/水为流动相,进行梯度洗脱,流速 0.8mL/min,紫外检测器波长为 254nm,发现组胺和酪胺得到很好的分离并且有良好的线性关系。以上生物胺的检测方法对食品中组胺等生物胺含量检测及食品质量安全控制及研究等发挥了重要作用。

四、生物胺的控制

(一)生物胺控制的生产工艺

生物胺的存在对人体健康存在着威胁,这必然需要对其进行控制,或是降低或是抑制其产生。国外学者研究较多,一般认为发酵初期细菌、真菌的大量繁殖及发酵过程中操作不慎而污染大量外源性霉菌会使终产品中的生物胺偏高。所以,在发酵过程中,添加天然防腐剂是十分有利的。Paramasivam 等发现大蒜、姜黄和生姜提取物能够抑制产组胺微生物(芽孢杆菌等)的生长(Paramasivam,2007)。另外,在蔬菜发酵过程中,增加食盐用量可以降低生物胺的积累,因为高食盐浓度能够抑制微生物的硝酸盐还原酶和生物胺合成酶的活性。也有研究表明辐射也可降解生物胺。Kim 等对 9 种生物胺进行 γ-射线辐照处理,结果发现可降解 5%~100%的生物胺(Kim,2004)。对于控制生物胺方面,已有 50 多个国家采用了辐射技术(Rabie,2010)。

(二)筛选产细菌素乳酸菌控制生物胺

细菌素是在代谢过程中合成并分泌到环境中的一种小阳离子多肽(30~36 个氨基酸残基)或杀菌蛋白,等电点高,具有两性性质,能在微摩尔浓度上抑制同种的或亲缘关系较近的细菌生长,使生物体对自然竞争的杂菌有选择性优势。所以,细菌素的存在对正常发酵刚开始繁殖的一些真菌、细菌的抑制,使乳酸菌能较快地成为优势菌,具有不可忽视的贡献。而且,目前已经发现了一些对食品腐败微生物和病原微生物具有广谱抑菌活性的细菌素(李平兰,1998;祝嫦巍,2002)。有些乳酸菌细菌素也是天然防腐剂,如乳链球菌产生的细菌素 nisin 已广泛地应用于食品防腐。目前普遍认为,由发酵剂产生的细菌素对于改善和提高各种发酵食品的质量和安全性具有重要意义。因此,筛选能产广谱高效细菌素的乳酸菌应用于腌制发酵蔬菜生产中非常有利于提高产品的安全性。蔬菜发酵过程涉及的所有乳酸菌几乎都有产细菌素的报道,如乳酸片球菌产生的 Pediocin ACH,不但能抑制一些亲缘关系相近的乳酸菌,而且对一些致病菌也具有较强的抑制作用(Cheigh,et al.,2002)。祝嫦巍等从酸菜汁中分离出 24 株乳酸杆菌,采用牛津杯定量扩散法筛选出 1 株抑菌活性较高的乳酸杆菌,经鉴定为戊糖乳杆菌,其乳杆菌素在抑制革兰氏阳性菌的同时,对革兰氏阴性菌也有一定的抑制作用(祝嫦巍,2002)。更特别的是,细菌素产生菌株能通过细菌素来抑制非发酵剂细菌,特别是脱羧酶阳性的野生乳酸菌的生长,从而降低发酵食品中的生物胺含量。因此,筛选高产抑制脱羧酶阳性的乳酸菌生长的乳酸菌发酵剂的细菌素具有很大意义。

(三)筛选具有胺氧化酶活性的乳酸菌

改良发酵剂可以通过控制其无氨基酸脱羧酶活性来实现,同时,更优的是其还具备一定的竞争能力,即发酵剂中应尽量减少氨基酸脱羧酶阳性的乳酸菌。目前,国外已经开始寻找新型发酵剂,即具备氨氧化酶活性的乳酸菌发酵剂的开发。胺氧化酶能使生物胺氧化脱氨,同时产生醛、过氧化氢和胺,从而降低生物胺的积累。研究表明,乳酸菌中的清酒乳杆菌、植物乳杆菌、弯曲乳杆菌等均可以产生胺氧化酶。Leuschner 等从 64 株乳酸菌中筛选出 27 株能降解组胺的菌和 1 株降解酪胺的菌(Leuschner,et al.,1998)。Fadda 等从 53 株乳酸菌中筛选出不具备氨基酸脱羧酶活性的能降解酪氨酸的乳酸菌,其中酪胺氧化酶活性较强的依次是干酪乳酸菌 CRL705、CRL678、植物乳杆菌和 CRL682,降解率分别是 98%、93%、69%和 60%(Fadda,et al.,2001)。

（四）食品中组胺的控制

由于各类食品中产组胺微生物存在较大差异，并且微生物对环境生态又具有不同的适应性，故组胺控制一直是一个较难攻克的问题。目前国内外绝大多数的研究仅停留在产组胺微生物的菌株分离、生长特性及其产酶特性的研究上，关于组胺控制的方法鲜有报道。传统组胺控制的方法主要是采用低温保藏或高盐腌渍，但这往往具有一定的局限性，并且这也不能确保组胺含量不超标。Phuvasate 等发现电解氧化水及其冰能够有效地减少鱼体或其接触容器表面产组胺微生物的数量（Phuvasate & Su, 2010）。Kuda 等发现大米抛光的副产品（米糠）中的一种水溶性、耐热的高分子量化合物，能够有效减少鱼露中组胺的含量（Kuda & Miyawaki, 2010）。Emborg 等人研究发现气调保鲜（40％CO_2 和 60％O_2）能够有效抑制摩根氏菌和发光细菌的生长及其组胺的产生（Emborg, et al., 2005）。Paramasivam 等发现天然防腐剂——大蒜、姜黄和生姜提取物能够抑制产组胺微生物（芽孢杆菌等）的生长（Paramasivam, et al., 2007）。另外，利用乳酸菌的抗氧化、抗菌等特性结合几种与乳酸菌功能作用相关的特色类食品的加工（洪松虎，2010），可采用生物之间的拮抗性来控制产组胺微生物的发生，也是一种具有开发研究前景的新方法。

目前，关于产生物胺微生物的研究比较广泛，涉及的微生物种类更是繁多，并且存在于各种不同原料种类以及加工工艺类食品中。面对腌制发酵蔬菜产品同样存在的生物胺安全问题，研究其整个形成机理、产生条件、检测与控制方法变得十分迫切并具有意义。总的来说，目前国内外绝大多数的研究仅停留在产生物胺微生物的菌株分离、生长特性及生物胺检测上，而对于其产生机理方面还缺乏深入的了解，对微生物的产酶机制及组氨酸脱羧酶的作用特性机制还需要进一步研究，再加上目前为止对其在发酵食品中的控制方法报道较少，因此，需要不断地对生物胺的来源及控制开展更深入的研究。

第二节　水产品贮藏、加工与保鲜中亚硝酸盐的控制

水产品由于其蛋白质等营养成分含量十分丰富，且大多其 pH 值接近中性，因此，容易受到微生物特别是细菌的侵染繁殖而引起腐败变质，从而失去食用价值。水产品受微生物污染或可能的内源性微生物的存在，这些微生物中的部分菌种通过对水产品中基质成分的代谢作用可能产生影响食品安全的危害性成分诸如亚硝酸及其盐类，也包括亚硝胺类等致突变性较强的有害化合物。

一、亚硝酸及盐类的来源途径

（一）新鲜水产品中的亚硝酸盐

由于传统捕捞渔业已进入最大产量水平，高密度、高投饵的集约化养殖近年来迅速发展。但是，这种大规模的人工养殖方式带来了高蛋白残饵和高含氮排泄物，它们超越了养殖水体自然菌群的代谢能力而不断沉积于池底，使得养殖水体中亚硝酸盐、氨氮等有害物质不断增加（余瑞兰，1999；谭树华，2005）。因此也造成了水产品对于养殖水体中亚硝酸盐的吸收。据研究报道，淡水硬骨鱼类对亚硝酸盐的吸收主要是通过 NO_2^- 与 Cl^- 有效地竞争鳃上氯化物的主动吸收机制形成的（高明辉，2008），而海水硬骨鱼类对亚硝酸盐的吸收主要是由

于吞饮海水且通过肠上皮吸收离子和水分来补偿水的损失时带入的（Deane & Woo，2007）。20 世纪 90 年代初就有学者针对南方鼻咽癌和胃癌发病率较高的现象，对广东省沿海地区的海产品进行硝酸盐、亚硝酸盐和亚硝胺含量调查，发现其含量范围分别在 $0.7\sim55.4$mg/kg、$0.8\sim1.8$mg/kg 和 $0.3\sim3.2\mu$g/kg（Fong & Chan，1977）。

（二）水产加工品中的亚硝酸盐

事实上，在良好的水体环境中生长的新鲜水产动物并不具有亚硝酸盐安全隐患，水产品的加工生产过程才是水产品中亚硝酸盐生成的关键之处，特别是腌制水产品，在腌制过程中极易积累亚硝酸盐，包括一些比较有名的产品如咸带鱼、咸黄鱼、咸鲴鱼、咸鲱鱼和海蜇等（章银良，2007）。腌制水产品中亚硝酸盐的产生主要来自于三个方面：一是由于亚硝酸盐本身在水产品腌制过程中能抑制肉毒梭状芽孢杆菌及其他类型腐败菌的生长，具有很好的呈色和抗氧化作用，并且对腌鱼特殊风味的形成具有很重要的作用（张婷，2011），因此作为添加剂被用于水产品腌制过程中。二是由于水产品原料的特殊性，从渔船上运回工厂加工时，处理所用盐类常为粗盐，而粗盐中便含有亚硝酸盐和硝酸盐（吴燕燕，2008）。三是水产品本身以及用于腌制的粗盐中带有的硝酸盐在微生物的作用下，被还原成亚硝酸盐，这也是腌制水产品中亚硝酸盐形成的最主要原因（吴燕燕，2008）。水产品在腌制过程中极易受有害微生物的污染，而在自然界中大约有 100 多种微生物具有硝酸盐还原能力，如大肠杆菌、白喉棒状杆菌、金黄色葡萄球菌、芽孢杆菌、变形菌、放线菌、酵母和霉菌等，其中大肠杆菌、白喉棒状杆菌、金黄色葡萄球菌等是水产品腌制加工过程中极易受污染的微生物种类，且具有很强的硝酸盐还原能力，这些菌株通常使硝酸盐还原至亚硝酸盐的阶段即终止，因而使亚硝酸盐蓄积富集起来（樊丽琴，2009）。王绍云等（2004）对腌鱼中的亚硝酸盐含量研究发现，腌鱼中具有较强的硝酸盐还原能力的微生物主要有大肠杆菌、金黄色葡萄球菌和霉菌等；何燕飞（2011）等从腌鱼中筛选并鉴定出了 2 株硝酸盐还原菌，分别为 *Psychrobacter glacincola* 和 *Psychrobacter faecalis*。

二、水产品中亚硝酸盐的控制

腌制水产品除了含有新鲜水产的一些风味物质和营养物质外，还具有本身在加工过程中所产生的特殊物质，因此，深受大众喜爱，有着广泛的市场需求。因此控制腌制水产品中亚硝酸盐的产生具有重要意义。

（一）添加阻断剂

姜、蒜、芦荟和茶多酚等为天然食物或其提取物，用它们处理腌制食品，不仅可以增加产品风味等感官品质，其抗氧化成分还可以起到消除亚硝酸盐的作用。姜汁提取液对亚硝酸盐有很好的清除作用（张平，2006），姜汁中的姜油酮、6-姜油酮酚和 6-姜烯酚就具有较强的抗氧化特性（段翰英，2001），同时对硝酸盐还原菌具有一定的抑制作用（郝利平，2002）。芦荟对亚硝酸盐有清除作用，清除率与其添加量之间有良好的线性关系（秦卫东，2006）。杨全龙等（2008）通过在腌制泥螺的调味浸泡液中添加 $0.05\%\sim0.2\%$ 的茶多酚，在腌制 3 天后检测发现亚硝酸盐含量仅有 0.31mg/kg。另外，添加一些化学试剂也能降低亚硝酸盐的含量，艾颖超（2013）在腌制鲈鱼的过程中添加 0.05% 的抗坏血酸有效降低了鲈鱼贮藏整个过程中亚硝酸盐的残留量。

（二）接种乳酸菌

乳酸菌作为腌制发酵产品的主要优势微生物，不但可以抑制腐败微生物生长，还能改善产品性能以及延长成品保藏期。乳酸菌接种发酵降解产品中的亚硝酸盐便是其改善产品性能的表现之一。张华（2000）采用嗜酸乳杆菌、植物乳杆菌及它们的组合菌接入咸鱼加工过程，结果表明亚硝酸盐含量显著下降。刘法佳（2012）通过优化植物乳杆菌和戊糖片球菌的比例至最佳值（2：1）接种于传统咸鱼中，经 30℃发酵 20h，得到亚硝酸盐含量较低、品质和风味俱佳的咸鱼产品。苏肖晶（2014）将戊糖乳杆菌 B1 和植物乳杆菌 C1、D2 混合接种于鲅鱼中进行发酵腌制，结果发现，控制接种量为 0.4％，30℃下发酵 72h，可使亚硝酸盐的最终含量仅为 1.05mg/kg。通过乳酸菌等菌种影响水产品腌制品中亚硝酸含量的原理可能是通过诱导乳酸菌等有益菌的繁殖实现的，一部分乳酸菌由于产生的代谢产物包括多种抗生素，对硝酸盐还原菌等具有较好的抑制作用，进而抑制硝酸盐还原酶发生作用，另外，乳酸菌发酵后也可以使发酵体系的 pH 值下降，不利于这些与亚硝酸盐形成有关的微生物生长，同时影响亚硝酸盐的形成。

第三节　果蔬采后微生物病害和加工过程危害成分产生途径及控制

果蔬由于其营养丰富，水分含量高，采收后如果保藏条件不当极易受随带的微生物或环境污染引起的各种有害性微生物的影响，产生腐败或霉烂等，从而引起食用价值下降甚至变质或产生危害成分。本节将从果蔬采后常见微生物种类、危害性及预防控制方法进行系统介绍，为保证果蔬新鲜与质量安全提供理论基础与实际应用参考。

一、果蔬采后的微生物危害性

果蔬含有丰富的碳水化合物、矿物质、维生素和膳食纤维等，在人们日常生活中占有重要地位。但农业生产的生物性、季节性和地区性造成了果蔬大量失水、老化和腐烂，为其贮运和销售带来了很大困难。有统计显示，在发展中国家，因采后病害造成的果蔬腐败达到 40％～50％，而发达国家仅为 10％～20％。在我国，腐烂的果蔬约每年 8000 万吨，损失巨大（朱恩俊，2014）。真菌和细菌的侵染是造成新鲜果蔬采后损失的主要原因，尤其在高温的热带地区，微生物繁殖十分迅速，病害发生十分严重，导致的损失也就更大。

（一）果蔬采后常见微生物

1. 新鲜及鲜切果蔬采后的微生物种类

引起新鲜果蔬及其鲜切果蔬产品腐烂变质的微生物主要是真菌和细菌，其中真菌主要有灰霉（*Bortytis* sp.）、青霉（*Penicllium* sp.）、曲霉（*Monilinia* sp.）和交链孢菌（*Altemaria* sp.）等，细菌主要有欧文氏菌、假单孢菌、黄单孢菌等。此外部分果蔬可感染人类并致病菌如大肠杆菌、李斯特氏菌、沙门氏菌和耶尔森菌等（关文强，2006），这些微生物是导致果蔬采后品质下降的主要原因之一。

2. 蔬菜中污染微生物的类型

蔬菜平均含水分 88％、糖 8.6％、蛋白质 1.9％、脂肪 0.3％、灰分 0.84％，以及维生素、核酸和其他一些化学成分总含量＜1％，pH 在 5.0～7.0。由营养组成可见，蔬菜很适合霉菌、细菌和酵母菌的生长,其中细菌和霉菌较常见。细菌常见的有欧文氏菌属(*Erwinia*)、假单胞菌属(*Pseudomonas*)、黄单胞菌属(*Xanthomonas*)、棒状杆菌属(*Corynebacterium*)、芽孢杆菌属(*Paenibacillus*)和梭状芽孢杆菌属(*Clostridium*)等,但以欧文氏菌属、假单胞菌属最为重要。如甘蓝、白菜、萝卜、花椰菜、番茄、茄子、辣椒、黄瓜、西瓜、豆类、洋葱、大蒜、芹菜、胡萝卜和莴苣等蔬菜多含欧文氏菌,其中有些菌种分泌果胶酶分解果胶使蔬菜组织软化,导致细菌性软化腐烂。甘蓝、白菜、花椰菜、番茄、茄子、辣椒、黄瓜、西瓜、豆类、芹菜、莴苣和马铃薯等以假单胞菌属为主,使蔬菜发生细菌性枯萎、溃疡、斑点和坏腐病等。霉菌常见的有灰色葡萄孢霉(*Botrytis cinerea*)、白地霉(*Geotrichum candidum*)、黑根霉(*Rhizopus nigricans*)、疫霉属(*Phyophthora*)、核盘孢霉属(*Sclerotinia*)、链格孢霉属(*Alternaria*)、镰刀菌属(*Fusarium*)等,其中甘蓝、白菜、萝卜、花椰菜、番茄、茄子、辣椒和黄瓜等以灰色葡萄孢霉为主;甘蓝、白菜、萝卜、芥菜、番茄、茄子、辣椒、瓜类、豆类、葱类、芹菜、胡萝卜、莴苣和菠菜等以毛(刺)盘孢霉属为主(江洁,2009)。

3.水果中污染微生物的类型

鲜切果蔬在去皮、切分过程中,由于产品受到机械损伤,表面积增大并暴露在空气中,会受到细菌、霉菌和酵母菌等微生物的污染。新鲜水果中的酵母菌数量在$10^2 \sim 10^6$CFU/g,通常是与乳酸菌共同存在的,酵母菌能够以明显的优势在果蔬创伤部位生长繁殖(Leverentz,et al.,2003)。水果中水分、蛋白质、脂肪和灰分的平均含量分别为85%、0.9%、0.5%和0.5%,并含有较多的糖分与极少量的维生素和其他有机物,pH<4.5。由营养组成可知,水果很适合细菌、酵母菌和霉菌的生长,但水果的pH低于细菌最适生长pH,霉菌和酵母菌具宽范围生长pH,它们成为引起水果变质的主要微生物(刘慧,2004)。青霉属可感染多种水果,如意大利青霉、指状青霉、绿青霉、白边青霉等可分别使柑橘发生青霉病和绿霉病,发病时,果皮软化、呈现水渍状、病斑为青色或绿色霉斑,病果表面被青色或绿色粉状物(分生孢子梗及分生孢子)所覆盖,最后全果腐烂,扩展青霉也可使苹果发生青霉病。柑橘、梨、苹果、桃、樱桃、李、梅、杏、葡萄、黑莓和草莓等水果微生物种类多是青霉属;桃、樱桃、李、梅、杏、葡萄污染的主要微生物是木霉属(刘慧,2004)。

杨梅成熟在高温多雨的季节,很容易受到病原微生物的侵染,采后2~3d即腐烂变质。其中由病原菌侵染造成的危害最为严重,且病原菌以病原真菌为主(巩卫琪,2013)。王根锷等从常温贮藏的杨梅中分离出桔青霉(*Peninicillium citrinum* Tom)、杨梅轮帚霉(*Verticicladiella abietina*(peck) Hughes)、绿色木霉(*Trichoderma viride* Pers. ex Fr)和尖孢镰刀菌(*Fusarium oxysporum*)等病原菌,其中以桔青霉和杨梅轮帚霉所引起的绿霉病危害最为严重。戚行江等在气调贮藏的杨梅果实上分离鉴定出寄生菌、伴生菌和环境污染菌三类病原菌(戚行江,2003)。

4.鲜切果蔬污染的微生物种类

一般来说,鲜切蔬菜感染的微生物主要是细菌和霉菌,酵母菌数量较少。蔬菜组织中含酸量低,易遭受土壤细菌侵染,如欧文氏菌(*Erwinia*)、假单胞菌(*Pseudomonas*)、黄单胞菌(*Xanthomonas*)等。不同蔬菜品种的细菌群落差别很大。新鲜叶菜类中主要微生物是假单胞菌属和欧文氏菌属;新鲜番茄果实中,主要微生物是黄杆菌属和假单胞菌属。大多数蔬菜品种含有胡萝卜软腐欧文氏菌(*Erwinia carotovora*)和荧光假单胞菌(*Pseudomonas fluorescens*),这些细菌能分解果胶,而且在低温下仍能繁殖存活。在采用气调包装用作汤菜的蔬菜中,即使是最初阶段,微生物数量也很高;好气性细菌、大肠杆菌、假单胞杆菌、乳酸菌的数量分别为 10^8 CFU/g、$5.6×10^6$ CFU/g、$1.5×10^7$ CFU/g、10^6 CFU/g,这可能是由于机械、环境、人和自然污染造成(江洁,2009)的。

(二)果蔬种类的腐败特性与微生物关系

引起新鲜果蔬采后腐烂的病原微生物主要有真菌和细菌两大类。常见的病原真菌只有几个属,大部分为弱寄生,只有个别属或种寄生能力较强。因此,果蔬的腐败特点与这些微生物种类的代谢特性密切有关。

1. 真菌病害

(1)链格孢属(*Alternaria*)。链格孢属的不同种,都可能造成采前或采后多种果蔬腐败,腐败症状通常为褐色或黑色扁平和塌陷的斑点,可能表现为带有明显的边缘或表现为大的弥散腐烂区,浅或深入到果蔬肉质部分,在腐烂区域的表面通常先是白色菌丛,以后发褐变黑。采后的黄瓜、西葫芦、甜瓜、甘蓝、番茄、甜椒、茄子、苹果、樱桃、马铃薯、甘薯、洋葱、柠檬和柑橘等均可感染链格孢属菌种。它适应的温度范围很广,在 $-2～0℃$ 的低温下也能生长,特别是遭受冷害的甜椒、番茄、甜瓜的冷害斑普遍覆盖链格孢菌。

(2)葡萄孢属(*Botrytis*)。葡萄孢属造成果蔬田间及采后的灰霉病,几乎没有一种新鲜果蔬在贮藏期间不被葡萄孢侵害。其中有些果蔬如生菜、番茄、柑橘、洋葱、草莓、梨、苹果和葡萄等在田间接近成熟阶段就被侵染。从水果的花蒂或茎端开始腐烂或从伤口、裂纹侵入,初期表现为水浸状,以后变成淡褐色,迅速扩展到组织内部。多数果蔬在潮湿的条件下,腐烂区表面产生淡灰色或浅灰褐色柔软的霉层。

(3)青霉属(*Penicillium*)。青霉属不同的种造成采后多种果蔬的青霉病和绿霉病。这是最普遍的采后病害,侵害柑橘、苹果、梨、葡萄、甜瓜、无花果、甘薯及其他果蔬。青霉属的种类很多,对寄主有一定的专一性,如指状青霉(*P. digitatum*)和意大利青霉(*P. italicum*)是引起柑橘果实采后腐烂的病菌;扩展青霉(*P. expansum*)主要侵染苹果、梨、葡萄和核果;而鲜绿青霉(*P. viridicatum*)只侵染甜瓜。青霉病基本上是采后病害,约占柑橘贮运腐烂的90%,柑橘在田间也可能部分感染此病。青霉菌通过表皮伤口侵入,也可以通过没有受伤的表皮或皮孔进入组织,从发病果实扩展蔓延至健康组织,青霉腐烂最初呈现变色、充水和发软的斑点,病层较浅,然后很快向内部发展,在室温下只要几天时间大部分果实就会腐烂,腐烂表皮靠近斑点中心出现白霉,以后开始产生孢子,孢子区为蓝色、淡绿色或橄榄绿色,通常外面一圈为白色菌丝带,环绕菌丝周围是一条水浸状组织。较高的贮藏温度和果蔬表面的机械损伤都有利于青霉的发展。有些青霉菌种产生乙烯,能刺激呼吸,加速果实衰老。

(4)镰刀菌属(*Fusarium*)。镰刀菌属在果蔬和观赏植物上引起采后粉色或黄色、白色霉斑,尤其是根菜类、鳞茎类和块茎类;而果实如黄瓜、甜瓜、番茄也常常受害。在长期贮藏中,柑橘和柠檬的褐腐病也是由镰刀菌造成的。镰刀菌侵染多发生在田间生长期或收获期间,但危害可发生在田间,也可发生在贮藏期间。长期贮藏的马铃薯受镰刀菌侵害的干腐病非常普遍,受害组织最初为淡褐色,以后变成深褐色略干缩,随着腐烂区域扩大,表皮皱缩、凹陷,出现淡白色、粉红色或黄色霉丛。组织较软的蔬菜,如番茄和黄瓜镰刀菌发病较快,其特征是有粉色菌丝体和粉红色腐烂的组织。

2.细菌病害

细菌不能直接入侵完整的植物表皮，一般是通过自然孔口和伤口侵入。果蔬采后细菌性腐败较少，仅仅少数几种细菌引起软腐。最主要的是欧氏杆菌属（*Erwinia*），其次是假单胞杆菌属（*Pseudomonas*）。

（1）欧氏杆菌（*Erwinia* spp.）。侵染大白菜、甘蓝、生菜、萝卜等十字花科蔬菜，引起软腐病；马铃薯、番茄、甜椒、大葱、洋葱、胡萝卜、芹菜、莴苣、甜瓜和豆类等也被侵害。由欧氏杆菌引起的果蔬病害症状基本相似，感染病害的组织开始为小块的水浸状，变软，薄壁组织浸解，在适宜的条件下腐坏面积迅速扩大，最后引起组织完全软化腐烂，并产生不愉快的气味。

（2）假单胞杆菌（*Pseudomonas* spp.）。可引起黄瓜、芹菜、莴苣、番茄和甘蓝的软腐病。假单胞杆菌引起的软腐症状与欧氏杆菌很相似，但不愉快的气味较弱。这两种细菌侵染果蔬引起软腐的原因，主要是病菌能分泌各种浸解组织的胞外酶，如果胶水解酶、果胶酯酶和果胶裂解酶等，引起果蔬细胞死亡和组织解体。软腐病部位的表皮常常开裂，汁液外流，使病菌侵染相邻果蔬，造成成片腐烂。

二、果蔬采后贮藏保鲜的微生物控制技术

果蔬原料或其加工产品由于营养丰富、水分含量高，如果贮藏条件不当，被各种微生物侵染后就容易生长繁殖，引起水果的腐烂、变质最后不能食用。防止果蔬腐败变质最常用的方法是通过对果蔬中微生物生长的控制使微生物的生长速率减缓或使其停止生长。目前，果蔬保鲜主要方法有温度控制保鲜、辐射保鲜、气调保鲜、减压贮藏保鲜、超高压处理贮藏保鲜、高压脉冲电场贮藏保鲜和化学保鲜及生物保鲜。化学保鲜方法包括采用食品防腐剂、化学保鲜剂、气体熏蒸和复合涂膜法等。生物保鲜方法包括天然产物保鲜剂和拮抗菌技术等。

（一）温度控制保鲜

温度控制保鲜有冷藏保鲜、速冻贮藏保鲜、低温气调保鲜、冰温贮藏保鲜等。低温冷藏保鲜法是一种预防水果腐烂最常用、最有效的保鲜手段，它依靠低温减缓果蔬的呼吸作用，减少能量的消耗，抑制微生物的繁殖，延缓果蔬的腐败，达到保鲜效果。其中低温气调贮藏是当今较先进的贮藏形式，通过提高空气中二氧化碳浓度和降低氧气的浓度，或充入惰性气体以达到保鲜的目的。冰温贮藏保鲜是指将食品贮藏在 0℃ 以下至冰点以上的温度范围内保鲜的过程，属于非冻结贮藏保鲜；在冰温条件下贮藏的果蔬不仅不破坏果蔬细胞结构，还可以显著提高果蔬的生理品质，抑制病原菌的生长。

（二）辐射保鲜

其原理是通过电离辐射干扰果蔬基础代谢，延缓果蔬的成熟衰老，改变果蔬品质，减少害虫及微生物等引起的果蔬腐烂损失，从而延长果蔬的保藏期。根据 FAO/IAEA/WHO 联合专家委员会的标准，采用 10kGy 的射线辐照食品在毒理学上不存在危险，因此常用 10kGy 以下的剂量来控制果蔬的采后病害。当然，水果种类不同，其所采用的辐照剂量有所差异，如柑橘类所需剂量为 0.3～0.5kGy，蔬菜处理剂量为 0.05～0.15kGy（Li & Zhu，2012；Marquenie，2002），采用不同剂量的 γ-射线辐照处理草莓果实，发现各处理均可以降低果实采后的腐烂率，且最适宜的辐照剂量为 2.5～3.5kGy。

（三）气调保鲜

气调保鲜是采用改变贮藏环境的气体成分,抑制呼吸作用和病原菌的生长,并降低酶活性,以达到贮藏保鲜的目的。通常气调可分为自发气调(MA)和人工气调(CA)。通过改变贮藏环境的气体成分(N_2、O_2 和 CO_2 的比例),以降低果实的呼吸消耗,减少乙烯产生量,降低酶活性,同时抑制微生物的繁殖,防止霉烂,从而达到贮藏保鲜的目的。

（四）减压贮藏保鲜

减压贮藏保鲜的原理是通过降低贮藏环境中的气体压力,将环境中 O_2 和 CO_2 的比例保持适宜,并能将果蔬释放的乙烯及时排除,降低其呼吸作用,从而达到保持果蔬品质和延长贮藏期的目的。

（五）超高压处理法

这是一种新兴的冷杀菌的贮藏保鲜方法,能够将果蔬的保鲜期延长到半年左右,而且能够减少果实营养物质、风味物质、颜色等方面的变化;缺点是设备条件要求较高。

（六）高压脉冲电场贮藏保鲜技术

这是一门比较新的冷杀菌贮藏保鲜技术,其保鲜原理是通过两个电极间产生的瞬时高压来消灭果蔬表面感染的病原菌,并且钝化相关酶活性,从而延长果蔬的保存期。这一技术具有能耗低、无辐射、风味破坏小、工艺简单等一系列优点,可用于果蔬采后病害的防治。

（七）食品防腐剂处理法

目前,大多食品防腐剂也可用于杨梅采后病害的防治。应用于杨梅保鲜的防腐剂主要有苯甲酸钠、山梨酸钾、植酸、蔗糖酯、水杨酸和尼泊金乙酯等。而用保鲜剂处理的原理是利用化学或天然药剂,起到杀菌防腐作用并形成一种不可见的透明膜,形成微型气调环境,从而降低果实的呼吸强度,达到延缓衰老的目的。化学保鲜剂是控制果蔬采后病害的常见的手段之一,具有经济、杀菌效果好、见效快等特点,因此被广泛应用于果蔬的采后病害的控制。乙醇作为一种植物天然产生的次生代谢物质,具有强烈的杀菌作用,用适量的乙醇熏蒸处理可显著抑制杨梅等果实的采后腐烂并保持其品质(杨爱萍,2011),表明乙醇处理在杨梅果实保鲜中具有较好的应用前景。近年来,有关化学保鲜剂的安全问题受到了人们的广泛关注,因此,天然保鲜剂的研究日益受到重视,如大蒜提取物和乳酸链球菌素等也能够有效提高果实的耐藏性。目前天然保鲜剂研究报道及应用中主要以壳聚糖为主,壳聚糖是一类结构类似于纤维素的氨基多糖生物聚合物,其水溶液形成的薄膜具有选择性透气的特性,又因其无毒,适合于果蔬涂膜保鲜,是一种较为理想的保鲜剂。壳聚糖是一种天然的抑菌物质,对果蔬进行适宜浓度的涂膜处理,可以有效防止其在贮藏期间的失水和皱缩,减缓营养物质消耗,并能提高各种抗病相关酶的活性,因此也可用于果蔬采后病害的防治。

（八）气体熏蒸

这是一种利用具有杀菌作用的气体来处理果蔬以延长果蔬保鲜期的方法。目前报道的熏蒸气体有一氧化氮、一氧化二氮、臭氧和氯气等。一氧化氮在果蔬防腐保鲜过程中,主要是能够抑制果蔬内源乙烯的合成和病原菌的生长,从而达到防腐保鲜的目的。

（九）拮抗菌技术

这是利用微生物之间的拮抗作用,选择对果蔬产品不造成危害的微生物来抑制引起果蔬采后腐烂的微生物,以达到控制果蔬采后病害的一门技术。

控制果蔬采后病害的拮抗菌主要有细菌、酵母菌和小型丝状真菌,这些微生物主要通过竞争、寄生和产生抗生素等作用方式来抑制病原菌的生长,对果蔬采后腐烂有明显的抑制作用。拮抗菌在果蔬采后病害防治中具有广谱性,某些拮抗菌能够对一种或多种果蔬的采后病害菌具有防治效果。

三、蔬菜发酵中亚硝酸盐的产生途径及控制

发酵蔬菜是以新鲜蔬菜为原料、经微生物发酵而成的一种传统食品,除含有原料蔬菜固有的营养和风味物质外,还含有多种因发酵产生的风味和生理活性成分。与新鲜蔬菜相比,发酵蔬菜具有更好的口感、风味和保藏性,是居家和旅游的佐餐开胃佳品。蔬菜类特别是一些叶菜类因含有较普遍的硝酸盐,在蔬菜的腌制加工过程中尤其是发酵初期,由于部分微生物产生的硝酸盐还原酶,将蔬菜在发酵过程中的硝酸盐还原成亚硝酸盐,虽然发酵后期乳酸菌自身酶体系及其代谢产生的乳酸可使亚硝酸盐部分降解,但却无法完全消除,因此亚硝酸盐的残留是不可避免的。当人体长时间摄入亚硝酸盐后会出现中毒,甚至有致癌、致畸的作用。目前,有关发酵蔬菜中亚硝酸盐的消长规律及其影响因素的研究较多,对亚硝酸盐降解方法也有报道,近年来接种乳酸菌发酵蔬菜降解亚硝酸盐这一方法就是较热的研究。以下将从亚硝酸盐的危害以及在发酵蔬菜中的产生机理和消减方法进行论述,期望为发酵蔬菜的生产和安全消费提供重要参考。

(一)亚硝酸盐对人体的危害

1. 亚硝酸盐急性中毒

人体长期摄入亚硝酸盐,可使血管扩张,进而导致亚硝酸盐被吸收进入血液,氧化亚铁血红蛋白中二价铁被氧化为三价,变成高铁血红蛋白,使血液降低输氧能力,皮肤呈现出青紫现象。若血液中氧化产生的高铁血红蛋白占原亚铁血红蛋白的20%及以上,则会出现缺氧症状,引起急性中毒。亚硝酸盐中毒症状如下:早期出现头痛头晕、呕吐恶心、心跳加速,伴有胸闷、呼吸困难急促、烦躁不安等,后期严重者伴有心跳减退、惊厥昏迷、全身呈青紫色、血压下降、呼吸循环衰竭等,口唇发紫后30min内不及时抢救,可能导致很快昏迷死亡。亚硝酸盐引起的中毒,潜伏期很短,一般为10min。对人的中毒剂量为0.3～0.5g,致死量为3.0g(Gangolli,1994)。

2. 亚硝酸盐致癌作用

亚硝酸盐本身不致癌,但亚硝酸盐与胺类物质反应后生成的亚硝胺具有强致癌作用,至今还没有发现有任何一种动物可以抵制亚硝胺的致癌作用(马俪珍,2006)。无论是一次性大剂量或是长期小剂量摄入亚硝胺均能引起癌症,并且妊娠时期摄入后会通过胎盘连带子代致癌,给妊娠母鼠5mg/kg的N-乙基亚硝胺(ENU)饲喂量即导致63%的仔鼠发生癌症(肿瘤)(Tanaka,1980)。多年来研究均表明,人体的胃癌、肝癌和食道癌等都与亚硝胺有关(熊瑜,2000)。另外,也有报道称,亚硝酸盐的致癌作用表现在可以促进癌细胞生长活力,因为癌细胞可以富集亚硝酸盐产生NO,促进癌细胞适应缺氧环境存活,肿瘤组织内NO增加,不但增加肿瘤血管形成,加大血流量,而且促进其恶性表型发展(皇甫超申,2009)。

3. 亚硝酸盐致畸作用

研究表明,婴幼儿对亚硝酸盐特别敏感,当亚硝酸盐超过一定极限时,可导致婴儿高铁血红蛋白症,血中高铁血红素含量达到70%时,就可以引起窒息(朱济成,1995)。人体长期

摄入亚硝酸盐而引起身体细胞长期氧的供应减少,造成智力迟钝,儿童长期饮用含有大量亚硝酸盐的水则会导致视觉和听觉的条件反射均变迟钝(朱济成,1995)。

(二)各国标准对亚硝酸盐残留量的规定

联合国粮农组织(FAO)和世界卫生组织(WHO)规定,每日硝酸钾或硝酸钠的允许摄入量为 0.5mg/kg,亚硝酸钾或钠为 0.2mg/kg。美国农业部规定,硝酸盐和亚硝酸盐可以应用到除了婴儿、少年食品、绞碎禽肉之外的肉制品加工中,其中腌制剂硝酸盐、亚硝酸盐或其混合物的应用,终产品中亚硝酸盐残留量不超过 20mg/kg(以亚硝酸钠计)。日本规定肉制品中亚硝酸盐的残留量<70mg/kg。我国针对肉制品中亚硝酸钠残留量在《食品添加剂使用卫生标准》(GB2760—2014)中规定,残留量(以 $NaNO_2$ 计)肉制品不得超过 30mg/kg,肉类罐头不得超过 50mg/kg,腌制盐水火腿不得超过 70mg/kg。另外,我国《酱腌菜卫生标准》(GB2714—2015)中规定酱腌菜中亚硝酸盐(以 $NaNO_2$ 计)含量不得超过 20mg/kg,绿色酱腌菜中亚硝酸盐含量不得超过 4mg/kg。

(三)发酵蔬菜中亚硝酸盐产生机理

1.硝酸盐还原酶

亚硝酸盐是由硝酸盐在硝酸盐还原酶的作用下转化生成。研究表明,硝酸盐还原酶可分为参与硝酸盐同化作用的同化型还原酶和催化以硝酸盐为活体氧化最终电子受体的硝酸盐呼吸异化型(呼吸型)还原酶(Jeter, 1984;Martínez-Luque, 1991)。但是它们的基因、性质、位置、功能和生理特性不同,同化型存在于高等植物、藻类、菌类及细菌中,由硝酸盐诱导,可被氨和有机氮抑制;异化型存在于许多兼性好氧细菌中,多为与细胞膜结合的不溶性酶,可还原硝酸盐生成亚硝酸盐(Martínez-Luque, 1991;Stewart, 1988)。

2.亚硝酸盐积累与微生物中硝酸盐还原酶的关系

当气候干燥、光照不足、氮肥施用量大或土壤缺钼时,植物蛋白的合成会发生障碍,从而使过量的 NO_2^-、NO_3^- 积蓄在植物体内,这就是蔬菜中存在一定量的硝酸盐和亚硝酸盐的原因。早在 1943 年 Wilson 就指出蔬菜中硝酸盐会被细菌还原成亚硝酸盐。在蔬菜发酵初期,乳酸菌还未成为优势菌,乳酸发酵缓慢,pH 仍较高,一些由蔬菜表面和腌制器皿所携带的具有硝酸盐还原酶活性的微生物生长未受抑制,导致累积的硝酸盐被大量转化为亚硝酸盐。如大肠杆菌、假单胞菌、副大肠杆菌、枯草芽孢杆菌、地衣芽孢杆菌、产氨短杆菌、脱硫弧菌等具有硝酸盐还原酶(Wilson, 1943;Bursakova, 2000)。Fleming 等(1988)发现,泡菜在发酵过程 1~3d 内总好氧菌、肠道菌和乳酸菌迅速繁殖。郭晓红等对甘蓝乳酸发酵初期微生物区系的细菌进行分类并测定了硝酸盐还原反应(郭晓红,1989),结果表明,所有的乳酸菌(明串珠菌属、乳杆菌属和片球菌属)的硝酸盐还原反应都为阴性,而其他细菌属多为阳性(肠道细菌科、黄杆菌属、假单胞菌属和葡萄球菌属)。研究表明(马巍,2013),肠杆菌属和黄杆菌属等革兰氏阴性菌形成的硝酸盐还原酶作用是发酵蔬菜中亚硝酸盐大量形成的原因。

3.亚硝酸盐积累与发酵蔬菜中硝酸盐还原酶的关系

硝酸盐还原酶不仅存在于微生物细胞质内,也存在于植物体内。许多研究表明,硝酸盐还原酶活性水平与植物体内多种代谢过程和生理指标有关,是一种重要的诱导酶(田华,2009)。虽然纪淑娟等(2001)在研究泡菜发酵过程中亚硝酸盐的消长规律时指出大白菜中的硝酸盐还原酶与亚硝酸盐形成无直接关系,但也有报道认为,亚硝酸盐的形成还与蔬菜中硝酸盐还原酶的作用有关。燕平梅等(2006)认为腌菜中硝酸盐、亚硝酸盐含量变化跟蔬菜和微生物中的硝酸盐还原酶均有关,在腌制时间内,白菜、甘蓝和白萝卜中的硝酸盐还原酶活性呈相同消长趋势,发酵初期(1~2d),三者的硝酸盐还原酶活性均稍有增大,依次为甘蓝、大白菜和白萝卜。何玲等(2007)发现浆水芹菜发酵中,硝酸盐还原酶活性与亚硝酸盐峰值出现时间相一致,并且硝酸盐还原酶活性会随着芹菜热烫时间的延长而降低,甚至失活。另外,何玲等(2012)研究发现发酵辣椒中的硝酸盐还原酶活性和亚硝酸盐含量的变化一致。

4."亚硝峰"

"亚硝峰"的出现是蔬菜发酵过程中亚硝酸盐含量变化的显著现象。刘玉龙(1985)在对大白菜腌制过程中亚硝酸盐形成规律研究时发现亚硝酸盐随时间变化曲线会出现"亚硝峰"。据研究报道,当 pH4.0 时,亚硝酸盐开始进行酸降解,且随着 pH 值下降,这种酸降解值逐渐增加(张庆芳,2002),因此推导出"亚硝峰"出现时间应在环境 pH4.0 左右。对于发酵温度(7~30℃)和食盐浓度对"亚硝峰"的影响,实验证明(黄书铭,1998;郑桂富,2000),温度高,"亚硝峰"生成早,峰值低;温度低,"亚硝峰"生成晚,峰值高。食盐浓度较低,"亚硝峰"出现早,峰值低;食盐浓度较高,"亚硝峰"出现晚,峰值高。这是因为较高的温度使乳酸菌易于繁殖,乳酸发酵较快,酸性环境抑制了杂菌生长,同时又促进了已生成的亚硝酸盐分解,其作用机理是:$NO_2^- + H^+ \Longrightarrow HNO_2$,$3HNO_2 \Longrightarrow H^+ + NO_3^- + 2NO + H_2O$,即亚硝酸盐与酸作用,产生游离酸,亚硝酸不稳定,进一步分解产生 NO(李金红,2002);而较高的盐度可以不同程度地抑制各种杂菌生长,减少亚硝酸盐的产生。另外,乳酸菌纯种发酵与自然发酵相比,"亚硝峰"出现早,峰值低(赵书欣,1998;孟宪军,1999;张庆芳,2001)。

(四)发酵蔬菜中亚硝酸盐的消除方法

1.控制发酵条件降低亚硝酸盐

发酵蔬菜中亚硝酸盐的产生机理,特别是"亚硝峰"出现时间随发酵条件的改变而变化的现象,表明控制发酵蔬菜的起始 pH、食盐浓度、发酵温度和时间均能对亚硝酸盐的含量产生影响。但考虑到食盐浓度、发酵温度和时间已是促使发酵蔬菜良好风味和口感形成即腌制成熟的条件,所以,调节发酵起始 pH 是降低亚硝酸盐的可行方法。酸性环境不仅可以及时抑制有害微生物的产生,还能分解破坏亚硝酸盐。李增利(2008)以甘蓝为原料调节不同起始 pH 值进行腌渍,发现 pH 值能显著影响"亚硝峰"出现时间及峰值,较低且较稳定的pH 值能实现低含量的亚硝酸盐。张少颖(2011)在腌渍甘蓝时,调节起始 pH 为 3.0~4.0,使得发酵过程中的硝酸盐还原酶受到抑制,从而有效地降低了亚硝酸盐含量。

2.添加阻断剂降解亚硝酸盐

在发酵蔬菜制作过程中经常会添加生姜、大蒜、花椒、辣椒等辅料,在增加风味和口感的同时,其抗氧化成分还可以起到消除亚硝酸盐的作用。姜汁中的姜油酮、6-姜油酮酚和6-姜烯酚就具有较强的抗氧化特性(段翰英,2001),同时对硝酸盐还原菌具有一定的抑制作用(郝利平,2002)。汪勤等(1991)在腌制蔬菜过程中添加姜汁,有效地阻断了亚硝酸盐的产生,并且从阻断效力上看,姜汁全液>姜汁清液>姜汁沉淀物。段翰英等(2001)在 5%盐浓度和 32℃条件下,添加 4%的姜汁腌制芹菜,结果表明,72h 后亚硝酸盐残留量是对照组的74%。大蒜中的巯基化合物可与亚硝酸盐结合生成硫代亚硝酸盐酯类化合物从而降解亚硝酸盐(郭晓红,1989);另一方面,蒜汁中的酸辣素和蒜氨酸可以一定程度地抑制硝酸盐还原菌,同时低浓度的蒜汁还可以促进乳酸菌的生长(郝利平,2002)。张素华等(2001)在泡菜发酵初期添加了不同比例的大蒜泥,结果发现,大蒜泥的用量越多,对亚硝酸盐的抑制效果越好,但过量的大蒜对泡菜风味影响较大,所以得出了大蒜泥的最佳用量在1.0%～1.5%。郑琳等用肠膜明串珠菌接种甘蓝泡菜时(郑琳,2005),分别添加了姜汁和蒜汁进行发酵,结果两者都能显著抑制亚硝酸盐的产生。杨国浩等(2011)在对大蒜微波浸提液对亚硝酸盐的清除效果研究中发现,大蒜微波浸提液在pH为4.0、微波功率460W和微波作用时间90s时对亚硝酸盐清除率可达99.26%。李品艾等(2011)研究发现花椒水浸提液对亚硝酸盐有较强的清除作用,同时可抑制硝酸盐还原菌的生长。另外,也有很多研究报道了维生素C、多酚、果蔬、植酸等对亚硝酸盐的抑制作用。抗坏血酸能够阻止硝酸盐类的还原及加速脱氮的生化过程从而抑制亚硝酸盐的生成。汪勤等(1991)在腌制蔬菜过程中添加了维生素C,结果发现,对亚硝酸盐有直接的消除作用,并且维生素C与亚硝酸盐的浓度为100∶1时,即可达到完全消除亚硝酸盐的目的。庞杰等(2000)在萝卜酱菜中添加维生素C,结果表明,0.01%～0.04%的维生素C对亚硝酸盐的阻断效率为16.16%～72.33%,而段翰英等(2001)在芹菜泡菜中添加0.1%维生素C的阻断效率为47.8%,明显低于萝卜酱菜中的阻断作用,这可能与蔬菜的种类有较大关系,而且维生素C的阻断效果也会受到环境pH的影响,pH较低时,其阻断亚硝酸盐的能力较强(王树庆,2011)。茶多酚降低亚硝酸盐产生的途径有与NO_3^-作用、抑制硝酸盐还原菌的活动或与NO_2^-直接作用,而最后一种是主要途径(周才琼,1998)。周才琼等(1998)发现在莴笋酱菜中添加茶多酚的最佳抑制浓度为0.02%～0.04%,该浓度对NO_2^-的阻断率为50%～64%。刘钢等(2011)研究石榴皮多酚提取物对亚硝酸盐的清除作用时发现,当石榴皮多酚浓度为4.0mg/mL时,对亚硝酸盐的清除率达到83.17%。植酸在食品工业中常作为抗氧化剂、稳定剂、保鲜剂和护色剂,是一种多功能的新型食品添加剂。丁筑红等(2004)将植酸添加到白菜乳酸发酵过程中,结果与对照组相比,"亚硝峰"出现晚且峰值低而平缓,随着植酸添加浓度增大,亚硝酸盐积累减少,当添加量达到0.05%时,"亚硝峰"已经不明显。由此可见,添加安全可靠的阻断剂于发酵蔬菜中,不仅能开发出更多风味的发酵蔬菜,还可以减少亚硝酸盐的危害,提高发酵蔬菜的食用安全性。

3. 乳酸菌降解亚硝酸盐

乳酸菌大多不能还原硝酸盐为亚硝酸盐,除了个别种类,如植物乳杆菌在pH6.0以上时有些菌株具有还原硝酸盐的能力,因为它们没有细胞色素氧化酶系统,而且大多乳酸菌也不具有氨基酸脱羧酶,不会产生生物胺,因此,纯种接种乳酸菌发酵安全性高,同时,乳酸菌发酵能够产酸、生香、脱臭和改善营养价值,赋予产品特有的风味(Gierschner,1991)。

现阶段在发酵蔬菜中亚硝酸盐的降解研究中接种乳酸菌纯种发酵是最为热门的技术之一。乳酸菌降解亚硝酸盐是通过细胞质中的亚硝酸盐还原酶以及产生的乳酸等酸性物质实现的,因此,在现有的研究中就有"酶解"和"酸解"阶段论。据张庆芳(2002)研究报道,在发酵的前期,培养液pH>4.5时,乳酸菌对亚硝酸盐降解以酶降解为主;发酵后期,由于乳酸菌本身产生酸,培养液pH值降低,当pH<4.0后,亚硝酸盐的降解主要以酸降解为主。李春等(2010)则认为,乳酸菌降解亚硝酸盐的主要因素是产生的酸,当pH低于6时,亚硝酸盐大量降解,而乳酸菌中亚硝酸盐还原酶的作用不大。

无论是酶降解还是酸降解,接种乳酸菌发酵剂,尤其是混合接种时乳酸菌的"酶解"和"酸解"均可以发挥作用并且能够抑制杂菌生长,使食用安全性得到更大的保障。这也是近年来接种发酵成为控制亚硝酸盐热门方法的主要原因。郑琳等(2006)比较短乳杆菌、肠膜明串珠菌用于甘蓝发酵时发现两种菌株均能有效降低亚硝酸盐含量,而后者效果较佳。周光燕等用棒状乳杆菌棒状亚种、短乳杆菌、布氏乳杆菌、干酪乳杆菌干酪亚种、植物乳杆菌五种乳酸菌分别接种于泡菜中(周光燕,2005),结果发现,植物乳杆菌可以明显缩短泡菜的发酵时间,泡菜的色、香、味明显较好,并且显著降低亚硝酸盐含量。邹礼根等(2006)发现腌制蔬菜过程中接种混合菌种(等比例的干酪乳杆菌、鼠李糖乳杆菌和植物乳杆菌)可显著降低亚硝酸盐含量,而接种植物乳杆菌则对干腌蔬菜中的亚硝酸盐含量具有明显的降解作用。龚刚明(2010)等将白菜接种乳酸菌发酵,结果表明,与自然发酵相比,人工接种发酵 5d 后亚硝酸盐含量为 $1.64\mu g/mL$,"亚硝峰"出现在第 2d,而自然发酵为 $8.81\mu g/mL$,"亚硝峰"在第 3 天,亚硝酸盐得到了显著降低。何俊萍等(2012)以芹菜为原料,接种肠膜明串珠菌和短乳杆菌进行发酵,结果表明,肠膜明串珠菌和短乳杆菌组合优于单菌及其他混菌组合,两者 1∶3 时为降解亚硝酸盐的最佳配比。刘广福等(2013)接种嗜酸乳酸菌进行酸菜发酵,发现酸菜发酵过程中亚硝酸盐呈现先升后降的趋势,且一直处于较低水平,在 5d 出现峰值,发酵至 15d 亚硝酸盐几乎消失,而自然发酵法生产的酸菜发酵初期亚硝酸盐含量较高,峰值出现在 7d,含量为 20.84mg/kg。同样,崔松林在接种嗜酸乳杆菌进行酸菜发酵时发现酸菜的发酵周期明显缩短并且安全性更高(崔松林,2014)。

传统发酵蔬菜中食盐浓度过高会对人体某些器官造成永久性损坏。为了使腌制产品更加健康,日本已经出现了低盐、低酸、少糖的腌制技术。经过一系列的改革,较好的腌制系统已经可以克服低盐带来的变色、变味、软化和胀气等问题。这种腌制系统就是采用食盐以外的物质,如氯化钙、氯化钾等,来代替大部分食盐,并且选育优良菌株接种,人为创造最适生长条件,加强乳酸菌发酵作用,在抑制有害微生物入侵的同时实现快速、安全发酵(Yamani,1999),这也为我国生产高品质腌制菜提供了参考。

第四节 酒类发酵生产产品质量安全及控制

赭曲霉毒素是一种微生物(主要由霉菌等真菌)产生的有害物质,目前在食品中的检测与控制主要集中在以葡萄为原料的葡萄酒发酵产品中。近年来在许多食品如水产品、啤酒、香菇、果蔬、肉制品甚至奶制品中也出现了甲醛超标问题,甲醛残留成为食品安全关注的焦点问题。而对人体健康产生较大危害的氨基甲酸乙酯主要存在于黄酒类产品中。本节将简要介绍葡萄酒中赭曲霉毒素的微生物来源、产生条件及控制方法,啤酒中甲醛的产生途径及易感甲醛食品中甲醛的产生途径及控制方式,黄酒生产过程氨基甲酸乙酯的形成机理及控制方法。

一、果酒生产赭曲霉毒素的产生途径及控制

(一)赭曲霉毒素及其相关食品简介

赭曲霉毒素(ochratoxin,OT)是霉菌代谢后产生的一大类对人体有较大影响的危害物。主要是由青霉属(*Penicillium. sp*)(疣孢青霉菌)和曲霉属(*Aspergillus* sp)(赭曲霉和黑曲霉)等真菌产生的一类次级代谢产物,其中赭曲霉毒素 A(简称 OTA)是其中最重要的一种毒素。

该毒素目前对人类食品安全的威胁主要发生在以葡萄为原料的发酵制品中,其中最重要的是葡萄酒产品;葡萄酒是国际公认的健康饮品,是国民经济发展中增长较快、最具活力的产业之一。从消费水平来看,2011 年中国葡萄酒人均消费量仅为 1.06L,随着城市化进程加速、居民可支配收入水平提高以及新生代消费群崛起,中国人均葡萄酒消费量有很大增长空间。近几年葡萄酒年增长率在 16.5% 左右,2011 年葡萄酒产量为 1.2×10^9 L,销售收入 295.83 亿元,利润 23.27 亿元;2012 年底,产量更是达到了 1.4×10^9 L。虽然近年来葡萄酒产业发展迅速,但与蓬勃发展的进口葡萄酒相比,国产葡萄酒无论在出口数量还是出口销售额上所占比重都较低;并且存在产品同质化、质量安全隐患大的缺陷,已严重影响到葡萄酒行业的健康发展。因此,提高国产葡萄酒质量、降低生产成本、消除质量安全隐患是提高我国葡萄酒国际竞争力的主要策略,也是我国葡萄酒行业持续稳定发展的关键所在。

葡萄酒的质量受原料、发酵剂、发酵条件和贮藏条件等因素的影响,其中微生物对品质的影响甚大。葡萄酒的酿造更离不开微生物的活动,主要是酿酒酵母菌,但也有乳酸菌参与,而乳酸菌对感官品质有重要的影响。另一方面,还有一些数量和种类不确定的有害菌,主要是霉菌、酵母菌和乳酸菌的一些菌株和种类,这些菌在一定条件下利用底物(或有害代谢产物的前体分子等)以特定的代谢方式和途径形成有害代谢产物。其中安全隐患较大的由微生物代谢产生的有害物有赭曲霉毒素、生物氨和氨基甲酸乙酯三大类。

本节将重点介绍以葡萄为主要原料的产品中的赭曲霉毒素产生的途径、相关微生物种类及其变化规律。国内外对葡萄酒中赭曲霉毒素的产生来源途径、变化规律等一系列研究,为葡萄酒生产过程中的品质控制及质量安全保障提供了理论证据;同时对提升国内外葡萄酒产品的安全及检测预警能力等具有十分重要的指导作用。

(二)赭曲霉毒素的结构及其结构类似物

赭曲霉毒素主要有系列结构类似物及两种降解物,如 OTA、OTB、OTC、OTA-ME、OTA-ET、OTB-ME、4R-Hy-OTA、4S-Hy-OTA、10-Hy-OTA、OTα 和 OTβ(何云龙,2009;杨家玲,2008),其中 OTA 是其中最重要的一种毒素,其结构如图 15-1 所示。

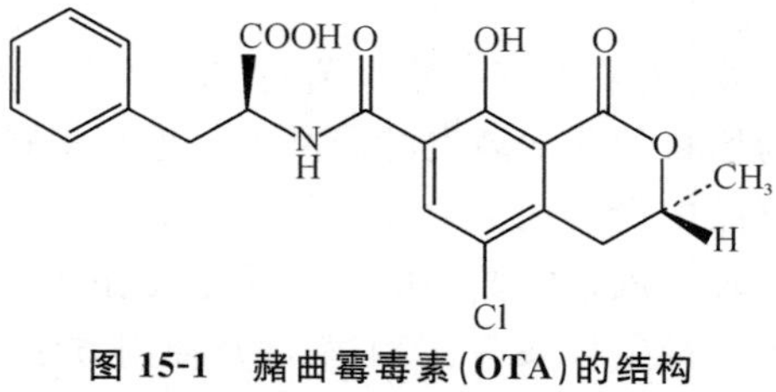

图 15-1　赭曲霉毒素(OTA)的结构

(三)OTA 的危害性与葡萄酒中 OTA 的含量水平及限量标准

研究发现,OTA 具有肾毒性、肝毒性、基因毒性、致畸性、免疫毒性和胚胎毒性等,毒性仅次于黄曲霉毒素,在赭曲霉毒素中毒性最强(Zimmerli,1996)。自 1970 年发现以来,大量研究证实,OTA 广泛发生于各种农产品及其副产品中,包括谷物、水果、咖啡、葡萄干、葡萄酒和啤酒中,一些调味酱、调味汁酱油、可可粉、干果和肉类中也有少量存在。许多研究人员认为 OTA 是导致 20 世纪 50 年代巴尔干半岛地方性肾病的主要原因,并且已从人的血清、尿等中检测到 OTA(Coronel, et al., 2011)。食品法典委员会认定,OTA 对人类威胁最重要的食品类别依次为:谷类＞葡萄及其制品＞咖啡豆及其制品＞其他。在欧洲的日常饮食中,葡萄酒特别是红葡萄酒已被世界粮农组织和世界卫生组织鉴定为人类直接接触OTA的第二大来源,仅次于谷物。OTA在1993年被国际癌症研究机构(International Agency for Research on Cancer, IARC)划为2B类致癌物。

　　Zimmerli(1995)在1995年首次在葡萄酒中检测出OTA之后,很多欧洲国家、摩洛哥、日本、澳大利亚等国随即不同程度地在葡萄酒中检出OTA。欧洲国家葡萄酒中OTA的含量一般为0.01~3.4μg/kg;甜酒中OTA含量稍高,一般为1~3.9μg/kg;普遍的调查研究显示葡萄汁中OTA含量较高,达1.16~2.32μg/kg;而葡萄干中OTA含量更高,一般超过40μg/kg;研究普遍发现欧洲南部OTA发生率和含量均高于欧洲北部地区,也就是温度对其产生影响较大,并且红葡萄酒中的平均含量高于白葡萄酒(Battilani,2002;Varga,2006)。大量的研究还表明,欧洲南部及北非地区生产的约70%的红葡萄酒中均有OTA,有的含量甚至达到7.0ng/mL。

　　世界卫生组织/粮农组织食品添加剂联合专家委员会(JECFA)第56次会议上,委员会明确提出100ng/(kg·BW)每周容许摄入量(PTWI)(李凤琴,2003)。欧盟委员会(EU)在2005年制定的相关标准中规定,葡萄酒以及用于饮料制作的葡萄汁中OTA限量为2.0μg/L;国际葡萄与葡萄酒组织(OIV)推荐葡萄酒中OTA的最大限量为2μg/L(Sáez, et al., 2004)。有些国家和商家(例如芬兰、英国的一些超级市场)对OTA做了低于0.5μg/kg的限量标准(李凤琴,2003)。我国GB2715—2005粮食卫生标准规定,谷类和豆类中的OTA限量为5.0μg/kg,但对于葡萄酒中的OTA还没有制定相应的限量标准,有待于进一步研究OTA发生规律与控制方法后建立相关标准。

(四)OTA的性质与葡萄酒中OTA存在的影响因素

　　褚曲霉毒素A的稳定性强、不易降解,与其他真菌毒素一样,OTA耐热,在超过250℃温度下生产与加工不分解,但可以降低毒性,因此,在未加工以及加工过的食品类产品中都包含有OTA。同时冷冻也不能将其从食物中除去,人通过饮食广泛摄取。动物食用了含有OTA的饲料导致体内残留从而使动物制品被污染,这些残留的OTA也经由食物链进入人和动物体内,也严重危害人体健康(Pattono, et al., 2011;Battilani,2002;孙蕙兰,1989;赵博,2006)。

　　大量研究认为,葡萄酒中OTA含量水平和葡萄原料的产区、产区气候、葡萄种植方式、病虫害、温度、湿度和水活度密切相关。葡萄在种植的过程中葡萄的种皮上就会携带OTA产生菌,这些微生物在适宜的条件下(如气候潮湿、种皮破损等)会迅速繁殖成为葡萄酒中OTA产生的重要隐患;葡萄采摘是葡萄酒生产的前提,也是葡萄酒中OTA产生的转移媒介,采摘过程中的不合理操作,会将大量腐烂变质的葡萄作为原料,从而将OTA产生菌转移至葡萄酒中;温度、水活度和培养基成分等,这些因素都会影响产毒菌的生理机能及产毒效率;不同品种的葡萄对于褚曲霉毒素A产生菌的敏感程度不同,葡萄皮是葡萄抵御外界感染的主要屏障,葡萄皮的厚度与葡萄被感染的程度以及葡萄中OTA的含量都有着密切的关系,生物或非生物引起的葡萄破损,使葡萄更易被真菌感染(刘彬,2010;Běláková, et al., 2011;Pardo, et al., 2004;Astoreca, et al., 2007;Esteban, et al., 2006;Bellí, et al., 2007;Minguez, et al., 2004;Rousseau, 2004;Leong, et al., 2006;康健,2009)。

　　萄萄酒中的OTA不仅与葡萄原料有关,而且与其生产过程也有密切关系,OTA会随不同生产过程发生规律性的变化,浸渍时间长短也关系到OTA含量水平(Grazioli, et al.,

2006；Delage, et al., 2003；Battilani, et al., 2006）；葡萄酒的后熟过程也在很大程度上影响 OTA 的含量，比如酒液再次透过酒糟和酒液中加活性炭或沸石都可在一定程度上降低 OTA 的含量（Espejo, 2009；Amézqueta, et al., 2009）。

OTA 产生菌的污染、生长及产毒是农产品中 OTA 残留的根本来源，OTA 产生的微生物种类主要有曲霉属（*Aspergillus* sp.）和青霉属（*Penicillium* sp.）的某些种（Abarca, et al., 2003；Bellí, et al., 2004），如炭黑曲霉（*Aspergillus carbonarius*）、赭曲霉（*Aspergillus ochraceus*）以及疣孢青霉（*Penicillium verrusosum*）（Pitt, et al., 2000；Chulze, et al., 2006）。表 15-1 和表 15-2 是对宁波地区几种葡萄品种的真菌污染情况以及真菌种类分布的检测结果。

表 15-1　不同葡萄品种表面的真菌污染分析　　　　　（单位：CFU/g×10³）

葡萄品种	状态	曲霉属	青霉属	毛霉属	根霉属	枝孢属	酵母菌	霉菌总数	菌落总数
夏黑	健康	0.73±0.12	1.25±0.08	—	0.03±0.00		1.77±0.07	2.01±0.09	3.78±0.09
	损伤	1.88±0.17	9.38±0.11	2.55±0.17	0.17±0.01		12.11±0.18	13.98±0.14	26.09±0.17
甬优1号	健康	0.85±0.03	0.78±0.04	0.97±0.09	0.11±0.01		3.25±0.11	2.71±0.09	5.96±0.10
	损伤	2.53±0.21	7.58±0.22	3.23±0.23	0.88±0.03	0.23±0.01	25.33±1.27	14.45±0.19	39.78±1.13
巨峰	健康	0.13±0.02	0.89±0.01		0.12±0.02	0.03±0.00	2.41±0.13	1.17±0.01	3.58±0.12
	损伤	1.52±0.07	17.15±1.29	0.95±0.01	0.58±0.01	0.08±0.01	33.26±2.58	20.28±0.95	53.54±2.15

注："—"未分离到该类菌株。

表 15-2　不同葡萄品种表面的真菌种类分布　　　　　（单位：种）

葡萄品种	状态	曲霉属	青霉属	毛霉属	根霉属	枝孢属	酵母菌	霉菌总数	菌属总数
夏黑	健康	7	10	—	1	—	3	18	21
	损伤	12	23	3	2		17	40	57
甬优1号	健康	7	11	4	1		2	23	25
	损伤	17	13	6	5	1	12	42	54
巨峰	健康	9	14	—	9	1	5	33	38
	损伤	11	18	5	11	3	21	48	69
总数		18	25	6	11	3	23	63	86

（五）国内有关葡萄酒相关的赭曲霉毒素的研究进展

赭曲霉毒素系列有害物影响葡萄酒的安全性和健康性，国外已做了大量的研究，全面而深刻，包括系列赭曲霉毒素的来源（产生途径）、影响因素、检测方法和降解脱毒的研究。国内对葡萄酒中 OTA 的重视程度还不够，绝大多数仅停留在检测方法的优化及含量水平的检测。如有研究（褚庆华，2006）使用 HPLC 法测定了啤酒、葡萄酒和黄酒中的 OTA，并与免疫亲和层析净化荧光光度法测定做了比较;张辉珍(2008)用免疫亲和层析净化荧光检测器测定 OTA。雷纪锋等为探究食品中霉菌产 OTA 的精确、高效和经济的检测方法,将免疫亲和柱(IAC)、C_{18} 固相萃取柱(C_{18} SPE)、液液萃取(LLE)、旋转蒸发器浓缩(EC)和玻璃微纤维滤纸(GMF)相结合,液相色谱——四级杆静电场轨道阱质谱(LC-Q-Orbitrap)方法,比较了以上 4 种前处理方法检测结果的差异性(雷纪锋,2015)。实验结果表明,采用旋蒸浓缩联用玻璃微纤维滤纸(EC-GMF)方法对 OTA 的回收率显著高于其他组合,这些方法的回收率大小顺序依此为 EC-GMF(104.94%),IAC-GMF(92.76%),C_{18} SPE-GMF(86.86%),LLE-GMF(55.42%)。其特点分别为采用免疫亲和柱联用玻璃微纤维滤纸(IAC-GMF)的前处理净化效果最好,基底干净,杂质种类少且含量低;最后综合考虑样品检测效果和检测成本,采用旋蒸浓缩和玻璃微纤维滤纸相结合,LC-Q-Orbitrap 检测,可作为 OTA 检测的一种可行方法,该方法检出限为 0.05ng/mL,回收率为 104.94%,相对标准偏差小于 2.85%(n=4)。

关于赭曲霉毒素产生菌的分离及产毒能力也有研究报道(蒋春美,2012;何云龙,2009),建立了快速筛选高产毒株的方法,并对筛选菌株的产毒能力进行了研究。葡萄酒后熟过程中 OTA 的降解去除也是一大研究课题,国内在这方面做过一些研究,比如通过辐照(迟蕾,2011)灭活和破坏、微生物(梁晓翠,2010)降解葡萄酒中的 OTA 从而达到脱毒的目的。雷纪锋等以宁波地区的不同葡萄品种(夏黑、甬优 1 号和巨峰)为主要研究对象,研究了从葡萄中分离筛选赭曲霉毒素的产生菌的方法以及此类菌侵染葡萄的特性。采用紫外荧光法分离筛选产毒素的菌株并结合液质联用检测 OTA,实验共从试验葡萄样品中分离得到 63 株霉菌,主要由青霉属和曲霉属组成,其中 8 株菌株(包括 5 株青霉和 3 株曲霉)发生荧光反应并产生 OTA,但产毒能力均不强,产毒能力最强的曲霉属菌株(编号 S_5)于 25℃下避光培养 14d,OTA 相对含量仅为 8.14ng/g。通过分析健康葡萄和损伤葡萄中 OTA 的含量及 OTA 产生菌的污染状况,发现相对于健康葡萄,损伤葡萄更易遭受 OTA 产生菌的污染(表 15-3),表明葡萄的损伤是造成 OTA 产生菌侵染并产生 OTA 的主要因素。该研究结果对葡萄及其制品的赭曲霉毒素风险评估具有重要意义。

表 15-3 不同状态葡萄中赭曲霉毒素 A(OTA)的含量

葡萄品种	状态	OTA 含量(ng/g)
夏黑	健康	ND
	损伤	ND
甬优 1 号	健康	ND
	损伤	ND
巨峰	健康	0.29±0.01
	损伤	3.57±0.17

注:ND 未检测到 OTA。

(六)目前存在的主要问题

霉菌中青霉属和曲霉属作为 OTA 的主要产生菌,与葡萄酒中 OTA 的产生存在直接关系,但曲霉的种类随不同地区会产生差异,国外对葡萄园中的霉菌进行了筛选与鉴定,并初步判断不同地区葡萄酒中 OTA 的主要产生菌,我国在这方面还没相关的研究报道。产赭曲霉毒素霉菌的影响因素及产毒条件国内只有一些综述报道。葡萄酒酿造过程直接关系OTA的含量水平,除了在成品葡萄酒中去除OTA的个别报道外,如何在生产工艺加以控制以及在提高葡萄酒品质的同时降低OTA的含量,暂无相关报道。

二、啤酒生产中甲醛的来源途径及控制

甲醛是一种无色、有强烈刺激气味的高毒物质,易溶于水、醇和醚。甲醛在常温下是气态,通常以水溶液的形式出现,易溶于水和乙醇;35%～40%的甲醛水溶液叫作福尔马林,是有刺激气味的无色液体。甲醛有凝固蛋白质的作用,因而有杀菌和防腐的能力,常用作农药和消毒剂,也是一种重要的工业原料,用于塑料、合成树脂、造纸、印染、照相胶片的消毒防腐和玻璃腐刻(励建荣,2011)。甲醛为较高毒性物质,已经被世界卫生组织确定为致癌和致畸物质,也是潜在的强致突变物之一(庚晋,2002)。大量文献记载(于立群,2004;杨玉花,2005;李纯颖,2006;Dalle-Donne, et al., 2003),甲醛危害人体健康,可造成嗅觉、肺功能、肝功能和免疫功能等方面异常。甲醛可直接损伤人的口腔、咽喉、食道和胃黏膜,同时产生中毒反应,轻者头晕、咳嗽、呕吐和上腹疼痛,重者出现昏迷、休克、肺水肿、肝肾功能障碍,导致出血、肾衰竭和呼吸衰弱而死亡。长期接触低浓度甲醛,可引起神经系统、免疫系统、呼吸系统和肝脏的损害,出现头昏(痛)、乏力、嗜睡、食欲减退、视力下降等中毒症状(孙续利,1990)。因此,国家明令禁止在食品中使用甲醛,《中华人民共和国食品安全法》中也明确规定禁止向食品中添加甲醛。但近年来的大量调查研究发现,许多食品(水产品、啤酒、香菇、果蔬、肉制品和奶制品等)中均有不同含量的甲醛,其中海产品中甲醛含量相对较高,也使食品中甲醛残留成为人们关注的问题。研究证明食品中甲醛的来源有两种途径,一是外源的非法添加或污染,主要是利用甲醛的杀菌、防腐、保鲜、增白和增加机体组织脆性的作用,以达到改善食品感官,提高白度,延长保存时间及改善口感的目的,向食品中添加甲醛;或是将甲醛用于食品加工设施工具消毒,部分甲醛产生残留,导致食品包装容器中甲醛的溶出与迁移,从而造成甲醛污染。二是食品自身固有或在其贮藏加工过程中自身产生的内源性甲醛,该途径是食品中甲醛的主要来源(俞其林,2007;Fujimoto, et al., 1976;Baker, et al., 2006)。

(一)啤酒发酵生产中甲醛的来源

甲醛是生物的代谢产物。啤酒生产的发酵过程中,酵母产生一系列的生化代谢产物,其中也有微量的甲醛。甲醛还可能来源于啤酒发酵过程中污染微生物的代谢产物。若在发酵过程中,卫生管理不好,发酵过程受微生物污染,污染微生物会产生一系列包括甲醛的副产物,从而使啤酒中的甲醛含量增加(刘金峰,2010)。

发酵法生产啤酒采用的酵母菌种类不同,其产生的甲醛量不同,在啤酒生产中要选择产甲醛量低的酵母。通过菌种筛选获得低甲醛产量的酵母,可有效降低啤酒中甲醛的残留量。不同的发酵条件,微生物的代谢产物也不同,因此不同的发酵工艺酵母产生的甲醛量不尽相同。甲醛是微生物的代谢产物,除酵母外的其他微生物也同样会产生甲醛。

(二)啤酒生产中甲醛的控制

根据甲醛可能的来源途径分析,可分内源性甲醛以及外加甲醛。内源性甲醛的控制需根据甲醛自身的物理、化学性质及其产生的机制,通过产生途径的控制、甲醛捕获或其他方式去除。

1.控制甲醛的生成代谢途径

根据不同食品中内源性甲醛产生的机制,改变影响甲醛生成反应的因素(如改变反应温度、反应时间、使用反应抑制剂等),从而达到减少甲醛生成量的目的。

2.激活甲醛分解代谢途径

研究发现,在细菌、真菌、植物等生物体中存在甲醛的分解代谢途径。甲醛分解代谢主要有甲醛氧化、磷酸戊糖代谢、氨基酸代谢等途径。其中,以甲醛氧化途径最为普遍,这一途径所涉及的酶主要有甲醛脱氢酶(FDH)、硫代甲酰基谷胱甘肽水解酶(FGH)、谷胱甘肽甲醛活化酶(GFA)等。机体内产生的甲醛可通过其自身代谢系统部分清除,以维持甲醛无毒害的低水平状态。因此,可设法激活或调控甲醛分解代谢途径过程中的关键酶,促进机体内甲醛通过自身代谢系统分解而减少其含量。以上甲醛的代谢途径分析可为相关菌株的遗传改造提供参考思路和基础。

采用不同的发酵工艺,酵母产生的甲醛量不同,要降低啤酒中甲醛的残留量,也可通过改变发酵工艺来控制。甲醛是微生物的代谢产物,除酵母外的其他微生物也同样会产生甲醛。在啤酒生产中,要加强卫生管理,防止微生物污染,才能有效降低啤酒中甲醛的残留量。

3.使用甲醛捕获剂

利用甲醛与其他物质反应的特性,生成无毒或可除去的反应产物,是控制食品中甲醛的一大途径。国外学者在研究植物单宁代替苯酚生产黏合剂时发现儿茶素类化合物可与甲醛反应,在C-6和C-8位上发生亲核反应(Herrick,1958)。励建荣等研究人员开发了以植物多酚为主要成分的水产品内源性甲醛的一代天然甲醛捕获剂和二代复合甲醛抑制剂,将一代天然甲醛捕获剂应用于水产鱼制品,可成功地将甲醛控制在限量以下(励建荣,2008,2011);二代复合甲醛抑制剂能抑制鱼产品中氧化三甲胺的分解,从而有效控制水产制品加工过程和货架期中内源性甲醛的形成,使甲醛含量保持较低水平(励建荣,2011)。Yukiko等(1990)研究发现,干香菇在蒸煮过程中产生的甲醛和半胱氨酸结合生成四氢噻唑-4-羧酸,这不仅减少甲醛,而且此物质能够与人体内的亚硝酸盐结合,预防和控制癌症的产生。刁恩杰(2005)研究发现,香菇中的甲醛能与半胱氨酸反应,减少甲醛的含量;将香菇浸泡于半胱氨酸溶液中,结果发现,鲜香菇在50mg/L半胱氨酸溶液中浸泡30min后,能够明显抑制香菇中甲醛的产生;在4~6℃条件下,甲醛含量比对照组低28.90%~53.06%;在16~20℃条件下,甲醛含量比对照组低30.60%~65.14%。有人发现白黎芦醇是一种良好的甲醛捕获剂,此物不仅能够减少甲醛,而且它们的反应产物还可能是癌症的预防因子。以上采用的方法可为在啤酒发酵生产过程中为控制甲醛含量而进行的工艺改进提供参考。

4.利用甲醛的物理特性减少游离甲醛

甲醛作为易挥发、易溶于水的物质,通过高温可以挥发,因此可利用甲醛的这一特性减少食品中的游离甲醛的含量,减少对人体的伤害。Spinelli等(1981)研究发现经甲醛或甲醛次硫酸氢钠处理的食品,通过不同时间的水煮或油锅煎炒的烹饪加工可以去除大部分甲醛。林树钱(2002)将干菇浸泡,吸透水分1h,煮熟5min,菇体甲醛含量明显降低。

三、黄酒生产中氨基甲酸乙酯的产生途径及控制

氨基甲酸乙酯(ethyl carbamate,EC),俗称尿烷、乌拉坦(urethane),分子式为$NH_2COOC_2H_5$,无色无味晶体。现被广泛应用于医药、农药、香料的中间体,用于生产安眠药、镇静剂,也用作马

钱子碱、间苯二酚的解毒剂、杀菌剂、注射剂的助溶剂和印染工业着色剂等(Weber, et al., 2009)。动物毒理学实验显示,EC对多个物种(包括小鼠、大鼠、仓鼠和猴)具有致癌作用,能引起动物肺癌、淋巴癌、肝癌、乳腺癌、卵巢癌、皮肤癌等恶性肿瘤的发生,研究表明EC是人类潜在的致癌物质(Weber, et al., 2009; Beland, et al., 2005),进一步研究其致癌性的分子机理发现,EC主要通过两条途径引发致癌效应,一是约0.5%的EC被细胞色素P450氧化为乙烯基-氨基-甲酸乙酯,接着形成乙烯基-氨基-甲酸乙酯环氧化物,这种环氧化物在体内形成DNA加聚物,造成DNA双链破坏,从而导致癌变;二是约0.1%的EC被细胞色素P450氧化为N-羟基-氨基甲酸乙酯,后者能诱导Cu^{2+}调控的DNA碱基突变(多发生于胸腺嘧啶和胞嘧啶残基),此条途径被认为是EC致癌的主要途径(Sakano, et al., 2002; Masque, et al., 2011)。

人类从膳食中摄入的氨基甲酸乙酯,主要来自发酵食物和饮品,其中酒精饮品是已知的氨基甲酸乙酯的主要来源。调查显示,如果饮用氨基甲酸乙酯含量超过$30×10^{-6}$ g/kg的酒,人患癌的概率大大增加(高年发,2006);根据加利福尼亚环保机构的一项统计数据,假设每个人患癌症的概率为$1×10^{-5}$,推断氨基甲酸乙酯的摄入量大约为$0.7\mu g/d$(夏艳秋,2004)。世界卫生组织也提议规定酒类饮料中EC的限量标准,美国和加拿大都已经制定了酒精饮料中氨基甲酸乙酯的限量标准。

EC主要在发酵、加热或蒸馏以及储存过程中形成。在我国特有的国产酒黄酒中,EC含量极高,最高超过$500\mu g/kg$。由于EC的存在,影响了黄酒的安全性,制约了黄酒产业的发展。对此,我国大量学者对黄酒发酵中氨基甲酸乙酯的产生途径进行了研究,同时也针对性地提出了减少黄酒中氨基甲酸乙酯含量的方法。

(一)黄酒发酵中氨基甲酸乙酯的产生途径

在我国发酵生产黄酒的主要流程如下:

水 　　　　　　　　　米酒、酵母
↓ 　　　　　　　　　　↓
糯米→浸米→蒸饭→糖化→发酵→压榨→煎酒→装坛→贮存

我国学者研究表明,在水与糖化液中不含有EC,在随后发酵过程中米酒、发酵液、煎酒液和成品中EC含量分别为$8.2\mu g/kg$、$7.9\mu g/kg$、$21.6\mu g/kg$和$52.7\mu g/kg$(巫景铭,2011)。从这一研究结果可以看出,黄酒中的EC是在其生产过程中发酵形成的。

1. 尿素与乙醇生成EC

研究表明,尿素是EC的主要前体物质,发酵酒中90%以上的EC是来自尿素与乙醇自发反应生成的(见下述化学反应式)(Liu, et al., 2011)。尿素浓度、乙醇含量、温度及反应时间等各个因素都与EC生成量呈正相关关系;尿素浓度越高,乙醇含量越大,温度越高,反应时间越长都会促进EC生成的自发反应(王晓娟,2009)。

化学反应式:$NH_2CONH_2(尿素)+C_2H_5OH(乙醇)\longrightarrow NH_2COOC_2H_5(EC)+NH_3$

黄酒酿造中,所使用的原料、辅料及酿造用水会带入少许尿素,但发酵液中尿素的绝大部分还是来自于酒精发酵过程中黄酒酵母代谢精氨酸产生再分泌到胞外的(夏艳秋,2004)。目前,大多数学者认为此途径为黄酒中氨基甲酸乙酯产生的主要途径。

2. 瓜氨酸为前体生成EC

近几年,我国学者研究提出了黄酒中EC形成的其他主要途径。沈棚等(2013)研究发现,黄酒酿造过程中,EC的生成量与乙醇的浓度无正比关系,得出结论为中国黄酒中EC形成的主要途径不同于其他发酵酒。方若思等通过激发胞内鸟氨酸氨甲酰基转移酶（OTC酶）活性表达（方若思，2013），作用于精氨酸的另一种代谢产物——瓜氨酸，使 EC 的产生得到了有效的减少，从而得出结论，瓜氨酸是黄酒发酵产生 EC 的最主要前体而并非尿素。但这一研究仅仅表明了 EC 的产生与瓜氨酸之间存在联系，无法直接证明瓜氨酸是黄酒产生EC 的最主要前体，目前还不被大多数学者所接受。

3. 氨甲酰磷酸和乙醇生成 EC

氨甲酰磷酸是形成氨基甲酸乙酯的前体物质，20 世纪 70 年代 Ough 证明 EC 可以由氨甲酰磷酸和乙醇反应形成（见下述化学反应式）。酵母中的 ATP、CO_2 和铵在氨甲酰磷酸合成酶作用下生成氨甲酰磷酸。

化学反应式：$H_2NCO_2PO_3H_2 + C_2H_5OH \longrightarrow H_2NCO_2C_2H_5 + H_3PO_4$

成品葡萄酒中 EC 绝大部分由尿素生成，由尿素形成的 EC 远多于由氨甲酰磷酸形成的EC；从目前研究结果来看，黄酒中 EC 的生成也主要由尿素生成引起，但黄酒中 EC 生成的具体途径还有待进一步研究。

（二）黄酒发酵中氨基甲酸乙酯的控制技术

1. 选育优质菌种减少氨基甲酸乙酯的产生

酵母在生长繁殖和酒精发酵过程中，合成的尿素除满足自身需求外，剩余的被分泌到细胞外，从而增加了酒醪中尿素的含量，酒醪中的尿素进一步与乙醇反应生成 EC。巫景铭等（2011）研究表明，不同菌种发酵液中 EC 含量差异很大。由于大多数乳酸球菌和乳酸杆菌都具有分解精氨酸产生瓜氨酸的能力，所以选择纯种进行发酵至关重要。随着现代科技的发展以及基因工程等技术的应用，选育产尿素能力差的酵母菌和乳酸菌进行纯种发酵，从源头上控制酒醪中的尿素，是降低 EC 含量的有效方法。日本学者已研究出用紫外线照射的方法进行诱变育种，我国王德良等（2009）通过激光和亚硝基胍复合诱变法筛选得到了突变型低产尿素黄酒酵母菌株，实验证实效果良好。

2. 添加酸性脲酶减少氨基甲酸乙酯的产生

目前，葡萄酒和日本清酒均选用酸性脲酶处理酒中尿素。国际葡萄酒组织、欧盟、美国FDA 等都允许脲酶作为食品添加剂使用。国内学者在影响 EC 生成的单因素实验的基础上（耿予欢，2013），进行正交实验，结果发现对指标影响最大的因素是处理时间，其次是 pH值和温度，酶浓度的影响最小。酒中有效利用脲酶的最佳条件是酶浓度 150mg/L，处理温度为 25℃，pH 值为 3.5，处理时间 10d，该条件下进行处理，可使酒中氨基甲酸乙酯含量降低 45.83%。

在我国黄酒的生产过程中，EC 的主要产生阶段是贮存过程，加入酸性脲酶可以有效减少，同时低温贮存黄酒，能使 EC 的产生减少，可大大延长黄酒的贮存时间。

3. 从发酵工艺上减少氨基甲酸乙酯的产生

黄酒独特的生产工艺如麦曲酿造、高温煎酒、长时储存、年份酒勾兑等都对 EC 的生成有直接影响（梁萌萌，2013）。例如，黄酒生产中具有独特的高温（85℃左右）煎酒工序，煎酒对黄酒的稳定性和香气形成具有重要作用；煎酒温度高，能使黄酒的稳定性提高，但酒液中的尿素和乙醇会随着煎酒温度的升高和时间的延长而加速形成更多的 EC（刘俊，2012）。经煎酒生成的 EC，对在终端进行黄酒中 EC 含量的控制，提出了特殊的需求。因此，在不影响黄酒风味前提下，应适当降低煎酒温度和减少煎酒时间。目前各酒厂的煎酒温度普遍在

85～95℃,各生产厂家都凭经验掌握煎酒时间,没有统一标准。另外,黄酒的储存多在自然条件下,经适当储存后酒质改善,并对黄酒香气和口感的提高具有积极的作用。而贮酒时间的延长也伴随着 EC 含量的增加,经储存后的黄酒中已生成一定量的 EC,这部分 EC 也同样对在终端进行黄酒中 EC 的控制提出了特殊需求,因此,适当降低储酒温度,有利于成品黄酒中 EC 含量的控制(孙双鸽,2013)。

黄酒发酵过程为开放式发酵,是霉菌、酵母菌和细菌等多种微生物参与的混合发酵过程。黄酒发酵过程中产生 EC 的主要途径及其前体物质的研究目前还没有一个完全的定论。因此,目前针对黄酒发酵生产过程中减少 EC 的方法都在一定程度上缺乏理论支持;目前也没有成熟的方法针对生产完成后的成品进行 EC 的去除。有效减少黄酒中 EC 的含量的方法依然不够成熟,要使成品黄酒降低到世界卫生组织的 EC 限量标准还有很长一段路要走。

第五节　畜禽产品的加工与保鲜技术的应用

畜禽产品种类繁多,主要包括乳制品、肉制品和蛋制品三大部分,口味多样且含有丰富的营养成分,深受消费者的喜爱,但同时也是适合微生物生长繁殖的理想介质,如果加工处理不当就会污染大量微生物甚至病原微生物,不但使畜禽产品腐败变质失去食用价值,造成经济上的损失,而且可能使食用者发生疾病,危害健康。因此,了解畜禽产品中微生物的来源和种类,并且找到相应的控制措施就显得非常重要。

一、乳品加工中的微生物控制技术

(一)鲜乳的微生物控制技术

1. 鲜乳中微生物来源和种类

原料乳中微生物污染来源有乳房的内部、乳畜的体表、用具、工作人员、空气等,污染微生物种类非常多,最常见的微生物为细菌、霉菌及酵母,有时也有霉形体与病毒,就微生物对乳品的影响而分,常见如下几种(黄青云,2003)。

(1)能使乳汁发酵产酸的细菌

此类细菌又称乳酸菌,是一类群细菌的总称,其菌体细胞有杆状或球状,革兰氏染色为阳性,能利用葡萄糖产生 50% 以上的乳酸,多数不产生芽孢,极少数有运动性,多数为有益菌,少数菌有致病性。乳酸菌在乳中繁殖得很快,迅速产生大量的乳酸使鲜乳均匀凝固,不破坏乳中的蛋白质成分,还产生芳香物质。乳酸又可以抑制一般腐败性微生物的生长,所以在乳制品加工中就可以利用乳酸菌的这些有益作用。

目前,已发现有乳酸菌 23 个属 220 多种,其中包括杆菌类的乳杆菌属(*Lactobacillus*)、双歧杆菌属(*Bifidobacterium*)、肉杆菌属(*Carnobacterium*)、芽孢乳杆菌属(*Sporolactobacillus*)等;球菌类的链球菌属(*Streptococcus*)、乳球菌属(*Lactococcus*)、肠球菌属(*Enterococcus*)、明串珠菌属(*Leuconostoc*)、片球菌属(*Pediococcus*)、气球菌属(*Aerococcus*)及漫游球菌属(*Vagococcus*)等,乳酸菌的范围和新的属种在不断增加,这里介绍一些常见的乳酸菌。

①乳酸杆菌类。常见的有德氏乳杆菌（*L. delbrueckii*）、嗜酸乳杆菌（*L. acidophilus*）、干酪乳杆菌（*L. casei*）、植物乳杆菌（*L. plantarum*）、瘤胃乳杆菌（*L. ruminis*）、清酒乳杆菌（*L. sake*）等。乳杆菌属的细菌呈纤细长杆状、成链、无芽孢，革兰氏阳性，它是发酵型的专性糖分解菌，至少一半的终产物为乳酸，其他产物有乙酸、乙醇、CO_2、甲酸或琥珀酸。微嗜氧，常用厌氧或降低氧压及加入 5%～10%的 CO_2 来促进其生长。生长温度范围 2～53℃，最适生长温度 30～40℃，最适 pH 为 5.5～6.2，DNA 的 G＋C mol%为 32～53。常见的有如下几种。

嗜酸乳杆菌为一种细而长的杆菌，长 1.5～6μm，宽 0.6～0.9μm，单个、成双或成短链。新鲜培养物为革兰氏阳性，老龄时可成为阴性。生长适宜温度 37℃，发酵乳糖、半乳糖、果糖、麦芽糖、甘露糖及蔗糖而产酸。

德氏乳杆菌，又称保加利亚乳杆菌（*L. bulgaricus*），为一种长型大杆菌，往往成链状，革兰氏染色阳性，其老龄培养物则染色不匀，不产生芽孢，微需氧或厌氧，生长最适温度为 45～50℃。发酵乳糖、半乳糖及葡萄糖产酸，产生乳酸的能力极强。

干酪乳杆菌为短杆状或长杆状细菌，短链或长链排列，革兰氏阳性，微需氧，能发酵葡萄糖、果糖、麦芽糖、乳糖，产生乳酸，最适温度为 30℃，还能利用酪蛋白，在干酪制作中有重要作用。

双歧杆菌属的细菌为绝对厌氧性革兰氏阳性菌，菌体形态呈长杆状，其末端常呈多形性分叉，呈匙状突起、棒状、尖状分叉等，有的菌体呈单个分叉，有的成链在菌端分叉，呈星状、V 字状等聚集排列。最适生长温度 37～41℃，最适 pH 为 6.5～7.0。分解糖形成乙酸和乳酸，也产生少量的甲酸、乙醇和琥珀酸，不产生丁酸和丙酸。DNA 的 G＋C mol%为 55～67，双歧杆菌中常见的有两歧双歧杆菌（*B. bifidumm*）、短双歧杆菌（*B. breve*）等。

②乳酸球菌类常见的有嗜热链球菌（*S. termophilus*）、乳酸乳球菌（*L. lactis*）、乳脂乳球菌（*L. cremoris*）、蒙特肠球菌（*E. mundtii*）、粪肠球菌（*E. faecalis*）、粪肠膜明串珠菌（*Leu. panamesenteroides*）、乳明串珠菌（*Leu. lactis*）等。

链球菌的细胞为球形或卵圆形，直径不足 2μm，成对或成链，革兰氏阳性，多为兼性厌氧菌，能发酵碳水化合物，主要产生乳酸，不产气，最适生长温度 37℃。乳球菌在厌氧条件下生长最好，能分解葡萄糖、乳糖、半乳糖、果糖及麦芽糖产生乳酸（酸的含量可高达 0.7%～1.2%），并产生少量的有机酸（己酸）、CO_2 和芳香物质（联乙酰基、酯类）等产物。DNA 的 G＋C mol%为 34～46。

肠球菌呈椭圆形，单个、成对或成短链排列，菌体顺链方面延长。革兰氏阳性，有运动性，兼性厌氧，最适生长温度约为 35℃，在 10℃与 45℃也可生长。在 6.5%NaCl 与 pH9.6 的条件下也可生长，发酵葡萄糖主要产生乳酸、氧等终产物，DNA 的 G＋C mol%为 37～45。

明串珠菌的菌体细胞呈球形或呈小扁豆状，成对或链状排列，为兼性厌氧菌。最适生长温度为 20～30℃。发酵葡萄糖由单磷酸己糖途径和磷酸转酮途径共同完成，可形成 CO_2 和 5-磷酸-D-核酮糖，产生乙醇和乳酸等终产物。通常不发酵多糖和醇（除甘露醇），可利用苹果酸盐并转化为乳酸盐。无病原性，DNA 的 G＋C mol%为 38～44。

（2）能使鲜乳发酵产酸产气的细菌

此类细菌可使乳中的乳糖转化为乳酸、醋酸、丙酸、乙醇、二氧化碳和氢等，产酸也同时产气。它们在鲜乳中生长繁殖很快，但却不如乳酸菌耐酸，所以达到一定的 pH 之后，它们就被抑制而停止生长,鲜乳中主要的产酸产气细菌是大肠杆菌和产气荚膜梭菌。它们还分解蛋白质,产生一些有不愉快气味的无益产物,对鲜乳及乳制品有不良影响。一些厌氧性梭菌,鲜乳中常见的有丁酸梭菌、产气荚膜梭菌、产芽孢梭菌(*Clostridium sporogenes*)、巴氏梭菌、还原糖丁酸梭菌(*Cl. saccharobutyricum*)和丁酸弧菌(*Butyrivibrio*)等,也能使鲜乳中的糖和蛋白质发酵、分解,产酸产气变恶臭,所产气体的量大,能使凝固的鲜乳裂成碎块,形成暴烈发酵现象。一般消毒其芽孢常未被杀死,故其有害作用较常见于消毒鲜乳和乳制品中(如干酪发生膨胀)。丙酸细菌也能使鲜乳和乳制品产酸产气,主要是丙酸、醋酸和二氧化碳。它们在乳中发育较慢,但能产生很高的酸度(160～170°T),对于干酪的品质有良好的影响,使干酪风味芳香和形成孔洞。

(3)分解鲜乳蛋白质的细菌

鲜乳中常存在能强烈分解蛋白质的各种各样的腐败菌,它们能够分泌凝乳酶,将酪蛋白变成副酪蛋白而凝固,然后又发生分解,使蛋白质水解胨化,变为可溶性蛋白胨,并进一步分解为氨基酸、氨和其他一些有不快气味的物质,呈现碱性反应。多种腐败菌还能产生脂肪酶,同时分解乳中的脂肪,产生败坏的异常气味。这些腐败菌包括多种需氧性、厌氧性、有芽孢和无芽孢的细菌,如枯草杆菌、液化链球菌(*S. liquefaciens*)、丁酸梭菌、假单胞菌、变形杆菌等,它们一般对酸都敏感。

(4)嗜热性与耐热性细菌

嗜热性菌能在30～70℃范围内生长发育,乳中的嗜热菌,常见的有嗜热链球菌、嗜热乳杆菌和一些需氧和兼性厌氧、形成芽孢的杆菌,如产气嗜热杆菌(*Bacillus aerothermophilus*)、嗜热芽孢杆菌(*B. calidus*)、凝结芽孢杆菌(*B. coagulans*)以及某些嗜热性球菌等。耐热性细菌也多能产生芽孢,60～70℃ 30min,甚至85～90℃ 10min不死亡。这些细菌常生长在使用和管理不得当的鲜乳消毒和乳品加工设备中,从而增加了消毒乳的细菌数量,并产生不良气味,造成乳制品的质量下降。

(5)嗜冷菌

在7℃及以下能生长繁殖的微生物为低温菌,在20℃及以下能生长繁殖,且10～15℃为最适生长温度的微生物为嗜冷菌。嗜冷菌长期生活在低温条件下,自身形成了一系列适应低温机制,这一机制主要表现在细胞生物膜、细胞内的酶、冷休克蛋白、基因调控等(李晶,2007)。嗜冷菌在自然界中无处不在,它广泛存在于外部环境,如土壤、灰尘、空气、水、草料、粪便等当中,但在奶牛乳房内很少发现。因此,在奶牛乳房表面、不清洁的挤奶器内和运送牛乳的无缝不锈钢管道及其阀门上很可能存有嗜冷菌的污染源,特别是设备停用期间,存在污染源的部位,嗜冷菌可利用残存牛乳生长和大量繁殖,当设备开始运行时流经该部位的牛乳便被嗜冷菌污染(褚立群,2015)。鲜乳中的嗜冷菌主要以革兰氏阴性杆菌为主,假单胞杆菌占一半左右,另外,还有黄杆菌、产碱杆菌和大肠杆菌类。从原料乳中分离出的嗜冷菌株对原料乳会造成以下危害:①假单胞菌株,某些假单胞菌株具有强力分解脂肪和蛋白质的能力,可将乳蛋白分解成蛋白胨或脂肪分解产生脂肪哈败味;②产碱杆菌,这些菌不能分解糖类产酸,但能产生灰黄色、棕黄色的色素,可使牛乳中所含的有机盐(柠檬酸盐)分解形成碳酸盐,从而使牛乳转变为碱性,并能导致乳品产生黏性变质(何光华,2006)。

(6)酵母菌和霉菌

鲜乳中常见的酵母菌有牛乳酵母、酿酒酵母、产膜酵母、假丝酵母(*Candida* spp.)和圆酵母（*Torula* spp.）等。它们有些能发酵乳糖，有些虽不发酵乳糖，但能发酵从乳糖分解出的单糖，有些则不能发酵糖类，而分解其他成分。它们活动的结果能形成大量的二氧化碳和少量酒精，也可以使鲜乳发生强烈的酵母气味和苦味。鲜乳中的霉菌，以乳卵孢霉（*Oospora lactis*）最多见，青霉与曲霉也常可发现。在鲜乳未变酸以前，霉菌无明显的生长发育，变酸以后，霉菌可在表面形成一层霉，并逐渐破坏其酸性。霉菌的孢子可耐过一般的加工处理，而在后来的乳制品上生长发育，产生各种色素甚至毒素，影响产品的品质。

（7）其他一些影响鲜乳质量的微生物

鲜乳中还会发现下列各类较不常见的，但影响鲜乳质量与乳制品品质的微生物：①能使鲜乳产生异味的微生物，如荧光细菌、枯草杆菌及某些球菌可以产生苦味；产麦精乳球菌（*S. lactis* var. *maltigenes*）引起麦芽味；皂乳杆菌（*B. sapolacticum*,）引起肥皂味；鱼杆菌（*B. ichthyosmius*）引起鱼腥味；一些假单胞菌引起马铃薯味；一些放线菌引起苦霉味；阴沟杆菌（*B. cloacae*）可使鲜乳有醋酮气味。②使鲜乳变胶黏及过早凝固的细菌。有些细菌能使鲜乳变得黏稠如胶浆，倾注时可形成长线索样。最常见的是黏性乳杆菌（*B. lacti-viscosus*），它是一种有荚膜而生长快速的细菌，常存在于塘、泉、井和溪间等水的表面。其他如乳酸菌的一些变种、某些球菌、某些大肠杆菌和产气杆菌的变种，也可以使鲜乳变黏稠。脂样杆菌可使巴氏消毒乳形成软凝块与苦味。一些腐败性细菌包括大肠杆菌分泌凝乳酶，将酪蛋白变为副酪蛋白而使鲜乳发生过早的凝固，影响乳的品质及以后的加工。③能使鲜乳变色的细菌。类蓝假单胞菌（*Pseydomonas syncyanea*）产生蓝色；类黄假单胞菌（*P. synxantha*）产生黄色；灵杆菌（*Serratia marcescens*）和红酵母（*Rhodotorula glutinis*）则产生红色；绿脓杆菌产生绿色。它们于需氧性情况下产生颜色，故常出现于鲜乳的表层，随后才逐渐扩散。

（8）鲜乳中可能存在的病原微生物及其产物

来自健康乳畜和生产过程卫生管理严格的鲜乳，应没有病原微生物。若鲜乳中检出病原微生物，则主要来自患某些传染病的乳畜本身，或者在卫生管理不良的生产过程中污染。第一是来自乳畜的病原微生物，乳畜本身患传染病时，其乳汁中亦常含有病原微生物，主要有如下几种：牛结核分枝杆菌、牛布氏杆菌、炭疽杆菌、链球菌、葡萄球菌和其他化脓球菌、副结核分枝杆菌、结肠炎耶尔森杆菌等，如患口蹄疫时，也会有口蹄疫病毒。第二是来自人为因素的病原微生物，例如工作人员患有传染病或是带菌（病毒）者，或在生产过程中受到各方面（包括蝇、蚊和其他昆虫）污染，鲜乳中也可能存在病原微生物。除了家畜的病原菌外，还有人的病原菌，如伤寒沙门氏菌、化脓性链球菌、猩红热链球菌、痢疾杆菌、白喉杆菌、人结核杆菌和其他病原菌。这种含有病原微生物的鲜乳，如不经严格消毒，很可能传播各种人、畜传染病或因微生物产生的毒素而造成急、慢性中毒，或致畸、致癌。

2.鲜乳中微生物控制措施

（1）挤乳操作卫生

提高原料乳的质量，首先要考虑的问题是如何杜绝或控制微生物对牛乳的污染，原料乳中微生物数量的多少与其质量直接相关。只有控制住原料乳中微生物的数量并使其降低到一定标准之下，才能保证和提高原料乳的保存性能、加工性能以及乳制品的质量。因此，对原料乳中微生物的控制，应采取一些切实可行的措施。实施乳牛兽医保健工作和检疫制度，建立牛舍环境及牛体卫生管理制度，加强挤乳操作及贮乳设备的卫生管理，彻底清洗和消毒挤乳与盛乳设备以及各种用具,是减少直接鲜牛乳中微生物污染并控制其数量的关键措施。通常挤乳机、贮乳罐、管道容器和其他盛乳设备采用清水洗净后,再用热碱水冲洗或蒸汽消毒。有一定规模的乳牛场,均配有就地清洗系统,对设备的清洗和消毒方便效果又好。其具体方法:先用热水冲洗后,用 $60 \sim 70$ ℃ 的 2% 氢氧化钠溶液每天循环清洗,必要时用 $50 \sim 60$ ℃ 的 1% 硝酸溶液清洗,再用热水冲洗。每个操作班对牛乳进行操作前,还需用热水按加工程序循环清洗,并用蒸汽杀菌。在整个清洗过程中要保证温度和作用时间,以达到最好的效果(张和平,2012)。

(2)鲜乳的净化

净化的目的是除去鲜乳中被污染的非溶解性的杂质和草屑、牛毛、乳凝块、极微细的杂质(牛舍空气中的尘埃、牛体细胞碎片、白细胞及红细胞)(顾瑞霞,2006),杂质中总带有一定数量的微生物,杂质污染牛乳后,一部分微生物可能扩散到乳液中去。因此,除去杂质就可减少微生物污染的数量,净化的方法包括纱布过滤和净乳机净化。

(3)鲜乳的冷却

将乳迅速冷却是获得优质原料乳的必要条件,刚挤出的牛乳,其温度为 $32 \sim 36$ ℃,最适合微生物生长繁殖。如果不及时处理,牛乳中微生物将会大量繁殖,酸度迅速增高,牛乳的品质降低,甚至变质。因此刚挤出的牛乳应迅速冷却,以保持牛乳的新鲜度,表 15-4 列出了乳的冷却与乳中细菌数量的变化情况。挤乳后将鲜牛乳通过板式换热器直接冷却到 4℃ 以下,并在该温度下将乳运送到加工厂,乳品厂在原料乳验收合格后冷却到 4℃ 以下进行贮藏(顾瑞霞,2006)。

表 15-4 乳的冷却与乳中细菌数量的变化关系

贮存时间/h	未冷却乳细菌数量/(CFU·mL^{-1})	冷却乳细菌数量/(CFU·mL^{-1})
0	11500	11590
3	18500	11500
6	10200	8000
12	114000	7800
24	1300000	62000

(4)保鲜剂

乳过氧化物酶体系(lactoperoxidase system,LPS)是乳中一种天然的抗菌体系,广泛存在于哺乳动物组织及其分泌物中,其生物学意义是对抗外来微生物的污染。LPS 由乳过氧化物酶(loctoperoxidase,LP)、硫氰酸盐(SCN^-)和过氧化氢(H_2O_2)三种组分构成,只有在三种组分同时存在时才具有抗菌活性。在此体系中硫氰酸根通过 LP 催化被氧化成瞬时中间产物——次硫氰酸盐($OSCN^-$),这一产物能够破坏微生物细胞膜和钝化细胞酶来抑制微生物的生长,从而起到抑菌作用(李传扬,2008)。在保存温度分别为 15℃、20℃、25℃、30℃ 和 35℃ 时,LPS 试验组牛乳的保鲜期分别为 44h、28.5h、18h、12h 和 9h,比对照组分别延长了 37.5%、42.5%、50%、60% 和 80%,另一方面,LPS 均可提高保鲜牛乳 $1 \sim 2$ 个卫生等级,并且对其营养成分没有影响(杨雪峰,2005)。LPS 体系只适用于生鲜牛奶,不适用于羊奶保鲜,也不适用于羊奶和牛奶混合的奶(孙启鸣,1996)。对羊奶保鲜效果不明显可能与羊奶的钙镁离子含量大大超过牛奶有关。牛乳的 LP 对热失活具有一定的抗性,但试验表明,加热温度到80℃,LP失去活性,超过80℃的高温加热过的牛奶,它的LPS已经遭到破坏,LP损失殆尽,再加入牛奶保鲜剂使其活化,这种可能性很小,所以LPS适用于生牛奶的保鲜(孙超,2008)。

含nisin 0.02%、溶菌酶0.05%、抗坏血酸0.02%和甘氨酸7%的复合保鲜剂,对原料乳有良好的保鲜效果(罗玉,2013),在鲜乳中添加300mg/kg乳酸链球菌素(Nisin)、1g/kg甘氨酸、900U/mL溶菌酶、150mg/kg抗坏血酸后,于4℃条件下贮藏,贮藏期可达9d,贮藏期比使用单一的保鲜剂延长一倍以上,且各项指标都符合原料乳的国家标准(刘飞云,2008)。鲜乳内加入适当的防腐剂也能达到杀菌和延长保存期的目的,据报道,有的国家采用氯-溴二甲基脲作防腐剂,用量为13g/30000L乳汁,药物在鲜乳中的浓度很低,约为4×10^{-4}g/L乳,但可在室温中保存160h(李宗军,2014)。

(二)乳制品的微生物控制技术

1.乳制品中的微生物来源和种类

(1)液态乳制品中的微生物来源和种类

原料乳经63℃、30min加热杀菌,其所含的病原菌死亡,其余的细菌也大部分死灭,但某些细菌还残存着,这些细菌称为耐热性细菌。原料乳中的耐热性细菌的分布按季节变动,耐热性细菌数虽夏、冬季均为10^4CFU/mL的水平,但一般夏季较多。牛乳的耐热性细菌有乳酸小杆菌、嗜热链球菌、耐热性微球菌(凝聚性微球菌、变易微球菌和藤黄微球菌)和芽孢杆菌的芽孢等,在数量上占优势的细菌是乳微杆菌。也就是说,这种菌占夏季原料乳中耐热性细菌的主要部分,冬季虽也出现别的细菌,但仍然是中等程度的出现,与此相反其他耐热性细菌的出现几率较低。牛链球菌的耐热性尚有疑问,但被认为随着气候变冷其出现机会增多。杀菌前的原料乳污染较多的是乳酸菌(乳酸链球菌)、低温细菌(无色杆菌、产碱杆菌和极毛杆菌)、大肠杆菌和葡萄球菌等,但经63℃、30min加热杀菌,这些细菌几乎全部死亡。

巴氏杀菌牛乳在运输和配送时采用冷链,在这样的条件下,嗜冷革兰氏阴性细菌会大量繁殖,并影响产品的保质期,但若在较温暖的环境中保存,产品中的嗜温菌会逐渐成为优势菌。嗜冷菌可以在冷藏温度下的生鲜乳中大量繁殖,并产生可以侵害乳中营养成分的热稳定酶类,如耐热性蛋白酶、脂肪酶和磷脂酶等,这些物质会引起产品变酸、变苦、乳清分离、变色发黏和脂肪分离等。乳中所含嗜冷菌及其胞外酶浓度的大小直接影响着乳制品的货架期,加工过程中一般采用的热杀菌虽然能杀灭乳中的细菌包括嗜冷菌,但其所产生的耐热性胞外酶却仍然能够保持活性,最终会导致超高温灭菌乳变苦、凝结不良等(刘飞云,2008)。

除了以上在巴氏杀菌中残存的细菌外,经低温长时间或高温瞬时杀菌的牛乳,还有少量对热抵抗力较强的微生物残留,不能完全杀灭最常见的残存细菌有:①芽孢杆菌,枯草芽孢杆菌、地衣芽孢杆菌、巨大芽孢杆菌和蜡状芽孢杆菌等;②无芽孢杆菌,乳酸小杆菌、嗜热链球菌、牛链球菌、凝聚性小球菌、变异小球菌和乳杆菌等(郭本恒,2001)。

(2)酸奶中微生物来源和种类

发酵乳制品在制作过程中会添加乳酸菌,在很大程度上会抑制其他杂菌的生长,但一些腐生菌对环境条件不如致病菌敏感,特别是霉菌和酵母,低pH对它们几乎没有影响,只要有蔗糖或乳糖作为能源存在,它们就可以迅速生长,使产品腐败变质。

①酵母。酵母是污染酸奶的主要微生物类群。一方面,某些酵母如 *Kluyveromyces*

marxianus var. *lactis* 能够在车间设备或墙壁表面附着,从而污染酸奶;另一方面,由于果粒等大量应用于酸奶生产,即使经过巴氏杀菌,水果果料中也不能完全避免 *Saccharomyces cerevisiae* 等酵母的存在。因此,如果处理不当或生产条件较差,水果原料中的酵母也会使添加果料的酸奶大批量变质,而甜的酸奶为这些微生物的生长和代谢提供了十分理想的环境。产品发生酵母污染的典型特征之一是"鼓盖",即酸奶杯口的铝箔膜隆起。这种现象一般在产品中酵母菌数超过 1000 个/g 时容易发生,多数是由厌氧性酵母引起;另外,当出现好气酵母污染时,会在酸奶特别是凝固型酸奶表面出现由酵母生长引起的斑块。在正常情况下,酸奶在销售过程中,酵母计数不得超过 100CFU/g。并非所有的酵母菌都会使产品腐败,曾有人从酸奶样品中分离出 14 种酵母菌,其中只有 2 种能够发酵乳糖。但在果料酸奶中的情形有所不同,研究发现 3 个属的酵母(*Candida*、*Hansennla* 和 *Torulopsis*)与含蔗糖的酸奶变质有关。从引起"鼓盖"的酸奶中可分离出的酵母包括 *Kluyveromyces*、*Saccharomyces*、*Rhodotorula*、*Pichia*、*Debaryomyces* 和 *Sporobelomyces* 等。

②霉菌。霉菌是另外一种造成酸奶严重污染的主要微生物类群,像 *Mucor*、*Rhizopus*、*Aspergillus* 或 *Penicillium* 等霉菌在酸奶和空气的接触面处生长后,可出现各种霉菌的纽扣状斑块。因此,对霉菌的控制是工厂卫生管理的重要内容之一,一般产品中霉菌计数为 1～10CFU/g 时就必须引起注意,特别是当发现有 *Penicillium frequentans*(常现青霉)存在时,酸奶产品中就有霉菌毒素存在的可能(郭本恒,2001)。

(3)干酪中微生物来源和种类

有些品种的干酪需要霉菌来促进成熟,但对大多数干酪而言,霉菌生长会引起其腐败变质。霉菌会破坏干酪产品的外观,产生霉味,还可能产生毒素。干酪成熟室中常见的霉菌有 *Alternaria*、*Aspergillus*、*Cladosporium*、*Monilia*、*Mucor* 和青霉属(*Penicillium*),另外,高水分含量的软质干酪、农家干酪和稀奶油干酪容易受到 *Geotrichum* 的污染。同时在成熟过程中,也存在一些可使干酪表面颜色发生变化的霉菌,例如黑曲霉(*Aspergillus niger*)会在硬质干酪的表面形成黑斑,*Sporendomema casei* 在青纹干酪表面形成红斑。在干酪内部出现色斑的情形较为罕见,但是,一些细菌如 *Lac. plantarum* 和 *Lac. brevis* 的有色变种——*rudensis* 亚种,会在切达、Cheshire、Herrgard 和 Svecia 干酪内部形成"锈斑",丙酸菌属内部分产色素的种如红色丙酸杆菌(*Propionbacterium rubrum*)会在瑞士干酪内部产生色斑。

干酪在制造和成熟过程中,腐败性气体的产生与乳中残留的产气菌数量和凝块的受污染程度有关。生乳受大肠菌严重污染时,会产生大量气体,导致凝块在干酪槽中上浮。这类问题在现代化乳品厂中极少出现,因为生乳都经过巴氏杀菌,操作过程也很严格。但在农家干酪的生产过程中,如果存在大肠菌群,再加上发酵剂本身所产生的气体,就会出现凝块上浮的现象。大肠菌群,如 *Aerobacter* 和 *Esherichia* 等属的细菌会造成早产气,大肠菌能够耐受一定的酸性和高盐环境,不受发酵剂菌种的抑制,易利用乳糖发酵,在干酪制作的温度条件下,以及在成熟初期干酪冷却到成熟温度的过程中能很好地生长。另外,能发酵乳糖的酵母菌也会引起干酪产气,产生水果味。好氧性的芽孢菌如枯草芽孢杆菌也能发酵乳糖产生二氧化碳、乙酸和乙醇,对硬质干酪的影响不大,因为低氧和低 pH 环境不利于这类细菌的生长。乳杆菌的存在会造成中期产气,主要表现为 3～6 周的切达干酪不规则地开裂。梭状芽孢杆菌如 *Cl. sporogenes*、*Cl. bntyricum* 和 *Cl. tyrobtyricum* 的生长会造成干酪的晚期产气,是因为它们对酸和盐很敏感,因此多数品种的干酪的成熟条件不利于它们的生长。

瑞士干酪最容易受晚期产气的影响,随着细菌的数量、产生气体的速度和量以及干酪本身质地(如弹性)的不同,影响程度从小孔至大孔和开裂而不等。同时成膜酵母、霉菌和蛋白分解性细菌的生长也会造成干酪变软、变色,甚至产生异味(郭本恒,2001)。

(4)乳粉中微生物来源和种类

乳粉是一种粉末状产品,水分含量一般为 2%～4%,低的水分活度有利于抑制乳粉中微生物的生长繁殖,但乳粉的生产过程很难将所有的微生物全部杀死,乳粉中仍有一定数量的微生物存活。乳粉中微生物的数量及种类与很多因素有关,比如原料乳的质量、杀菌条件、干燥方法以及杀菌后是否有二次污染等。由于微生物时刻都在生长、繁殖、衰亡,所以产品的微生物指标也只是一个大概的控制数值,但这个数值又是必不可少的,乳粉中常见的微生物主要有以下几种(郭本恒,2001)。

①沙门氏菌。在众多食物中毒症状中,沙门氏菌病是最常见的一种,已经证明乳粉中有沙门氏菌存在。Schroeder(1967)检验了来自美国 19 个州 200 家工厂的三千多个样品,结果发现 1% 的乳粉受到了沙门氏菌的污染。Collims 等人(1968)从速溶乳粉中检出了沙门氏菌,Craven 等(1978)从婴儿乳粉中也检出了沙门氏菌。此后,当地的乳粉生产厂家都把沙门氏菌的检验列为常规检验项目。

很多人研究了喷雾干燥过程对乳粉中沙门氏菌的影响,实验结果表明产品温度和颗粒密度对沙门氏菌的残留量有影响,一般来讲产品温度越高、颗粒密度越高,沙门氏菌的残留量越少,另外高脂肪含量也有利于沙门氏菌的存活。Licari 等人(1970)证实了喷雾干燥并不能杀死所有的沙门氏菌,部分沙门氏菌可以耐受喷雾干燥过程,所以不能依赖喷雾干燥达到彻底杀死沙门氏菌的目的。贮存条件对沙门氏菌也具有一定的影响,45℃和55℃的贮存条件对鼠伤寒沙门氏菌和桑氏沙门氏菌有致命的影响,在 25℃ 和 35℃ 的贮存条件下,虽然沙门氏菌数量有所减少,但仍会有大量的残存。

②金黄色葡萄球菌。在乳粉中第二类重要的微生物是金黄色葡萄球菌,经过喷雾干燥后,少量金黄色葡萄球菌仍可以存活,进一步研究发现生乳中的金黄色葡萄球菌与乳粉中的金黄色葡萄球菌种类不同,说明最可能的污染途径是因设备而产生的污染。喷雾干燥后,只有 2% 的金黄色葡萄球菌可以存活。研究金黄色葡萄球菌中产肠毒素的一类,结果发现在乳粉中和酪蛋白酸钠中均有存在,但是噬菌体分型并不能确定该菌是来自于人体还是奶牛本身。

③芽孢杆菌。除了沙门氏菌和金黄色葡萄球菌外,芽孢杆菌也是乳粉中值得注意的病原菌,它可以产生多种肠毒素,从而给人体健康带来危害。8 人因食用了蜡状芽孢杆菌含量为 10^8～10^9 个/g 的 macraoni 干酪而引起中毒,而干酪中的蜡状芽孢杆菌来自于干酪配方中所使用的乳粉,而且他们发现生产过程中的温度很适合于蜡状芽孢杆菌的增殖,1984 年,负责调查食物中毒原因的 Johnson 证实了脱脂乳粉和麦芽乳粉中含有蜡状芽孢杆菌,且数量介于 100～$1×10^6$ 个/g。蜡状芽孢杆菌是一种耐热的产芽孢杆菌,一般的灭菌操作很难将它们杀死。

④大肠菌群。大肠菌群是乳粉中十分常见且十分重要的一类微生物,可导致乳炎,牛乳中大肠菌群的检出改变了以往认为大肠菌群仅来自粪便的观点,乳粉经过喷雾干燥阶段后仍可能残存大肠菌群。

⑤酵母和霉菌。酵母菌和霉菌也被列入乳粉中微生物的研究之列,从全脂乳粉、脱脂乳

粉以及冰淇淋预混料等许多乳制品中分离出了曲霉、青霉以及毛霉。但总的来讲,乳粉中有酵母和霉菌检出的事例非常少。

⑥阪崎肠杆菌。阪崎肠杆菌为食源性条件致病菌,是一种有周生鞭毛、能运动、无芽孢、兼性厌氧的革兰氏阴性杆菌,属于肠杆菌科肠杆菌属,1980年由黄色阴沟肠杆菌更名为阪崎肠杆菌。新生儿感染该菌可导致脑膜炎、坏死性小肠结肠炎和菌血症,并可引起严重的神经系统后遗症甚至死亡,感染引起的死亡率高达50%以上。虽然目前还不能确定其宿主和传播途径,但多起新生儿阪崎肠杆菌感染事件基本证实婴幼儿配方奶粉是主要的感染源(覃小玲,2011)。继2002年美国FDA在本土某些国际乳业巨头生产的婴儿配方奶粉中检出阪崎肠杆菌后,2003年又一家国际乳业巨头公司主动召回在美国生产的一批检出极微量阪崎肠杆菌的罐装早产儿特殊配方奶粉,阪崎肠杆菌的污染问题引起了国际相关机构的极大重视(李春杰,2011)。

⑦其他微生物。近些年来,肠球菌越来越引起人们的注意,从乳粉中发现了大量的粪肠球菌和屎肠球菌,除了上述几种微生物以外,与乳粉有关的其他微生物物种还有耶尔森氏菌和小肠结肠炎耶尔森氏菌,调查结果发现这些微生物与一些食物中毒有关。此外,志贺氏菌、副溶血性链球菌、副溶血性弧菌以及病原性大肠埃希氏菌也是乳粉中可能存在的病原菌,必须引起足够的重视。

(5)炼乳中的微生物

炼乳分为淡炼乳和甜炼乳两种类型。淡炼乳是一种经过蒸发浓缩、除去1/2或3/5水分而制成的乳制品。装罐封罐后,经115~117℃高压蒸汽灭菌15min以上,即可杀灭全部微生物。但当灭菌不完全时,某些耐热性细菌,如枯草杆菌、凝固芽孢杆菌、蜡样芽孢杆菌、嗜热乳芽孢杆菌及厌氧性芽孢梭菌、苦味杆菌等仍能存活,引起淡炼乳凝块、胀罐、腐败臭味或苦味等败坏现象。甜炼乳是加糖和浓缩的乳制品,经过消毒和加热浓缩之后,乳中99%以上的微生物即被杀死,但还有一部分耐热的球菌、芽孢杆菌和少数酵母菌、霉菌等仍然存活。浓缩的甜炼乳,含糖浓度很大(40%~65%),渗透压很高,残存的微生物是不能生长繁殖的。但极少数具有抵抗高渗透压能力的微生物,如炼乳酵母和球状酵母等若有存在,它们仍能在甜炼乳中生长繁殖,分解蔗糖产生大量气体,发生胀罐。由于糖的浓度降低,有利于大肠产气杆菌类细菌的生长发育而发生进一步的发酵产气和败坏,甚至爆裂。若罐内留有足够空气,有些霉菌如灰绿曲霉和匍匐曲霉等可以生长繁殖,使甜炼乳发霉。一些细菌,还能使甜炼乳黏稠凝结,不易倒出,或者产生不快的气味(黄青云,2003)。

(6)稀奶油中微生物来源和种类

①细菌类型及数量。稀奶油保存在5℃的条件下,保存初期嗜冷菌的比例很低,然后嗜冷菌(5℃)的数量为$10^2 \sim 10^7$CFU/mL,嗜温菌(30℃)的数量为$10^3 \sim 10^8$CFU/mL。贮存在5℃的鲜制稀奶油的优势菌是假单胞菌、无色杆菌、产碱杆菌(*Alcaligenes*)、不动杆菌(*Acinetobacter*)、气单胞菌(*Aeromonas*),贮存在30℃时的优势菌是棒杆菌、芽孢杆菌、微球菌、乳杆菌和葡萄球菌等。稀奶油来源不同,不同细菌之间的数量差异较大。在5℃条件下贮存5d,不产荧光的假单胞菌是优势菌,而棒杆菌和微球菌数量减少,显然不同的样品具有一些差异。

Phillips等也发现类似现象,他们发现后杀菌的稀奶油污染源主要是革兰氏阴性菌,如消灭了这些菌,则芽孢杆菌又成为优势菌。当贮存温度增为6~10℃时,稀奶油的保质期缩短一半。因此可以认为,在杀菌有效的条件下,稀奶油的细菌状况完全依赖于后杀菌方式、杀菌温度和时间以及保存温度。在保存期末期,假单胞菌(尤其是不产荧光的菌种)往往是产品的优势菌。Worcestershire 和 Colenso 等在 540 个零售稀奶油样品中,发现有 230 个的甲基蓝试验失败,只有 181 个反应正常。这些样品有的细菌数严重超标,其中有 70 个样品的细菌总数达 $(2\sim50)\times10^8$ CFU/g,137 个超过 1×10^6 CFU/g,大肠菌群和芽孢杆菌的数量巨大。Barrow 等人发现稀奶油的细菌总数超过 5×10^7 CFU/g 时风味也无异常。给稀奶油带来缺陷的微生物有产麦精乳链球菌(*Strep. lactis* var. *maltigenes*),它是稀奶油产生麦芽臭的原因。

②嗜冷菌。所有易腐败的食品都应贮存在 5℃ 以下,这无形中形成一个选择性培养基,嗜冷菌会生长。假单胞菌属于革兰氏阴性菌,不产孢子,氧化酶阳性的棒状杆菌,经常会污染乳制品。它们会产生色素,一般对脂肪和蛋白质有破坏作用,但对乳糖无损害。它们不会使产品变酸,但当它们超过 10^8 CFU/g 时会引起许多色斑。另外也可能存在使稀奶油变成紫色的蓝黑色杆菌(*Chromobacterium lividum*),该菌种约 25℃ 生长最好,大多数菌株的最低生长温度约为 2℃,最高生长温度则为 32℃。

③酵母菌和霉菌。乳糖发酵性酵母是使稀奶油产生缺陷的原因,一般除产生恶臭以外,与干酪一样,伴有气体产生。但是,酵母在已进行乳酸发酵的稀奶油内会停止发育,经常在稀奶油中发现不发酵乳糖的酵母,也不产生明显的缺陷。确认了种的霉菌,常见的有白地霉(*Geotrichum candidum*)。霉类多为好气性,在稀奶油表面呈膜状或簇状繁殖。霉类多与细菌、酵母一起繁殖,在构成缺陷的原因上,细菌、酵母的作用往往比霉菌的作用要大(郭本恒,2001)。

(7)冰淇淋中微生物来源和种类

冰淇淋是乳、乳脂、鸡蛋、糖、乳化剂、稳定剂、香料和色素等物质,经过加热处理、均质、巴氏消毒、冷却、冻结而制成的一种冰冻乳制品。其中的微生物由所用原料、制作过程的用具和操作等污染而来,每克含菌数因污染程度不同而异,每克一般在 $10^3\sim10^8$ 个,常见的微生物有球菌、需氧性芽孢杆菌、厌氧芽孢梭菌、大肠菌群、假单胞菌、酵母菌和霉菌等,在不卫生的情况下,还可能有病原菌。制成的冰淇淋适度冷冻,在合理的时间内,细菌数量不会增加,但过久存放,耐冷菌和嗜冷菌开始繁殖,会使冰淇淋产生不良气味。其他微生物,包括可能存在的病原微生物,虽不生长,但也只有少数死亡,常不会全被杀灭(黄青云,2003)。

2.乳制品中微生物控制技术

(1)常用加热杀菌和灭菌的方法

①预热杀菌。这是一种比巴氏温度更低的热处理,通常为 57～68℃ 15s。经热处理后的牛乳其磷酸酶试验应呈阳性。预热杀菌可以减少原料乳的细菌总数,尤其是嗜冷菌,因为它们中的一些菌会产生耐热的脂酶和蛋白酶,这些酶可以使乳产品变质。加热处理除了能杀死许多活菌外,在乳中引起的变化较小。若将牛乳冷却并保存在 0～1℃,贮存时间可以延长到 7d 而其品质保持不变(孔保华,2004)。

②低温巴氏杀菌。这种杀菌是采用 63℃ 30min 或 72℃ 15～20s 加热而完成。可钝化乳中的碱性磷酸酶,可杀死乳中所有的病原菌、酵母和霉菌以及大部分的细菌,而在乳中生长缓慢的某些种微生物不被杀死。此外,一些酶被钝化,乳的风味改变很大,几乎没有乳清蛋白变性、冷凝聚且抑菌特性不受损害。根据杀菌的方式可将低温巴氏杀菌分为两种:其中

62～65℃ 30min 叫低温杀菌(LTLT),也称保温杀菌法。在这种温度下,乳中的病原菌,尤其是耐热性较强的结核菌都被杀死。72～75℃ 15s 杀菌或采用 75～85℃ 15～20s 杀菌通常称为高温短时间(HTST)杀菌法,由于受热时间短,热变性现象很少,风味有浓厚感,无蒸煮味(孔保华,2004)。

低温长时间杀菌一般可杀死 97% 以上的微生物,残存的微生物为耐热性的,多为乳杆菌属、链球菌属、芽孢杆菌属、微球菌属、微杆菌属、梭状芽孢杆菌属中的一些耐热菌种,例如嗜热乳杆菌、保加利亚乳杆菌、嗜热链球菌、粪链球菌、牛链球菌(*Streptococcus bovis*)、枯草芽孢杆菌、地衣芽孢杆菌、蜡状芽孢杆菌、嗜热脂肪芽孢杆菌(*Bacillus stearothermophilus*)、变异微殊菌、凝聚微球菌(*Micrococcus conglomeratus*)、乳微杆菌等。经过低温长时间消毒的消毒乳,由于有耐热性微生物的存在,在室温下只能存放 1d 左右,存放过久仍会发生变质。变质现象包括由耐热乳酸菌引起的酸败凝固现象,也可能出现由芽孢杆菌等引起的甜凝固、蛋白质腐败和脂肪酸败现象。在 10℃ 以下储存,所存在的耐热的细菌生长极为缓慢,变质作用也缓慢。因而消毒后乳还应及时冷却至 10℃ 以下,并于 10℃ 以下的温度中进行冷藏,这样可以保持一段时间而不出现变质(李宗军,2014)。

72～75℃、15～16s 的高温短时杀菌,其杀菌效果与低温长时间杀菌的相当,所残存的微生物与低温长时间杀菌的相似,即也可能残存耐热性较强的链球菌、乳杆菌、芽孢杆菌、微球菌、微杆菌、梭状芽孢杆菌等,故消毒乳的变质现象也与低温长时间杀菌的相似。高温短时杀菌采用 75～85℃ 10～15s 时,其杀菌效果要比低温长时间杀菌和 72～75℃ 15～16s 的高温短时杀菌的好,所残存的微生物主要是具有芽孢的芽孢杆菌和梭状芽孢杆菌,其他微生物几乎不再存在。

③高温巴氏杀菌。采用 70～75℃ 20min 或 85℃ 5～20s 加热,可以破坏乳过氧化物酶的活性。然而,生产中有时采用更高温度,一直到 100℃,使除芽孢外所有细菌生长体都被杀死,大部分的酶都被钝化,但乳蛋白酶和某些细菌蛋白酶与脂酶不被钝化或不完全被钝化。这种杀菌方法会使大部分抑菌特性被破坏,部分乳清蛋白发生变性,乳中产生明显的蒸煮味。除了损失维生素 C 之外,营养价值没有重大变化(孔保华,2004)。

④超巴氏杀菌。这是目前生产延长货架期奶(ESL 奶)的一种杀菌方法,温度为 125～138℃,时间为 2～4s,并冷却到 7℃ 以下(孔保华,2004)。

⑤灭菌。这种热处理能杀死所有微生物包括芽孢,通常采用 115～120℃ 20～30min 加压灭菌(在瓶中灭菌),或采用 135～150℃ 0.5～4s,后一种热处理条件被称为 UHT(超高温瞬时灭菌)。热处理条件不同产生的效果是不一样的。115～120℃ 20～30min 加热可钝化所有乳中固有酶,但是不能钝化所有细菌脂酶和蛋白酶,产生严重的美拉德反应,导致棕色化,形成灭菌乳气味,损失一些赖氨酸,维生素含量降低,引起包括酪蛋白在内的蛋白质相当大的变化,使乳 pH 值大约降低了 0.2 个单位。UHT 处理则对乳没有破坏(孔保华,2004),UHT 处理微生物致死率几乎达到 100%,可能残存的仅是芽孢杆菌和梭状芽孢杆菌的芽孢,残存的芽孢也是极少的,芽孢菌数可减少至原来的 1% 以下,其他非芽孢菌可全部被杀死,杀菌温度更高时残存的芽孢菌更少(李宗军,2014)。

(2)冷杀菌技术

①二氧化碳杀菌。在乳品工业中,CO_2 是唯一的天然抑菌剂,之所以是唯一的,是因为它可以添加到乳制品中,也可以在没有任何有害作用的前提下逸出。通常认为 CO_2 是安全

的,目前还不需要把它列入成分表中。目前,国外许多乳品企业已经把 CO_2 作为一种价廉而又安全可靠的食品添加剂应用到乳制品的工业化生产中,尤其是在原料乳的保鲜和干酪的制造中(姚春艳,2008)。CO_2 影响微生物生长代谢的直接和间接机制仍不是很清楚,目前主要有以下 4 个主要的抑菌理论:溶解于脂质中的 CO_2 降低膜的稳定性;CO_2 的水合作用降低了 pH 值,引起细胞内和环境的压力;作为许多细菌的代谢产物,CO_2 可能引起细胞能量的无效支出;CO_2 能改变酶的生理化学性质(Gerrit S,2006)。

溶解在水溶液中的 CO_2 能够抑制革兰氏阳性菌和阴性菌的生长,CO_2 的抑菌作用大小为:假单胞菌>肠杆菌科细菌>乳酸菌,即 CO_2 对革兰氏阴性菌的抑制作用大于革兰氏阳性菌,CO_2 能改变微生物生长的对数期,抑制真菌的生长,在实验室培养基中 CO_2 能够抑制孢子的萌发。在 0℃、4℃、8℃下,溶解 42.27mmol/L CO_2 将原料乳的保存期分别延长到约为 54h、48h 和 24h,而对照组分别为 30h、24h 和 12h,随压力和处理时间增加,CO_2 对牛奶中菌落总数杀灭效果显著增强($P<0.05$)(姚春艳,2008)。处理温度对杀菌效果有协同效应,随温度增加,牛奶中菌落总数数量级值显著降低($P<0.05$)。CO_2 处理条件为 50℃、30MPa 和 70min 时,牛奶中菌落总数的残存率最大降低了 5.082 个数量级(钟葵,2010)。添加 CO_2 对农家干酪中嗜冷菌、酵母菌、霉菌和大肠菌群的生长均具有抑制作用,添加 CO_2 使农家干酪的 pH 值下降速度减缓,对于 CO_2 处理组干酪,随贮藏时间的延长,干酪中的 CO_2 含量在逐渐降低,但是低温存放时的 CO_2 损失量相对较小(姚春艳,2008)。添加 CO_2 还能改善产品质量,缩短干酪的生产加工时间、减少凝乳需要的凝乳酶用量(Montilla,et al.,1995),增加干酪产量(Reyes-Gavilán,et al.,2002),延长干酪货架期(Gonzalez-Fandos,et al.,2000)。

②高压杀菌。高压杀菌是将食品物料以某种方式包装以后,放入液体介质中,在 100~1000Mpa 压力下作用一段时间后,使之达到灭菌要求。其杀菌原理是压力对微生物的致死作用,主要是通过破坏微生物细胞膜,抑制酶活性和促使细胞内 DNA 变性等途径实现。高压杀菌技术的原理早已被人们所了解,但在食品加工领域中是从 1990 年以后才开始在日本、欧美等地实际应用。经研究发现,酵母菌、霉菌的耐压性比细菌的耐压性低,在一定范围内,压力越高,灭菌效果越好,一般 300Mpa 以上的压力可杀灭细菌、霉菌、酵母菌等食品中常见的微生物类群,病毒对压力较为敏感,在较低的压力下即可失去活力,芽孢耐高压性较强,压力在 300Mpa 以下时,反而会促进芽孢发芽。高压对鲜牛奶中细菌行为影响的研究表明,鲜牛奶中细菌菌落尺寸取决于处理压力的高低以及保压时间的长短,保压时间越长,处理压力越高,细菌菌落直径越小。Hayakawa 等研究了嗜热脂肪芽孢杆菌在高压下的失活情况,结果表明,间歇式的压力处理比较有效,对需氧嗜温微生物和需氧嗜冷微生物进行间歇式加压处理能更有效地抑制微生物,使细菌降低 4 个数量级,同时,基质水分活度高时,高压杀菌的效果好。高压杀菌不升温,有利于保存牛奶中营养物质及其良好风味(王蕊,2004)。高压处理可减少凝乳时间,增加干酪的产量。压力为 2000Mpa 时,大多数研究表明凝乳时间减少。高压破坏酪蛋白胶束,增加其表面积,也增加了粒子相互碰撞的可能性。在较高的温度下处理乳,凝乳时间反而增加,同未处理乳的凝乳时间相近。同巴氏杀菌乳制成的干酪相比,高压杀菌乳生产干酪,产量增加是由于保留更多的水分和蛋白质(主要是 β-乳球蛋白)。乳清蛋白的损失很少,乳清中含有较少的 β-乳球蛋白。高压杀菌技术能有效保持乳制品原有的色、香、味和营养成分,可减少化学添加剂的应用。同热杀菌比较,高压杀菌营

养损失较少，未来的应用中也应予以考虑（韦薇，1998；朱向蕾，2009）。

③离心除菌。原料乳中通常会含有一定数量的芽孢，在杀菌过程中并不能被杀死，会在随后的生产和成熟过程中生长，导致干酪出现各种缺陷。原料乳经离心除菌后，从分离机中分别排出蛋白质和细菌富集流（约占牛奶总流量的 3%），该细菌富集流在灭菌后再与其他原料乳混匀，可以得到几乎没有厌氧芽孢菌的牛乳，并可避免由此造成的经济损失（朱向蕾，2009）。

④微滤除菌。微滤是膜技术的一种，采用的膜孔径较大（0.8～1.4μm），分离原理主要是基于酪蛋白胶束和微生物直径的差异。微滤除菌处理的流程可简单地分为预净化和除菌处理两大部分，预净化是为除菌处理服务的，其目的是除去被处理流体中的各种固形物。除菌处理的目的是要彻底除菌，以保证达到无菌的要求。一般除菌处理过程由粗过滤、预过滤、除菌过滤三个单元组成，各过滤单元选用的基本准则是粗过滤的价格要便宜，预过滤精度要适合，除菌过滤必须可靠。微孔应用时最为关键的是选择合适的膜，以便最大限度地去除形成芽孢的嗜热和嗜温微生物。微滤基本上是用于减少脱脂乳、乳清和盐溶液中的细菌，也用于准备生产乳清蛋白浓缩物、乳清的脱脂乳以及蛋白质分馏方面。正确选用滤膜的原则是膜的孔径必须小于所滤出的细菌（朱向蕾，2009）。

⑤超声波保鲜技术。用 2.6kHz 的超声波对微生物做杀灭实验，发现某些细菌对超声波是敏感的，如大肠杆菌、巨大芽孢杆菌、绿脓杆菌等可被超声波完全破坏，但对葡萄球菌、链球菌等效力较小。有研究表明，用超声波进行牛乳消毒，经 15～60s 处理后，乳液可以保存 5d 不酸败变质，经一般消毒的牛乳再经超声波处理，在冷藏的条件下可保存 18 个月。超声波消毒的特点是速度快，无外来添加物，对人体无害，对物品无损伤，但消毒不彻底（王蕊，2004）。

⑥辐射保鲜技术。辐射保鲜是一种用电离辐射照射来延长保藏时间、提高食品质量的新型的、安全卫生、经济有效的食品加工保藏技术，它的基本原理是射线在照射过程中会产生直接化学效应和间接化学效应。直接化学效应使得细胞间质受到高能射线照射后发生电离作用和化学作用，形成离子、激发态或分子碎片。间接效应使得水分子产生电离后再与胞内其他物质作用，生成原始物质不同的化合物，这两种作用结合起来能阻断胞内一切活动，最终导致微生物的死亡（于美娟，2008），从而达到食品保藏或保鲜的目的。尤其是 γ-射线或 x 射线具有强大的穿透能力，对经过包装的农副产品及食品可以达到杀虫、灭菌的目的，并可以防止病原微生物及害虫的再度感染，因而可以在常温下长期保存。1980 年 FAO/WHO/IAEA 联合国专家委员会根据长期以来的毒理学、营养学和微生物学资料，以及辐射化学分析的结果确定：总平均剂量不超过 10kGy 辐照的任何食品是安全的，不存在毒理学危害，因此，不需要对经过该剂量辐照处理的食品再进行毒理学试验。目前，全世界已有 53 个国家和地区，批准了 500 多种辐照食品，但在乳品工业上的应用刚刚引起人们的注意。用电磁波辐射灭菌牛乳，可使牛奶保存期延长 3 倍左右（刘银春，2000）。辐照杀菌可以在包装好的情况下进行，因此不会造成二次污染，各类细菌中的大肠菌群、假单胞菌属和黄杆菌属对辐照最为敏感，酵母和霉菌抗性要强些（王蕊，2004）。

⑦脉冲电场和脉冲磁场保鲜技术。脉冲电场杀菌原理为：微生物细胞膜内外本来存在一定的电位差，当有电场存在时可加大膜的电位差，提高细胞膜的通透性。当电场强度增大到一个临界值时，细胞膜的通透性剧增，膜上将出现许多小孔，使膜的强度降低。同时，由于所加电场是脉冲电场，在极短的时间内电压剧烈波动，可在膜上产生振荡效应。微生物细胞

膜上孔的出现、加大及振动效应的共同作用可使微生物细胞发生崩溃。脉冲电场能有效地杀灭与食品腐败有关的几十种细菌,特别是果汁饮料中的黑曲霉、酵母菌。脉冲磁场杀菌与脉冲电场杀菌基本相同,对脱脂乳添加 10^7 CFU/mL 的大肠杆菌,用 40 kV/cm² 的电场强度处理 50 个脉冲后可使 99% 的大肠杆菌失活。带菌量为 2.5×10^4 CFU/mL 的牛奶经 12T/6kHz 的脉冲磁场作用一次,牛奶带菌量降到 9.7×10^2 CFU/mL,牛奶的风味没有发生任何感觉上的改变(王蕊,2004)。

(3)保鲜剂

乳酸链球菌素(nisin)亦称乳链菌肽,是一种多肽类羊硫细菌素,由 34 个氨基酸残基组成,是一种高效、安全、无毒副作用的天然食品防腐剂。1951 年,Hirsch 等人应用 nisin 到食品保藏中,成功地抑制了由产气梭状芽孢菌引起的奶酪腐败,极大地改善了奶酪的品质。1952 年,Clintock 等人把产 nisin 的乳酸乳球菌菌株直接接种到奶中,来控制由产气梭状芽孢杆菌引起的膨胀腐败。nisin 能有效抑制引起食品腐败的许多革兰氏阳性细菌,如乳杆菌、明串珠菌、小球菌、葡萄球菌、李斯特菌等,特别对产芽孢的细菌,如芽孢杆菌、梭状芽孢杆菌有很强的抑制作用,而对革兰氏阴性腐败菌、酵母菌、霉菌及病毒尚无明显的抑制作用,只有采用其他联合增效手段来控制。在货架期内,食品原料中来源于微生物、动植物有机体中的蛋白酶会降低 nisin 的活性。nisin 在酸性环境下热稳定性很高,但在中性或碱性条件下热稳定性较差。因 nisin 是一个疏水多肽,所以食品中的脂肪物质会干扰它在食品中的均匀分布,从而影响它的效果。由于 nisin 的加入,可以降低食品的杀菌温度,减少热处理时间,因此可有效地保持食品原有的营养与风味等特点。

生鲜牛奶中加入 30~50IU/mL 的 nisin 可以使鲜奶的货架寿命延长一倍,Tanak 等的研究表明,在经巴氏处理的干酪中,加入 500~1000IU/mL nisin 能阻止梭菌的生长和毒素的形成,同时还能降低食盐和磷酸盐的用量。nisin 添加在消毒奶中解决了由于耐热芽孢繁殖而变质的问题,并且只用较低浓度的 nisin 便可以使其保质期大大延长,而且 nisin 还可以改善牛乳由于高温加热而出现的不良风味。添加 400IU/mL 的 nisin 于消毒奶中可使含菌数降低 4 个对数周期,在印度使用 nisin 曾使仅能有效存放 3~7d 的消毒牛奶保存 360 余天。添加 10mg/L nisin 于巴氏消毒奶中,可使其在 10℃ 下保存 6d,而不加 nisin 的只能保存 2d。牛乳中添加 0.6g/kg 的 nisin,在 20℃ 下贮藏期可延长 4~5d,在 4℃ 下贮藏延长 9~12d(王蕊,2004)。同时也可以采用复合天然防腐保鲜液[0.69% 茶多酚+0.013% nisin 和溶菌酶(1:1)+0.0043% 纳他霉素]对 Mozzarella 干酪进行浸泡处理,在 4℃ 冷藏 49d 时的贮藏效果与对照组 28d 时相同(刘会平,2011)。

(4)一些特殊细菌控制技术

①阪崎肠杆菌的控制。要防止阪崎肠杆菌的感染,必须在乳制品加工过程中对各个环节进行严格消毒,通过加工过程中适当的巴氏杀菌、超高温杀菌或其他高温工艺彻底地杀灭该菌,同时要防止灭菌后的产品在后续的生产环节被再次污染。另外,该菌有可能存在于加工机械、器具、包装材料等物体中。因此要防止阪崎肠杆菌污染乳制品,应建立并严格执行行之有效的危害分析和关键控制点系统,并把肠杆菌科作为生产线的卫生指标菌(覃小玲,2011)。研究报道,阪崎肠杆菌噬菌体可特异性地与其宿主结合将其消除,因此有望被用于乳制品生产过程及环境中阪崎肠杆菌的控制,防止二次污染(赵贵明,2008)。近年,利用微生态制剂对致病菌的竞争和拮抗作用成为防控致病菌污染的趋势,鼠李糖乳杆菌和植物乳

杆菌均能有效地竞争拮抗阪崎肠杆菌(姜淑英,2011),从鲤鱼肠道中也筛选出对阪崎肠杆菌具较强拮抗作用的植物乳杆菌(杜静芳,2016,)。

②嗜冷菌控制技术。预防嗜冷菌的污染,要加强原料乳收集时和加工过程中的卫生,及时清洗消毒,原料奶在4℃条件下贮存不得超过24h。目前采用热处理的方式只能杀灭嗜冷菌,却不能够使其生长繁殖过程中产生的耐热性胞外酶失活。因此,可以考虑采用冷消毒,如使用化学消毒剂对各环节进行消毒灭菌,杀灭嗜冷菌、有效抑制嗜冷菌或使胞外酶失活来控制嗜冷菌的危害。在原料乳中添加质量浓度为30mg/L的二氧化氯具有很理想的杀灭和控制嗜冷菌增殖的效果,0.75%浓度的壳聚糖溶液对嗜冷菌生长抑菌率为60%(何光华,2006),最好的抑菌质量浓度为50g/L(刘芳,2005),也可以在原料乳中接种某些乳酸菌以降低它的氧化还原电位,这些菌将在巴氏杀菌时失活。

二、肉品加工中的微生物控制技术

(一)鲜肉中的微生物和控制措施

1.鲜肉中的微生物来源和种类

鲜肉中污染微生物的来源可分为内源性和外源性两方面。内源性来源是指微生物来自动物体内。动物宰杀之后,肠道、呼吸道或其他部位的微生物,即可进入肌肉和内脏,使之污染。一些老弱或过度疲劳、饥饿的动物,由于防卫机能减弱,亦会在生活期间在其肌肉和内脏中侵入一些微生物。一般来说,这一方面的来源是次要的。外源性来源主要是动物在屠宰、冷藏、运输过程中,由于环境卫生条件、用具、用水、工人的个人卫生等不洁而造成鲜肉污染,这常是主要的污染来源。鲜肉中污染微生物的程度,因具体情况而有差异,菌数或多或少。污染的微生物主要是腐败菌和霉菌、酵母菌等,常见的有以下几类:

(1)引起鲜肉在保存时颜色及味道产生变化的细菌,如灵杆菌(*B. prodigiosus*)、蓝乳杆菌(*B. cyanogenes*)、磷光杆菌(*B. phosphorescens*)等。

(2)引起鲜肉发霉的真菌,如枝孢霉(*Cladosporium*)、毛霉(*Mucor*)、枝霉(*Thamnidium*)、青霉(*Penicillium*)、曲霉(*Aspergillus*)等。

(3)引起鲜肉腐败的细菌,如变形杆菌(*B. proteus*)、枯草杆菌、肠膜芽孢杆菌、蕈状杆菌、腐败杆菌、产气荚膜梭菌、产芽孢杆菌等(黄青云,2003)。

2.鲜肉的微生物控制措施

为了尽可能降低胴体的初始菌数,对猪采用蒸汽烫毛,再快速进行高温燎毛和用带电压的热水冲淋,这样就可以极大地降低微生物在胴体上的附着力并且杀死部分微生物。另外,开膛劈半后的清洗是减少胴体微生物污染的又一个重要步骤,特别是带压的热水可以冲洗掉胴体表面的杂毛、粪便、血污等,从而减少微生物的数量。在生产过程中,应对胴体采用两段快速冷却法(−20℃,1.5～2h;0～4℃,12～16h),在规定的时间内使胴体中心温度降到4℃以下,这样仅仅会有部分嗜冷菌缓慢生长,并且可以降低酶的作用和化学变化,有利于产品保质期的延长。严格控制分割和包装环境的温度和时间,结合其他卫生控制措施(如良好的空气、水质等),可以使胴体和分割产品的初始细菌总数保持在$10^2 \sim 10^3$CFU/g,从而延长产品的货架期,保证肉品的卫生质量和安全(李宗军,2014)。

(二)肉品中的微生物和控制措施

1. 肉制品中的微生物来源和种类

(1)冷藏肉和冰冻肉中的微生物

肉类的低温冷藏和冰冻,在肉品工业中占有重要地位。低温可以抑制微生物的活动,防止微生物对肉的腐败分解,从而可使鲜肉长期保存,基本上保留其原来特性、自然外观、滋味及营养价值。实验证明,温度降至-1℃肉中的水分有18.6%冻结,降至-2.5℃时有63%的水冻结,-10℃时为83.7%,-20℃时为89.4%。水分的冻结又使肉内呈现"干燥"状态,更不利于微生物的生长发育。细菌细胞质的冻结是一种可逆的变化,当温度回升时,细胞质能恢复到原来的状态,细菌又开始活动。低温虽能杀死一部分细菌,但能耐低温的微生物还是相当多的。例如沙门氏菌,在-165℃可存活3d,结核杆菌在-10℃可存活2d,口蹄疫病毒在冻肉骨髓中可存活144d,猪瘟病毒在冻肉中可存活366d,炭疽杆菌在低温也可存活,霉菌的耐低温性也很强,它们在-2℃和-6℃仍可生长,这说明有不少致病微生物的抗低温性是很强的,绝不能用冷冻作为带菌病肉无害处理的手段。肉类在冰冻前必须经过预冻,一般先将肉类预冷至4℃以下,然后采用-30～-23℃冰冻,这样才能使整块鲜肉较快地均匀冻结,否则表层迅速冻结,而其内部却保持温暖,仍可进行细菌和酶的分解过程,导致一定程度的败坏或引起鲜肉变黑。

(2)香肠和灌肠的微生物

与生肠类变质有关的微生物有酵母、微杆菌及一些革兰氏阴性杆菌,酵母可在肠衣外面产生肉眼可见的黏液层,微杆菌导致肉质变酸和变色,革兰氏阴性杆菌可引起肉肠腐败。熟肠类如果加热适当可杀死其中细菌的繁殖体,但芽孢可能存活,加热后及时进行冷藏,一般不会危害产品质量。如加热时间和温度不够,冷藏温度大于5℃,D群链球菌、芽孢杆菌可能存活并繁殖,造成肉肠变质或食物中毒。

(3)熟肉的微生物

熟肉制品包括酱卤肉、烧烤肉、肴肉、肉松、肉干等,经加热处理后,一般不含有细菌的繁殖体,但可能有少量细菌的芽孢。通常情况下熟肉制品上的微生物是加热后污染的,常见的有微球菌、棒状杆菌和库特氏菌等,而常引起熟肉变质的微生物主要是真菌,如根霉、青霉及酵母,它们的孢子广泛分布在加工厂的环境中,很容易污染熟肉表面并导致变质,因此,加工好的熟肉制品应在冷藏条件下运送、贮存和销售。

(4)腌腊肉制品的微生物

腌制的防腐作用,主要是依靠一定浓度的盐水形成高渗环境,使微生物处于生理干燥状态而不能繁殖,此外,还依靠食盐离解时氯离子的作用,以及高浓度的盐分对蛋白质分解酶具有破坏作用来实现防腐。腐败菌及沙门氏菌对盐较为敏感,一般在≤10%的食盐液中,其大部分即可停止生长,其他一些球菌类,也可在9%～15%的食盐液中被抑制。但必须注意,制止微生物繁殖所需要的含盐浓度,随微生物种类及所处介质的状态和条件而异。例如,酵母的繁殖只有在介质的pH为2.5和食盐浓度为14.5%时才可被抑制,而对霉菌,食盐浓度为18%～22%时才被抑制。食盐溶液虽能抑制细菌的活动,但不能杀死细菌,甚至在饱和盐溶液内,大肠杆菌类在6周至6个月内,结核杆菌经过3个月,化脓性链球菌在5个月内都可能未被杀死。在浓盐溶液内也不能破坏肉毒梭菌所产生的毒素。有些嗜盐菌如副溶血弧菌,在高浓度盐溶液中仍能繁殖。霉菌的孢子在盐内仍能长年生存。食盐的浓度低于3%时,常不能抑制细菌的生长,而且还会促进一些细菌的繁殖。

硝酸盐在腌制肉品中除作为助色剂外,也是肉类的防腐剂,例如,能抑制肉毒梭菌等有害微生物的繁殖。但其防腐作用受 pH 影响较大,有报告表明在 pH6 时对细菌有显著的抑制作用,在 pH7 时,就完全不起作用。经硝酸盐处理过的肉制品,可能有亚硝胺类残留,超过一定量会引起人体致癌,因此,须按国家食品添加剂使用卫生标准,硝酸盐(钠)最大用量不得超过 0.5g/kg 肉,亚硝酸钠不得超过 0.15g/kg 肉量。

(5)肉制品罐头中的微生物

肉制品罐头均是经过高压灭菌处理的,应不含有致病性微生物,也不含有在通常温度下能在其中繁殖的非病原微生物。罐头的杀菌温度是根据肉毒梭菌的耐热能力制定的,目前采用中心温度 120℃、5~6min 的高温高压杀菌,这样杀菌后的罐头中,残存的微生物一般只能是嗜热的芽孢菌。嗜热需氧芽孢杆菌主要有嗜热脂肪芽孢杆菌和凝结芽孢杆菌,它们不产气,只产酸。嗜热厌氧芽孢杆菌主要是嗜热解糖梭菌和致黑梭菌,它们均可导致罐头的腐败,但贮存的温度低于 43℃ 以下,它们不会繁殖。肉制品罐头是高水活性(A_w>0.85)、低酸性(pH>4.6)的食品,如果原料不新鲜,杀菌热力不足或出现罐破泄漏,罐头中污染的微生物数量多,可能存在肉毒梭菌及其毒素(黄青云,2003)。

2.肉品中微生物控制技术

(1)冷却保鲜

冷却保鲜是常用的肉和肉制品保存方法之一,这种方法将肉品冷却到 0℃ 左右,并在此温度下进行短期贮藏。由于冷却保存耗能少,投资较低,适宜于保存在短期内加工的肉类和不宜冻藏的肉制品。畜肉的冷却主要采用空气冷却,即通过各种类型的冷却设备,使室内温度保持在 0~4℃,冷却时间决定于冷却室温度、湿度和空气流速,以及胴体大小、肥度、数量、胴体初温和终温等。禽肉可采用液体冷却法,即以冷水和冷盐水为介质进行冷却,亦可采用浸泡或喷洒的方法进行冷却,此法冷却速度快,但必须进行包装,否则肉中的可溶性物质会损失。

冷却终温一般在 0~4℃,牛肉多冷却到 3~4℃,然后移到 0~1℃ 冷藏室内,使肉温逐渐下降。加工分割胴体,先冷却到 12~15℃,再进行分割,然后冷却到 1~4℃。冷却间的相对湿度对微生物的生长繁殖和肉的干耗起着十分重要的作用。在冷却初期,空气与胴体之间温差大,冷却速度快,相对湿度宜在 95% 以上,之后宜维持在 90%~95%,冷却后期相对湿度宜维持在 90% 左右。这种阶段性地选择相对湿度,不仅可缩短冷却时间,减少水分蒸发,抑制微生物大量繁殖,而且可使肉表面形成良好的皮膜,不致产生严重干耗,达到冷却目的。冷却过程中的空气流速一般应控制在 0.5~1m/s,最高不超过 2m/s,否则会显著提高肉的干耗。

经过冷却的肉类,一般存放在 -1~1℃ 的冷藏间(或排酸库),一方面可以完成肉的成熟(或排酸),另一方面达到短期贮藏的目的。冷藏期间温度要保持相对稳定,以不超出上述范围为宜。进肉或出肉时温度不得超过 3℃,相对湿度保持在 90% 左右,空气流速保持自然循环。

(2)冷冻保鲜

冷却肉由于其贮藏温度在肉的冰点以上,微生物和酶的活动只受到部分地抑制,冷藏期短。当肉在 0℃ 以下冷藏时,随着冻藏温度的降低,肌肉中冻结水的含量逐渐增加,肉的水分活度(A_w)逐渐下降,使细菌的活动受到抑制。当温度降到 -10℃ 以下时,冻肉则相当于中等水分食品。大多数细菌在此 A_w 下不能生长繁殖。当温度下降到 $-30℃$ 时,肉的 A_w 值在 0.75 以下,霉菌和酵母的活动也受到抑制。所以冻藏能有效地延长肉的保藏期,防止肉品质量下降,在肉类工业中得到广泛应用。

（3）辐射保鲜

在肉品保鲜中的应用:①控制旋毛虫。用 0.1kGy 的 γ 射线辐射,就能使其丧失生殖能力。因而将猪肉在加工过程中通过射线源的辐照场,使其接受 0.1kGy γ 射线的辐照,就能达到消灭旋毛虫的目的。在肉制品加工过程中,也可以用辐照方法来杀灭调味品和香料中的害虫,以保证产品免受其害。②延长货架期:叉烧猪肉经[60]Co γ 射线 8kGy 照射,细菌总数从 $2×10^4$CFU/g 下降到 100CFU/g,在 20℃ 恒温下可保存 20d,在 30℃ 高温下也能保存 7d,对其色、香、味和组织状态均无影响。新鲜猪肉去骨分割,用隔水、隔氧性好的食品包装材料真空包装,用[60]Coγ 射线 5kGy 照射,细菌总数由 54200CFU/g 下降到 53CFU/g,可在室温下存放 5～10d 不腐败变质;③灭菌保藏。新鲜猪肉经真空包装,用[60]Co γ 射线 15kGy 进行灭菌处理,可以全部杀死大肠菌群、沙门氏菌和志贺氏菌,仅个别芽孢杆菌残存下来,这样的猪肉在常温下可保存两个月。用 26kGy 的剂量辐照,则灭菌较彻底,能够使鲜猪肉保存一年以上。香肠经[60]Co γ 射线 8kGy 辐照,杀灭其中大量细菌,能够在室温下贮藏一年。由于辐照香肠采用了真空包装,在贮藏过程中也就防止了香肠的氧化褪色和脂肪的氧化酸败。

（4）真空包装

真空包装是指除去包装袋内的空气,经过密封,使包装袋内的食品与外界隔绝。在真空状态下,好气性微生物的生长减缓或受到抑制,减少了蛋白质的降解和脂肪的氧化酸败。另外,经过真空包装,乳酸菌和厌气菌增殖,pH 降低至 5.6～5.8,进一步抑制了其他菌的生长,从而延长了产品的贮存期。真空包装材料要求具有阻气性、水蒸气阻隔性、香味阻隔性能、遮光性和机械性能。真空包装虽能抑制大部分需氧菌生长,但即使氧气含量降到 0.8%,仍无法抑制好气性假单胞菌的生长。但在低温下,假单胞菌会逐渐被乳酸菌所取代（周光宏,2013）。

（5）高压二氧化碳

众多研究表明,二氧化碳在一定压力下具有杀菌作用（Fraser,1951；Foster,et al.,1962）。与传统的热力杀菌技术相比,高压二氧化碳（high pressure carbon dioxide,HPCD）杀菌技术处理温度低,因此对食品中的热敏物质破坏作用小,有利于保持食品原有品质;与超高压杀菌技术（300～600MPa）相比,HPCD 杀菌技术处理压力低（一般<20MPa）,容易达到并控制压力,因此 HPCD 杀菌技术日渐成为食品杀菌技术研究的焦点之一（史智佳,2009）。研究者发现 HPCD 对微生物营养体和芽孢的杀菌机制并不完全相同,Garcia-Gonzalez 等将 HPCD 对微生物细胞的杀菌机制完善为 7 个步骤（图 15-2）（侯志强,2015；Garcia-Gonzalez,2007）:①二氧化碳溶解于微生物外部的介质中;②细胞膜的改性;③微生物细胞内部 pH 的降低;④细胞内部 pH 的降低引起关键酶的钝化,进而使细胞内的新陈代谢受到抑制;⑤分子态二氧化碳和碳酸氢根离子对新陈代谢的直接抑制效应;⑥微生物内部的电解质平衡被打破;⑦细胞或细胞膜中重要组分的流失。但这 7 个步骤中的大部分步骤并不是完全按顺序进行的,而是以非常复杂和相关的方式同时发生。现有的 HPCD 对芽孢的杀菌机制研究总结如图 15-3 所示（侯志强,2015；Rao,et al.,2015）。

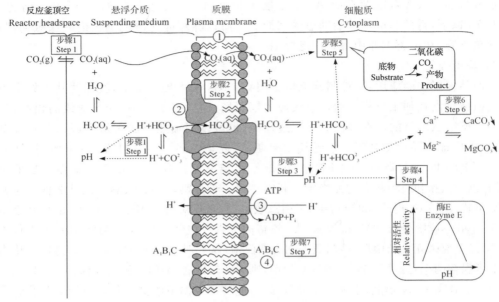

图 15-2　HPCD 对微生物细胞的可能杀菌行为

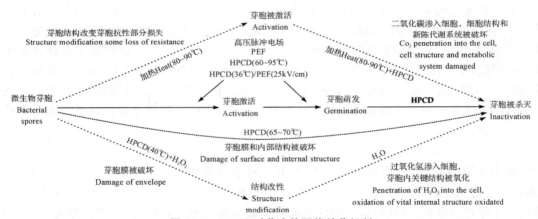

图 15-3　HPCD 对芽孢的可能杀菌机制

　　HPCD 杀菌技术对肉品同样具有很好的杀菌作用(Erkmen,2000；Sirisee,2007；Spilimbergo,2003)，应用发展潜力巨大。当用 HPCD 对鲜肉进行处理时，CO_2 能够很容易地扩散进入肉中，形成 H_2CO_3 并部分水解成 H^+ 和 HCO_3^-，使肉的 pH 降低，其蛋白质发生变性和凝集。Choi 等研究了 7.4MPa 和 15.2MPa、31.1℃、10 min 条件下 HPCD 对鲜肉品质的影响，结果表明，HPCD 在实验条件下对肉品的嫩度、pH 和保水性无显著影响，但是对肉品色度影响严重，导致肉品变为灰白色，亮度增加(Choi,2008)。研究证实，HPCD 处理会导致肉品颜色变为灰白，处理过程中会有部分水分损失(史智佳,2009)。导致肉色变化的主要原因是蛋白质变性，Ishikawa 等在磷酸钠盐缓冲液中采用微泡技术对肌红蛋白进行 HPCD 处理，圆二色谱分析表明，在实验条件下，肌红蛋白二级结构受到很大破坏，α-螺旋伸展(King,1993)；Choi 等认为，HPCD 处理导致鲜肉肉色变成灰白的主要原因是肌浆蛋白中的 phosphorylase b(PH)、creatine kinase(CK)、triosephosphate isomerase(TPI)和一种未知蛋白变性,对肉品红色起到遮掩作用造成的(Choi Y M,2008)。对熟肉制品而言,因为高温已导致蛋白完全变性,所以 HPCD 不会对其颜色产生影响。但是,因为 HPCD 具有很强的萃取能力,所以可能会使其原有成分(例如油脂、胆固醇等)受到一定损失(Froning,1998;King,1993)。

相对于液态食品,将 HPCD 技术应用于肉品的杀菌处理中有着主要以下几个方面的局限:首先,受肉品内部各种成分作用和 CO_2 在肉品中的渗透速度影响以及在处理方式上的局限,肉品达到一定灭菌效果需要的时间相对较长;其次,HPCD 具有很强的抽提作用,被广泛应用于工业中进行某些特定物质的提取,因此将 HPCD 技术应用于肉品杀菌中,可能会使肉品中的某些物质成分被提取出来(史智佳,2009;Froning,1998;King,1993)。

(6)超高压技术

超高压技术是指利用＞100MPa 的高压、在较低的温度或常温条件下,使食品中的酶、蛋白质、核糖核酸和淀粉等生物大分子改变活性、变性或糊化,达到杀死微生物及灭菌保鲜的目的,这种方法具有效率高、耗能低、风味和营养价值不受影响等优点(翁航萍,2008)。作用机理是超高压可以破坏微生物细胞,如破坏细胞质膜的结构和功能完整性;或诱导蛋白质变性,或抑制基因遗传功能(侯召华,2015)。一般来说,压力越高,时间越长,破坏越大。但是一些食品成分具有气压保护作用,许多高蛋白质食品在经过 400MPa 处理后,质构和色泽受到显著影响,已不适合消费(陈亚励,2014;Garriga,2002)。研究表明,非加热的高压处理既能使肉嫩化,加速肉的成熟。高压处理的肉 3 个月后打开,其新鲜度仍能保持完好。利用100～600MPa 的压力处理原料肉 5～10min,可使绝大多数的细菌、霉菌、酵母数量减少,甚至被杀灭。经过处理的肉放置 3 个月后,仍能保持完好的新鲜度;同时也有利于肉的嫩化和成熟(Cheftel,1997)。20 ℃ 或－35℃、650MPa、10min 处理对储藏牛肉的影响研究结果表明,牛肉高压处理(650MPa,20℃,10min)显著增加了可榨出水,但 650MPa、－35℃、10min处理的冷冻牛肉中可榨出水却降低;冷冻牛肉在低温下处理,其 L、a 和 b 值与新鲜样品无显著差别(Fernández,2007)。Garriga 等研究高压处理(400MPa,10min,17℃)与 nisin 处理对肉中几种食源性细菌的影响(Garriga,2002)。在 4℃ 储藏中,葡萄球菌对高压比较敏感,含 nisin 的肉样品中菌落数量的降低更显著。Suklim 等研究超高静压(100～550MPa,40℃,15min)对三种菌株 ATCC14579、49064 以及从肉样品中分离得到的一株蜡样芽孢杆菌($Bacillus\ cereus$)萌发和失活效果的影响。结果表明,在无菌水中,当压力在 100～300MPa 时,孢子萌发保持稳定性;在 300～500MPa 时,孢子萌发增加,当压力达到 550MPa时,失活率达到最大(Suklim,2008)。

(7)充气包装

充气包装是通过特殊的气体或气体混合物,抑制微生物生长和酶促腐败,延长食品货架期的一种方法,充气包装所用气体主要为 N_2、CO_2、O_2。肌肉中肌红蛋白与氧分子结合后,成为氧合肌红蛋白而呈鲜红色,但 O_2 的存在有利于好气性假单胞菌生长,使不饱和脂肪酸氧化酸败,致使肌肉褐变。CO_2 在充气包装中的主要作用是抑菌,提高 CO_2 浓度可使好气性细菌、某些酵母菌和厌气性菌的生长受到抑制。N_2 惰性强,性质稳定,对肉的色泽和微生物没有影响,主要起填充和缓冲作用。在充气包装中,CO_2、O_2、N_2 必须保持合适比例,才能使肉品保藏期长,且各方面均能达到良好状态。欧美大多以 80％O_2＋20％CO_2 方式零售包装,其货架期为 4～6d。英国在 1970 年有两项专利,其气体混合比例为 70％～90％O_2 与

10％～30％CO_2或50％～70％O_2与30％～50％CO_2,而一般多用20％CO_2＋80％O_2,具有8～14d的鲜红色效果。表15-5为各种肉制品所用充气包装的气体混合比例(周光宏,2013)。

表 15-5　充气包装肉及肉制品所用气体比例

肉的种类	混合比例	国家
新鲜肉(5～12d)	70％O_2＋20％CO_2＋10％N_2 或 75％O_2＋25％CO_2	欧洲
鲜碎肉制品和香肠	33.3％O_2＋33.3％CO_2＋33.3％N_2	瑞士
新鲜斩拌肉馅	70％O_2＋30％CO_2	英国
熏制香肠	75％CO_2＋25％N_2	德国及北欧四国
香肠及熟肉(4～8周)	75％CO_2＋25％N_2	德国及北欧四国
家禽(6～14d)	50％O_2＋25％CO_2＋25％N_2	德国及北欧四国

(8)保鲜剂保鲜

①化学保鲜剂。国内研究的化学保鲜剂主要有有机酸及其盐类(山梨酸及其钾盐、苯甲酸及其钠盐、乳酸及其钠盐、双乙酸钠、脱氢醋酸及其钠盐、对羟基苯甲酸酯类等)、脂溶性抗氧化剂(丁基羟基茴香醚、二丁基羟基甲苯、特丁基对苯二酚、没食子酸丙酯)、水溶性抗氧化剂(抗坏血酸及其盐类)(周光宏,2013)。经实验表明,一些酸单独或几种混合使用,不但有延长冷却肉货架期的作用,且对人身体有益无害,能促进人体新陈代谢(池泽玲,2008)。鲜肉在体积分数为1.2％的醋酸中浸泡10min,细菌数可减少60％。用体积分数为2％的醋酸喷洒猪肉并结合真空包装,在4℃条件下货架28d(章玉梅,1996)。用醋酸钠8％、山梨酸钾8％和柠檬酸钠0.5％配成复合有机盐溶液处理原料肉,能有效地延长肉的保鲜期(韩玲,2001)。向牛肉中添加丙酸钙3％,常温下牛肉的贮藏期为12d,0℃时牛肉的贮藏期为24d,当丙酸钙浓度＞3％时,对牛肉保鲜效果的差异不显著(P＞0.05)(严成,2009)。在复配保鲜液中4种保鲜剂的保鲜作用依次是丙酸钙＞乳酸＞硫代硫酸钠＞Vc,5％丙酸钙、6％乳酸、3％硫代硫酸钠、1％Vc为最佳保鲜效果的配比,未处理的正常猪肉保鲜期为5d,处理过的PSE肉保鲜期可达12d(陈怡岑,2015)。

②天然保鲜剂。常见的天然保鲜剂有nisin、壳聚糖、香辛料的提取物等。nisin在肉品保鲜中对于能产生内生孢子的主要腐败微生物(梭菌和芽孢杆菌)起到有效抑制作用,将nisin应用于冷却牛肉的保鲜中有显著的抑菌作用,且保鲜效果随浓度的增加而增强(罗欣,2000),nisin与EDTA二钠联合使用对沙门氏菌和其他革兰氏阴性菌亦有抑制作用(王燕荣,2006)。壳聚糖是性能稳定、无毒和天然的防腐保鲜剂,具有很好的成膜性,可抑制植物镰刀病孢子的发芽和生长,对金黄色葡萄球菌、大肠杆菌、G^-菌、酵母菌和霉菌等都有很强的抑制功能。壳聚糖对猪肉具有良好的保鲜效果,在1.0％～2.0％浓度范围内保鲜效果随着壳聚糖浓度的增大而增强,在2.0％浓度时达到最佳值(贾秀春,2012),壳聚糖2％的醋酸溶液可使鲜肉的保鲜度延长6d(夏秀芳,2006),而且对冷却牛肉中的主要腐败菌有理想的抑制作用(张嫚,2005)。研究表明在许多香辛料(如大蒜、生姜、肉桂以及丁香等)中均含有杀菌、抑菌成分,可以用于肉的保鲜。添加姜汁后,猪肉的保鲜期延长(王斌,2000),八角、白胡椒、肉桂的水提取液质量浓度分别为0.2、0.05、0.05g/100mL时,对冷却猪肉具有良好的

保鲜效果(刘蒙佳,2013),藿香的醇提取液浓度分别为 3、6g/L 时,对冷却猪肉的保鲜效果较好,结合真空包装,在 4℃ 贮藏可以延长冷却猪肉的保鲜期至 25～33d(卢付青,2015),肉桂提取物对冷却肉具有保鲜作用(彭雪萍,2008),蜂胶乙醇提取液可以延缓冷却猪肉的腐败变质(汤凤霞,1999),乳铁蛋白也可以用于冷却肉的保鲜(孔祥建,2008)。

③生物保鲜剂。生物保鲜剂溶菌酶可溶解许多细菌的细胞膜,使细胞膜的糖蛋白类多糖发生加水分解作用而起到杀死细菌的目的。溶菌酶(lysozyme,LZ)损害到细胞壁结构的完整,导致革兰氏阳性菌细胞壁最终在自己内部的强大压力下分解,但对革兰氏阴性菌无抑制作用(李香春,2002)。在我国也有研究表明溶菌酶有较好的抑制微生物的效果。顾仁勇等将溶菌酶、nisin 和山梨酸钾作为保鲜剂应用于冷却猪肉的保鲜,对成分进行配比优选,结果显示 0.5% 溶菌酶+0.05% nisin+0.1% 山梨酸钾在 pH3.0 时,保鲜剂组合较优,结合真空包装能使猪肉在 0～4℃ 条件下保鲜 30d 以上(顾仁勇,2003)。溶菌酶、nisin、GNa(18% NaCl+4.5% 葡萄糖)保鲜剂对冷却肉保鲜效果的研究表明,溶菌酶的保鲜效果极显著优于对照组,显著优于 GNa 组,略优于 nisin 组(马美湖,2002)。

④多种保鲜剂复合作用。几种保鲜剂复合,例如化学保鲜剂、天然保鲜剂及生物保鲜剂可以进行复配,通过实验获得最佳配比,作用效果优于单独使用一种保鲜剂。利用胶原蛋白、壳聚糖等配制成复合保鲜液对冷却牛肉涂膜保鲜进行研究,结果表明用壳聚糖、茶多酚与植酸等成分复合,保鲜抑菌效果明显,有效保鲜可达 27d(罗爱平,2004)。合成多肽与茶多酚组成的复合保鲜剂可以起到显著的保鲜作用,在 0～4℃ 条件下,冷却肉的保鲜时限可以达到 15d 以上(韩晋辉,2012)。0.5% 溶菌酶+0.05% nisin+0.1% 山梨酸钾在 pH3.0 时,此保鲜剂组合较优。用此保鲜剂处理再结合真空包装能使猪肉在 0～4℃ 条件下保鲜 30d 以上(顾仁勇,2003)。复合保鲜剂配比为 16g/100mL 肉桂提取物+4g/100mL 丁香提取物+12g/100mL 茶多酚,可延长冷却鹿肉货架期至 50d(施荷,2014)。

三、蛋品加工中的微生物控制技术

(一)鲜蛋中的微生物和控制措施

1.鲜蛋中的微生物来源和种类

蛋在母禽卵巢、输卵管中形成,经泄殖腔产出。健康母禽的卵巢和输卵管是无菌的,但是,健康母禽产出的鲜蛋内通常有微生物存在。蛋内的微生物污染,一般来自下列途径:①卵巢和输卵管内污染;②产蛋时污染;③蛋产出后的污染。蛋内污染的微生物常见有如下种类(黄青云,2003)。

(1)细菌

荧光假单胞菌、绿脓杆菌、变形杆菌、产碱粪杆菌、亚利桑那菌、产气杆菌、大肠杆菌、沙门氏杆菌、枯草杆菌、微球菌、链球菌和葡萄球菌等。

(2)病毒

禽白血病病毒、禽传染性脑脊髓炎病毒、减蛋综合征病毒、包涵体性肝炎病毒、禽关节炎病毒、鸡传染性贫血病毒、小鹅瘟病毒和鸭瘟病毒等。

(3)霉菌

毛霉、青霉、曲霉、白地霉、交链孢霉、芽枝霉和分枝霉等。

2.鲜蛋内微生物污染的控制

(1)洁蛋

未经过清洗的鲜蛋,蛋壳表面往往会黏附大量微生物,其中包括沙门菌等多种致病菌,不仅给食用安全留下隐患,而且可能在蛋流通过程中传播疾病(刘文营,2012)。目前,鸡蛋的清洁方式一般采用温水、热水、水蒸气刷洗和喷淋等进行湿擦或喷淋,在工业化生产过程中,多采用的是喷淋和机械湿擦。在清洗剂的选择上,不损伤鲜蛋内外品质的纯天然清洗剂一直是众多科技工作者追寻的目标,在此基础上研究选择合适的消毒方法,既不影响鲜蛋的品质和新鲜度,又要达到比较好的消毒效果,例如采用无隔膜电解装置电解稀盐酸溶液制备中性电解水对鸡蛋进行清洁,结果表明其对鸡蛋表面沙门菌和大肠杆菌均具有良好的杀灭效果,其效果随着有效氯浓度和处理时间的增加而增强(马美湖,2006)(朱志伟,2010)。

(2)鲜蛋的保鲜方法

①冷藏法。将清洁完整的鲜蛋贮藏于温度 0~1℃、相对湿度 70%~85% 的冷库中,这是一种大量贮存鲜蛋的普遍方法。此法是以低温抑制蛋壳上或蛋内微生物的生长繁殖,延长蛋内抗菌因素的活性、抑制蛋内自身酶的活性,以达到长期保持鲜蛋品质的目的。冷藏一般可保存鲜蛋 9~10 个月。冷藏鲜蛋在出库前应先升温,蛋温上升到比外界温度低 3~5℃ 时才可出库,避免出库后蛋壳表面凝结水分,使蛋出库后能在常温中继续存放较长时间。

②石灰水贮存法。按生石灰与清水的重量 1:6~1:10 的比例,将两者混合、搅拌,至石灰充分溶化后,静置、冷却,取出澄清石灰水,加入到已放好鲜蛋的缸或池内,至液面超过蛋面 5~10cm 即可。生石灰与水生成氢氧化钙,其澄清液呈强碱性,对鲜蛋表面具有杀菌和防腐作用;蛋内排出的二氧化碳与氢氧化钙化合成碳酸钙,沉积在蛋壳上,堵塞气孔,也能阻止微生物进入蛋内,并防止蛋内水分蒸发。此法操作简便,费用低廉,可大量贮存鲜蛋,3~4 个月不致变质。但贮存后的蛋壳失去光泽,煮蛋时壳易破裂。以此法贮存鲜蛋前,应严格检查鲜蛋,不能混有破壳蛋、变质蛋,否则会使整池石灰水变浊变臭,影响其他好鲜蛋的品质。

③水玻璃贮存法。水玻璃又称泡花碱,学名硅酸钠(Na_2SiO_3),是无毒、无味的白色粉末或胶状液体。先将它配成 3.5~4.0 波美度的溶液,将洗净、晾干的鲜蛋放入,浸泡 20~30min,取出再晾干,即可在 20℃ 左右的室温中贮存 4~5 个月。此法主要是利用硅酸钠胶体液在蛋壳表面干涸成一层薄膜,闭塞气孔,阻止微生物侵入及蛋内水分蒸发,保持蛋的新鲜。此法操作简便,可大量贮存鲜蛋。

④萘酚盐贮存法。用 95% 以上工业用 β-萘酚 25kg、工业用 95% 氢氧化钠 4.5kg,放容器内加温水 15kg 使其溶化,待充分溶解后再取 200kg 生石灰,加 300kg 水充分搅拌溶化,滤去残渣,将澄清的石灰液倒入 β-萘酚的碱溶液中搅拌均匀,再加适量的水即可将蛋放入贮存。此混合剂是一种防腐性很强的萘酚钠钙盐,对人体无害,经本法贮存的鲜蛋可保存 10 个月之久。

⑤涂布法。涂布法是将各种被覆剂涂布在蛋壳表面上,闭塞住蛋壳表面上的气孔,防止外界微生物由气孔侵入和防止水分蒸发。一般采用的涂布剂有石蜡、矿物油、凡士林、藻朊酸胺,此外还有聚乙烯醇、丁二烯苯乙烯等。用石蜡、凡士林加热溶化涂布在蛋壳表面后,在室温下可保存 6 个月。目前,较多的国家采用轻矿物油涂布作为鲜蛋贮存的一道工序。也有采用喷雾法来喷上轻矿物油。涂布效果的好坏和蛋的新鲜度有关,蛋越新鲜,则涂布后贮藏的效果越好,同时研究表明,热处理与钙制剂涂抹组合使用时对鸡蛋保鲜效果具有协同增效作用(张继武,2005)。也可以采用天然保鲜剂对鸡蛋进行涂布保鲜,采用牛至、大蒜、生

姜、丁香提取油分别配成抗菌乳状液对鸡蛋进行涂膜保鲜试验。在 5 周的贮藏期间,对鸡蛋各项感官指标和内部品质指标进行检测,发现上述植物精油乳状液保鲜剂保鲜效果均优于对照组,尤其以牛至精油乳状液与丁香精油乳状液保鲜效果最好(谢晶,2009)。

⑥巴氏消毒贮存法。最简便的方法是将干净的鲜蛋在 100℃ 水中浸泡 2～3s,便可在常温中贮存 1～2 个月;此法是利用热力杀死蛋壳表面及进入壳膜的细菌,同时在壳膜下形成一层凝固的蛋白层,阻挡外界微生物的进入,减少蛋内水分的蒸发。

⑦CO_2 贮存法。鲜蛋内的 CO_2 在蛋产出后,即开始减少,从而促使蛋黄和蛋白的黏稠性降低。如果将鲜蛋存放在含有一定浓度的 CO_2 的空气中,便可减缓鲜蛋内 CO_2 的渗出,使其 pH 不改变,同时也可延缓微生物的生长而保持蛋的新鲜度。将鲜蛋先装入可自由流通空气的容器内,再将容器放入含有 CO_2 的圆筒形的罐内,使蛋壳外的 CO_2 和气室内的气体互相交换,操作 10min 后取出,贮存时所需 CO_2 的浓度,依温度而定,在室温时为 10%～20%,在 0℃ 时 3%,这样可延长鲜蛋的保存时间。

⑧充氮贮存法。鲜蛋外壳上有大量好气性微生物污染,其发育繁殖除温度、湿度等因素外,必须有充分的氧气供给。将鲜蛋密闭在充满氮气的聚乙烯薄膜袋内,会造成大量好气性微生物因得不到氧气供给而停止发育、繁殖或死亡,因而可延长鲜蛋的保存期。

⑨射线辐射贮存法。钴^{60}(Co^{60})是一种"放射能化"的射线,有较大的穿透性,对生物杀灭能力较强。将鲜蛋装入塑料袋内,热合封口或装入纸箱内加盖,经足量 Co^{60} 照射后,壳内外的微生物均可杀灭,在净洁的常温仓库内,可保存 1 年不变质(黄青云,2003)。

(二)蛋制品中微生物和控制技术

蛋制品包括两大类:一类是鲜蛋的腌制品,主要有皮蛋、咸蛋和糟蛋,另一类是去壳的液蛋和冰蛋,干蛋粉和干蛋白片。

制作皮蛋的料液中的氢氧化钠具有强大的杀菌作用,盐也能抑菌防腐,因此松花蛋是无菌的,能很好保存。咸蛋的腌制液是高浓度的盐溶液,具有强大的抑菌作用,所以咸蛋能在常温中保存而不坏。制作糟蛋的糟料中的醇和盐有消毒和抑菌作用,所以糟蛋不但气味芳香,而且也能很好保存。干蛋粉是经过杀菌和喷雾干燥处理的,含水量仅 4.5% 左右的粉状制品,但它仍会残存极少数其他细菌,主要是微球菌和需氧性芽孢杆菌。它们在干蛋粉中不能繁殖,但可长期存活,当蛋粉受潮即能繁殖,使产品变质。所以要注意保存条件。

液蛋在制作过程中需要进行杀菌,在杀菌前蛋液中的细菌多,以一般的杀菌条件无法达到预期的效果,少量的(小于 1%)产碱杆菌属、芽孢杆菌属、变形杆菌属、大肠杆菌属、黄杆菌属及革兰阳性球菌等仍会残存在杀菌后的蛋液中。为了保证液蛋的质量安全,必须采用无菌包装,包装设备和储罐在使用前应经过充分的卫生清洁处理,包装材料应经过灭菌处理,与成品和设备接触的空气要经过过滤和紫外线杀菌处理。一般要求在 0～4℃ 的条件下入库冷藏,从工厂出厂、运输到销售全程要实现在 0～4℃ 的冷链管理,从而防止微生物的繁殖(黄青云,2003)。

传统的液蛋杀菌方式是热力杀菌,目前生产中广泛采用的有巴氏杀菌、高温瞬时杀菌和超高温杀菌 3 种方式。传统的热杀菌方法虽然能保证食品在微生物方面的安全,但鉴于高蛋白食品的热敏性,热力杀菌会对其品质带来一些不利的影响,从而造成产品质量的下降。因此近年来冷杀菌技术已成为食品工程技术的研究焦点,超高压杀菌、脉冲电场杀菌、辐照杀菌等技术在液蛋制品加工中得到了广泛的应用(于美娟,2008)。

1. 超高压处理

不同压力下超高压对全蛋液有一定的破损率,在 450MPa 处理 5min 时没有检测到损伤率,同时研究还发现超高压处理对于增强 H_2O_2 效果来说,是一种比热处理更为有效的方式,在 250MPa 超高压处理 5min 后,再用 0.5% 的 H_2O_2 处理,对全蛋液中的沙门氏菌有很好的破坏作用(Isiker G,2003),也有报道称超高压处理可以抑制全蛋液中的大肠杆菌(Ponce, et al., 1998a)和沙门氏菌(Ponce,et al., 1998b)。

2. 脉冲电场

采用脉冲处理鸡蛋时其电阻率为 $1.7\Omega. m$,温度为 21℃(Jeyamkondan, et al., 1999)。Góngora 等研究全蛋液用脉冲电场处理时的能量分析,以鸡蛋易感染的沙门氏菌作为对象菌,蛋液接种量在 10^8 CFU/mL 左右进行生长曲线测定(Góngora-Nieto,et al., 2003)。同时 Perez 等研究了脉冲电场对蛋白液分子结构的影响(Perez & Pilosof,2004)以及蛋中系带、系带膜状层经高压脉冲电场处理时对管道的影响(Martín-Belloso,et al., 1997)。目前脉冲电场杀菌技术在国外已用于蛋液的工业化生产中,采用电场强度为 35~45kV/cm,流量为 3000~8000L/h 脉冲处理全蛋液,在 4℃下具有 4 周的货架寿命,其蛋液的化学性质没有受到影响,没有使蛋白质变性和酶失活,但蛋液的黏度下降,颜色变暗。高压脉冲电场对全蛋液杀菌的研究表明,在蛋液流动性较差、极易变性且高电导率的情况下,将接种大肠杆菌或沙门氏菌的全蛋液置于脉冲电场中进行杀菌,最佳处理工艺为脉冲电场强度 17.8 kV/cm,脉冲宽度 $2\mu s$,每秒 400 个脉冲,流速 25mL/min,保持显示温度(20±2℃),间歇处理(周媛,2006)。脉冲杀菌对微生物的致死是电场强度、脉冲宽度、处理时间、处理温度、液体性质及微生物特性综合作用的结果。当电场强度为 40kV/cm,处理时间为 $1660\mu s$ 时,液蛋中接种的大肠杆菌、沙门氏菌、金黄色葡萄球菌细菌数量可分别降低 4.9、5.4 和 3.8 个 lg 值,同时液蛋的黏度、色泽、起泡性、泡沫稳性、乳化能力和乳化稳定性均没有发生明显变化(赵伟,2007)。脉冲电场协同加热可以很好杀灭在液蛋黄中的大肠杆菌(Bazhal,et al., 2006)和沙门氏菌(Amiali,et al., 2007),协同 Nisin 可以杀灭李斯特菌(Calderón-Miranda, et al., 1999),也可以同高压和超声波一起杀灭沙门氏菌(Huang, et al., 2006)。

3. 辐照杀菌

Hesham 研究了 γ 射线和随后的冷藏过程对蛋白液和蛋黄液中化学和感官特性以及微生物的影响,结果表明,3kGy 剂量的 γ 射线足以满足产品微生物安全的需要,且不改变蛋黄液和蛋白液中的氨基酸组成以及蛋黄液中脂肪酸的组成,是室温条件下处理蛋白液和蛋黄液的最佳剂量(Badr,2006)。日本对冷冻禽蛋的辐照保鲜有一些研究,他们对于冷冻禽蛋中的沙门氏菌,历来提倡在冷冻状态下用 5kGy 左右的剂量进行辐照杀菌,我国学者也研究了 Co^{60} 源产生的 γ-射线对高免卵黄液中的沙门氏菌(马海利,2002)和大肠杆菌(郑明学,2001)的辐照效应。

利用紫外线可以对液蛋制品(蛋清、蛋白和全蛋)进行杀菌,同时不会对制品中营养成分有损失,而且不提高功能特性,例如提高起泡性,起泡稳定性和乳化性(Souza, et al., 2015),同时可有效地杀灭沙门氏菌(Souza & Fernandez,2011)和大肠杆菌(Unluturk, 2008)(Sevcan, et al., 2010),经过紫外处理过的蛋制品也被消费者所接受(Souza & Fernandez,2012)。图 15-4 为旋转式紫外辐照器(Geveke & Daniel,2013),由供料罐、倾斜不锈钢圆筒、紫外强度和圆筒旋转速度控制器组成。

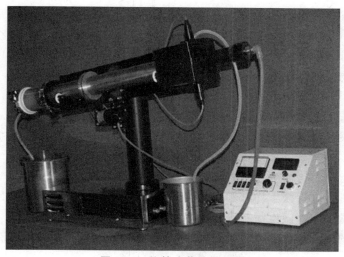

图 15-4　旋转式紫外辐照器

4.其他杀菌技术

Nisin 可应用于延长液蛋制品的保存期,且 nisin 的添加对液蛋的 pH 值、色泽、黏度、起泡性和乳化性等性质无较大影响(耿桂萍,2010),结合超高压技术可去除全蛋液中的李斯特菌和大肠杆菌[Ponce,et al.,1998(2)]。利用高压二氧化碳可代替传统的巴氏杀菌来杀灭液蛋中的微生物(Garcia-Gonzalez,et al.,2007)。

Actijoule® 系统可以对热敏性产品进行杀菌尤其是鸡蛋,由具有高安培低电压流的不锈钢管构成,能准确地控制温度(Lechevalier,et al.,2013)。也可以采用横向流微滤系统(图 15-5)去除未经巴氏消毒的液蛋清中的沙门氏菌,同时不会改变液蛋清的起泡性(Mukhopadhyay,et al.,2010)。

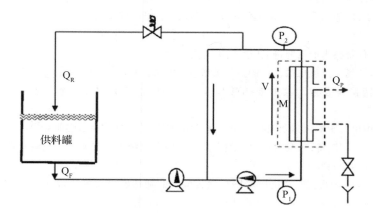

图 15-5　液蛋清横向流微滤系统试验系统

M-膜组件;Feed Tank-供料罐;Q_F-液蛋清;Q_p-除菌后的液蛋清;Q_R-截留液;
V-横向流速;P_1,P_2-压力表

思 考 题

1.生物胺有哪些种类？生物胺对人体的危害是什么？

2.分析产生物胺的主要微生物种类及产生的机理。

3.由微生物引起的组胺有哪些食品，从微生物角度分析其控制方法。

4.分析赭曲霉毒素的污染特性及控制途径。

5.蔬菜腌制发酵亚硝酸盐的产生途径有哪些？结合蔬菜工艺设计亚硝酸盐的控制方法。

6.乳制品中常见有害微生物有哪些，如何控制？

7.肉制品中常见有害微生物有哪些，如何控制？

8.蛋制品中常见有害微生物有哪些，如何控制？

9.原料乳中的常见嗜冷菌有哪些，目前常见的控制方法是什么？

参 考 文 献

[1]艾颖超.硝酸盐.亚硝酸盐在鲈鱼贮藏加工过程中含量变化研究及其抑菌替代方法探讨[D].杭州:浙江工商大学,2013.

[2]曹伟中,李忠.急性高组胺鱼类中毒诊治体会[J].中国乡村医药,2005,12(11):57—58.

[3]陈亚励,屈小娟,郭明慧,等.高密度 CO_2 在肉制品和水产品加工中的应用[J].现代食品科技,2014,30(9):303,322—329.

[4]陈有容,杨凤琼.降低腌制蔬菜亚硝酸盐含量方法的研究进展[J].上海水产大学学报,2004,13(1):67—71.

[5]陈怡岑,陈铮,赵彩霞,等.复配保鲜液对 PSE 肉保鲜效果的研究[J].食品科技,2015,40(5):184—189.

[6]陈玉庆.葡萄酒的成分与营养价值[J].酿酒,2004,31(5):112—114.

[7]迟蕾,哈益明,王锋,等.γ射线对水溶液中赭曲霉毒素 A 降解效果的研究[J].辐射研究与辐射工艺学报,2011,29(1):61—64.

[8]池泽玲.冷却肉保鲜技术的研究进展[J].肉类研究,2008(7):22—24.

[9]褚立群.大规模牧场生鲜乳中嗜冷菌的控制策略[J].中国乳业,2015,(158):43—45.

[10]崔松林.乳酸菌接种发酵酸菜的亚硝酸盐含量影响因素研究[J].安徽农业科学,2014,42(14):4415—4417.

[11]刁恩杰.香菇中甲醛影响因素及在加工中控制措施研究[D].重庆:西南农业大学,2005.

[12]丁筑红,顾采琴,孟佳,等.植酸对白菜乳酸发酵过程中微生物生长代谢及亚硝酸盐积累影响初探[J].食品与机械,2004(5):33—35.

[13]杜静芳,缪璐欢,马欢欢,等.拮抗阪崎肠杆菌乳酸菌的筛选鉴定及抑菌特性[J].食品科学,http://www. cnki. net/kcms/detail/11. 2206. TS. 20151015. 1553. 022. html.

[14]段翰英,李远志.泡菜的亚硝酸盐积累问题研究[J].食品研究与开发,2001,22(6):15—17.

[15]樊琛,李倩,曾庆华,等.芦荟清除亚硝酸盐的作用机理[J].食品科技,2011,36(12):63—65.

[16]樊丽琴,杨贤庆,陈胜军,等.腌制水产品中 N-亚硝基化合物的研究进展[J].食品工业科技,2009(5):360—363.

[17]范青霞,孔亚明,马洪喜.一起因食用鲭鱼引起的组胺过敏慢性食物中毒[J].医学动物防制,2006,22(4):295—296.

[18]方若思,董亚晨,焦志华,等.传统黄酒发酵氨基甲酸乙酯产生的代谢规律及机制初探[J].中国食品学报,2013(8):21—26.

[19]冯丽丹,李捷,艾对元.几种常见果蔬对亚硝酸盐清除能力的研究[J].甘肃农业大学学报,2011,46(2):139—142.

[20]高明辉,马立保,葛立安,等.亚硝酸盐在水生动物体内的吸收机制及蓄积的影响因素[J].南方水产,2008,4(4):73—79.

[21]高年发,宝菊花.氨基甲酸乙酯的研究进展[J].中国酿造,2006(9):1—3.

[22]庚晋,周洁.甲醛污染的危害、来源及预防[J].吉林建材,2002(4):49—51.

[23]耿桂萍,孙波,徐宁.Nisin 在延长液蛋制品保存期中的应用[J].食品科技,2010,35(6):272—275.

[24]耿予欢,吕芬,黄伟雄,等.黄酒中氨基甲酸乙酯的分析与控制[J].现代食品科技,2013,29(9):2271—2274,2324.

[25]顾仁勇,马美湖,付伟昌,等.溶菌酶、Nisin、山梨酸钾用于冷却肉保鲜的配比优化[J].食品与发酵工业,2003,29(7):47—50.

[26]顾瑞霞.乳与乳制品工艺学[M].北京:中国计量出版社,2006:89—90

[27]郭本恒.乳品微生物学[M].北京:中国轻工业出版社,2001:179—360

[28]龚钢明,管世敏.乳酸菌降解亚硝酸盐的影响因素研究[J].食品工业,2010(5):6—8.

[29]巩卫琪,房祥军,邰海燕,等.杨梅采后病害与控制技术研究进展[J].生物技术进展,2013(6):403—407.

[30]关文强,井泽良,张娜,等.新鲜果蔬流通过程中治病微生物种类及其控制[J].保鲜与加工,2008(1):1—4.

[31]郭晓红,杨洁彬,张建军.甘蓝乳酸发酵过程中亚硝峰消长机制及抑制途径的研究[J].食品与发酵工业,1989(4):26—34.

[32]韩晋辉,翟培,孙勇民.复合生物保鲜剂在冷却肉保鲜中的应用[J].食品研究与开发,2012,33(7):196—198.

[33]韩玲.复合有机盐溶液对猪肉保鲜效果的研究[J].食品工业科技,2001,22(4):33—35.

[34]何光华,吴石金,康华阳,等.原料乳嗜冷菌的危害分析及控制[J].中国乳品工业,2006,34(8):34—37.

[35]郝利平,夏延斌,陈永泉.食品添加剂[M].北京:中国农业大学出版社,2002:58.

[36]何俊萍,李海丽,张先舟,等.几株乳酸菌对芹菜泡菜亚硝酸盐含量的影响及控制[J].食品工业,2012(11):71—73.

[37]何玲,罗佳,郭宁,等.浆水芹菜发酵过程中硝酸还原酶活性和亚硝酸盐含量的变化[J].西北农林科技大学学报(自然科学版),2007,35(9):184—194.

[38]何玲,张祖德.不同条件下辣椒发酵过程硝酸还原酶活性和亚硝酸盐含量变化[J].中国酿造,2012,31(1):125—129.

[39]何燕飞,李和生,董亚辉,等.腌鱼中硝酸盐还原菌的筛选及系统发育分析[J].食品工业科技,2011,32(8):213—215.

[40]何云龙,梁志宏,许文涛,等.葡萄中碳黑曲霉的分离及其产生赭曲霉毒素 A 的研究[J].中外葡萄与葡萄酒,2009(1):3.

[41]洪松虎,吴祖芳.乳酸菌抗氧化作用研究进展[J].宁波大学学报,2010,23(2):17—22.

[42]侯召华,曾庆升,宁浩然,等.冷却肉储藏保鲜技术研究进展[J].保鲜与加工,2015,15(1):76—80.

[43]侯志强,赵凤,饶雷,等.高压二氧化碳技术的杀菌研究进展[J].中国农业科技导报,2015,17(5):48—56.

[44]皇甫超申,许靖华,秦明周,等.亚硝酸盐与癌的关系[J].河南大学学报:自然科学版,2009,39(1):35—41.

[45]黄青云.畜牧微生物学[M].北京:中国农业出版社,2003:201—233.

[46]黄书铭.雪菜腌制中亚硝酸盐的动态观察和护色保脆的研究[J].食品与机械,1998(3):22—24.

[47]纪淑娟,孟宪军.大白菜发酵过程中亚硝酸盐消长规律的研究[J].食品与发酵工业,2001,27(2):
42—46.

[48]贾秀春,吴凤娜,李迎秋,等.壳聚糖在冷却肉保鲜中的应用[J].山东轻工业学院学报(自然科学版),
2012,26(1):15—18.

[49]江洁,胡文忠.鲜切果蔬的微生物污染及其杀菌技术[J].食品工业科技,2009(9):319—424.

[50]姜淑英,谭强来,徐锋,等.益生菌拮抗阪崎肠杆菌的初步研究[J].中国微生态学杂志,2011,23(1):
7—10.

[51]康健.葡萄酒中赭曲霉毒素 A 的研究[D].天津:天津科技大学,2009.

[52]孔保华.乳品科学与技术[M].北京:科学出版社,2004:116—117.

[53]孔祥建,杜庆,郑海鹏.乳铁蛋白及其在冷却肉保鲜中的应用[J].肉类研究,2008(8):54—58.

[54]雷纪锋,吴祖芳,张鑫,等.食品中赭曲霉毒素 A 的前处理方法比较[J].核农学报,2015,29(9):1749—1756.

[55]李传扬,张富新,王攀,等.激活乳过氧化物酶体系对牛乳的保鲜[J].陕西师范大学学报(自然科学
版),2008,36(3):111—114.

[56]李春,王宝才,刘丽波.亚硝酸盐降解影响因素的研究[J].食品工业,2010(4):7—9.

[57]李春杰,廖明治.婴儿配方奶粉中阪崎肠杆菌的控制[J].科技促进发展,2011(S1):327.

[58]李纯颖,吴成秋.装修居室空气中甲醛污染状况及其对健康的危害[J].美国中华临床医学志,2006,
8(2):186—188

[59]李凤琴,计融.赭曲霉毒素 A 与人类健康关系研究进展[J].卫生研究,2003,32(2):172—175.

[60]李晶,王继华,崔迪,等.嗜冷菌适冷代谢机制的研究[J].哈尔滨师范大学自然科学学报,2007,23(5):
92—95.

[61]李金红.泡菜的制作和食用[J].中国调味品,2002(1):34—35.

[62]李苗云,周光宏,魏法山,等.冷却猪肉中微生物与生物胺的关系研究[J].浙江农业科学,2008(3):
365—367.

[63]李品艾,张会芬,张玲.花椒水浸液清除亚硝酸盐的实验研究[J].中国调味品,2011,36(6):66—68.

[64]李平兰,张篪,江汉湖.乳酸菌细菌素研究进展[J].微生物学通报,1998,25(5):295—298.

[65]李香春,李洪军.天然肽类食品防腐剂的研究动态[J].肉类工业,2002(4):43—45.

[66]李增利.发酵方式及起始 pH 值对泡菜亚硝酸盐及硝酸盐含量的影响[J].食品研究与开发,2008,
29(4):132—135.

[67]李宗军.食品微生物学:原理与应用[M].北京:化学工业出版社,2014:185—202.

[68]励建荣,朱军莉.食品中内源性甲醛的研究进展[J].中国食品学报,2011(9):247—257.

[69]励建荣,俞其林,胡子豪,等.茶多酚与甲醛的反应特性研究[J].中国食品学报,2008,8(2):52—57.

[70]励建荣,俞其林,朱军莉,等.一种鱿鱼制品的甲醛清除剂及其应用方法.中国,ZL200710157023.3[P].
2011—05—25.

[71]励建荣,朱军莉,苗林林,等.一种鱿鱼制品的复合甲醛抑制剂及其应用方法.中国,201010527705.0
[P].2011—04—06.

[72]刘法佳.咸鱼中降解亚硝酸盐乳酸菌的分离筛选及应用研究[D].广州:广东海洋大学,2012.

[73]刘飞云,潘道东.原料乳保鲜技术研究[J].食品科学,2008,29(8):578—581.

[74]刘芳,杜鹏,霍贵成.壳寡糖对原料乳中微生物抑制作用的研究[J].中国乳品工业,2005,33(6):
28—30.

[75]刘会平,卫永华,宗学醒,等.复合天然防腐保鲜液对 Mozzarella 干酪贮藏期的影响[J].食品工业科技,
2011,32(7):90—94.

[76]刘蒙佳,周强,林海虹.3 种天然香辛料液对冷却肉的保鲜效果[J].肉类研究,2013,27(9):38－42.

[77]刘树立,王春艳,邹忠义.冷却肉的保鲜技术[J].肉类工业,2007(8):14－16.

[78]刘文营,王飞,郭立华,等.壳蛋保鲜与液蛋杀菌技术研究进展[J].中国家禽,2012,34(19):45－48.

[79]刘银春,郑汉富,王宜怀,等.电磁辐射灭菌牛奶保鲜及其营养成分的研究[J].福建林学院学报,2000,20(3):54－56.

[80]梁萌萌,薛洁,张敬,等.葡萄酒中氨基甲酸乙酯的分析与控制[J].酿酒科技,2013(3):40－43.

[81]梁晓翠.不动杆菌 BD189 对赭曲霉毒素 A 的脱毒研究[D].上海:上海交通大学,2010.

[82]林少宏,张佩虹,陈晓銮,等.三种花茶清除亚硝酸盐及阻断亚硝胺合成的比较[J].韩山师范学院学报,2012,33(3):59－62.

[83]林树钱,王赛贞,林志衫.香菇生长发育和加工贮存中甲醛含量变化的初步研究[J].中国食用菌,2002,21(3):26－28.

[84]刘彬.不同温度和湿度下赭曲霉菌在葡萄干表面的生长和赭曲霉毒素 A 的积累[J].食品研究与开发,2010,31(10):174－177.

[85]刘法佳.咸鱼中降解亚硝酸盐乳酸菌的分离筛选及应用研究[D].广州:广东海洋大学,2012.

[86]刘钢,贾冬英,赵甲元,等.石榴皮多酚提取物对亚硝酸盐的体外清除作用研究[J].中国调味品,2011,36(7):41－44.

[87]刘广福,王硕,朱兴旺,等.接种发酵和自然发酵酸菜的亚硝酸盐含量对比分析[J].中国酿造,2013,32(7):74－76.

[88]刘慧.现代食品微生物学[M].北京:中国轻工业出版社,2004:508－511.

[89]刘金峰,钱家亮,武光明.啤酒生产中甲醛残留量控制[J].酿酒,2010(5):57－59.

[90]刘俊.中国黄酒中氨基甲酸乙酯控制策略及机制的研究[D].无锡:江南大学,2012.

[91]刘玉龙.大白菜腌制过程中亚硝酸盐形成规律的研究[D].沈阳:沈阳农业大学,1985.

[92]卢付青,唐善虎,白菊红,等.藿香提取物对冷却肉保鲜作用的研究[J].食品科技,2015,40(10):118－123.

[93]罗爱平,朱秋劲,马帮明,等.两种复合保鲜膜对冷却牛肉保质的比较研究[J].食品科技,2004,(4):86－89.

[94]罗欣,朱燕山.Nisin 在牛肉冷却肉保鲜中的应用研究[J].食品科学,2000,21(3):53－57.

[95]罗玉,魏仲珊.复合生物保鲜剂在原料乳保鲜中的研究[J].农产品加工(学刊),2013,(11):8－10.

[96]蒋春美,师俊玲,刘延琳.赭曲霉毒素产生菌筛选方法的对比与优选[J].西北农林科技大学学报(自然科学版),2012(3):30.

[97]马海利,韩克光,郑明学,等.60Co γ 射线对高免卵黄液中沙门氏杆菌的辐射效应[J].核农学报,2002,16(2):57－59.

[98]马美湖,林亲录,张凤凯.冷却肉生产中保鲜技术的初步研究——溶菌酶、Nisin、Gna 液保鲜效果的比较试验[J].食品科学,2002,23(8):203－209.

[99]马美湖,钟凯民,袁正东,等.蛋与蛋制品行业 2006 年国内外技术发展综合报告[J].中国家禽,2006,28(22):9－12.

[100]马俪珍,南庆贤,方长法.N-亚硝胺类化合物与食品安全性[J].农产品加工.学刊,2006(12):8－11.

[101]马巍,孙海侠.酱腌菜和肉制品中亚硝酸盐的研究进展[J].吉林省教育学院学报,2013,29(12):143－144.

[102]孟甜,田丰伟,陈卫,等.一种利用 RT-HPLC 分析乳酸菌产生物胺的方法[J].微生物学通报,2010,37(1):141－146.

[103]孟宪军.大白菜乳酸发酵菌种选育及发酵特性的研究[D].沈阳:沈阳农业大学,1999.

[104]庞杰,石雁.抗坏血酸对酱菜亚硝酸盐含量的影响[J].中国果菜,2000(5):27.

[105]彭雪萍,王花俊,王春晖,等.肉桂提取物在冷却肉保鲜中的应用研究[J].肉类研究,2008(12):51—53.

[106]戚行江,王连平,梁森苗,等.杨梅气调贮藏保鲜后果实真菌区系研究[J].浙江农业学报,2003,(1):28—30.

[107]秦卫东,王忠.芦荟清除亚硝酸盐的能力及其在肉制品中的作用[J].食品科技,2006(12):20—22.

[108]沈棚,黄敏欣,白卫东,等.客家娘酒中氨基甲酸乙酯回归分析[J].中国酿造,2013,32(5):153—156.

[109]宋京玲.一起食用日本鲭鱼引起的组胺食物中毒报告[J].职业与健康,2005,21(2):227—228.

[110]施荷,胡铁军,秦凤贤,等.天然复合保鲜剂对冷却鹿肉保鲜效果的影响[J].肉类研究,2014,28(10):39—43.

[111]Gerrit Smit 主编.现代乳品加工与质量控制[M].任发政,韩北忠,罗永康,等译.北京:中国农业大学出版社,2006:391—392.

[112]苏肖晶.腌制食品中亚硝酸盐生物降解的研究[D].吉林:吉林农业大学,2014. 、

[113]史智佳,李兴民,刘毅,等.高压二氧化碳杀菌技术及在鲜肉中应用研究进展[J].食品工业科技,2009,30(3):324—327.

[114]孙超,余传奇,王勇,等.乳过氧化氢酶体系在牛乳保鲜中的应用[J].家畜生态学报,2008,29(6):128—130,137.

[115]孙蕙兰,牛钟相,黄化成.赭曲霉毒素 AB 的提取、分析与鉴定[J].山东农业大学学报,1989,1(20):1—5.

[116]孙启鸣,牛健英,黄玉贤,等.利用乳过氧化物酶体系保存生鲜牛奶[J].中国乳品工业,1996,24(2):28—30.

[117]孙双鸽,白卫东,钱敏,等.从黄酒的酿造工艺上探讨氨基甲酸乙酯[J].中国酿造,2013,32(12):9—13.

[118]孙续利.重点登记管理化学物介绍之十八——甲醛[J].化工劳动保护:工业卫生与职业病分册,1990,11(6):279—281.

[119]谭树华,罗少安,梁芳,等.亚硝酸钠对鲫鱼肝脏过氧化氢酶活性的影响[J].淡水渔业,2005,35(5):16—18.

[120]覃小玲,任国谱.乳制品中阪崎肠杆菌的研究进展[J].中国乳品工业,2011,39(11):47—48,51.

[121]汤凤霞,高飞云,乔长晟.蜂胶对猪肉保鲜效果的初步研究[J].宁夏农学院学报,1999,20(2):38—41.

[122]陶志华,张宏梅,佐藤实.鲭鱼鱼肉中组胺菌的分离及其理化性质分析[J].现代农业科技,2009(19):331—332.

[123]陶志华,佐藤实.金枪鱼肉中组胺菌的分离及其理化性质分析[J].生物技术,2009,19(5):41—43.

[124]田丰伟,孟甜,丁俊荣,等.蔬菜发酵剂乳酸菌产生物胺的检测与评价[J].食品科学,2011,31(24):241—245.

[125]田华,段美洋,王兰.植物硝酸还原酶功能的研究进展[J].中国农学通报,2009,25(10):96—99.

[126]王斌,苏喜生,李德远,等.保鲜猪肉的研究[J].食品科学,2000,21(12):127—128.

[127]汪勤,高祖民,徐颖洁.姜汁与维生素 C 阻断腌渍蔬菜产生亚硝酸盐的研究[J].南京农业大学学报,1991,14(4):99—103.

[128]王蕊.冷杀菌技术在原料乳保鲜中的应用[J].中国乳业,2004(5):47—49.

[129]王德良,王晓娟,傅力,等.复合诱变选育低产尿素黄酒酵母[J].酿酒科技,2009(8):17—24.

[130]王绍云.腌鱼、腌肉中亚硝酸盐及硝酸盐含量的测定[J].贵州师范大学学报(自然科学版),2004,22(2):87—89.

[131]王树庆,姜薇薇,房晓,等.抗坏血酸的亚硝酸盐清除能力的研究[J].中国调味品,2011,36(11):22—24.

[132]王晓娟,王德良,傅力,等.降低发酵酒中尿素含量的研究进展[J].酿酒科技,2009,176(2):93—95.

[133]王燕荣,李代明,张敏.冷却肉保鲜剂的研究进展[J].肉类工业,2006(5):21—23.

[134]韦薇,南庆贤.高压食品加工技术及在乳制品中的应用[J].中国乳品工业,1998,26(6):22—26.

[135]翁航萍,宋翠英,王盼盼.冷却肉保鲜技术及其研究进展[J].肉类工业,2008(2):50—52.

[136]巫景铭,洪瑞泽,马丽辉,等.黄酒生产中氨基甲酸乙酯的监测与控制[J].酿酒.2011,38(3):64—67.

[137]吴燕燕,李来好,杨贤庆,等.咸鱼腌制过程亚硝酸盐含量变化分析与评价[J].2008年中国水产学会学术年会论文摘要集,2008.

[138]夏秀芳,孔保华.冷却肉保鲜技术及其研究进展[J].农产品加工(学刊),2006(2):27—29.

[139]夏艳秋,朱强,汪志君.谨防黄酒中氨基甲酸乙酯的危害[J].酿酒,2004,31(3):51—53.

[140]谢晶,马美湖,高进.植物精油抗菌乳状液涂膜对鸡蛋的保鲜效果[J].农业工程学报,2009,25(8):309—314.

[141]熊瑜.食品添加剂在肉制品保藏中的应用[J].食品科技,2000(1):32—34.

[142]徐金德.一起秋刀鱼引起组胺食物中毒事件的调查[J].海峡预防医学杂志,2004,10(5):41.

[143]燕平梅,薛文通,张慧,等.不同贮藏蔬菜中亚硝酸盐变化的研究[J].食品科学,2006,27(6):242—246.

[144]严成.丙酸钙对牛肉保鲜效果的研究[J].食品科学,2009,30(14):280—283.

[145]杨爱萍,汪开拓,金文渊,等.乙醇熏蒸处理对杨梅果实保鲜及抗氧化活性的影响[J].食品科学,2011,32(20):277—281.

[146]杨国浩,李瑜.大蒜微波浸提液对亚硝酸盐的清除效果研究[J].食品研究与开发,2011,32(6):46—48.

[147]杨家玲.我国主要食品中赭曲霉毒素A调查与风险评估[D].陕西:西北农林科技大学,2008.

[148]杨洁彬,凌代文.乳酸菌:生物学基础及应用[M].北京:中国轻工业出版社,1996.

[149]杨全龙,杨全明.一种亚硝酸盐含量较低的腌制泥螺及其加工方法[P].2008—2—6.

[150]杨雪峰,高腾云,王清华.利用乳过氧化物酶体系保鲜生牛乳的试验研究[J].安徽农业科学,2005,33(10):1881—1882.

[151]杨玉花,袭著革,晁福寰.甲醛污染与人体健康研究进展[J].解放军预防医学杂志,2005,23(1):68—71

[152]姚春艳.CO_2在原料乳中的抑菌作用及延长农家干酪保质期的应用研究[D].哈尔滨:东北农业大学,2008:69.

[153]尹利端.几种泡菜的安全性研究与优良乳酸菌的分离鉴定[D].北京:中国农业大学,2005.

[154]于立群,何凤生.甲醛的健康效应[J].国外医学(卫生学分册),2004,31(2):84—87.

[155]于美娟,王飞翔,马美湖.冷杀菌技术在液蛋制品加工中的应用研究[J].湖南农业科学,2008(5):123—125.

[156]俞其林,励建荣.食品中甲醛的来源与控制[J].现代食品科技,2007,23(10):76—78.

[157]余瑞兰,聂湘平,魏泰莉,等.分子氨和亚硝酸盐对鱼类的危害及其对策的研究[J].中国水产科学,1999,6(3):73—77.

[158]张和平,张列兵.现代乳品工业手册(第二版)[M].北京:中国轻工业出版社,2012:87—89.

[159]张华.发酵香肠菌种及发酵工艺研究[D].咸阳:西北农林科技大学,2000.

[160]张辉珍,马爱国,李惠颖,等.免疫亲和层析净化高效液相色谱测定赭曲霉毒素A的方法研究[J].食品科学,2008,29(12):552—554.

[161]张继武,武安富.不同处理对鸡蛋保鲜效果的研究[J].食品与发酵工业,2005,31(11):146—149.

[162]张嫚,周光宏,徐幸莲.天然防腐剂与冷却牛肉保鲜相关特性的研究[J].黄牛杂志,2005,31(1):21—25.

[163]张平,叶文慧,石志华.姜汁对亚硝酸盐清除作用的研究[J].黑龙江八一农垦大学学报,2006,17(4):73—75.

[164]张庆芳.蔬菜腌渍发酵亚硝酸盐降解机理和提高白菜品质方法的研究[D].沈阳:沈阳农业大学,2001.

[165]张庆芳,郑燕.乳酸菌降解亚硝酸盐机理的研究[J].食品与发酵工业,2002,28(8):27—31.

[166]张庆芳,迟乃玉,郑艳等.关于蔬菜腌渍发酵亚硝酸盐问题的探讨[J].微生物学杂志,2003,23(4):41—44.

[167]张少颖.不同处理方法对泡菜发酵过程中亚硝酸盐含量的影响[J].中国食品学报,2011,11(1):133—138.

[168]张素华,葛庆丰,曹晓霞.全面提高腌泡菜质量的研究[J].江苏农业研究,2001,22(2):72—75.

[169]张婷,吴燕燕,李来好,等.腌制鱼类品质研究的现状与发展趋势[J].食品科学,2011(S1):149—155.

[170]章银良,夏文水.腌鱼产品加工技术与理论研究进展[J].中国农学通报,2007,23(3):116—120.

[171]章玉梅.鲜肉保鲜与包装[J].肉类工业,1996(4):41—42.

[172]赵博,丁晓文.赭曲霉素 A 污染及毒性研究进展[J].粮食与油脂,2006(4):39—42.

[173]赵贵明,仇庆文,姚李四,等.阪崎肠杆菌噬菌体的分离及其生物学特性[J].微生物学报,2008,48(10):96—100.

[174]赵书欣,甄清.接种乳酸菌腌制渍菜过程中亚硝酸盐变化规律的研究[J].中国畜产与食品,1998(4):153—154.

[175]赵伟,杨瑞金,崔晓美.高压脉冲电场应用于液蛋杀菌的研究[J].食品科学,2007,28(4):62—66.

[176]郑桂富.亚硝酸盐在雪里蕻腌制过程中生成规律的研究[J].四川大学学报,2000,32(3):85—87.

[177]郑琳,王向明,张娟.影响甘蓝泡菜中亚硝酸盐含量因素的研究[J].中国调味品,2005(3):26—29.

[178]郑明学,韩克光,马海利,等.钴—60 对高兔卵黄液中大肠杆菌的灭菌研究[J].激光生物学报,2001,10(1):53—56.

[179]钟葵,黄文,廖小军,等.高密度二氧化碳技术对牛奶杀菌效果动力学分析[J].化工学报,2010,61(1):152—157.

[180]周才琼,杨德萍.茶多酚和维生素 C 对莴笋酱菜中亚硝酸盐含量的影响[J].西南农业大学学报,1997,19(2):176—180.

[181]周才琼,刘献军.茶多酚降低莴笋酱菜中亚硝酸盐含量的途径[J].茶叶科学,1998,18(2):145—149.

[182]周光宏.畜产品加工学[M].北京:中国农业出版社,2013:80—92.

[183]周光燕,张小平,钟凯,等.乳酸菌对泡菜发酵过程中亚硝酸盐含量变化及泡菜品质的影响研究[J].西南农业学报,2006,19(2):290—293.

[184]周媛,陈中,杨严俊.高压脉冲电场对全蛋液杀菌的研究[J].食品与发酵工业,2006,32(5):40—42.

[185]祝嫦巍,王昌禄.新型乳杆菌素产生菌的筛选及菌株特性的研究[J].氨基酸和生物资源,2002,24(1):22—25.

[186]朱恩俊,吕明珠,曹德明,等.果蔬保鲜技术及其研究进展[J].粮食与食品工业,2014(5):47—50.

[187]朱济成.关于地下水亚硝酸盐污染原因的探讨[J].北京地质,1995(2):20—26.

[188]朱向蕾.干酪生产过程中微生物的控制与除菌技术[J].安徽农学通报(下半月刊),2009,15(10):67—68,234.

[189]朱志伟,李保明,李永玉,等.中性电解水对鸡蛋表面的清洗灭菌效果[J].农业工程学报,2010,26(3):368—372.

[190]褚庆华,郭德华,王敏,等.谷物和酒类中赭曲霉毒素 A 的测定[J].中国国境卫生检疫杂志,2006,29(2):109—117.

[191]邹礼根,吴元锋,赵芸.蔬菜乳酸菌腌渍发酵过程亚硝酸盐变化研究[J].食品科技,2006,31(10):86—88.

[192]Abarca M L,Accensi F,Bragulat M R,et al. Aspergillus carbonarius as the main source of ochratox-

in A contamination in dried vine fruits from the Spanish market[J]. Journal of Food Protection, 2003, 66(3): 504－506.

[193]Amézqueta S, González-Peñas E, Murillo-Arbizu M, et al. Ochratoxin A decontamination: A review [J]. Food Control, 2009, 20(4): 326－333.

[194]Amiali M, Ngadi M O, Smith J P, et al. Synergistic effect of temperature and pulsed electric field on inactivation of Escherichia coli O157: H7 and Salmonella enteritidis in liquid egg yolk[J]. Journal of Food Engineering, 2007, 79(2):689－694.

[195]Astoreca A, Magnoli C, Ramirez M L, et al. Water activity and temperature effects on growth of Aspergillus niger, A. awamori and A. carbonarius isolated from different substrates in Argentina[J]. International Journal of Food Microbiology, 2007, 119(3): 314－318.

[196]Badr H M. Effect of gamma radiation and cold storage on chemical and organoleptic properties and microbiological status of liquid egg white and yolk[J]. Food Chemistry, 2006, 97(2):285－293.

[197]Baker R R, Coburn S, Liu C. The pyrolytic formation of formaldehyde from sugars and tobacco [J]. J Anal Appl Pyrolysis, 2006, 77(1): 12－21.

[198]Battilani P, Magan N, Logrieco A. European research on ochratoxin A in grapes and wine[J]. International Journal of Food Microbiology, 2006, 111: 2－4.

[199]Battilani P, Pietri A. Ochratoxin A in grapes and wine[J]. European Journal of Plant Pathology, 2002, 108(7): 639－643.

[200]Bazhal M I, Ngadi M O, Raghavan G S V, et al. Inactivation of Escherichia coli O157: H7 in liquid whole egg using combined pulsed electric field and thermal treatments[J]. LWT-Food Science and Technology, 2006, 39(4):420－426.

[201]Běláková S, Benešová K, Mikulíková R, et al. Determination of ochratoxin A in brewing materials and beer by ultra performance liquid chromatography with fluorescence detection[J]. Food Chemistry, 2011, 126(1): 321－325.

[202]Beland F A, Benson W R, Mellick P W, et al. Effect of ethanolon the tumoriginity of urethane(ethyl carbamate) in B6C3F1 mice[J]. Food Chem Technol, 2005, 43(1):1－19.

[203]Bellí N, Marín S, Coronas I, et al. Skin damage, high temperature and relative humidity as detrimental factors for Aspergillus carbonarius infection and ochratoxin A production in grapes[J]. Food Control, 2007, 18(11): 1343－1349.

[204]Bellí N, Ramos A J, Sanchis V, et al. Incubation time and water activity effects on ochratoxin A production by Aspergillus section Nigri strains isolated from grapes[J]. Letters in Applied Microbiology, 2004, 38(1): 72－77.

[205]Burdychová R, Komprda T. Biogenic amine-forming microbial communities in cheese[J]. FEMS Microbiology Letters, 2007, 276(2): 149－155.

[206]Bursakova S A, Carneiroa B C, Almendra M J, et al. Enzymatic properties and effect of ionic strength on periplasmic nitrate reductase (NAP) from Desulfovibrio desulfbricans ATCC27774[J]. Biochemical and Biophysical Research Communications, 2000, 2(39): 816－221.

[207]Calderón-Miranda M L, Barbosa-Cánovas G V, Swanson B G. Inactivation of Listeria innocua in liquid whole egg by pulsed electric fields and nisin[J]. International Journal of Food Microbiology, 1999, 51(1):7－17.

[208]Chang S, Kung H, Chen H, et al. Determination of histamine and bacterial isolation in swordfish fillets (Xiphias gladius) implicated in a food borne poisoning[J]. Food Control, 2008, 19(1):16－21.

[209]Chang S, Lin C, Jiang C, et al. Histamine production by bacilli bacteria, acetic bacteria and yeast iso-

lated from fruit wines[J]. LWT-Food Science and Technology, 2009, 42(1): 280－285.

[210]Cheigh C I, Choi H J. Influence of growth conditions on the production of a nisin-like baeteriocinby Lactococcus lactis subsp. Lactis A164 isolated from Kimchi[J]. Journal of Biotechnology, 2002, 95(3):225－235.

[211]Cheftel J C, Culioli J. Effects of high pressure on meat: A review[J]. Meat Science, 1997, 46(3): 211－236.

[212]Chen H, Kung H, Chen W, et al. Determination of histamine and histamine-forming bacteria in tuna dumpling implicated in a food-borne poisoning[J]. Food Chemistry, 2008(106): 612－618.

[213]Choi Y M, Ryu Y C, Lee S H, et al. Effects of supercritical carbon dioxide treatment for sterilization purpose on meat quality of porcine longissimus dorsi muscle[J]. LWT-Food Science and Technology, 2008, 41(2):317-322.

[214]Chulze S N, Magnoli C E, Dalcero A M. Occurrence of ochratoxin A in wine and ochratoxigenic mycoflora in grapes and dried vine fruits in South America[J]. International Journal of Food Microbiology, 2006, 111: S5-S9.

[215]Coronel M B, Sanchis V, Ramos A J, et al. Ochratoxin A in adult population of Lleida, Spain: Presence in blood plasma and consumption in different regions and seasons[J]. Food and Chemical Toxicology, 2011, 49(10): 2697－2705.

[216]Dalle-Donne I, Giustarini D, Colombo R. Protein carbonylation in human diseass[J]. Trends Mol Med, 2003, 9(4): 169－176.

[217]Daniele P, Grassi M, Civera T. Production of biogenic amines by some Enterobacteriaceae strains isolated from dairy products[J]. Italian Journal of Food Science, 2008, 20(3): 411－417.

[218]Deane E E, Woo N Y S. Impact of nitrite exposure on endocrine, osmoregulatory and cytoprotective functions in the marine teleost Sparus sarba[J]. Aquatic Toxicology, 2007, 82(2): 85－93.

[219]Delage N, d'Harlingue A, Colonna Ceccaldi B, et al. Occurrence of mycotoxins in fruit juices and wine[J]. Food Control, 2003, 14(4): 225－227.

[220]Emborg J, Laursen B G, Dalgaard P. Significant histamine formation in tuna (Thunnus albacares) at 2℃ effect of vacuum and modified atmosphere-packaging on psychrotolerant bacteria[J]. International journal of food microbiology, 2005, 101(3): 263－279.

[221]Erkmen O. Antimicrobial effects of pressurised carbon dioxide on Brochothrix thermosphacta in broth and foods[J]. Journal of the Science of Food & Agriculture, 2000, 80(9):1365-1370.

[222]Espejo F J, Armada S. Effect of activated carbon on ochratoxin A reduction in "Pedro Ximenez" sweet wine made from off-vine dried grapes[J]. European Food Research and Technology, 2009, 229(2): 255－262.

[223]Esteban A, Abarca M L, Bragulat M R, et al. Study of the effect of water activity and temperature on ochratoxin A production by Aspergillus carbonarius [J]. Food microbiology, 2006, 23(7): 634－640.

[224]Fadda S, Vignolo G, Oliver G. Tyramine degradation and tyramine/histamine production by lactic acid bacteria and Kocuria strains[J]. Biotechnology Letters, 2001, 23(24): 2015－2019.

[225]Fernández P P, Sanz P D, Molina-García A D, et al. Conventional freezing plus high pressure-low temperature treatment: Physical properties, microbial quality and storage stability of beef meat[J]. Meat Science, 2007, 77(4):616－625.

[226]Fleming H P, McFeeters R F, Humphries E G. A fermentor for study of sauerkraut fermentation [J]. Biotechnology and Bioengineering, 1988, 31(3): 189－197.

[227]Fong Y Y, Chan W C. Nitrate, nitrite, dimethylnitrosamine and N-nitrosopyrrolidine in some Chinese food products[J]. Food and Cosmetics Toxicology, 1977, 15(2): 143—145.

[228]Foster J W, Cowan R M, Maag T A. Rupture of bacteria by explosive decompression[J]. Journal of Bacteriology, 1962, 83(2):330—334.

[229]Fraser D. Bursting bacteria by release of gas pressure[J]. Nature, 1951, 167(4236):33—34.

[230]Froning G W, Wehling R L, Cuppett S, et al. Moisture content and particle size of dehydrated egg yolk affect lipid and cholesterol extraction using supercritical carbon dioxide[J]. Poultry Science, 1998, 77(11):1718—1722.

[231]Fujimoto K, Tsurumi T, Watari M. The mechanism of formaldehyde formation in shii-take mushroom [J]. Mushroom Science, 1976, 9(1): 385—390.

[232]Gangolli S D, Brandt P A, Feron V J, et al. Nitrates,nitrites and n-titroso compounds[J]. Environmental Toxicology and Pharmacology, 1994, 292: 1—38.

[233]Garai G, Duenas M, Irastorza A, et al. Biogenic amine production by lactic acid bacteria isolated from cider[J]. Letters in Applied Microbiology, 2007, 45(5): 473—478.

[234]Garcia-Gonzalez L, Geeraerd A H, Elst K, et al. Inactivation of naturally occurring microorganisms in liquid whole egg using high pressure carbon dioxide processing as an alternative to heat pasteurization[J]. Journal of Supercritical Fluids, 2009, 51(1):74—82.

[235]Garcia-Gonzalez L, Geeraerd A H, Spilimbergo S, et al. High pressure carbon dioxide inactivation of microorganisms in foods: The past, the present and the future[J]. International Journal of Food Microbiology, 2007, 117(1):1—28.

[236]Garriga M, Aymerich M T, Costa S, et al. Bactericidal synergism through bacteriocins and high pressure in a meat model system during storage[J]. Food Microbiology, 2002, 19(5):509—518.

[237]Geveke D J, Daniel T. Liquid egg white pasteurization using a centrifugal UV irradiator[J]. International Journal of Food Microbiology, 2013, 162(162):43—47.

[238]Gierschner K, Harmnes W P. Microbiological removal of nitrites from vegetable juices and other liquid vegetable products[J]. Fluesslges Obst, 1991, 58(5): 236—239.

[239]Gôngora-Nieto M M, Pedrow P D, Swanson B G, et al. Energy analysis of liquid whole egg pasteurized by pulsed electric fields[J]. Journal of Food Engineering, 2003, 57(3):209—216.

[240]Gonzalez-Fandos E, Sanz S, Olarte C. Microbiological, physicochemical and sensory characteristics of Cameros cheese packaged under modified atmospheres[J]. Food Microbiology, 2000, 17(4):407—414.

[241]Grazioli B, Fumi M D, Silva A. The role of processing on ochratoxin A content in Italian must and wine: A study on naturally contaminated grapes[J]. International Journal of Food Microbiology, 2006, 111: 93—96.

[242]Guizani N, Albusaidy M, Albelushi I, et al. The effect of storage temperature on histamine production and the freshness of yellowfin tuna[J]. Food Research International, 2005, 38(2): 215—222.

[243]Herrick F W, Bock L H. Thermosetting, exterior-plywood type adhesives from barkextracts[J]. For Prod J, 1958(8): 269—274.

[244]Hsu H, Chuang T, Lin H, et al. Histamine content and histamine-forming bacteria in dried milkfish (Chanos chanos) products[J]. Food Chemistry, 2009, 114(3): 933—938.

[245]Huang E, Mittal G S, Griffiths M W. Inactivation of *Salmonella enteritidis* in liquid whole egg using combination treatments of pulsed electric field, high pressure and ultrasound[J]. Biosystems Engineering, 2006, 94(3):403—413.

[246]Huang Y, Liu K, Hsieh H, et al. Histamine level and histamine-forming bacteria in dried fish prod-

ucts sold in Penghu Island of Taiwan[J]. Food Control, 2010(21): 1234—1239.

[247]Hwang C, Lee Y, Huang Y, et al. Biogenic amines content, histamine-forming bacteria and adulteration of bonito in tuna candy products[J]. Food Control, 2010, 21(6): 845—850.

[248]Isiker G, Gurakan G C, Bayindirli A. Combined effect of high hydrostatic pressure treatment and hydrogen peroxide on Salmonella enteritidis in liquid whole egg[J]. European Food Research & Technology, 2003, 217(3):244—248.

[249]Jeter R M, Sias S R, Ingraham J L. Chromosomal location and function of genes affecting Pseudomonas aeruginosa nitrate assimilation[J]. Journal of Bacteriology, 1984, 157(2): 673—677.

[250]Jeyamkondan S, Jayas D S, Holley R A. Pulsed electric field processing of foods: a review[J]. Journal of Food Protection, 1999, 62(9):1088—1096.

[251]Kalač P,Špička J, Křľžek M, et al. Concentrations of seven biogenic amines in sauerkraut[J]. Food Chemistry, 1999, 67(3): 275—280.

[252]Kalač P,Špička J, Křľžek M, et al. Changes in biogenic amine concentrations during sauerkraut storage[J]. Food chemistry, 2000, 69(3): 309—314.

[253]Kim J H, Ahn H J, Jo C, et al. Radiolysis of biogenic amines in model system by gamma irradiation [J]. Food Control, 2004, 15(5): 405—408.

[254]Kimura B, Konagaya Y, Fujii T. Histamine formation by Tetragenococcus muriaticus, a halophilic lactic acid bacterium isolated from fish sauce[J]. International Journal of Food Microbiology,2001(70):71—77.

[255]King J W, Johnson J H, Orton W L, et al. Fat and cholesterol content of beef patties as affected by supercritical CO_2 extraction[J]. Journal of Food Science, 1993, 58(5): 950—952.

[256]Komprda T, Sládková P, Petirová E, et al. Tyrosine-and histidine-decarboxylase positive lactic acid bacteria and enterococci in dry fermented sausages[J]. Meat Science, 2010, 86(3): 870—877.

[257]Kuda T, Miyawaki M. Reduction of histamine in fish sauces by rice bran nuka[J]. Food Control, 2010, 21(21): 1322—1326.

[258]Kung H F, Lee Y H, Teng D F, et al. Histamine formation by histamine-forming bacteria and yeast in mustard pickle products in Taiwan[J]. Food chemistry, 2006, 99(3): 579—585.

[259]Kung H, Wang T, Huang Y,et al. Isolation and identification of histamine-forming bacteria in tuna sandwiches[J]. Food Control, 2009, 20(11): 1013—1017.

[260]Kung H, Lee Y, Chang S,et al. Histamine contents and histamine-forming bacteria in sufu products in Taiwan[J]. Food Control 2007, 18(5): 381—386.

[261]Kung H, Lee Y, Huang Y, et al. Biogenic amines content, histamine-forming bacteria, and adulteration of pork and poultry in tuna dumpling products[J]. Food Control, 2010, 21(7):977—982.

[262]Landete J, Ferrer S. Which lactic acid bacteria are responsible for histamine production in wine[J]. Journal of Applied Microbiology, 2005, 99(3): 580—586.

[263]Landete J, Ferrer S, Pardo I. Biogenic amine production by lactic acid bacteria, acetic bacteria and yeast isolated from wine[J]. Food Control, 2007, 18(12): 1569—1574.

[264]Lechevalier V, Nau F, Jeantet R. 19-Powdered egg[J]. Handbook of Food Powders, 2013: 484—512.

[265]Lee G I, Lee H M, Lee C H. Food safety issues in industrialization of traditional Korean foods[J]. Food Control, 2012, 24(1): 1—5.

[266]Leong S L, Hocking A D, Pitt J I, et al. Australian research on ochratoxigenic fungi and ochratoxin A[J]. International Journal of Food Microbiology, 2006, 111: 10—17.

[267]Leuschner R G, Heidel M, Hammes W P. Histamine and tyramine degradation by food fermenting

microorganisms[J]. International Journal of Food Microbiology, 1998, 39(1): 1—10.

[268]Leverentz B, Janisiewicz W, Conway W S. Biological control of minimally processed fruits Andvegetables. Microbial Safety of Minimally Processed Foods [M]. CRC Press, 2003: 319—332.

[269]Li J R, Zhu D S. Research progress of new postharvest technology on fruits and vegetables[J]. Thematic Review, 2012, 31(4): 337—342.

[270]Liu Y P, Dong B, Qin Z S, et al. Ethyl carbamate levels in wine and spirits from markets in Hebei Province, China[J]. Food Addit Contam B, 2011, 4(1): 1—5.

[271]Lonvaud-Funel A. Biogenic amines in wines: role of lactic acid bacteria[J]. FEMS Microbiology Letters, 2001, 199(1): 9—13.

[272]Maintz L, Novak N. Histamine and histamine intolerance[J]. The American journal of clinical nutrition, 2007, 85(5): 1185—1196.

[273]Marquenie D, Michiels C. W, Geeraerd A. H, et al. Using survival analysis to investigate the effect of UV-C and heat treatment on storage rot of strawberry and sweet cherry[J]. Inter. J. Food Microbiol. , 2002, 73: 187—196.

[274]Martín-Belloso O, Vega-Mercado H, Qin B L, et al. Inactivation of *escherichia coli* suspended in liquid egg using pulsed electric fields[J]. Journal of Food Processing & Preservation, 1997, 21(21):193—208.

[275]Martínez-Luque M, Dobao M M, Castillo F. Characterization of the assimilatory and dissimilatory nitrate-reducing systems in Rhodobacter: a comparative study[J]. FEMS Microbiology Letters,1991, 83(3): 329—333.

[276]Masque M C, Soler M, Zaplana B, et al. Ethyl carbamate content in wines with malolactic fermentation induced at different points in the vinification process[J]. Ann Microbiol, 2011, 61(1): 199—206.

[277]Minguez S, Cantus J M, Pons A, et al. Influence of the fungus control strategy in the vineyard on the presence of Ochratoxin A in the wine[J]. Bulletin de l'OIV, 2004, 77(885—86): 821—831.

[278]Montilla A, Calvo M M, Olano A. Manufacture of cheese made from CO_2-treated Milk[J]. Zeitschrift für Lebensmittel-Untersuchung und Forschung, 1995, 200(4):289—292.

[279]Moret S, Smela D, Populin T, et al. A survey on free biogenic amine content of fresh and preserved vegetables[J]. Food Chemistry, 2005, 89(3): 355—361.

[280]Mukhopadhyay S, Tomasula P M, Luchansky J B, et al. Removal of *Salmonella enteritidis* from commercial unpasteurized liquid egg white using pilot scale cross flow tangential microfiltration[J]. International Journal of Food Microbiology, 2010, 142(3):309—317.

[281]Önal A. A review: Current analytical methods for the determination of biogenic amines in foods[J]. Food Chemistry, 2007, 103(4): 1475—1486.

[282]Paramasivam S, Thangaradjou T, Kannan L. Effect of natural preservatives on the growth of histamine producing bacteria[J]. Journal of Environmental Biology, 2007, 28(2): 271—274.

[283]Pardo E, Marln S, Sanchis V, et al. Prediction of fungal growth and ochratoxin A production by Aspergillus ochraceus on irradiated barley grain as influenced by temperature and water activity[J]. International Journal of Food Microbiology, 2004, 95(1): 79—88.

[284]Pattono D, Gallo P F, Civera T. Detection and quantification of Ochratoxin A in milk produced in organic farms[J]. Food Chemistry, 2011, 127(1): 374—377.

[285]Perez O E, Pilosof A M R. Pulsed electric fields effects on the molecular structure and gelation of β-lactoglobulin concentrate and egg white[J]. Food Research International, 2004, 37(1):102—110.

[286]Phuvasate S, Su Y. Effects of electrolyzed oxidizing water and ice treatments on reducing histamine-producing bacteria on fish skin and food contact surface[J]. Food Control 2010, 21(3): 286—291.

[287]Pircher A，Bauer F，Paulsen P. Formation of cadaverine，histamine，putrescine and tyramine by bacteria isolated from meat，fermented sausages and cheeses[J]. European Food Research and Technology，2007，226(1—2)：225—231.

[288]Pitt J I，Basilico J C，Abarca M L，et al. Mycotoxins and toxigenic fungi[J]. Medical Mycology，2000，38(S1)：41—46.

[289]Ponce E，Pla R，Capellas M，et al. Inactivation of Escherichia coli inoculated in liquid whole egg by high hydrostatic pressure[J]. Food Microbiology，1998，15(3)：265-272.

[290]Ponce E，Pla R，Sendra E，et al. Combined effect of nisin and high hydrostatic pressure on destruction of Listeria innocua and Escherichia coli in liquid whole egg[J]. International Journal of Food Microbiology，1998，43(1—2)：9—15.

[291]Ponce E，Pla R，Sendra E，et al. Destruction of Salmonella enteritidis inoculated in liquid whole egg by high hydrostatic pressure：comparative study in selective and non-selective media[J]. Food Microbiology，1999，16(4)：357-365.

[292]Rabie M A，Siliha H，El-Saidy S，et al. Effects of γ-irradiation upon biogenic amine formation in Egyptian ripened sausages during storage[J]. Innovative Food Science & Emerging Technologies，2010，11(4)：661—665.

[293]Rao L，Bi X，Zhao F，et al. Effect of high-pressure CO_2 processing on bacterial spores[J]. Critical Reviews in Food Science & Nutrition，2015. DOI：10.1080/10408398. 2013.787385.

[294]Reyes-Gavilán C G D L，Delgado T，Bada-Gancedo J C，et al. Manufacture of Spanish hard cheeses from CO_2-treated milk[J]. Food Research International，2002，35(01)：681—690.

[295]Rodtong S，Nawong S，Yongsawatdigul J，et al. Histamine accumulation and histamine-forming bacteria in Indian anchovy (Stolephorus indicus)[J]. Food Microbiology，2005，22(5)：475—482.

[296]Rosi I，Nannelli F，Giovani G. Biogenic amine production by Oenococcus oeni during malolactic fermentation of wines obtained using different strains of Saccharomyces cerevisiae[J]. LWT-Food Science and Technology，2009，42(2)：525—530.

[297]Rousseau J. Ochratoxin A in wines：current knowledge. Vinidea. net[J]. Wine Internet Technical Journal，2004(5).

[298]Rupasinghe H，Clegg S. Total antioxidant capacity，total phenolic content，mineral elements，and histamine concentrations in wines of different fruit sources[J]. Journal of Food Composition and Analysis，2007，20(2)：133—137.

[299]Sabrina M，Dana S，Tiziana P et al. A survey on free biogenic amine content of fresh and preserved vegetables[J]. Food Chemistry，2005，89：55—361.

[300]Sáez J M，Medina á，Gimeno-Adelantado J V，et al. Comparison of different sample treatments for the analysis of ochratoxin A in must，wine and beer by liquid chromatography[J]. Journal of Chromatography A，2004，1029(1)：125—133.

[301]Sakano K，Oikawa S，Hiraku Y，et al. Metabolism ofcarcinogenic urethane to nitric oxide is involved in oxidativeDNA damage[J]. Free Radic Biol Med，2002，33(5)：703—714.

[302]Santos M H. Biogenic amines：their importance in foods[J]. International Journal of Food Microbiology，1996，29(2)：213—231.

[303]Sevcan U，Atilgan M R，A Handan B，et al. Modeling inactivation kinetics of liquid egg white exposed to UV-C irradiation[J]. International Journal of Food Microbiology，2010，142(3)：341—347.

[304]Shalaby A R. Significance of biogenic amines to food safety and human health[J]. Food Research International，1996，29(7)：675—690.

[305]Silla Santos M H. Biogenic amines: their importance in foods[J]. International Journal of Food Microbiology, 1996, 29(2): 213-231.

[306]Sirisee U, Hsieh F, Huff H E. Microbial safety of supercritical carbon dioxide processes[J]. Journal of Food Processing & Preservation, 2007, 22(5):387-403.

[307]Souza P D, Fernandez A. Effects of UV-C on physicochemical quality attributes and Salmonella enteritidis inactivation in liquid egg products[J]. Food Control, 2011, 22(8):1385-1392.

[308]Souza P M D, Fernández A. Consumer acceptance of UV-C treated liquid egg products and preparations with UV-C treated eggs[J]. Innovative Food Science & Emerging Technologies, 2012, 14(2): 107-114.

[309]Souza P M D, Müller A, Beniaich A, et al. Functional properties and nutritional composition and of liquid egg products treated in a coiled tube UV-C reactor[J]. Innovative Food Science & Emerging Technologies, 2015, 32:156-164.

[310]Spilimbergo S, Bertucco A. Non-thermal bacteria inactivation with dense CO_2[J]. Biotechnology and Bioengineering, 2003, 84(6): 627-638.

[311]Spinelli J, Koury B J. Some new observations on the pathways of formation of dimethylamine in fish muscle and liver[J]. J Agric Food Chem, 1981, 29(2): 327-331.

[312]Stewart V. Nitrate respiration in relation to facultative metabolism in enterobacteria[J]. Microbiological Reviews, 1988, 52(2): 190-232.

[313]Suklim K, Flick G J, Bourne D W, et al. Pressure-induced germination and inactivation of Bacillus cereus spores and theirsurvival in fresh blue crab meat (Callinectes sapidus) duringstorage [J]. Journal of Aquatic Food Product Technology, 2008,17(3): 1-21.

[314]Tanaka N, Traisman E, Lee M H, et al. Inhibition of botulinum toxin formation in bacon by acid development[J]. Food Protect, 1980, 43(6): 450-455.

[315]Taylor S L, Speckhard M W. Isolation of histamine-producing bacteria from frozen tuna[J]. Marine Fisheries Review, 1983, 45(4): 35-39.

[316]Til H P, Falke H E, Prinsen M K, et al. Acute and subacute toxicity of tyramine, spermidine, spermine, putrescine and cadaverine in rats[J]. Food and Chemical Toxicology, 1997, 35(3): 337-348.

[317]Tsai Y, Chang S, Kung H. Histamine contents and histamine-forming bacteria in natto products in Taiwan[J]. Food Control, 2007, 18(9): 1026-1030.

[318]Tsai Y H, Hsieh H S, Chen H C, et al. Histamine level and species identification of billfish meats implicated in two food-borne poisonings[J]. Food Chemistry, 2007, 104(4): 1366-1371.

[319]Tsai Y H, Kung H F, Lin Q L, et al. Occurrence of histamine and histamine-forming bacteria in kimchi products in Taiwan[J]. Food chemistry,2005,90(4):635-641.

[320]Tsai Y H, Lin C Y, Chien, et al. Histamine contents of fermented fish products in Taiwan and isolation of histamine-forming bacteria[J]. Food Chemistry, 2006, 98(1): 64-70.

[321]Tsai Y, Kung H, Chang S, et al. Histamine formation by histamine-forming bacteria in douche, a Chinese traditional fermented soybean product[J]. Food Chemistry, 2007, 103(4): 1305-1311.

[322]Tsai Y H, Lin C Y, Chang S C, et al. Occurrence of histamine and histamine-forming bacteria in salted mackerel in Taiwan[J]. Food Microbiology, 2005, 22(5): 461-467.

[323]Unluturk S, Atllgan M R, Baysal A H, et al. Use of UV-C radiation as a non-thermal process for liquid egg products (LEP)[J]. Journal of Food Engineering, 2008, 85(4):561-568.

[324]Varga J, Kozakiewicz Z. Ochratoxin A in grapes and grape-derived products[J]. Trends in Food Science & Technology, 2006, 17(2): 72-81.

[325] Weber J V, Sharypov V I. Ethyl carbamate in foods andbeverages: a review[J]. Environ Chem Lett, 2009, 7(3): 233—247.

[326] Wilson P W, Hull J F, Burris R H. Competition between free and combined nitrogen in nutrition of Azotobacter[J]. Proceedings of the National Academy of Sciences of the United States of America, 1943, 29(9): 289.

[327] Yamani M I, Hammouh F G A, Humeid M A, et al. Production of fermented cucumbers and turnips with reduced levels of sodium chloride[J]. Tropical Science, 1999, 39(4): 233—237.

[328] Yukiko K, Mitsuhiro T, Takashi S. Marked formation of thiazolidine-4-carboxylicacid, an effective nitrite trapping agentin vivo, on boiling of dried shiitake mushroom[J]. Agric Food Chem, 1990, 38: 1945—1949.

[329] Zimmerli B, Dick R. Determination of ochratoxin A at the ppt level in human blood, serum, milk and some food stuffs by high-performance liquid chromatography with enhanced fluorescence detection and immunoaffinity column cleanup: methodology and Swiss data[J]. Journal of Chromatography B: Biomedical Sciences and Applications, 1995, 666(1): 85—99.

[330] Zimmerli B, Dick R. Ochratoxin A in table wine and grape-juice: Occurrence and risk assessment[J]. Food additives & contaminants, 1996, 13(6): 655—668.

附录　微生物菌株名称

一、细菌（**Bacteria**）

Acetobacter	醋酸杆菌属
Acetobacter aceti	纹膜醋酸菌
Acetobacter pasteurianus	巴氏醋酸杆菌
Acetobacter rancens	醋酸杆菌
Acetobacter xylinum	胶醋酸杆菌
Achromobacter sp.	无色杆菌属
Acinetobacter	不动杆菌属
Aerobacter	气杆菌属
Aerococcus	气球菌属
Aeromonas	气单胞菌属
Aeromonas hydrophila	嗜水气单胞菌
Aeromonas sobria	温和气单胞菌
Agrobacterium	土壤杆菌属
Alcaligenes	产碱杆菌属
Alcaligenes faecalis	粪产碱杆菌
Alteromonas	交替单胞菌属
Alteromonas espejiana	埃氏交替单胞菌
Arizona	亚利桑那菌属
Arthrobacter	节杆菌属
Atopobium	奇异菌属
Azotobacter	固氮菌属
Azotobacter vinelandii	棕色固氮菌
Bacillus	芽孢杆菌属
Bacillus aerobic	需氧性芽孢杆菌
Bacillus aerothermophilus	产气嗜热杆菌
Bacillus alvei	蜂房芽孢杆菌
Bacillus amyloliquefaciens	解淀粉芽孢杆菌
Bacillus anthraci	炭疽杆菌
Bacillus brevis	短芽孢杆菌
Bacillus calidus	嗜热芽孢杆菌
Bacillus cereus	蜡状（样）芽孢杆菌

Bacillus circulans	环状芽孢杆菌
Bacillus cloacae	阴沟杆菌
Bacillus coagulans	凝结芽孢杆菌
Bacillus cyanogenes	蓝乳杆菌
Bacillus globisporus	圆孢芽孢杆菌
Bacillus ichthyosmius	鱼杆菌
Bacillus lacti-viscosus	黏性乳杆菌
Bacillus laterosporus	侧孢芽孢杆菌
Bacillus lentimorbus	缓病芽孢杆菌
Bacillus licheniformis	地衣芽孢杆菌
Bacillus macerans	浸麻类芽孢杆菌
Bacillus megaterium	巨大芽孢杆菌
Bacillus mesentericus	肠膜芽孢杆菌
Bacillus mucilaginosus	胶质芽孢杆菌
Bacillus mycoides	蕈状杆菌
Bacillus phosphorescens	磷光杆菌
Bacillus polymyxa	多黏类芽孢杆菌
Bacillus prodigiosus	灵杆菌
Bacillus pumilus	短小芽孢杆菌
Bacillus putrificus	腐败杆菌
Bacillus sapolacticum	皂乳杆菌
Bacillus sphaericus	球形芽孢杆菌
Bacillus stearothermophilus	嗜热脂肪芽孢杆菌
Bacillus subtilis	枯草芽孢杆菌
Bacillus thuringiensis	苏云金芽孢杆菌
Bacillus laterosporus	侧孢芽孢杆菌
Bacillus licheniformis	地衣芽孢杆菌
Beauveria bassiana	球孢白僵菌
Bifidobacterium	双歧杆菌属
Bifidobacterium adolescentis	青春双歧杆菌
Bifidobacterium animalis	动物双歧杆菌
Bifidobacterium bifidum	两叉双歧杆菌
Bifidobacterium breve	短双歧杆菌
Bifidobacterium infantis	婴儿双歧杆菌
Bifidobacterium lactis	乳酸双歧杆菌
Bifidobacterium longum	长双歧杆菌
Botrytis cinerea	灰葡萄孢
Brevibacillus	短芽孢杆菌属
Brevibacillus brevis	短短芽孢杆菌

Brevibacillus borstenlensis	波茨坦短芽孢杆菌
Brevibacterium	短杆菌属
Brevibacterium ammoniagenes	产氨短杆菌
Brevibacterium linens	亚麻短杆菌
Brochothrix	环丝菌属
Brochothrix thermosphacta	热死环丝菌
Brucella bovis	牛布氏杆菌
Campylobacter	弯曲杆菌属
Campylobacter coli	大肠弯曲杆菌
Campylobacter jejuni	空肠弯曲杆菌
Carnobacterium	肉食杆菌属
Carnobacterium piscicola	栖鱼肉杆菌
Chromobacterium	色杆菌属
Chromobacterium lividum	蓝黑色杆菌
Citrobacter	柠檬酸杆菌属
Citrobacter freundii	弗氏柠檬酸菌
Claviceps	麦角菌属
Claviceps purpurea	紫瘫麦角菌
Clostridium	梭菌属，又称巴氏梭菌
Clostridium botulinum	肉毒梭状芽孢杆菌
Clostridium butyricum	酪酸菌
Clostridium perfringens	产气荚膜梭菌（产气荚膜杆菌，产气杆菌）
Clostridium nigrificans	致黑梭菌
Clostridium prazmowski	梭状芽孢杆菌
Clostridium saccharobutyricum	还原糖丁酸梭菌
Clostridium sporogenes	产芽孢梭菌
Clostridium thermosaccharolyticum	嗜热解糖梭菌
Clostridium tyrobutyricum	酪丁酸梭菌
Corynebacterium	棒状杆菌属
Corynebacterium crenatum	钝齿棒杆菌
Corynebacterium diphtheriae	白喉棒状杆菌
Corynebacterium glutamicum	谷氨酸棒杆菌
Cyanobacteria	藻青菌
Cytophaga	噬纤维菌属
Desulfovibrio	脱硫弧菌属
Desulfovibrio desulfuricans	脱硫脱硫弧菌
Diaporthe meridionalis	大豆南方茎溃疡病菌
Enterobacter	肠杆菌属
Enterobacter aerogenes	产气肠杆菌

Enterobacter agglomerans	聚团肠杆菌
Enterobacter cloacae	阴沟肠杆菌
Enterobacter sakazakii	阪崎肠杆菌
Enterococcus	肠球菌属
Enterococcus faecium	屎肠球菌
Enterococcus faecalis	粪肠球菌
Enterococcus mundtii	蒙特肠球菌
Erwinia	欧文氏杆菌
Erwinia carotovora	胡萝卜软腐欧文氏杆菌
Erwinia herbicola	草生欧文氏杆菌
Erysipelothrix	丹毒丝菌属
Escherichia	埃希肠杆菌属
Escherichia coli	大肠杆菌
Escherichia coli O157：H7	大肠杆菌 O157：H7
Extremely halophilic red archaea	红色极端嗜盐古细菌
Flavobacterium	黄杆菌属
Flavobacterium aquatile	水生黄杆菌
Gemella	孪生菌属
Gluconobacter	葡糖杆菌属
Gluconobacter oxydans	氧化葡萄糖酸杆菌
Halobacterium	嗜盐杆菌属
Halococcus	嗜盐球菌属
Halomonas	盐单胞菌属
Halophilic bacteria	嗜盐菌
Halophilic lactic acid bacteria	嗜盐乳酸菌
Hafnia alvei	蜂房哈夫尼菌
Klebsiella oxytoca	产酸克雷伯氏菌
Klebsiella pneumoniae	肺炎克雷伯菌
Klebsiella variicola	变栖克雷伯氏菌
Kurthia	库特氏菌属
Lactobacillus	乳酸杆菌属
Lactobacillus acidophilus	嗜酸乳杆菌
Lactobacillus breris	短乳杆菌
Lactobacillus brevis	牛乳杆菌
Lactobacillus bulgaricus	保加利亚乳杆菌
Lactobacillus buchneri	布氏乳杆菌
Lactobacillus casei	干酪乳杆菌
Lactobacillus casei subsp. *casei*	干酪乳杆菌干酪亚种
Lactobacillus coryniformis subsp. *coryniformis*	棒状乳杆菌棒状亚种

Lactobacillus crispatus	卷曲乳杆菌
Lactobacillus curvatus	弯曲乳杆菌
Lactobacillus delbrueckii	德氏乳杆菌
Lactobacillus delbrueckii subsp. *Bulgaricu*	德氏乳杆菌保加利亚亚种
Lactobacillus fermentum	发酵乳杆菌
Lactobacillus gasseri	加氏乳杆菌
Lactobacillus helveticus	瑞士乳杆菌
Lactobacillus hilgardii	希氏乳杆菌
Lactobacillus johnsonii	约氏乳杆菌
Lactobacillus kefir	克菲尔乳杆菌
Lactobacillus pentosus	戊糖乳杆菌
Lactobacillus plantarum	植物乳杆菌
Lactobacillus reuteri	罗伊乳杆菌
Lactobacillus rhamnosus	鼠李糖乳杆菌
Lactobacillus ruminis	瘤胃乳杆菌
Lactobacillus sakei	清酒乳杆菌
Lactobacillus salivarius	唾液乳杆菌
Lactobacillus sanfranciscensis	（中文学名不详）
Lactococcus	乳球菌属
Lactococcus cremoris	乳脂乳球菌
Lactococcus lactis	乳酸链球菌
Lactococcus lactis subsp. *cremoris*	乳酸乳球菌乳脂亚种
Lactococcus lactis subsp. *lactis*	乳酸乳球菌乳酸亚种
Legionella pneumophila	嗜肺军团菌
Leuconostoc	明串珠菌属
Leuconostoc citreum	柠檬明串珠菌
Leuconostoc lactis	乳明串珠菌
Leuconostoc mesenteroides	肠膜明串珠菌
Leuconstoc mesenteroides subsp. *mesenteroides*	肠膜明串珠菌肠膜亚种
Leuconostoc oenos	酒明串珠菌
Leuconostoc panamesenteroides	粪肠膜明串珠菌
Listeria	李斯特氏菌属
Listonella anguillarum	鳗利斯顿氏菌
Methanobacterium	甲烷杆菌属
Methanoccus	甲烷球菌属
Methanosarcina	甲烷八叠菌属
Microbacterium	微杆菌属
Microbacterium lacticum	乳微杆菌
Micrococci	小球菌属

Micrococci varians	变异小球菌
Micrococcus	微球菌属
Micrococcus conglomeratus	凝聚微球菌
Micrococcus flavus	黄色微球菌
Micrococcus luteus	藤黄微球菌
Micrococcus tetragenus	四联球菌
Micrococcus varians	变异微球菌
Morganella	摩根氏菌属
Morganella morganii	摩氏摩根氏菌
Mycobacterium bovis	牛结核分枝杆菌
Mycobacterium paratuberculosis	副结核分枝杆菌
Mycobacterium tuberculosis	结核杆菌
Myxobacter	黏细菌属
Nocardia	诺卡氏菌属
Oenococcus	酒球菌属
Oenococcus oeni	酒类酒球菌
Paenibacillus	芽孢杆菌属
Pantoea	泛菌属
Pantoea agglomerans	成团泛菌
Pediococcus	片球菌属
Pediococcus acidilactici	乳酸片球菌
Pediococcus lactis	乳酸乳球菌
Pediococcus pentosaceus	戊糖片球菌
Pediococcus parvulus	小片球菌
Prevotella	普雷沃菌属
Proteus	变形杆菌属
Proteus vulgaris	普通变形杆菌
Propionibacterium	丙酸杆菌属
Propionibacterium freudennreichii	费氏丙酸杆菌
Propionibacterium rubrum	红色丙酸杆菌
Proteus species	变形杆菌
Pseudoalteromonas	假交替单胞菌属
Pseudomonas	假单胞菌属
Pseudomonas aeruginosa	铜绿假单胞菌
Pseudomonas ananas	菠萝软腐假单胞菌
Pseudomonas atlantica	大西洋假单胞菌
Pseudomonas fluorescens	荧光假单胞菌
Pseudomonas nigrifaciens	生黑腐假单胞菌
Pseudomonas putida	恶臭假单胞菌

Pseudomonas syncyanea	类蓝假单胞菌
Pseudomonas synxantha	类黄假单胞菌
Pseudoalteromonas	假交替单孢菌属
Pseudoalteromonas carrageenovora	卡拉胶水解假交替单孢菌
Psychrobacter	嗜冷杆菌属
Raoultella ornithinolytica	解鸟氨酸拉乌尔菌
Raoultella planticola	植生拉乌尔菌
Rhodococcus erythropolis	红串红球菌
Rhodomicrobium	红微菌属
Rhodospirillum	红螺菌属
Rhodopseudomonas	红假单胞菌属
Rhodopseudanonas palustris	沼泽红假单胞菌
Roseburia	罗氏菌属
Ruminococcus bromii	布氏瘤胃球菌
Saccharococcus	糖球菌属
Saccharococcus thermophiles	嗜热糖球菌
Salmonella	沙门氏菌属
Salmonella arizonae	桑氏沙门氏菌（亚利桑那沙门氏菌）
Salmonella enterica subsp. *enterica*	肠沙门菌肠亚种
Salmonella typhimurium	伤寒沙门氏菌
Serratia	沙雷氏菌属
Serratia marcescens	黏质沙雷氏菌
Shigella	志贺菌属
Shigella castellani	痢疾杆菌
Shigella dysenteriae	痢疾志贺菌
Sporolactobacillus	芽孢乳杆菌属
Sporolactobacillus inulinus	菊糖芽孢乳杆菌
Sporocytophaga	生孢噬纤维菌属
Srutgersensis subsp. *gulangyunensis*	鲁地（鲁特格斯）链霉菌鼓浪屿亚种
Staphylococcus	葡萄球菌属
Staphylococcus aureus	金黄色葡萄球菌
Staphylococcus aureus subsp. *aureus*	金黄色葡萄球菌亚属菌
Staphylococcus capitis	头状葡萄球菌
Staphylococcus carnosus	肉葡萄球菌
Staphylococcus epidermidis	表皮葡萄球菌
Staphylococcus pasteuri	巴氏葡萄球菌
Staphylococcus pisci fermentans	发酵葡萄球菌
Staphylococcus saprophyticus	腐生葡萄球菌
Staphylococcus sciuri	松鼠葡萄球菌

Staphylococcus staphylolyticus	（中文名不详）
Staphylococcus xylosus	木糖葡萄球菌
Streptococcus	链球菌属
Streptococcus bovis	牛链球菌
Streptococcus cremoris	乳脂链球菌
Streptococcus facealis	粪链球菌
Streptococcus lactis	乳酸链球菌
Streptococcus lactis var. *maltigenes*	产麦精乳链球菌
Streptococcus liquefaciens	液化链球菌
Streptococcus parahemolyticus	副溶血性链球菌
Streptococcus pneumoniae	肺炎双球菌（肺炎链球菌）
Streptococcus pyogenes	酿脓链球菌
Streptococcus salivarius	唾液链球菌
Streptococcus thermophilus	嗜热链球菌
Serratia marcescens	黏质沙雷氏菌
Thermoanaerobacterium saccharolyticum	解糖热厌氧杆菌
Vagococcus	漫游球菌属
Vibrio	弧菌属
Vibrio alginolyticus	溶藻弧菌
Vibrio anguillarum	鳗弧菌
Vibrio butyripue	丁酸弧菌
Vibrio cholerae	霍乱弧菌
Vibrio costicola	肋生弧菌
Vibrio fischeri	费氏弧菌
Vibrio fluvialis	河流弧菌
Vibrio mimicus	模拟弧菌
Vibrio parahemolyticus	副溶血弧菌
Vibrio vulnificus	创伤弧菌
Weissella	魏斯氏菌
Xanthomonas	黄单胞菌属
Xanthomonas campestris	野油菜黄单胞菌
Yersinia	耶尔森菌属
Yersinia enterocolitica	结肠炎耶尔森杆菌

二、放线菌（Actinomycetes）

Actinomadura	马杜拉放线菌属
Actinoplanes utahensis	犹他游动放线菌
Micromonospora	小单孢菌属
Micromonospora chalcea	青铜小单孢菌

Streptomyces	链霉菌属
Streptomyces albosporeus	白孢链霉菌
Streptomyces aureoverticillatus	金黄垂直链霉菌
Streptomyces chatanoogensis	恰塔努加链霉菌
Streptomyces flavorectus	黄直丝链霉菌
Streptomyces gilvosporeus	褐黄孢链霉菌
Streptomyces griseus	灰色链霉菌
Streptomyces lavendulae	链素淡紫灰链霉菌
Streptomyces lividans	变铅青链霉菌
Streptomyces natalensis	纳塔尔链霉菌
Streptomyces plicatus	褶皱链霉菌
Streptomyces pseudoverticillus	假轮枝链霉菌
Streptomyces sioyaensis	盐屋链霉菌
Streptoverticillium luteoverticillatum	藤黄轮丝链轮丝菌
Verrucosispora	疣孢菌

三、霉菌（Molds）

Acremonium strictum	枝顶孢霉
Actmonium chrysogenum	产黄青霉
Alternaria	链格孢属
Alternaria longipes	长柄链格孢霉
Ascochyta cucumeris	黄瓜壳二孢霉
Aspergillus	曲霉属
Aspergillus albus	白色曲霉
Aspergillus carbonarius	炭黑曲霉
Aspergillus flavus	黄曲霉
Aspergillus fumigatus	烟曲霉
Aspergullus glaucus	灰绿曲霉
Aspergillus insulicola	胰岛曲霉菌
Aspergillus niger	黑曲霉
Aspergillus ochraceus	赭曲霉
Aspergillus oryzae	米曲霉
Aspergillus Oryzae var. *effusus*	米曲霉平展变种
Aspergillus repens	匍匐曲霉
Asoergullus terreus	土霉菌
Aureobasidium	短梗霉属
Aureobasidium pullulans	出芽短梗霉
Beauveria bassiana	球孢白僵菌
Bortytis	灰霉属

Botrytis cinerea	灰色葡萄孢霉
Cladosporium	枝孢霉属
Cladosporium sphaerospermum	球孢枝孢霉
Cladosporium cladosporioides	牙枝状枝孢霉
Colletotrichum	毛（刺）盘孢霉属
Citreoviridin	绿青霉
Emericella variecolor	异冠裸胞壳
Eurotium cristatum	冠突散囊菌
Eurotium rubrum	赤散囊菌
Exserohilum rostratum	喙状凸脐孢霉
Fusarium	镰孢霉属
Fusarium graminearum	禾谷镰刀菌
Fusarium proliferatum	再育镰刀菌
Fusariumo oxysporum	尖孢镰刀菌
Fusarium verticillioide	轮枝镰孢菌
Geotrichum	地霉属
Geotrichum candidum	白地霉
Monascus	红曲
Monascus anka	安卡红曲霉
Monascus anka Nakazawa *et* Sato	红色红曲菌
Monascus fulginosus	烟色红曲霉菌
Monascus purpureus	紫色红曲菌
Mortierella	被孢霉属
Mortierella alpine	高山被孢霉
Mortierella isabellina	深黄被孢霉
Mortierella ramanniana	拉曼被孢霉
Mucor	毛霉属
Mucor circinelloides	卷枝毛霉
Mucor roxianus	鲁氏毛霉
Mucor wutungkiao	五通桥毛霉
Neurospora roseum	粉红链孢霉
Oospora lactis	乳卵孢霉
Paecilomyces	拟青霉属
Penicillium	青霉属
Penicillium camembertii	卡门柏青霉
Penicillium canescens	白边青霉
Penicillium chrysogenum	产黄青霉
Peninicillium citrinum	桔青霉
Penicillium digitatum	指状青霉

Penicillium expansum	扩展青霉
Penicillium fellutanum	瘿青霉
Penicillium frequentans	常现青霉
Penicillium italicum	意大利青霉
Penicillium kojigenum	产曲酸青霉
Penicillium nalgiovense	纳地青霉
Penicillium oxalicum	草酸青霉
Penicillium roqueforti	娄地青霉
Penicillium verrusocum	疣孢青霉
Penicillium viridicatum	绿青霉
Phycomycetes	芽枝霉
Rhizoctonia solani	立枯丝核菌
Rhizopus	根霉属
Rhizopus formoshensis	台湾根霉
Rhizopus japanicns	日本根霉
Rhizopus nigricans	黑根霉
Rhizopus peka	白曲根霉
Rhizopus stolonifer	葡枝根霉
Rhizopus tonkinensis	河内根霉
Salinispora tropica	热带盐水孢菌
Salinispora arenicola	栖沙盐水孢菌
Sclerotinia	核盘孢霉属
Sporendonema casei	丝内霉
Sporocytophaga	生孢噬细菌属
Thamnidium	枝霉属
Tolyposporium	黑粉菌属
Tolyposporium ehrenbergii	高粱褶孢黑粉菌
Trichoderma	木霉属
Trichoderma reesei	里氏木霉
Trichoderma viride	绿色木霉
Trichoderma viride Pers．ex Fr	杨梅轮帚霉

四、酵母菌（Yeast）

Aureobasidium pullulans	普鲁兰类酵母
Brettanomyces	酒香酵母属
Brettanomyces bruxellensis	布鲁塞尔酒香酵母
Candida	假丝酵母属
Candida albicana	白色假丝酵母
Candida albicans	白色念珠菌

Candida boidinii	博伊丁假丝酵母
Candida catenulata	链状假丝酵母
Candida ciferrii	西弗假丝酵母
Candida colliculosa	软假丝酵母
Candida curvata	弯假丝酵母
Candida drusei	克鲁斯假丝酵母
Candida dubliniensis	杜氏假丝酵母
Candida famata	无名假丝酵母
Candida glabrata	光滑假丝酵母
Candida globosa	球形假丝酵母
Candida guilliermondii	季也蒙假丝酵母
Candida holmii	霍氏假丝酵母
Candida inconspicua	平常假丝酵母
Candida intermedia	中间假丝酵母
Candida kefyr	乳酒假丝酵母
Candida krusei	克鲁氏假丝酵母
Candida lambica	郎比可假丝酵母
Candida lipolytica	解脂假丝酵母
Candida lusitaniae	葡萄牙假丝酵母
Candida magnoliae	木兰假丝酵母
Candida melibiosica	口津假丝酵母
Candida membranaefaciens	璞膜假丝酵母
Candida norvegensis	挪威假丝酵母
Candida parapsilosis	近(平)滑假丝酵母
Candida paratropicalis	副热带假丝酵母菌
Candida pelliculosa	菌膜假丝酵母
Candida pseudotropicalis	拟热带假丝酵母
Candida pulcherrima	铁红假丝酵母
Candida robusta	粗壮假丝酵母
Candida rugosa	皱褶假丝酵母
Candida sake	清酒假丝酵母
Candida silvicola	森林假丝酵母
Candida sphaerica	圆球形假丝酵母
Candida stellata	星形假丝酵母
Candida stellatoidea	类星形假丝酵母
Candida tropicalis	热带假丝酵母
Candida utilis	产朊假丝酵母
Candida valida	粗状假丝酵母
Candida zeylanoides	诞沫假丝酵母

Cryptococcus	隐球酵母属
Cryptococcus albidun	弯隐球酵母
Cryptococcus albidus	浅白色隐球酵母
Cryptococcus laurentii	罗伦隐球酵母
Debaryomyces	德巴利氏酵母属
Dabaryomyces hansenula	德汉逊氏酵母
Dabaryomyces hansenii	汉逊氏德巴利酵母
Endomycopsis fibuligera	扣囊拟内孢霉
Eremathecium	假囊酵母属
Eremothecium ashbyii	阿氏假囊酵母
Hansenula	汉逊酵母属
Hanseniaspora uvarum	葡萄汁有孢汉逊酵母
Hansenula anomala	异常汉逊酵母
Hansenula subpelliculosa	亚覆皮汉逊酵母
Issatchenkia orientalis	东方伊萨酵母
Kluyveromyces	克鲁维酵母属
Kluyveromyces lactis	乳酸克鲁维酵母
Kluyveromyces marxianus	马克斯克鲁维酵母
Kluyveromyces thermotolerans	耐热克鲁维酵母
Lipomyces	油脂酵母属
Lipomy slipofer	产油油脂酵母
Lipomyces starkeyi	斯达氏油脂酵母
Metschnikowia pulcherrima	美极梅奇酵母
Oosporium	卵孢酵母属
Pichia	毕赤酵母属
Pichia farinose	粉状毕赤酵母
Pichia kluyver	克鲁维毕赤酵母
Pichia kudriavzevii	库德里毕赤酵母
Pichia membranaefaciens	膜醭毕赤酵母
Pichia membranifactien	季也蒙毕赤酵母
Pichia pastorous	甲醇毕赤酵母
Pichia pastoris	毕赤酵母
Pichia ohmeri	奥默毕赤氏酵母
Pichia stipitis	树干毕赤酵母
Rhodosporidium	红冬孢酵母属
Rhodosporidium mucilaginos	红冬孢酵母
Rhodosporidium paludigenum	海洋生防酵母
Rhodosporidium toruloides	类酵母红冬孢酵母
Rhodotorula	红酵母属

Rhodotorula glutinis	黏红酵母
Saccharomyces	酵母属
Saccharomyces carlsberyensis	卡尔斯伯酵母
Saccharomyces cerevisiae	酿酒酵母
Saccharomyces cerevisiae var. *ellipsoideus*	椭圆酿酒酵母
Saccharomyces delbruekii	德布尔奇酿酒酵母
Saccharomyces film	产膜酵母
Saccharomyces logos	洛格酵母
Saccharomyces rouxi	鲁氏酵母
Saccharomyces willianus	威尔酵母
Saccharomycodes ludwigii	路德类酵母
Sporocolomyces	掷孢酵母属
Sporocolomyces odours	香气掷孢酵母
Schizosaccharomyces	裂殖酵母菌属
Schizosaccharomyces octosporus	八孢裂殖酵母
Schizosaccharomyces pombe	栗酒裂殖酵母
Torulaspora delbrueckii	德布尔有孢酵母
Torula spp.	圆酵母
Torulopsis	球拟酵母属
Torulopsis etchellsii	埃契氏球拟酵母
Torulopsis glabrata	光滑球拟酵母
Torulopsis holmii	霍尔姆球拟酵母
Torulopsis versatilis	易变球拟酵母
Trichosporon	毛孢子菌属
Trichosporon pullulans	茁芽丝孢酵母
Wickerhamomyces anomalus	异常威克汉姆酵母
Yarrowia lipolytica	解酯耶罗威压酵母
Zygosaccharomyces	接合酵母属
Zygosaccharomyces bailii	拜耳接合酵母
Zygosaccharomyces florentinus	佛罗伦萨接合酵母
Zygosaccharomyces rouxii	鲁氏酵母

五、藻类（Algae）

Alexandrium hiranoi	甲藻
Asterionella japonica	日本星杆藻
Halimeda	仙掌藻属
Hormothamnion enteromorphoides	热带海洋蓝藻
Lyngbya majuscule	巨大鞘丝藻（蓝藻）
Lyngbya aestuarii	河口鞘丝藻（蓝藻）

Microcystis	微囊藻属
Ochromonas malhamensis	马汉母储胞藻
Phaeocystis pouchetii	褐囊藻
Sargassum	马尾藻属
Sargassum fluitans	漂浮马尾藻
Scytonema pseudohofmanni	伪枝藻
Skeletonema costatum	中肋骨条藻
Spirulina	螺旋藻属
Spirulina platensis	钝顶螺旋藻

图书在版编目(CIP)数据

现代食品微生物学 / 吴祖芳主编. —杭州:浙江大学出版社,2017.1

ISBN 978-7-308-16199-2

Ⅰ.①现… Ⅱ.①吴… Ⅲ.①食品微生物—微生物学 Ⅳ.①TS201.3

中国版本图书馆 CIP 数据核字(2016)第 214554 号

现代食品微生物学

吴祖芳 主 编

责任编辑	石国华
责任校对	金 蕾 秦 瑕 王安安 潘晶晶
封面设计	刘依群
出版发行	浙江大学出版社
	(杭州市天目山路 148 号 邮政编码 310007)
	(网址:http://www.zjupress.com)
排　版	杭州星云光电图文制作有限公司
印　刷	杭州日报报业集团盛元印务有限公司
开　本	787mm×1092mm 1/16
印　张	30.5
字　数	750 千
版 印 次	2017 年 1 月第 1 版 2017 年 1 月第 1 次印刷
书　号	ISBN 978-7-308-16199-2
定　价	68.00 元
